高等学校交通运输与工程类专业教材建设委员会规划教材

Principle of Concrete Structure Design

混凝土结构设计原理

主　编　郝宪武　白青侠　魏　炜　邹存俊　孙胜江

人民交通出版社股份有限公司

北　京

内 容 提 要

本书根据高等学校土木工程专业、道路桥梁与渡河工程专业混凝土结构设计原理课程的培养目标和培养方案及教学大纲的基本要求，为满足道路桥梁与渡河工程专业的教学需要而编写。参照中华人民共和国国家标准和交通运输部颁发的现行交通行业标准与设计规范，对公路桥涵钢筋混凝土结构、预应力混凝土结构、圬工结构构件的材料力学性能、设计方法、设计计算原理和构造设计作了详尽介绍。为了便于学习，本书在各章中安排有设计计算框图、计算例题、思考题与习题等内容。

本书为高等学校土木工程专业、道路桥梁与渡河工程专业混凝土结构设计原理课程的教学用书，也可供公路和城市建设部门从事桥梁设计、工程研究、施工和管理的专业技术人员参考。

图书在版编目(CIP)数据

混凝土结构设计原理 / 郝宪武等主编. —北京 ：人民交通出版社股份有限公司，2022.8

ISBN 978-7-114-18016-3

Ⅰ.①混… Ⅱ.①郝… Ⅲ.①混凝土结构—结构设计 Ⅳ.①TU370.4

中国版本图书馆 CIP 数据核字(2022)第 098433 号

高等学校交通运输与工程类专业教材建设委员会规划教材

Hunningtu Jiegou Sheji Yuanli

书　　名：混凝土结构设计原理

著 作 者：郝宪武　白青侠　魏　炜　邹存俊　孙胜江

责任编辑：卢俊丽

责任校对：孙国靖　宋佳时　卢　弦

责任印制：刘高彤

出版发行：人民交通出版社股份有限公司

地　　址：(100011)北京市朝阳区安定门外外馆斜街3号

网　　址：http://www.ccpcl.com.cn

销售电话：(010)59757973

总 经 销：人民交通出版社股份有限公司发行部

经　　销：各地新华书店

印　　刷：北京虎彩文化传播有限公司

开　　本：787×1092　1/16

印　　张：24.25

字　　数：590千

版　　次：2022年8月　第1版

印　　次：2023年3月　第2次印刷

书　　号：ISBN 978-7-114-18016-3

定　　价：65.00元

前言
PREFACE

本书根据中华人民共和国国家标准和交通运输部颁发的现行交通行业标准与设计规范，结合编写团队多年教学经验，为满足高等学校土木工程专业、道路桥梁与渡河工程专业混凝土结构设计原理课程的教学需要而编写。

本书编写的主要依据为《公路工程结构可靠性设计统一标准》(JTG 2120—2020)、《公路工程技术标准》(JTG B01—2014)、《公路桥涵设计通用规范》(JTG D60—2015)、《公路钢筋混凝土及预应力混凝土桥涵设计规范》(JTG 3362—2018)及《公路圬工桥涵设计规范》(JTG D61—2005)。

本书在编写时，注重以教学为主，内容少而精；突出重点，讲清难点。在讲述基本原理和概念的基础上，结合规范和工程实际，注意与其他课程和教材的衔接与综合应用，体现国内外先进的科学技术成果。全书共分 15 章，第 1 章绪论，第 2 章概率极限状态设计法，第 3 章钢筋混凝土材料的物理力学性能，第 4 章钢筋混凝土受弯构件正截面承载力计算，第 5 章钢筋混凝土受弯构件斜截面承载力计算，第 6 章钢筋混凝土受弯构件的应力、裂缝和变形验算，第 7 章钢筋混凝土受压构件正截面承载力计算，第 8 章钢筋混凝土受拉构件正截面承载力计算，第 9 章钢筋混凝土受扭构件承载力计算，第 10 章钢筋混凝土深受弯构件承载力计算，第 11 章预应力混凝土结构基本概念及材料，第 12 章预应力混凝土受弯构件设计与计算，第 13 章部分预应力混凝土受弯构件，第 14 章圬工结构基本概念与材料及性能,第15章圬工结构构件承载力计算,每章配有思考题与习题。

本书编写人员及分工:第1~3章由郝宪武编写;第4~6章由魏炜编写;第7~9章由邹存俊编写;第10~13章由白青侠编写;第14、15章及附表由孙胜江编写。全书由郝宪武统稿。

本书在编写过程中参考了国内近年来正式出版的相关规范和教材,特此向相关编者表示衷心的感谢。长安大学黄安录副教授、罗娜副教授、卢斌副教授、李加武教授、陈峰副教授为本书提供了宝贵意见和帮助,在此一并致谢。

由于编者水平有限,书中难免有错误和疏漏之处,恳请读者批评指正。

编　者

2022年3月

目录
CONTENTS

第1章

绪　　论

所谓结构,就是构造物的承重骨架组成部分的统称。构造物的结构由若干基本构件连接而成。图1-1所示的混凝土桁架桥由桥墩(台)、主梁、上弦杆、下弦杆、腹杆等构件组成。其中,主梁、上弦杆、下弦杆、腹杆等为基本构件。

图1-1　混凝土桁架桥

在实际工程中,结构及基本构件都是由建筑材料制作而成的。根据所使用的建筑材料种类,常用的结构可分为混凝土结构,钢结构,钢-混凝土组合结构,索结构,木结构,砖、石及混凝土砌体结构(俗称圬工结构)。随着材料科学的发展,新的材料在结构工程中的应用,将出现一些新型材料结构,如FRP(Fiber Reinforced Polymer,纤维增强复合材料)结构就是近些年发展起来的一种新型材料结构。本书仅介绍混凝土结构,其他材料结构的设计原理请参考其他教材。

以混凝土为主制成的结构称为混凝土结构,包括钢筋混凝土结构、预应力混凝土结构、素混凝土结构等。配置受力普通钢筋的混凝土结构称为钢筋混凝土结构;配置受力的预应力钢筋,通过张拉或其他方法建立预加应力的混凝土结构称为预应力混凝土结构;无钢筋或不配置受力钢筋的混凝土结构称为素混凝土结构。混凝土结构广泛应用于工业与民用建筑、桥梁、道路、隧道、水利、海港等工程中。本书主要面向土木工程专业、道路桥梁与渡河工程专业学生，着重讲述钢筋混凝土和预应力混凝土结构构件设计原理。砖、石及混凝土砌体结构在道路桥梁中用于桥梁的拱圈、墩台、基础、挡土墙等结构中，相对于工业与民用建筑的应用较少，不另行编册，故纳入本书中介绍。

1.1 混凝土结构设计原理的研究任务及与其他课程的关系

“混凝土结构设计原理”主要研究钢筋混凝土、预应力混凝土、圬工结构的构件的设计原理。其主要内容包括如何合理选择构件截面尺寸及其联结方式，并根据承受荷载的情况验算构件的强度、稳定性、刚度、裂缝等问题，且为今后学习桥梁工程和设计计算其他道路人工构造物奠定理论基础。

“混凝土结构设计原理”主要讲述各种混凝土基本构件的受力性能、截面设计计算和构造等基本理论，属于基础课和专业课之间的技术基础课。它是在学习“材料力学”课程的基础上，结合工程实际来研究结构构件的工作特点以及结构构件设计的一门学科。它与“材料力学”有很多相似之处，都是研究构件的强度和变形规律。不同的是，“材料力学”是对材料进行理想化假设，即假定材料是均匀、连续、弹性（或理想弹塑性）的，而混凝土是非均匀、非线性、非弹性材料。因此在学习时，应着重了解混凝土结构构件的受力特点和变形特点，以及在此基础上建立起来的符合实际受力情况的力学计算图式。此外，由于混凝土结构大多由两种力学性能不同的材料组成，如果两种材料在强度搭配和数量比值上的变化超过一定范围或界限，就会引起构件受力性能的改变，这也是混凝土结构构件所具有的特点。

本课程与建筑材料的实际材性有着紧密的关系，在理论推导和计算公式建立时同其他学科一样，是建立在科学试验的基础上的。但由于混凝土材料的物理力学性能具有复杂性，目前还没有建立起完善的强度理论体系，其受力性能受材料内部组成和外部因素（荷载、环境）影响，钢筋混凝土构件计算公式在很大程度上是根据试验分析和概率统计理论得到的。本课程的学习是建立在学习了“道路建筑材料”课程的基础上，重视构件的试验研究，深刻理解构件试验的破坏形态和受力性能，应用公式时要注意适用范围和限制条件。

结构或构件设计是一个综合性问题。桥涵结构设计应遵循安全、耐久、适用、环保和美观的原则。它涉及结构方案比较、构件选型、材料选择、配筋构造等。对于同一问题，往往可能有多种解决办法，这就要综合考虑使用要求、材料供应、施工条件、经济效益等各种因素。“结构力学”和“弹塑性力学”课程是对结构简化的力学模型进行结构的内力应力及变形的计算分析；“桥梁工程”课程是对结构的总体规划、施工方法、荷载等问题进行分析与计算；本课程是在已知结构构件内力效应的基础上，对结构构件进行设计，为学习“桥梁工程”课程奠定基础。因此，本课程具有另一个特点，即设计的多方案性，在保证结构设计要求的前提下，设计结果不是唯一的，而且设计计算工作也不是一次可以获得成功的。所以，在学习本课程的过程中，要注意培养对多种因素进行综合分析的能力。

本课程与设计规范有着紧密的联系，由于科学技术水平不断发展、工程实践经验不断积累，设计规范需要不断修改。因此，在学习本课程的过程中，应着重掌握各种基本构件的受力性能、强度(应力)和变形的变化规律，正确理解设计规范的条文和实质，准确地应用设计计算方法，这样才能适应今后设计规范的发展，不断提高自身的设计水平。

本课程的实践性很强，在学习中可到施工现场了解实际工程的结构布置、配筋构造、工程制品、施工技术等。积累感性知识，增加工程经验，加深对混凝土结构基本理论知识的理解。

1.2　混凝土结构设计原理的内容与依据

各种桥梁结构由桥面板、横梁、主梁、桥墩(台)、拱、索等基本构件组成。桥梁或其他人工构造物都要受到各种外部因素的影响，例如车辆荷载、人群荷载、风荷载、地震荷载、桥跨结构各部分自重以及基础不均匀沉降、温度变化、环境等。在现行规范中把这些外部影响因素称为作用。混凝土结构或构件在作用的影响下引起的反应，称为作用效应，例如结构构件的内力、变形、应力、裂缝等。把结构或构件承受作用效应的能力称为抗力。构件抗力的大小与构件的材料性质、几何形状、截面尺寸、受力特点、环境条件、构造特点以及施工质量等因素有关。由于不同作用对结构或构件产生的作用效应不同，同一种作用在不同时间对结构或构件产生的作用效应也不同。因而，在设计基本构件时，要求构件本身必须具有一定的抵抗强度破坏和抵抗变形等的能力，当其他条件已经确定，如果构件的尺寸过小，则结构将有可能因产生过大的变形而不能正常使用，或因材料抵抗强度不够结构物发生崩塌。反之，如果截面尺寸过大，则构件的抗力又将过分富余，从而造成人力、物力上的过大耗费。为此，研究如何正确处理好作用(或作用效应)与抗力之间的关系，就是本书所讨论的主要内容。因此，本书将在第2章中简要介绍结构上的作用及作用效应、作用的取值与组合等相关概念及设计方法。

混凝土结构实质上大多是由钢筋与混凝土两种材料组成的结构。混凝土结构能否安全使用取决于材料的物理力学性能。因此，本书在第3章分别介绍钢筋和混凝土材料的物理力学性能以及钢筋与混凝土复合材料共同工作性能等属性，为后续混凝土结构或构件的设计中材料选用及参数的取值奠定基础。

混凝土结构的构件形式多种多样，根据构件受力与变形特点，可将基本构件分为受弯构件、受压构件、受拉构件、受扭构件等几种典型的形式。工程实际中，有些构件的受力和变形比较简单，但有些构件的受力和变形则比较复杂，常有可能是几种受力状态的复合。本书将根据结构构件的类型、使用材料及受力状况，分章介绍各种结构构件的受力特点和变形特点以及在此基础上建立起来的符合实际受力情况的力学计算图式、计算公式、设计方法、构造要求等，为今后的桥梁结构设计奠定基础。

本书以我国交通运输部颁布的《公路桥涵设计通用规范》(JTG D60—2015)、《公路钢筋混凝土及预应力混凝土桥涵设计规范》(JTG 3362—2018)、《公路圬工桥涵设计规范》(JTG D61—2005)等为主要依据。本书中关于基本构件的设计原则、计算公式、计算方法及构造要求等内容均参照上述设计规范编写。为了表达方便，在本书中将上述设计规范统称为《公路桥规》，对于其他设计规范、标准和规程等，将记全称，以免混淆。

1.3 混凝土结构的工作原理及特点

1.3.1 钢筋混凝土结构的工作原理及特点

如果用素混凝土制成受弯构件——混凝土简支梁[图 1-2a)]，由材料力学可知，在梁的正截面上受到弯矩作用，截面中性轴以上受压，以下受拉。当荷载达到某一数值 P_c 时，梁截面的受拉边缘混凝土的拉应变达到极限拉应变，即出现竖向弯曲裂缝，这时，裂缝处截面的受拉区混凝土退出工作，该截面处受压高度减小，即使荷载不增加，竖向弯曲裂缝也会急速向上发展，导致梁骤然断裂[图 1-2b)]。这种破坏是很突然的。也就是说，当荷载达到 P_c 的瞬间，梁立即发生破坏。P_c 为素混凝土梁受拉区出现裂缝的荷载，一般称为素混凝土梁的开裂荷载，也是素混凝土梁的破坏荷载。由此可见，素混凝土梁的承载能力是由受拉区混凝土的抗拉强度控制的，而受压区混凝土的抗压强度远未被充分利用。

素混凝土梁的破坏是突然断裂，破坏前变形很小，没有预兆，属于脆性破坏类型，是工程中要避免的。为了提高混凝土梁的承载能力和工作性能，在梁截面的受拉区外侧配置适量的受力钢筋，以代替混凝土承受拉力[图 1-2c)]，这种由两种材料(钢筋和混凝土)复合而成的受力结构即为钢筋混凝土结构。

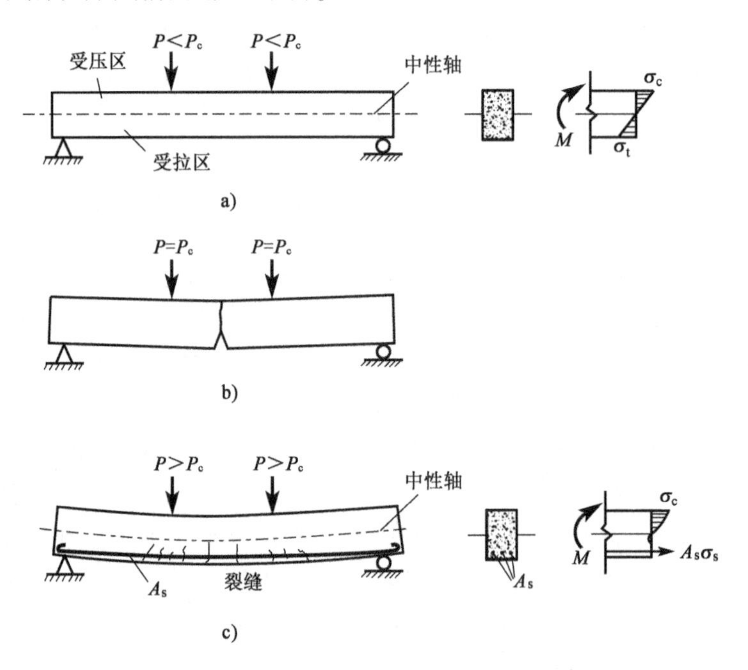

图 1-2 素混凝土和钢筋混凝土梁的工作原理

钢筋混凝土梁与截面尺寸相同的素混凝土梁的开裂荷载基本相同。当荷载略大于开裂荷载时，梁的受拉区混凝土仍会出现裂缝。在出现裂缝的截面处，受拉区混凝土退出工作，受拉区的钢筋将承担几乎全部拉力。随着荷载的增加，钢筋的拉力和受压区混凝土的应力将不断增大,直至受拉钢筋的应力达到屈服强度,继而截面受压区的混凝土也被压碎,梁才发生破坏。破坏前,变形较大,有明显预兆,属于延性破坏类型,是工程所希望和要求的。由此可见,在素混凝土梁内合理配置受力钢筋构成钢筋混凝土梁以后,不仅改变了破坏类型,而且大大提高了梁的承载能力,钢筋与混凝土两种材料的强度也得到充分的利用。

钢筋混凝土结构在世界各国的土木工程中得到了广泛的应用,其主要原因在于它具有下列优点。

(1)取材容易。混凝土所用的砂石一般易于就地取材。另外,还可以有效利用矿渣、粉煤灰等工业废料。

(2)用材合理。钢筋混凝土合理地发挥了钢筋和混凝土两种材料的性能,与钢结构相比,可以降低造价。

(3)耐久性较好。密实的混凝土有较高的强度,同时由于钢筋被混凝土包裹,不易锈蚀,维修费用也很少,所以钢筋混凝土结构的耐久性比较好。

(4)整体性好。整体浇筑和装配式钢筋混凝土结构的构件之间是通过钢筋和混凝土的一次性浇筑连接为整体的,其整体性好,对于结构的空间受力,抵抗风振、地震及强烈冲击作用都具有较好的工作性能。

(5)可模性好。根据需要,可以较容易地浇筑成各种形状和尺寸的钢筋混凝土结构。

(6)耐火性好。混凝土热惰性大,传热慢,对包裹其中的钢筋有防火保护作用。实践表明,对有足够厚度混凝土保护层的钢筋混凝土结构,火灾持续时间不长时,不致因钢筋受热软化而造成结构的整体坍落破坏。

钢筋混凝土结构也存在以下缺点。

(1)自重大。钢筋混凝土结构自重较大,结构的抗力大部分用来承受恒载。对大跨度结构抗震不利,也给运输和施工吊装带来困难。

(2)抗裂性能较差。由于混凝土的抗拉强度较低,在正常使用时,钢筋混凝土结构往往带裂缝工作,裂缝存在会影响结构的正常使用和耐久性。

(3)施工比较复杂,施工工序多。浇筑混凝土时需要支撑模板、绑扎钢筋、浇筑、养护、拆模等工序,工期较长,且施工受季节、天气条件限制。

随着科学技术的发展,上述缺点已在一定程度上得到了克服和改善。例如,采用轻质混凝土可以减轻结构自重,采用预应力混凝土可以提高结构或构件的抗裂性能。

1.3.2　预应力混凝土结构的工作原理及特点

为了避免钢筋混凝土结构的裂缝过早出现,充分利用高强度钢筋和高强度混凝土,可以设法在混凝土结构构件受荷载作用前,通过预加外力,使它受到预压应力来减小或抵消荷载所引起的混凝土拉应力,以达到控制受拉混凝土不过早开裂的目的。

图1-3所示的预应力混凝土梁,在荷载作用之前对混凝土梁的受拉区施加一对预加力 N_y,使得混凝土获得一定的预压应力 σ_{pc}。在外荷载作用下,梁的下缘将产生拉应力 σ_t,上缘将产生压应力 σ_c。于是梁内任意一点的合成应力为

$$\sigma_{ce}=\sigma_{pc}-\sigma_t$$

或

$$\sigma_{ce}=\sigma_{pc}+\sigma_c$$

如果预先储备的预压应力 σ_{pc} 足以抵消外荷载产生的拉应力 σ_t,即控制受拉边缘的

合成应力满足下列条件：

$$\sigma_{ce}=\sigma_{pc}-\sigma_{t}\geqslant 0$$

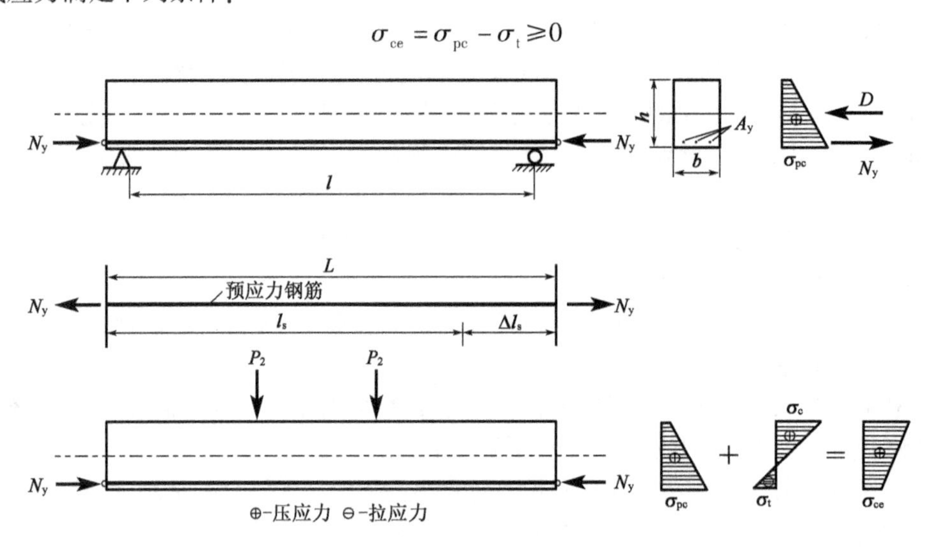

图 1-3　预应力混凝土梁的工作原理

在荷载作用后，梁的下缘就不会出现拉应力，全梁均处于受压状态。

与钢筋混凝土结构相比，预应力混凝土结构主要具有以下优点：

(1)提高了构件的抗裂度与刚度。预加力的作用，推迟了裂缝出现的时间，有效地改善了构件的使用性能，提高了构件的刚度和结构的耐久性。

(2)可以节省材料、减小自重。预应力混凝土可以合理使用高强材料，可减小构件的截面尺寸，降低结构的恒载。

此外，预应力可作为结构构件连接手段，还可以提高结构的耐疲劳性能。

预应力混凝土结构的主要缺点有：

(1)预应力混凝土结构施工工艺和计算较钢筋混凝土结构复杂，对施工质量要求高，需要专门的设备并配备技术较熟练的专业队伍。

(2)预应力上拱度不易控制，它将随混凝土的徐变增加而加大。预拱度过大可能造成桥面不平顺。

(3)预应力混凝土结构开工费用较大，对于跨径小、构件数量少的工程，成本较高。

从组成材料来看，混凝土结构是由钢筋和混凝土两种力学性能不同的材料组成的复合结构。混凝土和钢筋工作原理不同，二者之所以能有效地共同工作，是因为：

(1)混凝土和钢筋之间有着良好的黏结力，使两者能可靠地结合成一个整体，在荷载作用下能够很好地共同变形、共同受力。同时，由于钢筋的弹性模量一般均远大于混凝土的弹性模量(5～10倍)，因而，钢筋能充分地发挥其强度。

(2)钢筋和混凝土的温度线膨胀系数也较为接近，钢筋为$(1.2\times10^{-5})/℃$，混凝土为$(1.0\times10^{-5}\sim1.5\times10^{-5})/℃$，因此，当温度变化时，钢筋与混凝土之间不会产生较大的相对变形而破坏黏结，为满足两种材料共同受力的要求创造了前提条件。

(3)包裹在钢筋外围的混凝土，可以保护钢筋免于锈蚀，保证结构具有良好的耐久性，这是因为水泥水化作用后，产生碱性反应，在钢筋表面产生一种水泥石质薄膜(又称钝化膜)，可以防止有害介质的直接侵蚀。因此，为了保证结构的耐久性，混凝土应具有较好的密实度,并留有足够厚度的钢筋保护层。

综上所述,钢筋混凝土结构的特点分析表明,在公路与城市道路工程、桥梁工程中,钢筋混凝土结构主要用于中小跨径桥梁、涵洞、挡土墙、隧道衬砌以及形状复杂的中、小型构件等。预应力混凝土结构的特点分析表明,预应力混凝土结构特别适合建造由恒载控制设计的大跨径桥梁和海洋工程以及有防渗漏要求的结构;此外,预应力技术可作为装配式混凝土构件连接的一种可靠手段,能很好地将部件装配成整体结构,形成悬臂浇筑和悬臂拼装等不采用支架的施工方法,在大、中跨径的预制安装施工的桥梁中获得广泛应用。

1.4 混凝土结构发展及设计计算方法简介

1.4.1 混凝土结构的发展简介

混凝土结构约有150年的历史,与砌体结构、木结构、钢结构相比,它是一种出现较晚的结构形式。但是,由于混凝土结构具有很多明显的优点,其发展很快,现已成为世界各国占主导地位的结构。

混凝土结构的产生得益于英国泥水工人J. 阿斯普丁(J. Aspdin)在1824年发明的波特兰水泥,并依赖于19世纪初叶的熟铁及其后19世纪中叶优质钢材的产生。真正将钢筋混凝土结构应用在工程中的是法国工程师F. 科瓦列(F. Coignet),其初次阐明了钢筋混凝土结构的工作原理。与此同时,法国J. 蒙耶(J. Monier)首次将钢筋混凝土用于桥梁结构。因此近世纪各国多认为J. 蒙耶是钢筋混凝土结构的创始人。

德国人E. 默尔许(E. Mörsch)于1900年建立了钢筋混凝土结构计算理论,即按容许应力法计算的经典理论,有力地推动了钢筋混凝土结构的发展。1930年,著名的法国桥梁工程师E. 弗列西奈(E. Freyssinet)建成了三孔跨径171.7m的普卢加斯泰勒桥;1921—1941年,苏联修建了伏尔加水电站和第聂伯河水电站;1943年,瑞典建成著名的主跨263m的桑独拱桥;1935年,苏联建成的、承载力创纪录的莫斯科河上箱形肋拱桥,跨度为116m。我国于1908年建成的上海电话公司大楼,首次采用了钢筋混凝土框架结构;1937年,我国采用自己的技术建成的钱塘江大桥的主桥和引桥的桥墩和基础采用了钢筋混凝土结构。

在预应力混凝土结构方面,最早是1886年美国工程师P. H. 杰克逊(P. H. Jackson)在楼板中应用的;1936年,德国在奥厄修建了一座主跨69m的无黏结预应力钢筋混凝土桥;预应力混凝土结构取得发展应归功于法国桥梁工程师E. 弗列西奈,他在修建普卢加斯泰勒桥时观察到混凝土收缩与徐变现象,提出必须采用高强钢筋和高强度混凝土材料的主张,发明了千斤顶和锥形锚具,使预应力混凝土结构发挥了它卓越的优点。1946年,弗列西奈在马尔纳河上建成跨度55m的双铰刚架桥;1950年,德国在巴尔杜因斯泰因的兰河桥上首次采用了新颖的悬臂浇筑法获得成功,并于1952年与1964年建成主跨114.2m的沃尔姆斯桥和主跨208m的本道尔夫桥。我国预应力混凝土结构的应用始于20世纪50年代,1956年建成陇海铁路线上的跨度23.8m的新沂河桥。在特种结构方面,在英国建成北海预应力混凝土采油平台,在加拿大和苏联建成高达549m和533m的预应力混凝土电视塔。预应力混凝土结构成为现代土木工程的一种主导工程结构。

1.4.2 混凝土结构的设计计算方法简介

工程结构的设计计算问题可以概括为三个基本要素:作用(荷载)、结构物的抵抗能力、安全度。

最早的结构计算都是以弹性理论为基础的容许应力法,在规定的标准荷载作用下,按弹性理论计算得到的构件截面任一点的应力应不大于规定的容许应力,而容许应力由材料强度除以安全系数计算得出,安全系数则依据工程经验和主观判断来确定。

20世纪30年代,出现了考虑材料塑性性能的破坏阶段计算方法。它是以结构构件破坏的承载能力为基准,使按材料计算强度计算所得到的承载能力必须大于计算荷载所产生的内力,同时,采用单一的安全系数(经验系数)进行设计控制,这就是按"破坏阶段"法进行结构设计的基本方法。

随着对荷载和材料强度的变异性的进一步研究,20世纪50年代又提出了极限状态设计法,并把单一安全系数改为三个分项系数,即荷载系数、材料系数和工作条件系数。从而把不同的外荷载、不同的材料以及不同构件的受力性质等,都用不同的安全系数区别开来,使不同的构件具有比较一致的安全度。我国原《公路桥规》(1985年)采用的就是这种设计方法。

20世纪70年代以来,以概率论和数理统计为基础的结构可靠度理论在土木工程中得到应用,使极限状态设计方法朝着更为完善、更为科学的方向发展。随着西方国家率先将结构可靠度理论引入设计规范,土木工程结构的设计理论和设计方法进入了一个新的阶段。

我国《公路工程结构可靠性设计统一标准》(JTG 2120—2020)全面引入了结构可靠度理论,将其应用于结构的极限状态设计,称为"概率极限状态设计法"。以结构可靠度理论为基础的概率极限状态设计法作为公路工程结构设计的总原则。

我国现行《公路桥规》采用近似概率极限状态设计法的实用设计计算方法,是在以近似概率理论确定可靠度指标后,采用分离系数方法求得各作用系数和抗力系数,从而使设计表达式与以往安全系数法中的多项系数设计表达式类似。例如,材料强度的取值采用了标准值与设计值。材料强度的标准值是由标准试件按标准试验方法测得的具有95%的保证率材料强度。材料强度的设计值是材料强度标准值除以材料性能分项系数后的值,混凝土材料性能分项系数取1.45,普通钢筋的材料性能分项系数取1.2;钢绞线、钢丝的材料性能分项系数取1.47。

思考题与习题

1-1 简述混凝土结构的工作原理。

1-2 钢筋混凝土结构是由两种力学性能不同的材料组成的,混凝土和钢筋工作原理不同,为什么能共同工作?

1-3 钢筋混凝土结构有哪些优点和缺点?如何克服这些缺点?

1-4 学习"混凝土结构设计原理"课程需注意哪些问题?

第 2 章

概率极限状态设计法

混凝土结构构件的"设计"是指在预定的作用及材料性能条件下,确定构件按功能要求所需的截面尺寸、配筋和构造等。为了保证设计的结构是安全可靠的,混凝土结构"设计"曾采用多种计算方法,不论是基于弹性理论还是塑性理论,都是把影响结构可靠性的各种参数视为确定的量,结构设计的安全系数一般依据经验或主要依据经验来确定。这种方法统称为"定值设计法"。然而,影响结构可靠性的诸如荷载、材料性能、结构几何参数等因素,无一不是随机变化的不确定量。随着结构可靠性理论的不断发展和完善,全面引入结构可靠性理论,把影响结构可靠性的各种因素均视为随机变量,以大量调查实测资料和试验数据为基础,运用统计学的方法,寻求各随机变量的统计规律,确定结构的失效概率来度量结构的可靠性。这种方法称为"可靠性设计法",用于结构极限状态设计也可称为"概率极限状态设计法"。我国公路桥梁结构设计由长期沿用的、不甚合理的"定值设计法"转变为"概率极限状态设计法",使结构设计更符合客观实际情况。

2.1 概率极限状态设计法的相关概念

2.1.1 结构的功能要求与可靠性

1. 结构的功能要求

结构设计的目的,是在一定的经济条件下赋予结构以适当的可靠度,使结构在规定的使用期限内满足设计所预期的各种功能要求。结构的功能要求包括以下几项。

(1)安全性。

结构的安全性是指在规定的期限内,在正常施工和使用情况下,结构能承受可能出现的各种作用(指直接施加于结构上的荷载及间接施加于结构的引起结构外加变形或约束变形的原因);在偶然事件(如罕遇地震、撞击等)发生时及发生后,结构发生局部损坏,但不致出现整体破坏和连续倒塌,仍能保持必要的整体稳定性。

(2)适用性。

结构的适用性是指在正常使用时,结构保持良好的使用性能,结构或结构构件不发生过大的变形或振动。

(3)耐久性。

结构的耐久性是指在正常使用和维护条件下,材料性能虽然随时间变化,但结构能够正常使用到规定的设计使用年限的能力。如不发生保护层碳化或不出现过大裂缝导致钢筋的锈蚀。

2. 结构的可靠性和可靠度

结构满足了安全性、适用性和耐久性要求就满足了结构的可靠性要求。结构的可靠性是指结构在规定的时间内、在规定的条件下,实现预定功能的能力。

对结构可靠性的概率的度量称为结构可靠度。结构可靠度是指结构在规定的时间内,在规定的条件下,实现预定功能的概率。所谓"规定的时间",是指设计使用年限;"规定的条件",是指正常设计、正常施工、正常使用和正常维护的条件,而不包括人为过失等造成的影响;"预定功能",是用结构是否达到"极限状态"来标志的,是指结构的强度、稳定、变形、抗裂等承载能力和正常使用功能。

为保证工程结构具有规定的可靠度,除应进行必要的设计计算外,还应对结构的材料性能、施工质量、使用与维护进行相应的控制。

2.1.2 设计基准期和设计使用年限

作用在结构上的可变作用是随时间而变动的随机过程,材料性能也是以时间为变量的随机函数,则结构可靠度也应是时间的函数。所以,把分析结构可靠度时考虑可变作用及与时间有关的材料性能等的取值而选用的基准时间参数称为设计基准期。由于设计中考虑的基本变量,如作用(尤其是可变作用)和材料性能等,大多是随时间而变化的,直接影响结构可靠度,因此,必须参照结构的预期寿命、维护能力和措施等规定结构的设计基准期。根据《公路工程结构可靠性设计统一标准》(JTG 2120—2020)的规定以及我国公路桥涵的使用现状和以往的设计经验,将公路桥涵结构的设计基准期取为 100 年。

设计使用年限是指设计规定的结构或结构构件不需进行大修即可按预定目的使用的时期,也就是桥涵结构在正常设计、正常施工、正常使用和维护下所应达到的使用年限。设计使用年限应按《公路工程结构可靠性设计统一标准》(JTG 2120—2020)的规定取用。

结构使用年限与结构的实际使用寿命有一定的联系,但不能将两者简单地等同起来。当结构的使用年限超过设计使用年限后,并不意味着结构必然丧失其使用功能,只是结构失效概率逐渐大于设计预期值。

2.1.3 结构的极限状态与设计状况

1. 结构的极限状态及分类

结构在使用期间的工作情况称为结构的工作状态。结构能够满足各项功能要求且良好地工作,称为结构“可靠”,反之则称为“失效”。区分结构工作状态是可靠还是失效的标志是极限状态。

极限状态是指在结构使用期间,结构整体或结构一部分达到不能满足设计规定的某一功能要求的特定状态。

国际标准化组织(International Organization for Standardization,ISO)和我国各行业颁布的统一标准将极限状态分为承载能力极限状态和正常使用极限状态两类。

(1)承载能力极限状态。

这种极限状态对应于结构或构件达到最大承载能力或出现不适于继续承载的变形或变位的状态,包括构件的连接-强度破坏、结构或构件丧失稳定性及结构倾覆、疲劳破坏等。当结构或构件出现下列状态之一时,即认为超过了承载能力极限状态:

①整个结构或结构的一部分作为刚体失去平衡(如滑动、倾覆等);

②构件或连接处因超过材料强度而破坏(包括疲劳破坏),或因过度的塑性变形而不能继续承载;

③结构转变为机动体系;

④结构或构件丧失稳定性(如屈曲等);

承载能力极限状态的出现概率应当严格控制,因为一旦出现,后果严重,并可能导致人身伤亡和重大经济损失。

(2)正常使用极限状态。

这种极限状态对应于结构或构件达到正常使用或耐久性能的某项规定的限值的状态,包括影响结构或构件正常使用的开裂、变形等。当结构或构件出现下列状态之一时,即认为超过了正常使用极限状态:

①影响正常使用或外观的变形;

②影响正常使用或耐久性能的局部损坏(包括裂缝);

③影响正常使用的振动;

④影响正常使用的其他特定状态。

正常使用极限状态对应结构的适用性和耐久性功能,其出现后的危害较承载能力极限状态小,故对其出现的概率控制可放宽一些。

2. 结构的设计状况

结构的设计状况是指结构从施工到使用全过程中,代表一定时段的一组设计条件。设计应做到结构在该时段内不超过有关极限状态。《公路桥规》根据桥梁在施工和使用过程中面临的不同情况,规定了结构设计的四种状况,即持久状况、短暂状况、偶然状况和地震状况。这四种设计状况的结构体系、结构所处环境条件、持续的时间都是不同的,出现的概率也不同,所以设计时采用的计算模式、作用(或荷载)、材料强度的取值及结构可靠度水平也有差异,设计时应区分这四种设计状况。

(1)持久状况。

持久状况是指在结构使用过程中一定出现,且持续时间很长的设计状况,其持续期一般与设计使用年限为同一数量级。该状况是指桥梁的使用阶段。这个阶段持续的时间很长,需对结构的所有预定功能进行设计,即必须进行承载能力极限状态和正常使用极限状态的计算。

(2)短暂状况。

短暂状况是指在结构施工和使用过程中出现概率较大,而与设计使用年限相比,其持续期很短的状况。该状况对应的是桥梁的施工阶段。这个阶段的持续时间相对于使用阶段是短暂的,结构体系、结构所承受的荷载等与使用阶段也不同,设计时要根据具体情况确定。这个阶段一般只进行承载能力极限状态计算(《公路桥规》中以计算构件截面应力表达),必要时才作正常使用极限状态计算。

(3)偶然状况。

偶然状况是指在结构使用过程中出现概率很小,且持续期很短的设计状况。偶然状况的设计原则是,主要承重结构不因非主要承重结构发生破坏而丧失承载能力;或允许主要承重结构发生局部破坏而剩余部分在一段时间内不发生连续倒塌。显然,偶然状况只需进行承载能力极限状态计算,不必考虑正常使用极限状态。

(4)地震状况。

地震状况是指结构遭受地震时的设计状况。对公路桥涵而言,在抗震设防地区必须考虑地震状况。

2.1.4 作用、作用效应、抗力和极限状态方程

1. 作用、作用效应及抗力

结构上的作用分为直接作用和间接作用两种。直接作用(也称为荷载)是指施加在结构上的集中力或分布力,如汽车荷载、人群荷载、风荷载、雪荷载、结构自重等;间接作用是指引起结构外加变形和约束变形的其他作用,如地震、基础不均匀沉降、混凝土收缩、温度变化等。

作用效应 S 是指结构或构件对所受作用的反应,如结构或构件的内力、变形和裂缝等。

抗力 R 是指结构或构件承受作用效应的能力,包括结构或构件抵抗变形的能力,如结构或构件的承载能力、刚度和抗裂度等,它是结构或构件材料性能和几何参数等的函数。

2. 极限状态方程

工程结构的可靠度通常受各种作用效应、材料性能、结构几何参数等诸多因素的影响,把这些有关因素作为基本变量 $X_1,X_2,\cdots,X_n$ 来考虑,由基本变量组成的描述结构功能的函数 $Z=g(X_1,X_2,\cdots,X_n)$ 称为结构功能函数。将作用效应方面的基本变量组合成综合作用效应 S,抗力方面的基本变量组合成综合抗力 R,从而得出结构的功能函数为 $Z=R-S$。

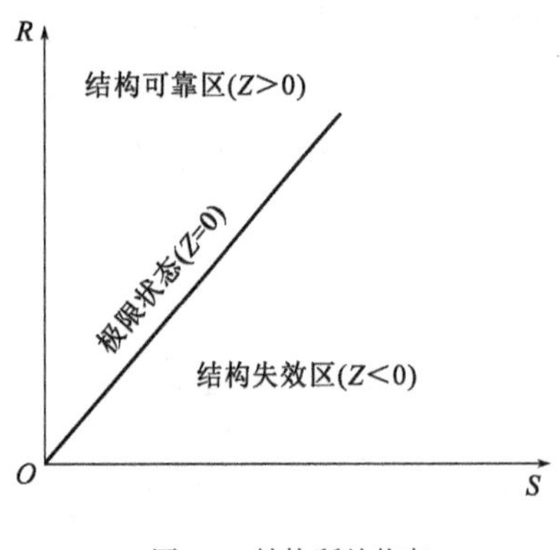

图 2-1　结构所处状态

如果对结构功能函数 $Z=R-S$ 作一次观测,可能出现如下三种情况(图 2-1):

$Z=R-S>0$,即结构处于可靠状态;

$Z=R-S<0$,即结构已失效或破坏;

$Z=R-S=0$,即结构处于极限状态。

图 2-1 中,$R=S$ 直线表示结构处于极限状态,相

应的极限状态方程可写作：

$$Z = g(R,S) = R - S = 0 \tag{2-1}$$

式(2-1)为结构或构件处于极限状态时，各有关基本变量的关系式，它是判别结构是否失效和进行可靠分析的重要依据。

2.1.5 失效概率、可靠指标和目标可靠指标

1. 失效概率和可靠指标

若结构功能函数中的抗力 R 和作用效应 S 均为正态分布，根据概率论定理，功能函数 Z 也服从正态分布，亦即结构的失效概率 P_f 服从正态分布。

$$P_f = P(Z < 0) = P(R - S < 0) \tag{2-2}$$

欲求结构的失效概率 P_f，可用功能函数的概率密度函数 $f(Z)$ 表示，则 P_f 为 $f(Z)$ 轴以左的面积，P_s 为 $f(Z)$ 轴以右的面积，如图 2-2 所示。

$$P_s = P(Z \geqslant 0) = \int_0^{+\infty} f(Z)\mathrm{d}Z \tag{2-3}$$

$$P_f = P(Z < 0) = \int_{-\infty}^0 f(Z)\mathrm{d}Z = 1 - P_s \tag{2-4}$$

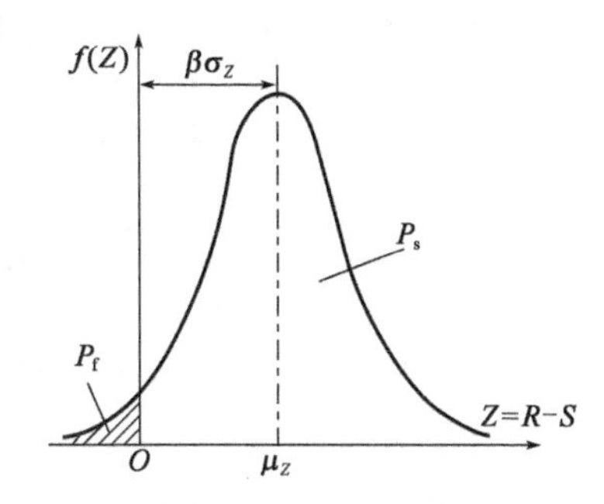

图 2-2　Z 的分布曲线

若 R 和 S 的平均值和标准差分别为 μ_R、μ_S 和 σ_R、σ_S，则 Z 的平均值 μ_Z、标准差 σ_Z 和变异系数 δ_Z 分别为

$$\mu_Z = \mu_R - \mu_S \tag{2-5}$$

$$\sigma_Z = \sqrt{\sigma_R^2 + \sigma_S^2} \tag{2-6}$$

$$\delta_Z = \frac{\sigma_Z}{\mu_Z} = \frac{\sqrt{\sigma_R^2 + \sigma_S^2}}{\mu_R - \mu_S} \tag{2-7}$$

将 δ_Z 的倒数作为度量结构可靠性的尺度，称为可靠指标 β。

$$\beta = \frac{1}{\delta_Z} = \frac{\mu_Z}{\sigma_Z} = \frac{\mu_R - \mu_S}{\sqrt{\sigma_R^2 + \sigma_S^2}} \tag{2-8}$$

失效概率与可靠指标 β 之间的关系为

$$P_f = \Phi(-\beta) = 1 - \Phi(\beta) \tag{2-9}$$

故只要求得可靠指标 β，就能得到利用标准正态分布函数 $\Phi(*)$ 表示的失效概率 P_f。很明显，β 与 P_f 之间存在一一对应的关系，随着 β 的增大，失效概率 P_f 减小，两者对应值见表 2-1。由于计算 P_f 较计算 β 复杂，因而可以用可靠指标 β 代替失效概率 P_f 来度量结构可靠性。

可靠指标 β 与失效概率 P_f 对应值　　表 2-1

β	1.0	1.64	2.00	2.00	2.71	4.00	4.50
P_f	15.87×10^{-2}	5.05×10^{-2}	2.27×10^{-2}	1.35×10^{-3}	1.04×10^{-4}	2.17×10^{-5}	2.40×10^{-6}

2. 目标可靠指标

在解决可靠性的定量尺度(即可靠指标)后,另一个必须解决的重要问题是选择作为设计依据的可靠指标,即目标可靠指标,以达到安全与经济上的最佳平衡。

目标可靠指标主要采用"校准法"并结合工程经验和经济优化原则加以确定。所谓"校准法",就是根据各基本变量的统计参数和概率分布类型,运用可靠度的计算方法,揭示以往规范隐含的可靠度,以此作为确定目标可靠指标的依据。

根据《公路工程结构可靠性设计统一标准》(JTG 2120—2020)的规定,按持久状况进行承载能力极限状态设计时,公路桥涵结构的目标可靠指标应符合表2-2的规定。

公路桥涵结构的目标可靠指标 表2-2

结构或构件破坏类型	结构安全等级		
	一级	二级	三级
延性破坏	4.7	4.2	3.7
脆性破坏	5.2	4.7	4.2

注:①表中延性破坏系指结构或构件有明显变形或其他预兆的破坏,脆性破坏系指结构或构件无明显变形或其他预兆的破坏。

②当有充分依据时,各种材料桥梁结构设计规范使用的目标可靠指标值,可对本表的规定值做幅度不超过±0.25的调整。

按偶然状况进行承载能力极限状态设计时,公路桥梁结构的目标可靠指标应符合有关规范的规定。进行正常使用极限状态设计时,公路桥梁结构的目标可靠指标可根据不同类型结构的特点和工程经验确定。

2.2 概率极限状态设计表达式

以目标可靠度直接进行结构设计或可靠度校核,可较全面地考虑影响结构可靠度的各有关因素的客观变异性,使所设计的结构比较符合预期的可靠度要求,并在不同结构之间,设计可靠度具有相对可比性。但是直接根据规定的可靠度指标进行设计,其计算过程比较复杂,且考虑长期以来工程设计习惯,为设计方便,《公路工程结构可靠性设计统一标准》(JTG 2120—2020)采用以基本变量的标准值(如荷载标准值、材料强度标准值等)和分项系数(荷载系数、材料强度系数等)表示的设计表达式进行结构设计,其中标准值和分项系数的取值是采用近似概率法,经过分析综合后确定的。

2.2.1 承载能力极限状态计算表达式

公路桥涵承载能力极限状态是对应于桥涵及其构件达到最大承载能力或出现不适于继续承载的变形或变位的状态。

按照《公路工程结构可靠性设计统一标准》(JTG 2120—2020)的规定,公路桥涵进行持久状况承载能力极限状态设计时,应根据桥涵结构破坏所产生后果的严重程度,按表2-3划分的三个安全等级进行设计,以体现不同情况的桥涵的可靠度差异。在计算上,不同安全等级用结构重要性系数 γ_0 来表示。

公路桥涵结构的安全等级　　表 2-3

安全等级	破坏后果	适用对象	结构重要性系数 γ_0
一级	很严重	(1)各等级公路上的特大桥、大桥、中桥； (2)高速公路、一级公路、二级公路、国防公路及城市附近交通繁忙公路上的小桥	1.1
二级	严重	(1)三级公路和四级公路上的小桥； (2) 高速公路、一级公路、二级公路、国防公路及城市附近交通繁忙公路上的涵洞	1.0
三级	不严重	三级公路和四级公路上的涵洞	0.9

注：表中所列特大桥、大桥、中桥等系按《公路桥涵设计通用规范》(JTG D60—2015)的单孔跨径确定，对多跨不等跨桥梁，以其中最大跨径为准。

在一般情况下，同座桥梁的各种构件宜取相同的安全等级，但必要时可对部分构件做适当调整，但调整后的级差不应超过一个等级。

公路桥涵的持久状况设计按承载能力极限状态的要求，对构件进行承载力及稳定计算，必要时还应对结构的倾覆和滑移进行验算。在进行承载能力极限状态计算时，作用(或荷载)效应(其中汽车荷载应计入冲击系数)应采用其组合设计值，结构材料性能采用其强度设计值。

《公路桥规》规定桥涵结构按承载能力极限状态的计算以塑性理论为基础，设计的原则是作用效应最不利组合(基本组合)的设计值必须小于或等于结构承载力的设计值。其基本表达式为

$$\gamma_0 S \leqslant R \tag{2-10}$$

$$\gamma_0 S = \gamma_0 S\left(\sum_{i=1}^{m} G_{id},\ Q_{1d},\ \sum_{j=2}^{n} Q_{jd}\right)$$

$$R = R(f_d, a_d)$$

式中：γ_0——桥涵结构的重要性系数，按表 2-3 取用；

$S(\cdot)$——作用组合的效应函数；

G_{id}——第 i 个永久作用的设计值；

Q_{1d}——汽车荷载作用(含汽车冲击力、离心力)的设计值；

Q_{jd}——在作用组合中除汽车荷载作用(含汽车冲击力、离心力)以外的其他第 j 个可变作用的设计值；

R——结构或构件的承载力设计值；

$R(\cdot)$——结构或构件承载力函数；

f_d——材料强度设计值；

a_d——几何参数设计值，当无可靠数据时，可采用几何参数标准值 a_k，即设计文件规定值。

2.2.2 正常使用极限状态计算表达式

公路桥涵正常使用极限状态是指对应于桥涵及其构件达到正常使用或耐久性的某项限值的状态。正常使用极限状态计算在构件持久状况设计中占有重要地位,尽管不像承载能力极限状态计算那样直接涉及结构的安全可靠问题,但如果设计不好,也有可能间接引发结构的安全性和适用性问题。

公路桥涵的持久状况设计按正常使用极限状态的要求进行计算,是以结构弹性理论或弹塑性理论为基础,采用作用(或荷载)的频遇组合效应并考虑长期效应组合的影响,对构件的抗裂、裂缝宽度和挠度进行验算,并使各项计算值不超过《公路桥规》规定的各相应限值。采用的极限状态设计表达式为

$$S \leqslant C \tag{2-11}$$

式中:S——正常使用极限状态的作用组合效应设计值;

C——结构或构件达到正常使用要求所规定的限值,例如变形、裂缝宽度和截面抗裂的相应限值。

2.3 作用分类、作用代表值与作用组合

2.3.1 公路桥涵结构上的作用分类

结构上的作用按随时间的变异性和出现的可能性分为4类。

(1)永久作用:在设计基准期内始终存在且其量值变化与平均值相比可以忽略不计的作用,或其变化是单调的并趋于某个限值的作用。

(2)可变作用:在设计基准期内其量值随时间变化,且其变化值与平均值相比不可忽略不计的作用。

(3)偶然作用:在设计基准期内不一定出现,而一旦出现,其量值很大,且持续时间很短的作用。

(4)地震作用:地震对结构所产生的作用。

公路桥涵结构上的作用类型见表2-4。

作用类型 表2-4

编号	作用分类	作用名称
1	永久作用	结构重力(包括结构附加重力)
2		预加力
3		土的重力
4		土侧压力
5		混凝土收缩与徐变作用
6		水的浮力
7		基础变位作用

续上表

编号	作用分类	作用名称
8	可变作用	汽车荷载
9		汽车冲击力
10		汽车离心力
11		汽车引起的土侧压力
12		汽车制动力
13		疲劳荷载
14		人群荷载
15		风荷载
16		流水压力
17		冰压力
18		波浪力
19		温度(均匀温度和梯度温度)作用
20		支座摩阻力
21	偶然作用	船舶的撞击作用
22		漂流物的撞击作用
23		汽车撞击作用
24	地震作用	地震作用

2.3.2 作用代表值

作用代表值是指结构或构件设计时,针对不同设计目的所采用的各种作用代表值。《公路桥规》规定的作用代表值包括作用标准值、组合值、频遇值和准永久值。

永久作用采用标准值作为代表值。永久作用的标准值可根据统计、计算,并结合工程经验综合分析确定。

可变作用的代表值分为可变作用的标准值、组合值、频遇值和准永久值。可根据不同设计状况及两种极限状态计算来选择。

1. 作用的标准值

作用的标准值是结构或构件设计时,采用的各种作用的基本代表值。其值可根据作用在设计基准期内最大概率分布的某一分位值确定;若无充分资料,可根据工程经验,经分析后确定。

作用的标准值是设计的主要计算参数,是作用的基本代表值,作用的其他代表值都是以它为基础再乘相应的系数后得到的。

作用的标准值可按《公路桥涵设计通用规范》(JTG D60—2015)规定采用。

2. 可变作用的组合值

当结构或构件承受两种或两种以上的可变作用时,考虑这些可变作用不可能同时以最大值(作用标准值)出现,因此,除了一个可变作用(公路桥涵上一般取汽车荷载作用,又称主导可变作用)取标准值外,其余的可变作用都取“组合值”。这样,两种或两种以上的可变作用参与的情况与仅有一种可变作用的情况相比较，结构或构件具有大致相同的可靠指标。

可变作用的组合值可以由可变作用的标准值 Q_{jk} 乘组合值系数 ψ_c 得到。

3. 可变作用的频遇值

可变作用的频遇值是指在设计基准期内，可变作用超越的总时间为规定的较小比率或超越频率限制在规定频率内的作用值。它是指结构上较频繁出现的且量值较大的可变作用的取值。

可变作用频遇值可以由可变作用标准值 Q_{jk} 乘频遇值系数 ψ_{f1} 得到。

4. 可变作用的准永久值

可变作用的准永久值是指在设计基准期内，可变作用超越的总时间占设计基准期的比率较大的作用值。它是对在结构上经常出现的且量值较小的荷载作用取值。

可变作用的准永久值可以由可变作用标准值 Q_{jk} 乘准永久值系数 ψ_{qj} 得到。

2.3.3 作用组合

在进行公路桥涵结构设计时应当考虑结构或构件上可能出现的多种作用，例如桥涵结构或构件上除构件永久作用（如自重等）外，可能同时出现汽车荷载、人群荷载等可变作用。《公路桥规》要求这时应按承载能力极限状态和正常使用极限状态，结合相应的设计状况进行作用组合，并取其最不利作用组合的效应值进行设计计算。

作用组合指在是不同作用的同时影响下，为保证某一极限状态的结构具有必要的可靠性而采用的一组设计值，而作用最不利组合是指所有可能的作用组合中对结构或构件产生最不利的一组作用组合。

1. 承载能力极限状态计算时作用组合

《公路桥规》规定按承载能力极限状态设计时，对持久状况和短暂状况应采用作用的基本组合，对偶然状况应采用作用的偶然组合，对地震状况应采用作用的地震组合。

（1）基本组合。

基本组合是永久作用设计值与可变作用设计值相组合，基本表达式为

$$S_{ud}=\gamma_0 S\left(\sum_{i=1}^{m}\gamma_{Gi}G_{ik},\gamma_{Q1}\gamma_L Q_{1k},\psi_c\sum_{j=2}^{n}\gamma_{Lj}\gamma_{Qj}Q_{jk}\right) \tag{2-12}$$

或

$$S_{ud}=\gamma_0 S\left(\sum_{i=1}^{m}G_{id},Q_{1d},\sum_{j=2}^{n}Q_{jd}\right) \tag{2-13}$$

式中：S_{ud}——承载能力极限状态下作用基本组合的效应设计值；

$S(\cdot)$——作用组合的效应函数；

γ_0——桥梁结构的重要性系数，按结构设计安全等级采用，对于公路桥涵，安全等级一级、二级和三级，结构重要性系数分别为1.1、1.0和0.9；

γ_{Gi}——第 i 个永久作用效应的分项系数，当永久作用效应（结构重力和预应力作用）对结构承载力不利时，$\gamma_{Gi}=1.2$；对结构承载力有利时，$\gamma_{Gi}=1.0$，其他永久作用效应的分项系数详见《公路桥规》；

G_{ik}、G_{id}——第 i 个永久作用的标准值和设计值；

γ_{Q1}——汽车荷载(含汽车冲击力、离心力)的分项系数,采用车道荷载计算时,取$\gamma_{Q1}=1.4$,采用车辆荷载计算时,其分项系数取$\gamma_{Q1}=1.8$;当某个可变作用在组合中的效应值超过汽车荷载效应时,则该作用取代汽车荷载,其分项系数$\gamma_{Q1}=1.4$;对专为承受某作用而设置的结构或装置,设计时该作用的分项系数取$\gamma_{Q1}=1.4$;计算人行道板和人行道栏杆的局部荷载,其分项系数$\gamma_{Q1}=1.4$;

Q_{1k}、Q_{1d}——汽车荷载(含汽车冲击力、离心力)的标准值和设计值;

γ_{Qj}——在作用组合中除汽车荷载效应(含汽车冲击力、离心力)、风荷载外的其他第j个可变作用的分项系数,取$\gamma_{Qj}=1.4$,但风荷载的分项系数取$\gamma_{Qj}=1.1$;

Q_{jk}、Q_{jd}——在作用组合中除汽车荷载效应(含汽车冲击力、离心力)外的其他第j个可变作用的标准值和设计值;

ψ_c——在作用组合中除汽车荷载效应(含汽车冲击力、离心力)外的其他可变作用的组合系数,取$\psi_c=0.75$;

γ_L、γ_{Lj}——汽车荷载和第j个可变作用的结构设计使用年限荷载调整系数,$\gamma_L=1.0$。公路桥涵结构的设计使用年限按《公路桥涵设计通用规范》(JTG D60—2015)表1.0.4取值时,$\gamma_{Lj}=1.0$;否则,γ_{Lj}取值应按专题研究确定。

《公路桥规》规定,当作用与作用效应可按线性关系考虑时,作用基本组合的效应设计值可通过作用效应代数相加计算,这时,式(2-12)变为

$$S_{ud}=\gamma_0 S\left(\sum_{i=1}^{m}\gamma_{Gi}G_{ik}+\gamma_{Q1}\gamma_{L1}Q_{1k}+\psi_c\sum_{j=2}^{n}\gamma_{Lj}\gamma_{Qj}Q_{jk}\right) \tag{2-14}$$

式中符号意义同前。

(2)偶然组合。

偶然组合是永久作用标准值与可变作用某种代表值、一种偶然作用设计值相组合。与偶然作用同时出现的可变作用,可根据观测资料和工程经验取用频遇值或准永久值。其表达式为

$$S_{ud}=S\left[\sum_{i=1}^{m}G_{ik},A_d,(\psi_{f1}\text{或}\psi_{q1})Q_{1k},\sum_{j=2}^{n}\psi_{qj}Q_{jk}\right] \tag{2-15}$$

式中: S_{ud}——承载能力极限状态下作用偶然组合的效应设计值;

A_d——偶然作用的设计值;

ψ_{f1}——汽车荷载(含汽车冲击力、离心力)的频遇值系数,取$\psi_{f1}=0.7$;当某个可变作用在组合中的效应值超过汽车荷载效应时,则该作用取代汽车荷载,人群荷载$\psi_f=1.0$,风荷载$\psi_f=0.75$,温度梯度作用$\psi_f=0.8$,其他作用$\psi_f=1.0$;

$\psi_{f1}Q_{1k}$——汽车荷载的频遇值;

ψ_{q1}、ψ_{qj}——第1个和第j个可变作用效应的准永久值系数,汽车荷载(含汽车冲击力、离心力)$\psi_q=0.4$,人群荷载$\psi_q=0.4$,风荷载$\psi_q=0.75$,温度梯度作用$\psi_q=0.8$,其他作用$\psi_q=1.0$;

$\psi_{q1}Q_{1k}$、$\psi_{qj}Q_{jk}$——第1个和第j个可变作用的准永久值。

当作用与作用效应可按线性关系考虑时，作用偶然组合的效应设计值可通过作用效应代数相加计算。

(3)地震组合。

地震组合的效应设计值及其表达式按《公路工程抗震规范》(JTG B02—2013)的有关规定计算。

2. 正常使用极限状态计算时作用组合

《公路桥规》规定按正常使用极限状态设计计算时，应根据不同的设计要求，采用作用的频遇组合或准永久组合。

(1)频遇组合。

频遇组合是永久作用标准值与汽车荷载频遇值、其他可变作用准永久值相组合，其设计值的计算表达式为

$$S_{fd} = S\left(\sum_{i=1}^{m} G_{ik}, \psi_{f1} Q_{1k}, \sum_{j=2}^{n} \psi_{qj} Q_{jk}\right) \tag{2-16}$$

式中：S_{fd}——作用频遇组合的效应设计值；

ψ_{f1}——汽车荷载(不计汽车冲击力)频遇值系数，取0.7；

ψ_{qj}——其他可变作用准永久值系数，人群荷载$\psi_q=0.4$，风荷载$\psi_q=0.75$，温度梯度作用$\psi_q=0.8$，其他作用$\psi_q=1.0$。

其他符号意义同前。

(2)准永久组合。

准永久组合是永久作用标准值与可变作用准永久值的组合，其设计值的计算表达式为

$$S_{qd} = S\left(\sum_{i=1}^{m} G_{ik}, \sum_{j=1}^{n} \psi_{qj} Q_{jk}\right) \tag{2-17}$$

式中：S_{qd}——作用准永久组合的效应设计值；

ψ_{qj}——汽车荷载(不计汽车冲击力)准永久值系数，取0.4。

其他符号意义同前。

例题 2-1 钢筋混凝土简支梁桥主梁在结构重力、汽车荷载和人群荷载作用下，分别在主梁的1/4跨处产生的弯矩标准值为：结构重力弯矩$M_{Gk}=560\text{kN}\cdot\text{m}$，汽车荷载弯矩$M_{Q1k}=500\text{kN}\cdot\text{m}$(已计入冲击系数)，人群荷载弯矩$M_{Q2k}=45\text{kN}\cdot\text{m}$。结构安全等级为二级，结构重要性系数$\gamma_0=1.0$。试进行设计时的作用效应组合计算。

解：1. 承载能力极限状态设计时作用效应基本组合

因为恒载作用效应对结构承载能力不利，所以取永久作用效应的分项系数$\gamma_{G1}=1.2$；汽车荷载效应的分项系数为$\gamma_{Q1}=1.4$；人群荷载作用效应的分项系数$\gamma_{Q2}=1.4$。本组合为永久作用与汽车荷载和人群荷载组合，故取人群荷载的组合系数为$\psi_c=0.75$。

结构的设计使用年限按《公路工程结构可靠性设计统一标准》(JTG 2120—2020)取值，故可变作用的结构设计使用年限荷载调整系数$\gamma_{L1}=1.0$，$\gamma_{L2}=1.0$。

承载能力极限状态下作用基本组合的效应设计值为

$$
\begin{aligned}
M_{ud} &= \gamma_0(\gamma_{G1}M_{Gk} + \gamma_{Q1}\gamma_{L1}M_{Q1k} + \psi_c\gamma_{L2}\gamma_{Q2}M_{Q2k}) \\
&= 1.0 \times (1.2 \times 560 + 1.4 \times 1.0 \times 500 + 0.75 \times 1.0 \times 1.4 \times 45) \\
&= 1419.25(\mathrm{kN \cdot m})
\end{aligned}
$$

2. 正常使用极限状态设计时作用效应组合

(1)频遇组合。

根据《公路桥规》规定,汽车荷载作用不应计入冲击系数,经计算得到不计冲击系数的汽车荷载弯矩标准值为 $M_{Q1k}=416.66\mathrm{kN \cdot m}$。汽车荷载频遇值系数 $\psi_{f1}=0.7$,人群荷载的准永久值系数 $\psi_{q2}=0.4$,由式(2-16)可得到作用频遇组合的效应设计值为

$$
\begin{aligned}
M_{fd} &= M_{Gk} + \psi_{f1}M_{Q1k} + \psi_{q2}M_{Q2k} \\
&= 560 + 0.7 \times 416.66 + 0.4 \times 45 \\
&= 869.662(\mathrm{kN \cdot m})
\end{aligned}
$$

(2)准永久组合。

不计冲击系数的汽车荷载弯矩标准值为 $M_{Q1k}=416.66\mathrm{kN \cdot m}$,汽车荷载作用的准永久值系数 $\psi_{q1}=0.4$,人群荷载的准永久值系数 $\psi_{q2}=0.4$,由式(2-17)可得到作用准永久组合的效应设计值为

$$
\begin{aligned}
M_{qd} &= M_{Gk} + \psi_{q1}M_{Q1k} + \psi_{q2}M_{Q2k} = 560 + 0.4 \times 416.66 + 0.4 \times 45 \\
&= 744.664(\mathrm{kN \cdot m})
\end{aligned}
$$

思考题与习题

2-1 桥梁结构的功能要求包括哪几个方面的内容?

2-2 什么叫结构的极限状态?我国《公路桥规》规定了哪几类结构的极限状态?

2-3 试解释以下名词:结构可靠度、可靠指标、目标可靠指标。

2-4 我国《公路桥规》规定了哪四种结构的设计状况?

2-5 结构承载能力极限状态和正常使用极限状态设计计算的原则是什么?

2-6 承载能力极限状态设计计算时一般应采用哪三种作用组合?

2-7 正常使用极限状态设计计算时一般应采用哪两种作用组合?

2-8 钢筋混凝土梁的支点截面处,结构重力产生的剪力标准值 $V_{Gk}=180\mathrm{kN}$;汽车荷载产生的剪力标准值 $V_{Q1k}=263\mathrm{kN}$,冲击系数 $(1+\mu)=1.2$;人群荷载产生的剪力标准值 $V_{Q2k}=53\mathrm{kN}$;温度梯度作用产生的剪力标准值 $V_{Q3k}=43\mathrm{kN}$。试进行正常使用极限状态设计时的作用效应组合计算。

第 3 章

钢筋混凝土材料的物理力学性能

钢筋混凝土是由钢筋和混凝土这两种力学性能不同的材料组成的。为了正确、合理地进行钢筋混凝土结构设计,必须深入了解钢筋混凝土结构及其构件的受力性能和特点。而对于混凝土和钢筋材料的物理力学性能(强度和变形的变化规律)的了解,则是掌握钢筋混凝土结构的构件性能以及进行分析和设计的基础。

3.1 混凝土的物理力学性能

3.1.1 混凝土的强度

1. 单轴向应力状态下混凝土的强度

实际工程中的混凝土结构和构件一般处于复合应力状态,单轴向应力状态下混凝土的强度是复合应力状态下混凝土的强度的基础和重要参数。

混凝土试件的大小和形状、试验方法和加载速率都会影响混凝土强度的试验结果,因此各国对各种单轴向应力状态下的混凝土强度规定了统一的标准试验方法。

(1)混凝土立方体抗压强度。

由于混凝土立方体试件的强度比较稳定,因此我国把立方体抗压强度值作为混凝土强度的基本指标,并把立方体抗压强度作为评定强度等级的标准。我国《混凝土物理力学性能试验方法标准》(GB/T 50081—2019)规定以边长为 150mm 的立方体为标准试件,在(20 ± 2)℃的温度和相对湿度在 95% 以上的潮湿空气中养护 28d,按照标准制作方法和试验方法将测得的抗压强度作为混凝土的立方体抗压强度,用符号 f_{cu} 表示,单位为 MPa。

试验方法对混凝土的立方体抗压强度有较大影响。试件在试验机上单轴受压时,竖向缩短，横向扩张，由于压力机垫板的横向变形远小于混凝土的横向变形，所以垫板就通过接触面上的摩擦力来约束混凝土试块的横向变形，延缓了裂缝的开展，从而提高了试件的极限抗压强度。当压力达到极限强度时，试件首先沿斜向破裂，然后四周的混凝土脱落，如图3-1a）所示。如果在试件上下表面涂抹润滑剂，试件与压力机垫板间的摩擦力将大大减小，其横向变形几乎不受约束，试件将沿着平行于力的作用方向产生几条裂缝而破坏，测得的抗压强度就低，如图3-1b）所示。我国规定的标准试验方法是不涂润滑剂的。

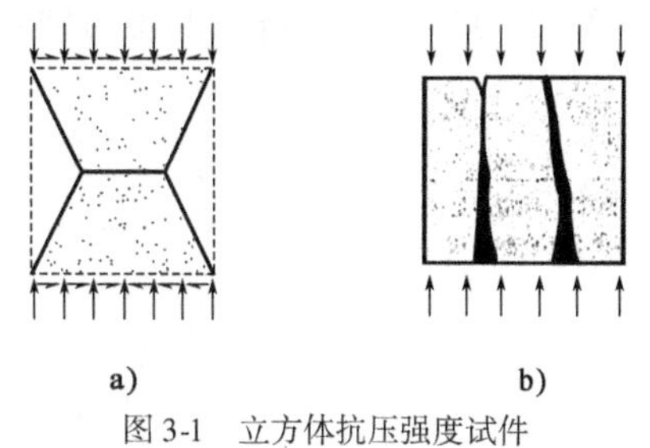

图3-1 立方体抗压强度试件

a）承压板与试件表面之间未涂润滑剂时；b）承压板与试件表面之间涂润滑剂时

当试件上下表面不涂润滑剂加压时，不同尺寸的立方体测得的抗压强度是不同的，尺寸越小，强度越高，这种现象习惯上常称为“尺寸效应”。故当采用非标准立方体试件时，所得的强度应进行换算。在实际工程中，当采用边长为200mm和100mm的混凝土立方体试件时，其强度换算系数分别可取1.05和0.95。

另外，试验时加载速度对立方体强度亦有影响，加载速度越快，测得的强度越高。混凝土的立方体抗压强度随着成型后混凝土的龄期逐渐增长，因此试验方法中规定龄期为28d。

《公路桥规》规定混凝土强度等级按立方体抗压强度标准值确定混凝土立方体抗压强度，用符号$f_{cu,k}$表示，下标cu表示立方体，k表示标准值。即用上述标准试验方法测得的具有95%保证率的立方体抗压强度作为混凝土立方体抗压强度标准值。可按下式确定：

$$f_{cu,k} = f_{cu}(1 - 1.645\delta_f) \tag{3-1}$$

式中：f_{cu}——边长为150mm的立方体试件抗压强度的平均值（MPa）；

δ_f——混凝土的变异系数。

根据混凝土立方体抗压强度标准值进行混凝土强度等级的划分，称为混凝土强度等级，即有C25、C30、C35、C40、C45、C50、C55、C60、C65、C70、C75、C80共12个等级。钢筋混凝土构件的混凝土强度等级不低于C25，采用强度标准值400MPa及以上钢筋配筋时，不低于C30。预应力混凝土结构的混凝土强度等级不低于C40。

（2）混凝土的轴心抗压强度。

混凝土的抗压强度不仅与试件的尺寸有关，也同它的形状有关。采用棱柱体比立方体能更好地反映混凝土结构的实际抗压能力。用混凝土棱柱体试件测得的抗压强度称为轴心抗压强度。

我国《混凝土物理力学性能试验方法标准》（GB/T 50081—2019）规定以150mm×150mm×300mm的棱柱体作为测定混凝土轴心抗压强度试验的标准试件。棱柱体试件与立方体试件的制作条件相同，试件上、下表面不涂润滑剂。棱柱体的抗压试验及试件破坏情况如图3-2所示。因为棱柱体试件的高度越大，压力机压板与试件之间的摩擦力对试件高度中部的横向变形的约束影响越小，所以棱柱体试件的抗压强度都比立方体的抗压强度值小，且棱柱体试件高宽比越大，强度越小。但是，当高宽比达到一定值后，这种影响就不明显了。在确定棱柱体试件尺寸时，一方面要考虑试件具有足够的高度以不受压力机与承压面间摩擦力的影响，在试件的中间区段形成纯压状态，另一方面要考虑避免试件过高，在破坏前产生较大的附加偏心而降低抗压强度。根据资料，一般认为试件高宽比为 2～3 时可以基本消除上述两种因素的影响。

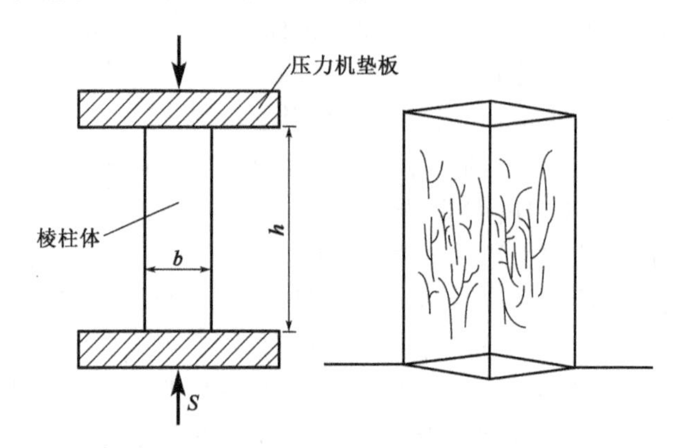

图 3-2　混凝土棱柱体抗压试验和破坏情况

《公路桥规》规定，混凝土轴心抗压强度标准值按照上述棱柱体试验测得的具有 95% 保证率的强度确定，用符号 f_{ck} 表示，下标 c 表示受压，k 表示标准值。

图 3-3 是根据我国所做的混凝土轴心抗压强度与立方体抗压强度对比试验的结果。由图 3-3 可以看到，试验值 f_{ck}^0 与 $f_{cu,k}^0$ 的统计平均值大致呈一条直线，它们的比值大致在 0.70～0.92 的范围内变化，强度大的比值大些。这里的上标 0 表示试验值。

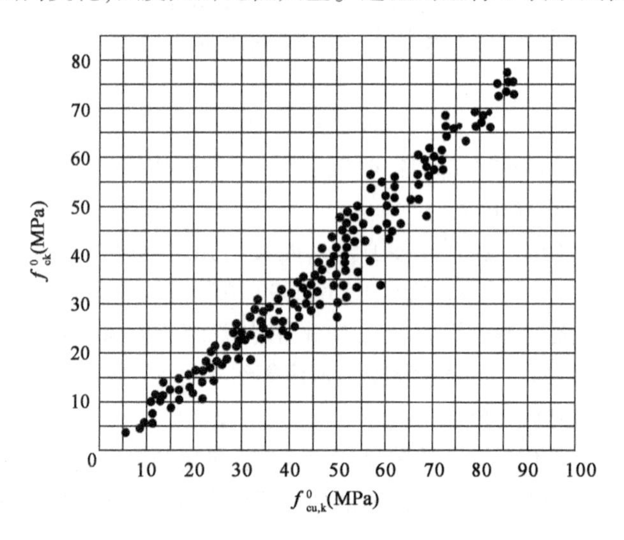

图 3-3　混凝土轴心抗压强度与立方体抗压强度的关系

考虑实际构件制作、养护和受力情况方面与试件的差别，实际构件强度与试件强度之间将存在差异，《公路桥规》中轴心抗压强度标准值与立方体抗压强度标准值的关系按下式确定：

$$f_{ck} = 0.88\,\alpha_{c1}\alpha_{c2} f_{cu,k} \tag{3-2}$$

式中：α_{c1}——棱柱体抗压强度与立方体抗压强度比值；对 C50 及以下混凝土，取 α_{c1} = 0.76；对 C55～C80 混凝土，取 α_{c1} = 0.78～0.82；

α_{c2}——混凝土的脆性折减系数，C40 以下取$\alpha_{c2}=1.00$，对于 C80，取$\alpha_{c2}=0.87$，中间按直线插入取值，混凝土轴心抗压强度标准值就是按式(3-2)计算。

0.88——考虑实际构件与试件混凝土强度之间的差异而取用的折减系数。

国外常采用混凝土圆柱体试件来确定混凝土轴心抗压强度。例如，美国、日本和欧洲国际混凝土协会(CEB)都采用直径 6 英寸(152mm)、高 12 英寸(305mm)的圆柱体标准试件的抗压强度作为轴心抗压强度指标，记作f'_c。对于 C60 以下的混凝土，圆柱体抗压强度f'_c和立方体抗压强度标准值$f_{cu,k}$之间的关系可按式(3-3)计算。当$f_{cu,k}$值超过 60MPa 时，随着抗压强度的增加，f'_c与$f_{cu,k}$的比值也增加。CEB-FIP(欧洲国际混凝土协会和国际预应力预应力混凝土协会)给出：对于 C60 的混凝土，比值为 0.833；对于 C70 的混凝土，比值为0.857；对于 C80 混凝土，比值为 0.875。

$$f'_c=0.79f_{cu,k} \tag{3-3}$$

(3)混凝土的轴心抗拉强度。

轴心抗拉强度是混凝土的基本力学指标之一，其标准值用f_{tk}表示，下标 t 表示受拉，k 表示标准值。混凝土的轴心抗拉强度可采用轴心拉伸试验或劈裂试验方法测定。

混凝土轴心拉伸试验的试件可采用两端预埋钢筋的混凝土棱柱体试件(图 3-4)。试验时用试验机的夹具夹紧试件两端外伸的钢筋并施加拉力，破坏时试件在没有钢筋的中部截面被拉断，其平均拉应力即为混凝土的轴心抗拉强度。

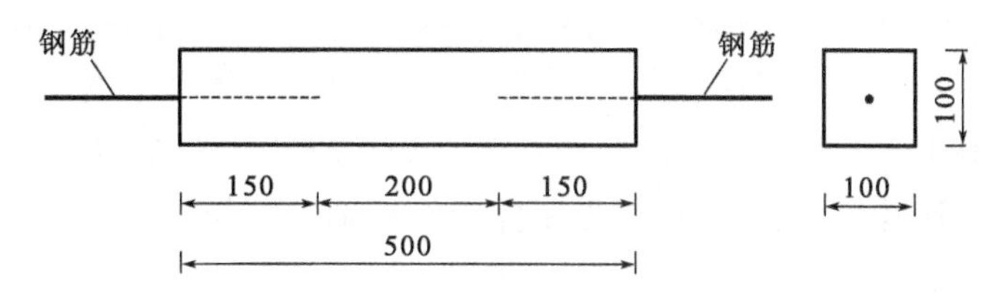

图 3-4　混凝土轴心拉伸试验试件(尺寸单位：mm)

由于混凝土内部具有不均匀性，加之安装试件存在偏差等，准确测定轴心抗拉强度是很困难的。所以，国内外也常用劈裂试验来间接测试混凝土的轴心抗拉强度。

劈裂试验是采用立方体或圆柱体试件与压力机压板之间放置钢垫条及三合板(或纤维板)垫层(图 3-5)，压力机通过垫条对试件中心面施加均匀的条形分布荷载。这样，除垫条附近外，在试件中间垂直面上就产生了拉应力，它的方向与加载方向垂直，并且基本上是均匀的。当拉应力达到混凝土的抗拉强度时，试件即被劈裂成两半。我国规范采用边长为 150mm 的立方体作为标准试件进行混凝土劈裂抗拉强度测定，按照规定的试验方法操作，则混凝土劈裂抗拉强度试验值f_t^0按下式计算：

$$f_t^0=\frac{2F}{\pi A}=0.637\frac{F}{A} \tag{3-4}$$

式中：F——劈裂破坏荷载(N)；

A——试件劈裂面面积(mm^2)。

试验表明，劈裂抗拉强度略大于直接受拉强度，应乘 0.9 的换算系数。

试验表明，轴心抗拉强度只有立方体抗压强度的 1/18 ~ 1/8，混凝土等级越高，这个比值越小。考虑构件与试件的差别、尺寸效应、加载速度等因素的影响，《公路桥规》中混

凝土轴心抗拉强度标准值与立方体抗压强度标准值的关系为

$$f_{tk}=0.88\times0.395f_{cu,k}^{0.55}(1-1.645\delta_f)^{0.45} \tag{3-5}$$

式中：　δ_f——混凝土变异系数；

0.88——取值与式(3-2)中相同；

0.395、0.55——轴心抗拉强度与立方体抗压强度之间的折减系数。

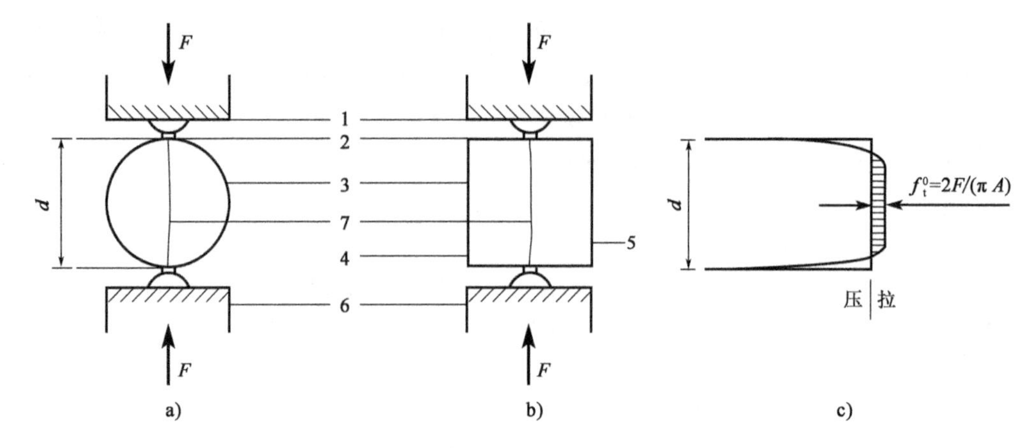

图3-5　混凝土劈裂试验示意图

a)用圆柱体进行劈裂试验；b)用立方体进行劈裂试验；c)劈裂面水平应力分布

1-压力机上压板；2-垫条；3-试件；4-试件浇筑顶面；5-试件浇筑底面；6-压力机下压板；7-试件破裂线

综上，由混凝土立方体抗压强度标准值$f_{cu,k}$，分别通过式(3-2)和式(3-5)可以得到相应混凝土强度等级的混凝土轴心抗压强度标准值和轴心抗拉强度标准值。《公路桥规》中的取值见附表1-1。

在对结构构件进行变形、裂缝宽度验算时，应采用材料强度的标准值；计算截面承载力时，要用比材料强度标准值小的材料强度设计值。材料强度设计值等于材料强度标准值除以材料性能分项系数。《公路桥规》取混凝土轴心抗压强度和轴心抗拉强度的材料性能分项系数为1.45。由此，可得到《公路桥规》对混凝土轴心抗压强度设计值f_{cd}和轴心抗拉强度设计值f_{td}，见附表1-1。

2. 复合应力状态下混凝土的强度

(1)双向应力状态。

在实际结构中，混凝土很少处于单轴向应力状态，往往是处于复合应力状态。研究复合应力状态下混凝土的强度，对认识混凝土的强度理论也有重要意义。

在两个互相垂直的平面上作用着法向应力σ_1和σ_2，第三个平面上的应力为零的双向应力状态下，混凝土的破坏包络图如图3-6所示，图中σ_0是单轴向应力状态下的混凝土抗压强度。一旦超出包络线，就意味着材料发生破坏。图中第一象限为双向受拉区，σ_1、σ_2相互影响不大，不同应力比值σ_1/σ_2下的双向受拉强度均接近于单向受拉强度。第三象限为双向受压区，大体上一向的强度随着另一向压力的增加而增加，混凝土双向受压强度比单向受压强度最多可提高27%。第二、四象限为拉-压应力状态，此时混凝土的强度均低于单向抗拉或单向抗压时的强度。

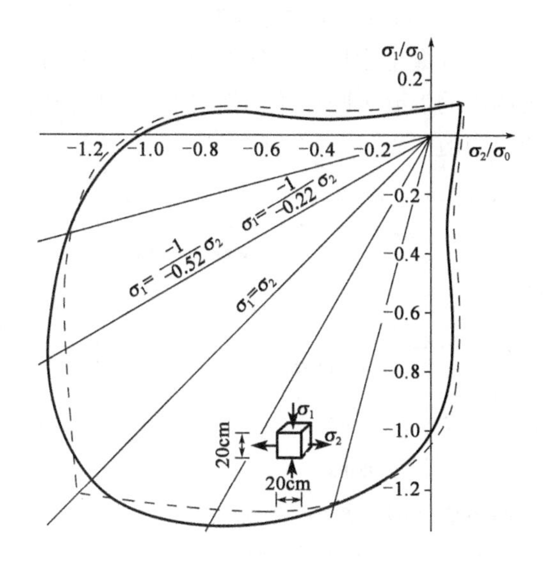

图 3-6 双向应力状态下混凝土破坏包络图

图 3-7 为法向应力与剪应力组合的强度曲线，压应力低时，抗剪强度随应力的增大而增大，当压应力约超过 $0.6f_c$，即 C 点时，抗剪强度随压应力的增大而减小。

此曲线也说明由于存在剪应力，混凝土的抗压强度要低于单向抗压强度。此外，由图 3-7还可以看出，抗剪强度随着拉应力的增大而减小，也就是说，剪应力的存在会使抗拉强度降低。

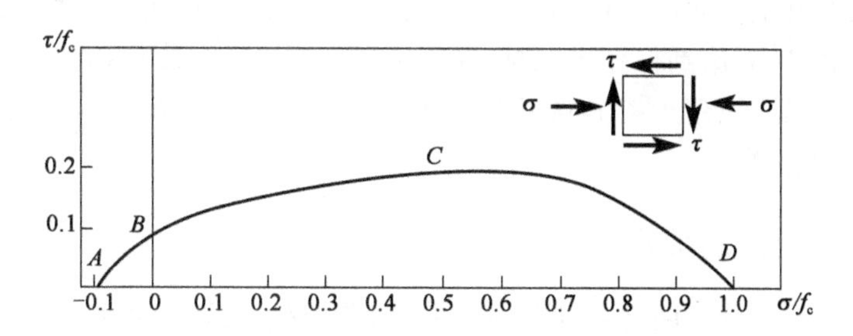

图 3-7 法向应力和剪应力组合的破坏曲线

A-轴心受拉；B-纯剪；C-剪压；D-轴心受压

(2)三向受压状态。

三向受压状态下混凝土圆柱体的轴向应力-应变曲线可以由周围加液压加以约束的圆柱体进行加压试验得到，在加压过程中保持液压为常值，逐渐增加轴向压力直至破坏，并量测其轴向应变的变化。从图 3-8 中可以看出，随着侧向压力的增加，试件的强度和应变都有显著提高。

混凝土在三向受压的情况下，由于受到侧向压应力的约束作用，最大主压应力轴的抗压强度 $f_{cc}(\sigma_1)$ 有较大程度的增长，其变化规律随两侧向压应力(σ_2,σ_3)的比值和大小而不同。常规的三轴受压是在圆柱体周围加液压，在两侧向等压($\sigma_2=\sigma_3=f_L>0$)的情况下进行的。试验表明，当侧向液压值不是很大时，最大主压应力轴的抗压强度 f_{cc} 随侧向应力的增大而提高，由试验得到的经验公式为

$$f_{cc}=f'_c+(4.5\sim7.0)f_L \tag{3-6}$$

式中:f_{cc}——有侧向压力约束混凝土圆柱体试件的轴心抗压强度;

f'_c——无侧向压力约束的混凝土圆柱体试件的轴心抗压强度;

f_L——侧向约束压应力值。

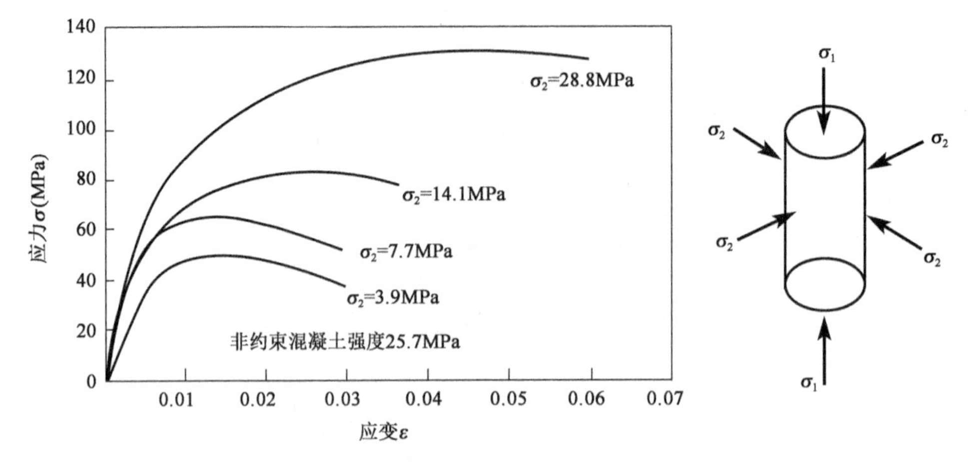

图 3-8　混凝土圆柱体三向受压试验时轴力应力-应变曲线

式(3-6)中,f_L前的数字为侧向应力系数,平均值为5.6,当侧向压应力较低时得到的系数值较高。

工程上可以通过设置密排螺旋筋或箍筋来约束混凝土,从而改善钢筋混凝土构件的受力性能。在混凝土轴向压力很小时,螺旋筋或箍筋几乎不受力,此时混凝土基本不受约束,当混凝土轴向应力达到临界应力时,混凝土内部裂缝引起体积膨胀使螺旋筋或箍筋受拉,反过来,螺旋筋或箍筋约束了混凝土,形成与液压约束相似的条件,从而使混凝土的应力-应变性能得到改善。

3.1.2　混凝土的变形

混凝土的变形可分为两类:混凝土在一次短期加载、长期荷载和多次重复荷载作用下都会产生变形,称为受力变形;混凝土的收缩以及温度和湿度变化产生的变形,称为体积变形。混凝土的变形是混凝土重要的物理力学性能之一。

1. 混凝土在短期加载作用下的变形性能

(1)一次短期加载时混凝土的应力-应变曲线。

混凝土在一次短期加载过程中的应力-应变关系是混凝土最基本的力学性能之一。它是研究钢筋混凝土构件强度、裂缝、变形、延性以及进行非线性全过程分析所需的重要依据。

我国采用棱柱体试件来测定一次短期加载作用下混凝土受压应力-应变曲线,如图3-9所示。由图3-9可见,以峰值应力(抗压强度)为分界点,曲线由上升段、下降段两部分组成。曲线的上升段又可大体分为三个阶段,即OA、AB和BC段。当应力不超过峰值应力的30%~40%时,即OA段的应力-应变关系可视为直线,可以认为是混凝土的弹性阶段,A点称为比例极限。当应力超过A点而过渡到B点时,应力-应变曲线逐渐偏离直线而表现出明显的非弹性特征,混凝土处于裂缝稳定扩展阶段。应力超过B点后,塑性变形增大明显,混凝土处于裂缝快速不稳定发展阶段,直到应力达到峰值 C 点(f_c^0)转入下降阶段。CD 段应力快速下降,混凝土中裂缝继续扩展、贯通,使裂缝迅速发展,结构内部的整体性受到严重破坏,应力-应变曲线向下弯曲,直到凸向发生改变,曲线出现拐点 D。在 D 点之后,曲线凸向应变轴,此时只靠集料间的咬合力及摩擦力与残余承压面来承受荷载。随着变形的增加,应力-应变曲线逐渐凸向水平轴方向,此段曲线中曲率最大点 E 点称为收敛点。E 点以后主裂缝已很宽,对无侧限约束的混凝土,E 点以后的曲线 EF 已失去结构意义。

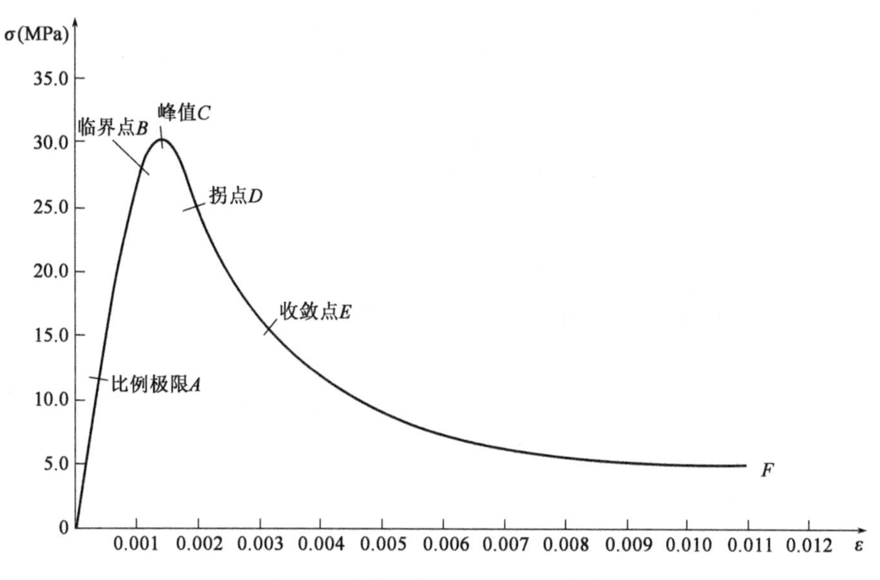

图 3-9 混凝土受压时应力-应变曲线

混凝土应力-应变曲线的形状和特征是混凝土内部发生变化的力学标志。不同强度的混凝土的应力-应变曲线有着相似的形状,但也有实质性的区别。图 3-10 为几种不同强度的混凝土的应力-应变曲线。由图 3-10 可知,尽管上升段和峰值变化不是很明显,但是下降段的形状有较大的差异,混凝土强度越高,下降段的坡度越陡,即应力下降相同幅度时变形越小,延性越差。另外,混凝土应力-应变曲线的形状与加载速度也有着密切的关系。

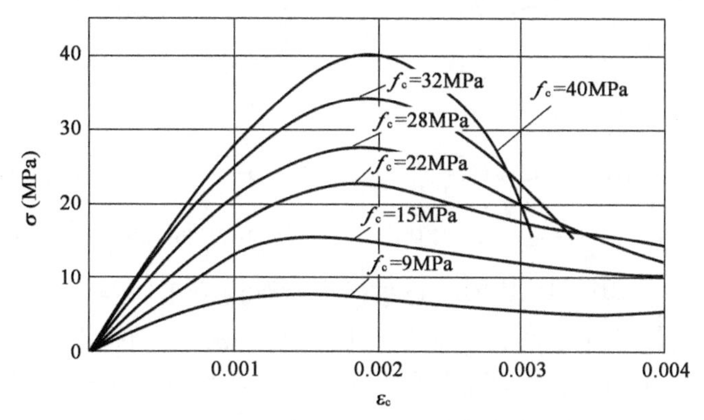

图 3-10 不同强度的混凝土的应力-应变曲线比较

(2)混凝土单轴向受压应力-应变曲线的数学模型。

对于混凝土构件而言,影响其应力-应变关系的因素较多,建立混凝土的应力-应变曲线方程(即本构关系)相对复杂。目前研究者通过对大量试验得到的应力-应变曲线进行统计回归分析，建立其应力-应变方程。这类公式形式多样，之所以出现不同的表达式，主要是因为试验方法不同及研究的侧重点不同。下面仅给出常见的两种描述混凝土单轴向受压的应力-应变曲线方程。

①美国 E. Hognestad 建议公式。

如图 3-11 所示，该公式的上升段为二次抛物线，下降段为直线。即

上升段，$\varepsilon < \varepsilon_0$

$$\sigma = f_c\left[2\frac{\varepsilon}{\varepsilon_0} - \left(\frac{\varepsilon}{\varepsilon_0}\right)^2\right] \tag{3-7}$$

下降段，$\varepsilon_0 \leqslant \varepsilon \leqslant \varepsilon_{cu}$

$$\sigma = f_c\left[1 - 0.15\frac{\varepsilon - \varepsilon_0}{\varepsilon_{cu} - \varepsilon_0}\right] \tag{3-8}$$

式中：f_c——峰值应力（混凝土棱柱体极限抗压强度）；

ε_0——相当于峰值应力时混凝土的应变，取 0.002；

ε_{cu}——混凝土极限压应变，取 0.0038。

②德国 Rüsch 建议公式。

如图 3-12 所示，该公式比较简单，上升段也采用二次抛物线，下降段则采用水平直线。即

当 $\varepsilon < \varepsilon_0$ 时

$$\sigma = f_c\left[2\frac{\varepsilon}{\varepsilon_0} - \left(\frac{\varepsilon}{\varepsilon_0}\right)^2\right] \tag{3-9}$$

当 $\varepsilon_0 \leqslant \varepsilon \leqslant \varepsilon_{cu}$时

$$\sigma = f_c \tag{3-10}$$

式中，取 $\varepsilon_0 = 0.002$，$\varepsilon_{cu} = 0.0033$。

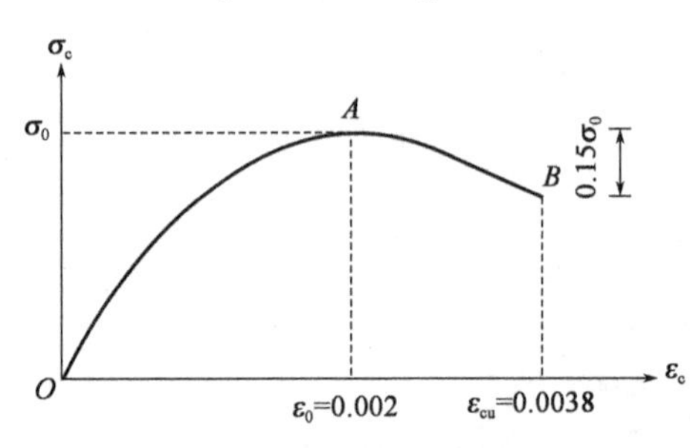

图 3-11　E. Hognestad 建议的混凝土应力-应变曲线

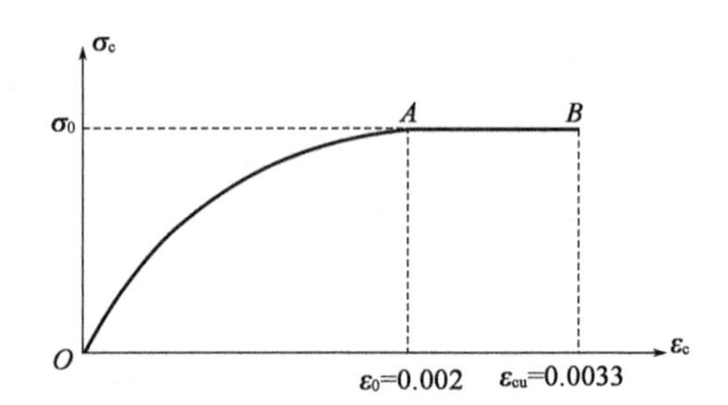

图 3-12　Rüsch 建议的混凝土应力-应变曲线

Rüsch 建议的模型因其形式简单，已被欧洲国际混凝土协会和国际预应力混凝土协会采用。我国采用较多的也是 Rüsch 建议的模型，《混凝土结构设计规范（2015 年版）》（GB 50010—2010）采用图 3-12 所示的混凝土受压应力-应变关系模式，式(3-9)中，ε_0 为混凝土压应力达到f_{cd}时的应变，其取值为：$\varepsilon_0 = 0.002 + 0.5(f_{cu,k} - 50) \times 10^{-5}$，当计算的 ε_0 值小于 0.002 时，取为 0.002；ε_{cu}为混凝土极限压应变，$\varepsilon_{cu} = 0.003 + (f_{cu,k} - 50) \times 10^{-5}$，当构件处于非均匀受压状态且计算的值大于 0.0033 时，取 0.0033，处于轴心受压状态时，取为 0.002；$f_{cu,k}$为混凝土立方体抗压强度标准值，f_c 取混凝土轴心抗压设计强度 f_{cd}。

(3)混凝土的变形模量。

如图 3-13 所示,混凝土材料与线弹性材料不同,混凝土受压的应力-应变关系是一条曲线,在不同的应力阶段,应力与应变之比是变量,因此不能称它为弹性模量,而称其为变形模量。混凝土的受压变形模量有三种表示方法:

①混凝土的原点弹性模量。

如图 3-13 所示,混凝土棱柱体受压时,在应力-应变曲线的原点(图中的 O 点)作一切线,其斜率为混凝土的原点模量,称为原点弹性模量,用 E_c' 表示。

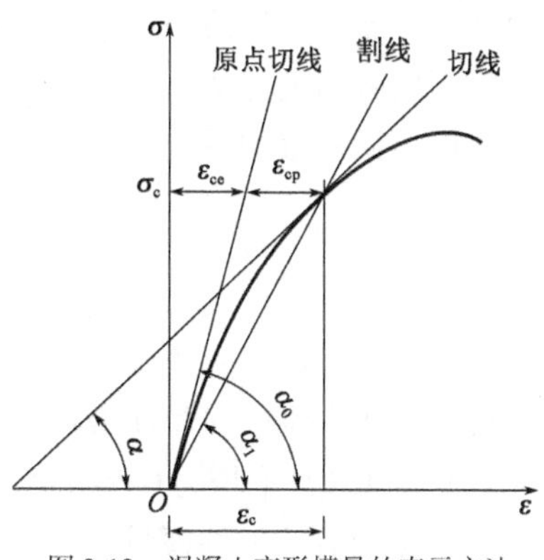

图 3-13 混凝土变形模量的表示方法

$$E_c' = \frac{\sigma_c}{\varepsilon_{ce}} = \tan\alpha_0 \tag{3-11}$$

式中:α_0——混凝土应力-应变曲线在原点处的切线与横轴的夹角(°)。

②混凝土的切线模量。

在混凝土应力-应变曲线上任一点应力 σ_c 处作一切线,切线与横坐标轴的交角为 α,则该处切线的斜率称为应力为 σ_c 时混凝土的切线模量 E_c'',即

$$E_c'' = \tan\alpha = \frac{d\sigma}{d\varepsilon} \tag{3-12}$$

可以看出,混凝土的切线模量是一个变量,它随着混凝土应力的增大而减小。

③混凝土的变形模量。

连接图 3-13 中 O 点至曲线上任一点应力为 σ_c 的割线的斜率即为变形模量,也称为割线模量或弹塑性模量,用 E_c''' 表示,即

$$E_c''' = \tan\alpha_1 = \frac{\sigma_c}{\varepsilon_c} \tag{3-13}$$

在某一应力 σ_c 下,混凝土应变 ε_c 由弹性应变 ε_{ce} 和塑性应变 ε_{cp} 组成,于是混凝土的变形模量与原点弹性模量的关系为

$$E_c''' = \frac{\sigma_c}{\varepsilon_c} = \frac{\varepsilon_{ce}}{\varepsilon_c} \cdot \frac{\sigma_c}{\varepsilon_{ce}} = \gamma E_c' \tag{3-14}$$

式中的 γ 为弹性特征系数,即 $\gamma = \varepsilon_{ce}/\varepsilon_c$。弹性特征系数 γ 与应力值有关,当 $\sigma_c \leq 0.5f_c$ 时,$\gamma = 0.8 \sim 0.9$;当 $\sigma_c = 0.9f_c$ 时,$\gamma = 0.4 \sim 0.8$。一般情况下,混凝土强度越高,γ 值越大。

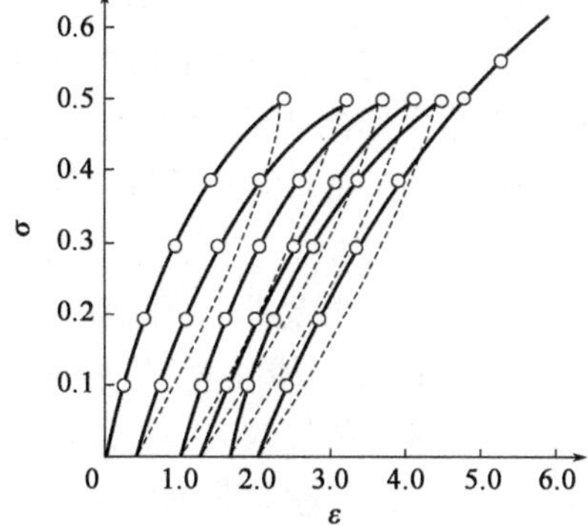

图 3-14 测定混凝土弹性模量的方法

目前我国《公路桥规》中给出的弹性模量 E_c 值是用下述方法测定的:试验采用混凝土棱柱体试件,取应力上限为 $\sigma = 0.5f_c$,然后卸荷至零,再重复加荷卸荷 5 ~ 10 次。由于混凝土具有非弹性性质,每次卸荷至零时,变形不能完全恢复,存在残余变形。随着荷载重复次数的增加,残余变形逐渐减小,重复 5 ~ 10 次后,变形已基本趋于稳定,应力-应变曲线接近直线(图 3-14),该直线的斜率即作为混凝土弹性模量的取值。因此,混凝

土弹性模量是根据混凝土棱柱体标准试件，用标准的试验方法所得的规定压应力值与其对应的压应变值的比值。

根据不同等级混凝土弹性模量试验值的统计分析，给出 E_c 的经验公式为

$$E_c=\frac{10^5}{2.2+\frac{34.74}{f_{cu,k}}} \tag{3-15}$$

式中：$f_{cu,k}$——混凝土立方体抗压强度标准值(MPa)。

根据原水利水电科学研究院的试验资料，混凝土的受拉弹性模量与受压弹性模量之比为0.82～1.12，平均为0.995，故可认为混凝土的受拉弹性模量与受压弹性模量相等。

混凝土的剪切弹性模量 G_c，一般可根据试验测得的混凝土弹性模量 E_c 和泊松比按式(3-16)确定。

$$G_c=\frac{E_c}{2(1+\mu_c)} \tag{3-16}$$

式中：μ_c——混凝土的横向变形系数(泊松比)。

取 $\mu_c=0.2$ 时，代入式(3-16)得到 $G_c=0.4E_c$。

2. 混凝土在重复荷载作用下的变形性能

将混凝土棱柱体试件加荷至某个应力值 σ_c，然后卸荷至零，并把这一循环多次重复下去，就称为重复荷载。在重复荷载作用下，混凝土存在着疲劳破坏问题。

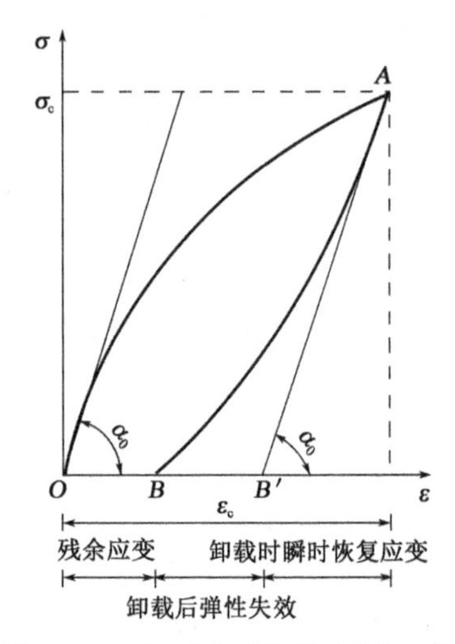

图3-15 一次短期加荷卸荷下混凝土的应力-应变曲线

图3-15所示为混凝土一次短期加荷卸荷时的受压应力-应变曲线。当加荷至 A 点后卸荷，卸荷应力-应变曲线为 AB。如果停留一段时间，再量测试件的变形，发现变形又恢复一部分而达到 B 点，则 BB' 对应的恢复变形称弹性后效，而不能恢复的变形 BO 称为残余应变。可以看出，混凝土一次短期加荷卸荷过程的应力-应变图形是一个环状曲线。

混凝土多次重复荷载作用下的应力-应变曲线如图3-16所示，图中表示了三种不同的应力重复作用的应力-应变曲线。试验表明，如果加荷卸荷循环多次进行，则将形成塑性变形的积累。只要重复应力的上限不超过图3-9中的 B' 点(该点对应的应力为体积变形由压缩转变为膨胀的临界应力)，则不论重复应力上限的大小如何，在一定循环次数内塑性变形的积累都为收敛的，即随着循环次数的增加，加荷卸荷应力-应变滞回环越来越接近一直线。但此后继续循环时，应力-应变关系的发展规律则与重复应力上限值的大小有关。一般地，当重复应力上限值不超过 $0.5f_c$ 时，如图3-16中的 σ_1 及 σ_2，则当应力-应变滞回环收敛成一直线后继续循环时，混凝土将处于弹性工作状态，加荷卸荷应力-应变曲线将循此直线往复，几乎可无限地循环下去；当重复应力上限值超过 $0.5f_c$ 时，则当应力-应变滞回环收敛成一直线后继续循环时，将在某一次循环后塑性变形重新开始出现，而且塑性变形的积累转变成发散的，且加载应力-应变曲线由原先向纵坐标轴方向凸转变成向横坐标方向凸。如此循环若

干次后，由于累积变形超过混凝土的变形能力而突然破坏，这种现象称为疲劳破坏。疲劳破坏是一种脆性破坏。使混凝土产生疲劳破坏的重复应力上限值称为疲劳应力。

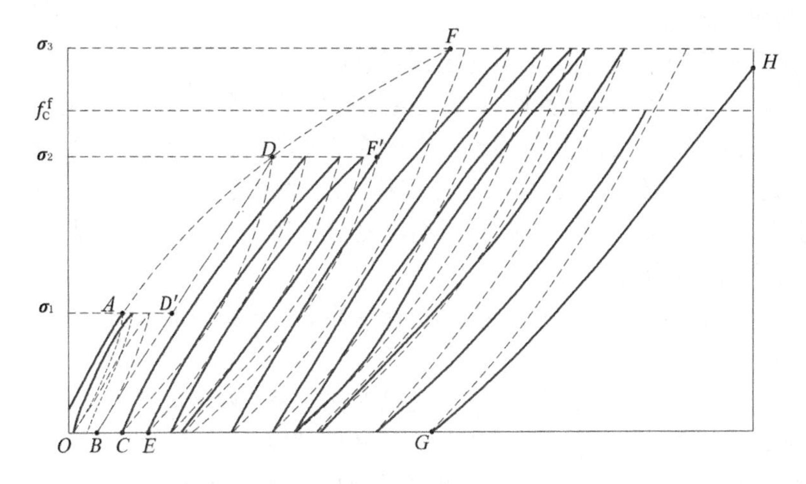

图 3-16　重复荷载作用下混凝土的应力-应变曲线

桥梁工程中，通常要求能承受 200 万次以上重复荷载并不得产生疲劳破坏，这一强度称为混凝土的疲劳强度 f_c^f，一般取 $f_c^f=0.5f_c$。

3. 混凝土在长期荷载作用下的变形性能

在长期荷载作用下，混凝土的变形将随时间而增加，亦即在应力不变的情况下，混凝土的应变随时间继续增长，这种现象称为混凝土的徐变。混凝土徐变变形是在长期荷载作用下混凝土结构随时间推移而增加的应变。

图 3-17 为 100mm × 100mm × 400mm 的棱柱体试件在相对湿度为 65%、温度为 20℃、承受 $\sigma=0.5f_c'$ 压应力并保持不变的情况下，变形与时间的关系曲线。

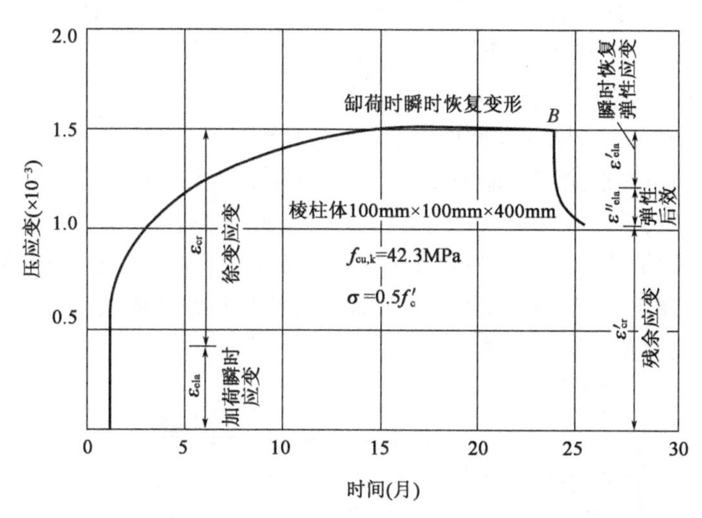

图 3-17　混凝土的徐变曲线

由图 3-17 可见，徐变的发展先快后慢，经过较长时间后逐渐趋于稳定。通常在最初 6 个月可达到最终徐变的 70% ~ 80%，24 个月的徐变变形约为加荷时立即产生的瞬时弹性变形的 2 ~ 4 倍，以后徐变变形增长逐渐缓慢。从图 3-17 还可以看到，在 B 点卸荷后，应变会恢复一部分，其中立即恢复的一部分应变称为混凝土瞬时恢复弹性应变ε'_{ela}；再经过一段时间(约20d)后才逐渐恢复的那部分应变被称为弹性后效ε''_{ela}；最后剩下的不可恢复的应变称为残余应变ε'_{cr}。

影响混凝土徐变的因素很多，其主要因素有：

(1)混凝土的应力。试验表明，混凝土的徐变与混凝土的应力大小有着密切的关系。应力越大，徐变越大，徐变随着混凝土应力的增加而增加。当混凝土的压应力$\sigma < 0.5f_c$时，徐变大致与应力呈线性关系。这种徐变称为线性徐变，线性徐变在加载初期增长较快，6个月时，一般完成徐变的大部分，后期徐变增长逐渐缓慢，一年后趋于稳定，一般认为3年左右徐变基本终止。

当压应力σ介于$(0.5 \sim 0.8)f_c$之间时，徐变的增长较应力的增长更快，这种情况称为非线性徐变。

当压应力$\sigma > 0.8f_c$时，混凝土的非线性徐变往往是不收敛的。

(2)加荷时混凝土的龄期。加荷时混凝土龄期越短，徐变越大。

(3)混凝土的组成成分和配合比。集料的弹性模量越小，徐变越大；集料的体积比越大，徐变越小；水灰比越小，徐变越小。

(4)养护及使用条件下的温度与湿度。混凝土养护时温度越高，湿度越大，水泥水化作用就越充分，徐变就越小。混凝土的使用环境温度越高，徐变越大；环境的相对湿度越低，徐变也越大。因此，高温干燥环境将使徐变显著增大。

(5)构件的尺寸。构件的尺寸越大，体表比越大，徐变就越小。

徐变对混凝土结构或构件的工作性能有很大的影响。混凝土的徐变会使构件的变形增加，在钢筋混凝土截面中引起应力重分布，在预应力混凝土结构中会造成预应力损失。

4. 混凝土的收缩和膨胀

混凝土在结硬过程中，体积会发生变化。当在空气中结硬时，体积会收缩；当在水中结硬时，体积会膨胀。一般情况下，混凝土的收缩值比膨胀值大很多，因此，分析研究混凝土收缩和膨胀的现象以收缩现象为主。

混凝土的收缩是一种随时间而增长的变形，如图3-18所示。混凝土结硬初期收缩变形发展很快，两周可完成全部收缩的25%，一个月可完成约50%，三个月后增长缓慢，一般两年后趋于稳定，最终收缩值为$(2 \sim 6) \times 10^{-4}$。此外，蒸汽养护混凝土的收缩值要小于常温养护下的收缩值。这是因为混凝土在蒸汽养护过程中，高温、高湿的条件加速了水泥的水化和凝结硬化，一部分游离水由于水泥水化作用被快速吸收，使脱离试件表面蒸发的游离水减少，因此其收缩变形减小。

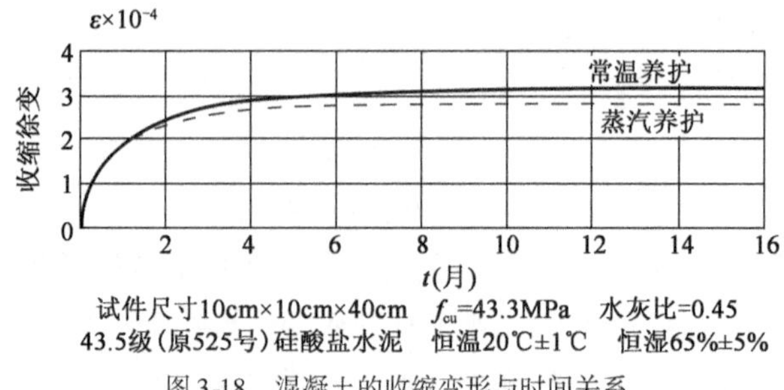

图3-18　混凝土的收缩变形与时间关系

影响混凝土收缩的因素有：

(1)水泥的品种。水泥强度等级越高,制成的混凝土收缩越大。

(2)水泥的用量。水泥越多,收缩越大;水灰比越大,收缩也越大。

(3)集料的性质。集料的弹性模量越大,收缩越小。

(4)养护条件。在结硬过程中,周围温度越高、湿度越大,收缩越小。

(5)混凝土制作方法。混凝土越密实,收缩越小。

(6)使用环境。使用环境温度越高、湿度越大时,收缩越小。

(7)构件的体积与表面积比值。比值大时,收缩小。

养护条件不好以及混凝土构件的四周受约束从而阻止混凝土收缩时,会使混凝土构件表面出现收缩裂缝。

3.2 钢筋的物理力学性能

3.2.1 钢筋的品种和级别

我国用于混凝土结构的钢筋主要有普通钢筋和预应力钢筋。

1.普通钢筋

普通钢筋是指用于混凝土结构中的各种非预应力钢筋的总称,按照外形特征可分为热轧光圆钢筋和热轧带肋钢筋(图3-19)。热轧光圆钢筋是经热轧成型并自然冷却的表面平整、截面为圆形的钢筋[图3-19a)]。热轧带肋钢筋是经热轧成型并自然冷却而其圆周表面通常带有两条纵肋和沿长度方向有均匀分布横肋的钢筋,其中横肋斜向一个方向而呈螺纹形状的,称为螺纹钢筋[图3-19b)];横肋斜向不同方向而呈“人”字形的,称为人字形钢筋[图3-19c)]。纵肋与横肋不相交且横肋为月牙形状的,称为月牙肋钢筋[图3-19d)]。

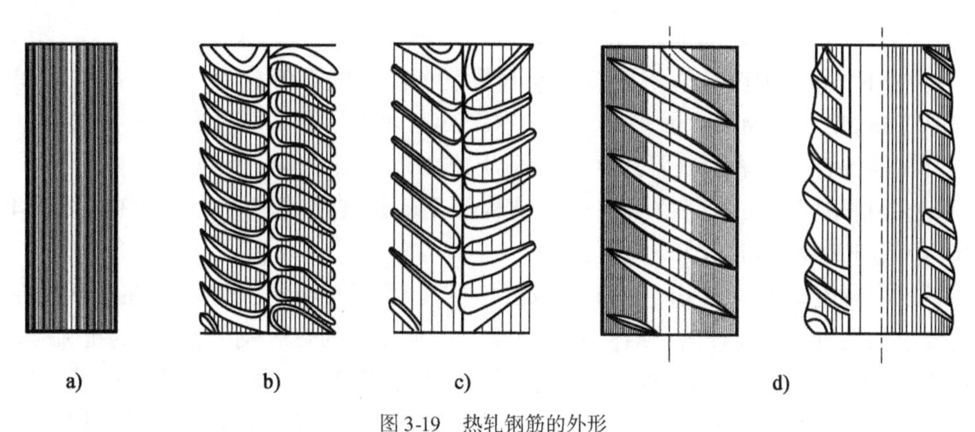

图3-19 热轧钢筋的外形

a)光圆钢筋;b)螺纹钢筋;c)人字形钢筋;d)月牙肋钢筋

我国目前生产的热轧带肋钢筋大多为月牙肋钢筋,其横肋高度向肋的两端逐渐降至零,呈月牙形,这样可使横肋相交处的应力集中现象有所缓解。

由于热轧带肋钢筋截面包括纵肋和横肋，外周不是一个光滑连续的圆周，因此，热轧带肋钢筋直径采用公称直径。公称直径是与钢筋的公称面积相等的圆的直径，即以公称直径所得的圆面积就是钢筋的截面面积。对于热轧光圆钢筋截面，其直径就是公称直径。

我国国家标准推荐的热轧光圆钢筋公称直径为 6mm、8mm、10mm、12mm、16mm 和 20mm，热轧带肋钢筋公称直径为 6mm、8mm、10mm、12mm、16mm、20mm、25mm、32mm、40mm 和 50mm。

钢筋的牌号是根据钢筋屈服强度标准值、制造成型方式及种类等规定加以分类的代号。热轧钢筋的牌号由英文字母缩写和屈服强度标准值组成。

表 3-1 为我国《钢筋混凝土用钢　第 1 部分：热轧光圆钢筋》(GB/T 1499.1—2017)、《钢筋混凝土用钢　第 2 部分：热轧带肋钢筋》(GB/T 14992.2—2018)、《钢筋混凝土用余热处理钢筋》(GB/T 13014—2013)对钢筋混凝土结构所用热轧钢筋的牌号及力学性能特征值的要求。

国产热轧钢筋牌号及力学性能特征值　　　　表 3-1

种类	牌号	符号	公称直径(mm)	屈服强度标准值(MPa)	极限强度标准值(MPa)	伸长率 δ_s	冷弯试验，180°（D 为弯心直径，d 为钢筋公称直径）
光圆钢筋	HPB300	Φ	6 ~ 20	300	420	25	$D=d$
带肋钢筋	HRB400 HRBF400 RRB400	Φ Φ^{F} Φ^{R}	6 ~ 25 28 ~ 40 40 ~ 50	400	540	16	$D=4d$ $D=5d$ $D=6d$
	HRB500 HRBF500	Φ Φ^{F}	6 ~ 25 28 ~ 40 40 ~ 50	500	630	15	$D=6d$ $D=7d$ $D=8d$

《公路桥规》中国产热轧钢筋按其屈服强度标准值的高低分为 3 个屈服强度等级：300MPa、400MPa、500MPa。因此，表 3-1 中 HPB300 表示屈服强度标准值为 300MPa 的热轧光圆钢筋，RRB400 表示屈服强度标准值为 400MPa 的热轧带肋钢筋。

《公路桥规》规定，公路桥梁混凝土结构使用的热轧钢筋牌号为 HPB300、HRB400、HRBF400、RRB400 和 HRB500。

钢筋混凝土结构中使用的钢筋，不仅要强度高，而且要具有良好的塑性和可焊性，同时还要求与混凝土有较好的黏结性能。对于有明显流幅的热轧钢筋，钢筋的抗拉强度标准值 f_{sk} 采用国家标准中规定的屈服强度标准值，即为钢筋出厂检验的废品限值，其保证率不小于 95%。钢筋的抗拉强度设计值 f_{sd} 为钢筋的抗拉强度的标准值除以材料性能分项系数，热轧钢筋的材料性能分项系数取 1.20。普通钢筋抗拉强度标准和设计值见附表 1-3，普通钢筋的弹性模量见附表 1-4。

当钢筋混凝土构件处于受侵蚀物质影响的环境中时，热轧钢筋有可能被加速腐蚀。

当结构的耐久性确实受到严重威胁时,《公路桥规》建议可以采用环氧树脂涂层钢筋。环氧树脂涂层钢筋是在工厂生产条件下,采用环氧树脂粉静电喷涂方法生产的热轧钢筋。在钢筋表面上形成的连续环氧树脂涂层薄膜呈绝对惰性,可以完全阻隔钢筋受到大气、水中侵蚀物质的腐蚀。根据《环氧树脂涂层钢筋》(JG/T 502—2016)规定,环氧树脂涂层钢筋的名称代号为"ECR",例如,用直径为20mm、强度等级为HRB400热轧带肋钢筋制作的环氧树脂涂层钢筋,其产品型号为"ECR · HRB400-20"。

2. 预应力钢筋

预应力钢筋是指用于混凝土结构或构件中施加预应力的钢丝、钢绞线及预应力螺纹钢筋的总称。

钢丝按加工状态分为冷拉钢丝和消除应力钢丝两类,按外形分为光面钢丝[图3-20a)]、螺旋肋钢丝[图3-20b)]、三面刻痕钢丝[图3-20c)]、无黏结钢丝束[图3-20d)]。

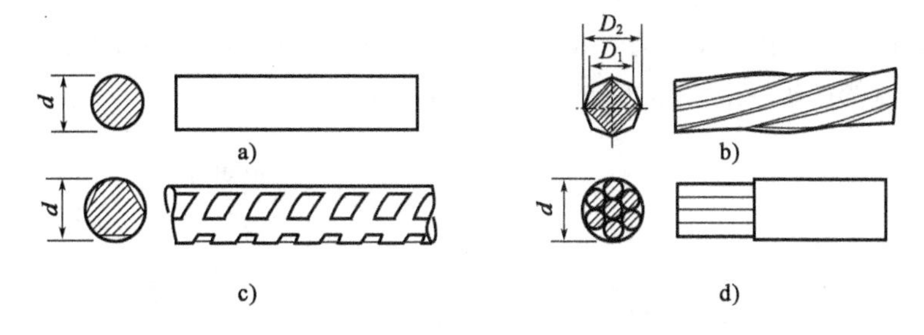

图3-20 几种常见的预应力高强钢丝

a)光面钢丝;b)螺旋肋钢丝;c)三面刻痕钢丝;d)无黏结钢丝束

钢绞线是由3根或7根高强钢丝扭结而成并经消除内应力后的盘卷状钢丝束(图3-21)。最常用的是由6根钢丝围绕一根芯丝顺着一个方向扭结而成的七股钢绞线。芯丝直径常比外围钢丝直径大5% ~7%,以使各根钢丝紧密接触。

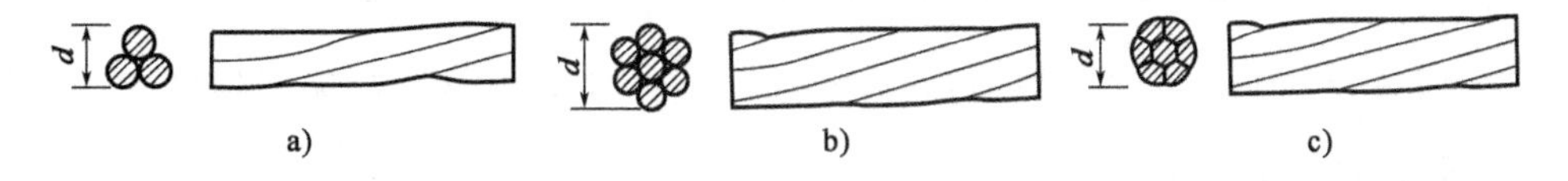

图3-21 几种常见的预应力钢绞线

a)三股钢绞线;b)七股钢绞线;c)七股拔模钢绞线

根据国家标准选用的钢绞线有两股钢绞线、三股钢绞线和七股钢绞线三种规格,其抗拉强度标准值为1470 ~1860MPa,并依松弛性能不同分成普通钢绞线和低松弛钢绞线两种。

预应力螺纹钢筋是一种热轧成带有不连续的外螺纹的直条钢筋,该钢筋在任意截面处,均可用带有匹配形状的内螺纹的连接器或锚具进行连接或锚固。以屈服强度划分级别,其代号为"PSB"加上规定屈服强度最小值表示。

对于无明显流幅的钢筋,如钢丝、钢绞线等,钢筋强度标准值取国家标准中规定的极限抗拉强度值,其保证率不小于95%。这里应注意,对钢丝、钢绞线是取$0.85\sigma_b$(σ_b为国家标准规定的极限抗拉强度,具体介绍见3.2.2节)作为设计时取用的条件屈服强度(指相应于残余应变为0.2%时的钢筋应力)。

《公路桥规》对钢丝、钢绞线的材料分项系数取1.47,将钢丝和钢绞线的强度标准值除以材料分项系数1.47,即得到抗拉强度设计值;预应力螺纹钢筋材料分项系数取1.2。

《公路桥规》预应力钢筋的规格及其强度标准值和设计值的规定见附表2-1、附表2-2;预应力钢筋的弹性模量见附表2-3。

近年来为防止预应力钢筋的锈蚀,非金属材料制成的FRP预应力筋,如玻璃纤维增强塑料(GFRP)、芳纶纤维增强塑料(AFRP)及碳纤维增强塑料(CFRP)等材料制成的预应力筋已在处于某些特殊环境和条件下的桥梁中使用。这些材料的特点是强度高、质量轻、抗腐蚀、抗磁性、耐疲劳、热膨胀系数与混凝土接近、弹性模量低、抗剪强度低等。目前,FRP预应力筋以及FRP预应力混凝土结构的力学性能仍处于研究和试用阶段,但可以预言,FRP预应力筋在未来将具有广阔的应用前景。

3.2.2 钢筋的应力-应变曲线

钢筋的力学性能有强度和变形(包括弹性变形和塑性变形)等。单向拉伸试验是确定钢筋力学性能的主要手段。通过试验可以看到,钢筋的拉伸应力-应变曲线可分为两大类,即有明显流幅(图3-22)和无明显流幅(图3-23)。

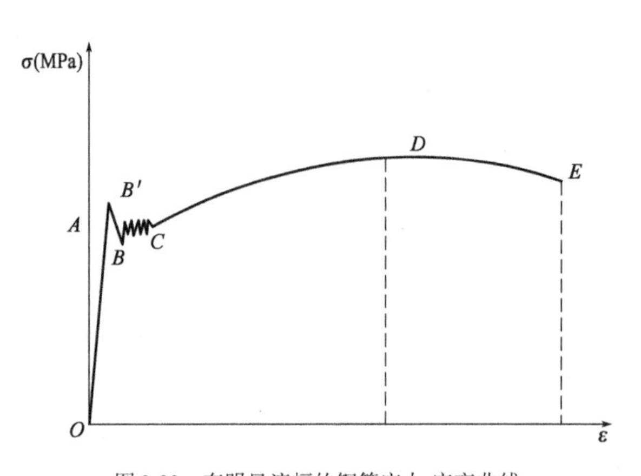

图3-22 有明显流幅的钢筋应力-应变曲线

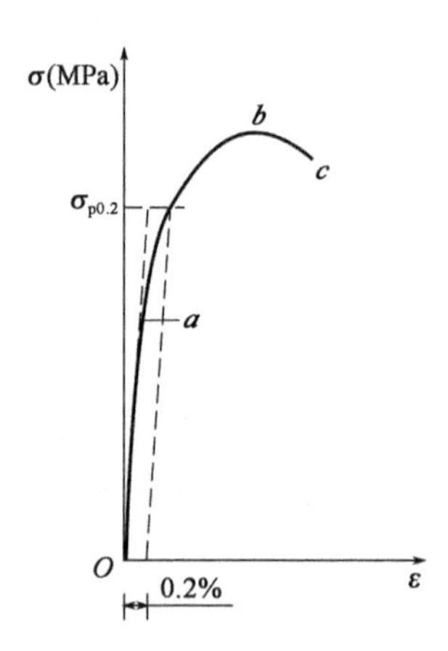

图3-23 无明显流幅的钢筋应力-应变曲线

1. 钢筋的强度取值

(1)有明显屈服点钢筋的强度取值。

有明显流幅的钢筋拉伸应力-应变曲线见图3-22。由图可见,OA为一段斜直线,应力与应变成比例变化,与A点对应的应力称为比例极限。OA为理想弹性阶段,卸载后可完全恢复,无残余变形。过A点后,应变较应力增长得快,到达B'点后钢筋开始塑性流动,B'点称为屈服上限,它与加载速度、界面形式、试件表面光洁程度等因素有关。当从B'点降至屈服下限B点时,应力基本不增加,而应变急剧增长,曲线出现一个波动的小平台,这种现象称为屈服。B点到C点的水平距离的大小称为流幅或屈服台阶,通常屈服上限B'点是不稳定的,屈服下限则较稳定,有明显流幅的钢筋屈服强度是按屈服下限确定的,称为屈服强度。曲线过C点以后,应力又继续上升,钢筋的抗拉能力又有所提高。随着曲线上升到最高点D,相应的应力称为钢筋的极限强度。CD段称为钢筋的强化阶段。试验表明,过了D点后,试件薄弱处的截面会突然显著缩小,发生局部颈缩,变形迅速增加,应力随之下降,达到E点时钢筋试件被拉断。

对于有明显屈服点的钢筋,取屈服强度作为钢筋的设计依据。因为当钢筋达到屈服点以后,会产生很大的塑性变形,且塑性变形在卸载后无法恢复,这将导致钢筋混凝土构件产生很大的变形和过宽的裂缝,不满足使用要求。因此,在计算承载力时将屈服点作为钢筋强度限值。

(2)无明显屈服点钢筋的强度取值。

无明显屈服点钢筋的应力-应变曲线如图3-23所示。由图可见,在试件拉伸应力达到其比例极限(大约为其极限抗拉强度的60%)a 点之前,拉伸应力-应变关系成直线变化,钢筋具有理想弹性性质。超过曲线上的 a 点之后,钢筋的应力和应变持续增长,但应力-应变关系已经偏离了 a 点的直线关系,且应力-应变曲线上没有明显屈服流幅,达到极限拉伸强度后,出现钢筋的颈缩现象,应力-应变曲线出现下降段至 c 点,钢筋试件被拉断。

无明显屈服点的钢筋(硬钢)只有一个强度指标,即 b 点所对应的极限抗拉强度。在工程设计中,极限抗拉强度不能作为钢筋强度取值的依据,一般取残余应变为0.2%所对应的应力 $\sigma_{0.2}$ 作为无明显屈服点钢筋的强度限值,通常称为条件屈服强度。对高强钢丝,条件屈服强度不小于极限抗拉强度的85%。为简化计算,《公路桥规》取 $\sigma_{0.2}=0.85\sigma_b$,其中,$\sigma_b$ 为无明显屈服点钢筋的极限抗拉强度。

2. 钢筋应力-应变曲线的数学模型

在钢筋混凝土结构设计和理论分析中,常需将钢筋的应力-应变曲线理想化,对不同性质的钢筋建立不同的应力-应变曲线数学模型,如图3-24所示。

(1)双直线模型(完全弹塑性模型)。

将钢筋视为理想的弹塑性体,应力-应变曲线简化为两条直线,不考虑由于应变硬化而增加的应力[图3-24a)]。图中 OB 段为完全弹性阶段,B 点为屈服上限,相应的应力及应变分别为 f_y 和 ε_y,弹性模量 E_s 即为 OB 段的斜率;BC 段为完全塑性阶段,C 点为应力强化的起点,对应的应变为 ε_{sh}。过 C 点后,认为钢筋变形过大不能正常使用。此模型适用于屈服台阶宽度较大、强度等级较低的软钢,其数学表达式为

当 $\varepsilon_s \leqslant \varepsilon_y$ 时,取
$$\sigma_s = E_s \varepsilon_s \tag{3-17}$$

当 $\varepsilon_y \leqslant \varepsilon_s \leqslant \varepsilon_{sh}$ 时,取
$$\sigma_s = f_y \tag{3-18}$$

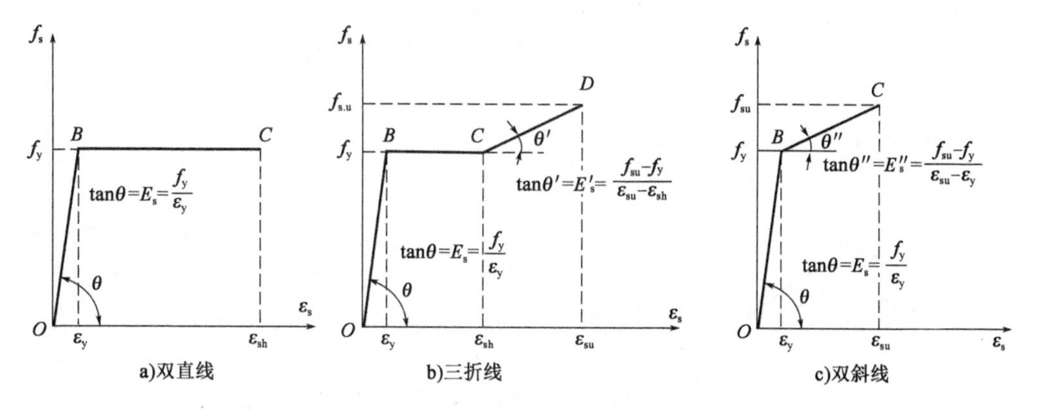

图3-24　钢筋应力-应变曲线的数学模型

(2)三折线模型(完全弹塑性加硬化模型)。

对于屈服后立即发生应变硬化(应力强化)的钢材,为了正确地估计高出屈服应变后

的应力,可采用三折线模型[图3-24b)]。图中OB段为完全弹性阶段,BC段为完全塑性阶段,C点为硬化的起点,CD段为硬化阶段,到D点时拉应力达到极限值f_{su},相应的应变为ε_{su},即认为钢筋破坏。三折线模型适用于屈服台阶宽度较小的软钢。其数学表达式为

当$\varepsilon_s \leqslant \varepsilon_y$时,取 $$\sigma_s = E_s\varepsilon_s \tag{3-19}$$

当$\varepsilon_y \leqslant \varepsilon_s \leqslant \varepsilon_{sh}$时,取 $$\sigma_s = f_y \tag{3-20}$$

当$\varepsilon_{sh} \leqslant \varepsilon_s \leqslant \varepsilon_{su}$时,取 $$\sigma_s = f_y + (\varepsilon_s - \varepsilon_{sh})\tan\theta' \tag{3-21}$$

式中:$\tan\theta' = E_s' = (f_{su} - f_y)/(\varepsilon_{su} - \varepsilon_{sh})$。

(3)双斜线模型。

对于无明显屈服点的高强钢筋或钢丝的应力-应变曲线,可采用双斜线模型[图3-24c)]。图中B点为条件屈服点,C点的应力达到极限值f_{su},相应的应变为ε_{su}。双斜线模型的数学表达式为

当$\varepsilon_s \leqslant \varepsilon_y$时,取 $$\sigma_s = E_s\varepsilon_s \tag{3-22}$$

当$\varepsilon_y \leqslant \varepsilon_s \leqslant \varepsilon_{su}$时,取 $$\sigma_s = f_y + (\varepsilon_s - \varepsilon_y)\tan\theta'' \tag{3-23}$$

式中:$\tan\theta'' = E_s'' = (f_{su} - f_y)/(\varepsilon_{su} - \varepsilon_y)$。

《公路桥规》中对热轧钢筋的应力-应变关系采用双直线模型(完全弹塑性模型),其钢筋的屈服应力取热轧钢筋抗拉强度设计值,即$f_y = f_{sd}$。

3.2.3 钢筋的塑性性能

钢筋除应具有足够的强度外,还应具有一定的塑性变形能力。钢筋的塑性性能通常用伸长率和冷弯性能两个指标来衡量。

1. 钢筋的伸长率(δ)

钢筋的伸长率可按下式计算:

$$\delta = \frac{l - l_0}{l_0} \times 100\% \tag{3-24}$$

式中:l_0——试件拉伸前的标距长度,试件取$l_0 = 5d$,相应的伸长率用δ_5表示,试件取$l_0 = 10d$,相应的伸长率用δ_{10}表示;其中,d为钢筋直径;

l——试件拉断后的标距长度。

钢筋的伸长率越大,钢筋拉断前具有足够的预兆,塑性性能越好。

2. 冷弯性能

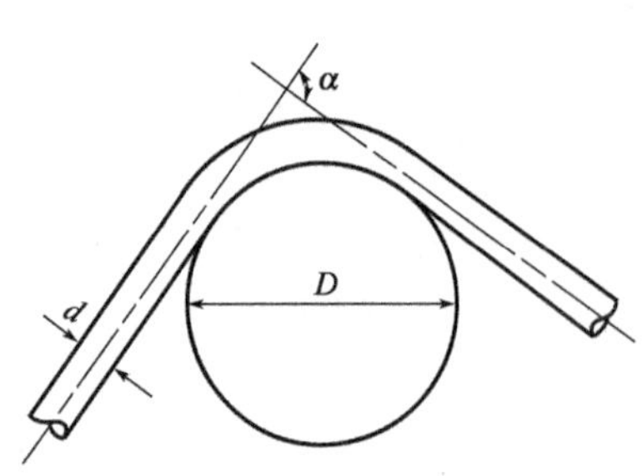

图3-25 钢筋的冷弯试验

冷弯性能是检验钢筋塑性性能的另一项指标,是指钢筋在常温下达到一定弯曲程度而不被破坏的能力。冷弯试验是将直径为d的钢筋绕弯心直径为D(规定D为$1d$、$2d$、$3d$、$4d$、$5d$)的辊轴弯曲成一定的角度(90°或180°),弯曲后应根据钢筋是否有裂纹、鳞落或断裂现象来判断其是否合格,如图3-25所示。弯心直径D越小,弯曲角越大,说明钢筋的塑性越好。

3.2.4 钢筋的接头、弯钩和弯折

1. 钢筋的接头

为了运输方便,工厂生产的钢筋除小直径钢筋按盘圆供应外,一般长度为 10 ~ 20m。因此,使用时就需要用钢筋接头接长至设计长度。钢筋接头有焊接接头、机械连接接头、绑扎接头等三种形式。钢筋接头宜优先采用焊接接头和机械连接接头。当施工或构造条件有困难时,也可采用绑扎接头。

(1)焊接接头。

焊接接头是钢筋混凝土结构中采用较多的接头形式。钢筋焊接接头宜采用闪光接触对焊,当不具备闪光接触对焊条件时,也可采用电弧搭接焊。闪光接触对焊如图 3-26a)所示,是将两根钢筋安放成对接形式,利用电阻热使接触点金属熔化,产生强烈飞溅,形成闪光,迅速施加顶压力完成的一种压焊方法。闪光接触对焊质量高,加工简单。

钢筋电弧焊如图 3-26b)、c)所示,是将一焊条作为一极,钢筋为另一极,利用焊接电流,通过产生的电弧热进行焊接的一种熔焊方法。钢筋电弧焊可采用帮条焊和搭接焊两种形式。帮条焊[图 3-26b)]是用短钢筋或短角钢等作为帮条,将两根钢筋对接拼焊,帮条的总截面面积不应小于被焊钢筋的截面面积。搭接焊[图 3-26c)]是将端部预先折向一侧的两根钢筋搭接并焊在一起。电弧焊一般应采用双面焊缝,施工有困难时方可采用单面焊缝,电弧焊接头的焊缝长度,双面焊缝时不应小于 $5d$,单面焊缝时不应小于 $10d$(d 为钢筋直径)。

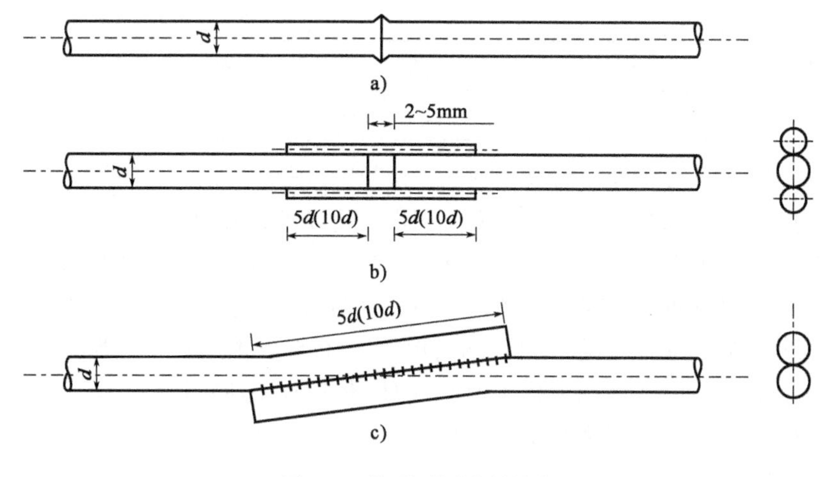

图 3-26 普通钢筋的焊接接头

a)闪光接触对焊;b)帮条焊;c)搭接焊

(2)机械连接接头。

机械连接接头采用套筒挤压接头和镦粗直螺纹接头两种形式。套筒挤压接头是将两根待连接的带肋钢筋用套筒作为连接体,套于钢筋端部,使用挤压设备沿套筒径向挤压,使钢套筒产生塑性变形,依靠变形的钢套筒与钢筋紧密结合为一个整体。镦粗直螺纹接头是将钢筋的连接端先行镦粗,再加工出圆螺纹,并用连接套筒连接的钢筋接头。机械连接接头适用于 HRB400 带肋钢筋的连接。

(3)绑扎接头。

绑扎接头(图3-27)是将两根钢筋搭接一定长度并用铁丝绑扎,通过钢筋与混凝土的黏结力传递内力,绑扎接头是过去的传统做法,为了保证接头处传递内力的可靠性,连接钢筋必须具有足够的搭接长度。为此,《公路桥规》对绑扎接头的应用范围、搭接长度及接头布置都做了严格的规定。绑扎接头的钢筋直径不宜大于28mm,但轴心受压和偏心受压构件中的受压钢筋,直径可不大于32mm。轴心受拉和小偏心受拉构件不得采用绑扎接头。

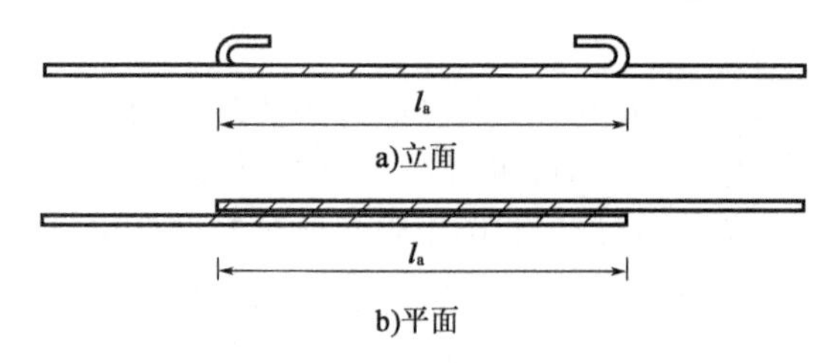

图3-27　受拉钢筋的绑扎接头

l_a-钢筋的最小锚固长度

受拉钢筋绑扎接头的搭接长度应符合表3-2的规定,受压钢筋绑扎接头的搭接长度应取受拉钢筋绑扎接头长度的70%。

受拉钢筋绑扎接头的搭接长度　　表3-2

钢筋种类	HPB300		HRB400、HRBF400、RRB400	HRB500
混凝土强度等级	C25	≥C30	≥C30	≥C30
搭接长度(mm)	$40d$	$35d$	$45d$	$50d$

在任意绑扎接头中心至搭接长度的1.3倍长度区段内,同一根钢筋不得有两个接头;在该区段内有绑扎接头的受力钢筋截面面积占受力钢筋总截面面积的百分数,受拉区不应超过25%,受压区不应超过50%。当有绑扎接头的受力钢筋截面面积占受力钢筋总截面面积超过上述规定时,表3-2给出的受拉钢筋绑扎接头的搭接长度值,应乘下列系数:当受拉钢筋绑扎接头截面面积大于25%,但不大于50%时,乘1.4,当大于50%时,乘1.6;当受压钢筋绑扎接头截面面积大于50%时,乘1.4(受压钢筋绑扎接头的搭接长度仍为表中受拉钢筋绑扎接头搭接长度的70%)。

2. 钢筋的弯钩和弯折

为了防止钢筋在混凝土中滑动,对于承受拉力的光面钢筋,需在端头设置半圆钩,受压的光面钢筋可不设弯钩,这是因为受压时钢筋产生横向变形,使直径加大,提高了握裹力。带肋钢筋握裹力好,可不设半圆弯钩,而改用直角形弯钩;弯钩的内侧弯曲直径D不宜过小,光面钢筋D一般应大于$3.5d$,带肋钢筋D一般应大于$5d$(d为钢筋直径)。

按照受力的要求,钢筋有时需按设计要求弯转方向,为避免在弯转处混凝土局部压碎,在弯折处钢筋内侧弯曲直径D不得小于$20d$。

受拉钢筋末端弯钩和中间弯折应符合表3-3的要求。

受拉钢筋末端弯钩和中间弯折 表3-3

弯曲部位	弯曲角度	形状	钢筋	弯曲直径(D)	平直段长度
末端弯钩	180°	d, D, ≥3d	HPB300	≥3.5d	≥3d
	135°	d, D, ≥5d	HRB400、HRB500 HRBF400、RRB400	≥5d	≥5d
	90°	d, D, ≥10d	HRB400、HRB500 HRBF400、RRB400、	≥5d	≥10d
中间弯折	≤90°	D, d, D	各种钢筋	≥20d	—

注:采用环氧树脂涂层钢筋时,除应满足表内规定外,当钢筋直径 $d \leq 20$mm 时,弯曲直径 D 不应小于 $5d$;当 $d > 20$mm 时,弯曲直径 D 不应小于 $6d$;直线长度不应小于 $5d$。

3.3 钢筋与混凝土的黏结

3.3.1 钢筋与混凝土的黏结破坏机理

钢筋与混凝土之间的黏结力是保证两者共同工作的基本前提。黏结力主要由三部分组成:水泥凝胶体与钢筋表面的化学胶结力,混凝土对钢筋的握裹力(摩阻力),钢筋表面凹凸不平与混凝土之间产生的机械咬合力。

光圆钢筋与混凝土的黏结力作用主要由以下三部分组成:

(1)钢筋与混凝土接触面上的胶结力。胶结力来自水泥浆体对钢筋表面氧化层的渗透以及水化过程中水泥晶体的生长和硬化。这种胶结力一般很小,仅在受力阶段的局部无滑移区域起作用,当接触面发生相对滑移时即消失。

(2)混凝土收缩握裹钢筋而产生的摩阻力。混凝土凝固时收缩,对钢筋产生垂直于摩擦面的压应力,这种压应力越大,接触面的粗糙程度越大,摩阻力就越大。

(3)钢筋表面凹凸不平与混凝土之间产生的机械咬合力。对于光圆钢筋,这种咬合力来自钢筋表面的粗糙不平。

带肋钢筋与混凝土的黏结力主要是钢筋表面凹凸不平与混凝土之间产生的机械咬合力,胶结力和摩阻力占的比重很小。由于表面轧有肋条,能与混凝土紧密结合,肋条对混凝土的斜向挤压力形成滑移阻力,斜向挤压力沿钢筋轴向的分力使带肋钢筋表面肋条之间的混凝土像悬臂梁一样受弯、受剪;斜向挤压力的径向分力使外围混凝土像受内压的管壁,产生环向拉应力(图3-28)。因此,钢筋的外围混凝土处于复杂的三向应力状态,剪应力及拉应力使横肋混凝土产生内部斜裂缝,而其外围混凝土中的环向拉应力则使钢筋附近的混凝土产生径向裂缝。裂缝出现后,随着荷载的增大,肋条前方混凝土逐渐被压碎,钢筋连同被压碎的混凝土从试件中拔出,这种破坏称为剪切黏结破坏。如果钢筋外围混凝土较薄(如保护层厚度不足或钢筋净间距过小),且没有设置环向箍筋,径向裂缝将到达构件表面,形成沿钢筋的纵向劈裂裂缝,造成混凝土层的劈裂破坏,这种破坏称为劈裂黏结破坏。劈裂黏结破坏强度要低于剪切黏结破坏强度。

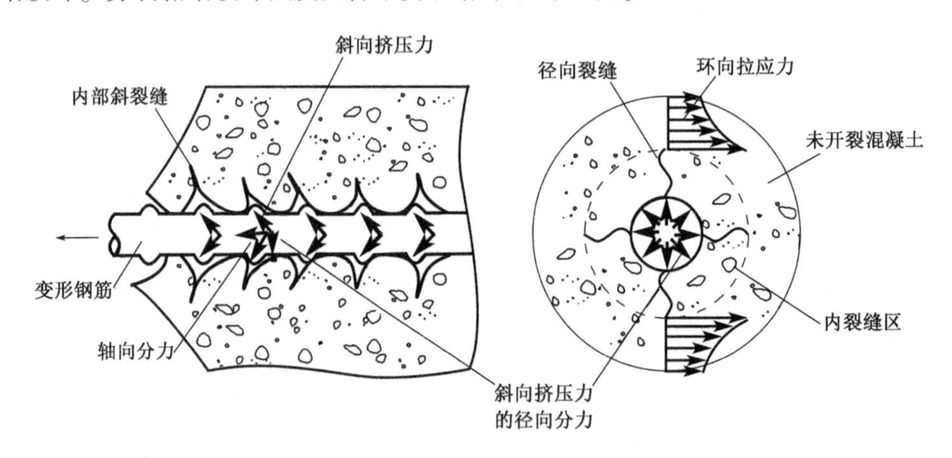

图3-28 变形钢筋周围混凝土的内裂缝

可见,光圆钢筋的黏结机理与带肋钢筋的主要差别是,光圆钢筋的黏结力主要来自胶结力和摩阻力,而带肋钢筋的黏结力主要来自机械咬合力。

3.3.2 钢筋与混凝土的黏结强度

试验表明,影响钢筋与混凝土之间黏结强度的因素有很多,其中主要为混凝土强度、浇筑位置、混凝土保护层厚度及钢筋净间距等。

(1)黏结强度随混凝土强度等级提高而增大,大体上与混凝土的抗拉强度呈正比关系。

(2)带肋钢筋的黏结强度比光圆钢筋高出1~2倍。带肋钢筋的肋条形式不同,其黏结强度也略有差异,月牙肋钢筋比螺纹钢筋的黏结强度要低5%~15%。带肋钢筋的肋高随钢筋直径的增大相对变小,所以黏结强度下降。试验表明,新轧制或经除锈处理的钢筋,其黏结强度比具有轻度锈蚀钢筋的黏结强度要低。

(3)处于水平位置的钢筋黏结强度比处于竖直位置钢筋要低,这是因为受位于水平钢筋下面的混凝土下沉及泌水的影响,钢筋与混凝土不能紧密接触,削弱了钢筋与混凝土之间的黏结强度。同样是水平钢筋,钢筋下面的混凝土浇筑深度越大,黏结强度降低得也越多。

(4)混凝土保护层厚度对光圆钢筋的黏结强度没有明显的影响,但对带肋钢筋的影响十分明显。当混凝土保护层厚度 $c>5d$(d 为钢筋直径)时,带肋钢筋将不会发生强度较低的劈裂黏结破坏。同样,保持一定的钢筋净间距,可以提高钢筋周围混凝土的抗劈裂能力,从而提高钢筋与混凝土之间的黏结强度。

(5)设置螺旋筋或箍筋可以加强混凝土的侧向约束,延缓或阻止劈裂裂缝的发展,从而提高钢筋与混凝土之间的黏结强度。

黏结强度一般通过试验方法确定,图 3-29 为光圆钢筋一端埋置在混凝土试件中,在钢筋伸出端施加拉拔力的拔出试验示意图。

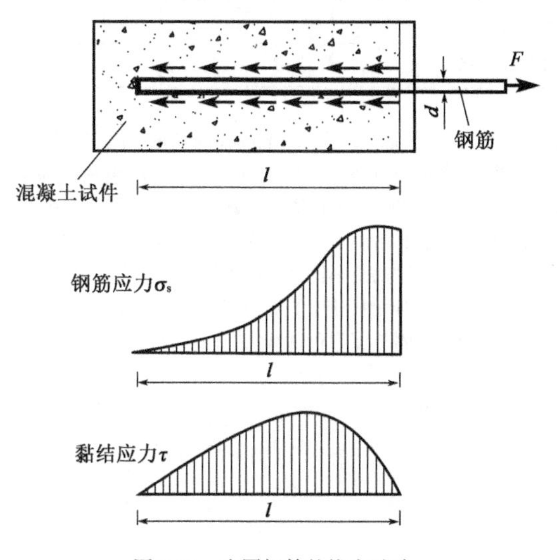

图 3-29 光圆钢筋的拔出试验

在实际工程中,通常以拔出试验中黏结失效(钢筋被拔出或者混凝土被劈裂)时的最大平均黏结应力作为钢筋和混凝土的黏结强度。平均黏结应力 τ 计算式为

$$\tau=\frac{F}{\pi dl} \tag{3-25}$$

式中:F——拉拔力;

d——钢筋直径;

l——钢筋埋置长度。

实测的黏结强度极限值变化范围很大,光圆钢筋为 1.5 ~ 3.5MPa,带肋钢筋为 3.5 ~ 6.0MPa。

3.3.3 钢筋的最小锚固长度 l_a

锚固长度是钢筋依靠表面与混凝土的黏结作用或端部构造的挤压作用而达到设计承受应力所需要的长度。钢筋的最小锚固长度 l_a 按黏结破坏极限状态平衡条件确定,它与钢筋强度、钢筋直径及外形有关,即

$$l_a=\frac{f_{sk}d}{4\tau} \tag{3-26}$$

式中：f_{sk}——钢筋抗拉强度标准值；

d——钢筋直径；

τ——钢筋与混凝土极限锚固黏结应力。

当计算中充分利用钢筋的强度时，钢筋最小锚固长度按《公路桥规》要求应符合表3-4的规定。

钢筋最小锚固长度l_a　　表3-4

钢筋种类		HPB300				HRB400、HRBF400、RRB400			HRB500		
混凝土强度等级		C25	C30	C35	≥C40	C30	C35	≥C40	C30	C35	≥C40
受压钢筋（直端）		$45d$	$40d$	$38d$	$35d$	$30d$	$28d$	$25d$	$35d$	$33d$	$30d$
受拉钢筋	直端	—	—	—	—	$35d$	$33d$	$30d$	$45d$	$43d$	$40d$
	弯钩端	$40d$	$35d$	$33d$	$30d$	$30d$	$28d$	$25d$	$35d$	$33d$	$30d$

注：1. d为钢筋公称直径。

2. 对于受压束筋和等代直径d_e≤28mm的受拉束筋的锚固长度，应以等代直径按表确定，束筋的各单根钢筋可在同一锚固终点截断；对于等代直径d_e>28mm的受拉束筋，束筋内的单根钢筋，应自锚固起点开始，以表内规定钢筋的锚固长度的1.3倍，呈阶梯形逐根延伸后截断，即自锚固起点开始，第一根延伸1.3倍单根钢筋的锚固长度，第二根延伸2.6倍单根钢筋的锚固长度，第三根延伸3.9倍单根钢筋的锚固长度。

3. 采用环氧树脂涂层钢筋时，受拉钢筋最小锚固长度应增加25%。

4. 当混凝土在凝固中易受扰动时（如滑模施工），锚固长度应增加25%。

5. 当受拉钢筋末端采用弯钩时，锚固长度为包括弯钩在内的投影长度。

思考题与习题

3-1　试解释以下名词：混凝土立方体抗压强度、混凝土轴心抗压强度、混凝土轴心抗拉强度、混凝土劈裂抗拉强度。

3-2　混凝土强度等级依据什么划分？

3-3　混凝土在一次短期加载时的应力-应变曲线有何特点？影响混凝土单轴向受压应力-应变曲线有哪几个因素？

3-4　混凝土的变形模量和弹性模量是怎样确定的？

3-5　什么叫混凝土徐变？影响混凝土徐变的因素主要有哪些？

3-6　混凝土徐变和收缩变形都是随时间而增长的变形，两者有何不同之处？

3-7　试说明有明显流幅的钢筋的应力-应变曲线各阶段的特点，并指出比例极限、屈服强度、极限强度的含义。

3-8　钢筋的接头方式有哪几种？

3-9　什么是钢筋和混凝土之间的黏结力和黏结强度？

3-10　钢筋的最小锚固长度如何确定？

第4章

钢筋混凝土受弯构件正截面承载力计算

桥梁工程中受弯构件的应用很广泛,如梁式桥或板式桥上部结构中承重的梁和板、人行道板、行车道板等。当桥梁跨度较小时,常采用钢筋混凝土受弯构件。

荷载作用下,受弯构件产生的内力为弯矩和剪力。仅承受弯矩的作用,构件可能发生正截面破坏(正截面是指与梁的纵轴线或板的中面垂直相交的截面),必须进行正截面抗弯承载力计算。正截面抗弯承载力计算属于承载能力极限状态的设计计算,作用组合采用基本组合。由弯矩和剪力共同作用,构件可能发生斜截面破坏,必须进行斜截面承载力计算,该内容将在第5章中介绍。

4.1 钢筋混凝土受弯构件的截面与配筋

4.1.1 截面形式和尺寸

结构中板和梁是以受弯为主的构件。

1. 板

钢筋混凝土板可分为整体现浇板和预制装配板。在工地现场搭设支架、立模板、绑扎钢筋,然后就地浇筑混凝土形成整体现浇板,其宽度较大[图4-1a)],设计时可取1m宽度的截面进行计算。为使构件标准化,预制装配板为在预制场或工地预先制作好的板,其宽度b一般控制为990~1490mm。跨度较小时,预制板采用实心板[图4-1b)];跨度较大时,采用自重较轻的空心板[图4-1c)]。依据桥面宽度的需要,若干空心板通过板间企口缝中现浇混凝土和钢筋的连接作用形成组合板。

板的厚度 h 一般依据结构的抗弯承载力和变形限值要求确定，但为了保证混凝土施工质量及耐久性要求，《公路桥规》规定了各种板的最小厚度：人行道板不宜小于 80mm（整体现浇）和 60mm（预制装配）；空心板的顶板和底板厚度，均不宜小于 80mm。

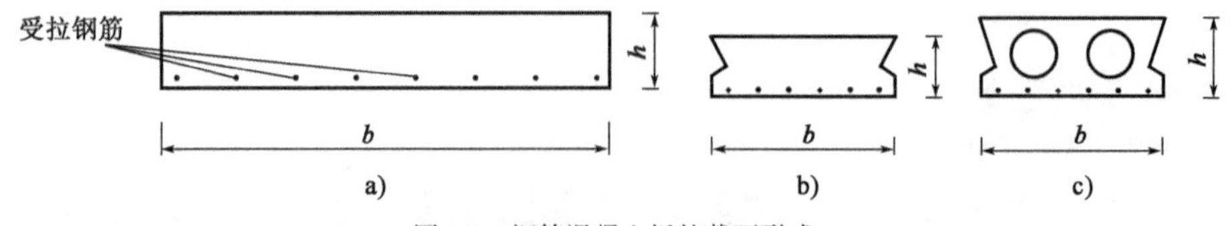

图 4-1 钢筋混凝土板的截面形式

a）整体现浇板；b）预制装配实心板；c）预制装配空心板

2. 梁

钢筋混凝土梁根据使用要求和施工条件可以采用整体现浇或预制装配施工，常见的截面形式如图 4-2 所示。其基本构造要求：

（1）对常见的矩形截面梁［图 4-2a）］，宽度 b 常取 150mm、180mm、200mm、220mm 和 250mm，其后按规定的模数递增；梁高 h 在 800mm 及以下，按 50mm 模数递增；在 800mm 以上，按 100mm 模数递增。

矩形截面梁的高宽比 h/b 一般可取 2.0～3.5。

（2）预制的 T 形截面梁［图 4-2b）］，梁肋宽度 b 根据梁内抗剪要求及主钢筋布置而定，但不应小于 160mm。T 形截面梁翼缘悬臂端厚度不应小于 100mm，梁肋处翼缘厚度不应小于梁高的 1/10。

T 形截面梁截面高度 h 与跨径 l 之比称为高跨比，h/l 一般为 1/16～1/11（以往设计经验值），跨径较大时取用偏小比值。钢筋混凝土 T 形截面梁现已很少采用。

（3）在城市立交中，当桥下净空较小时，可采用整体现浇钢筋混凝土箱形截面梁［图 4-2c）］。

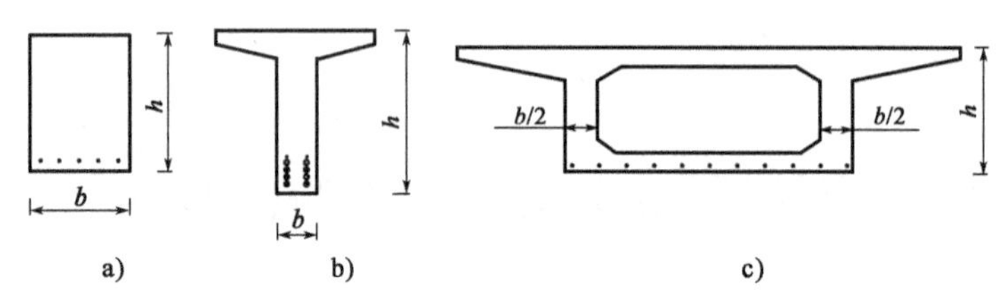

图 4-2 钢筋混凝土梁的截面形式

a）矩形截面梁；b）T 形截面梁；c）箱形截面梁

4.1.2 受弯构件的配筋

钢筋混凝土梁（板）的受拉区必须配置纵向受拉钢筋。截面上配置纵向受拉钢筋的多少通常用配筋率来表示。纵向受拉钢筋的配筋率 ρ，指所配置的纵向受拉钢筋全部截面面积与规定的混凝土截面面积的比值，以百分数表示，计算图式如图 4-3 所示。对于矩形截面和 T 形截面，表示为

$$\rho = \frac{A_s}{bh_0} \tag{4-1}$$

式中：A_s——纵向受拉钢筋全部截面面积；

b——矩形截面宽度或 T 形截面梁肋宽度；

h_0——截面的有效高度，$h_0 = h - a_s$，这里 h 为截面高度，a_s 为纵向受拉钢筋全部截面的重心至受拉区边缘的距离。

1. 板的钢筋

桥梁结构中的板常见的有整体现浇板[图 4-1a)]、现浇或预制的人行道板和肋板式梁桥的桥面板。肋板式梁桥的桥面板可分为四周支承板和悬臂板(图 4-4)。对于四周支承的桥面板，其长边 l_2 与短边 l_1 的比值大于或等于 2 时受力以短边方向受弯为主，称之为单向板；反之，称为双向板。仅一对边支承的板和悬臂板均为单向板。

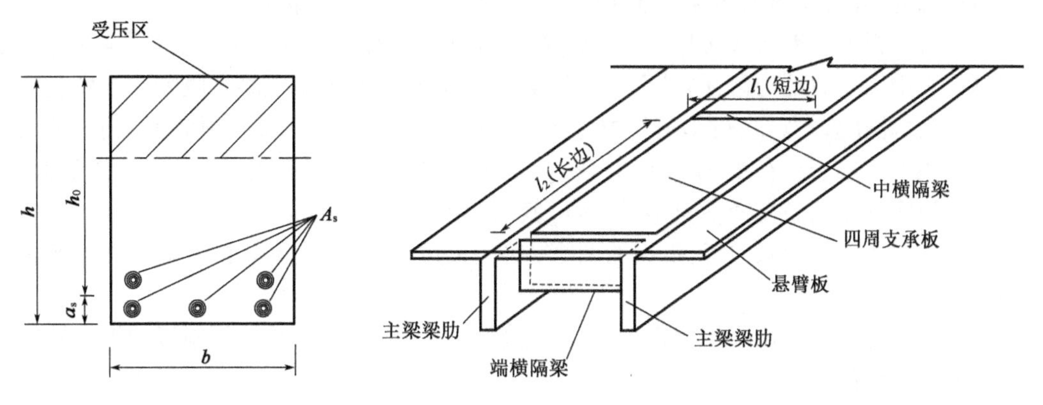

图 4-3 配筋率 ρ 的计算图式

图 4-4 肋板式梁桥桥面板示意图

板内钢筋由主钢筋(也称纵向受力钢筋)及分布钢筋组成，如图 4-5 所示。

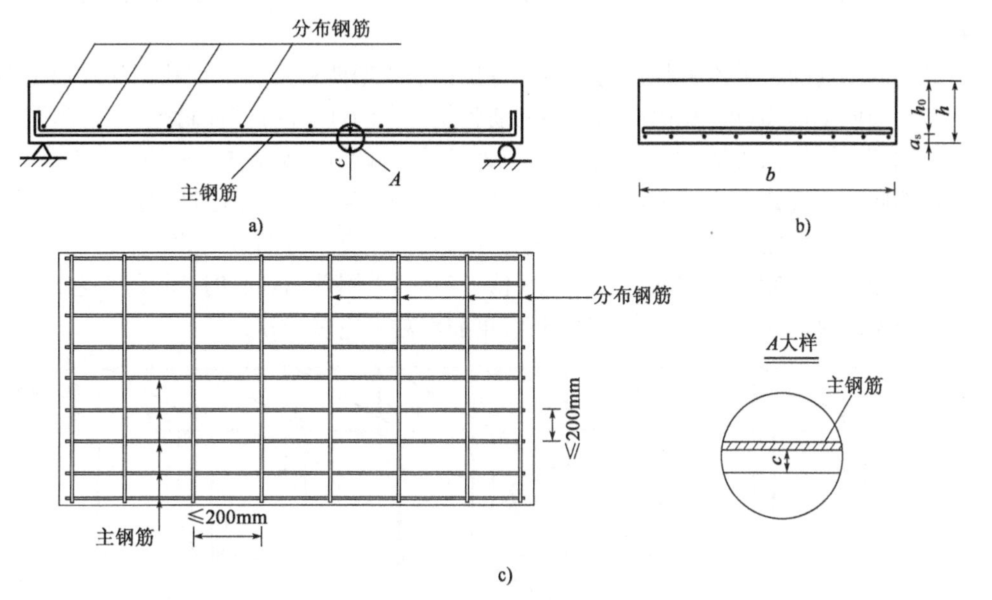

图 4-5 单向板内的钢筋

a)立面；b)横断面；c)平面

单向板内主钢筋沿板的受弯方向布置在板截面的受拉区，其数量一般根据抗弯承载力要求计算确定。受力主钢筋的直径不宜小于 10mm(行车道板)或 8mm(人行道板)。

行车道板内的主钢筋，可在沿板高中心纵轴线的 1/6 ~ 1/4 计算跨径处按 30° ~ 45°弯起。通过支点的不弯起的主钢筋，每米板宽内不应少于 3 根，且不应少于主钢筋截面面积的1/4。

在简支板的跨中及连续板的中支点处，板内主钢筋间距不应大于200mm，其最小净距和层距与梁中的要求一样。

图4-5中的c被称为混凝土保护层厚度，从混凝土碳化和钢筋锈蚀的耐久性角度考虑，以最外侧钢筋的外缘至构件截面表面之间的距离计算。针对不同的环境类别、构件类别和设计使用年限，《公路桥规》规定了最外侧钢筋的混凝土保护层厚度应不小于附表1-8的规定值c_{min}（最外侧钢筋的混凝土保护层最小厚度）；同时，为了保证握裹层混凝土对钢筋的锚固，任何钢筋混凝土保护层厚度不应小于钢筋公称直径。

垂直于板内主钢筋方向且位于主钢筋内侧的构造钢筋称为分布钢筋（图4-5），其作用是使主钢筋受力更均匀，同时也起着固定受力钢筋位置、分担混凝土收缩和温度应力的作用。《公路桥规》规定，行车道板内分布钢筋直径不小于8mm，其间距应不大于200mm，截面面积不宜小于板截面面积的0.1%。在所有主钢筋的弯折处，均应设置分布钢筋。人行道板内分布钢筋直径不应小于6mm，其间距不应大于200mm。

对于周边支承的双向板，沿板的两个方向（长边、短边方向）均承受同一数量级的弯矩，均应设置主钢筋。

预制板的宽度与跨度相比很小，其横向弯矩远小于纵向弯矩，故预制板的钢筋构造与矩形截面梁相似。

2. 梁的钢筋

梁内的钢筋有纵向受拉钢筋（主钢筋）、弯起钢筋或斜钢筋、箍筋、架立钢筋、水平纵向钢筋等。

梁内的钢筋通常采用绑扎钢筋骨架和焊接钢筋骨架两种形式。绑扎钢筋骨架是将纵向钢筋与横向钢筋通过绑扎而成的空间钢筋骨架（图4-6）。焊接钢筋骨架采用侧面焊缝使多层钢筋形成平面骨架，再由若干片平面骨架通过箍筋联结成空间钢筋骨架（图4-7）。平面骨架侧面焊缝设在弯起钢筋的弯折点处，并在中间直线部分适当设置短焊缝。斜钢筋与纵向受拉钢筋之间的焊接宜采用双面焊缝，其长度应为钢筋直径的5倍，纵向受拉钢筋之间的短焊缝长度应为钢筋直径的2.5倍；当必须采用单面焊缝时，其长度应加倍。焊接钢筋骨架的纵向受拉钢筋竖向不留空隙，钢筋层数不应多于6层。

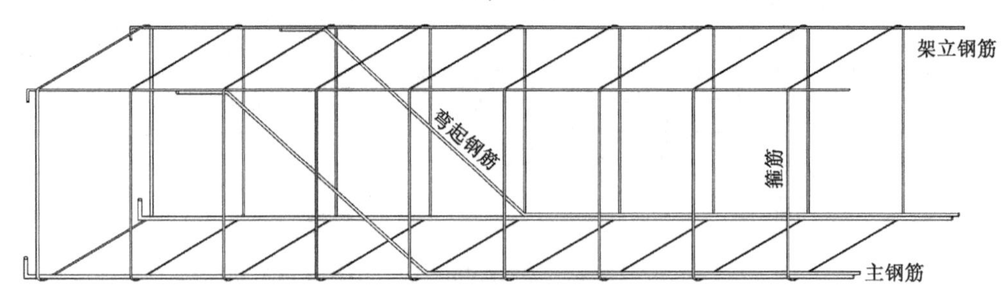

图4-6　绑扎钢筋骨架

主钢筋设置在截面受拉区，承受拉应力。梁内主钢筋可选择的钢筋直径一般为12～32mm。在同一根梁内，主钢筋宜用相同直径的钢筋，当采用两种及以上直径的钢筋时，为了便于施工识别，直径应相差2mm以上。

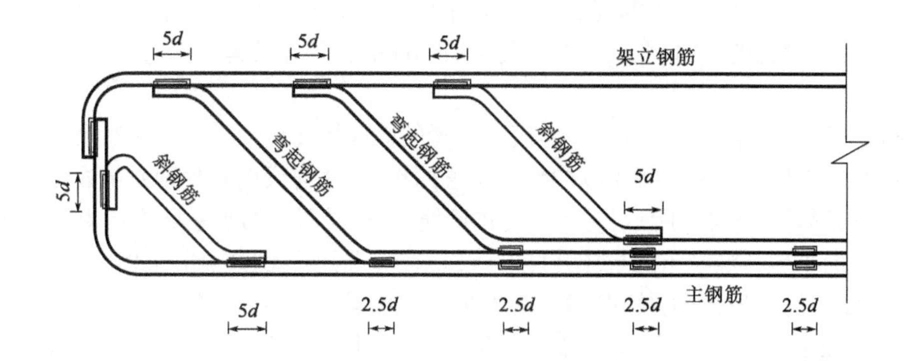

图 4-7 焊接钢筋骨架

注:图中均为双面焊。

在钢筋混凝土梁端的支点处,应至少有 2 根且不少于总数 1/5 的下层受拉主钢筋通过。两外侧钢筋应延伸出端支点以外,并弯成直角,顺梁高延伸至顶部,与顶层架立钢筋相连。两侧之间的其他未弯起钢筋,伸出支点截面以外的长度不应小于 10 倍钢筋直径(环氧树脂涂层钢筋为 12.5 倍钢筋直径);HPB300 钢筋应带半圆钩。

图 4-8a)为一绑扎钢筋骨架,箍筋为最外侧钢筋,箍筋的混凝土保护层厚度应满足 $c_2 \geqslant c_{min}$ 且 $c_2 \geqslant d_2$,d_2 为箍筋的公称直径;纵向受拉钢筋的混凝土保护层厚度应满足 $c_1 \geqslant d_1$,d_1 为纵向受拉钢筋的公称直径。受弯构件的钢筋净距 S_n 要求满足浇筑混凝土时,振捣器可以顺利插入。各主钢筋间横向净距和层与层之间的净距,当钢筋为 3 层及以下时,不应小于 30mm,且不小于钢筋公称直径;当钢筋为 3 层以上时,不应小于 40mm,且不小于钢筋公称直径的 1.25 倍。对于束筋,此处直径应采用等代直径。

图 4-8b)为一焊接钢筋骨架,梁侧箍筋的外侧还设有水平纵向钢筋,水平纵向钢筋的混凝土保护层厚度应满足 $c_3 \geqslant c_{min}$ 且 $c_3 \geqslant d_3$,d_3 为水平纵向钢筋公称直径;水平纵向钢筋内侧箍筋的混凝土保护层厚度应不小于其公称直径。对梁底钢筋,其最外侧钢筋的混凝土保护层厚度 c_{min} 应同时满足公称直径和附表 1-8 的规定值要求。焊接钢筋骨架的净距要求见图 4-8b)。

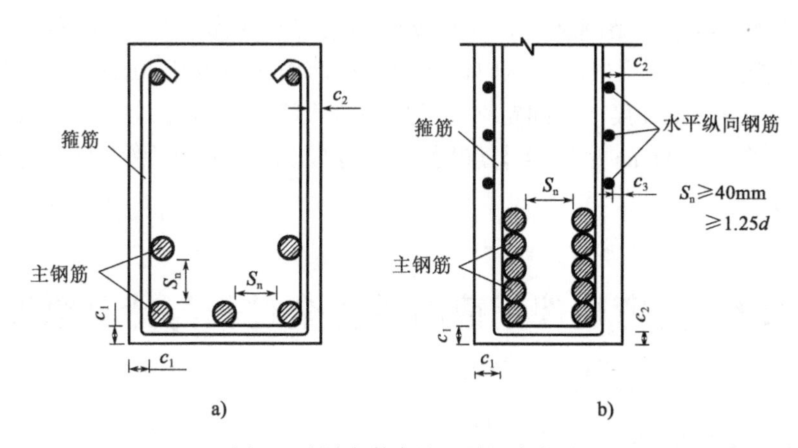

图 4-8 梁主钢筋净距和混凝土保护层

a)绑扎钢筋骨架;b)焊接钢筋骨架

梁内弯起钢筋是由主钢筋弯起而成，并延伸至梁上部，梁顶水平段应满足锚固要求；斜钢筋是专门设置的斜向钢筋，弯起钢筋和斜钢筋的作用是抗剪，其数量一般由抗剪设计确定。

梁内箍筋是沿梁纵轴方向按一定间距配置的横向钢筋(图4-6)。箍筋除了与混凝土一起抗剪外，在构造上起着固定纵向钢筋位置的作用，并与梁内各种钢筋组成骨架。梁内采用的箍筋形式如图4-9所示，对于封闭式箍筋，其在受压区的水平肢将约束混凝土的横向变形，有助于提高混凝土的抗压强度。所以，在一般矩形截面梁中应采用封闭式箍筋，既方便固定主筋，又对梁的抗扭有利；对于T形截面梁，由于在翼缘顶面通常另有横向钢筋(如翼缘板中承受横向负弯矩的受拉钢筋)，所以可以采用开口式箍筋。箍筋为抗剪钢筋，一般应将端部锚固在受压区内。箍筋的端部锚固应采用135°的弯钩而不宜采用90°的弯钩，弯钩端头直线长度不小于5倍箍筋公称直径。箍筋的公称直径不小于8mm，且不小于主钢筋直径的1/4。

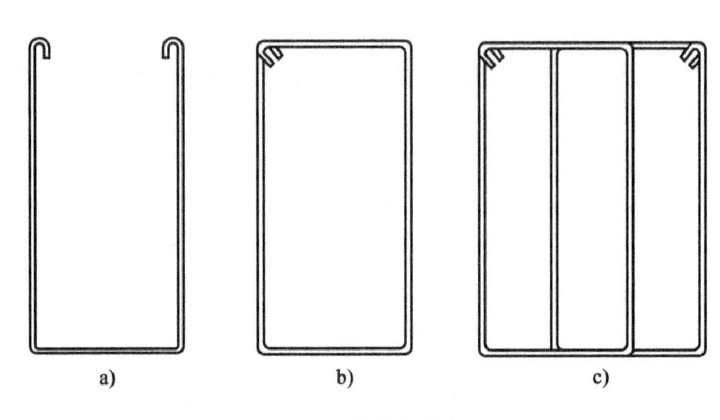

图4-9　箍筋的形式

a)开口式单箍双肢箍筋；b)封闭式单箍双肢箍筋；c)封闭式双箍四肢箍筋

架立钢筋是为构成钢筋骨架而附加设置的纵向钢筋，通常采用直径为10～22mm的钢筋，设在受压区箍筋弯折处。

T形截面梁、I形截面梁或箱形截面梁的腹板两侧，应设置水平纵向钢筋，其作用主要是减小梁侧面混凝土裂缝宽度。水平纵向钢筋固定在箍筋外侧，现多采用直径为8～14mm的带肋钢筋。梁内水平纵向钢筋的总截面面积可取用(0.001～0.002)bh，b为梁肋宽度，h为梁截面高度。其间距在受拉区不应大于梁肋宽度，且不应大于200mm；在受压区不应大于300mm。在梁支点附近剪力较大区段，水平纵向钢筋间距宜为100～150mm。

4.2　受弯构件正截面受力全过程与计算原理

4.2.1　试验研究

为研究钢筋混凝土受弯构件的受力变形性能，采用图4-10所示的钢筋混凝土简支梁进行受力全过程试验。试验梁计算跨径 1.8m,截面选用矩形,尺寸为 $b \times h = 150\text{mm} \times 350\text{mm}$,配有 3Φ14 纵向受拉钢筋。

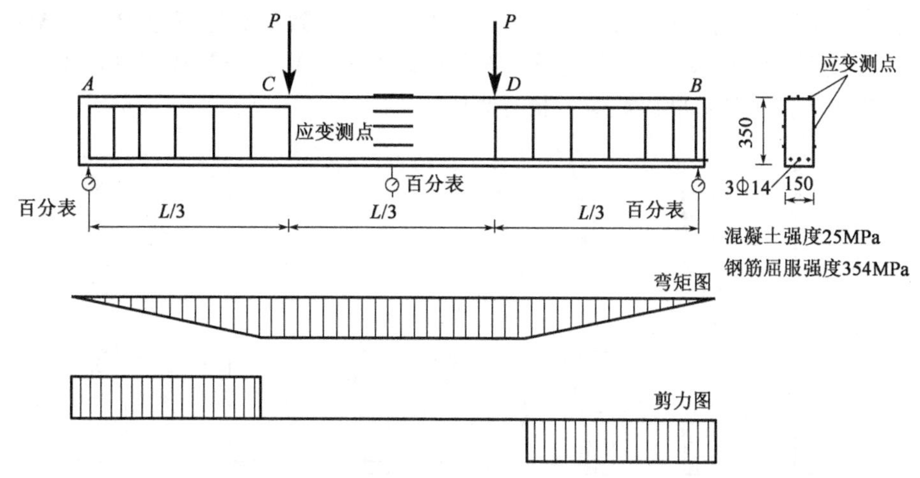

图 4-10 试验梁布置示意图(尺寸单位:mm)

试验梁上对称作用两个集中荷载 P,其弯矩图和剪力图如图 4-10 所示。忽略梁的自重影响,梁 CD 段仅承受弯矩,称为纯弯段,由此段分析受弯构件正截面受力规律。在纯弯段跨中截面沿截面高度布置了混凝土应变片,量测不同高度处混凝土的纵向应变。同时,在受拉钢筋上也布置了应变片,量测钢筋的受拉应变。此外,在梁的跨中和两个支点处还布置了百分表,用以量测梁的挠曲变形。

试验采用逐级加载,图 4-11 为试验梁受力全过程中实测的相对弯矩 M/M_u 与跨中挠度 f、跨中钢筋应力 σ_s、受压区相对高度 x_c/h_0 的关系曲线。

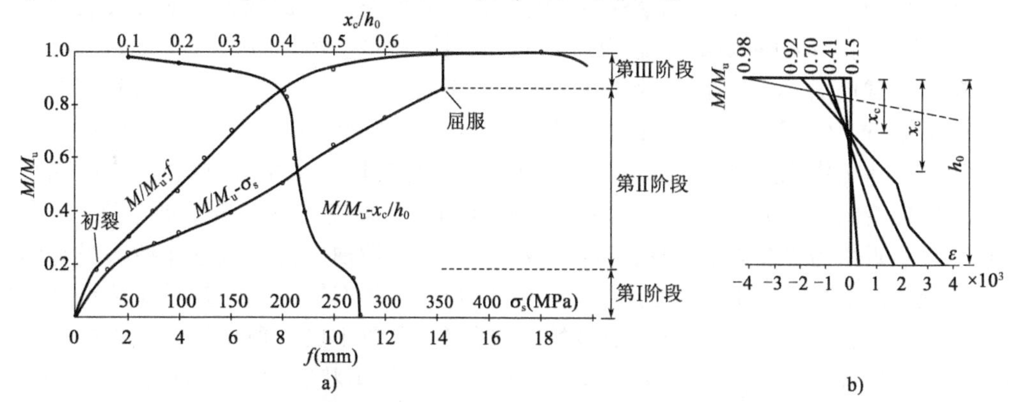

图 4-11 试验梁的荷载与挠度、钢筋应力、受压区相对高度曲线及相对弯矩的变化

a) 试验梁的荷载与挠度、钢筋应力、受压区相对高度曲线;b) 相对弯矩的变化

由图 4-11 可以看出,随着外荷载从零开始逐渐增大,M/M_u-f 曲线上有两个明显的转折点,把梁的受力和变形全过程分为三个阶段:第Ⅰ阶段,混凝土开裂之前;第Ⅱ阶段,混凝土开裂之后至钢筋屈服之前;第Ⅲ阶段,钢筋屈服之后至最终破坏。

1. 第Ⅰ阶段

如图 4-12 所示,初期弯矩较小,混凝土处于弹性工作阶段,即应力与应变成正比。随着荷载的增加,由于受拉区混凝土塑性变形发展,拉应变增长较快,故受拉区混凝土的应力图形为曲线形。此时受拉区混凝土尚未开裂，混凝土全截面工作，故又称此阶段为整体工作阶段。当受拉边缘混凝土的拉应变临近极限拉应变时，裂缝即将出现，这时称为整体工作阶段末期Ⅰ$_a$，梁截面上作用的弯矩用M_{cr}表示，M_{cr}大致为破坏弯矩M_u的25%以下。在此阶段，截面上应变基本呈线性分布（符合平截面假定），荷载与挠度基本上也呈线性关系，受弯构件抗裂计算即以此应力状态为依据。

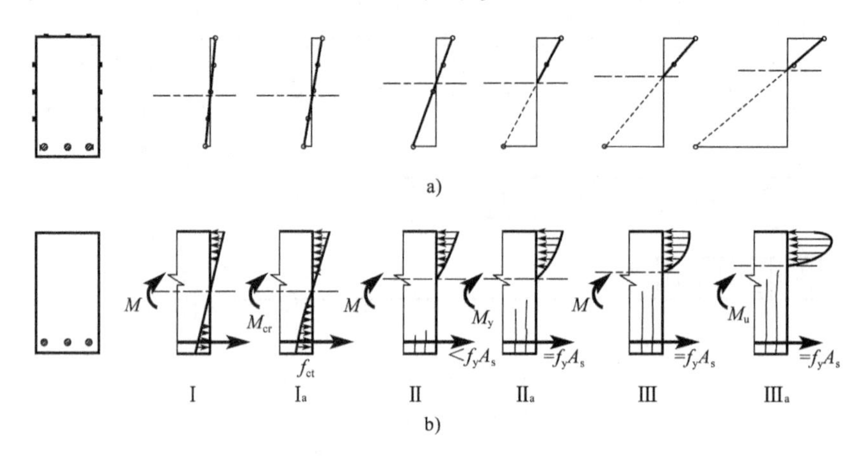

图4-12 梁正截面各阶段的应力-应变图和应力图

a）混凝土的应变分布；b）混凝土的正应力分布

2. 第Ⅱ阶段

荷载作用弯矩达到M_{cr}后，在梁纯弯段混凝土抗拉强度最弱截面上首先出现一条竖向裂缝，标志着梁进入带裂缝工作阶段。如图4-11a）所示，在开裂的截面上，受拉区混凝土退出工作，其拉力全部由钢筋承受，钢筋应力突增；裂缝一旦出现就立即开展至一定的宽度，并沿梁高延伸到一定的高度，从而使截面中性轴位置随之上升。

随着荷载增加，梁受拉区还会不断出现新的竖向裂缝，钢筋拉应力的增长速率明显加快，M/M_u-σ_s曲线的斜率较整体工作阶段减小，M/M_u-f曲线上有明显的转折点，截面抗弯刚度较整体工作阶段减小。如图4-11b）所示，梁纯弯段中受拉区虽然出现许多裂缝，受拉钢筋应变的量测标距若有足够的长度（跨越两三条裂缝），其平均应变与受压区混凝土应变仍然近似为直线关系，即仍符合平截面假定。中性轴高度x_c在这个阶段没有明显变化。受压区混凝土的压应力增速与同一位置处应变的增速相比较慢，受压区混凝土的塑性特征越来越显著，应力图形呈明显的曲线分布，如图4-12b）所示。直至受拉钢筋拉应力刚达到屈服强度（$\varepsilon_s=\varepsilon_y$），第Ⅱ阶段结束，此时的受力状态为Ⅱ$_a$，对应的弯矩为$M_y$，即屈服弯矩。

带裂缝工作阶段梁所承受的荷载大约为破坏弯矩M_u的25%～85%。

钢筋混凝土梁在正常使用情况下一般处于带裂缝工作阶段。因此，受弯构件挠曲变形和裂缝宽度的计算以带裂缝工作阶段的受力状态为依据。

3. 第Ⅲ阶段

进入第Ⅲ阶段，钢筋拉应力将维持在屈服强度（对具有明显屈服点的钢筋）不变，但应变剧增，这就促使裂缝急剧开展，中性轴继续上升，混凝土受压区不断缩小，压应力不断增大。受压区边缘混凝土的压应力增速与同一位置处压应变的增速相比越来越慢，受压区边缘混凝土的塑性变形占绝对优势,应力图形呈更明显的曲线分布[图4-12b)的Ⅲ]。同时,受压区高度的减小使得钢筋拉力与混凝土压力之间的内力臂有所增加,截面弯矩会比屈服弯矩略有增加。

随着弯矩的增加,受压区压应变不断增大,直至边缘混凝土达到极限压应变,受压区出现若干纵向水平裂缝,梁即达到破坏弯矩 M_u(受弯构件按极限状态方法计算的承载能力即以此时的应力应变状态为依据)。此时,受压区应力分布为丰满的曲线,应力峰值点已不在上边缘,而是在距上边缘稍下处。此后,受压混凝土边缘附近的应力将逐渐减小,应力峰值点继续下移,受压区混凝土的抗压强度耗尽,混凝土被压碎,梁破坏,此阶段被称为梁的破坏阶段。与第Ⅱ阶段类似,受拉钢筋应变的量测标距若有足够的长度(跨越两三条裂缝),其平均应变与受压区混凝土应变仍然近似为直线关系,即仍符合平截面假定。

在破坏阶段,钢筋的拉应变和混凝土的压应变都急剧增长,截面曲率和梁的挠度也急剧增长,M/M_u-f 曲线变得非常平缓(图4-11),受弯构件即使承载力变化不大,也具有很大的变形能力,这种特性被称为"延性",钢筋屈服后的构件变形称为延性变形。尽管钢筋屈服后的构件受力变形状况已无法满足正常使用的要求,但由于其具备充分的塑性变形能力,所以可以避免结构迅速垮塌。

以上是配筋适量的钢筋混凝土梁从加荷开始至破坏的全过程。由上述可见,由钢筋和混凝土两种材料组成的钢筋混凝土梁,不同于连续、匀质、弹性材料梁,在不同的受力阶段,中性轴的位置及内力臂有所不同,无论是压区混凝土的应力还是纵向受拉钢筋的应力,都不像匀质、弹性材料梁那样完全与弯矩成比例。钢筋混凝土梁在破坏之前的塑性变形能力也是构件必备的特性。

4.2.2 配筋率对破坏特征的影响

根据试验研究,钢筋混凝土受弯构件的破坏特征与纵向受拉钢筋的截面配筋率有关。

4.2.1节所阐述配筋适量的钢筋混凝土梁称为"适筋梁",它的受力过程分为三个阶段,即整体工作阶段、带裂缝工作阶段、破坏阶段。其破坏特征为受拉钢筋先屈服,受压混凝土后压碎;从钢筋屈服到混凝土压碎,在荷载变化不大的情况下,构件产生较大的塑性变形。破坏前受弯构件具有较大的吸收外界冲击能量的能力,以避免结构迅速解体。梁破坏前有明显的预兆,表现为"延性破坏"[图4-13a)]。

当梁截面配筋过多时,与适筋梁类似,同样会存在一个整体工作阶段,受拉混凝土开裂后,受拉钢筋应力增长速度较适筋梁缓慢许多,带裂缝工作阶段较适筋梁要长;随着外荷载的增加,最后是受压混凝土先压碎,而受拉钢筋尚未屈服;破坏之前,由于受拉钢筋还处于弹性阶段,对裂缝具有约束作用,所以裂缝宽度开展不大,向上延伸并不高,梁的挠曲变形也不充分,属于"脆性破坏"[图4-13b)]。这种梁称为"超筋梁",由于破坏时钢筋的抗拉强度未充分发挥,没有明显的破坏预兆,且梁延性差,故在工程中应避免使用。

介于适筋梁与超筋梁之间的为"界限梁"。界限梁的破坏形态为受拉钢筋达到屈服应变的同时,受压区边缘混凝土达到极限压应变,发生界限破坏;界限梁塑性变形能力小。界限梁的受拉钢筋配筋率设为 ρ_{max},在其他条件不变的情况下,适筋梁的受拉钢筋配筋率

ρ 小于界限梁的受拉钢筋配筋率 ρ_{max}，超筋梁的受拉钢筋配筋率 ρ 大于界限梁的受拉钢筋配筋率 ρ_{max}。

当梁截面配筋过少时，与适筋梁类似，同样会存在一个整体工作阶段，受拉混凝土开裂后，受拉钢筋应力立即达到其屈服强度，进入破坏阶段；随后，受拉钢筋经历流幅和强化阶段，甚至被拉断，此时，梁仅出现一条集中裂缝，其宽度较大，延伸很高，变形急剧增大[图4-13c)]，其破坏性质属于"脆性破坏"。这种梁称为"少筋梁"，其破坏极限弯矩取决于混凝土抗拉强度，受压混凝土的强度未得到充分发挥，抗弯承载能力很小，工程上不允许采用。

图4-13d)所示为不同配筋率梁的荷载与挠度曲线的对比，图中实线为仅配置受拉钢筋的单筋梁，虚线为同时配置受压钢筋和受拉钢筋的双筋梁。由图4-13d)可知，不论是单筋梁还是双筋梁，其承载能力均随配筋率的增大而提高，但变形能力和破坏性质则因配筋率的不同而不同。

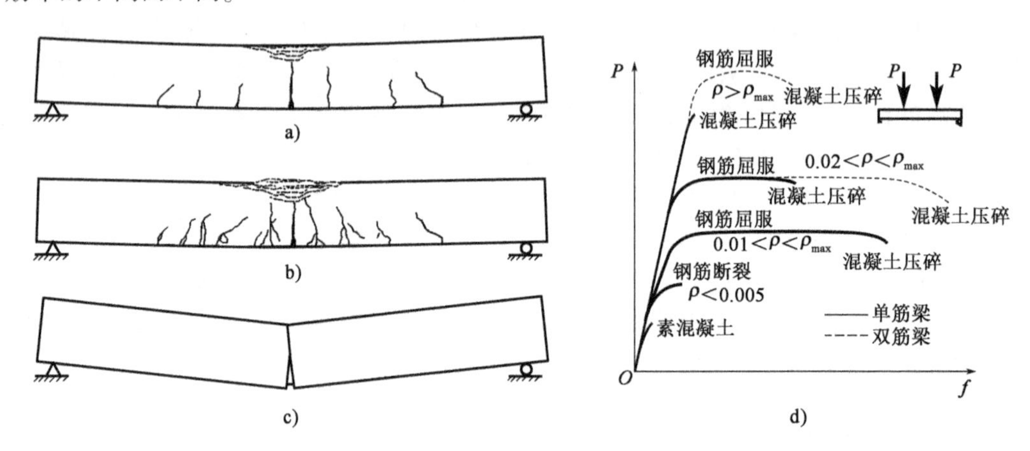

图4-13 梁的破坏形态

a)适筋梁破坏；b)超筋梁破坏；c)少筋梁破坏；d)不同配筋率梁的荷载与挠度曲线

4.2.3 受弯构件正截面承载力计算的基本原理

1. 基本假定

钢筋混凝土适筋梁以破坏状态下应力应变状态为依据计算其抗弯承载力，为简化计算，常采用以下基本假定：

(1)平截面假定。

对于钢筋混凝土受弯构件，从开始加荷直至破坏的各阶段，截面的平均应变都能较好地符合平截面假定。因此，在承载力计算时采用平截面假定是可行的。

(2)不考虑受拉区混凝土的贡献。

在裂缝截面处，受拉区大部分混凝土已退出工作，仅在靠近中性轴附近有一部分混凝土承担很小的拉应力，对抗弯承载力贡献极小，在计算中可忽略不计。

(3)材料的极限应变。

依据大量适筋梁的实验结果统计规律，取C50及以下混凝土极限压应变为0.0033；为控制梁的变形过大而不能继续承载，钢筋的极限应变不大于0.01。

2. 受压区混凝土应力分布的等效处理

由于在计算正截面抗弯承载力时,只需知道受压区混凝土压应力合力的大小及其作用点的位置,故为计算简便,将实际的曲线应力分布等效为矩形应力分布,如图4-14所示,图中β为受压区等效均匀应力分布高度与受压区实际应力分布高度的比值。试验表明,当混凝土强度和配筋率给定时,β与受压区相对高度x/h_0无关,可近似地视为常值。但是β的平均值却随混凝土强度的增大而降低[图4-15a)、表4-1)]。对C50及以下混凝土,β为0.80。

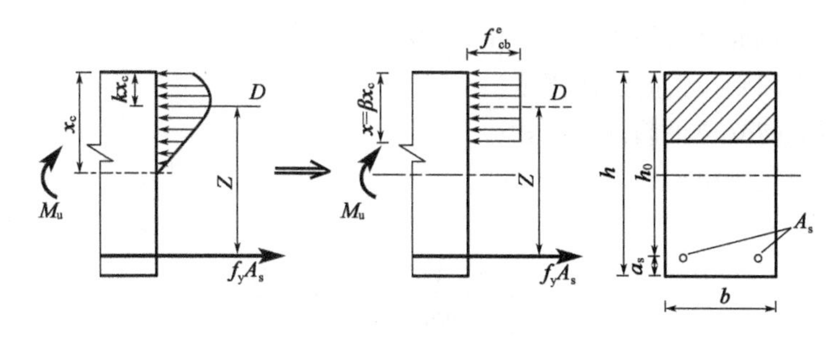

图4-14 受压区混凝土等效矩形应力分布图

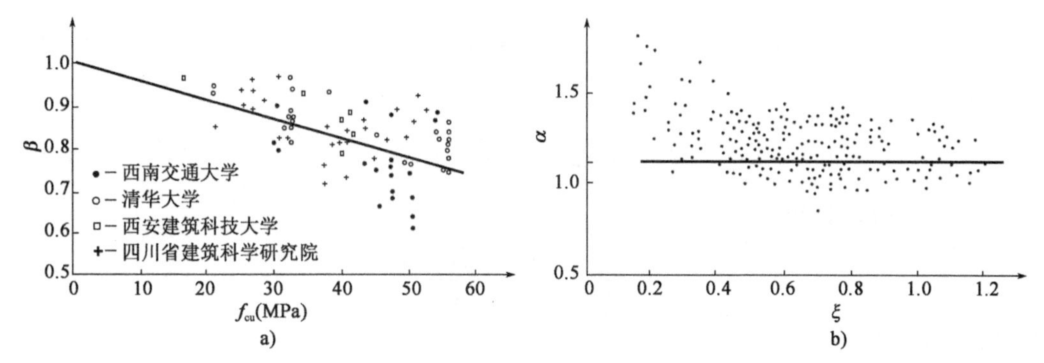

图4-15 弯曲抗压等效强度

a)β与混凝土强度的关系;b)α与ξ的关系

混凝土极限压应变ε_{cu}与β 表4-1

混凝土强度等级	C50及以下	C55	C60	C65	C70	C75	C80
ε_{cu}	0.0033	0.00325	0.0032	0.00315	0.0031	0.00305	0.003
β	0.80	0.79	0.78	0.77	0.76	0.75	0.74

等效的原则如下:

①保持原有压应力合力的大小不变:

$$D=f_{cb}^{e}bx$$

②保持原有压应力合力的作用点不变:

$$x=2kx_c$$

式中:b——截面宽度;

x——混凝土受压区等效高度;

x_c——混凝土实际受压区高度;

kx_c——混凝土压应力合力到截面边缘的距离；

f_{cb}^{e}——混凝土等效弯曲抗压强度(并非真正的力学强度指标)。

正截面抗弯承载力计算(以破坏瞬时的应力状况为依据),以单筋矩形截面梁为例:

$$\sum F_x = 0 \qquad f_{cb}^{e} bx = f_y A_s \tag{4-2a}$$

$$\sum M_D = 0 \qquad M_u = f_y A_s \left(h_0 - \frac{x}{2} \right) \tag{4-2b}$$

式中:h_0——截面有效高度,$h_0 = h - a_s$;

h——截面高度;

a_s——主钢筋合力作用点到受拉区边缘的距离;

f_y——纵向受拉钢筋屈服强度;

A_s——纵向受拉钢筋截面面积;

M_u——破坏弯矩。

由式(4-2a)得

$$x = \frac{f_y A_s}{f_{cb}^{e} b} = \frac{A_s}{bh_0} \cdot \frac{f_y}{f_{cb}^{e}} h_0 = \rho \frac{f_y}{f_{cb}^{e}} h_0 \tag{4-3}$$

受压区相对高度

$$\xi = \frac{x}{h_0} = \rho \frac{f_y}{f_{cb}^{e}} \tag{4-4a}$$

由式(4-2b)得

$$x = 2 \left(h_0 - \frac{M_u}{f_y A_s} \right) \tag{4-4b}$$

由式(4-3)、式(4-4)得

$$\xi = \frac{x}{h_0} = 2 \left(1 - \frac{M_u}{f_y A_s h_0} \right) \tag{4-5}$$

由式(4-2a)、式(4-4a)得

$$f_{cb}^{e} = \frac{f_y A_s}{bx} = \frac{f_y A_s}{b \xi h_0}$$

将式(4-5)代入上式得

$$f_{cb}^{e} = \frac{f_y A_s}{2bh_0 \left(1 - \dfrac{M_u}{f_y A_s h_0} \right)} \tag{4-6}$$

对试验梁而言,式(4-6)右边各项均为已知项,即每一次试验可计算出一个f_{cb}^{e},并与f_c(混凝土轴心抗压强度)进行比较:

$$\alpha = \frac{f_{cb}^{e}}{f_c}$$

试验分析表明:α 与混凝土轴心抗压强度f_c 及钢筋屈服强度f_y 没有明显关系,影响 α 的主要因素是受压区相对高度ξ[图 4-15b)]。由 α-ξ 试验规律可知:$\xi \leq 0.5$ 时,α 随 ξ 的减小而增加;$\xi > 0.5$ 时,其平均值 $\alpha = 1.1$。考虑 $\xi \leq 0.5$ 时,破坏多是由于受拉钢筋达到屈服强度,混凝土抗压强度的取值对构件承载力影响较小;而在 $\xi > 0.5$ 时,一般是钢筋未达到屈服强度而发生破坏的情况,α 值变化不大。故不论钢筋是否屈服,《混凝土结构设计规范(2015 年版)》(GB 50010—2010)统一规定:$\alpha = 1.1$;而《公路桥规》则保守地取$\alpha = 1.0$,即取$f_{cb}^{e} = f_{cd}$作为非均匀受压混凝土(如受弯、偏压构件中)的抗压强度,称为弯曲抗压强度。

3. 相对界限受压区高度ξ_b

所谓"界限破坏",是指当钢筋混凝土梁受拉区的钢筋达到屈服应变ε_y而开始屈服时,受压区混凝土边缘也同时达到其极限压应变ε_{cu}而被压碎的应力状态。

根据给定的ε_{cu}和平截面假定可以做出图 4-16 所示的截面应变分布的线段 ab,这就是梁截面发生界限破坏时的应变分布。

对于等效矩形应力分布图的界限受压区高度$x_b = \beta x_{cb}$,相应的截面等效矩形压应力分布图的相对界限受压区高度ξ_b表示为$\xi_b = \frac{x_b}{h_0} = \frac{\beta x_{cb}}{h_0}$。

由图 4-16 所示的界限破坏时应变分布的线段 ab 可得到

$$\frac{x_{cb}}{h_0} = \frac{\varepsilon_{cu}}{\varepsilon_{cu} + \varepsilon_y} \tag{4-7}$$

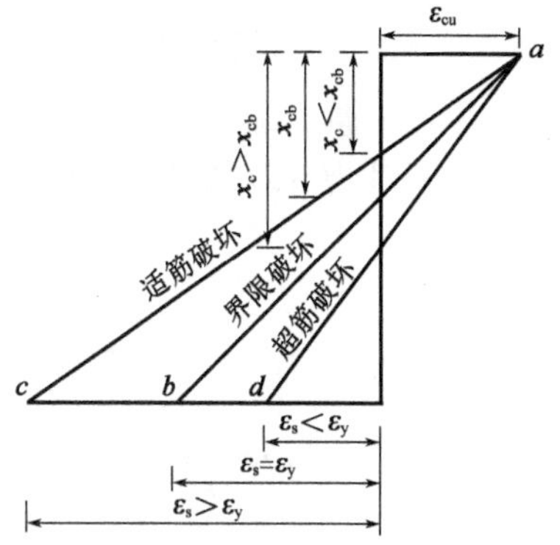

图 4-16 界限破坏时截面平均应变示意图

将$x_{cb} = \xi_b h_0/\beta$,$\varepsilon_y = f_{sd}/E_s$代入式(4-7)并整理得到等效矩形应力分布图的相对界限受压区高度:

$$\xi_b = \frac{\beta}{1 + \frac{f_{sd}}{\varepsilon_{cu} E_s}} \tag{4-8}$$

式(4-8)即为《公路桥规》确定混凝土相对界限受压区高度ξ_b的依据,其中f_{sd}为受拉钢筋的抗拉强度设计值。据此,可得到《公路桥规》规定的ξ_b值(表 4-2)。

相对界限受压区高度ξ_b 表 4-2

钢筋种类	混凝土强度等级			
	C50 及以下	C55、C60	C65、C70	C75、C80
HPB300	0.58	0.56	0.54	—
HRB400、HRBF400、RRB400	0.53	0.51	0.49	—
HRB500	0.49	0.47	0.46	—

注:截面受拉区内配置不同种类钢筋的受弯构件,其ξ_b值应选用相应于各种钢筋的较小者。

4. 最小配筋率ρ_{min}

为了避免配筋过少而发生少筋梁破坏,必须确定钢筋混凝土受弯构件的最小配筋率ρ_{min}。

最小配筋率是少筋梁与适筋梁的界限。当梁的配筋率ρ逐渐减小时,梁的工作特性也从钢筋混凝土逐渐向素混凝土结构过渡。所以,ρ_{min}可按如下原则确定:采用最小配筋率ρ_{min}的钢筋混凝土梁在破坏时,破坏弯矩M_u等于同样截面尺寸、同样材料的素混凝土梁正截面开裂弯矩的标准值M_{cr}。

《公路桥规》规定了钢筋混凝土受弯构件纵向受力钢筋的最小配筋率ρ_{min},详见附表1-9。

4.3 单筋矩形截面受弯构件正截面承载力计算

4.3.1 基本公式及适用条件

1. 正截面承载力计算图式

钢筋混凝土适筋梁的破坏始于受拉钢筋屈服,终于受压混凝土压碎。根据受弯构件正截面承载力计算的基本原理,可以得到单筋矩形截面受弯构件正截面承载力计算图式(图4-17)。

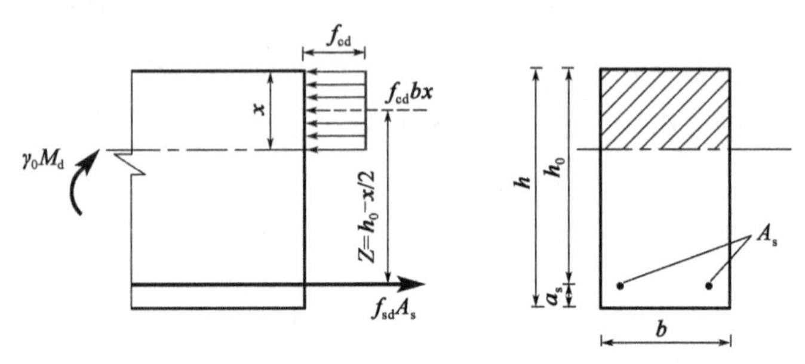

图4-17 单筋矩形截面受弯构件正截面承载力计算图式

2. 计算公式

由截面上水平方向内力之和为零的平衡条件可得

$$f_{cd}bx = f_{sd}A_s \tag{4-9}$$

截面内力对受拉钢筋合力作用点的力矩为抗弯承载力M_u,抗力的设计值不小于作用效应的设计值,可得到

$$\gamma_0 M_d \leqslant M_u = f_{cd}bx\left(h_0 - \frac{x}{2}\right) \tag{4-10}$$

截面内力对受压混凝土合力作用点的力矩为抗弯承载力M_u,抗力的设计值不小于作用效应的设计值,可得到

$$\gamma_0 M_d \leqslant M_u = f_{sd}A_s\left(h_0 - \frac{x}{2}\right) \tag{4-11}$$

式中:M_d——计算截面上的基本组合弯矩设计值;

γ_0——结构的重要性系数;

M_u——计算截面的抗弯承载力;

f_{cd}——混凝土轴心抗压强度设计值;

f_{sd}——纵向受拉钢筋抗拉强度设计值;

A_s——纵向受拉钢筋的截面面积;

x——按等效矩形应力图计算的受压区高度;

b——截面宽度;

h_0——截面有效高度。

3. 公式的适用条件

式(4-9) ~ 式(4-11)仅适用于适筋梁。公式的适用条件为：

(1)为防止出现超筋梁破坏，计算受压区高度 x 应满足：

$$x \leqslant \xi_b h_0 \tag{4-12}$$

式中的相对界限受压区高度 ξ_b，可根据混凝土强度等级和钢筋种类由表4-2查得。

结合式(4-9)可导出受压区相对高度与截面配筋率、纵向受拉钢筋抗拉强度设计值、混凝土轴心抗压强度设计值之间的关系：

$$\xi = \frac{x}{h_0} = \frac{f_{sd} A_s}{f_{cd} b h_0} = \rho \frac{f_{sd}}{f_{cd}} \tag{4-13}$$

当 $\xi = \xi_b$ 时，可得到适筋梁的最大配筋率 ρ_{max} 为

$$\rho_{max} = \xi_b \frac{f_{cd}}{f_{sd}} \tag{4-14}$$

显然，适筋梁的配筋率 ρ 应满足：

$$\rho \leqslant \rho_{max} = \xi_b \frac{f_{cd}}{f_{sd}} \tag{4-15}$$

由式(4-13) ~ 式(4-15)可知，相对界限受压区高度是一个综合指标，受构件的受拉钢筋配筋率、纵向受拉钢筋抗拉强度设计值、混凝土轴心抗压强度设计值三个参数的影响，是一个无量纲参数。满足式(4-12)或者式(4-15)，都能防止受弯构件的超筋设计。计算时，选其中之一满足即可。在实际工程中，为使构件不发生脆性破坏，维持更好的延性，尽量避免出现 ρ 与 ρ_{max} 接近或相等的情况。

(2)为防止出现少筋梁破坏，计算的配筋率 ρ 应满足：

$$\rho \geqslant \rho_{min} \tag{4-16}$$

式中：ρ_{min}——钢筋混凝土受弯构件的最小配筋率。

4.3.2 计算方法

单筋矩形截面受弯构件正截面承载力计算，可分为截面设计和截面复核两类问题。

1. 截面设计

截面设计是指已知截面上的弯矩组合设计值，选定材料强度等级，拟定截面尺寸，计算所需受拉钢筋的数量，并进行合理布置。利用基本公式进行截面设计时，为达到最节省钢筋的目的，取 $M_u = \gamma_0 M_d$ 进行设计计算。截面设计时，一般会遇到以下两种情形。

情形1 已知弯矩设计值 M_d，安全等级和环境类别，混凝土和钢筋材料级别、截面尺寸 $b \times h$ 均已确定，需确定受拉钢筋截面面积 A_s。

计算步骤如下：

(1)假设钢筋截面重心到截面受拉区边缘距离为 a_s。对于绑扎钢筋骨架的梁，可取 a_s 为50mm左右(布置一层钢筋时)或70mm左右(布置两层钢筋时)。对于板，布置钢筋的范围较宽，钢筋直径可选较小一些的，一般可取 a_s 为25 ~ 35mm。

(2)由式(4-10)解一元二次方程求得受压区高度 x，并满足 $x \leqslant \xi_b h_0$。

(3)由式(4-9)直接求得所需的钢筋截面面积。

(4)选择钢筋直径和根数并按构造要求进行布置后,得到实际配筋截面面积 A_s、a_s 及 h_0。实际配筋率 ρ 应满足 $\rho \geqslant \rho_{min}$。

钢筋保护层厚度取带肋钢筋外缘至混凝土表面的距离,带肋钢筋之间的净距为相邻钢筋中心距减去带肋钢筋外径。

设计流程见图 4-18。

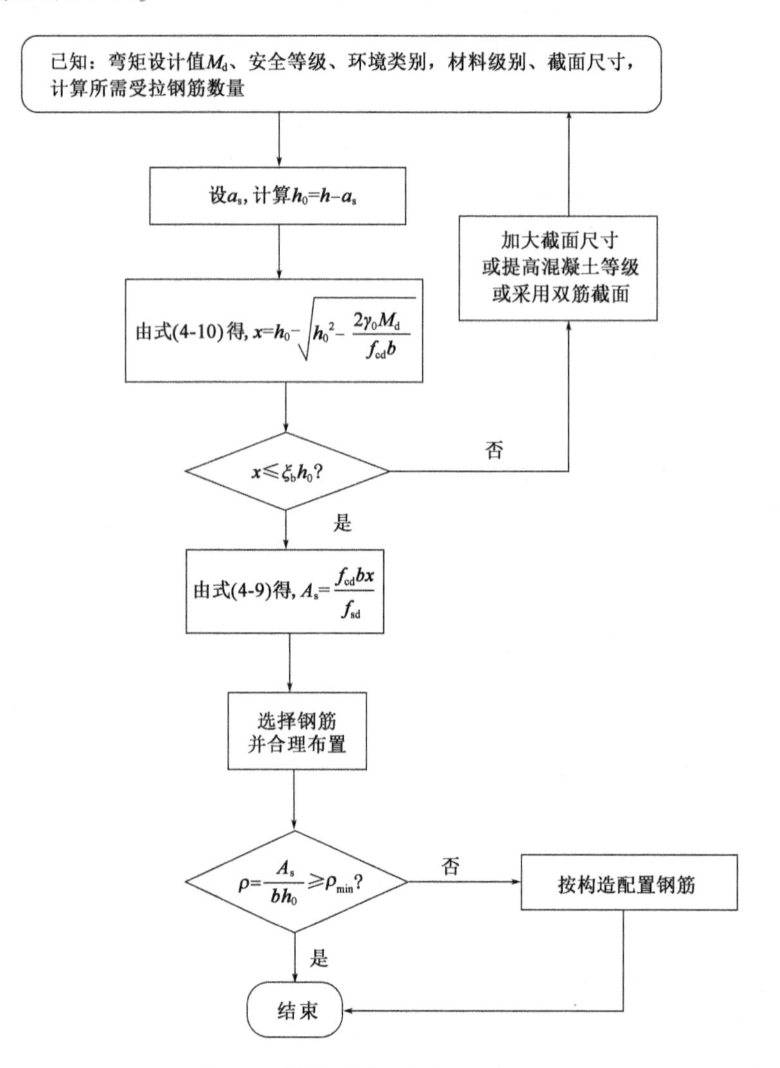

图 4-18　单筋矩形截面设计流程(情形 1)

情形 2　已知弯矩设计值 M_d,安全等级和环境类别;混凝土和钢筋材料级别已确定;需确定截面尺寸 $b \times h$ 和钢筋截面面积 A_s。

此时,由于未知数个数多于独立方程个数,采取以下计算步骤:

(1)假定 b 及经济合理的配筋率 ρ(对矩形梁可取 0.6% ~1.5%;对板可取 0.3% ~0.8%),由式(4-13)求出 ξ,并将 x 表示为 $x=\xi h_0$。

(2)由式(4-10)得出 h_0,并预估 a_s,求出 $h=h_0+a_s$,取整并符合构造要求。

(3)按截面尺寸已知的情况计算 A_s 并进行布置。

上述计算中，若 $x>\xi_b h_0$，说明截面偏小，应增大截面尺寸；若 $\rho<\rho_{min}$，说明截面偏大，应减小截面尺寸。

2. 截面复核

截面复核是指已知截面尺寸、混凝土强度级别和钢筋在截面上的布置，要求计算截面的承载力 M_u 或复核控制截面承受某个弯矩计算值 $\gamma_0 M_d$ 是否安全。截面复核方法及计算步骤如下：

(1)检查钢筋布置是否符合相关规范要求。

(2)计算配筋率 ρ，且应满足 $\rho\geqslant\rho_{min}$。

(3)由式(4-9)计算受压区高度 x。

(4)若 $x>\xi_b h_0$，则为超筋截面，应重新设计；若不重新设计，其承载能力可按界限梁的承载力评定：

$$M_u=f_{cd}bh_0^2\xi_b(1-0.5\xi_b) \tag{4-17}$$

当 $x\leqslant\xi_b h_0$ 时，由式(4-10)或式(4-11)可计算得到 M_u。

(5)当求得的 $M_u\geqslant\gamma_0 M_d$ 时，抗弯承载力满足要求；当求得的 $M_u<\gamma_0 M_d$ 时，可采取提高混凝土级别、加大截面尺寸或改为双筋截面等措施。

单筋矩形截面复核流程见图4-19。

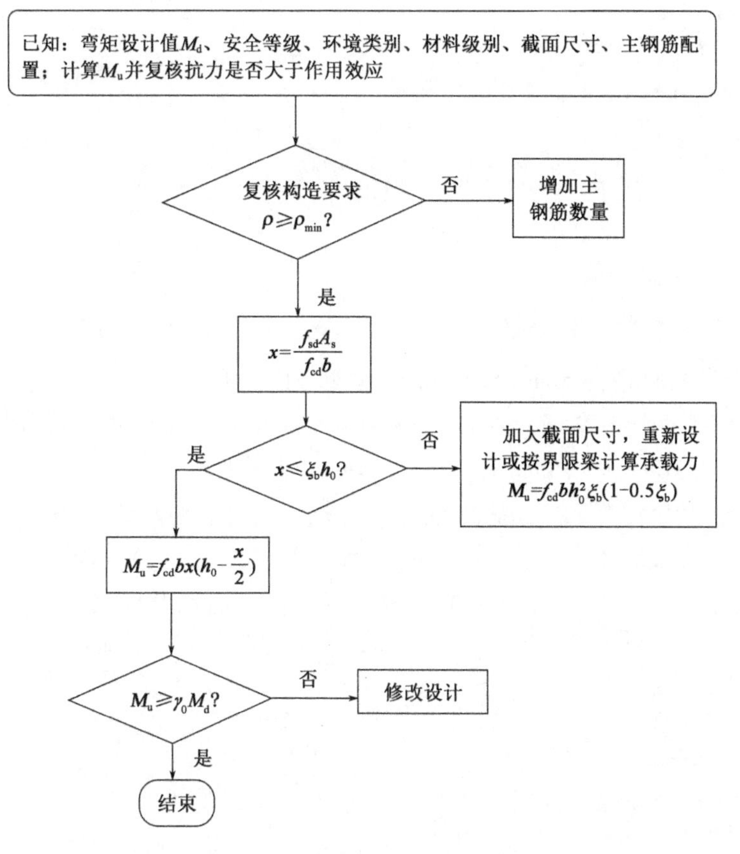

图4-19　单筋矩形截面复核流程

例 4-1 矩形截面梁 $b \times h = 300\text{mm} \times 600\text{mm}$，截面弯矩组合设计值 $M_d = 170\text{kN} \cdot \text{m}$，采用 C30 混凝土和 HRB400 级钢筋，箍筋采用 HPB300，直径为 8mm。环境条件为Ⅰ类，安全等级为二级，设计使用年限为 50 年。试进行配筋计算。

解：查附表 1-1 及附表 1-3 得，$f_{cd} = 13.8\text{MPa}$，$f_{td} = 1.39\text{MPa}$，$f_{sd} = 330\text{MPa}$。查表 4-2 得，$\xi_b = 0.53$。桥梁结构重要性系数 $\gamma_0 = 1$，则弯矩计算值 $\gamma_0 M_d = 170\text{kN} \cdot \text{m}$。

采用绑扎钢筋骨架，按一层钢筋布置，假设 $a_s = 50\text{mm}$，则梁有效高度 $h_0 = 600 - 50 = 550(\text{mm})$。

1. 求受压区高度 x

由式(4-10)解一元二次方程可得(根号前面取 + 号，会出现受压区高度大于梁高的不合理情况，应舍去)：

$$x = h_0 - \sqrt{h_0^2 - \frac{2\gamma_0 M_d}{f_{cd} b}} = 550 - \sqrt{550^2 - \frac{2 \times 170 \times 10^6}{13.8 \times 300}} \approx 80.6(\text{mm})$$

$$\leqslant \xi_b h_0 = 0.53 \times 550 = 291.5(\text{mm})$$

不会发生超筋梁情况。

2. 求所需钢筋截面面积 A_s

将 $x = 80.6\text{mm}$ 代入式(4-9)中，得到

$$A_s = \frac{f_{cd} bx}{f_{sd}} = \frac{13.8 \times 300 \times 80.6}{330} \approx 1011\ (\text{mm}^2)$$

3. 选择并布置钢筋

考虑一层钢筋为 4 根，查附表 1-6，选择 4⌀20($A_s = 1256\text{mm}^2$)并布置，如图 4-20 所示。若箍筋采用直径为 8mm 的 HPB300 箍筋，主钢筋的混凝土保护层厚度 $c = 45 - 22.7/2 \approx 33.7(\text{mm}) > 20 + 8 = 28(\text{mm})$ 且 $c > d = 20\text{mm}$，满足要求。钢筋净间距为 $S_n = 70 - 22.7 = 47.3(\text{mm}) > 30\text{mm}$ 且 $S_n > d = 20\text{mm}$，满足要求。22.7mm为 20mm 直径带肋钢筋的外缘直径，通过附表 1-6 查得。

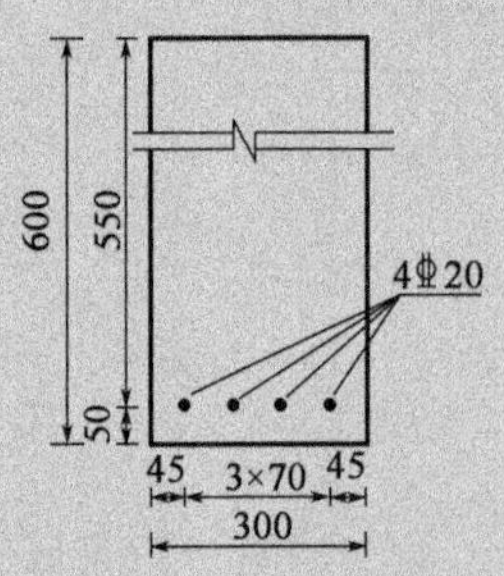

图 4-20 例 4-1 钢筋布置(尺寸单位：mm)

最小配筋率计算：$45(f_{td}/f_{sd}) = 45 \times (1.39/330) \approx 0.19$，即最小配筋率不应小于0.19%，且不应小于 0.2%，故取 $\rho_{min} = 0.2\%$。实际配筋率：

$$\rho = \frac{A_s}{bh_0} = \frac{1256}{300 \times 550} \approx 0.76\% > \rho_{min} = 0.2\%$$

故满足要求。

例 4-2 已知矩形截面承受弯矩设计值 $M_d=180\text{kN}\cdot\text{m}$，环境类别为Ⅰ类，安全等级为二级，设计使用年限为 50 年。假定 $b=250\text{mm}$，采用 C30 混凝土及 HRB400 级钢筋，试设计该截面。

解：查附表 1-1 及附表 1-3 得，$f_{cd}=13.8\text{MPa}$，$f_{td}=1.39\text{MPa}$，$f_{sd}=330\text{MPa}$。查表 4-2 得 $\xi_b=0.53$。桥梁结构重要性系数 $\gamma_0=1$，则弯矩计算值 $M=\gamma_0 M_d=180\text{kN}\cdot\text{m}$。

1. 假定 ρ，计算 ξ

假定 $\rho=1.0\%$，由式(4-13)可得

$$\xi=\rho\times\frac{f_{sd}}{f_{cd}}=0.01\times\frac{330}{13.8}\approx0.239$$

2. 计算 h

将 $\xi=0.239$ 代入式(4-10)，可得

$$h_0=\sqrt{\frac{M}{f_{cd}b\xi(1-0.5\xi)}}=\sqrt{\frac{180\times10^6}{13.8\times250\times0.239\times(1-0.5\times0.239)}}\approx498(\text{mm})$$

设 $a_s=50\text{mm}$，则梁高 $h=h_0+a_s=548\text{mm}$，取 $h=600\text{mm}$，$h_0=h-a_s=600-50=550\text{mm}$。

3. 求受压区高度 x

由式(4-10)可得到

$$x=h_0-\sqrt{h_0^2-\frac{2\gamma_0M_d}{f_{cd}b}}=550-\sqrt{550^2-\frac{2\times180\times10^6}{13.8\times250}}\approx104.9(\text{mm})$$
$$\leqslant\xi_bh_0=0.53\times550\approx291.5(\text{mm})$$

不会发生超筋梁情况。

4. 求所需钢筋截面面积 A_s

将各已知值及 $x=119.0\text{mm}$ 代入式(4-9)中，得到

$$A_s=\frac{f_{cd}bx}{f_{sd}}=\frac{13.8\times250\times104.9}{330}\approx1097(\text{mm}^2)$$

5. 选择并布置钢筋

考虑布置一层钢筋，由附表 1-6 可查得，选择 3⌀25（$A_s=1473\text{mm}^2$），并布置为图 4-21 所示。

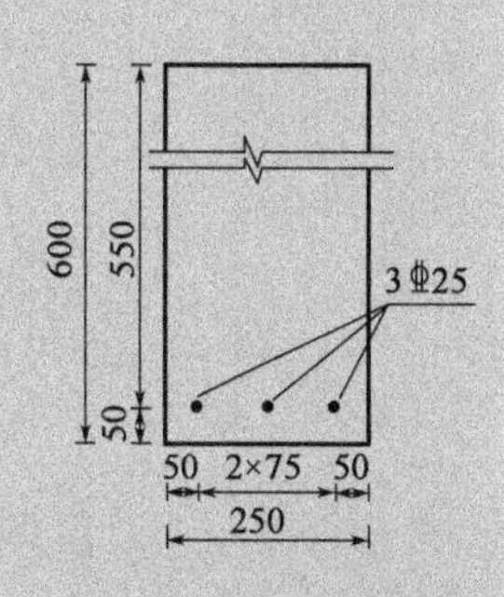

图 4-21 例 4-2 钢筋布置（尺寸单位：mm）

若箍筋采用直径为 8mm 的 HPB300 箍筋，主钢筋的混凝土保护层厚度 $c=50-28.4/2=35.8(\text{mm})>20+8=28(\text{mm})$，且大于主钢筋直径 $d=25\text{mm}$，故满足要求。钢筋净间距为 $S_n=75-28.4=46.6(\text{mm})>30\text{mm}$ 且 $S_n>d=25\text{mm}$，故满足要求。

最小配筋率计算：$45(f_{td}/f_{sd})=45\times(1.39/330)\approx0.19$，即最小配筋率不应小于0.19%，且不应小于 0.2%，故取 $\rho_{min}=0.20\%$。实际配筋率：

$$\rho=\frac{A_s}{bh_0}=\frac{1473}{250\times550}\approx1.1\%>\rho_{min}=0.20\%$$

故满足要求。

例 4-3 有一截面尺寸为 $b\times h=250\text{mm}\times450\text{mm}$ 的钢筋混凝土梁,环境类别为Ⅰ类,安全等级为二级,设计使用年限为30年。采用C30混凝土和HRB400级钢筋,截面构造如图4-22所示,图中N1钢筋为 ⌀20,N2钢筋为 ⌀18;箍筋采用直径为8mm的HPB300箍筋;该梁承受弯矩设计值 $M_d=120\text{kN}\cdot\text{m}$。试复核该截面是否安全。

解:根据提供材料查附表1-1和附表1-3得,$f_{cd}=13.8\text{MPa}$,$f_{td}=1.39\text{MPa}$,$f_{sd}=330\text{MPa}$,查表4-2得,$\xi_b=0.53$。桥梁结构重要性系数 $\gamma_0=1$。

最小配筋率计算:$45(f_{td}/f_{sd})=45\times(1.39/330)\approx0.19$,即最小配筋率不应小于0.19%,且不应小于0.2%,故取 $\rho_{min}=0.2\%$。

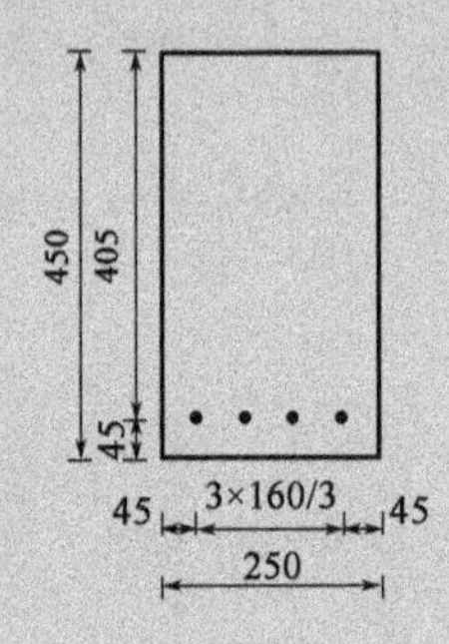

图4-22 例4-3图(尺寸单位:mm)

由图4-22得到主钢筋的混凝土保护层厚度 $c=45-22.7/2\approx33.7(\text{mm})>20+8=28(\text{mm})$,且大于主钢筋直径 $d=20\text{mm}$,满足要求。N1与N2钢筋间净距 $S_n=160/3-22.7/2-20.5/2\approx31.7(\text{mm})$,符合 $S_n>30\text{mm}$ 及 $S_n>d=20\text{mm}$ 的要求。

实际配筋率

$$\rho=\frac{A_s}{bh_0}=\frac{1137}{250\times405}\approx1.1\%>\rho_{min}=0.2\%$$

1. 求受压区高度 x

由式(4-9)可得到

$$x=\frac{f_{sd}A_s}{f_{cd}b}=\frac{330\times1137}{13.8\times250}\approx108.8(\text{mm})<\xi_bh_0=0.53\times405\approx215(\text{mm})$$

即受压区高度不大于界限受压区高度,满足公式的适用条件。

2. 求抗弯承载力 M_u

由式(4-10)可得到

$$M_u=f_{cd}bx\left(h_0-\frac{x}{2}\right)=13.8\times250\times108.8\times(405-108.8/2)$$

$$\approx132\times10^6(\text{N}\cdot\text{mm})=132\text{kN}\cdot\text{m}>\gamma_0M_d=120\text{ kN}\cdot\text{m}$$

经复核,梁截面可以承受 $\gamma_0M_d=120\text{ kN}\cdot\text{m}$ 的作用,截面安全。

例 4-4 已知一单跨简支实心板,板厚80mm,计算跨径 $l_0=2.2\text{m}$,每米板宽上的弯矩设计值为 $4.42\text{kN}\cdot\text{m}$,混凝土强度等级为C30,用HRB400级钢筋配筋。环境类别为Ⅰ类,安全等级为二级,设计使用年限为30年。试设计该板所需受拉钢筋。

解:取1m板宽进行计算,即计算板宽1000mm。据已知材料查附表1-1和附表1-3得,$f_{cd}=13.8\text{MPa}$,$f_{td}=1.39\text{MPa}$,$f_{sd}=330\text{MPa}$,查表4-2得,$\xi_b=0.53$。桥梁结构重要性系数$\gamma_0=1$。

最小配筋率计算:$45(f_{td}/f_{sd})=45\times(1.39/330)\approx0.19<0.2$,故$\rho_{min}=0.20\%$。

(1)设$a_s=25\text{mm}$,则$h_0=80-25=55(\text{mm})$。由式(4-10)可得

$$x=h_0-\sqrt{h_0^2-\frac{2\gamma_0 M_d}{f_{cd}b}}=55-\sqrt{55^2-\frac{2\times4.42\times10^6}{13.8\times1000}}\approx6.17(\text{mm})$$

$$\leqslant\xi_b h_0=0.53\times55=29.2(\text{mm})$$

满足适用条件。

(2)求所需钢筋截面面积。

将各已知值及$x=6.17\text{mm}$代入式(4-9),可得到

$$A_s=\frac{f_{cd}bx}{f_{sd}}=\frac{13.8\times1000\times6.17}{330}\approx258(\text{mm}^2)$$

(3)选择并布置钢筋。

现取板的受力钢筋为 ⌀8,由附表1-7查得,⌀8 钢筋间距为100mm时,单位板宽的钢筋截面面积$A_s=503\text{mm}^2$,主钢筋间距小于200mm,满足要求。

板截面钢筋布置如图4-23所示。受力钢筋外径为9.3mm,主钢筋混凝土保护层厚度$c=25-9.3/2\approx20.4(\text{mm})>20\text{mm}$,满足要求。

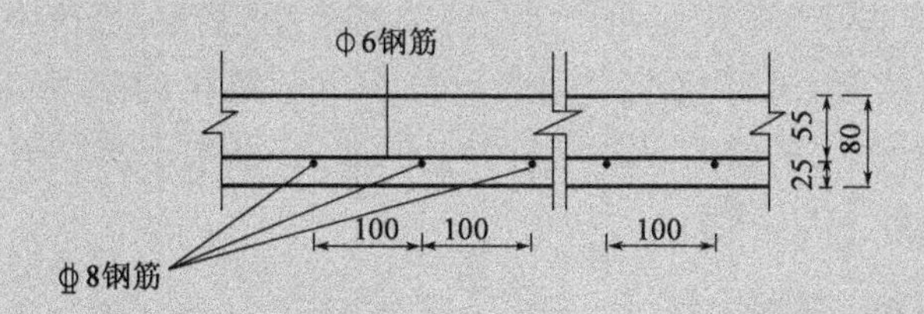

图4-23　例4-4图(尺寸单位:mm)

截面实际配筋率

$$\rho=\frac{A_s}{bh_0}=\frac{503}{1000\times55}\approx0.91\%>\rho_{min}=0.20\%$$

板的分布钢筋取 Φ6,间距为200mm。

4.4　双筋矩形截面受弯构件正截面承载力计算

在截面受压区边缘配置纵向受力钢筋,协助混凝土承受压力,这种钢筋称为受压钢筋,面积用A'_s表示。双筋截面是指同时配置纵向受拉钢筋和纵向受压钢筋的情况,见图4-24。

一般情况下,采用受压钢筋来承受截面的部分压力是不经济的。但是,受压钢筋的存在可以提高截面的延性[图4-13d)],有利于结构抗震。地震时,结构的响应是结构刚度

的函数，塑性变形可使结构刚度降低，因此具有良好延性的结构受到的地震惯性力比弹性体结构小很多。因此，对结构抗震来说，延性与承载力是同等重要的。同时，配置受压钢筋可以减小长期荷载作用下受弯构件的变形。

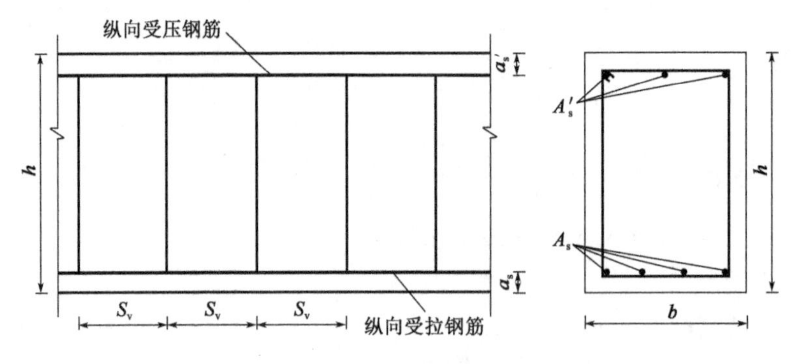

图 4-24　双筋截面

对单筋矩形截面梁，当截面承受的弯矩组合设计值 M_d 较大，而截面尺寸受使用条件限制或混凝土强度不宜提高的情况下，按单筋截面设计时会出现 $\xi > \xi_b$ 而承载能力不足时，应改用双筋截面。此外，当梁截面承受异号弯矩时，必须采用双筋截面，连续梁中支点受压区至少有两根且不少于跨中截面 20% 的底层纵向钢筋通过（构造要求），这样中支点截面就成为因构造而成的实际双筋截面。

试验表明，当受压区边缘的混凝土压应力达到抗压强度的 80% 后，混凝土开始产生纵向裂缝向外凸起，而封闭式箍筋的存在能够约束混凝土的剥离，减小受压钢筋的纵向自由长度，防止受压钢筋过早受压屈曲。因此，《公路桥规》要求，当梁中配有计算需要的纵向受压钢筋或在连续梁、悬臂梁近中间支点位于负弯矩区的梁段，应采用封闭式箍筋（图 4-24）。一般情况下，箍筋的间距不大于 400mm，并不大于受压钢筋直径 d' 的 15 倍；箍筋直径不小于 8mm 及 $d'/4$。

4.4.1　受压钢筋的应力

双筋截面适筋梁的破坏形态仍然是受拉钢筋先屈服、受压混凝土后压碎，且具有较大延性。

双筋截面适筋梁破坏形态与单筋截面类似，在受弯构件受压区混凝土即将压碎时，受压钢筋的应力大小取决于它的应变值 ε_s'。如图 4-25 所示，假设受压区钢筋合力作用点至截面受压区边缘的距离为 a_s'，则根据平截面假定，依据三角形的相似性有：

$$\frac{\varepsilon_s'}{\varepsilon_{cu}} = \frac{x_c - a_s'}{x_c} \tag{4-18}$$

受压区混凝土应力等效均匀分布高度 x 与实际分布高度 x_c 之比为 β，对 C50 及以下混凝土，由表 4-1 查得，$\varepsilon_{cu} = 0.0033$，$\beta = 0.80$，则

$$\varepsilon_s' = 0.0033\left(1 - \frac{0.8a_s'}{x}\right) \tag{4-19}$$

当 $x = 2a_s'$ 时，可得到

$$\varepsilon_s' = 0.0033\left(1 - \frac{0.8a_s'}{2a_s'}\right) = 0.00198 \approx 0.002$$

这时，对 HPB300 级钢筋

$$\sigma_s' = \varepsilon_s' E_s' = 0.002 \times 2.1 \times 10^5 = 420(\text{MPa}) > f_{sk}' = 300\text{MPa}$$

对 HRB400、HRBF400 和 RRB400 级钢筋，$\sigma_s' = \varepsilon_s' E_s' = 0.002 \times 2 \times 10^5 = 400(\text{MPa}) = f_{sk}' = 400\text{MPa}$。

则混凝土压碎时受压钢筋达到屈服的条件为

$$x \geqslant 2a_s' \tag{4-20}$$

式(4-20)是受压钢筋发挥强度的充分条件。《公路桥规》规定取 $\sigma_s' = f_{sd}'$时，必须满足 $x \geqslant 2a_s'$。

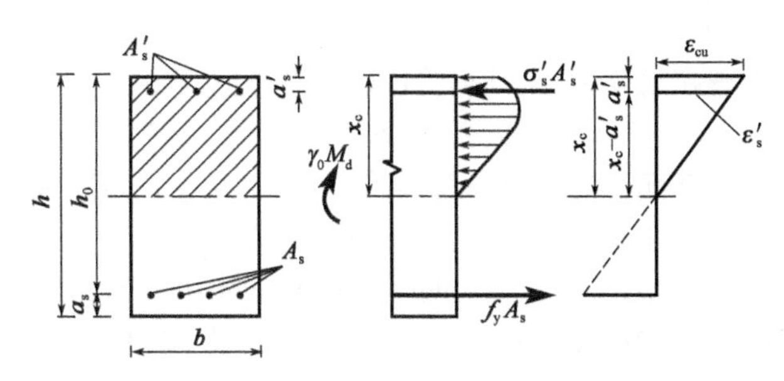

图 4-25　双筋截面受压钢筋应力计算分析图

4.4.2　基本计算公式

1. 抗弯承载力计算图式

试验表明，双筋截面破坏时的受力特点与单筋截面相似。只要满足 $\xi \leqslant \xi_b$ 及 $\rho \geqslant \rho_{min}$，双筋截面仍具有适筋破坏特征，即受拉钢筋的应力先达到其屈服强度，然后受压区混凝土被压碎。这时，受压区混凝土的应力图形为曲线分布，边缘纤维的压应变已达极限压应变 ε_{cu}。由于受压区混凝土塑性变形发展，受压钢筋的应力一般也将达到其抗压强度($x \geqslant 2a_s'$)。因此，在建立双筋截面承载力的计算公式时，受拉钢筋的应力可取抗拉强度设计值 f_{sd}，受压钢筋的应力一般可取抗压强度设计值 f_{sd}'($x \geqslant 2a_s'$时)，受压区混凝土仍可采用等效矩形应力分布图形，混凝土各点应力均为抗压设计强度 f_{cd}。于是，双筋矩形截面受弯构件正截面抗弯承载力计算的图式如图 4-26 所示。

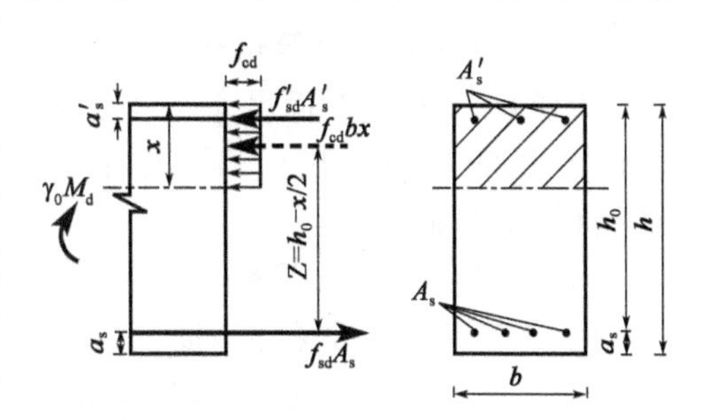

图 4-26　双筋矩形截面受弯构件正截面抗弯承载力计算图式

2. 计算公式

由截面上水平方向内力之和为零的平衡条件，可得到

$$f_{cd} bx + f_{sd}' A_s' = f_{sd} A_s \tag{4-21}$$

截面内力对受拉钢筋合力作用点的力矩为抗弯承载力 M_u，抗力的设计值不小于作用组合的设计值，可得到

$$\gamma_0 M_d \leqslant M_u = f_{cd} bx \left(h_0 - \frac{x}{2}\right) + f_{sd}' A_s' \left(h_0 - a_s'\right) \tag{4-22}$$

截面应力对受压钢筋合力作用点的力矩为抗弯承载力 M_u,抗力的设计值不小于作用组合的设计值,可得到

$$\gamma_0 M_d \leqslant M_u = -f_{cd}bx\left(\frac{x}{2}-a_s'\right)+f_{sd}A_s\left(h_0-a_s'\right) \tag{4-23}$$

式中:f_{sd}'——受压区钢筋的抗压强度设计值;

A_s'——受压区钢筋的截面面积;

a_s'——受压区钢筋合力至截面受压区边缘的距离。

其他符号意义与单筋矩形截面相同。

3. 公式的适用条件

(1)为了防止出现超筋梁情况,计算受压区高度 x 应满足:

$$x \leqslant \xi_b h_0 \tag{4-24}$$

(2)为了保证受压钢筋达到抗压强度设计值 f_{sd}',计算受压区高度 x 应满足:

$$x \geqslant 2a_s' \tag{4-25}$$

在实际设计中,若求得 $x<2a_s'$,则表明受压钢筋可能达不到其抗压强度设计值。《公路桥规》规定此时可取 $x=2a_s'$,即假设混凝土压应力合力作用点与受压区钢筋合力作用点相重合,对受压钢筋合力作用点取矩,可得到正截面抗弯承载力的近似表达式为

$$M_u = f_{sd}A_s\left(h_0-a_s'\right) \tag{4-26}$$

双筋截面的配筋率 ρ 一般均能大于 ρ_{min},所以往往不必再予验算。

4.4.3 计算方法

1. 截面计算

利用基本公式进行截面设计时,为达到节省钢筋的目的,取 $M_u=\gamma_0 M_d$ 来进行设计计算。一般有下列两种计算情形:

情形1 已确定截面尺寸、材料强度级别、弯矩计算值 $\gamma_0 M_d$、安全等级和环境类别,需确定受拉钢筋截面面积 A_s 和受压钢筋截面面积 A_s'。

计算步骤如下:

(1)假设 a_s 和 a_s',求得 $h_0=h-a_s$。

(2)验算是否需要采用双筋截面。当式(4-27)不成立时,需采用双筋截面:

$$\gamma_0 M_d < M_u = f_{cd}bh_0^2\xi_b(1-0.5\xi_b) \tag{4-27}$$

对构造原因造成的双筋截面,不必进行上述验算,直接按双筋截面设计即可。

(3)求 A_s'。利用基本公式求解,存在 A_s'、A_s 及 x 三个未知数,独立的求解方程只有两个,故尚需增加一个定解条件。由于式(4-22)中,$x(h_0-x/2)$ 在 $x<h_0$ 的范围内为增函数,故当 x 在适筋梁约束条件下取最大值 $\xi_b h_0$ 时,受压钢筋截面面积 A_s'必最小。附加条件为$x=\xi_b h_0$,再利用式(4-22)求得 A_s'。

(4)求 A_s。将 $x=\xi_b h_0$ 及受压钢筋截面面积 A_s'计算值代入式(4-21),求得受拉钢筋截面面积 A_s。

(5)分别选择受压钢筋和受拉钢筋直径及根数,并进行截面钢筋布置。

对应的设计流程见图 4-27。

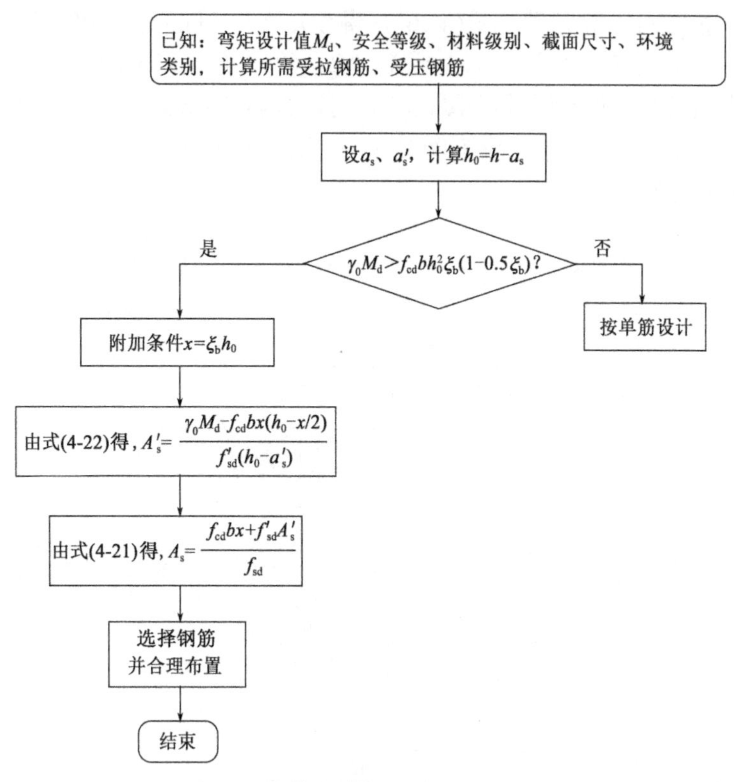

图 4-27　双筋矩形截面设计流程(情形 1)

情形 2　已确定截面尺寸、材料强度级别、安全等级、环境类别、受压区钢筋截面面积A'_s及布置、弯矩计算值γ_0M_d，需确定受拉钢筋截面面积A_s。

计算步骤如下：

(1)假设a_s，求得$h_0=h-a_s$。

(2)计算受压区高度x。由式(4-22)可得

$$x=h_0-\sqrt{h_0^2-\frac{2[\gamma_0M_d-f'_{sd}A'_s(h_0-a'_s)]}{f_{cd}b}}$$

(3)当$x\leqslant\xi_bh_0$且$x<2a'_s$时，可由式(4-26)求得所需受拉钢筋截面面积A_s为

$$A_s=\frac{\gamma_0M_d}{f_{sd}(h_0-a'_s)}$$

当$x\leqslant\xi_bh_0$且$x\geqslant2a'_s$时，将各已知值及受压钢筋面积A'_s代入式(4-21)，可求得A_s值。当$x>\xi_bh_0$时，说明所给受压钢筋截面面积不足，应按受压钢筋截面面积未知情况设计。

(4)选择受拉钢筋的直径和根数，并布置截面钢筋。

对应的设计流程见图 4-28。

2. *截面复核*

已确定截面尺寸、材料强度级别、环境类别、安全等级、钢筋截面面积A_s和A'_s以及截面钢筋布置，需计算截面承载力M_u。截面复核的计算步骤如下：

(1)检查钢筋布置是否符合构造要求。

(2)由式(4-21)计算受压区高度x。

(3)若 $x \leqslant \xi_b h_0$ 且 $x < 2a_s'$,则由式(4-26)求得考虑受压钢筋部分作用的正截面承载力 M_u。

(4)若 $2a_s' \leqslant x \leqslant \xi_b h_0$,按式(4-22)或式(4-23)可求得双筋矩形截面抗弯承载力 M_u;若 $x > \xi_b h_0$,为超筋梁。重新设计或取 $x = \xi_b h_0$,按式(4-22)或式(4-23)计算承载力。

(5)若抗弯承载力 M_u 大于弯矩计算值 $\gamma_0 M_d$,则承载能力满足要求;否则,需重新设计。

对应的复核流程见图 4-29。

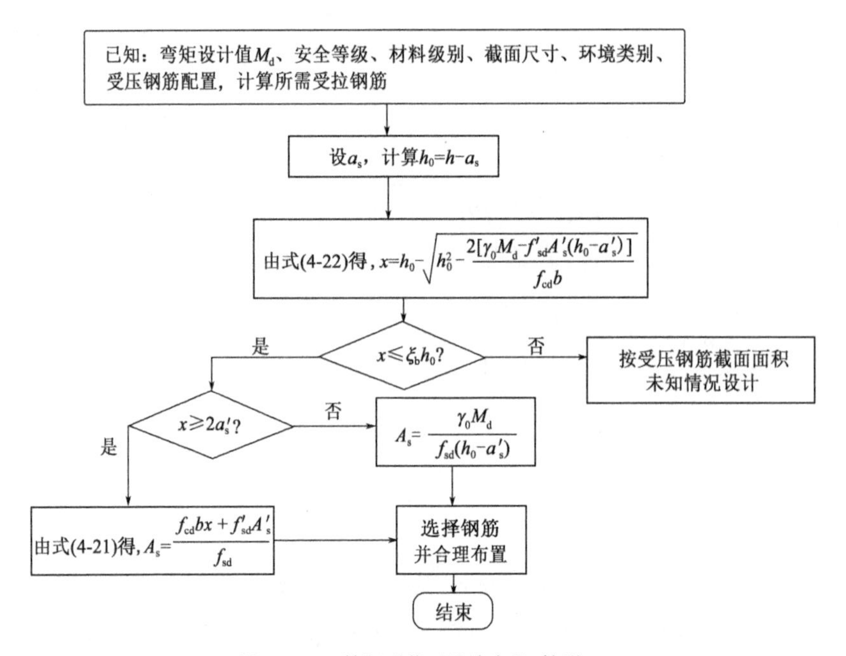

图 4-28　双筋矩形截面设计流程(情形 2)

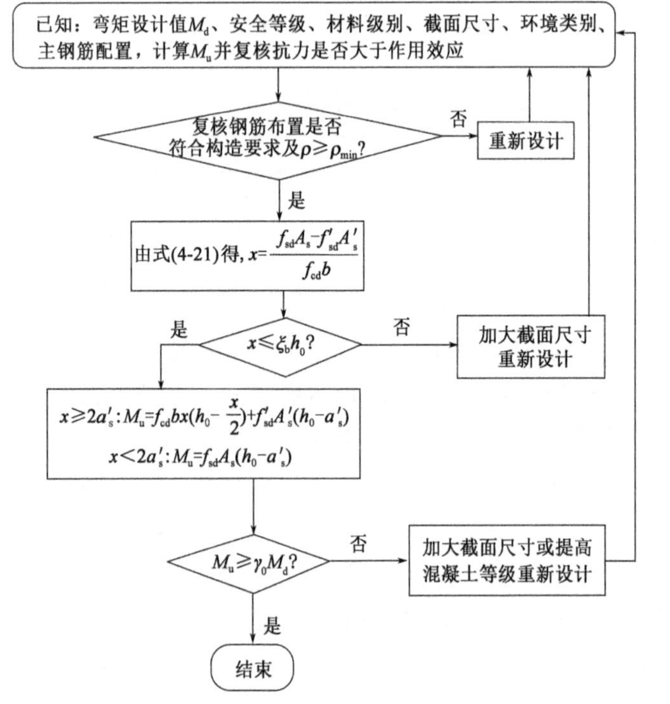

图 4-29　双筋矩形截面复核流程

例4-5　有一矩形截面 $b\times h=250\text{mm}\times500\text{mm}$，承受弯矩设计值 $M_d=250\text{kN}\cdot\text{m}$，混凝土等级为C30，用HRB400级钢筋配筋，箍筋(HPB300)直径为8mm；环境类别为Ⅰ类，安全等级为一级，设计使用年限为50年。求所需钢筋截面面积，并进行承载力复核。

解：查附表1-1及附表1-3得，$f_{cd}=13.8\text{MPa}$，$f_{td}=1.39\text{MPa}$，$f_{sd}=330\text{MPa}$。查表4-2得，$\xi_b=0.53$。桥梁结构重要性系数 $\gamma_0=1.1$，则弯矩计算值 $M=\gamma_0 M_d=275\text{kN}\cdot\text{m}$。

1. 验算是否需要采用双筋截面

假设 $a_s=60\text{mm}$，则梁有效高度 $h_0=500-60=440(\text{mm})$。由式(4-17)可知，单筋矩形截面适筋梁的最大承载能力为

$$M_u=f_{cd}bh_0^2\xi_b(1-0.5\xi_b)=13.8\times250\times440^2\times0.53\times(1-0.5\times0.53)$$
$$\approx260(\text{kN}\cdot\text{m})<275\text{kN}\cdot\text{m}$$

故需要采用双筋截面。

2. 求所需钢筋截面面积

受压钢筋拟按一层布置，假设 $a_s'=40\text{mm}$。

取 $x=\xi_b h_0=0.53\times440=233.2(\text{mm})$，代入式(4-22)中可得到受压钢筋截面面积为

$$A_s'=\frac{M-f_{cd}bx(h_0-0.5x)}{f_{sd}'\left(h_0-a_s'\right)}=\frac{275\times10^6-13.8\times250\times233.2\times(440-0.5\times233.2)}{330\times(440-40)}$$
$$\approx112(\text{mm}^2)$$

由式(4-21)求所需的受拉钢筋截面面积 A_s 值，即

$$A_s=\frac{f_{cd}bx+f_{sd}'A_s'}{f_{sd}}=\frac{13.8\times250\times0.53\times440+330\times112}{330}=2550(\text{mm}^2)$$

3. 选择并布置钢筋

查附表1-6，受压钢筋选择3Φ16($A_s'=603\text{mm}^2$)，受拉钢筋选择5Φ25($A_s=2454\text{mm}^2$)，布置如图4-30所示；在受拉钢筋和受压钢筋数量均未知的情况下，是按界限梁进行受拉钢筋和受压钢筋数量计算的，故在选取受压钢筋数量时，可比计算值偏多一些，而受拉钢筋数量可偏少一些选取，这样在截面复核时，即为适筋梁；反之，可能为超筋梁。

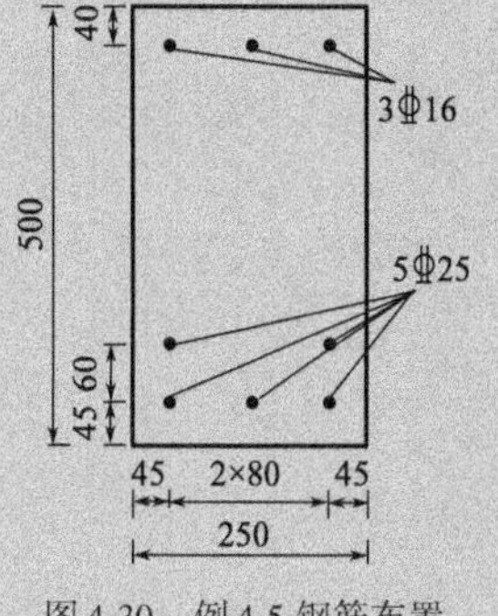

图4-30　例4-5钢筋布置（尺寸单位：mm）

取 $a_s'=40\text{mm}$；a_s 按图4-30中钢筋布置计算：

$$a_s=\frac{3\times\pi\times25^2/4\times45+2\times\pi\times25^2/4\times(45+60)}{5\pi\times25^2/4}=\frac{3\times45+2\times(45+60)}{5}=69(\text{mm})$$

纵向受拉钢筋保护层厚度 $c=45-28.4/2=30.8(\text{mm})>c_{min}+8=20+8=28(\text{mm})$

且 $c>d=25\text{mm}$，受拉钢筋层间净距 $S_n=60-28.4=31.6(\text{mm})>30\text{mm}$ 且 $S_n>d=25\text{mm}$，纵向受压钢筋的保护层厚度 $c=40-18.4/2=30.8(\text{mm})>c_{min}+8=20+8=28(\text{mm})$ 且 $c>d=16\text{mm}$。

4. 承载力复核

$a_s=69\text{mm}$，$h_0=h-a_s=500-69=431(\text{mm})$，$a_s'=40\text{mm}$。经计算，受压区等效高度 $x=177\text{mm}\leqslant\xi_b h_0=228.4\text{mm}$，$M_u=287\text{kN}\cdot\text{m}>\gamma_0 M_d=275\text{kN}\cdot\text{m}$，承载力满足要求。

例 4-6 截面尺寸及材料与例 4-5 相同，承受弯矩设计值 $M_d=200\text{kN}\cdot\text{m}$，已配置 $A_s'=226\text{mm}^2$（2Φ12），$a_s'=40\text{mm}$。求所需受拉钢筋截面面积。

解：纵向受压钢筋的保护层厚度 $c=40-13.9/2\approx33.1(\text{mm})>c_{min}+8=20+8=28(\text{mm})$ 且 $c>d=12\text{mm}$。

（1）取 $a_s=65\text{mm}$，则梁有效高度 $h_0=500-65=435(\text{mm})$。

（2）求受压区高度 x。

由式(4-22)可得到

$$x=h_0-\sqrt{h_0^2-\frac{2[\gamma_0 M_d-f_{sd}'A_s'(h_0-a_s')]}{f_{cd}b}}$$

$$=435-\sqrt{435^2-\frac{2\times[1.1\times200\times10^6-330\times226\times(435-40)]}{13.8\times250}}\approx154(\text{mm})$$

（3）由于 $x<\xi_b h_0=0.53\times435\approx231(\text{mm})$，满足适用条件。可由式(4-21)计算求得所需受拉钢筋面积 A_s 为

$$A_s=\frac{f_{cd}bx+f_{sd}'A_s'}{f_{sd}}=\frac{13.8\times250\times154+330\times226}{330}=1836(\text{mm}^2)$$

（4）选择并布置钢筋。

查附表 1-6，受拉钢筋选择 6Φ20（$A_s=1884\text{mm}^2$），布置如图 4-31 所示。纵向受拉钢筋保护层厚度 $c=45-22.7/2\approx33.7(\text{mm})>c_{min}+8=20+8=28(\text{mm})$ 且 $c>d=20\text{mm}$，受拉钢筋层间净距 $S_n=55-22.7=32.3(\text{mm})>30\text{mm}$ 且 $S_n>d=20\text{mm}$，受拉钢筋横向净距 $S_n=160/3-22.7\approx30.6(\text{mm})>30\text{mm}$ 且 $S_n>d=20\text{mm}$。

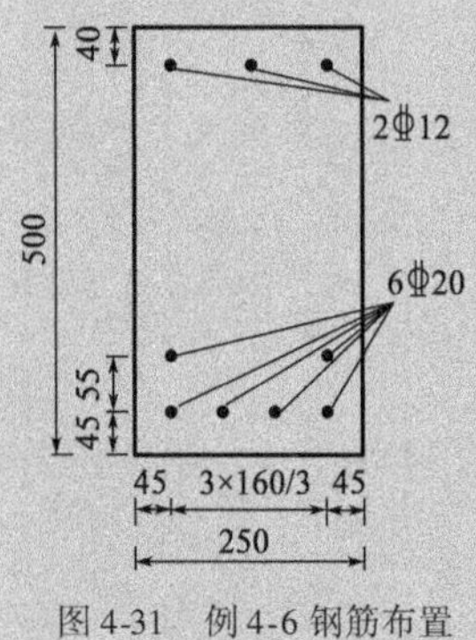

图 4-31 例 4-6 钢筋布置（尺寸单位：mm）

例 4-7 已知截面尺寸 $b\times h=200\text{mm}\times400\text{mm}$，混凝土强度等级为 C30，采用 HRB400 级钢筋，受拉钢筋为 3Φ20，受压钢筋为 2Φ16，$a_s=45\text{mm}$，$a_s'=40\text{mm}$，纵向受拉钢筋、纵向受压钢筋布置如图 4-32 所示；箍筋（HPB300）直径为 8mm；要求承受弯矩设计值 $M_d=85\text{kN}\cdot\text{m}$。环境类别为 I 类，安全等级为二级，设计使用年限为 50 年。试验算该截面是否安全。

解:纵向受拉钢筋保护层厚度 $c = 45 - 22.7/2 \approx 33.7(\text{mm}) > c_{\min} + 8 = 20 + 8 = 28(\text{mm})$且 $c > d = 20\text{mm}$,受拉钢筋净距 $S_n = 55 - 22.7 = 32.3(\text{mm}) > 30\text{mm}$ 且 $S_n > d = 20\text{mm}$,纵向受压钢筋的保护层厚度 $c = 40 - 18.4/2 = 30.8(\text{mm}) > c_{\min} + 8 = 20 + 8 = 28(\text{mm})$且 $c > d = 16\text{mm}$。

由 $a_s = 45\text{mm}$,则有效高度 $h_0 = 400 - 45 = 355(\text{mm})$,$\xi_b = 0.53$。

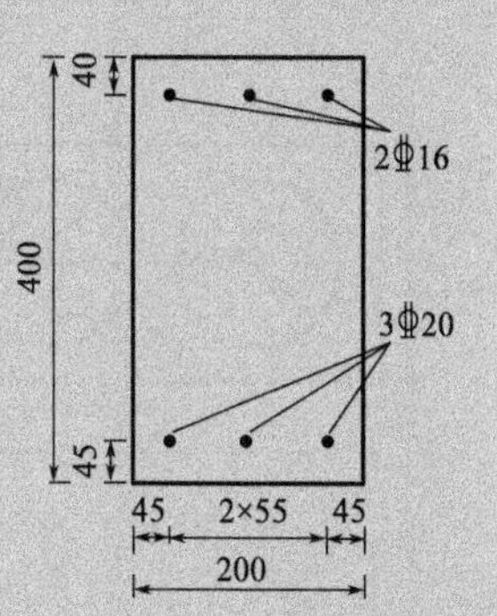

图 4-32 例 4-7 钢筋布置(尺寸单位:mm)

将 $A_s = 942\text{mm}^2$,$A'_s = 402\text{mm}^2$,$f_{cd} = 13.8\text{MPa}$,$f_{sd} = f'_{sd} = 330\text{MPa}$,代入式(4-21)中求受压区高度 x,则

$$x = \frac{f_{sd}A_s - f'_{sd}A'_s}{f_{cd}b} = \frac{330 \times (942 - 402)}{13.8 \times 200} \approx 64.6(\text{mm})$$

$x < \xi_b h_0 \approx 0.53 \times 355 \approx 188(\text{mm})$ 且 $x < 2a'_s = 2 \times 40 = 80(\text{mm})$

由式(4-26)求得截面的抗弯承载力 M_u 为

$$M_u = f_{sd}A_s(h_0 - a'_s) = 330 \times 942 \times (355 - 40)$$
$$\approx 97.9 \times 10^6(\text{N} \cdot \text{mm}) = 97.9\text{kN} \cdot \text{m}$$

设计安全等级为二级时:

$$\gamma_0 M_d = 1.0 \times 85 = 85(\text{kN} \cdot \text{m})$$

$M_u > \gamma_0 M_d$,故截面抗弯承载力满足要求。

4.5 T 形截面受弯构件正截面承载力计算

对矩形截面梁,受拉区混凝土开裂而退出工作,可将部分受拉区混凝土挖去,将受拉钢筋密集布置,形成钢筋混凝土 T 形梁的截面。这既可节省混凝土,又可减轻梁自重,致使梁具有更大的跨越能力或承受其他作用的能力。

T 形截面一般由翼缘板(简称翼板)和梁肋(或称梁腹、腹板)构成。翼板一般是变厚度的,翼板与梁肋交会处常以承托加强。当截面承受正弯矩作用时,翼板受压[图 4-33a)];当截面承受负弯矩作用时,翼板受拉,其承载能力与肋宽 b、梁高 h 的矩形截面梁相同[图 4-33b)]。

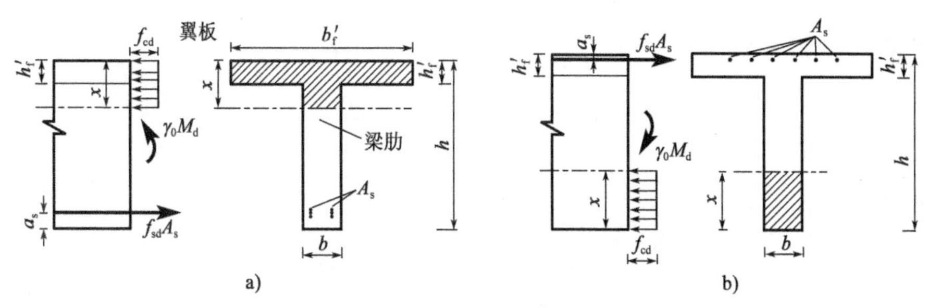

图 4-33 T 形截面的受压区和受拉区位置
a)翼板位于截面受压区;b)翼板位于截面受拉区

工程中采用的空心板、I 形梁、箱形梁、π 形梁，在进行正截面抗弯承载力计算时，均可等效成 T 形截面来处理。等效的原则是等效前后的面积、惯性矩及形心位置不变。

下面以空心板截面为例，将其换算成等效 I 形截面，正截面抗弯承载力计算时即可按 T 形截面进行。

设空心板截面高度为 h，圆孔直径为 D，孔洞面积形心轴与板截面上、下边缘距离分别为 y_1 和 y_2（图 4-34）。

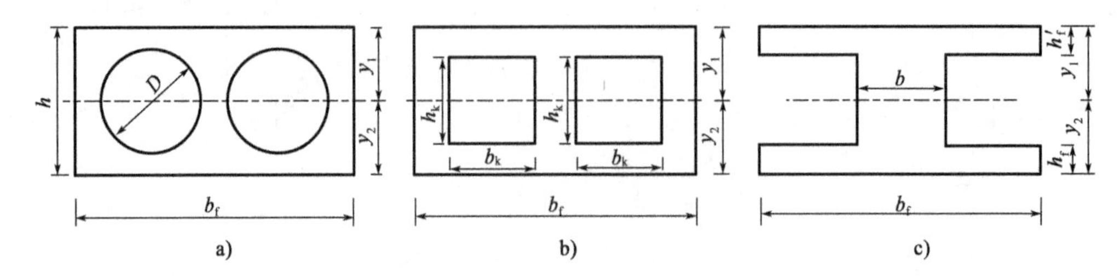

图 4-34　空心板截面换算成等效 I 形截面

a）圆孔空心板截面；b）等效矩形孔空心板截面；c）等效 I 形截面

根据面积、惯性矩不变的原则，将空心板的圆孔（直径为 D）换算成 $b_k \times h_k$ 的矩形孔，可按下列各式计算。

面积相等：

$$b_k h_k = \frac{\pi}{4} D^2$$

惯性矩相等：

$$\frac{1}{12} b_k h_k^3 = \frac{\pi}{64} D^4$$

可得到

$$h_k = \frac{\sqrt{3}}{2} D \quad b_k = \frac{\sqrt{3}}{6} \pi D$$

根据圆孔的形心位置和空心板宽度、高度都保持不变的原则，得到：

上翼板厚度

$$h'_f = y_1 - \frac{1}{2} h_k = y_1 - \frac{\sqrt{3}}{4} D$$

下翼板厚度

$$h_f = y_2 - \frac{1}{2} h_k = y_2 - \frac{\sqrt{3}}{4} D$$

腹板厚度

$$b = b_f - 2b_k = b_f - \frac{\sqrt{3}}{3} \pi D$$

等效 I 形截面见图 4-34c）。当空心板截面孔洞为其他形状时，均可按上述原则换算成相应的等效 I 形截面。在承受异号弯矩时，I 形截面总会有一侧翼板位于受压区，另一侧翼板开裂退出工作,故正截面抗弯承载力可按T形截面计算。

通过理论分析和试验测试发现T形截面中的翼板受压时,由于受剪力滞效应的影响,在同一水平位置处沿翼板宽度方向上纵向压应力并不相同,如图4-35a)所示,梁肋纵轴附近压应力最大,离梁肋越远,压应力越小。为了方便计算,保证最大压应力峰值不变,以及实际纵向压应力的合力与翼板上梁肋附近一定范围内均匀分布的压应力之和相等的原则,所确定的宽度范围称为受压翼板的有效宽度 b_f',如图4-35b)所示。在 b_f'宽度范围内的翼板可以认为是全部参与工作,其压应力均为峰值应力,而在这范围以外部分的贡献已被折合到受压翼板的有效宽度 b_f'范围当中,计算中不再计入。

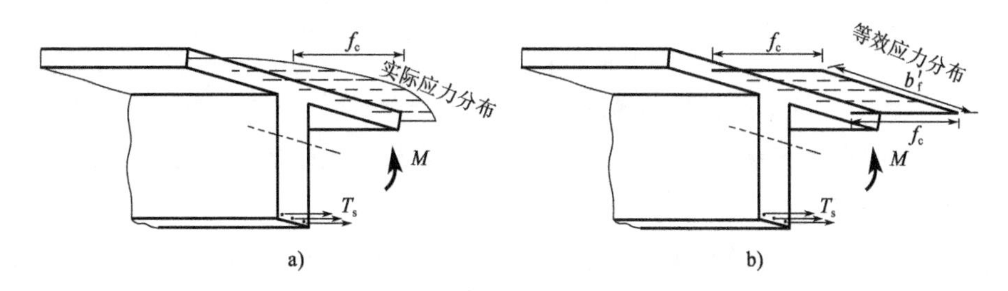

图4-35 T形梁受压翼板的正应力分布和翼缘等效有效宽度

a)受压翼缘实际应力分布;b)受压翼缘等效应力分布

参照相关研究资料,《公路桥规》规定,T形截面梁(内梁)受压翼板有效宽度 b_f'取下列三者中的最小值:

(1)对于简支梁,取计算跨径的1/3。对于连续梁,各中间跨正弯矩区段,取该跨计算跨径的20%;边跨正弯矩区段,取该跨计算跨径的27%;各中间支点负弯矩区段,取该支点相邻两跨计算跨径之和的7%。

(2)相邻两梁的平均间距。

(3)当 $h_h/b_h \geqslant 1/3$ 时,取 $(b+2b_h+12h_f')$;当 $h_h/b_h<1/3$ 时,取 $(b+6h_h+12h_f')$。此处,b、b_h、h_h 和 h_f'分别见图4-36,h_h 为承托根部厚度,b_h 为承托长度。

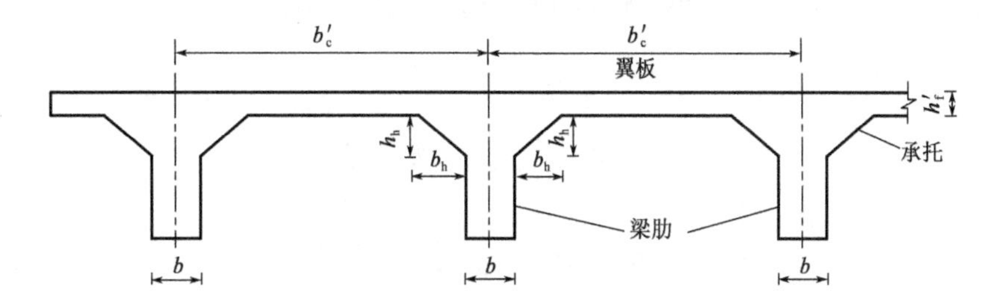

图4-36 T形截面桥梁横断面

边梁受压翼板的有效宽度取相邻内梁翼缘板的有效宽度之半加上边梁肋宽度之半,再加外侧悬臂板平均厚度的6倍或外侧悬臂板实际宽度两者中的较小者。

4.5.1 基本计算公式及适用条件

采用受压翼板有效宽度后,认为T形截面受压区翼板应力沿有效宽度均匀分布。根据受压区高度的大小,可分为两类T形截面:

(1)第一类T形截面,受压区在翼板内,即$x\leq h_f'$[图4-37a)];

(2)第二类T形截面,受压区已进入梁肋,即$x>h_f'$[图4-37b)]。

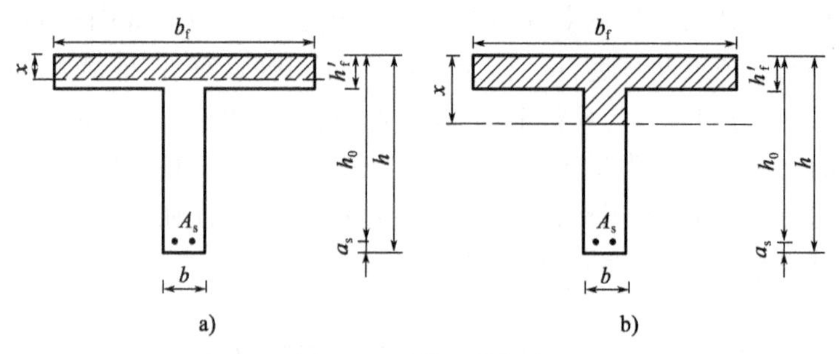

图4-37　两类T形截面

a)第一类T形截面($x\leq h_f'$);b)第二类T形截面($x>h_f'$)

下面介绍这两类单筋T形截面梁正截面抗弯承载力计算基本公式。

1.第一类T形截面

第一类T形截面,等效受压区在受压翼板内,受压区高度$x\leq h_f'$。此时,受压区形状为宽b_f'的矩形,故以宽度为b_f'的矩形截面进行抗弯承载力计算。计算时只需将单筋矩形截面公式中梁宽b以翼板有效宽度b_f'置换即可。

由截面平衡条件及抗弯承载力设计条件(图4-38),可得到基本计算公式为

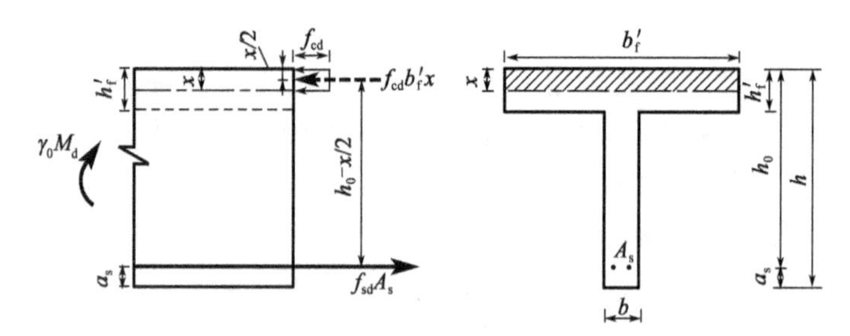

图4-38　第一类T形截面抗弯承载力计算图式

$$f_{cd}b_f'x=f_{sd}A_s \tag{4-28}$$

$$\gamma_0M_d\leq M_u=f_{cd}b_f'x\left(h_0-\frac{x}{2}\right) \tag{4-29}$$

$$\gamma_0M_d\leq M_u=f_{sd}A_s\left(h_0-\frac{x}{2}\right) \tag{4-30}$$

基本公式适用条件如下:

(1)$x\leq\xi_bh_0$。第一类T形截面$x=\xi h_0\leq h_f'$,由于T形截面h_f'/h_0较小,故此条件一般均能满足。

(2)$\rho>\rho_{min}$。这里的$\rho=\dfrac{A_s}{bh_0}$,其中b为T形截面的梁肋宽度。

2.第二类T形截面

第二类T形截面,等效受压区进入梁肋,受压区高度$x>h_f'$,受压区为T形(图4-39),

故可将受压区混凝土压应力的合力分为两部分求得：一部分宽度为肋宽 b、高度为 x 的矩形，其合力是 $f_{cd}bx$；另一部分宽度为 (b'_f-b)、高度为 h'_f 的矩形，其合力是 $f_{cd}(b'_f-b)h'_f$。

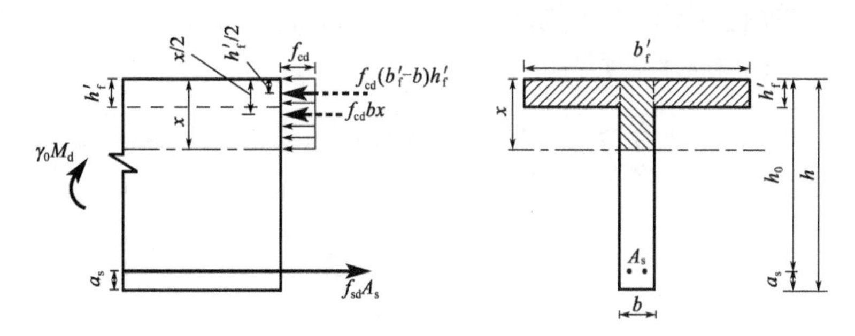

图 4-39　第二类 T 形截面抗弯承载力计算图式

由图 4-39 的截面平衡条件及抗弯承载力设计条件可得到第二类 T 形截面的基本计算公式为

$$f_{cd}bx+f_{cd}(b'_f-b)h'_f=f_{sd}A_s \tag{4-31}$$

$$\gamma_0 M_d \leqslant M_u=f_{cd}bx\left(h_0-\frac{x}{2}\right)+f_{cd}(b'_f-b)h'_f\left(h_0-\frac{h'_f}{2}\right) \tag{4-32}$$

基本公式适用条件如下：

(1) $x\leqslant \xi_b h_0$；

(2) $\rho \geqslant \rho_{min}$。

第二类 T 形截面的配筋率较高，一般情况下均能满足 $\rho\geqslant\rho_{min}$ 的要求。

4.5.2　计算方法

1. 截面设计

已确定截面尺寸、安全等级、环境类别、材料强度级别、弯矩计算值 $\gamma_0 M_d$，需确定受拉钢筋截面面积 A_s。

(1) 假设 a_s。对于空心板等截面，受拉钢筋的布置范围较宽，在实际截面中布置一层或两层钢筋来假设 a_s 值。对于预制或现浇 T 形梁，受拉钢筋的布置范围较窄，多层钢筋叠置，一般可假设 $a_s=0.08h$ 左右。

(2) 计算 b'_f。

(3) 判定 T 形截面类型。

若满足

$$\gamma_0 M_d \leqslant f_{cd}b'_f h'_f\left(h_0-\frac{h'_f}{2}\right) \tag{4-33}$$

则 $x\leqslant h'_f$，属于第一类 T 形截面；否则属于第二类 T 形截面。不等式(4-33)右边为 $x=h'_f$ 时全部翼板受压混凝土合力对受拉钢筋合力中心的力矩。

(4) 当为第一类 T 形截面时，由式(4-29)求得受压区高度 x，再由式(4-28)求所需的受拉钢筋截面面积 A_s。

当为第二类 T 形截面时，由式(4-32)求受压区高度 x 并满足 $h_f' < x \leqslant \xi_b h_0$，再由式(4-31)求所需受拉钢筋截面面积 A_s。

(5)选择钢筋直径和数量，并满足构造要求进行布置。

第二类 T 形截面设计流程见图 4-40。

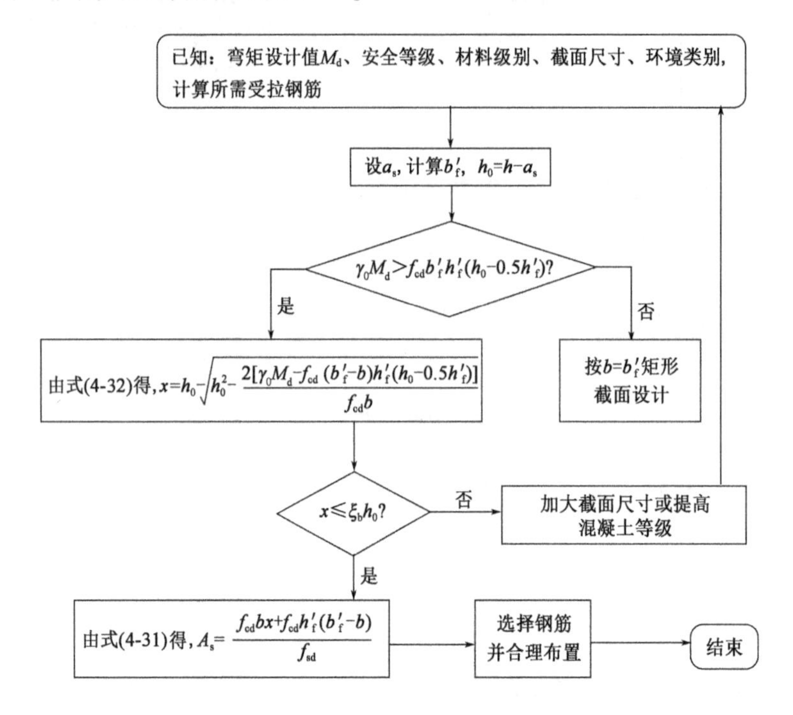

图 4-40　第二类 T 形截面设计流程

2. 截面复核

已确定受拉钢筋截面面积及钢筋布置、截面尺寸、材料强度级别、弯矩计算值 $\gamma_0 M_d$、安全等级和环境类别，复核截面的抗弯承载力是否大于作用效应的设计值。

(1)检查钢筋布置是否符合构造要求。

(2)计算 b_f'。

(3)判定 T 形截面的类型。

若满足

$$f_{cd} b_f' h_f' \geqslant f_{sd} A_s \tag{4-34}$$

则属于第一类 T 形截面($x \leqslant h_f'$)；否则，属于第二类 T 形截面。不等式(4-34)左边为 $x = h_f'$ 时，全部翼板受压混凝土合力。

(4)当为第一类 T 形截面时，由式(4-28)求得受压区高度 x，满足 $x \leqslant h_f'$，再由式(4-29)或式(4-30)，求得正截面抗弯承载力，必须满足 $M_u \geqslant M$。

(5)当为第二类 T 形截面时，由式(4-31)求受压区高度 x，满足 $h_f' < x \leqslant \xi_b h_0$。再由式(4-32)即可求得正截面抗弯承载力，必须满足 $M_u \geqslant M$。第二类 T 形截面复核流程见图 4-41。

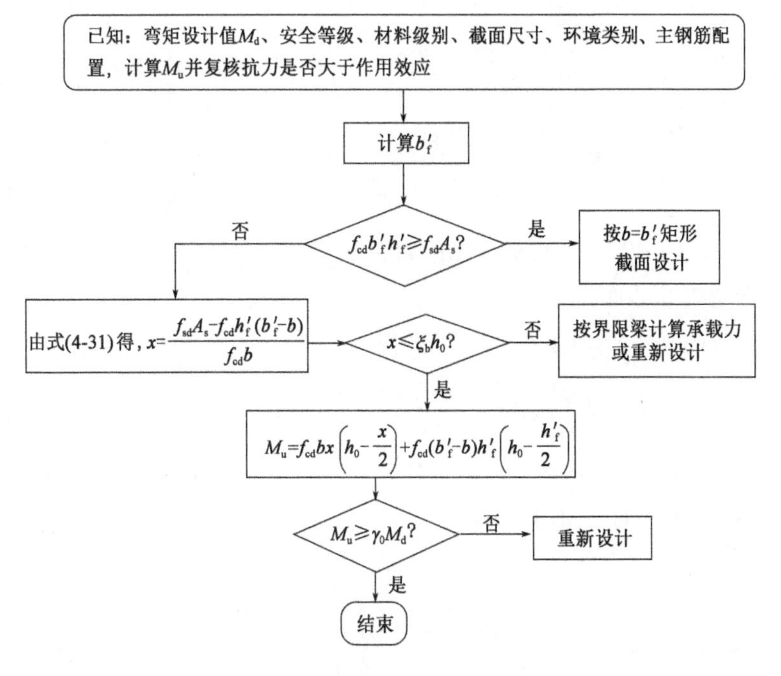

图4-41 第二类T形截面复核流程

例4-8 某预制钢筋混凝土简支T梁(内梁)，标准跨径16m，计算跨径为15.5m，梁间距为2.0m，跨中截面如图4-42所示。梁体混凝土为C30，拟采用HRB400级钢筋，环境类别为Ⅰ类，安全等级为二级，设计使用年限为100年。跨中截面弯矩设计值$M_d=2240\text{kN}\cdot\text{m}$，试进行配筋(焊接钢筋骨架)计算及截面复核。

解：由附表1-1和附表1-3查得，$f_{cd}=13.8\text{MPa}$，$f_{td}=1.39\text{MPa}$，$f_{sd}=330\text{MPa}$。查表4-2得，$\xi_b=0.53$。$\gamma_0=1$，则弯矩计算值$M=\gamma_0 M_d=2240\text{kN}\cdot\text{m}$。

1. 截面设计

(1)因采用的是焊接钢筋骨架，取$a_s=120\text{mm}$，则截面有效高度：

$$h_0=1400-120=1280(\text{mm})$$

受压翼板的有效宽度b_f'取值：

①简支梁计算跨径的1/3，即$\frac{1}{3}l=\frac{1}{3}\times 15500\approx 5170(\text{mm})$。

②相邻两梁的平均间距为2000mm。

③$h_h/b_h=50/150=1/3$；$b+2b_h+12h_f'=200+2\times 150+12\times 150=2300(\text{mm})$。

取三者最小值，故$b_f'=2000\text{mm}$。

(2)判定T形截面类型：

$$f_{cd}b_f'h_f'\left(h_0-\frac{h_f'}{2}\right)=13.8\times 2000\times 150\times\left(1280-\frac{150}{2}\right)=4988.7\times 10^6(\text{N}\cdot\text{mm})$$

$$=4988.7\text{kN}\cdot\text{m}>M=2240\text{kN}\cdot\text{m}$$

故属于第一类 T 形截面。

(3)求受压区高度。

由式(4-29)可得

$$x=h_0-\sqrt{h_0^2-\frac{2\gamma_0 M_d}{f_{cd}b_f'}}=1280-\sqrt{1280^2-\frac{2\times2240\times10^6}{13.8\times2000}}\approx65.1(\text{mm})$$

$$\leqslant\xi_b h_0=0.53\times1280=678.4(\text{mm})$$

(4)求受拉钢筋截面面积 A_s。

将 $x=65.1\text{mm}$ 代入式(4-28)中,可得到

$$A_s=\frac{f_{cd}b_f'x}{f_{sd}}=\frac{13.8\times2000\times65.1}{330}\approx5445(\text{mm}^2)$$

现选择钢筋为 6Φ28(3695mm²)+4Φ25(1964mm²),截面面积 $A_s=5659\text{mm}^2$。钢筋叠高层数为 5 层,布置如图 4-43 所示。

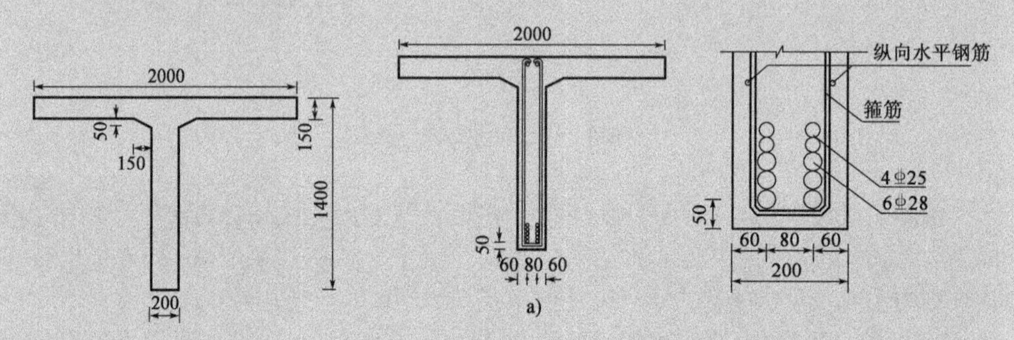

图 4-42 例 4-8 图(尺寸单位:mm)

图 4-43 钢筋布置图(尺寸单位:mm)
a)钢筋布置;b)局部细部

箍筋采用 Φ8 的 HPB300 钢筋,箍筋外侧设 Φ8 的 HRB400 钢筋,则纵向水平钢筋混凝土保护层厚度 $60-31.6/2-8-9.3=26.9(\text{mm})>20\text{mm}$ 且 $>d=8\text{mm}$;梁底箍筋混凝土保护层厚度 $50-31.6/2-8=26.2(\text{mm})>20\text{mm}$ 且 $>d=8\text{mm}$;梁底主钢筋混凝土保护层厚度 $50-31.6/2=34.2(\text{mm})$,大于主筋直径 28mm,满足附表 1-8 中的规定。钢筋间横向净距 $S_n=80-31.6=48.4(\text{mm})>40\text{mm}$ 且 $>1.25d=1.25\times28=35(\text{mm})$,满足构造要求。

2. 截面复核

由图 4-43 可求得

$$a_s=\frac{3695\times(50+31.6)+1964\times(50+2.5\times31.6+1\times28.4)}{3695+1964}\approx107.9(\text{mm})$$

则实际有效高度 $h_0=1400-107.9=1292.1(\text{mm})$。

(1)判定 T 形截面类型。

由式(4-34)计算

$$f_{cd}b_f'h_f'=13.8\times2000\times150=4.14\times10^6(\text{N}\cdot\text{mm})=4.14\text{kN}\cdot\text{m}$$

$$f_{sd}A_s = 330 \times 5659 \approx 1.87 \times 10^6 (\text{N} \cdot \text{mm}) = 1.87\text{kN} \cdot \text{m}$$

由于 $f_{cd}b_f'h_f' > f_{sd}A_s$，故为第一类T形截面。

(2)求受压区高度 x。

由式(4-28)求得 x，即

$$x = \frac{f_{sd}A_s}{f_{cd}b_f'} = \frac{330 \times 5659}{13.8 \times 2000} \approx 67.7(\text{mm}) \leqslant \xi_b h_0 = 0.53 \times 1292.1 \approx 684.8(\text{mm})$$

(3)正截面抗弯承载力。

由式(4-29)求得正截面抗弯承载力

$$M_u = f_{cd}b_f'x\left(h_0 - \frac{x}{2}\right) = 13.8 \times 2000 \times 67.7 \times \left(1292.1 - \frac{67.7}{2}\right)$$

$$= 2351 \times 10^6 (\text{N} \cdot \text{mm}) = 2351\text{kN} \cdot \text{m} > M = 2240\text{kN} \cdot \text{m}$$

又 $\rho = \frac{A_s}{bh_0} = \frac{5659}{200 \times 1292.1} = 2.19\% > \rho_{min} = \max\{0.2\%, (45 \times 1.39/330) \times 1\%\} = 0.2\%$，故截面构造满足要求，承载力满足要求。

例4-9 预制钢筋混凝土简支空心板，截面尺寸如图4-44a)所示，C30混凝土，HRB400级钢筋，环境类别为Ⅰ类，安全等级为二级，设计使用年限为100年；弯矩设计值 $M_d = 650\text{kN} \cdot \text{m}$。试进行配筋计算。

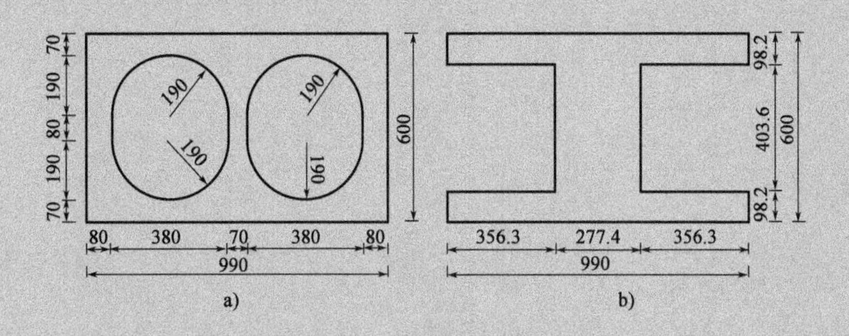

图4-44 例4-9截面(尺寸单位:mm)

解:由附表1-1及附表1-3查得，$f_{cd} = 13.8\text{MPa}$，$f_{td} = 1.39\text{MPa}$，$f_{sd} = 330\text{MPa}$。查表4-2得 $\xi_b = 0.53$。$\gamma_0 = 1$，则弯矩计算值 $M = \gamma_0 M_d = 650\text{kN} \cdot \text{m}$。

为了方便计算，将空心板截面换算成等效I形截面。

根据面积、惯性矩不变的原则，将空心板的圆孔换算成 $b_k \times h_k$ 矩形孔，可按下列各式计算：

面积相等

$$b_k \times h_k = \frac{1}{4}\pi \times 380^2 + 80 \times 380 \approx 143811(\text{mm}^2)$$

惯性矩相等

$$\frac{1}{12}b_{k}h_{k}^{3}=2\times\frac{9\pi^{2}-64}{1152\pi}\times380^{4}+2\times\frac{\pi}{8}\times380^{2}\times\left(\frac{2\times380}{3\pi}+40\right)^{2}+\frac{1}{12}\times380\times80^{3}$$

$$\approx1952837132(\mathrm{mm}^{4})$$

联立上述两式求解，可得到

$$b_{k}=356.3\mathrm{mm}\quad h_{k}=403.7\mathrm{mm}$$

然后，根据圆孔形心位置、空心板截面高度和宽度保持不变的原则，可进一步得到等效I形截面尺寸，如图4-44b)所示。

上下翼板厚度

$$h_{f}'=300-\frac{1}{2}\times403.7=98.15(\mathrm{mm})\approx98.2\mathrm{mm}$$

腹板厚度

$$b=990-2\times356.3=277.4(\mathrm{mm})$$

(1)空心板采用绑扎钢筋骨架，一层受拉主钢筋，取 $a_{s}=45\mathrm{mm}$，则有效高度为

$$h_{0}=600-45=555(\mathrm{mm})$$

(2)判定T形截面类型。

由式(4-33)的右边可得到

$$f_{cd}b_{f}'h_{f}'\left(h_{0}-\frac{h_{f}'}{2}\right)=13.8\times990\times98.2\times\left(555-\frac{98.2}{2}\right)$$

$$\approx678.72(\mathrm{kN\cdot m})>M=650\mathrm{kN\cdot m}$$

故属于第一类T形截面类型。

(3)求受压区高度 x。

由式(4-29)可得到

$$x=h_{0}-\sqrt{h_{0}^{2}-\frac{2\gamma_{0}M_{d}}{f_{cd}b_{f}'}}=555-\sqrt{555^{2}-\frac{2\times650\times10^{6}}{13.8\times990}}\approx93.6(\mathrm{mm})$$

$$\leqslant\xi_{b}h_{0}=0.53\times555\approx294(\mathrm{mm})$$

(4)求受拉钢筋截面面积。

由式(4-28)求得所需受拉钢筋截面面积：

$$A_{s}=\frac{f_{cd}b_{f}'x}{f_{sd}}=\frac{13.8\times990\times93.6}{330}=3875.04(\mathrm{mm}^{2})$$

现选择11Φ22(面积为4181.1mm²)。箍筋采用Φ8的HPB300级钢筋，箍筋混凝土保护层 $45-25.1/2-8=24.45(\mathrm{mm})>20\mathrm{mm}$ 且 $>d=8\mathrm{mm}$，满足要求。主筋混凝土保护层厚度 $45-25.1/2=32.45(\mathrm{mm})>d=22\mathrm{mm}$，满足要求；钢筋间净距 $90-25.1=64.9(\mathrm{mm})>30\mathrm{mm}$ 且 $>d=22\mathrm{mm}$，故满足要求。

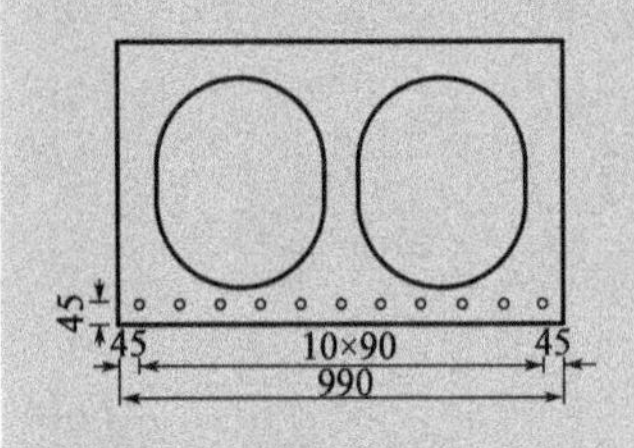

图4-45 截面布置图(尺寸单位:mm)

截面布置如图4-45所示。

思考题与习题

4-1 试述钢筋混凝土梁(板)内主要钢筋种类及各自的作用。

4-2 为何要对钢筋净距、保护层厚度予以规定？钢筋的保护层厚度为什么不小于钢筋公称直径？

4-3 什么叫受弯构件纵向受拉钢筋的配筋率？配筋率的表达式中，为什么不采用梁高而采用截面有效高度？

4-4 钢筋混凝土适筋梁正截面受力全过程可划分为几个阶段？各阶段受力主要特点是什么？抗弯承载力计算以哪个阶段的应力应变状态为依据？

4-5 ρ_{max}与ξ_b之间有什么关系？ρ_{min}确定的原则是什么？绘制其计算简图。

4-6 采用钢筋混凝土双筋截面梁有什么优缺点？

4-7 在双筋矩形截面设计中，当$x<2a_s'$时，若不采用近似计算公式$M_u=f_{sd}A_s(h_0-a_s')$，应如何计算？

4-8 为什么在同样截面尺寸、材料级别、受拉钢筋数量及位置的前提下，当为单筋矩形截面时为超筋梁，而双筋矩形截面却可能为适筋梁？

4-9 为什么钢筋混凝土梁正截面承载力计算公式必须在满足适用条件的前提下使用？

4-10 什么叫作T形梁受压翼板的有效宽度？《公路桥规》对T形梁的受压翼板有效宽度取值有何规定？

4-11 在进行截面等效时，等效原则为什么是形心位置不变、面积不变、绕自身轴的惯性矩不变？

4-12 某钢筋混凝土矩形截面梁，截面尺寸$b\times h=2000\text{mm}\times1600\text{mm}$，采用C30混凝土和HRB400级钢筋，箍筋采用ϕ12的HPB300钢筋；Ⅰ类环境条件，安全等级为一级，设计使用年限为100年；恒载弯矩2532kN·m，汽车荷载弯矩标准值954kN·m(不含冲击作用)，冲击系数为0.25。试进行截面设计(单筋截面)。

4-13 已知一钢筋混凝土板，板高800mm，采用C40混凝土和HRB400级钢筋，每米板中配置8⌀28主钢筋，$a_s=50\text{mm}$，每米板上的弯矩设计值$M_d=1027\text{kN}\cdot\text{m}$，Ⅰ类环境条件，安全等级为一级，设计使用年限为100年。试复核截面是否安全。

4-14 截面尺寸$b\times h=300\text{mm}\times500\text{mm}$的钢筋混凝土矩形截面梁，采用C30混凝土和HRB400级钢筋；箍筋采用ϕ8的HPB300钢筋；Ⅱ类环境条件，安全等级为二级，设计使用年限为50年。最大弯矩组合设计值$M_d=350\text{kN}\cdot\text{m}$，试按双筋截面求所需的钢筋截面面积并进行截面复核。

4-15 已知条件与题4-14相同。由于构造要求，截面受压区已配置了3⌀20的钢筋，$a_s'=50\text{mm}$，试求所需的受拉钢筋截面面积，并进行截面复核。

4-16 计算跨径$l=9.3\text{m}$的钢筋混凝土简支T梁，中梁间距为1.35m，截面尺寸如图4-46所示；C40混凝土，受拉钢筋为HRB400级钢筋(12⌀25)，箍筋采用ϕ10的HPB300钢筋；Ⅱ类环境条件，安全等级为一级，设计使用年限为100年；截面最大弯矩组合设计值$M_d=844\text{kN}\cdot\text{m}$，试进行截面复核。

4-17 计算跨径$l=12.6\text{m}$的钢筋混凝土简支空心板，截面尺寸如图4-47所示；C30

混凝土,受拉钢筋采用 HRB400 级钢筋,箍筋采用 ϕ10 的 HPB300 钢筋;Ⅱ类环境条件,安全等级为一级,设计使用年限为 100 年;截面最大弯矩组合设计值 $M_{\mathrm{d}}=825\mathrm{kN}\cdot\mathrm{m}$,试对截面进行配筋设计。

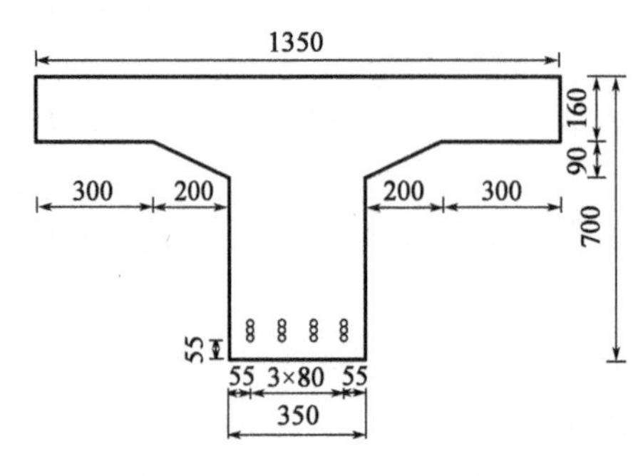

图 4-46　思考题与习题 4-16 图(尺寸单位:mm)

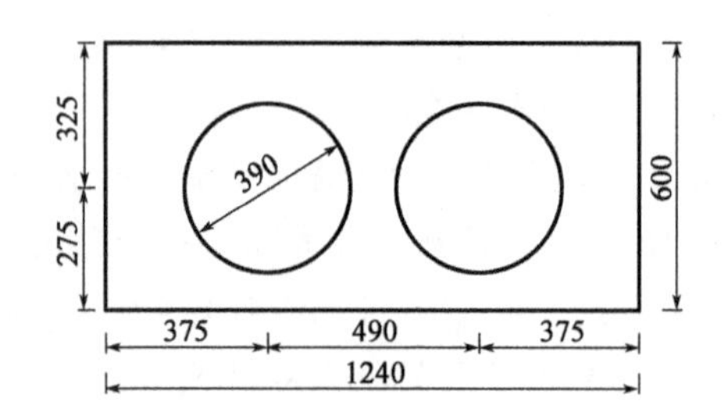

图 4-47　思考题与习题 4-17 图(尺寸单位:mm)

第 5 章

钢筋混凝土受弯构件斜截面承载力计算

受弯构件在横向荷载作用下,截面上除产生弯矩 M 外,通常还有剪力 V。图 5-1 所示的梁,在两个集中力之间,仅有弯矩作用,该区段为纯弯段,需按第 4 章内容设计保证构件具有足够的抗弯承载力。而集中力与支座之间的区段,既有弯矩又有剪力,称为剪弯段。在剪弯段可能会产生斜裂缝,导致斜截面破坏,这种破坏为脆性破坏,本章将探讨斜截面破坏的类型及抗力的设计问题。在设计受弯构件时,应遵循"强剪弱弯"原则,避免斜截面破坏先于正截面破坏。

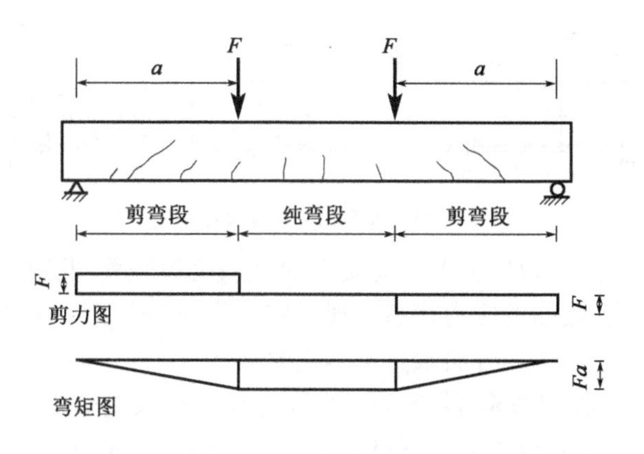

图 5-1　梁对称加载受力图

根据试验研究和工程实践,为了保证受弯构件的斜截面承载力,防止梁沿斜截面破坏,要求梁具有足够的截面尺寸外,还应在梁内配置必要的箍筋和弯起钢筋(斜筋),并符合相关规范要求。通常将箍筋和弯起钢筋统称为梁的腹筋。配有腹筋和纵向受拉钢筋的梁称为有腹筋梁;而仅有纵向受拉钢筋而不设腹筋的梁称为无腹筋梁。腹筋和纵向受拉钢筋与其他构造钢筋绑扎在一起,形成图 5-2 所示的钢筋骨架。

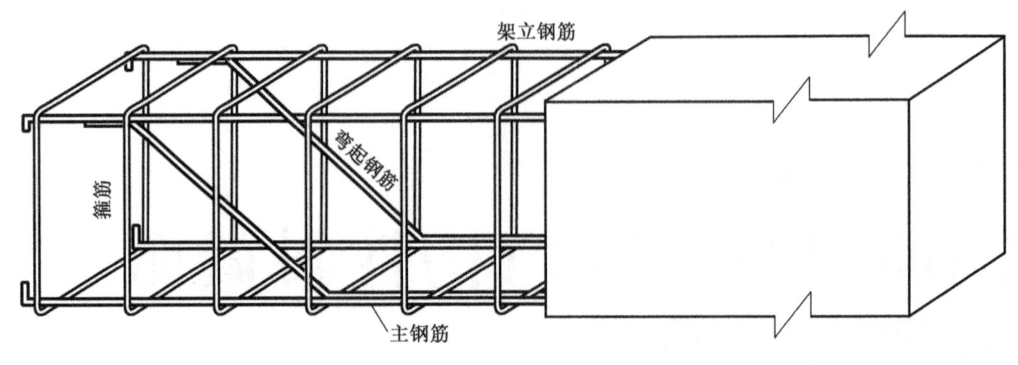

图 5-2 梁的钢筋骨架

5.1 简支梁斜截面的受力状态

5.1.1 无腹筋简支梁斜截面的受力状态

1. 无腹筋简支梁斜裂缝出现前后的应力状态

图 5-3 所示为一作用两个对称集中力的无腹筋简支梁,CD 段为纯弯段,AC 段和 DB 段为剪弯段。当梁上荷载较小时,裂缝尚未出现,梁处于整体工作阶段。此时,梁近似视为匀质弹性体,可用材料力学方法分析它的应力状态,梁的剪弯段正应力及剪应力分布如图 5-3 所示。在剪弯段 AC 段取微段 dx,分析左右两侧的钢筋拉力,由于受压合力中心不变,钢筋拉力随截面弯矩而变化,属于梁的受力模式。

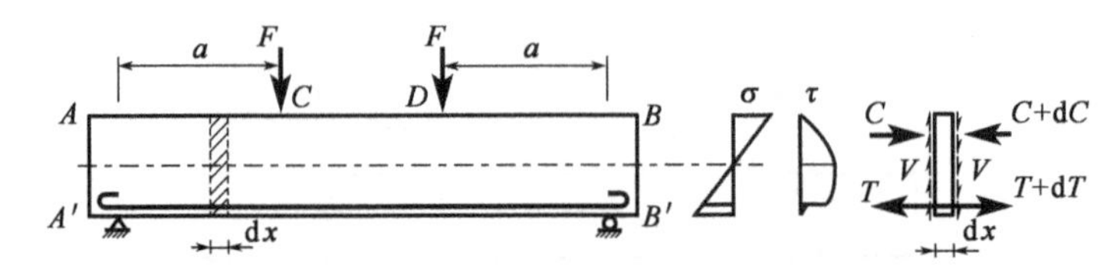

图 5-3 无腹筋简支梁剪弯段的应力分布

当剪弯段拉应力或主拉应力超过混凝土的极限抗拉强度时,就会出现斜裂缝。梁的剪弯段出现斜裂缝后,截面的应力状态表现为应力重分布现象。这时,梁不再是完整的匀质弹性体,不能用材料力学的方法来分析其应力状态。

图 5-4 所示为一根出现斜裂缝后的无腹筋梁。现取左边五边形 $A'ACC'D'$ 隔离体[图 5-4b)]来分析。在隔离体上,外荷载产生的剪力为 V_A,截面上的力有:①斜截面上端混凝土剪压面(CC')上压力 D_C 和剪力 V_C;②纵向钢筋拉力 T_s;③斜裂缝交界面集料的咬合与摩擦等作用传递的力 S_a;④纵向钢筋的销栓作用传递的剪力(又称为销栓力)V_d。为简化分析,S_a 和 V_d 都不予考虑,根据平衡条件可写出:

$$\sum X=0 \qquad D_C=T_s$$

$$\sum Y=0 \qquad V_A=V_C$$

$$\sum M=0 \qquad V_A\cdot s=T_s\cdot z$$

由公式 $V_A\cdot s=T_s\cdot z$ 得出，$T_s=\dfrac{V_A\cdot s}{z}=\dfrac{M_C}{z}$。很显然，斜裂缝出现后，梁内的应力发生了重分布，具体表现为：由于剪压区截面面积减小，剪压区上的剪应力 τ 和压应力 σ 明显增大；由于裂缝出现后，截面 DD' 处的纵筋拉力由截面 CC' 处弯矩 M_C 决定，斜裂缝形成前由 DD' 处的弯矩 M_D 计算该处的受拉钢筋拉力，而 M_C 比 $M_D=V_A\cdot(s-c)$ 大许多，故纵筋拉力显著增大。在斜裂缝段中取微段 dx 分析左右两侧的钢筋拉力，由于裂缝间混凝土参与受拉甚微，故左右两侧的钢筋拉力可认为不变，弯矩变化是通过剪压合力作用点的拱形[图 5-4b)中的虚线]变化来实现的，即斜裂缝形成后变为带拉杆的拱的受力模式(钢筋相当于拉杆)。

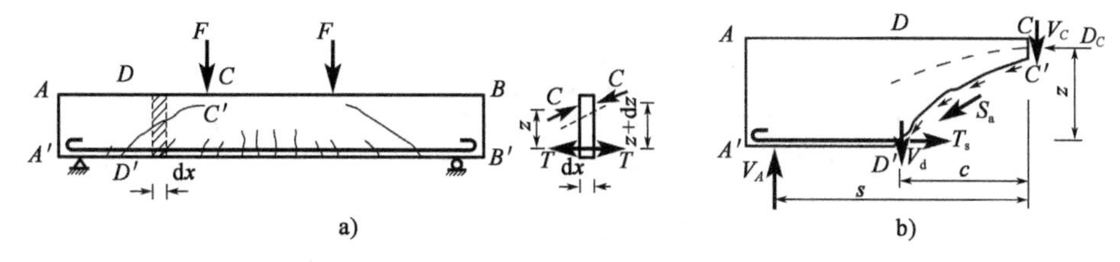

图 5-4　斜裂缝出现后的隔离体图

a)斜裂缝；b)隔离体

2. 无腹筋简支梁斜截面破坏的主要形态

剪弯段在弯矩 M 和剪力 V 的共同作用下，斜截面的受剪破坏形态与截面上的正应力 σ 和剪应力 τ 的比值 σ/τ 有关。正应力 σ 与 $M/(bh_0^2)$ 成正比，剪应力 τ 与 $V/(bh_0)$ 成正比，定义剪跨比 m：

$$m=\frac{M}{Vh_0} \tag{5-1}$$

剪跨比是一个无量纲常数，此时称为“广义剪跨比”，此处 M 和 V 分别为斜裂缝顶端截面的弯矩和剪力，h_0 为截面有效高度。对于集中荷载作用下的简支梁(图 5-1)，集中荷载作用处截面的剪跨比 $m=a/h_0$，称为“狭义剪跨比”，其中 a 为集中力作用点至简支梁最近的支座之间的水平距离。

无腹筋简支梁斜截面破坏形态主要受剪跨比 m 的影响，有以下三种：

(1)斜拉破坏[图 5-5a)]。

在集中荷载作用下，当剪跨比 $m>3$ 时，σ/τ 较大，剪弯段的受拉区会较快形成弯剪斜裂缝，并很快出现临界斜裂缝，迅速延伸至集中荷载点，使梁体混凝土裂通，从而使剪力传递路线被切断，梁丧失承载力，脆性特性显著。这种破坏是由混凝土斜向拉裂引起的，故称为斜拉破坏。这种破坏发生突然，破坏荷载等于或略高于临界斜裂缝出现时的荷载，脆性破坏特性显著。图 5-5a)中给出了荷载 F 与跨中挠度 f 的关系曲线。

(2)剪压破坏[图 5-5b)]。

当 $1<m<3$ 时，弯剪斜裂缝相继出现后，荷载通过拱的受力方式传递到支座，随荷载的持续增加，一条临界斜裂缝形成并延伸至荷载作用点附近，直至临界斜裂缝顶端(剪压区)的混凝土在压应力和剪应力的共同作用下被压碎。这种破坏称为剪压破坏，其承载

力取决于混凝土压剪复合应力状态下的强度，破坏同样具有脆性特征。

(3)斜压破坏[图5-5c)]。

当剪跨比较小($m<1$)时，随着荷载的增加，在荷载作用点和支座之间会相继出现若干条大体平行的斜裂缝，梁腹被分割成若干个斜向的压杆。临近破坏时斜裂缝多而密，但没有主裂缝，呈现类似斜向受压短柱混凝土被压碎的特征，故称为斜压破坏。破坏取决于混凝土的抗压强度，其承载力高于同条件下的剪压破坏。破坏仍为脆性破坏。

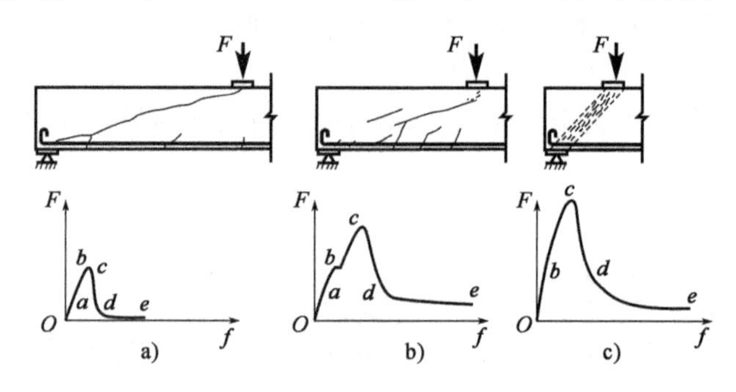

图5-5　斜截面破坏形态及荷载F与跨中挠度f关系曲线

a)斜拉破坏；b)剪压破坏；c)斜压破坏

a-弯曲裂缝出现；b-临界斜裂缝出现；c-承载力最高；d-收敛点；e-残余承载力

5.1.2　有腹筋简支梁斜截面的受力状态

1. 有腹筋简支梁斜裂缝出现前后的应力状态

对于会发生剪压破坏的有腹筋梁，弯曲裂缝出现前(OA)，剪力基本由混凝土承担[图5-6a)]，腹筋的应力很小，基本上不起什么作用。弯曲开裂后(AB)，则由未开裂部分的混凝土(V_c)、沿裂缝的集料咬合作用(V_y)及纵向钢筋的销栓作用(V_x)承受，即斜裂缝出现前，有腹筋梁的受力特性与无腹筋梁大致相同。斜裂缝出现后(BCD)，箍筋和弯起钢筋先后参与受力(V_{sv}和V_{sb})，到箍筋和弯起钢筋屈服后(D、E)，它们的抗剪力基本不再增加。当斜裂缝宽度过大时(F)，集料咬合作用迅速减小，剪压区的混凝土会承担更大的应力，直到这部分混凝土达到剪压复合强度被压碎为止。由图5-6a)可见，梁发生剪切破坏时，抗剪承载力主要由斜截面顶端未开裂的混凝土、与斜截面相交的箍筋和弯起钢筋三部分的抗剪力组成。其中，箍筋抗剪作用较显著，斜裂缝一旦出现，该区域的箍筋就起作用。而弯起钢筋只有与斜裂缝相交后才起作用。所以，配置箍筋是提高抗剪承载力的有效措施。而弯起钢筋不宜单独使用，需与箍筋联合作用。

如前所述，对于发生剪压破坏的无腹筋梁，临界斜裂缝出现后受力模型为带拉杆的拱结构。在有腹筋梁中，箍筋、弯起箍筋和斜裂缝之间的混凝土块体可比拟成一个桁架拱[图5-6c)]。由于腹筋与纵向受拉钢筋形成框架，增加纵向钢筋销栓作用，抑制了斜裂缝的开展，增加斜裂缝顶端剪压区混凝土的面积，从而大大提高抗剪能力。

图5-7为箍筋的实测应变，剪弯段内的箍筋应力应变分布变化很大，穿越斜裂缝的箍筋受拉应变较大，破坏时可以屈服，斜裂缝之外的箍筋及集中力作用处附近的箍筋拉应变则很小，破坏时达不到屈服强度。试验表明，弯起钢筋也有与箍筋类似的规律，也就是说，

与斜裂缝相交的腹筋并不是在发生剪压破坏时都能达到屈服强度,存在应力分布不均匀现象。

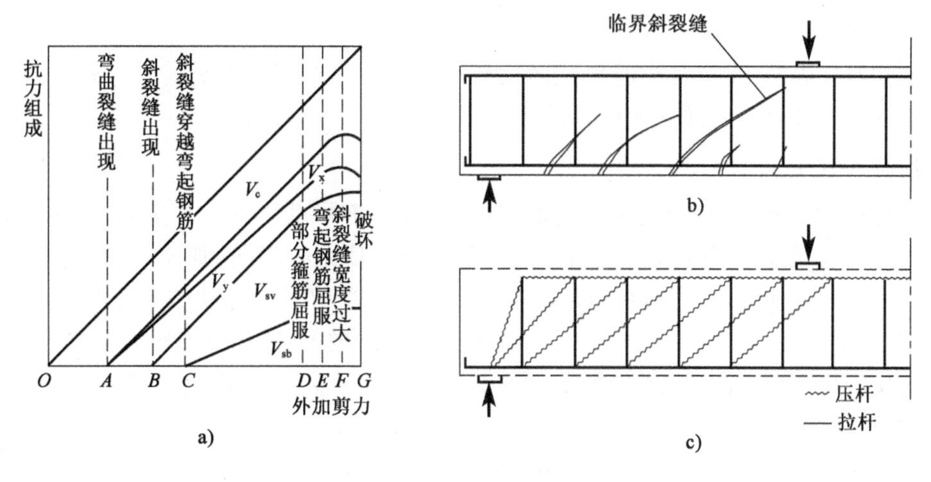

图 5-6 抗剪承载力的组成与有腹筋梁的桁架模型

a)抗剪承载力的构成;b)斜裂缝;c)桁架模型

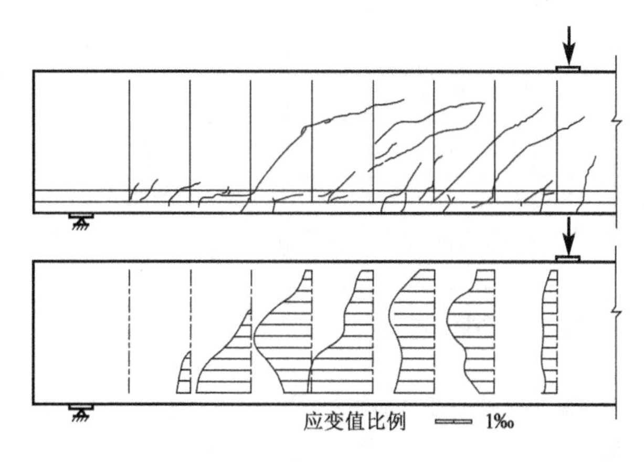

图 5-7 箍筋应变

2. 有腹筋简支梁斜截面破坏的主要形态

有腹筋的简支梁斜截面剪切破坏形态与无腹筋简支梁类似,也会发生斜拉破坏、剪压破坏和斜压破坏。但是,箍筋的配置数量对有腹筋梁的破坏形态有较大的影响。试验表明,剪跨比在 1 ~ 3 之间时,若配置的箍筋数量过多,则在箍筋尚未屈服时,斜裂缝间混凝土最终被压碎,即发生斜压破坏;若配置的箍筋数量适当,则斜裂缝出现后,箍筋延缓或限制了斜裂缝的开展、延伸,承载力尚能有较大的增长,最后,斜裂缝上端的混凝土在剪、压复合应力作用下达到极限强度被压碎,即发生剪压破坏。剪跨比大于 3 时,若箍筋配置数量过少,则斜裂缝一出现,箍筋很快达到屈服,不能抑制斜裂缝的开展,此时梁的破坏形态与无腹筋梁斜拉破坏类似;若箍筋配置数量适当,破坏则转化为剪压破坏。剪跨比小于 1 时,一般仍发生斜压破坏。所以,通过改变箍筋数量,可以改变有腹筋梁的破坏形态。

5.2 影响受弯构件斜截面抗剪承载力的主要因素

试验研究表明,影响有腹筋斜截面抗剪承载力的主要因素有剪跨比、混凝土抗压强度、纵向钢筋配筋率、配箍率和箍筋强度、结构体系等。

1. 剪跨比 m

剪跨比 m 是影响受弯构件斜截面破坏形态和抗剪承载力的主要因素之一。剪跨比 m 实质上反映了梁内正应力 σ 与剪应力 τ 的相对比值。m 不同,则 σ/τ 也不同,梁内主应力的大小和方向也就不同,从而影响着梁的斜截面受剪承载力和破坏形态。对无腹筋梁,由图 5-8 所示试验结果可以看出,随着剪跨比 m 的增大,破坏形态按斜压破坏、剪压破坏和斜拉破坏的顺序演变,而抗剪能力逐步降低。当 $m>3$ 后,斜截面抗剪力趋于稳定,剪跨比的影响不再明显。

对有腹筋梁,由图 5-9 所示试验结果可以看出,剪跨比对有腹筋梁的影响仍然存在。当配箍率较小时,剪跨比的影响较大;当配箍率较大时,剪跨比的影响有所降低。

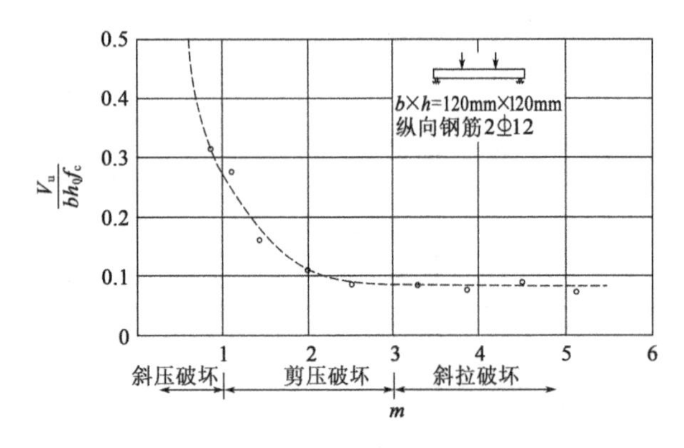

图 5-8　剪跨比 m 对无腹筋梁抗剪承载力的影响

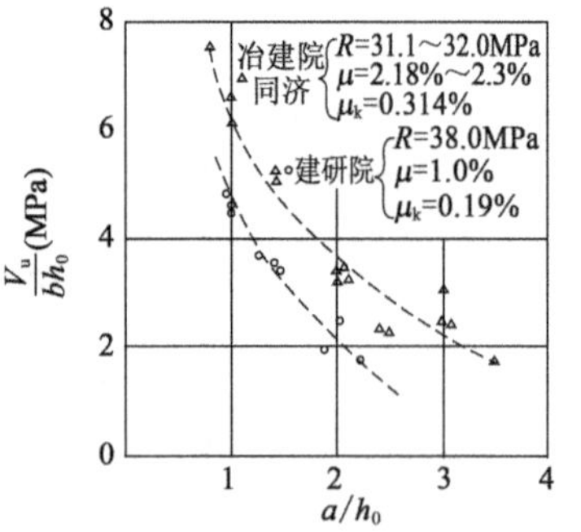

图 5-9　剪跨比 m 对有腹筋梁抗剪承载力的影响

2. 混凝土抗压强度 f_{cu}

由图 5-10 所示无腹筋梁试验结果可见,当剪跨比一定时,梁的抗剪承载力随混凝土抗压强度的增大而提高,其影响大致呈线性规律变化。但是,由于在不同剪跨比下梁的斜截面破坏形态不同,所以,这种影响的程度亦不相同。$m=1$ 时为斜压破坏,抗剪承载力取决于混凝土抗压强度,混凝土抗压强度的影响显著,回归直线的斜率较大;$m=3$ 时为斜拉破坏,抗剪承载力取决于混凝土抗拉强度,混凝土抗压强度的影响程度降低,回归直线的斜率较小;$1<m<3$ 时为剪压破坏,混凝土抗压强度的影响介于斜拉破坏与斜压破坏之间,大致随剪跨比的斜率增大而逐渐减小。图 5-11 为有腹筋梁的试验结果,当其他条件相同时,有腹筋梁抗剪承载力随混凝土抗压强度的增加而提高;比较剪跨比较为接近($m=1.5$ 的无腹筋梁和 $m=1.56$ 的有腹筋梁)的无腹筋梁和有腹筋梁,有腹筋梁抗剪承载力随混凝土抗压强度的增加提高较多,这是因为腹筋的存在使剪压区高度增加。

总之,无腹筋梁和有腹筋梁的抗剪承载力随混凝土抗压强度的增长关系,在常用等级范围内可近似取为直线。

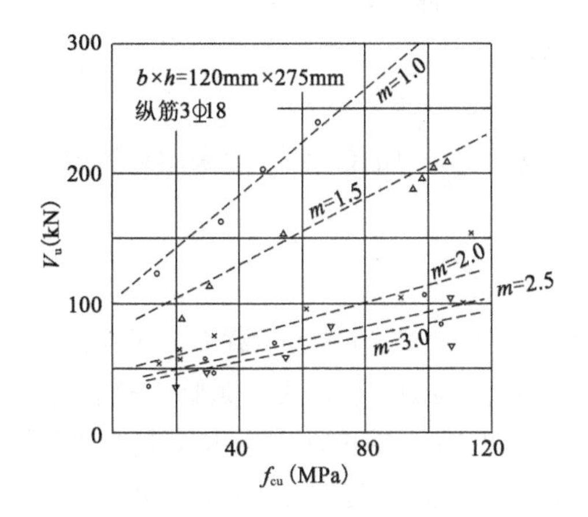

图 5-10　混凝土抗压强度对无腹筋梁抗剪承载力的影响

a/h_0=1.56, μ=2.07%, μ_k=0.35%; a/h_0=4.015, μ=2.22%, μ_k=0.115%

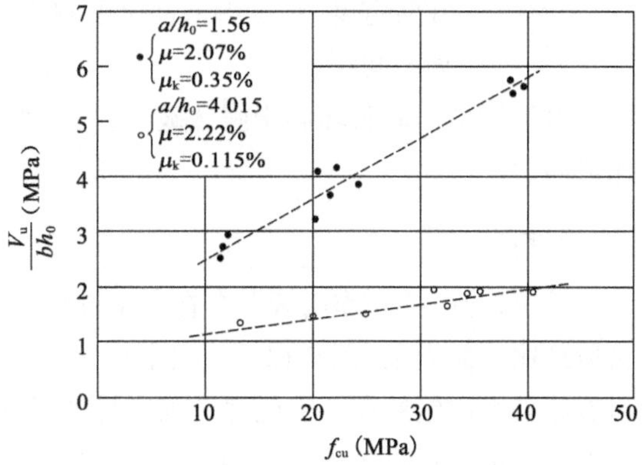

图 5-11　混凝土抗压强度对有腹筋梁抗剪承载力的影响

3. 纵向钢筋配筋率

纵向钢筋配筋率越大,斜裂缝顶端的混凝土剪压区面积越大,斜裂缝间集料咬合力越大,且纵向钢筋的销栓作用也越大。图 5-12 所示为无腹筋梁纵向钢筋配筋率 ρ 对梁抗剪承载力影响程度的试验结果。由图 5-12 可见,抗剪承载力随纵筋配筋率 ρ 的增大而提高,两者大体呈线性关系。随剪跨比 m 的不同,ρ 的影响程度也不同。剪跨比较小时,纵向钢筋的销栓作用较强,ρ 对抗剪承载力影响也较大。

4. 配箍率和箍筋强度

发生剪压破坏的有腹筋梁,在临界斜裂缝出现后,与斜裂缝相交的箍筋应力迅速增加,箍筋的抗剪作用显现,且能有效地抑制斜裂缝的开展和延伸,使剪压区混凝土高度增加,提高纵向钢筋的销栓作用。

图 5-13 所示为剪跨比约等于2、混凝土等级大致相同的梁的试验结果,随着配箍率与箍筋抗拉强度乘积的增大,梁的抗剪承载力也相应提高。当 $\rho_{sv}f_{sk}$ 在一定范围内时,可以近似认为二者间为线性关系。

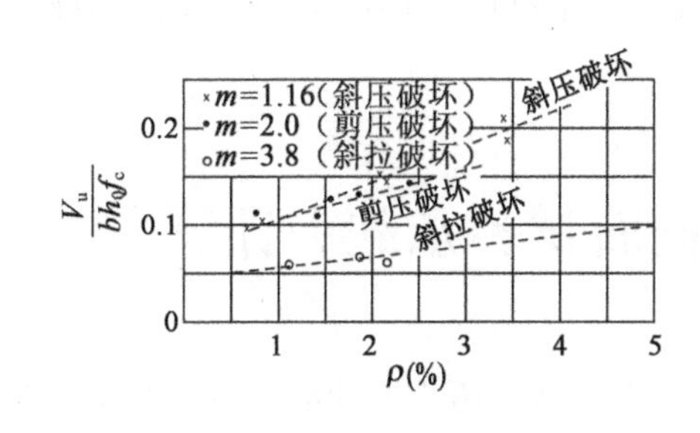

图 5-12　纵向钢筋配筋率 ρ 对梁抗剪承载力的影响

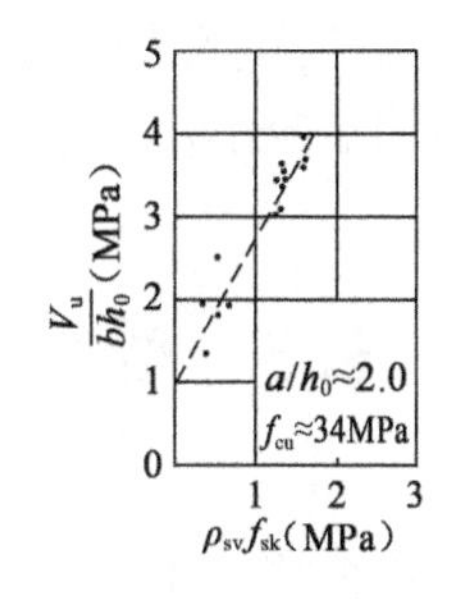

图 5-13　配箍率与箍筋抗拉强度乘积对梁抗剪承载力的影响

箍筋用量一般用箍筋配筋率(工程上习惯称配箍率)ρ_{sv}(%)表示,即

$$\rho_{sv} = \frac{A_{sv}}{bs_v} \tag{5-2}$$

式中：A_{sv}——在一个箍筋间距 s_v 范围内的箍筋各肢总截面面积；

b——截面宽度，对 T 形截面梁取腹板宽度为 b；

s_v——箍筋间距。

由于梁斜截面破坏属于脆性破坏，为了改善斜截面破坏时的延性，一般采用热轧钢筋作箍筋。

5. 结构体系

弯矩、剪力共同作用区段存在有反弯点的连续梁或悬臂梁，其抗剪承载力低于同样广义剪跨比的简支梁（图 5-14）。原因在于这种梁中反弯点两侧将各出现一条临界斜裂缝，斜裂缝处纵向钢筋拉应力的显著增大导致沿纵向钢筋的黏结裂缝的发展，从而使顶部及底部纵向钢筋在临近内支点的剪跨段内均处于受拉状态，形成了图 5-15 所示的截面应力分布。与简支梁斜裂缝截面受力不同的是，混凝土受压区高度减小，压应力和剪应力相应增加。因此，其抗剪承载力低于简支梁。

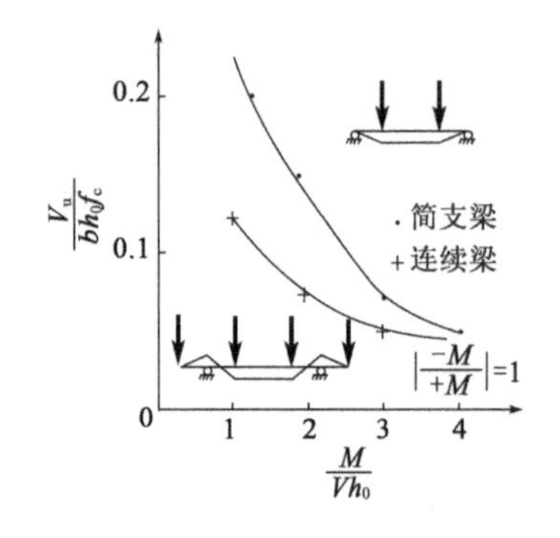

图 5-14 简支梁与连续梁抗剪承载力的比较

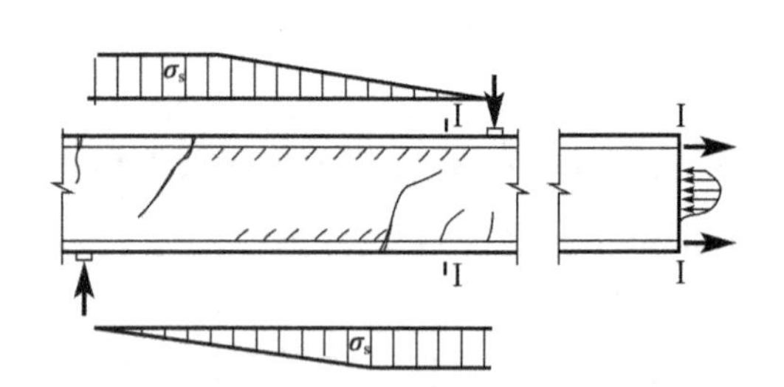

图 5-15 连续梁临界斜裂缝出现后纵向钢筋的应力分布

以上研究因素是以矩形截面梁集中力加载方式获得的结论，当为 T 形截面时，其受压翼缘增加了剪压区面积，对发生剪压破坏和斜拉破坏的抗剪承载力有提高（可提高 20%），但对发生斜压破坏的抗剪承载力并没有明显提高；当为均布荷载时，其影响规律有所不同。另外，试验表明无腹筋梁抗剪承载力随梁高的增加而逐渐降低；对有腹筋梁，这一影响将明显减小。

5.3 受弯构件的斜截面抗剪承载力计算

在斜截面抗剪设计时，对于斜压破坏，采用限制截面最小尺寸的方式来避免。对于斜拉破坏，只在无腹筋梁或腹筋配置很弱的梁中才会发生。当梁内配置了一定数量的箍筋，且箍筋间距不致过大时，即通过限制配箍率不小于最小配箍率等构造措施来避免斜拉破坏。对于剪压破坏，梁的斜截面抗剪承载力与箍筋数量、弯起钢筋数量有较大关系，必须进行相应的箍筋和弯起钢筋设计计算。

5.3.1 斜截面抗剪承载力计算的基本公式及适用条件

1. 基本假定

(1)对配有箍筋和弯起钢筋的钢筋混凝土梁,当发生剪压破坏时,其抗剪承载力 V_u 主要由斜截面顶端剪压区混凝土抗剪力 V_c、与斜截面相交的箍筋所能提供的抗剪力 V_{sv} 和弯起钢筋所能提供的抗剪力 V_{sb} 组成(图 5-16),即

$$V_u = V_c + V_{sv} + V_{sb} \tag{5-3}$$

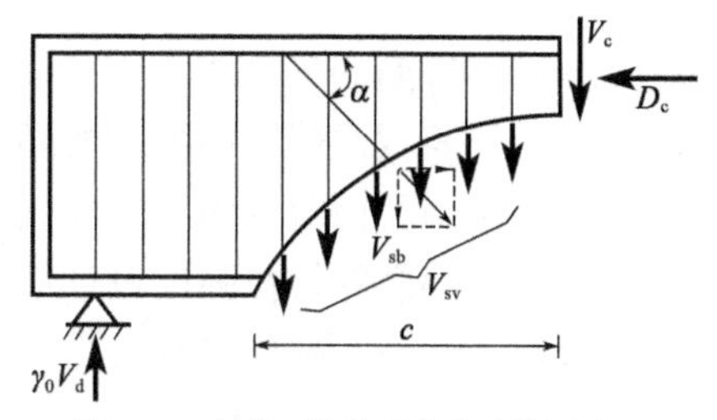

图 5-16 斜截面抗剪承载力计算图式

(2)偏安全地,混凝土抗剪力 V_c 采用无腹筋梁的试验统计值。

(3)与斜截面相交的弯起钢筋可达到钢筋的设计强度,但应考虑应力不均匀系数 0.8。

2. 混凝土抗剪承载力

随着箍筋数量及强度的增加,有腹筋梁剪压区混凝土的抗剪承载力会提高,但其规律性尚未完全研究清楚。纵向钢筋的销栓作用、集料的咬合作用等一般都被综合到混凝土抗剪力中考虑。故一般保守地采用无腹筋梁的试验回归公式作为混凝土抗剪承载力计算的依据:

$$V_c = 0.87 \times 10^{-4} \frac{2 + 0.6P}{m} \sqrt{f_{cu,k}} b h_0 (\text{kN}) \tag{5-4}$$

式中:b——斜截面受压区顶端截面处矩形截面宽度(mm),或 T 形和 I 形截面腹板宽度(mm);

h_0——斜截面受压区正截面上的有效高度,自纵向受拉钢筋合力点到受压区边缘的距离(mm);

m——剪跨比,当 $m<1.7$ 时,取 $m=1.7$;当 $m>3$ 时,取 $m=3$;

P——斜截面内纵向受拉钢筋的配筋百分率,$P=100\rho$,$\rho=A_s/bh_0$,当 $P>2.5$ 时,取 $P=2.5$;

$f_{cu,k}$——混凝土立方体抗压强度标准值(MPa)。

3. 箍筋抗剪承载力

与斜截面相交的箍筋抗剪承载力:

$$V_{sv} = 0.75 \times 10^{-3} f_{sv} \sum A_{sv,i} \tag{5-5}$$

式中:0.75——考虑剪切脆性破坏性质和箍筋应力不均匀等因素影响的修正系数;

f_{sv}——箍筋抗拉强度设计值;

$\sum A_{sv,i}$——与斜截面相交的箍筋总截面面积。

为了计算与斜截面相交的箍筋总截面面积,需先计算斜截面水平投影长度 c。依据钢筋混凝土梁斜截面剪切破坏试验分析,斜截面水平投影长度 c 与剪跨比 m 之间的关系为 $c \approx 0.6mh_0$,则

$$\sum A_{sv,i} = \frac{c}{s_v} A_{sv} = \frac{0.6mh_0}{s_v} A_{sv} \tag{5-6}$$

将式(5-6)代入式(5-5)中,箍筋的抗剪承载力即可表示为

$$V_{sv}=0.75\times10^{-3}f_{sv}0.6mh_0\frac{A_{sv}}{s_v}=0.45\times10^{-3}m\,\rho_{sv}f_{sv}bh_0 \tag{5-7}$$

式中:ρ_{sv}——箍筋的配筋率;

s_v——斜截面范围内箍筋的间距(mm);

A_{sv}——斜截面范围内配置在同一截面的箍筋各肢总截面面积(mm^2);

f_{sv}——箍筋的抗拉强度设计值(MPa)。

现计算箍筋和混凝土的抗剪承载力之和 V_{cs}:

$$V_{cs}=V_c+V_{sv}=0.87\times10^{-4}\frac{2+0.6P}{m}\sqrt{f_{cu,k}}bh_0+0.45\times10^{-3}m\,\rho_{sv}f_{sv}bh_0 \tag{5-8}$$

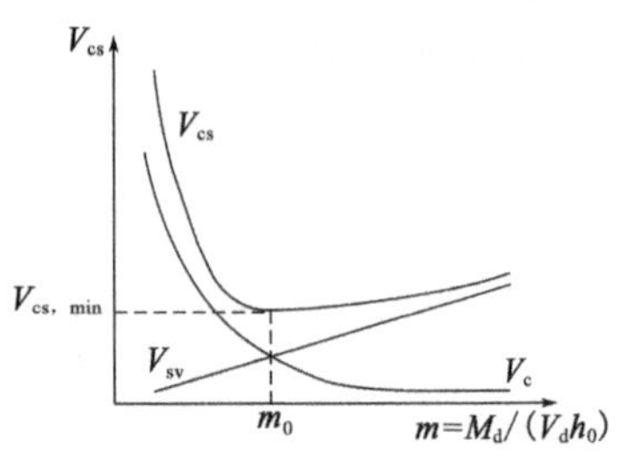

图 5-17　混凝土和箍筋抗剪承载力与剪跨比的关系

由式(5-4)可知,混凝土抗剪承载力与剪跨比成反比;由式(5-7)可知,箍筋抗剪承载力与剪跨比成正比;图5-17为混凝土和箍筋抗剪承载力与剪跨比的关系,从图中可以看出,对某一特定的最不利剪跨比 m_0(混凝土抗剪能力与箍筋抗剪能力相等时的剪跨比),混凝土和箍筋抗剪承载力之和取最小值 $V_{cs,min}$:

$$V_{cs,min}=0.3966\times10^{-3}bh_0\sqrt{(2+0.6P)\sqrt{f_{cu,k}}\rho_{sv}f_{sv}}$$

抗剪承载力设计中箍筋和混凝土抗力之和取最小值,若能与后面的弯起钢筋抗力总和大于作用基本组合的效应设计值,则在其他剪跨比下的抗力必大于作用基本组合的效应设计值,所以,这样处理是偏于安全的。《公路桥规》根据近年来的设计实践,将系数0.3966调整为0.45,即得混凝土与箍筋抗剪承载力之和的计算公式:

$$V_{cs}=0.45\times10^{-3}bh_0\sqrt{(2+0.6P)\sqrt{f_{cu,k}}\rho_{sv}f_{sv}} \tag{5-9}$$

上面给出的混凝土和箍筋共同的抗剪承载力计算表达式(5-9)是针对钢筋混凝土矩形截面等高度简支梁建立的半经验半理论公式。对于具有受压翼缘的T形和I形截面来说,该表达式尚未考虑受压翼缘对混凝土抗剪承载力的有利影响。在试验的基础上,《公路桥规》引入修正系数 $\alpha_3=1.1$。此外,对于连续梁,中间支点附近截面的抗剪承载力低于简支梁(图5-14),《公路桥规》引入修正系数 $\alpha_1=0.9$。

4. 弯起钢筋抗剪承载力

弯起钢筋对斜截面的抗剪承载力,应为弯起钢筋抗拉承载力在竖直方向的分量:

$$V_{sb}=0.75\times10^{-3}f_{sd}\sum A_{sb}\sin\theta_s \tag{5-10}$$

式中:f_{sd}——弯起钢筋的抗拉强度设计值(MPa);

$\sum A_{sb}$——斜截面内弯起钢筋总截面面积(mm^2);

θ_s——弯起钢筋的切线与构件水平纵向轴线的夹角。

综上,《公路桥规》给出适应矩形、T形和I形截面等高度钢筋混凝土简支梁及连续梁(含悬臂梁)的斜截面抗剪承载力计算公式:

$$\gamma_0V_d\leqslant V_u=\alpha_1\alpha_3\cdot0.45\times10^{-3}\cdot bh_0\sqrt{(2+0.6P)\sqrt{f_{cu,k}}\rho_{sv}f_{sv}}+0.75\times10^{-3}\cdot f_{sd}\sum A_{sb}\sin\theta_s \tag{5-11}$$

式中：V_d——斜截面受压区正截面上由作用组合产生的最大剪力组合设计值(kN)；

γ_0——桥梁结构的重要性系数；

α_1——异号弯矩影响系数，计算简支梁和连续梁近边支点梁段的抗剪承载力时，$\alpha_1=1.0$；计算连续梁和悬臂梁近中间支点梁段的抗剪承载力时，$\alpha_1=0.9$；

α_3——受压翼缘的影响系数，对具有受压翼缘的截面，取 $\alpha_3=1.1$。

式(5-11)中，V_u的第一部分是一个试验数据回归公式，使用时必须按规定的单位代入数值，计算得到的斜截面抗剪承载力 V_u 的单位为 kN。

5. 适用条件

式(5-11)是根据剪压破坏时的受力状态和试验数据而回归建立的，因而必须符合剪压破坏前提条件，称为计算公式的上、下限值。

(1)上限值。

试验表明，若配置的箍筋数量过多，则在箍筋尚未屈服时，斜裂缝间混凝土因主压应力过大被压碎，即发生斜压破坏。斜压破坏时抗剪承载力取决于混凝土的抗压强度及梁的截面尺寸。《公路桥规》规定了截面最小尺寸的限制条件，即

$$\gamma_0 V_d \leqslant 0.51\times10^{-3}\sqrt{f_{cu,k}}\,bh_0 \tag{5-12}$$

式中：V_d——验算截面处由作用(或荷载)产生的剪力组合设计值(kN)；

$f_{cu,k}$——混凝土立方体抗压强度标准值(MPa)；

b——相应于剪力组合设计值处矩形截面的宽度(mm)，或 T 形和 I 形截面腹板宽度(mm)；

h_0——相应于剪力组合设计值处矩形截面的有效高度(mm)。

若不满足式(5-12)，则应加大截面尺寸或提高混凝土强度等级。式(5-12)的不等号右边即为在混凝土强度等级及截面尺寸确定后的抗剪能力的上限值(发生斜压破坏时的抗力)。

(2)下限值。

对剪力设计值很小的梁段，若按式(5-11)进行斜截面承载力的配筋设计，计算所需的箍筋配筋率过小，有发生斜拉破坏的可能。为防止发生斜拉破坏，《公路桥规》规定，对符合式(5-13)的梁段，不需进行斜截面抗剪承载力的计算，而仅按构造要求配置箍筋：

$$\gamma_0 V_d \leqslant 0.5\times10^{-3}f_{td}bh_0 \tag{5-13}$$

式中的f_{td}为混凝土抗拉强度设计值(MPa)，其他符号的物理意义及相应取用单位与式(5-12)相同。对于实心板，下限值可提高25%。不等式(5-13)的右边为在混凝土等级及截面尺寸确定后的抗剪能力的下限值(发生斜拉破坏时的抗力)。关于按构造要求配置箍筋的内容详见本章5.5.2节。

5.3.2 等高度简支梁腹筋的设计

等高度钢筋混凝土梁腹筋的初步设计，可以按照式(5-11)进行，并满足适用条件式(5-12)和式(5-13)的要求。

梁的计算跨径及混凝土强度等级、截面尺寸在初步设计阶段已确定，纵向受拉钢筋等级及数量、跨中布置已在正截面抗弯承载力设计中确定，梁的计算剪力包络图已确定

(图5-18)。根据梁斜截面抗剪承载力要求配置箍筋、初步确定弯起钢筋的数量及弯起位置。

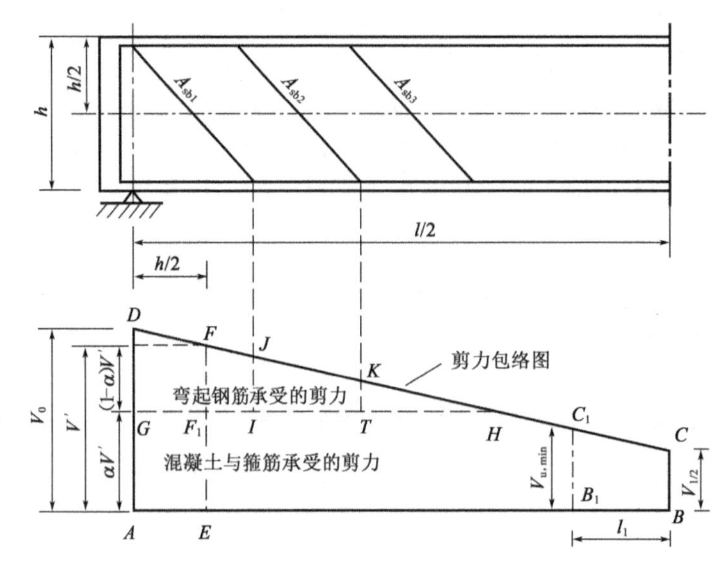

图5-18　腹筋初步设计计算图

设计步骤为:

(1)根据已知条件及支座中心处的最大剪力计算值 $V_0=\gamma_0 V_{d,0}$($V_{d,0}$为支座中心处最大剪力组合设计值),按照式(5-12)校核截面尺寸是否满足要求,若满足要求,则不会发生斜压破坏;若不满足要求,则必须加大截面尺寸或提高混凝土强度等级,直到满足要求为止。

(2)由式(5-13)求得最小抗剪承载力 $V_{min}=0.5\times10^{-3}f_{td}bh_0$,其中 b 和 h_0 可取跨中截面计算值,再由计算剪力包络图得到按构造配置箍筋的区段长度 l_1(B_1B),在此范围内不必按式(5-11)设计计算所需箍筋,直接按最小箍筋配筋率进行箍筋配置,并满足直径及间距的要求。

(3)在支点和按构造配置箍筋区段之间的计算剪力包络图中的计算剪力应该由混凝土、箍筋和弯起钢筋共同承担。《公路桥规》规定:最大剪力计算值取距支座中心 $h/2$ 处的数值 V'(EF),其中混凝土和箍筋共同承担不少于60% V',弯起钢筋承担不超过40% V',这样计算剪力包络图被水平线分割为两部分。混凝土和箍筋共同承担了大部分剪力,这主要是因为国内外试验研究表明,混凝土和箍筋共同的抗剪作用效果好于弯起钢筋的抗剪作用。

(4)箍筋设计。

现取混凝土和箍筋共同的抗剪承载力 $V_{cs}=\alpha V'$(α 为箍筋和混凝土共同承担剪力计算值的比例,$\alpha\geqslant60\%$),在式(5-11)中仅考虑箍筋和混凝土的部分,则可得到

$$\alpha V'=\alpha_1\alpha_3\cdot0.45\times10^{-3}\cdot bh_0\sqrt{(2+0.6P)\sqrt{f_{cu,k}}\rho_{sv}f_{sv}}$$

解得箍筋配筋率为

$$\rho_{sv}=\frac{1}{(2+0.6P)\sqrt{f_{cu,k}}f_{sv}}\left(\frac{\alpha V'}{0.45\times10^{-3}\alpha_1\alpha_3 bh_0}\right)^2>\rho_{sv,min} \tag{5-14}$$

当拟定了箍筋直径(单肢截面面积为 a_{sv})及箍筋肢数 n 后,得到箍筋截面面积 $A_{sv}=$

na_{sv},则箍筋间距为

$$s_v = \frac{2.025 \times 10^{-7} \alpha_1^2 \alpha_3^2 (2 + 0.6P) \sqrt{f_{cu,k}} A_{sv} f_{sv} b h_0^2}{(\alpha V')^2} \tag{5-15}$$

取整并满足构造要求后,即可确定箍筋间距。

(5)弯起钢筋的数量及初步弯起位置。

弯起钢筋由纵向受拉钢筋弯起而成,以承担图5-18中计算剪力包络图中分配的计算剪力(三角形 DGH)。

考虑梁形成钢筋骨架的需要及纵向受拉钢筋的锚固要求,《公路桥规》规定,在钢筋混凝土梁端支点处,应至少有两根并且不少于总数1/5的下层受拉主钢筋通过,这部分纵向受拉钢筋不得在梁间弯起或截断。

根据图5-18中三角形 DGH 部分,依据三角形的相似比来确定第 i 排弯起钢筋承担的计算剪力值 V_{sbi}。由式(5-10),且仅考虑弯起钢筋的抗剪承载力,则可得到

$$V_{sbi} = 0.75 \times 10^{-3} f_{sd} A_{sbi} \sin\theta_s$$

$$A_{sbi} = \frac{1333 V_{sbi}}{f_{sd} \sin\theta_s} \tag{5-16}$$

对于式(5-16)中的计算剪力 V_{sbi} 的取值方法,《公路桥规》规定:

①计算第一排(从支座向跨中算起)弯起钢筋(即图5-18所示的 A_{sb1})时,取用距支座中心 $h/2$ 处由弯起钢筋承担的那部分剪力值 $(1-\alpha)V'(FF_1)$。

②计算以后各排弯起钢筋时,取用前一排弯起钢筋弯起点处由弯起钢筋承担的那部分剪力值。

同时,《公路桥规》对弯起钢筋的弯起角及弯起钢筋之间的位置关系有以下要求:

①钢筋混凝土梁的弯起钢筋一般与梁纵轴成45°。弯起钢筋弯折的圆弧半径应不小于20倍钢筋直径。

②简支梁第一排弯起(最靠近支座的那一排)钢筋顶部的弯折点应位于支座中心截面处(图5-18),以后各排弯起钢筋的梁顶部弯折点,应落在前一排(支点方向)弯起钢筋的梁底部弯折点处或弯折点以外(支点方向)。

根据《公路桥规》上述要求及规定,可以初步确定弯起钢筋的位置及需承担的计算剪力值 V_{sbi},从而由式(5-16)计算得到所需的每排弯起钢筋的截面面积。当能弯起的纵向受拉钢筋均已弯起,其水平投影长度尚不能覆盖弯起钢筋需承担的剪力梁段长度(GH 对应梁段)时,应设置专门的抗剪斜筋。

上述大多数要求或规定,是针对梁而言的。实心板一般不设弯起钢筋,箍筋一般只在板两侧设置,其数量不受最小配箍率的制约。

5.4 受弯构件的斜截面抗弯承载力

5.3节讨论了钢筋混凝土梁斜截面抗剪承载力计算的问题。但是,受弯构件中纵向受拉钢筋的数量是按控制截面最大弯矩设计值计算配置的,简支梁弯矩包络图沿梁长是变化的,各截面纵向受拉钢筋数量可随弯矩的减小而减少。在设计中可以把纵向受拉钢

筋逐步弯起或截断，但若弯起或截断过早，会引起斜截面的弯曲破坏。因此，还必须研究斜截面抗弯承载力和纵向受拉钢筋弯起、截断对斜截面抗弯承载力的不利影响。

5.4.1 斜截面抗弯承载力验算

为了满足正截面抗弯承载力的要求，抵抗弯矩图应外包计算弯矩包络图。试验研究发现，斜裂缝的产生和发展，除了会引起前述的剪切破坏外，还会引起与斜裂缝相交的纵向受拉钢筋、弯起钢筋及箍筋相继屈服，斜裂缝尖端迅速向上延伸，剪压区混凝土高度迅速减小，最后被压碎，这就是斜截面受弯破坏，故必须研究如何保证斜截面抗弯承载力。

如图 5-19 所示，i 为 N2 钢筋的充分利用点（N2 钢筋强度被充分利用，Ⅰ—Ⅰ正截面的抗弯承载力恰好得以保证的点），在距 i 点为 s 处将 N2 钢筋弯起。若出现斜裂缝 AB，其顶端 B 位于 N2 钢筋的强度充分利用截面 i 处，则 N2 钢筋在正截面 i 处的抵抗弯矩为 $f_{sd}A_{sb}z$；N2 钢筋弯起后，在斜截面 AB 的抵抗弯矩为 $f_{sd}A_{sb}z_b$。其中，A_{sb} 为弯起钢筋的截面面积，z 为 N2 钢筋到受压区混凝土合力中心的距离（Ⅰ—Ⅰ正截面），z_b 为 N2 弯起钢筋到剪压区混凝土合力中心的距离（AB 斜截面）。只要 N2 钢筋弯起后斜截面 AB 的抗弯承载力不小于正截面Ⅰ—Ⅰ处的抗弯承载力，就不会发生斜截面弯曲破坏，即应有 $z_b \geqslant z$。由图 5-19 的几何关系：$z_b = s\sin\theta + z\cos\theta$，故 $s\sin\theta + z\cos\theta \geqslant z$，即有

$$s \geqslant \frac{z(1-\cos\theta)}{\sin\theta}$$

弯起钢筋的弯起角度常在 45°~60°之间，z 常取 $(0.85 \sim 0.9)h_0$，则有

$$s \geqslant \frac{z(1-\cos\theta)}{\sin\theta} \approx (0.35 \sim 0.52)h_0$$

方便起见，可取 s 范围为

$$s \geqslant 0.5h_0 \tag{5-17}$$

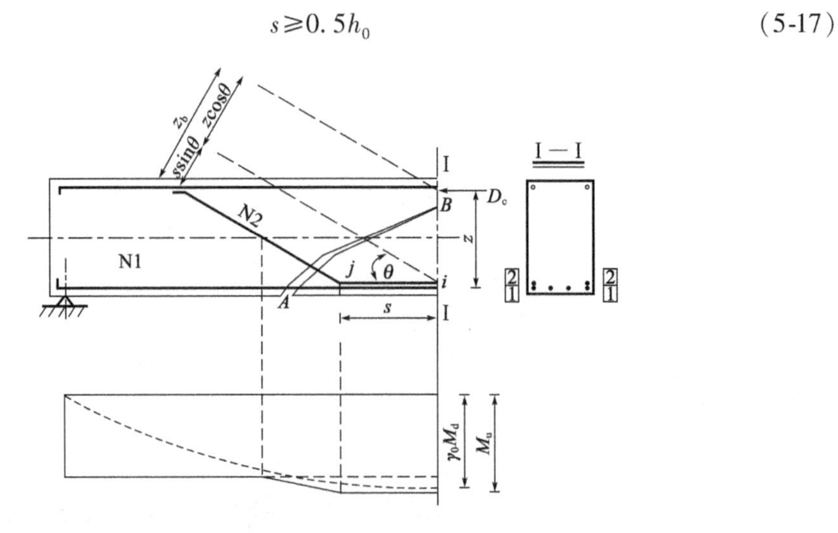

图 5-19 斜截面抗弯承载力计算图式

由以上说明可知，受拉区弯起钢筋的弯起点，应设在按正截面抗弯承载力计算充分利用该钢筋强度的截面以外不小于 $0.5h_0$ 处（$s \geqslant 0.5h_0$），并且满足《公路桥规》关于弯起钢筋规定的构造要求，则可不进行斜截面抗弯承载力验算。

5.4.2 纵向受拉钢筋的弯起

在梁斜截面抗剪设计中已初步确定了弯起钢筋的弯起位置,但是纵向钢筋能否在这些位置弯起,显然应考虑同时满足正截面及斜截面抗弯承载力的要求。这个问题一般采用梁的抵抗弯矩图应外包计算弯矩包络图的原则来解决。具体设计中,可采用计算与作图相结合的方法进行。

简支梁的弯矩包络图一般可近似为二次抛物线(图5-20)。抵抗弯矩图,就是沿梁长各个正截面按实际配置的受拉钢筋截面面积计算出的抵抗弯矩图,即表示各正截面所具有的抗弯承载力。M_{u123}为N1、N2和N3钢筋均存在时截面的抗弯承载力;M_{u12}为仅有N1和N2钢筋时截面的抗弯承载力;M_{u1}为仅有N1钢筋时截面的抗弯承载力。

设一简支梁计算跨径为L,跨中截面布置有6根纵向受拉钢筋(2N1+2N2+2N3),其正截面抗弯承载力为$M_{u123}>\gamma_0 M_{d,L/2}$(图5-20)。

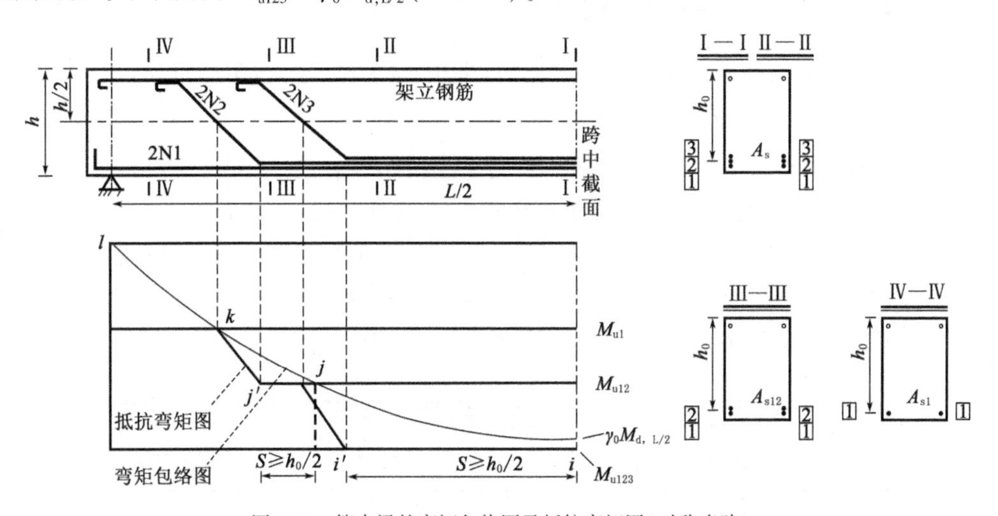

图5-20 简支梁的弯矩包络图及抵抗弯矩图(对称半跨)

为了保证斜截面抗弯承载力,N3钢筋只能在距其充分利用点i的距离$S\geqslant h_0/2$处i'点起弯。N3钢筋与梁中轴线的交点必须在其不需要点j(j点为N3钢筋不需要参与受力,而截面抗弯承载力恰好能够满足的点)以外。钢筋充分利用点、不需要点见表5-1。

钢筋充分利用点、不需要点 表5-1

截面位置	纵向受拉钢筋	抗弯承载力	充分利用点	不需要点
跨中	2N1、2N2、2N3	M_{u123}	N3	—
j对应处	2N1、2N2	M_{u12}	N2	N3
k对应处	2N1	M_{u1}	N1	N2
l对应处	2N1	M_{u1}	—	N1

N2钢筋的弯起位置的确定原则与N3钢筋相同。

依照上述方法,检查已定的弯起钢筋的弯起初步位置是否满足斜截面抗弯要求的关键:

①弯起钢筋在距其充分利用点的距离$S\geqslant h_0/2$处起弯。

②弯起钢筋与梁中轴线的交点必须在其不需要点以外。

③若满足要求,则所设计的弯起位置合理。否则要进行调整,必要时可加设斜筋,最终使得以后各排(跨中方向)弯起钢筋或斜筋的梁顶部弯折点落在前一排(支点方向)弯起钢筋的梁底部弯折点处或弯折点以外。

5.5 全梁承载能力复核与构造要求

按前文的作图方法进行正截面抗弯承载力和斜截面抗弯承载力复核。5.3 节的抗剪箍筋设计是根据距支座 $h/2$ 处的作用组合进行的,其他斜截面抗剪承载力是否大于相应位置处的剪力计算值,须对已配置腹筋的梁进行斜截面抗剪承载力复核。

5.5.1 斜截面抗剪承载力的复核

钢筋混凝土梁的斜截面抗剪承载力复核,采用式(5-11)~式(5-13)进行。

1. 斜截面抗剪承载力复核截面

(1)距支座中心 $h/2$ 处的截面(图 5-21 中截面 1—1);

(2)受拉区弯起钢筋弯起点处截面(图 5-21 中截面 2—2,3—3);

(3)锚于受拉区的纵向钢筋开始不受力处截面(图 5-21 中截面 4—4);

(4)箍筋数量或间距有改变处截面(图 5-21 中截面 5—5);

(5)构件腹板宽度改变处截面(图 5-21 中截面 6—6)。

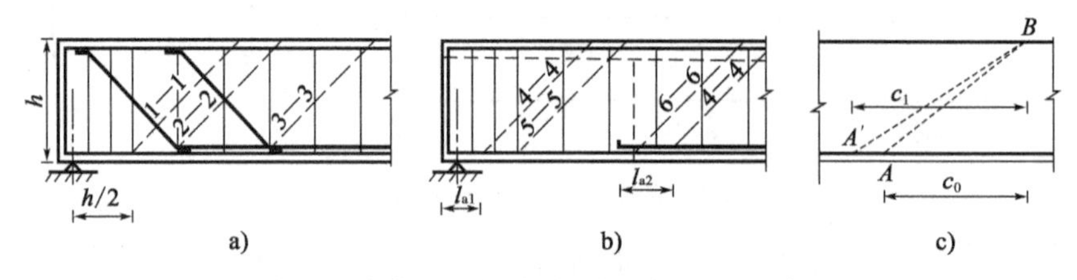

图 5-21 斜截面抗剪承载力的复核截面位置示意图

2. 斜截面顶端位置的确定

按照式(5-11)进行斜截面抗剪承载力复核时,式中的 V_d、b 和 h_0 均为斜截面顶端位置处的数值。通常采用下述方法近似确定斜截面顶端的位置[图 5-21c)]:

(1)按照图 5-21a)、b)来选择斜截面底端位置。

(2)当斜截面底端位置 A[图 5-21c)]距支点截面较近时,取剪跨比的初始值 $m_0 \approx 1.7$,$c_0 = 0.6m_0h_0 = 0.6 \times 1.7h_0 \approx h_0$,以底端位置沿跨中方向取水平距离为 h_0 的截面 B,认为验算斜截面顶端就在此正截面上。当斜截面底端位置 A 距支点截面超过 3 倍梁高时,可取 $m_0 = 3$,$c_0 = 0.6m_0h_0 = 0.6 \times 3h_0 = 1.8h_0$,以底端位置沿跨中方向取水平距离为 $1.8h_0$ 的截面 B,认为验算斜截面顶端就在此正截面上。

(3)由验算斜截面顶端的位置 B 坐标,从内力包络图计算出该截面上的最大剪力组合设计值 $V_{d,x}$ 及相应的弯矩组合设计值 $M_{d,x}$,计算斜截面顶端截面的剪跨比 $m_1 = \frac{M_{d,x}}{V_{d,x}h_0}$ 及

斜截面投影长度 $c_1 = 0.6m_1h_0$。

由斜截面顶端位置 B 向支座方向取水平距离为 c_1 的截面 A'处(斜截面底端位置用 A' 代替 A,这样可减少反复试算确定斜截面顶端位置的工作量)。确定与斜截面底端位置 A'相交的纵向受拉钢筋配筋率 ρ、与斜截面 $A'B$ 相交的弯起钢筋截面面积 A_{sb} 和箍筋配筋率 ρ_{sv}。

截面的有效高度 h_0 取验算斜截面底端正截面的有效高度,腹板宽度 b 取与斜截面 $A'B$ 相交的腹板宽度(当为变腹板宽度时,可偏安全地取此斜截面范围内的较小值)。

(4)将上述各值及与斜裂缝相交的箍筋配筋率和弯起钢筋截面面积代入式(5-11),即可进行斜截面抗剪承载力复核。

5.5.2 有关构造要求

受弯构件正截面抗弯承载力和斜截面抗剪承载力的计算中,钢筋强度的充分利用都是建立在可靠的配筋构造基础上的。所以,配筋构造与设计计算处于同等重要的地位。尤其要注意通过构造措施防止斜截面破坏。

1. 纵向受拉钢筋在支座处的锚固

在梁支座处附近出现斜裂缝时,斜裂缝处纵向受拉钢筋应力将增大,若锚固长度不足,钢筋与混凝土的相对滑移将导致斜裂缝宽度显著增大[图 5-22a)],甚至会发生黏结锚固破坏。为了防止钢筋被拔出而破坏,《公路桥规》规定:底层两外侧之间不向上弯曲的受拉主钢筋,伸出支点截面以外的长度应不小于 $10d$(对环氧树脂涂层钢筋应不小于 $12.5d$,d 为钢筋公称直径);HPB300 钢筋应带半圆钩[图 5-22b)]。两外侧钢筋,应延伸出端支点以外,并弯成直角,顺梁高延伸至顶部,与顶层架立钢筋相连[图 5-22c)]。

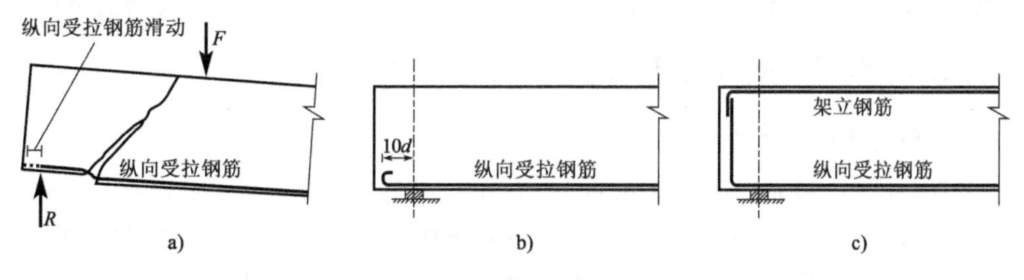

图 5-22 纵向受拉钢筋在支座处的锚固

2. 纵向受拉钢筋在梁跨间的截断与锚固

钢筋混凝土梁内纵向受拉钢筋不宜在受拉区截断;若纵向受拉钢筋较多,除满足所需的弯起钢筋数量外,多余的纵向受拉钢筋可以在梁跨间适当位置截断。纵向受拉钢筋的初步截断位置一般取在理论截断处,但截断的设计位置应从按正截面抗弯承载力计算充分利用该钢筋强度的截面至少延伸$(l_a + h_0)$的长度,此处 l_a 为受拉钢筋的最小锚固长度,h_0 为截面的有效高度;同时,尚应考虑从不需要该钢筋的截面至少延伸 $20d$(普通热轧钢筋),此处 d 为钢筋公称直径。纵向受拉钢筋如在跨间截断,应延伸至按计算不需要该钢筋的截面以外至少 $15d$。

根据钢筋拔出试验结果和我国的工程实践经验,《公路桥规》规定了不同受力情况下钢筋最小锚固长度,见表 3-4。

受力主钢筋端部弯钩尺寸应符合表 3-3 的要求。

3. 钢筋的接头

钢筋连接宜设在受力较小区段，并宜错开布置。接头宜采用焊接接头和机械连接接头（套筒挤压接头、镦粗直螺纹接头）；当施工或构造有困难时，除轴心受拉和小偏心受拉构件纵向受力钢筋外，也可采用绑扎接头。绑扎接头的钢筋直径不宜大于28mm；对轴心受压和偏心受压构件中的受压钢筋，钢筋直径可不大于32mm。受拉钢筋绑扎接头的搭接长度见表3-2。

《公路桥规》规定，在任一焊接接头中心至35倍钢筋直径且不小于500mm的长度区段内，同一根钢筋不得有两个接头；在该区段内有接头的受力钢筋截面面积占受力钢筋总截面面积的百分数，普通钢筋在受拉区不宜超过50%，在受压区和装配式构件间的连接钢筋不受限制。

4. 箍筋的构造要求

(1)钢筋混凝土梁应设置直径不小于8mm且不小于1/4主钢筋直径的箍筋。对于箍筋的最小配筋率，HPB300钢筋不应小于0.14%，HRB400钢筋不应小于0.11%。

(2)箍筋的间距。

箍筋的间距不应大于梁高的1/2且不大于400mm；当所箍钢筋为按受力需要的纵向受压钢筋时，其间距应不大于所箍钢筋直径的15倍，且不应大于400mm。

自支座中心向跨内方向长度不小于1倍梁高范围内，箍筋间距不宜大于100mm。

近梁端第一根箍筋应设置在距端面一个混凝土保护层距离处。梁与梁或梁与柱的交接范围内可不设箍筋，靠近交接面的第一根箍筋，其与交接面的距离不大于50mm。

5. 弯起钢筋

除本书前述对弯起钢筋的构造要求外，《公路桥规》还规定：钢筋混凝土梁当设置弯起钢筋时，其弯起角宜取45°。弯起钢筋不得采用浮筋（不与主钢筋焊接的斜钢筋）。

5.5.3 装配式钢筋混凝土简支梁设计例题

1. 已知设计数据及要求

钢筋混凝土等截面简支T梁标准跨径为10m，计算跨径为9.3m，截面尺寸如图5-23所示，预制梁翼缘宽135cm，梁间湿接缝宽40cm，肋板宽35cm；设计使用年限为100年，桥梁处于Ⅰ类环境条件，安全等级为一级。梁体采用C40混凝土，主筋采用HRB400级钢筋，箍筋采用HPB300级钢筋。

简支梁控制截面的弯矩组合设计值和剪力组合设计值为：

跨中截面：$M_{d,L/2}=844kN\cdot m$，$V_{d,L/2}=145kN$（相应的弯矩798kN·m）。

支点截面：$M_{d,0}=0$，$V_{d,0}=462kN$。

确定纵向受拉钢筋数量，并进行腹筋设计。

2. 跨中截面的纵向受拉钢筋计算

(1)T形截面梁受压翼板的有效宽度b'_f计算。

由图5-23所示的T形截面梁受压翼板厚度的尺寸可得$h_h/b_h=90/200>1/3$：

$$b'_{f1}=\frac{L}{3}=\frac{1}{3}\times 9300=3100(mm)$$

$b'_{f2}=1350mm$（本例相邻主梁间距为1350mm）

$b'_{f3}=b+2b_h+12h'_f=350+2\times200+12\times160=2670(\text{mm})$

故取受压翼板的有效宽度 $b'_f=b'_{f2}=1350\text{mm}$。

(2)钢筋数量计算。

由附表1-1、附表1-3查得，$f_{cd}=18.4\text{MPa}$，$f_{td}=1.65\text{MPa}$，$f_{sd}=330\text{MPa}$。查表4-2得，$\xi_b=0.53$。$\gamma_0=1.1$，则弯矩计算值 $M=\gamma_0 M_d=1.1\times844=928.4(\text{kN}\cdot\text{m})$。

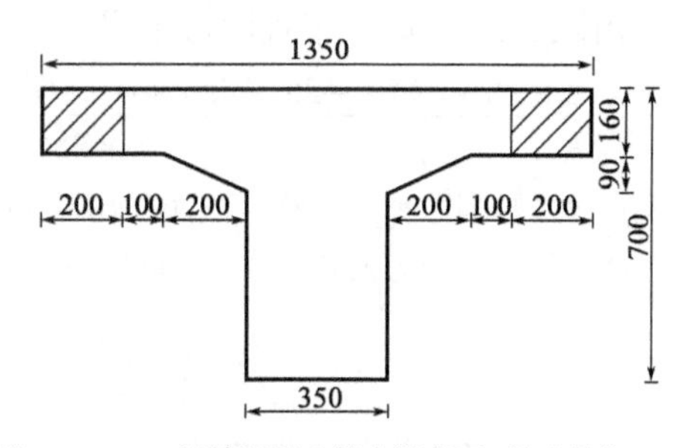

图5-23　10m钢筋混凝土简支梁截面(尺寸单位:mm)

采用焊接钢筋骨架，$0.08h=0.08\times700=56(\text{mm})$，取 $a_s=60\text{mm}$，则截面有效高度为 $h_0=700-60=640(\text{mm})$。

$$f_{cd}b'_fh'_f\left(h_0-\frac{h'_f}{2}\right)=18.4\times1350\times160\times\left(640-\frac{160}{2}\right)\approx2226\times10^6(\text{N}\cdot\text{mm})$$

$$=2226\text{kN}\cdot\text{m}>\gamma_0M_d=928.4\text{kN}\cdot\text{m}$$

故属于第一类T形截面。

由式(4-10)可得

$$x=h_0-\sqrt{h_0^2-\frac{2\gamma_0M_d}{f_{cd}b'_f}}=640-\sqrt{640^2-\frac{2\times928.4\times10^6}{18.4\times1350}}\approx61.3(\text{mm})$$

$$<\xi_bh_0=0.53\times640\approx339(\text{mm})$$

$$x=61.3\text{mm}<h'_f=160\text{mm}$$

将各已知值及 $x=61.3\text{mm}$ 代入式(4-9)，可得

$$A_s=\frac{f_{cd}b'_fx}{f_{sd}}=\frac{18.4\times1350\times61.3}{330}\approx4614(\text{mm}^2)$$

现选择纵向受拉钢筋为8⏀25和4⏀16[图5-24a)中的N4、N5]，截面面积 $A_s=3927+804=4731(\text{mm}^2)$。钢筋叠高层数为3层；在受压区与每列纵向受拉钢筋对应的位置设置了架立钢筋，布置如图5-24a)所示。箍筋采用ϕ8的HPB300钢筋，箍筋外侧设⏀6的HRB400钢筋，则纵向水平钢筋混凝土保护层厚度为 $55-28.4/2-8-7=25.8(\text{mm})>20\text{mm}$ 及 $d=6\text{mm}$；梁底箍筋混凝土保护层厚度为 $55-28.4/2-8=32.8(\text{mm})>20\text{mm}$ 且 $>d=8\text{mm}$；梁底主钢筋混凝土保护层厚度为 $55-28.4/2=40.8(\text{mm})>d=25\text{mm}$，均满足附表1-8中的规定。钢筋间横向净距 $S_n=80-28.4=51.6(\text{mm})>40\text{mm}$ 且 $>1.25d=1.25\times25=31.25(\text{mm})$，满足构造要求。

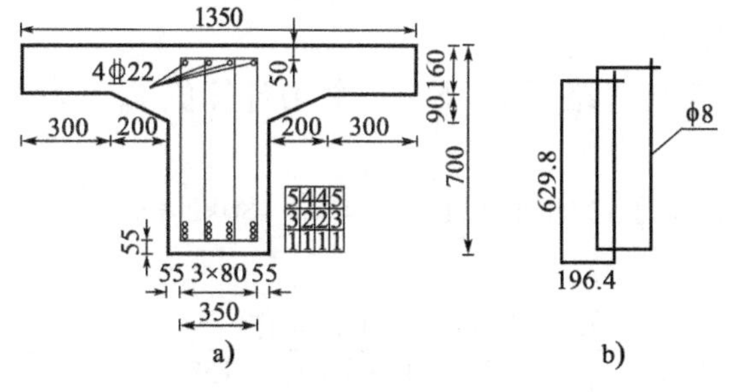

图5-24　截面配筋图(尺寸单位:mm)

a)主钢筋布置;b)箍筋

由图 5-24a)钢筋布置图可求得

$$a_s=\frac{8\times25^2\times(55+28.4/2)+4\times16^2\times(55+1.5\times28.4+0.5\times18.4)}{8\times25^2+4\times16^2}\approx75.6(\mathrm{mm})$$

则实际有效高度 $h_0=700-75.6=624.4(\mathrm{mm})$。

按第一类 T 形截面进行截面复核。由式(4-9)求得 x,即

$$x=\frac{f_{sd}A_s}{f_{cd}b'_f}=\frac{330\times4731}{18.4\times1350}\approx62.85(\mathrm{mm})<h'_f=160\mathrm{mm}$$

由式(4-10)求得正截面抗弯承载力

$$M_u=f_{cd}b'_fx\left(h_0-\frac{x}{2}\right)=18.4\times1350\times62.85\times\left(624.4-\frac{62.85}{2}\right)$$
$$\approx926\times10^6(\mathrm{N\cdot mm})=926\mathrm{kN\cdot m}$$

正截面抗弯承载力与作用基本组合 γ_0M_d(928.4kN·m)相比略小,但相差在 5% 以内,可认为满足要求。

又 $\rho=\frac{A_s}{bh_0}=\frac{4731}{350\times624.4}\approx2.16\%>\rho_{min}=\max\{0.2\%,(45\times1.65/330)\times1\%\}=0.225\%$,满足要求。

3. 腹筋设计

(1)截面尺寸检查。

根据构造要求,梁最底层钢筋 N1 通过支座截面,支点截面有效高度

$$h_0=700-55=645(\mathrm{mm})$$

$$(0.51\times10^{-3})\sqrt{f_{cu,k}}bh_0=0.51\times10^{-3}\times\sqrt{40}\times350\times645\approx728(\mathrm{kN})$$
$$>\gamma_0V_{d,0}=1.1\times462\approx508(\mathrm{kN})$$

截面尺寸符合规范要求。

(2)检查是否需要根据计算配置箍筋。

跨中段截面

$$0.5\times10^{-3}f_{td}bh_0=0.5\times10^{-3}\times1.65\times350\times624.4\approx180(\mathrm{kN})$$

支座截面

$$0.5\times10^{-3}f_{td}bh_0=0.5\times10^{-3}\times1.65\times350\times645\approx186(\mathrm{kN})$$

因 $\gamma_0V_{d,l/2}=1.1\times145=159.5(\mathrm{kN})<0.5\times10^{-3}f_{td}bh_0=180\mathrm{kN}$,故全跨一定长度范围内可按构造要求配置箍筋,其余区段应按计算配置腹筋。

(3)计算剪力分配图。

在图 5-25 所示的剪力包络图中,支点处剪力计算值 $V_0=\gamma_0V_{d,0}$,跨中处剪力计算值 $V_{l/2}=\gamma_0V_{d,l/2}$。

剪力包络图中,在小于跨中抗剪能力下限值 180kN 的一定长度范围内,其长度由剪力包络图按比例计算:

$$l_1=\frac{l}{2}\frac{V_x-V_{l/2}}{V_0-V_{l/2}}=\frac{9300}{2}\times\frac{180-159.5}{1.1\times462-159.5}\approx273.4(\mathrm{mm})$$

在 l_1 长度范围内可按构造要求配置箍筋。

距支座中心线为 $h/2$ 处的计算剪力值(V')由剪力包络图按比例求得,为

$$V' = \frac{LV_0 - h(V_0 - V_{L/2})}{L} = \frac{9300 \times 1.1 \times 462 - 700 \times (1.1 \times 462 - 1.1 \times 145)}{9300} \approx 482.0(\text{kN})$$

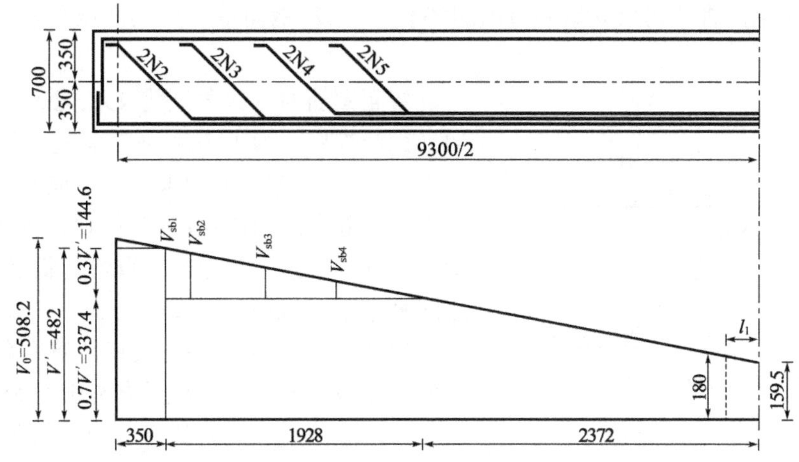

图 5-25 计算剪力分配图(尺寸单位:mm;剪力单位:kN)

混凝土和箍筋承担剪力计算值的 70%,为 $0.7V' = 337.4\text{kN}$;由弯起钢筋(包括斜筋)承担的剪力计算值最多为 $0.3V' = 144.6\text{kN}$,设置弯起钢筋区段长度为

$$144.6 \times \frac{4650 - 350}{482 - 159.5} = 1928(\text{mm})$$

(4)箍筋设计。

采用直径为 8mm 的双箍四肢箍筋[图 5-24b)],箍筋截面面积 $A_{sv} = nA_{sv1} = 4 \times 50.3 = 201.2(\text{mm}^2)$。在等截面钢筋混凝土简支梁中,箍筋尽量做到等间距布置。为计算简便,按式(5-11)设计箍筋时,式中的斜截面内纵筋配筋百分率 P 及截面有效高度 h_0 可近似按支座截面和跨中截面的平均值取用,计算如下:

跨中截面:$P_{L/2} = 2.16 < 2.5$,取 $P_{L/2} = 2.16$,$h_0 = 624.4\text{mm}$。

支点截面:$P_0 = \dfrac{1964 \times 100}{350 \times 645} \approx 0.87$,$h_0 = 645\text{mm}$。

则平均值分别为 $P = \dfrac{2.16 + 0.87}{2} = 1.515$,$h_0 = \dfrac{624.4 + 645}{2} = 634.7(\text{mm})$。

箍筋间距 s_v 为

$$s_v = \frac{2.025 \times 10^{-7} \alpha_1^2 \alpha_3^2 (2 + 0.6P) \sqrt{f_{cu,k}} A_{sv} f_{sv} b h_0^2}{(\alpha V')^2}$$

$$= \frac{2.025 \times 10^{-7} \times 1.1^2 \times (2 + 0.6 \times 1.515) \times \sqrt{40} \times 201.2 \times 250 \times 350 \times 634.7^2}{(0.7 \times 482)^2}$$

$$\approx 280.8(\text{mm})$$

确定箍筋间距 s_v 的设计值还要考虑《公路桥规》的构造要求。

取 $s_v = 250\text{mm} \leq h/2 = 350\text{mm}$ 及 400mm,满足规范要求。箍筋配筋率 $\rho_{sv} = \dfrac{A_{sv}}{bs_v} = \dfrac{201.2}{350 \times 250} \approx 0.230\% > 0.14\%$(HPB300 钢筋),故满足跨中区段的要求。

综合上述计算,在支座中心向跨内方向的 700mm 范围内,设计箍筋间距 $s_v = 100\text{mm}$;

其余范围的箍筋间距 s_v 取 250mm。

(5)弯起钢筋及斜筋设计。

设焊接钢筋骨架的架立钢筋(HRB400)为 4⌀22,钢筋重心至梁受压翼板上缘距离为 $a'_s=50$mm。

弯起钢筋的弯起角度为 45°,弯起钢筋末端与架立钢筋焊接。为了得到每对弯起钢筋分配到的剪力,由各排弯起钢筋的末端折点应落在前一排弯起钢筋弯起点的构造规定,来得到各排弯起钢筋的弯起点计算位置。首先要计算弯起钢筋上、下弯点之间垂直距离 Δh_i(图 5-26)。

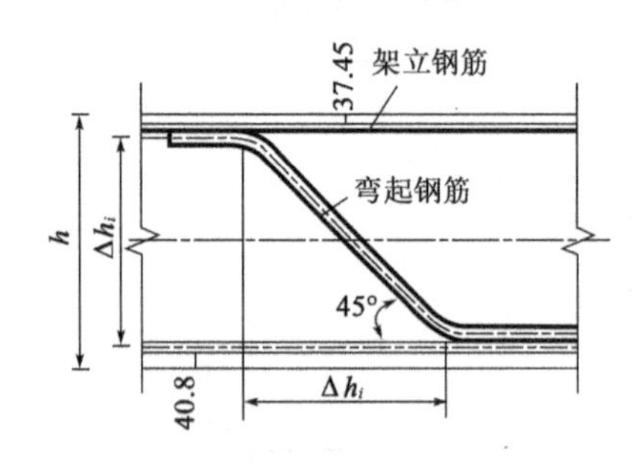

图 5-26　弯起钢筋细节(尺寸单位:mm)

现拟弯起 N2 ~ N5 钢筋,将计算的各排弯起钢筋弯起点截面的 Δh_i 以及至支座中心距离 x_i、分配的剪力计算值 V_{sbi}、需要的弯起钢筋截面面积 A_{sbi} 值等列入表 5-2。

弯起钢筋计算表　　表 5-2

弯起点(钢筋编号)	2(N2)	3(N3)	4(N4)	5(N5)
Δh_i(mm)	540	540	521	521
与支座中心距离 x_i(mm)	540	1080	1601	2123
分配的剪力计算值 V_{sbi}(kN)	144.6	130.4	89.9	50.8
需要的弯起钢筋截面面积 A_{sbi}(mm²)	826	745	514	290
可提供的弯起钢筋截面面积(mm²)	982(2⌀25)	982(2⌀25)	402(2⌀16)	402(2⌀16)
弯起钢筋与梁轴交点到支座中心距离 x'_c(mm)	273	813	1358	1879
不需要点到跨中的距离(mm)	3475	2770	1836	1307
充分利用点到跨中的距离(mm)	2770	1836	1307	0

根据《公路桥规》规定,简支梁的第一排弯起钢筋(对支座而言)的末端弯折点应位于支座中心截面处。这时 Δh_1 为

$$\Delta h_1=700-[(55+1\times28.4)+(50+0.5\times25.1+0.5\times28.4)]\approx540(\mathrm{mm})$$

弯起钢筋的弯起角为 45°,则第一排弯起钢筋(2N2)的弯起点 2 与支座中心距离为 540mm。弯起钢筋与梁纵轴线交点 2′与支座中心距离为 540 − [700/2 − (55 + 28.4)] ≈ 273(mm);不需要点到跨中截面的距离为

$$\frac{l}{2}\sqrt{1-\frac{M_{u1}}{\gamma_0 M_d}}=\frac{9300}{2}\times\sqrt{1-\frac{410}{928.4}}\approx3475(\mathrm{mm})$$

充分利用点到跨中截面的距离为

$$\frac{l}{2}\sqrt{1-\frac{M_{u12}}{\gamma_0 M_d}}=\frac{9300}{2}\times\sqrt{1-\frac{599}{928.4}}\approx2770(\mathrm{mm})$$

对于第二排弯起钢筋,可得到

$$\Delta h_2=700-[(55+1\times28.4)+(50+0.5\times25.1+0.5\times28.4)]\approx540(\mathrm{mm})$$

第二排弯起钢筋(2N3)的弯起点3与支座中心距离为540+540=1080(mm)。

分配给第二排弯起钢筋的计算剪力值V_{sb2},由比例关系计算:

$$\frac{1928+350-540}{1928}=\frac{V_{sb2}}{144.6}$$

得到$V_{sb2}\approx 130.4$kN。

其中,$0.3V'=144.6$kN,$h/2=350$mm;设置弯起钢筋区段长度为1928mm。

所需要提供的弯起钢筋截面面积A_{sb2}为

$$A_{sb2}=\frac{1333.33V_{sb2}}{f_{sd}\sin 45°}=\frac{1333.33\times 130.4}{330\times 0.707}\approx 745(\text{mm}^2)$$

第二排弯起钢筋与梁轴线交点3′与支座中心距离为1080-[700/2-(55+28.4)]≈813(mm)。

其余各排弯起钢筋的计算方法与第二排弯起钢筋计算方法相同。

按照计算剪力初步布置弯起钢筋如图5-27所示。

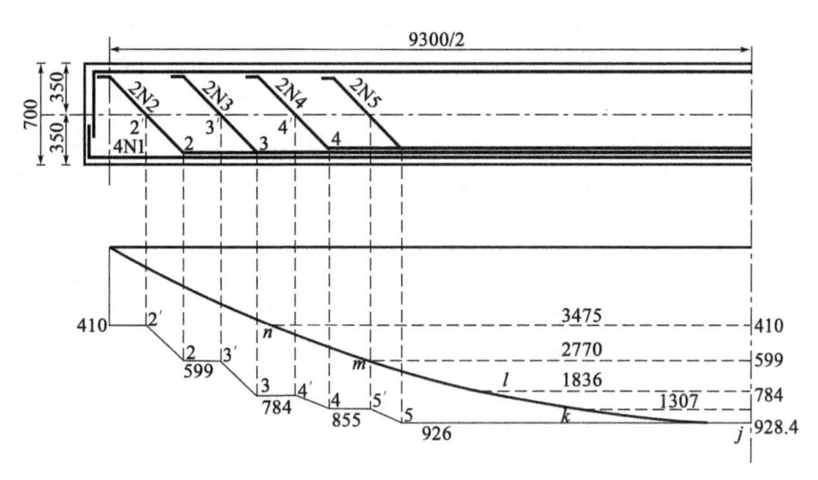

图5-27　梁的弯矩包络图与抵抗弯矩包络图

(尺寸单位:mm;弯矩单位:kN·m)

现在按照同时满足梁跨间各正截面和斜截面抗弯要求,确定弯起钢筋的弯起点位置。由已知跨中截面弯矩计算值$M_{L/2}=\gamma_0 M_{d,L/2}=928.4$kN·m,支点中心处$M_0=\gamma_0 M_{d,0}=0$,做出梁的计算弯矩包络图如图5-27所示。在$L/4$截面处,因$x=2.325$m,$L=9.3$m,$M_{L/2}=928.4$kN·m,所以弯矩计算值为

$$M_{L/4}=928.4\times\left(1-\frac{4\times 2.325^2}{9.3^2}\right)=696.3(\text{kN}\cdot\text{m})$$

各排弯起钢筋弯起后,相应正截面抗弯承载力M_{ui}计算见表5-3。

钢筋弯起后相应各正截面抗弯承载力　　表5-3

梁区段	截面纵筋	有效高度 h_0(mm)	T形截面类别	受压区高度 x(mm)	抗弯承载力 M_{ui}(kN·m)
支座中心~2点	4Φ25	645.0	第一类	26.1	410
2点~3点	6Φ25	635.5	第一类	39.1	599

续上表

梁区段	截面纵筋	有效高度 h_0(mm)	T形截面类别	受压区高度 x(mm)	抗弯承载力 M_{ui}(kN·m)
3点~4点	8⌀25	630.8	第一类	52.2	784
4点~5点	8⌀25+2⌀16	627.3	第一类	57.5	855
5点~梁跨中	8⌀25+4⌀16	624.4	第一类	62.9	926

将表5-3的正截面抗弯承载力 M_{ui} 在图5-27上用各平行线表示出来，它们与弯矩包络图的交点分别为 n、m、l、k、j，由各 M_{ui} 可求得 n、m、l、k、j 到跨中截面距离 x 的值（图5-27）。

现在以图5-27中所示弯起钢筋弯起点初步位置来逐个检查是否满足《公路桥规》的要求。

第一排弯起钢筋(2N2)：

其充分利用点"m"的横坐标 $x=2770$mm，而N2的弯起点2的横坐标 $x_2=4650-540=4110$(mm)，说明 m 点位于2点右边，且 $x_2-x=4110-2770=1340$(mm) $>h_0/2=645/2=322.5$(mm)，满足要求。

其不需要点 n 的横坐标 $x=3475$mm，而N2与梁中轴线交点2′的横坐标 $x'_2=4650-273=4377$(mm) $>x=3475$mm，亦满足要求。

第二排弯起钢筋(2N3)：

其充分利用点"l"的横坐标 $x=1836$mm，而2N3的弯起点3的横坐标 $x_3=4650-1080=3570$(mm)，说明 l 点位于3点右边，且 $x_3-x=3570-1836=1734$(mm) $>h_0/2=635.5/2\approx317.8$(mm)，满足要求。

其不需要点 m 的横坐标 $x=1836$mm，而2N3与梁中轴线交点3′的横坐标 $x'_3=4650-813=3837$(mm) $>x=1836$mm，亦满足要求。

第三排弯起钢筋(2N4)：

其充分利用点"k"的横坐标 $x=1307$mm，而2N4的弯起点4的横坐标 $x_4=4650-1601=3049$(mm)，说明 k 点位于4点右边，且 $x_4-x=3046-1307=1739$(mm) $>h_0/2=630.8/2=315.4$(mm)，满足要求。

其不需要点 l 的横坐标 $x=1307$mm，而2N4与梁中轴线交点4′的横坐标 $x'_4=4650-1358=3292$(mm) $>x=1307$mm，亦满足要求。

第四排弯起钢筋(2N5)：

其充分利用点"j"的横坐标 $x=0$mm，而2N5的弯起点5的横坐标 $x_5=4650-2123=2527$(mm)，说明 j 点位于5点右边，且 $x_5-x=2527-0=2527$(mm) $>h_0/2=627.3/2=313.65$(mm)，满足要求。

其不需要点 k 的横坐标 $x=1307$mm，而2N5与梁中轴线交点5′的横坐标 $x'_5=4650-1879=2771$(mm) $>x=1307$mm，亦满足要求。

由上述检查结果可知图5-27所示弯起钢筋弯起点初步位置满足要求。

由2N2、2N3、2N4、2N5钢筋弯起点形成的抵抗弯矩图大于弯矩包络图，故进一步调整上述弯起钢筋的弯起点位置，在满足规范对弯起钢筋弯起点要求的前提下，使抵抗弯矩图接近弯矩包络图；在弯起钢筋 N2 与支点之间，增设直径为 25mm 的斜筋 N6，图 5-28 为调整后主梁弯起钢筋、斜筋的布置图和弯矩计算值包络图。调整后的各排弯起钢筋弯起点至支座中心距离 x_i、分配的剪力计算值 V_{sbi}、需要的弯起钢筋截面面积 A_{sbi} 值等列入表 5-4，在表 5-2 中存在的第三排弯起钢筋 N4 截面面积小于计算需要面积的问题，已得到解决。图 5-28a）为梁的弯起钢筋和斜筋布置示意图，箍筋设计见前述结果。

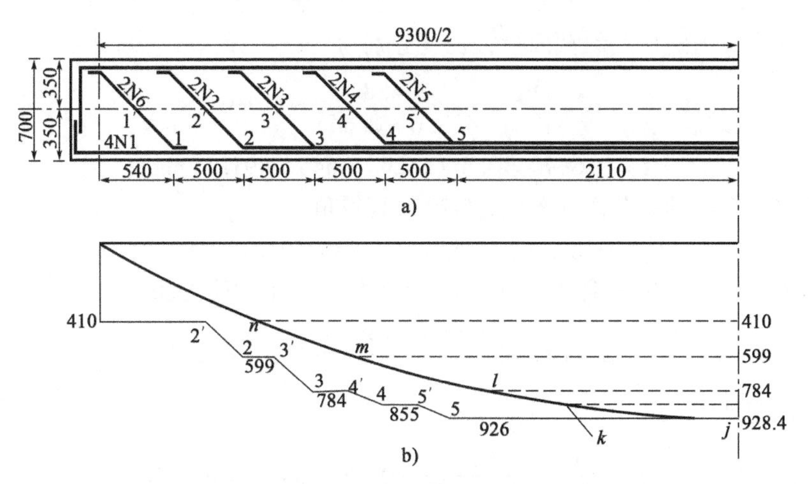

图 5-28 主梁抗剪钢筋和弯矩包络图及抵抗弯矩示意图（尺寸单位：mm）

a）弯起钢筋和斜筋布置示意图；b）梁的弯矩包络图与抵抗弯矩包络图

调整后的弯起钢筋计算表 表 5-4

弯起点（钢筋编号）	1（N6）	2（N2）	3（N3）	4（N4）	5（N5）
与支座中心距离 x_i（mm）	540	1040	1540	2040	2540
分配的剪力计算值 V_{sbi}（kN）	144.6	130.4	92.9	49.9	16.1
需要的弯起钢筋截面面积 A_{sbi}（mm^2）	826	745	531	285	92
可提供的弯起钢筋截面面积（mm^2）	982（2⌀25）	982（2⌀25）	982（2⌀25）	402（2⌀16）	402（2⌀16）
弯起钢筋与梁轴交点到支座中心距离 x'_c（mm）	273	773	1273	1797	2297
不需要点到跨中的距离（mm）	—	3476	2771	1836	1307
充分利用点到跨中的距离（mm）	—	2771	1836	1307	0

4. 斜截面抗剪承载能力复核

对于钢筋混凝土简支梁斜截面抗剪承载力的复核，按照《公路桥规》关于复核截面位置和复核方法的要求进行。本例以距支座中心 $h/2$ 处斜截面抗剪承载力复核做介绍。

（1）选定斜截面顶端位置。

由图 5-28a）可得到距支座中心为 $h/2$ 处截面的横坐标为 $x = 4650 - 350 = 4300$（mm），正截面有效高度 $h_0 = 645$mm。取斜截面投影长度 $c_0 \approx h_0 = 645$mm，则得到选定的斜截面顶端正截面位置 A_1（图 5-29），其横坐标为$x = 4300 - 645 = 3655$（mm）。

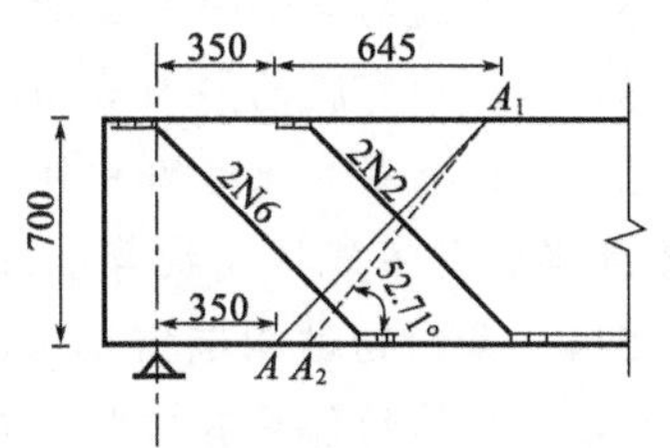

图 5-29 距支座中心 $h/2$ 处斜截面抗剪承载力计算图式（尺寸单位：mm）

(2)斜截面抗剪承载力复核。

斜截面顶端正截面 A_1 处的剪力 V_x 及相应的弯矩 M_x 计算如下:

$$V_x = V_{L/2} + (V_0 - V_{L/2})\frac{2x}{l} = 159.5 + (508.2 - 159.5) \times \frac{2 \times 3655}{9300} \approx 433.6(\text{kN})$$

$$M_x = M_{L/2}\left(1 - \frac{4x^2}{l^2}\right) = 928.4 \times \left(1 - \frac{4 \times 3655^2}{9300^2}\right) \approx 354.8(\text{kN} \cdot \text{m})$$

则实际广义剪跨比及斜截面投影长度分别为

$$m = \frac{M_x}{V_x h_0} = \frac{354.8}{433.6 \times 0.645} \approx 1.269 < 3$$

$$c = 0.6mh_0 = 0.6 \times 1.269 \times 645 \approx 491.1(\text{mm})$$

对于将要复核的斜截面 A_1A_2(图 5-29),其斜角

$$\theta_s = \arctan(h_0/c) = \arctan(645/491.1) \approx 52.71°$$

斜截面内纵向受拉主钢筋有 4⌀25(4N1),相应的主钢筋配筋率 ρ 为

$$\rho = 100\frac{A_s}{bh_0} = \frac{100 \times 1964}{350 \times 645} \approx 0.870 < 2.5$$

箍筋的配筋率

$$\rho_{sv} = \frac{A_{sv}}{bs_v} = \frac{201.2}{350 \times 250} \approx 0.23\% > \rho_{min} = 0.14\%$$

与斜截面相交的弯起钢筋有 2N2(2⌀25)、斜筋有 2N6(2⌀25)。按式(5-11)规定的单位要求,将以上计算值代入式(5-11),则得到 A_1A_2 斜截面抗剪承载力为

$$V_u = \alpha_1\alpha_3(0.45 \times 10^{-3})bh_0\sqrt{(2 + 0.6P)\sqrt{f_{cu,k}}\rho_{sv}f_{sv}} + (0.75 \times 10^{-3})f_{sd}\sum A_{sb}\sin\theta_s$$

$$= 1 \times 1.1 \times (0.45 \times 10^{-3}) \times 350 \times 645 \times \sqrt{(2 + 0.6 \times 0.87) \times \sqrt{40} \times 0.0023 \times 250} + (0.75 \times 10^{-3}) \times 330 \times 1964 \times 0.707$$

$$\approx 338.4 + 343.7$$

$$= 682.1(\text{kN}) > V_x = 433.6\text{kN}$$

故距支座中心 $h/2$ 处的斜截面抗剪承载力满足设计要求。

思考题与习题

5-1 无腹筋梁沿斜截面的破坏形态有几种?各在什么情况下发生?

5-2 影响有腹筋梁斜截面抗剪能力的主要因素有哪些?

5-3 钢筋混凝土受弯构件斜截面抗剪承载力基本公式的适用范围是什么?为什么过多配置腹筋不能提高抗剪承载力?

5-4 如何通过构造措施保证斜截面抗弯承载力满足要求?

5-5 箍筋的作用有哪些?与无腹筋梁相比,配置箍筋梁出现斜裂缝后,其受力机制有何不同?

5-6 如何保证钢筋混凝土斜截面剪切破坏不早于正截面弯曲破坏?

5-7 标准跨径为10m的公路装配式等截面钢筋混凝土简支T梁，梁长9.96m，计算跨径9.3m，中梁截面如图5-30所示。梁体采用C40混凝土，HRB400级钢筋，箍筋采用HPB300级钢筋。处于Ⅰ类环境条件，安全等级为一级，设计使用年限为100年。跨中弯矩设计值为844kN·m；跨中剪力设计值为147kN，相应的弯矩为571kN·m；支点剪力设计值为479kN。若不设弯起钢筋，试进行抗剪箍筋设计。

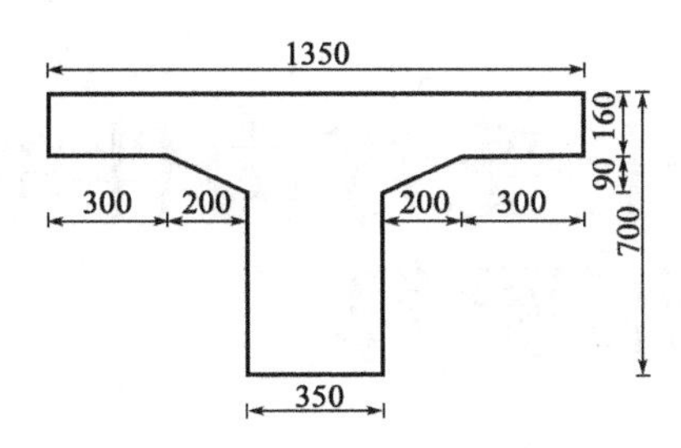

图5-30 思考题与习题5-7图(尺寸单位:mm)

5-8 标准跨径为10m的公路装配式钢筋混凝土简支空心板，计算跨径9.6m，板截面如图5-31所示。梁体采用C30混凝土，HRB400级钢筋，箍筋采用HPB300级钢筋。处于Ⅰ类环境条件，安全等级为二级。简支板控制截面的弯矩和剪力为：

跨中截面：$M_{G1}^{c}=147\text{kN}\cdot\text{m}$，$M_{G2}^{c}=42\text{kN}\cdot\text{m}$；$M_{Q1}^{c}=198\text{kN}\cdot\text{m}$，$V_{Q1}^{c}=45\text{kN}$（相应$M_{Q1}^{c}=183\text{kN}\cdot\text{m}$）。

支点截面：$V_{G1}^{0}=60\text{kN}$，$V_{G2}^{0}=19\text{kN}$，$V_{Q1}^{0}=180\text{kN}$。

以上G1代表预制板自重和整体化混凝土自重荷载；G2代表沥青混凝土铺装及护栏自重荷载；Q1代表车道荷载，其效应均不包含冲击作用，$1+\mu=1.38$；无人群荷载。

要求确定纵向受拉钢筋数量并进行腹筋设计。

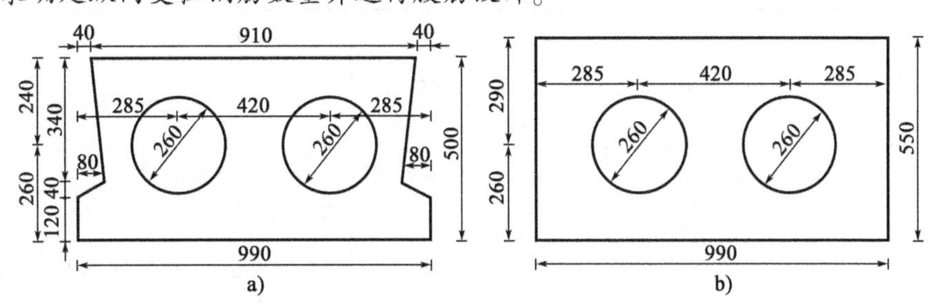

图5-31 思考题与习题5-8图(尺寸单位:mm)

a)预制板截面；b)成桥状态计算截面

第 6 章

钢筋混凝土受弯构件的应力、裂缝和变形验算

依据结构功能的要求,钢筋混凝土构件除了必须满足安全性要求进行承载能力极限状态设计外,还应满足正常使用阶段的适用性和耐久性的要求。两种极限状态设计诸要素见表 6-1。

极限状态设计诸要素　　表 6-1

项目	安全性		适用性	耐久性
	持久状况承载能力极限状态	短暂状况承载能力极限状态	持久状况正常使用极限状态	
设计(计算)依据	破坏瞬间的应力、应变状态	短暂状况应力、应变状态	带裂缝阶段的应力、应变状态	“耐久性”标准
作用组合	基本组合	标准组合	频遇组合、准永久组合	内在作用、环境作用
承载力设计与复核	截面(配筋)设计和承载力复核	应力验算	验算(不满足时,修改至满足)	耐久性设计

钢筋混凝土受弯构件持久状况承载能力极限状态正截面及斜截面的承载力计算在前两章已做介绍。持久状况正常使用极限状态的设计,需采用作用频遇组合,或准永久组合,或频遇组合,并考虑作用长期效应的影响,对构件的裂缝宽度和变形(挠度)进行验算,并使各项计算值不超过《公路桥规》规定的各相应限制值。在上述各种组合中,汽车荷载不计冲击作用。

“短暂状况”,适用于结构出现的临时情况,包括结构施工和维修加固时的情况等。短暂状况设计应进行承载能力极限状态设计,通常进行构件的应力验算(实质是构件的强度验算);该状况下在结构构件上的作用效应并不是很大,计算以弹性理论为基础;采

用作用标准组合,对混凝土和钢筋的应力进行验算;一般不进行正常使用极限状态设计计算,而是通过施工措施或构造要求予以控制,防止构件出现过大变形或裂缝。

6.1 换算截面

钢筋混凝土受弯构件正常使用极限状态和短暂状况下的构件受力阶段,皆处于钢筋混凝土受弯构件的第Ⅱ工作阶段,受压区混凝土应力-应变尚为弹性关系或可近似处理为弹性关系,受拉区混凝土开裂退出工作,纵向受拉钢筋的应力-应变为线性关系。而钢筋混凝土受弯构件的荷载-挠度关系曲线是一条接近直线的曲线,因此,钢筋混凝土受弯构件的第Ⅱ工作阶段又可称为开裂后的弹性阶段。

对于第Ⅱ工作阶段的计算,一般有如下基本假定:

(1)平截面假定。

该假定是认为梁的正截面在受力并发生弯曲变形后,仍保持为平面(图 6-1)。图 6-1b)为应变沿梁高的分布,由图中三角形的相似比可得到

$$\frac{\varepsilon'_c}{x_c}=\frac{\varepsilon_c}{h_0-x_c} \tag{6-1}$$

受拉钢筋的平均拉应变 ε_s 与其同一水平线的混凝土应变 ε_c 相等(由于钢筋与混凝土间的黏结力作用):

$$\varepsilon_s=\varepsilon_c \tag{6-2}$$

式中:ε_c——钢筋合力中心处混凝土的平均拉应变;

ε'_c——受压区边缘混凝土应变;

ε_s——受拉钢筋平均拉应变;

x_c——受压区高度;

h_0——截面有效高度。

(2)弹性体假定。

钢筋混凝土受弯构件在第Ⅱ工作阶段时,混凝土受压区的应力可以近似地看作与应变呈线性关系[图 6-1c)]。即受压区混凝土的应力与平均应变成正比:

$$\sigma'_c=E_c\varepsilon'_c \tag{6-3}$$

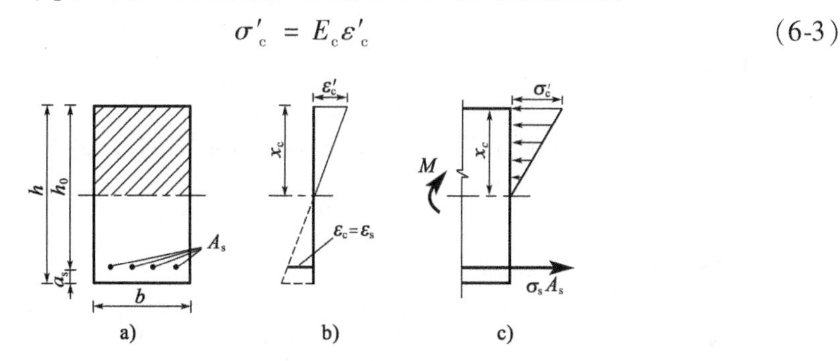

图 6-1 受弯构件的开裂截面

a)开裂截面;b)应变分布;c)开裂截面的计算图式

同时,假想在受拉钢筋合力中心处混凝土的平均拉应变与应力成正比,即

$$\sigma_c = E_c \varepsilon_c \tag{6-4}$$

(3)不计受拉区混凝土拉力贡献,拉力完全由钢筋承受。

由式(6-2)和式(6-4)可得

$$\sigma_c = \varepsilon_c E_c = \varepsilon_s E_c \tag{6-5}$$

钢筋应变 ε_s 可通过钢筋应力 σ_s 除以其弹性模量 E_s 得到,这样式(6-5)可写成

$$\sigma_c = \frac{\sigma_s}{E_s}E_c = \frac{\sigma_s}{E_s/E_c} = \frac{\sigma_s}{\alpha_{Es}} \quad 或 \quad \sigma_s = \alpha_{Es}\sigma_c \tag{6-6}$$

式中,α_{Es}称为截面的换算系数,等于钢筋弹性模量与混凝土弹性模量的比值。本式的物理意义为受拉钢筋的应力等于同一水平位置处混凝土拉应力的 α_{Es}倍,或者说在钢筋同一水平位置处混凝土拉应力等于钢筋拉应力的 $1/\alpha_{Es}$。据此关系,可以用假想的混凝土替代受拉钢筋的作用,这样截面受拉区和受压区就都是混凝土材料,符合材料力学的匀质性假定要求,可以方便地采用材料力学公式进行截面的计算。

将受拉钢筋用假想的混凝土代替,假想的受拉混凝土截面面积为 A_{sc},形心与钢筋的合力中心重合(图 6-2)。

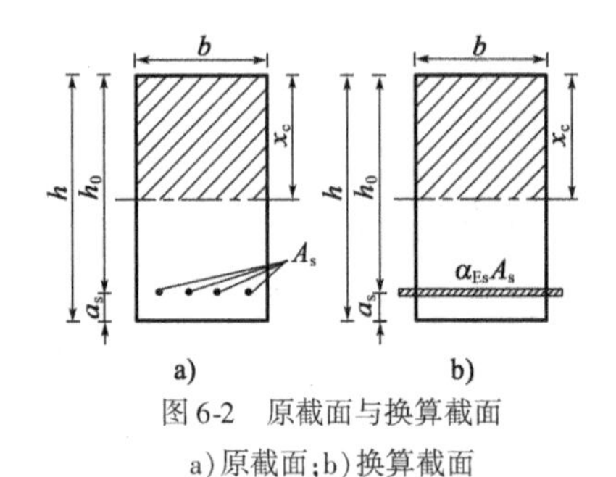

图 6-2 原截面与换算截面

a)原截面;b)换算截面

假想的混凝土所承受的总拉力应该与钢筋承受的总拉力相等,即

$$A_s\sigma_s = A_{sc}\sigma_c$$

又由式(6-6)知 $\sigma_c = \sigma_s/\alpha_{Es}$,则可得到

$$A_{sc} = A_s\sigma_s/\sigma_c = \alpha_{Es}A_s \tag{6-7}$$

这样,假想的混凝土等效面积为 $A_{sc} = \alpha_{Es}A_s$,将钢筋和受压区混凝土两种材料组成的实际截面换算成一种拉压性能相同的假想材料组成的匀质截面,称为钢筋混凝土受弯构件开裂截面的换算截面,如图 6-2b)所示。

对于图 6-2b)所示的单筋矩形截面,换算截面面积 A_{cr}为

$$A_{cr} = bx_c + \alpha_{Es}A_s \tag{6-8}$$

换算截面对中和轴的静矩:

受压区

$$S_c = \frac{1}{2}bx_c^2 \tag{6-9}$$

受拉区

$$S_t = \alpha_{Es}A_s(h_0 - x_c) \tag{6-10}$$

对于受弯构件,开裂截面的中和轴通过其换算截面的形心轴,即 $S_c = S_t$,可得到

$$\frac{1}{2}bx_c^2 = \alpha_{Es}A_s(h_0 - x_c)$$

解得换算截面的受压区高度为

$$x_c = \frac{\alpha_{Es}A_s}{b}\left(\sqrt{1 + \frac{2bh_0}{\alpha_{Es}A_s}} - 1\right) \tag{6-11}$$

换算截面惯性矩 I_{cr}

$$I_{cr} = \frac{1}{3}bx_c^3 + \alpha_{Es}A_s(h_0 - x)^2 \tag{6-12}$$

图 6-3 是开裂状态下 I 形截面换算计算图式。

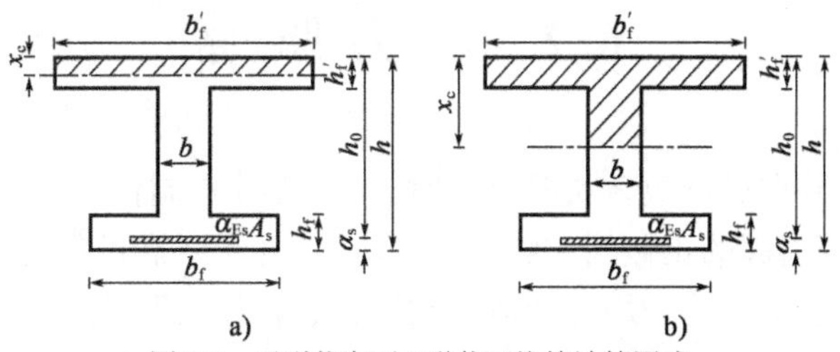

图 6-3 开裂状态下 I 形截面换算计算图式

a) 第一类 I 形截面；b) 第二类 I 形截面

当受压区高度 $x_c \leq h'_f$ 时，可按宽度为 b'_f 的矩形截面，应用式(6-8)～式(6-12)来计算开裂截面的换算截面几何特性。

当受压区高度 $h'_f < x_c < h - h_f$，即中和轴位于 I 形截面的肋部时，换算截面的受压区高度 x_c 的计算式为

$$x_c = \sqrt{A^2 + B} - A \tag{6-13}$$

式中：

$$A = \frac{\alpha_{Es}A_s + (b'_f - b)h'_f}{b} \quad B = \frac{2\alpha_{Es}A_s h_0 + (b'_f - b)h'^2_f}{b}$$

换算截面对其中和轴的惯性矩 I_{cr} 为

$$I_{cr} = \frac{b'_f x_c^3}{3} - \frac{(b'_f - b)(x_c - h'_f)^3}{3} + \alpha_{Es}A_s(h_0 - x_c)^2 \tag{6-14}$$

在钢筋混凝土受弯构件的使用阶段和施工阶段的计算中，有时会需要计算全截面换算截面(受拉区混凝土应力若小于其抗拉强度，则全截面参与受力)。

对于图 6-4 所示的 I 形截面，全截面的换算截面几何特性计算式为

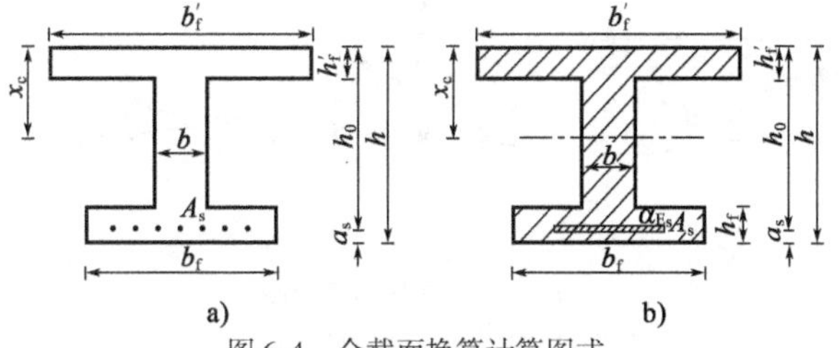

图 6-4 全截面换算计算图式

a) 原截面；b) 换算截面

换算截面面积：

$$A_0 = bh + (b'_f - b)h'_f + (b_f - b)h_f + (\alpha_{Es} - 1)A_s \tag{6-15}$$

受压区高度：

$$x_c = \frac{0.5bh^2 + 0.5(b'_f - b)h'^2_f + (b_f - b)h_f(h - h_f/2) + (\alpha_{Es} - 1)A_s h_0}{A_0} \tag{6-16}$$

换算截面对中和轴的惯性矩：

$$I_0 = \frac{1}{12}bh^3 + bh\left(\frac{1}{2}h - x_c\right)^2 + \frac{1}{12}(b'_f - b)h'^3_f + (b'_f - b)h'_f\left(\frac{h'_f}{2} - x_c\right)^2 + \frac{1}{12}(b_f - b)h_f^3 + (b_f - b)h_f\left(h - \frac{h_f}{2} - x_c\right)^2 + (\alpha_{Es} - 1)A_s(h_0 - x_c)^2 \tag{6-17}$$

6.2 应力验算

钢筋混凝土构件在进行短暂状况设计时,应计算其在制作、运输及安装等施工阶段,由自重、施工荷载等引起的正截面和斜截面的应力,并且要满足《公路桥规》规定的限值。施工荷载除有特殊规定外均采用标准值,当有荷载组合时,不考虑组合系数。构件在吊装时,构件重力应乘动力系数1.2(对结构不利时)或0.85(对结构有利时),并可视构件具体情况适当增减。当用吊机(车)行驶于桥梁进行安装时,应对已安装的构件进行验算,吊机(车)应乘荷载系数1.15,但当由吊机(车)产生的效应设计值小于按持久状况承载能力极限状态计算的作用效应设计值时,则可不必验算。

钢筋混凝土梁在施工阶段,特别是梁的运输、安装过程中,梁的支承条件、受力状态可能与成桥状态不一致。例如,图6-5b)为简支梁的吊装,吊点的位置并不设在设计支座中心处,而是为减小吊装时跨中弯矩,将吊点位置内移,这样会在吊点截面处产生较大负弯矩,可能会导致梁的上缘混凝土开裂。又如图6-5c)所示,采用"钓鱼法"架设简支梁,其受力最不利状态下不再是简支体系。因此,必须根据受弯构件在施工中的实际受力体系进行内力计算。混凝土材料的弹性模量及强度指标按制造、运输、安装各施工阶段的实际强度等级取值。

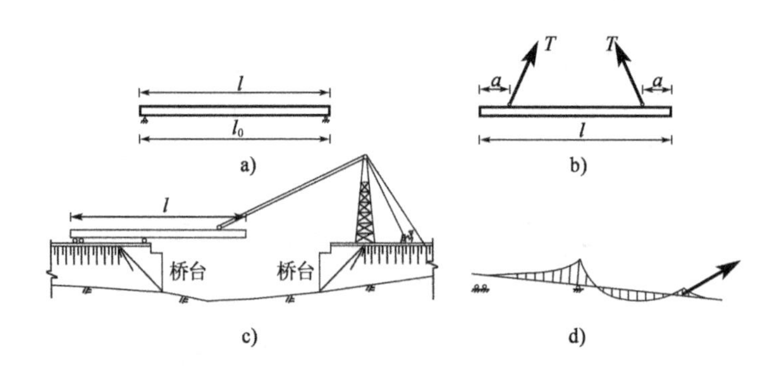

图6-5 施工阶段受力图式

a)简支梁图;b)梁吊点位置图;c)梁"钓鱼法"安装图;d)"钓鱼法"最不利状态受力简图

《公路桥规》规定钢筋混凝土受弯构件短暂状况的应力应符合下列要求:

①受压区混凝土边缘应力:

$$\sigma'_{c} \leqslant 0.80 f'_{ck}$$

②受拉钢筋应力:

$$\sigma^{t}_{si} \leqslant 0.75 f_{sk}$$

式中:f'_{ck}——制造、运输、安装各施工阶段相应的混凝土轴心抗压强度标准值,可按附表1-1直线插入取用;

f_{sk}——普通钢筋的抗拉强度标准值;

σ^{t}_{si}——按短暂状况计算时受拉区第i层钢筋的应力。

对于钢筋的应力验算,一般仅需验算最外层受拉钢筋的应力,当内层钢筋强度等级小于外层钢筋强度等级时,应分层验算。

6.2.1 正应力验算

1. 矩形截面(图6-2)

按照式(6-11)计算受压区高度 x_c,再按式(6-12)求得开裂截面换算截面惯性矩 I_{cr}。矩形截面应力验算按下式进行:

①受压区混凝土边缘压应力:

$$\sigma_{cc}^{t}=\frac{M_k^t x_c}{I_{cr}}\leqslant 0.80f'_{ck} \tag{6-18}$$

②受拉钢筋应力:

$$\sigma_{si}^{t}=\alpha_{Es}\frac{M_k^t(h_{0i}-x_c)}{I_{cr}}\leqslant 0.75f_{sk} \tag{6-19}$$

式中:I_{cr}——开裂截面换算截面的惯性矩;

M_k^t——由临时的施工荷载标准值产生的弯矩值;

h_{0i}——第 i 排钢筋的中心至受压区边缘的距离,$h_{0i}=h-a_{si}$;

a_{si}——第 i 排钢筋的中心至受拉区边缘的距离。

2. I形截面

在施工阶段,I形截面在弯矩作用下,其上下翼板均有可能位于受拉区或受压区。

当上翼板位于受压区时,可按下式进行计算后判断截面类型:

$$\frac{1}{2}b'_f x_c^2=\alpha_{Es}A_s(h_0-x_c) \tag{6-20}$$

式中:b'_f——受压翼缘有效宽度;

α_{Es}——截面换算系数。

若按式(6-20)计算的 $x_c\leqslant h'_f$,表明中和轴在上翼板中,为第一类I形截面,则可按宽度为 b'_f 的矩形梁计算,如图6-6a)所示。

若按式(6-20)计算的 $h'_f<x_c<h-h_f$,则为第二类I形截面,如图6-6b)所示。这时应按式(6-13)重新计算受压区高度 x_c,按式(6-14)计算换算截面惯性矩 I_{cr}。再按式(6-18)、式(6-19)计算受压区混凝土边缘压应力及受拉钢筋的应力,并进行正应力验算。

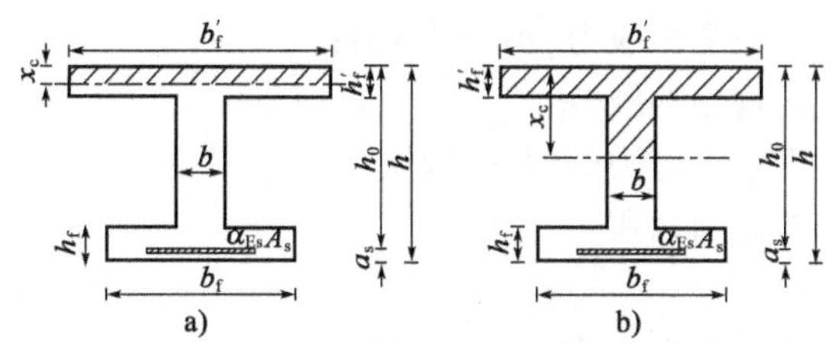

图6-6 I形截面梁受力状态图

a)第一类I形截面;b)第二类I形截面

当钢筋混凝土受弯构件短暂状况下应力验算不满足时,应该调整施工方法,或修改设计。

6.2.2 主拉应力验算

对于钢筋混凝土受弯构件,还应进行短暂状况下的主拉应力验算。钢筋混凝土受弯构件中性轴处的主拉应力(剪应力)应符合:

$$\sigma_{tp}^{t} = \frac{V_{k}^{t}}{bz_{0}} \leqslant f'_{tk} \tag{6-21}$$

式中:b——矩形截面宽度或I形截面的腹板宽度;

V_k^t——由施工荷载标准值产生的剪力值;

z_0——受压区合力中心至受拉钢筋合力中心的距离,按受压区应力图形为三角形计算确定;

f'_{tk}——制造、运输、安装各施工阶段相应的混凝土轴心强度标准值。

《公路桥规》规定,钢筋混凝土受弯构件中性轴处的主拉应力,若符合下列条件:

$$\sigma_{tp}^{t} \leqslant 0.25 f'_{tk} \tag{6-22}$$

则该区段的主拉应力全部由混凝土承受,此时,抗剪钢筋按构造要求配置。若中性轴处的主拉应力不符合式(6-22)的区段,则主拉应力(剪应力)全部由箍筋和弯起钢筋承受。箍筋、弯起钢筋可按剪应力图配置(图6-7),并分别按式(6-23)和式(6-24)计算。

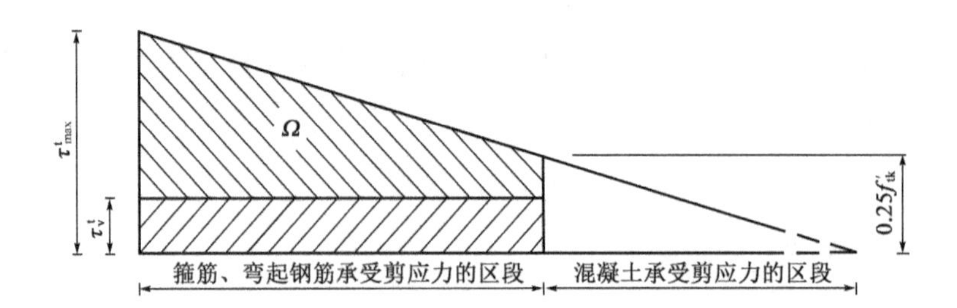

图6-7 钢筋混凝土受弯构件剪应力分配

①箍筋

$$\tau_{v}^{t} = \frac{nA_{sv1}[\sigma_{s}^{t}]}{bs_{v}} \tag{6-23}$$

②弯起钢筋

$$A_{sb} = \frac{b\Omega}{\sqrt{2}[\sigma_{s}^{t}]} \tag{6-24}$$

式中:τ_v^t——由箍筋承受的主拉应力(剪应力)值;

n——同一截面内箍筋的肢数;

$[\sigma_s^t]$——短暂状况下钢筋应力的限值,取用$0.75f_{sk}$;

A_{sv1}——一肢箍筋的截面面积;

s_v——箍筋的间距;

A_{sb}——弯起钢筋的总截面面积;

Ω——相应于弯起钢筋承受的剪应力图的面积,应不小于整个阴影部分总面积的70%;

b——计算位置处腹板宽度。

例 6-1 计算跨径 $l=9.3$m 的钢筋混凝土简支T梁,截面尺寸如图6-8a)所示;C40混凝土,受拉钢筋为HRB400级钢筋(12Φ25),箍筋采用ϕ10的HPB300钢筋;混凝土已达到设计强度,梁已架设到墩台上,跨中截面梁自重荷载弯矩98.7kN·m、施工车辆荷载弯矩124kN·m。试进行该梁跨中截面的施工应力验算。

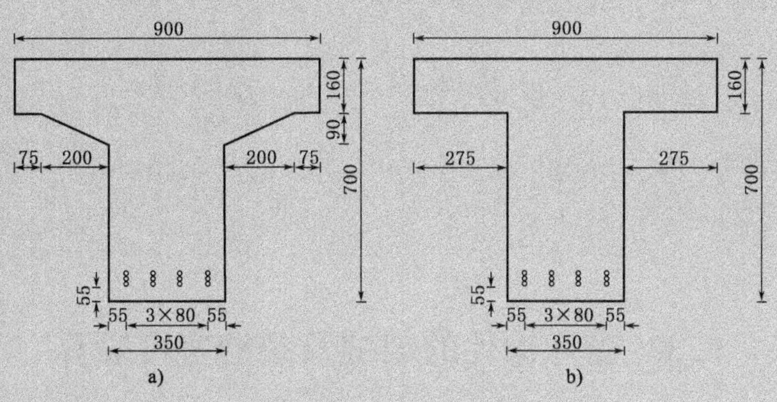

图6-8 例6-1图(尺寸单位:mm)

a)跨中截面图;b)应力计算截面

解:在对T梁进行应力计算时,应考虑剪力滞的影响,受压翼缘采用有效宽度:

$$b'_f=\min\begin{cases}9300/3\\900\\350+2\times200+12\times160\end{cases}=900(\text{mm})$$

为简化计算,不考虑加腋的有利影响,采用图6-8b)所示截面进行计算。受拉钢筋合力中心到梁底的距离:

$$a_s=55+28.4=83.4(\text{mm})$$

$$h_0=h-a_s=700-83.4=616.6(\text{mm})$$

1. 开裂截面的换算截面参数计算

假定截面已开裂,先按第二类I形截面计算开裂换算截面参数,$\alpha_{Es}=E_s/E_c=6.15$,$A_s=5891\text{mm}^2$:

$$A=\frac{\alpha_{Es}A_s+(b'_f-b)h'_f}{b}=\frac{6.15\times5891+(900-350)\times160}{350}\approx354.9$$

$$B=\frac{2\alpha_{Es}A_sh_0+(b'_f-b)h'^2_f}{b}=\frac{2\times6.15\times5891\times616.6+(900-350)\times160^2}{350}\approx167881$$

$$x_c=\sqrt{A^2+B}-A=\sqrt{354.9^2+167881}-354.9\approx187.2(\text{mm})\ >h'_f=160\text{mm}$$

确为第二类I形截面。

$$I_{cr}=\frac{1}{3}b'_fx_c^3-\frac{1}{3}(b'_f-b)(x_c-h'_f)^3+\alpha_{Es}A_s(h_0-x_c)^2$$

$$=\frac{1}{3}\times900\times187.2^3-\frac{1}{3}\times(900-350)\times(187.2-160)^3+6.15\times5891\times(616.6-187.2)^2\approx8.645\times10^9(\text{mm}^4)$$

2. 跨中截面应力验算

$$M_k^t = M_G + M_Q = 98.7 + 124 = 222.7(\mathrm{kN \cdot m})$$

上缘混凝土压应力 $\sigma_c = \dfrac{M_k^t x_c}{I_{cr}} = \dfrac{222.7 \times 10^6}{8.645 \times 10^9} \times 187.2 \approx 4.82(\mathrm{MPa}) < 0.8 f_{ck} = 21.44\mathrm{MPa}$；

底层受拉区钢筋应力 $\sigma_s = \alpha_{Es} \dfrac{M_k^t (h_0' - x_c)}{I_{cr}} = 6.15 \times \dfrac{222.7 \times 10^6}{8.645 \times 10^9} \times (700 - 55 - 187.2) = 72.5(\mathrm{MPa}) < 0.75 f_{sk} = 300\mathrm{MPa}$，验算结果表明，跨中截面的混凝土正应力和钢筋拉应力均满足要求。

6.3 受弯构件的裂缝及裂缝宽度验算

混凝土结构中的裂缝是难以避免的。它的出现首先会影响混凝土结构的连续性，从而影响结构的力学性能，严重时危及安全；其次，会造成外部介质侵入混凝土内部，降低结构的耐久性；最后，会影响桥梁结构的外观和使用者的心理承受力。

混凝土结构中的裂缝的成因有很多，依据形成的时间、形成原因的不同，可按图 6-9 所示进行分类。

广义地说，结构承受的作用可分为两种：一是荷载作用，二是非荷载作用。

荷载作用引起的裂缝称为“结构性裂缝”，如正截面受力（受弯、轴拉、偏心受拉、偏心受压）横向裂缝，受剪和受扭产生的斜裂缝，局部承压产生的劈裂裂缝，钢筋与混凝土之间黏结作用引起的黏结裂缝等，或者两种以上的荷载共同作用产生的裂缝。对荷载作用产生的裂缝，主要是通过设计裂缝宽度限制和构造措施进行控制。

非荷载作用引起的裂缝称为“非结构性裂缝”，非荷载作用因素可归类为：①结构的不均匀沉降，可通过设置合理的沉降缝等措施来控制。②混凝土的非均匀收缩，早期的塑性收缩及干燥收缩在受到构件内部制约或周围约束时就会产生裂纹，一般采取改善施工工艺措施来控制。③温度变化，如大体积混凝土的水化热、日照和陡然降温、较长的混凝土台身水化热降温时被基础约束、北方地区的反复冻融等情况。对大体积混凝土的内外温差裂缝，通过改变混凝土配合比及改善施工工艺减小内外温度差的控制方法来解决；日照和陡然降温可以通过覆盖、遮挡及适当配筋来控制；较长混凝土台身通过设置施工缝或适当配筋来控制；混凝土中的水分被冻结，体积膨胀 9%，引起混凝土开裂，其主要措施是降低水灰比，根据冻融环境作用等级进行混凝土耐久性设计。④钢筋锈蚀裂缝，钢筋锈蚀产物的体积比钢筋被侵蚀的体积大 4 ~ 6 倍，这种体积膨胀使外围混凝土产生相当大的拉应力，引起混凝土开裂，甚至保护层混凝土剥落。钢筋锈蚀裂缝是沿钢筋长度方向劈裂的纵向裂缝，可通过采取保证足够厚度的混凝土保护层和混凝土的密实度、控制氯离子的掺入量或外部渗入（桥面设置防水层）措施来控制，由于该裂缝危害性较大，所以一旦钢筋锈蚀裂缝出现，应当及时处理。

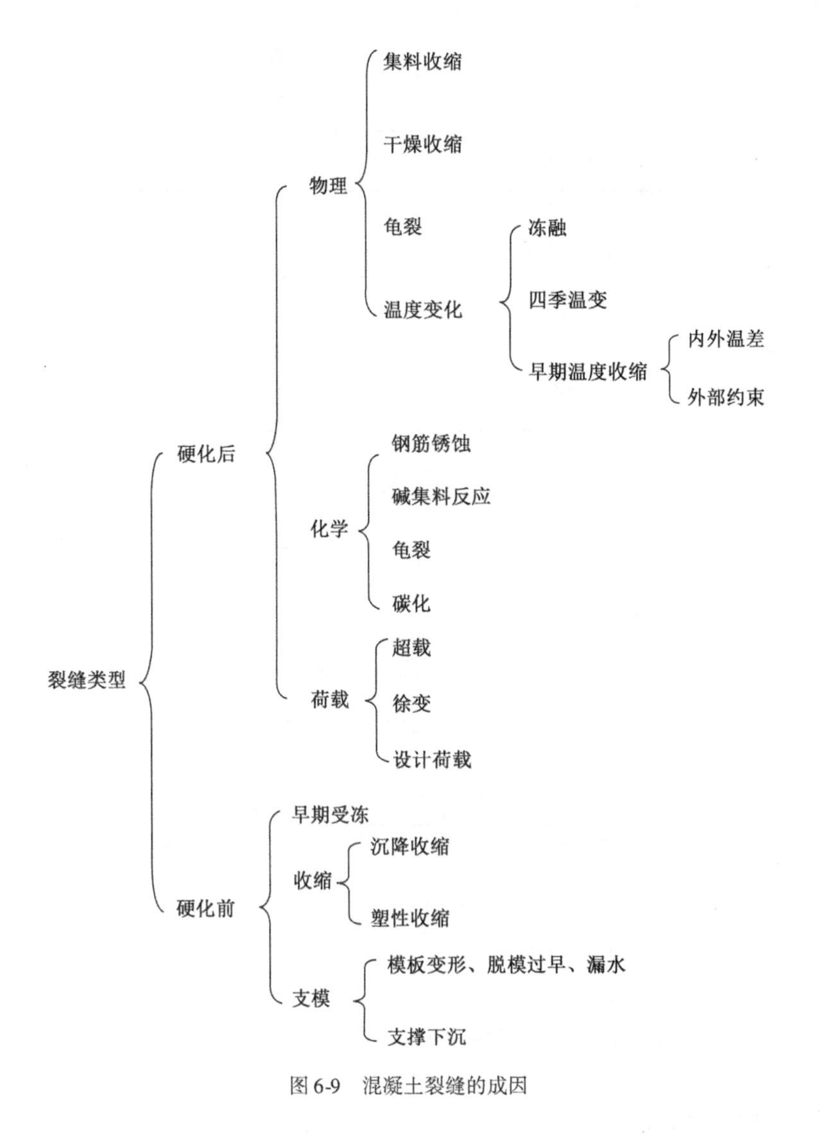

图 6-9　混凝土裂缝的成因

6.3.1　弯曲裂缝宽度计算理论和方法简介

对于钢筋混凝土构件弯拉横向裂缝宽度问题，国内外做了大量的试验和理论研究，提出了不同的裂缝宽度计算理论和方法。

1. 黏结-滑移理论

黏结-滑移理论是由 D. Watstein 等人于 1940—1960 年根据钢筋混凝土拉杆试验提出的一种最早的裂缝理论，直至 20 世纪 60 年代中期这个理论还被广泛接受和应用。黏结-滑移理论认为裂缝主要取决于钢筋和混凝土之间的黏结性能。当混凝土裂缝出现后，钢筋和混凝土之间产生了相对滑移、变形不一致而导致裂缝开展，其在一个裂缝区段内，钢筋与混凝土相对滑移量就是裂缝的平均宽度。

图 6-10 所示为一钢筋混凝土轴心受拉构件的已开裂截面与即将开裂截面间的受力分析简图。若相邻两个裂缝的间距为 l_{cr}，依据图 6-10b）中的混凝土脱离体平衡条件：

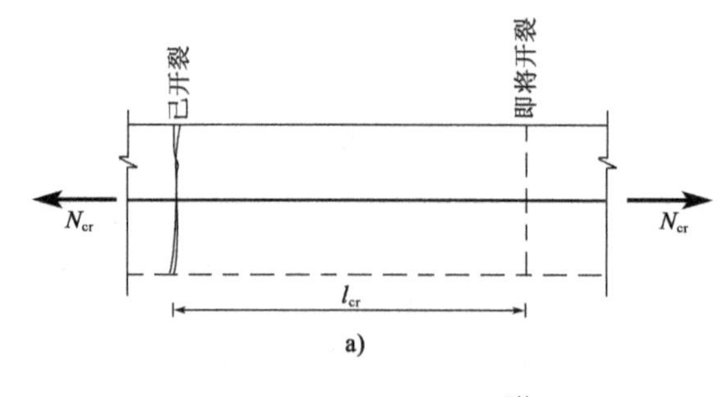

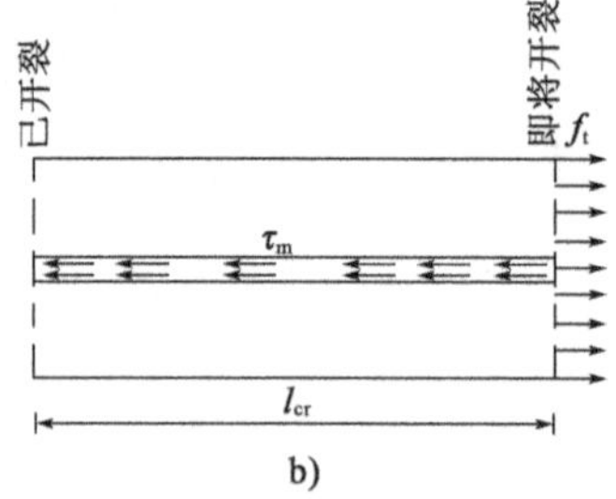

图 6-10　裂缝间受力简图

a）相邻裂缝；b）裂缝间混凝土受力

$$A_{te} f_t = \tau_m (n\pi d \cdot l_{cr}) \tag{6-25}$$

可得

$$l_{cr} = \frac{A_{te} f_t}{\tau_m n\pi d} = \frac{A_{te} f_t}{\tau_m (n\pi d^2/4) \cdot 4/d} = \frac{f_t d}{4\tau_m \cdot A_s/A_{te}} = \frac{f_t}{4\tau_m} \cdot \frac{d}{\rho_{te}}$$

$$l_{cr} = K_1 \cdot \frac{d}{\rho_{te}} \tag{6-26}$$

式中：A_{te}——受拉混凝土截面面积；

f_t——混凝土抗拉强度；

τ_m——钢筋与混凝土平均黏结强度；

n——钢筋根数；

d——钢筋直径；

ρ_{te}——受拉钢筋配筋率；

K_1——混凝土抗拉强度与 4 倍的平均黏结强度的比值，近似为常数。

平均裂缝宽度 W_m 等于平均裂缝间距 l_{cr} 长度内钢筋和混凝土的平均受拉伸长之差（图 6-11）：

$$W_m = \varepsilon_{sm} l_{cr} - \varepsilon_{cm} l_{cr} = \left(1 - \frac{\varepsilon_{cm}}{\varepsilon_{sm}}\right) \varepsilon_{sm} l_{cr} = \alpha_c \varepsilon_{sm} l_{cr} \tag{6-27}$$

式中，$\alpha_c = 1 - \frac{\varepsilon_{cm}}{\varepsilon_{sm}}$ 为裂缝间混凝土伸长变形对裂缝宽度的影响系数，不同受力构件的取值或计算方式不同。

式（6-26）、式（6-27）表明，当钢筋配筋率相同时，钢筋直径越小，裂缝间距越小，裂缝宽度也越小，这是控制裂缝宽度的一个重要原则。将式（6-26）代入式（6-27）得

$$W_m = K_1 \alpha_c \varepsilon_{sm} \cdot \frac{d}{\rho_{te}} = K_1 \alpha_c \frac{\sigma_{sm}}{E_s} \cdot \frac{d}{\rho_{te}} \tag{6-28}$$

这就是按黏结-滑移理论建立的裂缝平均宽度计算公式。

以上分析的是轴心受拉构件。对于受弯构件,根据黏结力的有效影响范围来计算参与受拉的混凝土截面面积 A_{te}。图 6-12 为受弯构件黏结-滑移理论裂缝示意图。

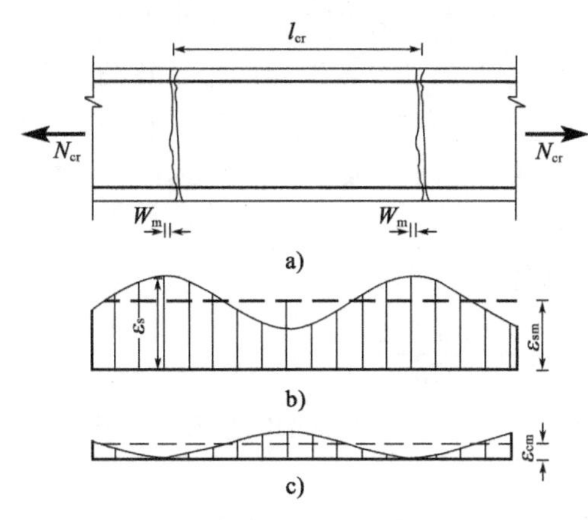

图 6-11 裂缝之间混凝土与钢筋应变分布

a) 相邻裂缝;b) 钢筋应变分布;c) 混凝土应变分布

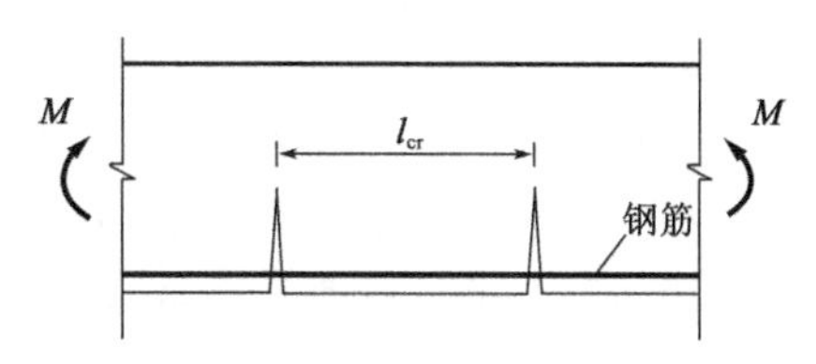

图 6-12 受弯构件黏结-滑移理论裂缝

2. 无滑移理论

无滑移理论由 1966 年英国水泥混凝土学会 G. D. Base、J. B. Read 等人提出。无滑移理论认为在通常允许的裂缝宽度范围内,钢筋与相邻混凝土之间相对滑移很小,可以忽略不计。构件表面的裂缝是保护层范围内混凝土应变累积或释放的结果(图 6-13),如果取钢筋外缘混凝土应变 ε_c 近似等于钢筋应变 $\varepsilon_{sm}=\sigma_{sm}/E_s$,则有

$$W_m = K_2 \frac{\sigma_{sm}}{E_s} c \tag{6-29}$$

式中:c——最外层纵向受拉钢筋外边缘到受拉区底边的距离(mm),即 c 为保护层厚度。

E_s——受拉钢筋弹性模量(MPa)。

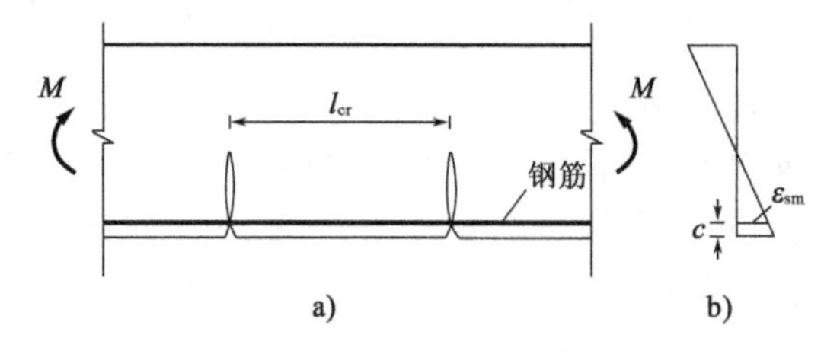

图 6-13 受弯构件无滑移理论裂缝

a) 裂缝示意图;b) 应变分布

3. 综合理论

在分析了大量试验成果的基础上,研究者发现将两种理论建立的理论公式统一起来,既考虑钢筋与混凝土之间出现的滑移,也考虑混凝土保护层厚度对裂缝的影响更为合理,从而形成了综合理论。所建立的裂缝宽度公式实际上是式(6-28)与式(6-29)相加并通过试验数据回归确定其中的系数 K_1 和 K_2。《混凝土结构设计规范(2015 年版)》(GB 50010—2010)就是以综合理论为基础建立的裂缝宽度计算公式。

6.3.2 《公路桥规》关于最大裂缝宽度计算方法和裂缝宽度限值

国内外的研究已积累了相当多的裂缝试验资料，影响裂缝宽度的主要因素有钢筋应力 σ_{ss}、钢筋直径 d、配筋率 ρ、保护层厚度 c、钢筋外形、荷载作用性质（短期、长期、重复作用）、构件受力性能（受弯、受拉、偏心受拉等），经过大量试验数据回归出计算公式，这种方法称为数理统计方法。《公路桥规》采用了大连理工大学和东南大学提出的裂缝宽度公式，并结合国际上的统一认识，纵向受拉钢筋的配筋率由原来的截面配筋率 ρ 修正为纵向受拉钢筋的有效配筋率 ρ_{te}。

《公路桥规》给出如下最大裂缝宽度 W_{cr} 计算公式：

$$W_{cr}=C_1C_2C_3\frac{\sigma_{ss}}{E_s}\left(\frac{c+d}{0.36+1.7\rho_{te}}\right) \tag{6-30}$$

式中：C_1——钢筋表面形状系数，对于光面钢筋，$C_1=1.4$；对于带肋钢筋，$C_1=1.0$；对环氧树脂涂层带肋钢筋，$C_1=1.15$；

C_2——长期效应影响系数，$C_2=1+0.5M_l/M_s$，其中 M_l、M_s 分别为按作用准永久组合和频遇组合计算的弯矩（或轴力）设计值；

C_3——与构件受力性质有关的系数，当为钢筋混凝土板式受弯构件时，$C_3=1.15$；当为其他受弯构件时，$C_3=1.0$；当为偏心受拉构件时，$C_3=1.1$；当为轴心受拉构件时，$C_3=1.2$；圆心截面偏心受压构件为0.75，其他截面偏心受压构件为0.9；

c——最外排纵向受拉钢筋的混凝土保护层厚度（mm），当 $c>50$mm 时，取 50mm；

d——纵向受拉钢筋的直径（mm），当用不同直径的钢筋时，改用换算直径 d_e，$d_e=\frac{\sum n_i d_i^2}{\sum n_i d_i}$，式中，对钢筋混凝土构件，$n_i$ 为受拉区第 i 种普通钢筋的根数，d_i 为受拉区第 i 种普通钢筋的公称直径；对于焊接钢筋骨架，式（6-30）中的 d 或 d_e 应乘系数 1.3；

ρ_{te}——纵向受拉钢筋的有效配筋率，$\rho_{te}=\frac{A_s}{A_{te}}$；对钢筋混凝土构件，当 $\rho_{te}>0.1$ 时，取 $\rho_{te}=0.1$；当 $\rho_{te}<0.01$ 时，取 $\rho_{te}=0.01$；

A_s——受拉区纵向钢筋截面面积（mm^2）；轴心受拉构件取全部纵向钢筋截面面积，受弯、偏心受拉及大偏心受压构件取受拉区纵向钢筋截面面积或受拉较大一侧的钢筋截面面积；

A_{te}——有效受拉混凝土截面面积（mm^2），对受弯构件取 $2a_sb$，其中 a_s 为受拉钢筋重心至受拉区边缘的距离；对矩形截面，b 为截面宽度，对有受拉翼缘的 I 形截面，b 为受拉有效翼缘宽度；

σ_{ss}——由作用频遇组合引起的开裂截面纵向受拉钢筋的应力（MPa），对于钢筋混凝土受弯构件，$\sigma_{ss}=\frac{M_s}{0.87A_sh_0}$；其他受力性质构件的 σ_{ss} 计算式参见《公路桥规》；

M_s——按作用频遇组合计算的弯矩值（N · mm）；

E_s——钢筋弹性模量（MPa）。

《公路桥规》规定，各类环境中，钢筋混凝土和 B 类预应力混凝土构件的最大裂缝宽度计算值不应超过表6-2规定的限值[W_f]。

最大裂缝宽度限值 表6-2

环境类别	最大裂缝宽度限值(mm)	
	钢筋混凝土构件、采用预应力螺纹钢筋的B类预应力混凝土构件	采用钢丝或钢绞线的B类预应力混凝土构件
Ⅰ类:一般环境	0.20	0.10
Ⅱ类:冻融环境	0.20	0.10
Ⅲ类:近海或海洋氯化物环境	0.15	0.10
Ⅳ类:除冰盐等其他氯化物环境	0.15	0.10
Ⅴ类:盐结晶环境	0.10	禁止使用
Ⅵ类:化学腐蚀环境	0.15	0.10
Ⅶ类:磨蚀环境	0.20	0.10

应强调的是,《公路桥规》规定的混凝土裂缝宽度限值,是对在作用频遇组合并考虑长期效应组合影响下与构件轴线方向垂直的裂缝(横向裂缝)而言,不包括施工中混凝土收缩、养护不当及钢筋锈蚀等产生的其他非受力裂缝。

再者,对于跨径较大的钢筋混凝土简支梁、连续梁等,截面配筋一般不是由抗弯承载力控制的,而是由裂缝宽度控制的。因此在这类结构设计时,宜尽可能地采用较小直径的螺纹钢筋,尤其是负弯矩区的裂缝宽度更应严格控制,必要时可采用防锈蚀的环氧树脂涂层钢筋。

例6-2 钢筋混凝土空心板,预制长度9.96m,计算跨径9.6m;采用C30混凝土、纵向受拉钢筋采用HRB400;Ⅰ类环境条件,安全等级为一级。成桥状态下空心板截面尺寸及纵向受拉钢筋布置简图如图6-14a)所示,跨中截面底层钢筋为12⌀20,还有4⌀20与其叠置,底层钢筋中心到板底边的距离为51mm;另外,在板的顶部还有4⌀20,顶层钢筋中心到板顶边的距离为51mm。空心板在预制板自重和整体化混凝土自重作用下的跨中弯矩M_{G1} = 147kN·m,在沥青混凝土铺装及护栏自重作用下的跨中弯矩M_{G2} = 42kN·m;在车道荷载作用下的跨中弯矩M_Q = 198kN·m(不含冲击作用),无人群荷载;成桥状态下中板宽度为100cm,整体化混凝土层厚10cm。试进行跨中截面裂缝宽度验算。

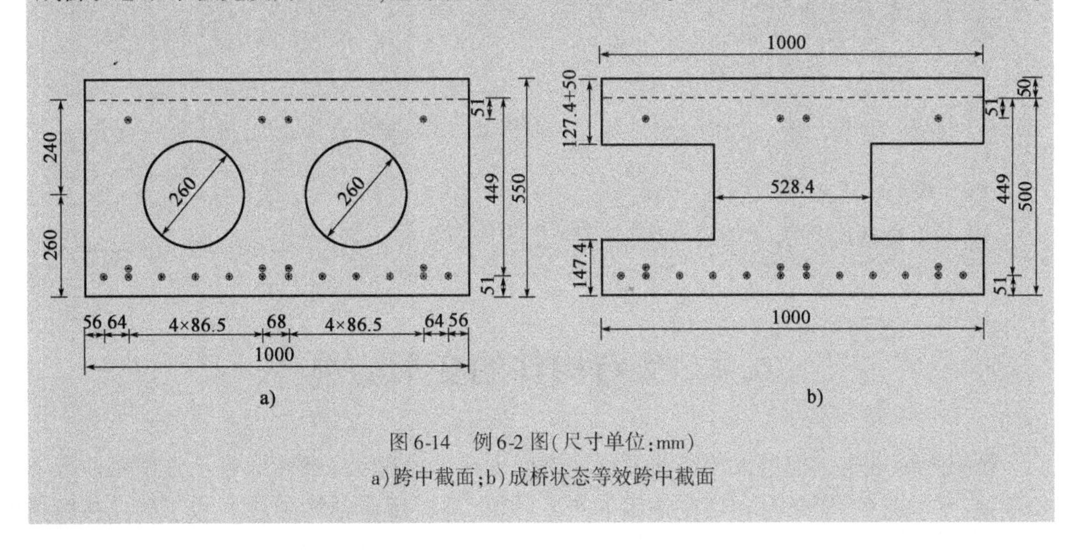

图6-14 例6-2图(尺寸单位:mm)

a)跨中截面;b)成桥状态等效跨中截面

解:考虑整体化混凝土层厚的一半参与受力[图6-14b)]为成桥状态等效跨中截面,即 $h=500+100/2=550(\text{mm})$,$a_s=56.7\text{mm}$,$h_0=h-a_s=550-56.7=493.3(\text{mm})$;$c=51-22.7/2=39.65(\text{mm})$。

1.计算 C_1、C_2、C_3

对于带肋钢筋,系数 $C_1=1.0$。

作用频遇组合弯矩计算值为

$$\begin{aligned}M_s&=M_G+\psi_{11}\times M_{Q1}+\psi_{12}\times M_{Q2}\\&=147+42+0.7\times198+1.0\times0\\&=327.6(\text{kN}\cdot\text{m})\end{aligned}$$

作用准永久组合弯矩计算值为

$$\begin{aligned}M_l&=M_G+\psi_{21}\times M_{Q1}+\psi_{22}\times M_{Q2}\\&=147+42+0.4\times198+0.4\times0=268.2(\text{kN}\cdot\text{m})\end{aligned}$$

系数 $C_2=1+0.5\dfrac{M_l}{M_s}=1+0.5\times\dfrac{268.2}{327.6}\approx1.409$;

系数 C_3 偏安全地按板式受弯构件取值,$C_3=1.15$。

2.钢筋应力 σ_{ss} 的计算

$$\begin{aligned}\sigma_{ss}&=\frac{M_s}{0.87h_0A_s}\\&=\frac{327.6\times10^6}{0.87\times493.3\times5026}\\&\approx151.9(\text{MPa})\end{aligned}$$

3.纵向受拉钢筋配筋率 ρ_{te}

$$\rho_{te}=\frac{A_s}{2a_sb_f}=\frac{5026}{2\times56.7\times1000}\approx0.0443$$

4.最大裂缝宽度 W_{cr}

由式(6-30)计算可得到

$$W_{cr}=C_1C_2C_3\frac{\sigma_{ss}}{E_s}\left(\frac{c+d}{0.36+1.7\rho_{te}}\right)=1.0\times1.409\times1.15\times\frac{151.9}{2\times10^5}\times\left(\frac{39.65+20}{0.36+1.7\times0.0443}\right)$$

$\approx0.169(\text{mm})<[W_f]=0.2\text{mm}$

满足Ⅰ类环境类别对裂缝宽度的限值要求。

6.4 受弯构件的变形验算

桥梁上部承重结构过大的挠曲变形使桥面形成凹凸的波浪形,影响正常使用阶段车辆高速、平稳行驶,严重时在可变作用下产生共振,导致桥面结构破坏。为了确保桥梁结构的适用性,保证受弯构件具有足够的刚度,持久状况正常使用极限状态应进行受弯构件的变形验算。

受弯构件在使用阶段的挠度应考虑长期效应的影响,即按作用频遇组合和规定的刚度计算的挠度值,再乘挠度长期增长系数 η_θ。挠度长期增长系数 η_θ 可按下列规定取用:

①当采用 C40 以下混凝土时,$\eta_\theta = 1.60$;

②当采用 C40 ~ C80 混凝土时,$\eta_\theta = 1.35 \sim 1.45$,中间强度等级可按直线内插取用。

《公路桥规》规定,钢筋混凝土受弯构件按上述计算的长期挠度值,由汽车荷载(不计冲击)和人群荷载频遇组合在梁式桥主梁产生的长期最大挠度不应超过计算跨径的1/600;在主梁悬臂端产生的长期最大挠度不应超过悬臂长度的1/300。

6.4.1 受弯构件的刚度计算

在使用阶段,钢筋混凝土受弯构件是带裂缝工作的,处于正截面受力全过程的第Ⅱ阶段。其弯曲变形的计算,以简支梁为例,可以利用换算截面的概念按材料力学方法求解:

$$f = \int_0^l \frac{M_P \overline{M}}{EI} dx \approx \alpha \frac{Ml^2}{B} \tag{6-31}$$

式中:$\overline{M}$——单位荷载产生的弯矩;

M_P——荷载产生的弯矩;

B——跨中截面抗弯刚度,$B = EI$,构件截面抵抗弯曲变形的能力,需考虑混凝土开裂对构件刚度的影响;

l——梁的计算跨径;

M——荷载产生的跨中截面弯矩;

α——与荷载作用类型及支承方式有关的系数,例如简支梁在集中荷载和均布荷载作用下的系数分别为1/12和5/48。

以均布荷载作用下的钢筋混凝土简支梁为例,弯矩沿梁长成二次抛物线变化,跨中区域弯矩较大。考虑截面弯曲开裂及纵向受拉钢筋数量的变化,沿梁长度方向的抗弯刚度在跨中区域往往最小,趋向支点时逐渐增大;对变形计算结果影响最显著的是跨中区域的刚度,故在式(6-31)中的刚度 B 一般采用跨中截面的刚度。

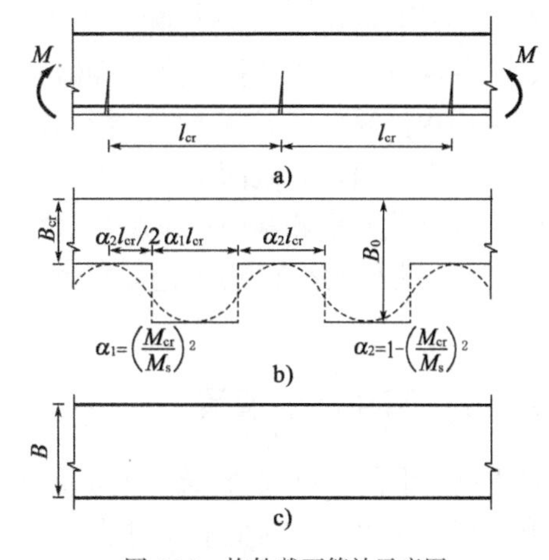

图 6-15　构件截面等效示意图

a)构件弯曲裂缝;b)截面刚度变化;c)等效刚度的构件

对变形影响最显著的跨中区域的刚度,在裂缝位置处最小,裂缝之间的截面刚度会局部增大一些,如图6-15b)所示曲线变化。由此,可将带裂缝的受弯构件视为一根不等刚度的构件,为便于分析,将图6-15b)中曲线所示的变刚度构件简化为虚线所示矩形齿状刚度变化。取一个长度为 l_{cr} 的裂缝区段进行分析,如图6-15b)所示,将 l_{cr} 近似地分解为 $\alpha_1 l_{cr}$ 整体截面区段和 $\alpha_2 l_{cr}$ 开裂截面区段。由试验结果得到,α_1 和 α_2 与开裂弯

矩 M_{cr}和截面上所受弯矩 M_s的比值有关：

$$\alpha_1 = \left(\frac{M_{cr}}{M_s}\right)^2 \qquad \alpha_2 = 1 - \left(\frac{M_{cr}}{M_s}\right)^2 \tag{6-32}$$

把图 6-15b）中变刚度构件等效为图 6-15c）中的等效刚度构件，采用结构力学方法，按在两端部弯矩作用下构件转角相等的原则，求得等效刚度受弯构件的等效刚度 B。

根据图 6-15b）所示变截面构件，求出裂缝区段两端截面的相对转角 θ_1：

$$\theta_1 = \frac{\alpha_1 l_{cr} M_s}{B_0} + \frac{\alpha_2 l_{cr} M_s}{B_{cr}} \tag{6-33}$$

根据图 6-15c）所示等效刚度的构件，求出裂缝区段两端截面的相对转角 θ_2：

$$\theta_2 = \frac{l_{cr} M_s}{B} \tag{6-34}$$

依据 $\theta_1 = \theta_2$，可得

$$\frac{1}{B} = \frac{\alpha_1}{B_0} + \frac{\alpha_2}{B_{cr}} \tag{6-35}$$

将式（6-32）代入式（6-35），整理后得（$M_s \geqslant M_{cr}$）：

$$B = \frac{B_0}{\left(\frac{M_{cr}}{M_s}\right)^2 + \left[1 - \left(\frac{M_{cr}}{M_s}\right)^2\right]\frac{B_0}{B_{cr}}} \tag{6-36}$$

当 $M_s < M_{cr}$时，$B = B_0$。

式中：B——开裂构件等效截面的抗弯刚度；

B_0——全截面的抗弯刚度，$B_0 = 0.95E_c I_0$；

B_{cr}——开裂截面的抗弯刚度，$B_{cr} = E_c I_{cr}$；

E_c——混凝土的弹性模量；

I_0——全截面换算截面惯性矩；

I_{cr}——开裂截面换算截面惯性矩；

M_s——按作用频遇组合计算的弯矩值；

M_{cr}——开裂弯矩，$M_{cr} = \gamma f_{tk} W_0$；

f_{tk}——混凝土轴心抗拉强度标准值；

γ——构件受拉区混凝土塑性影响系数，$\gamma = 2S_0/W_0$；

S_0——全截面换算截面重心轴以上（或以下）部分面积对重心轴的面积矩；

W_0——全截面换算截面抗裂验算边缘的弹性抵抗矩。

式（6-36）为《公路桥规》规定计算钢筋混凝土受弯构件变形时的开裂构件抗弯刚度公式。

6.4.2 预拱度的设置

对于钢筋混凝土梁式桥，梁的变形是由结构重力（恒载）和可变荷载两部分作用产生的。第二部分作用产生的变形通过前述内容予以控制，即《公路桥规》针对受弯构件主要计算汽车荷载（不计冲击力）和人群荷载频遇组合并考虑长期效应影响的挠度值，且应满足限制。对于结构重力引起的变形，一般采用设置预拱度加以消除。

对于钢筋混凝土梁式桥,《公路桥规》规定:当由荷载频遇组合并考虑长期效应影响产生的长期挠度不超过计算跨径 1/1600 时,可不设预拱度;当不符合上述规定时,则应设预拱度,预拱度值取结构自重和 1/2 可变荷载频遇值计算的长期挠度值之和,即

$$\Delta = f_{G} + \frac{1}{2}f_{Qs} \tag{6-37}$$

式中:Δ——预拱度值;

f_{G}——结构重力产生的长期挠度;

f_{Qs}——可变荷载频遇值产生的长期挠度。

需要注意的是,预拱度的设置按最大的预拱值沿顺桥向做成平顺的曲线。

例 6-3 在例 6-2 中,考虑整体化混凝土层厚的一半参与结构受力,即中板的高度为 550mm,如图 6-14a)所示。验算跨中截面的挠度。

解:(1)计算 T 梁换算截面惯性矩 I_{cr}和 I_0。

为计算简便,同样将空心板等效成 I 形截面[图 6-14b)];按第一类 T 形截面计算开裂截面换算截面惯性矩,受压区高度 x_c 由式(6-13)确定,即

$$x_c = \frac{\alpha_{Es}A_s}{b}\left(\sqrt{1+\frac{2bh_0}{\alpha_{Es}A_s}}-1\right) = \frac{6.667\times5026}{1000}\times\left(\sqrt{1+\frac{2\times1000\times493.3}{6.667\times5026}}-1\right)$$

$$\approx 151.4(\text{mm}) < h'_f = 177.4\text{mm}$$

开裂截面的换算截面惯性矩 I_{cr}为

$$I_{cr} = \frac{b'_f x_c^3}{3} - \frac{(b'_f-b)(x_c-h'_f)^3}{3} + \alpha_{Es}A_s(h_0-x_c)^2$$

$$= \frac{1000\times151.4^3}{3} + 6.667\times5026\times(493.3-151.4)^2$$

$$\approx 5.074\times10^9(\text{mm}^4)$$

全截面换算截面面积 A_0为

$$A_0 = 528.4\times550 + (1000-528.4)\times151.4 + (1000-528.4)\times147.4 + (6.667-1)\times5026 \approx 460016(\text{mm}^2)$$

对顶边的面积矩为

$$S = 0.5\times528.4\times550^2 + 0.5\times(1000-528.4)\times177.4^2 + (1000-528.4)\times147.4\times(550-147.4/2) + (6.667-1)\times5026\times493.3 \approx 1.345\times10^8(\text{mm}^3)$$

$$x_c = \frac{S}{A_0} = \frac{1.345\times10^8}{460016} \approx 292.4(\text{mm})$$

全截面换算惯性矩 I_0 为

$$I_0 = \frac{1}{12}bh^3 + bh\left(\frac{h}{2}-x_c\right)^2 + \frac{1}{12}(b'_f-b)(h'_f)^3 + (b'_f-b)h'_f\cdot\left(x_c-\frac{h'_f}{2}\right)^2 + (\alpha_{Es}-1)A_s(h_0-x_c)^2 + \frac{1}{12}(b_f-b)(h_f)^3 + (b_f-b)h_f\cdot\left(h-x_c-\frac{h_f}{2}\right)^2$$

$$= \frac{1}{12}\times528.4\times550^3 + 528.4\times550\times\left(\frac{550}{2}-292.4\right)^2 +$$

$$\frac{1}{12}\times(1000-528.4)\times177.4^3+(1000-528.4)\times177.4\times$$

$$\left(292.4-\frac{177.4}{2}\right)^2+(6.667-1)\times5026\times$$

$$(493.3-292.4)^2+\frac{1}{12}\times(1000-528.4)\times147.4^3+$$

$$(1000-528.4)\times147.4\times\left(550-292.4-\frac{147.4}{2}\right)^2$$

$$\approx1.47\times10^{10}(\text{mm}^4)$$

(2)计算开裂构件的抗弯刚度。

全截面抗弯刚度为

$$B_0=0.95E_cI_0=0.95\times3.0\times10^4\times1.47\times10^{10}\approx4.19\times10^{14}(\text{N}\cdot\text{mm}^2)$$

开裂截面抗弯刚度为

$$B_{cr}=E_cI_{cr}=3.0\times10^4\times5.074\times10^9\approx1.522\times10^{14}(\text{N}\cdot\text{mm}^2)$$

全截面换算截面受拉区边缘的弹性抵抗矩为

$$W_0=\frac{I_0}{h-x_c}=\frac{1.47\times10^{10}}{550-292.4}\approx5.707\times10^7(\text{mm}^3)$$

全截面换算截面的受压区面积矩(对截面重心)为

$$S_0=\frac{1}{2}b'_fx_c^2-\frac{1}{2}(b'_f-b)(x_c-h'_f)^2$$

$$=\frac{1}{2}\times1000\times292.4^2-\frac{1}{2}\times(1000-528.4)\times$$

$$(292.4-177.4)^2\approx3.963\times10^7(\text{mm}^3)$$

塑性影响系数为

$$\gamma=\frac{2S_0}{W_0}=\frac{2\times3.963\times10^7}{5.707\times10^7}\approx1.389$$

开裂弯矩

$$M_{cr}=\gamma f_{tk}W_0=1.389\times2.01\times5.707\times10^7=159.3(\text{kN}\cdot\text{m})$$

频遇弯矩

$$M_s=M_{G1}+M_{G2}+0.7M_{Q1}=147+42+0.7\times198=327.6(\text{kN}\cdot\text{m})$$

开裂构件的抗弯刚度为

$$B=\frac{B_0}{\left(\frac{M_{cr}}{M_s}\right)^2+\left[1-\left(\frac{M_{cr}}{M_s}\right)^2\right]\frac{B_0}{B_{cr}}}=\frac{4.19\times10^{14}}{\left(\frac{159.3}{327.6}\right)^2+\left[1-\left(\frac{159.3}{327.6}\right)^2\right]\times\frac{4.19\times10^{14}}{1.522\times10^{14}}}$$

$$\approx1.792\times10^{14}(\text{N}\cdot\text{mm}^2)$$

(3)受弯构件跨中截面处的长期挠度值。

作用频遇组合下跨中截面弯矩标准值 $M_s=327.6\text{kN}\cdot\text{m}$,结构自重作用下跨中截面弯矩标准值 $M_G=147+42=189(\text{kN}\cdot\text{m})$。对 C30 混凝土,挠度长期增长系数 $\eta_\theta=1.60$。

受弯构件在使用阶段的跨中截面的长期挠度值为

$$f_l=\frac{5}{48}\times\frac{M_sL^2}{B}\times\eta_\theta=\frac{5}{48}\times\frac{327.6\times10^6\times(9.6\times10^3)^2}{1.792\times10^{14}}\times1.60\approx28.08(\text{mm})$$

在结构自重作用下跨中截面的长期挠度值为

$$f_G=\frac{5}{48}\times\frac{M_GL^2}{B}\times\eta_\theta=\frac{5}{48}\times\frac{189\times10^6\times(9.6\times10^3)^2}{1.792\times10^{14}}\times1.60\approx16.2(\text{mm})$$

按可变荷载频遇值计算的长期挠度值为

$$f_{Qs}=f_l-f_G=28.08-16.2=11.88(\text{mm})<\frac{L}{600}=\frac{9.6\times10^3}{600}=16(\text{mm})$$

符合《公路桥规》的要求。

(4)预拱度设置。

在作用频遇组合并考虑作用长期效应影响下,梁跨中处产生的长期挠度为 $f_l=28.08\text{mm}>\frac{L}{1600}=\frac{9.6\times10^3}{1600}=6(\text{mm})$,故跨中截面需设置预拱度。

根据《公路桥规》对预拱度设置的规定,由式(6-37)得到梁跨中截面处的预拱度为

$$\Delta=f_G+\frac{1}{2}f_{Qs}=16.2+\frac{1}{2}\times11.88\approx22.1(\text{mm})$$

6.5 钢筋混凝土结构的耐久性

为保证钢筋混凝土结构在设计使用年限内能承受有可能出现的各种作用,除了进行承载能力极限状态的设计外,还应进行正常使用阶段极限状态的适用性设计和耐久性设计。所谓耐久性,是指在设计确定的环境作用和维修、使用条件下,结构及其构件在设计使用年限内保持其安全性和适应性的能力。本节简要介绍钢筋混凝土结构耐久性的有关概念及桥涵设计规范中有关耐久性的设计内容。

世界上经济发达国家的工程建设大体上经历了三个阶段,即大规模建设,新建与改建、维修并重,重点转向既有工程的维修改造。目前经济发达国家处于第三阶段,据美国报道,仅就桥梁而言,57.5 万座钢筋混凝土桥中有一半以上出现腐蚀破坏,40% 承载力不足需要修复加固处理。1998 年调查表明,全年各种腐蚀损失约为 2500 亿美元,其中混凝土桥梁修复费用为 1550 亿美元。据瑞士联邦公路局统计,瑞士公路系统约有 3000 座桥梁,每年用于桥面检测及维护的费用达 8000 万瑞士法郎,至于修理或更换的费用就更高。目前,西方发达国家土建设施由耐久性问题造成的年损失占 GDP 的 1.5% ~2% ,其中主要是混凝土结构耐久性损伤导致的结果。由此可知,应重视设计阶段钢筋混凝土结构的耐久性。

我国真正进入大规模建设是在改革开放以后。国外发达国家在结构耐久性上遇到的问题应引起我国工程技术人员的足够重视,避免对国家经济建设造成巨大浪费。

钢筋混凝土结构在自然环境和使用条件下,随着时间的推移,材料逐渐老化且结构性

能劣化,出现损伤甚至损坏,是一个不可逆的过程。它不是直接由力学因素引起的。首先是钢筋混凝土材料的物理化学作用的结果,继而影响桥梁结构的使用功能,且其结构的承载力下降,最终会影响整个结构的安全。因此,钢筋混凝土结构耐久性可定义为,钢筋混凝土结构和构件在规定的使用年限内,在各种环境条件及材料内部因素作用下,不需要额外的费用加固处理而保持其安全性、正常使用性和可接受的外观的能力。

6.5.1 钢筋混凝土结构耐久性损伤

钢筋混凝土结构由混凝土和钢筋两种材料组成,其性能的劣化包括钢筋劣化(以钢锈蚀为主)和混凝土劣化以及两种材料之间黏结性能的破坏。

1. 钢筋锈蚀

钢筋锈蚀的生成物体积膨胀产生较大挤压力,导致混凝土沿钢筋方向开裂和混凝土保护层剥落。锈蚀会削弱钢筋与混凝土之间的黏结力,减小钢筋的截面面积,并使钢筋变脆,从而影响结构的适用性(裂缝和表面锈迹)和安全性。正常情况下,混凝土呈强碱性(pH 值为 12 ~ 13),埋置在其中的钢筋表面会形成一层致密的氧化膜而使钢筋处于钝化状态。有两种情况会导致钝化膜失效:一种是混凝土碳化。混凝土的碳化是指大气中的二氧化碳与混凝土中的碱性物质 $Ca(OH)_2$ 发生反应,使混凝土的 pH 值降低为 8.5 ~ 9。其他的物质如二氧化硫(SO_2)、硫化氢(H_2S)也能与混凝土中的碱性物质发生类似反应。另一种是氯盐的侵入。氯离子通过外界渗入或掺入混凝土中,氯离子半径小,穿透力极强,到达钢筋表面后迅速破坏钝化膜形成腐蚀电池,两个氯离子与铁离子反应,先生成 $FeCl_2$,随之遇水与 OH^- 生成 $Fe(OH)_2$ 和两个氯离子及两个氢离子(氢离子与电子结合生成氢气),而游离的氯离子继续与铁离子结合,如此循环。这样,在钢筋锈蚀过程中氯离子不会因腐蚀反应而减少,氯离子起的是催化作用,因此氯盐侵蚀环境下的钢筋锈蚀速率快于混凝土碳化效应。

2. 混凝土劣化

混凝土劣化的环境作用主要有反复冻融以及水、土介质中的盐、酸等化学腐蚀。混凝土内的孔隙水经反复冻融而逐渐达到临界饱和状态后,冰冻产生的压力很快就会使混凝土的表面崩裂,并发展到剥落及集料裸露。硫酸盐与混凝土中的水化产物氢氧化钙和水化铝酸钙发生化学作用生成石膏和钙矾石,导致体积膨胀,使混凝土开裂剥落。在干湿交替的环境下,侵入混凝土毛细孔隙中的硫酸盐溶液浓度会不断增加至饱和而结晶,对孔壁产生的极大结晶压力使混凝土遭到破坏。酸会与氢氧化钙及其他含钙产物发生反应,破坏混凝土内部结构和密实性。空气中的二氧化硫与水结合形成酸雨,对混凝土有很大的侵蚀作用,还会与水泥组分反应生成有害的硫酸盐。除冰盐环境的作用程度与混凝土湿度和混凝土表面积累的氯离子浓度有关,会使混凝土表面起皮剥落,高水胶比、密实性差的混凝土,在中性水的渗透下也能使氢氧化钙析出。环境作用对混凝土的侵蚀先发生在表层混凝土,由表及里使混凝土材料强度受到损失。

6.5.2 影响钢筋混凝土结构耐久性的主要因素

影响钢筋混凝土结构耐久性的因素主要有内部和外部两个方面。内部因素主要有混凝土的强度、渗透性、保护层厚度、水泥品种及强度等级和用量、外加剂用量等；外部因素则有环境温度和湿度及其变化，空气中的氧、二氧化碳和空气污染物（盐雾、二氧化硫、汽车尾气、酸雨等），与之接触的土体中的氯盐、硫酸盐、镁盐等盐类物质，碳化环境、磨蚀环境（风蚀、流冰、泥沙冲刷）等。耐久性损伤往往是内部、外部不利因素综合作用的结果。

耐久性损伤发生的途径主要是气体、水化学反应中的溶解物、有害物质在混凝土孔隙和裂缝中的迁移过程。影响迁移速度、范围的内在因素是混凝土的孔结构（孔的形式、孔径及孔径的分布）和裂缝形态，影响迁移速度、范围的外部因素是结构设计所确定的结构形式和构造，混凝土和钢筋材料的性质和质量，施工操作质量的优劣，温度、湿度养护条件和使用养护环境等。因此，在混凝土结构的设计和施工中，根据混凝土结构所处环境条件考虑细部构造和施工工艺，最重要的是保证混凝土密实性和足够的混凝土保护层厚度，同时，在混凝土结构使用阶段保证正常维修，才能有效地解决钢筋混凝土结构耐久性问题。

图6-16给出影响钢筋混凝土结构耐久性的环境因素、内在因素，影响范围及后果。造成钢筋混凝土结构耐久性潜在损伤的原因是多方面的：

（1）构造设计上的原因。钢筋的混凝土保护层厚度太小，钢筋的间距太大，沉降构造不正确，构件开孔洞的洞边配筋不当，隔热层、分隔层、防滑层处理不妥当等。

（2）材料性能不合格。使用的水泥品种不当，如用矿渣水泥、加超量的粉煤灰、集料颗粒级配不当，外加剂使用不当等。

（3）施工质量低劣。支模不当，水灰比过大，使用含有氯离子的早强剂，海水拌混凝土，浇捣不密实，养护不当，快速冷却或干燥，温度太低等。

（4）外界环境中各种介质的侵蚀。CO_2、SO_2、SO_3气体的侵蚀，有侵蚀性的水、酸类、硫酸盐、氯盐及碱溶液的侵蚀等。

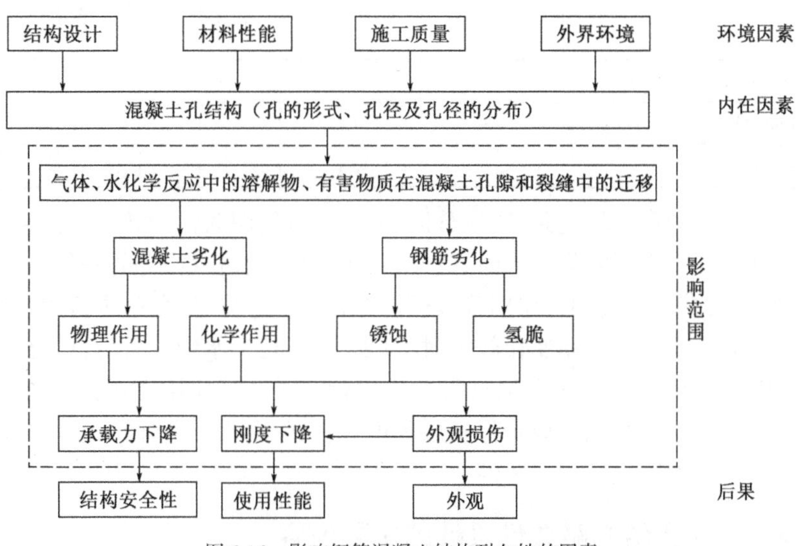

图6-16 影响钢筋混凝土结构耐久性的因素

6.5.3 桥梁混凝土结构使用环境类别和环境作用等级

混凝土结构的耐久性应根据使用环境类别和设计使用年限进行设计。根据工程经验,并参考国外有关规范,《公路桥规》将桥涵混凝土结构的使用环境分为7类并按表6-3的规定确定。

公路桥涵混凝土结构及构件所处环境类别划分　　表6-3

环境类别	环境条件
Ⅰ类:一般环境	仅受混凝土碳化影响的环境
Ⅱ类:冻融环境	受反复冻融影响的环境
Ⅲ类:近海或海洋氯化物环境	受海洋环境下氯盐影响的环境
Ⅳ类:除冰盐等其他氯化物环境	受除冰盐等氯盐影响的环境
Ⅴ类:盐结晶环境	受混凝土空隙中硫酸盐结晶膨胀影响的环境
Ⅵ类:化学腐蚀环境	受酸碱性较强的化学物质侵蚀的环境
Ⅶ类:磨蚀环境	受风、水流或水中夹杂物的摩擦、切削、冲击等作用的环境

环境对桥涵混凝土结构的作用程度采用环境作用等级(根据环境作用对混凝土结构破坏或腐蚀程度的不同而划分的若干等级)来表达,《公路工程混凝土结构耐久性设计规范》(JTG/T 3310—2019)划分的环境作用等级见表6-4。

环境作用等级　　表6-4

环境类别	环境作用等级					
	A(轻微)	B(轻度)	C(中度)	D(严重)	E(非常严重)	F(极端严重)
一般环境(Ⅰ)	Ⅰ-A	Ⅰ-B	Ⅰ-C	—	—	—
冻融环境(Ⅱ)	—	—	Ⅱ-C	Ⅱ-D	Ⅱ-E	—
近海或海洋氯化物环境(Ⅲ)	—	—	Ⅲ-C	Ⅲ-D	Ⅲ-E	Ⅲ-F
除冰盐等其他氯化物环境(Ⅳ)	—	—	Ⅳ-C	Ⅳ-D	Ⅳ-E	—
盐结晶环境(Ⅴ)	—	—	—	Ⅴ-D	Ⅴ-E	Ⅴ-F
化学腐蚀环境(Ⅵ)	—	—	Ⅵ-C	Ⅵ-D	Ⅵ-E	Ⅵ-F
磨蚀环境(Ⅶ)	—	—	Ⅶ-C	Ⅶ-D	Ⅶ-E	Ⅶ-F

根据构件所处的局部环境条件,应分区、分部位进行耐久性设计。当公路工程混凝土结构不同构件受环境作用差异较大时,例如,由于大桥或长桥的不同桥段所处位置和局部环境特点的不同,其环境类别与作用等级可能存在明显差异,应分区进行耐久性设计。当桥梁沿高度方向所受环境作用变化较大时,例如,对于位于水中的桥墩,可分为水下区、水位变动区(浪溅区)和大气区分别进行耐久性设计。对环境作用等级为D级及以上的构件,在改善混凝土密实性、满足规定保护层厚度和养护时间的基础上,宜采取防腐蚀附加措施以进一步提高混凝土结构耐久性。

6.5.4 混凝土结构耐久性设计的主要内容

混凝土结构的耐久性设计按正常使用极限状态控制。耐久性设计包含下列主要内容:

(1)确定结构和构件所处的环境类别及其作用等级;对于严重环境作用(D级及高于

D 级)下的结构构件,除勘测资料外,应有结构周边已建工程耐久性现状的详细调查资料和必要的检测数据。

桥涵混凝土结构的耐久性设计,应根据结构所处区域位置和构件表面的局部环境特点,判断其所属的环境类别,根据进一步环境调研结果判定结构所属的环境作用等级,要求在设计上:

①混凝土结构和构件应根据其表面直接接触的环境并按表 6-3 的规定,选择所处环境类别;

②当结构和构件受到多种环境共同作用时,应分别满足每种环境类别单独作用下的耐久性要求;

③当结构的不同部位所受环境作用变化较大时,宜对不同部位所处环境类别和作用等级分别进行确定,并分段进行耐久性设计。

(2)确定结构的设计使用年限,并列出结构各个部件(如桥梁的基础、礅台、梁、桥面板等)使用年限的明细表,标明在结构的设计使用年限内需要维修或更换的构件部件名称、维修方式(小修或大修)及预期的维修或更换的期限。按维修(修复)的规模、费用及其对结构正常使用的影响,维修方式分为大修和小修。大修是指需在一定期间内停止结构的正常使用,或需大面积置换结构构件中的受损材料、加固或更换结构的主要构件。小修是指对公路桥涵及其附属构造物进行预防性保养和修补其轻微损坏部分,使其保持完好状态。

公路工程混凝土结构的设计使用年限应按表 6-5 的规定选用。对有特殊要求的结构,其设计使用年限可在上述规定的基础上,经过技术经济论证后予以适当调整。如:港珠澳大桥的设计使用年限为 120 年。

公路工程混凝土结构设计使用年限(年) 表 6-5

公路等级	主体结构			可更换部件	
	特大桥、大桥	中桥	小桥、涵洞	斜拉索、吊杆、系杆	栏杆、伸缩缝、支座
高速、一级公路	100	100	50	20	15
二、三级公路	100	50	30		
四级公路	100	50	30		

(3)选定原材料、混凝土和水泥基灌浆材料的性能和耐久性控制指标。原材料的要求包括水泥品种与等级,掺合料种类、级配质量要求,外加剂种类及掺和方法,水的标准。混凝土配合比的主要参数需标明最大水胶比、最小水泥用量、最小胶凝材料用量、掺合料掺量等。提出的混凝土的氯离子扩散系数、抗冻等级指标要符合有关标准。

水泥宜符合下列规定:

①应根据公路工程混凝土结构的性能与特点、结构所处环境及施工条件,选择合适的水泥品种;水泥强度等级应与混凝土设计强度等级相适应。

②对环境作用等级为 D 级及以上的混凝土结构,宜增加矿物掺合料用量。

③硅酸盐水泥或普通硅酸盐水泥的细度不宜超过 $350m^2/kg$;水泥中铝酸三钙(C_3A)的含量不宜超过 8%(海水中不宜超过 5%)。大体积混凝土宜采用硅酸二钙(C_2S)含量相对较高的水泥。

④应选用质量稳定、低水化热和碱含量偏低的水泥。水泥的碱含量(按 Na_2O 量计)不宜超过0.6%。

由《公路工程混凝土结构耐久性设计规范》(JTG/T 3310—2019)可知,各类环境中桥涵结构混凝土最低强度等级要求应符合表6-6的规定。设计使用年限为50年和30年的桥涵结构和构件,其混凝土最低强度等级可在表6-6的规定上降低一个等级(5MPa),但预应力混凝土应不低于C40,钢筋混凝土应不低于C25。

桥涵结构混凝土强度最低强度等级(100年)　　表6-6

环境名称	环境作用等级	预应力混凝土	钢筋混凝土			素混凝土
			上部结构	下部结构		
			梁、板、塔	桥墩、涵洞	承台、基础	
一般环境	Ⅰ-A	C40	C35	C30	C25	C25
	Ⅰ-B	C45	C40	C35	C30	
	Ⅰ-C	C45	C40	C35	C30	
冻融环境	Ⅱ-C	C45	C40	C35	C30	C30
	Ⅱ-D	C45	C40	C35	C30	
	Ⅱ-E	C50	C45	C40	C35	
近海或海洋氯化物环境	Ⅲ-C	C40	C40	C35	C30	C30
	Ⅲ-D	C40	C40	C35	C30	
	Ⅲ-E	C50	C45	C40	C35	
	Ⅲ-F	C50	C45	C40	C35	
除冰盐等其他氯化物环境	Ⅳ-C	C45	C40	C35	C30	C30
	Ⅳ-D	C50	C45	C40	C35	
	Ⅳ-E	C50	C45	C40	C35	
盐结晶环境	Ⅴ-D	C45	C40	C35	C30	C35
	Ⅴ-E	C50	C45	C40	C35	
	Ⅴ-F	C50	C45	C40	C35	
化学腐蚀环境	Ⅵ-C	C45	C40	C35	C30	C35
	Ⅵ-D	C45	C40	C35	C30	
	Ⅵ-E	C50	C45	C40	C35	
	Ⅵ-F	C50	C45	C40	C35	
磨蚀环境	Ⅶ-C	C45	C40	C35	C30	C35
	Ⅶ-D	C50	C45	C40	C35	
	Ⅶ-E	C50	C45	C40	C35	

(4)采用有利于减轻环境作用效应的结构形式和构造措施。包括混凝土保护层、抗裂设计、防排水和后张预应力体系的多重防护措施等。

钢筋混凝土最小保护层厚度要满足的要求见附表1-8。

(5)必要时采取防腐蚀附加措施。

对环境作用等级为D级及以上的构件,在改善混凝土密实性、满足规定保护层厚度和养护时间的基础上,宜采取防腐蚀附加措施进一步提高混凝土结构耐久性。

根据结构所处的环境和作用等级,防腐蚀附加措施可选用下列五种方法:M1,涂层钢筋和耐蚀钢筋;M2,钢筋阻锈剂;M3,混凝土表面处理(包括 M3-1 表面涂层、M3-2 表面憎水处理、M3-3 防腐面层);M4,透水模板衬里;M5,电化学保护。

(6)向工程业主和工程使用的运营管理单位(或用户和物业管理单位)提出使用过程中需要进行正常维修以及设计预定的需要对某些部件进行定期大修或更换的具体内容与要求;对于特殊重要的结构或处于严重环境作用下的结构,应有使用期内定期检测的要求。

混凝土结构的耐久性在设计上注重混凝土材料、结构构件、裂缝控制措施、施工要求和必要的防腐蚀附加措施等内容,施工过程中严格控制质量,按照操作规程运作,结构使用时例行检查与正确维修并举,根据混凝土结构寿命期内所处的使用环境、使用年限选用综合防治措施,力求达到理想的耐久性!

思考题与习题

6-1　将钢筋混凝土开裂截面等效成换算截面的基本前提是什么?等效的原则是什么?

6-2　为什么受压区面积对中性轴的静矩等于受拉区面积对中性轴的静矩?试以矩形截面为例导出这一结果。

6-3　工程中如何通过构造措施防止过大或集中的裂缝?

6-4　影响钢筋混凝土结构耐久性的主要因素有哪些?钢筋混凝土结构耐久性设计应考虑哪些问题?

6-5　计算跨径 $l=9.3\mathrm{m}$ 的钢筋混凝土简支 T 梁,中梁间距为 1.35m,截面尺寸如图 6-17 所示;C40 混凝土,受拉钢筋为 HRB400 级钢筋(12Φ25),箍筋采用 ϕ10 的 HPB300 钢筋;Ⅱ类环境条件,安全等级为一级,设计使用年限为 100 年;跨中截面:恒载弯矩 189kN · m、车道荷载弯矩 320kN · m(不含冲击)。试验算跨中挠度并确定是否需要设置预拱度,验算最大裂缝宽度。

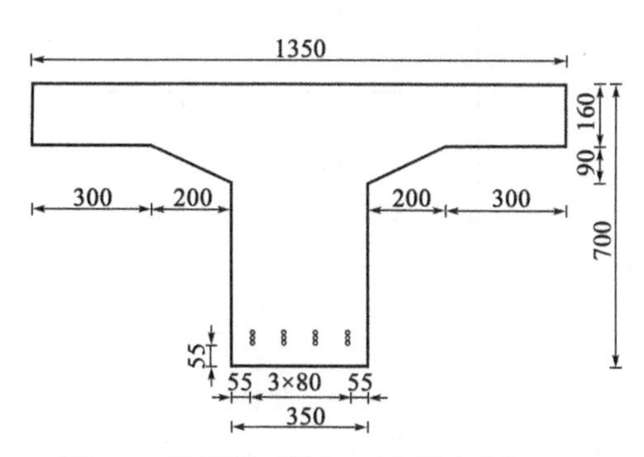

图 6-17　思考题与习题 6-5 图(尺寸单位:mm)

第 7 章
钢筋混凝土受压构件正截面承载力计算

受压构件是指以承受轴向压力为主的构件，按受力情况，可分为轴心受压构件、单向偏心受压构件和双向偏心受压构件。桥梁的桥墩、桩，拱桥的拱肋，桁架的上弦杆，刚架的立柱均为受压构件。

钢筋混凝土受压构件按承载能力极限状态进行设计，作用组合采用基本组合，根据经验初步拟定截面尺寸，计算所需纵向受力钢筋的截面面积，在满足构造要求的基础上确定纵向受力钢筋和其他钢筋的数量及布置方式；采用相应的构造措施来保证其正常使用极限状态的要求。

常见的钢筋混凝土受压构件的截面形式包括圆形截面、箱形截面、矩形截面、I 形截面等，如图 7-1 所示。

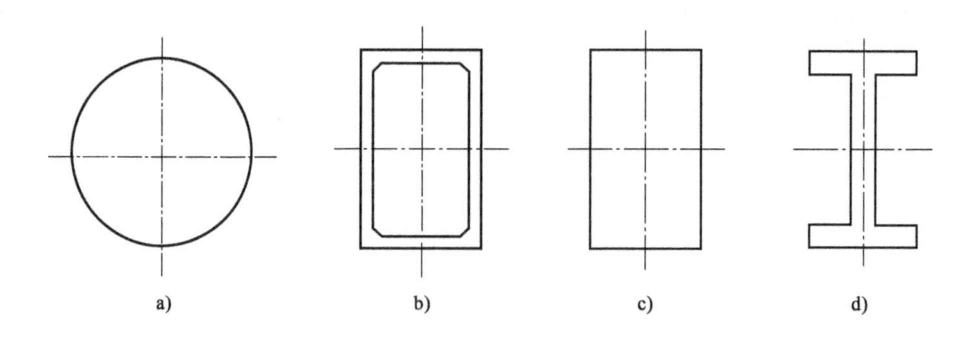

图 7-1　受压构件截面形式

a）圆形截面；b）箱形截面；c）矩形截面；d）I 形截面

7.1 受压构件的受力性能

对于单一均质材料构件,当轴向压力的作用线与构件截面形心轴线重合时,为轴心受压构件,不重合时为偏心受压构件。

对于钢筋混凝土构件,由于存在混凝土和钢筋两种材料,受混凝土的不均匀性、钢筋的非对称布置、施工时钢筋位置偏差、模板误差、构件安装误差等影响,不存在绝对的轴心受压构件,都有一定的偏心。工程中为了方便,在不考虑上述因素影响的基础上,采用与单一均质材料相似的方式确定钢筋混凝土受压构件的类型。当轴向压力的作用线与构件截面形心轴线重合时,为轴心受压构件,否则为偏心受压构件。

7.1.1 轴心受压构件

钢筋混凝土轴心受压构件内配有纵向钢筋和箍筋,根据箍筋的功能和配置方式的不同可以分为配置普通箍筋和配置螺旋箍筋两类受压构件。

设置钢筋混凝土轴心受压构件的纵向钢筋除了与混凝土共同受力,减小构件截面尺寸之外,还要承受由初始偏心或其他因素引起的附加弯矩,另外,配置一定数量的纵向钢筋还可以防止构件发生脆性破坏。

1. 普通箍筋柱的受力分析与破坏特征

普通箍筋柱是指配有纵向钢筋和普通箍筋的轴心受压构件,如图 7-2a)所示。通过配置箍筋,可以固定纵向钢筋的位置,同时也可以防止纵向钢筋在混凝土压碎之前压屈,保证纵向钢筋与混凝土共同工作直至构件破坏。

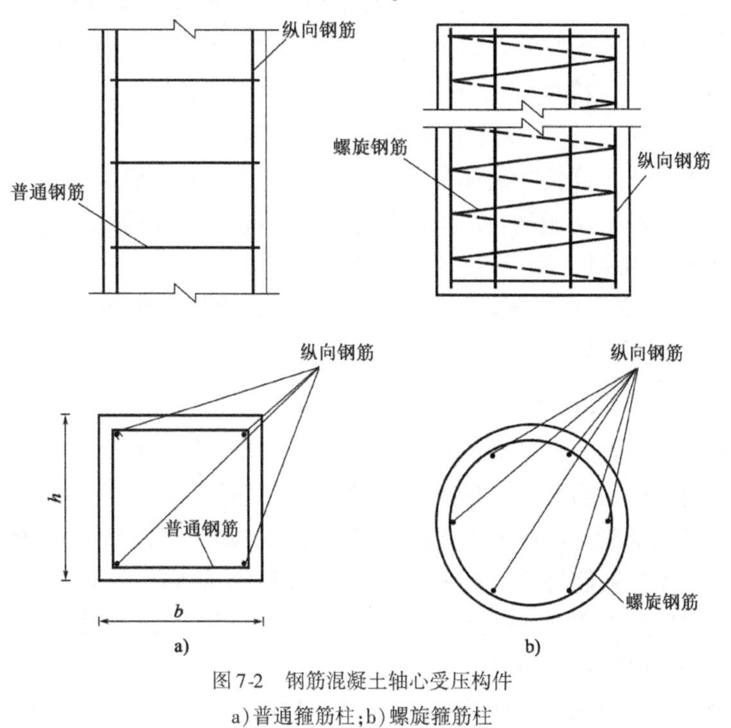

图 7-2 钢筋混凝土轴心受压构件

a)普通箍筋柱;b)螺旋箍筋柱

钢筋混凝土轴心受压构件根据长细比(构件的计算长度 l_0 与构件横截面的回转半径 i 之比,$i=\sqrt{I_c/A}$)的不同,可分为短柱和长柱两种。当轴心受压构件 $l_0/i \leqslant 28$ 时,为短柱;否则为长柱。

长柱和短柱受力后的侧向变形和破坏形态各不相同。

(1)短柱($l_0/i \leqslant 28$)。

短柱轴心受压试验表明:短柱在轴心荷载作用下,截面的压应变基本呈均匀分布;整个加载过程,可能的初始偏心对短柱承载力没有明显影响;钢筋与混凝土之间存在的黏结力使得二者始终保持共同变形。

当荷载较小时,混凝土处于弹性工作阶段,混凝土与钢筋的应变按弹性规律分布。随着荷载逐渐增大,钢筋和混凝土的应力逐渐增加,由于混凝土塑性变形发展且变形模量降低,混凝土应力增长逐渐变慢,钢筋应力的增加越来越快。若钢筋的屈服压应变小于混凝土破坏时的压应变,则钢筋应力首先达到屈服,再增加的荷载全部由混凝土承担。当临近极限荷载时,短柱四周出现明显的纵向裂缝,箍筋间的纵向钢筋发生压曲外鼓,混凝土被压碎,保护层剥落,构件破坏[图 7-3a)]。

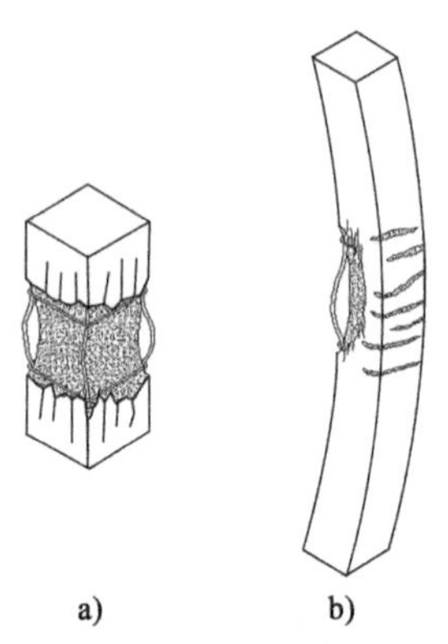

图 7-3 普通箍筋柱轴心受压破坏形态
a)短柱;b)长柱

当纵向钢筋采用高强度钢筋时,构件破坏时可能纵向钢筋并未屈服,但在轴心受压短柱中不论受压纵向钢筋在构件内是否屈服,构件的最终承载力都是由混凝土被压碎来控制的。

(2)长柱($l_0/i > 28$)。

长柱轴心受压试验表明:施加荷载时,受各种因素影响造成的初始偏心均对试验结果影响较大。初始偏心距使得构件产生附加弯矩和弯曲变形,弯曲变形又使得荷载的偏心距进一步增大。随着荷载的逐渐增加,附加弯矩和弯曲变形也在不断增大。对于长细比较大的构件来说,有可能出现混凝土被压碎导致构件破坏,也有可能发生失稳破坏。

当混凝土被压碎导致长柱破坏时,凹曲侧出现纵向裂缝,纵向钢筋被压弯而向外鼓出,混凝土被压碎,保护层脱落;凸起侧出现横向裂缝,纵向钢筋受拉,如图 7-3b)所示。当发生失稳破坏时,混凝土压应力未达到抗压强度值。

试验结果表明,受构件长细比的影响,长柱的承载力低于相同条件下的短柱,且长细比越大,承载力下降得越多。

2. 螺旋箍筋柱的受力分析与破坏特征

螺旋箍筋柱是指配有纵向钢筋和螺旋箍筋的轴心受压构件,如图 7-2b)所示。其纵向钢筋的作用与普通箍筋类似;螺旋箍筋为圆形,且间距较大,当构件承受的轴心压力较大($0.7f_c$ 左右)时,混凝土内部的纵向微裂缝会迅速发展,导致混凝土的侧向变形明显增大,此时,配置的螺旋箍筋将约束箍筋以内即核心混凝土的侧向变形,也就是说,核心混凝土受到被动侧向压力作用,同时也受到轴向压力作用。因此,核心混凝土处于三向受压状态,提高了构件的承载能力及延性。

当荷载较小时,轴心受压螺旋箍筋柱混凝土与钢筋的应变按弹性规律分布。随着荷载的逐渐增加,混凝土发生侧向变形,螺旋箍筋环向拉力也逐渐增大,当荷载增加到使得混凝土压应变大于无约束混凝土极限压应变后,螺旋箍筋外部的混凝土被压碎,混凝土保护层脱落,荷载由纵向钢筋和螺旋箍筋内的核心混凝土承受,随着荷载的继续增加,螺旋箍筋达到屈服强度,无法约束核心混凝土的侧向变形,核心混凝土被压碎,构件破坏。螺旋箍筋柱轴心受压破坏形态见图 7-4。

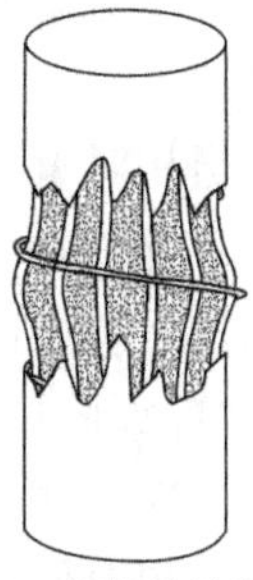

图 7-4 螺旋箍筋柱轴心受压破坏形态

7.1.2 偏心受压构件

钢筋混凝土偏心受压构件按照构件的长细比不同可分为短柱、长柱和细长柱。一般将 $l_0/h \leqslant 5$ 的矩形截面柱定义为短柱,$5 < l_0/h \leqslant 30$ 的矩形截面柱定义为长柱,$l_0/h > 30$ 的矩形截面柱定义为细长柱。其中,短柱和长柱主要是由于控制截面材料达到强度极限而破坏,属于材料破坏;细长柱破坏则属于失稳破坏。

1. *短柱受压破坏*

根据偏心距大小及纵向钢筋配筋情况的不同,钢筋混凝土偏心受压构件破坏形态可分为大偏心受压破坏和小偏心受压破坏。两者均属于材料破坏。

(1)大偏心受压破坏(受拉破坏)。

大偏心受压破坏,主要发生在相对偏心距 e_0/h_0 较大,且受拉钢筋配筋率不高的偏心受压构件上。

在荷载作用下,构件截面受力表现为离纵向压力 N 较近的一侧受压,离纵向压力 N 较远的一侧受拉。随着荷载的不断增加,受拉侧混凝土率先出现横向裂缝,由于配筋率不高,受拉钢筋的应力增大较快;当受拉钢筋的应力达到屈服强度后,受压截面中和轴向受压区移动,受压区面积不断减小,受压区混凝土应力迅速增大,受压侧钢筋 A'_s 受压屈服,受压区混凝土应变达到极限压应变,构件破坏(图 7-5)。

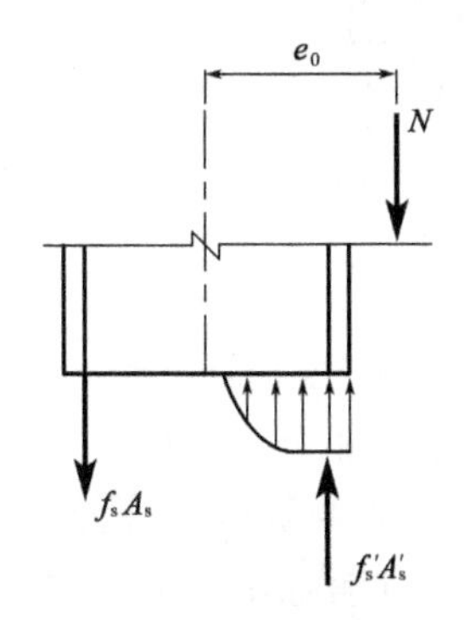

图 7-5 大偏心受压短柱的截面受力

短柱发生大偏心受压破坏的特征表现为:受拉钢筋的应力先达到屈服强度,受压混凝土被压坏。构件破坏前有明显的预兆,属于塑性破坏。

因为这种破坏一般发生在相对偏心距较大的情况,因此,称为大偏心受压破坏。又由于构件的承载力主要取决于受拉钢筋的强度和数量,故也称为受拉破坏。

(2)小偏心受压破坏(受压破坏)。

根据相对偏心距 e_0/h_0 及纵向钢筋配筋率的大小,小偏心受压短柱破坏包括以下几种情况:

①相对偏心距 e_0/h_0 较小,且离轴向力 N 较远一侧钢筋配筋率合理。

当相对偏心距 e_0/h_0 较小,且离轴向力 N 较远一侧钢筋配筋率合理时,构件全截面受压[图 7-6a)],不出现横向裂缝。构件破坏时,靠近轴向力一侧混凝土应变达到极限压应变而被压碎,同侧钢筋受压屈服,而另外一侧的钢筋可能达到抗压屈服强度,也可能未达到抗压屈服强度。

②相对偏心距 e_0/h_0 较小，或相对偏心距 e_0/h_0 较大而离轴向力 N 较远一侧钢筋数量较多。

当相对偏心距 e_0/h_0 较小，或相对偏心距 e_0/h_0 较大而离轴向力 N 较远一侧钢筋数量较多时，截面大部分受压，小部分受拉［图 7-6b)］。受拉区虽然可能出现横向裂缝，但出现得较晚，且开展不大。临近破坏时，受压区边缘混凝土附近出现纵向裂缝。构件破坏时，靠近纵向压力一侧混凝土应变达到极限压应变而被压碎，同侧钢筋受压屈服，离纵向压力较远一侧的受拉钢筋未达到其屈服强度。

③相对偏心距 e_0/h_0 很小，但离轴向力 N 较远一侧钢筋数量少，而靠近轴向力 N 一侧钢筋数量较多。

当相对偏心距 e_0/h_0 很小，但离轴向力 N 较远一侧钢筋数量少，而靠近轴向力 N 一侧钢筋数量较多时，截面的实际中和轴位置向钢筋数量较多一侧偏移，即实际的近力侧成为名义上的远力侧。如图 7-6c) 所示，0 点处为截面的几何中心位置，由于纵向钢筋布置及数量的问题，换算截面形心轴有可能位于 1 点处。原来离轴向力较远一侧的钢筋（钢筋数量少，名义远力侧）需要承担较大的压应力，该侧钢筋首先受压屈服，该侧混凝土压应变达到极限值而被压碎。靠近轴向力一侧（钢筋数量多，名义近力侧）的钢筋未屈服（俗称“反向破坏”）。

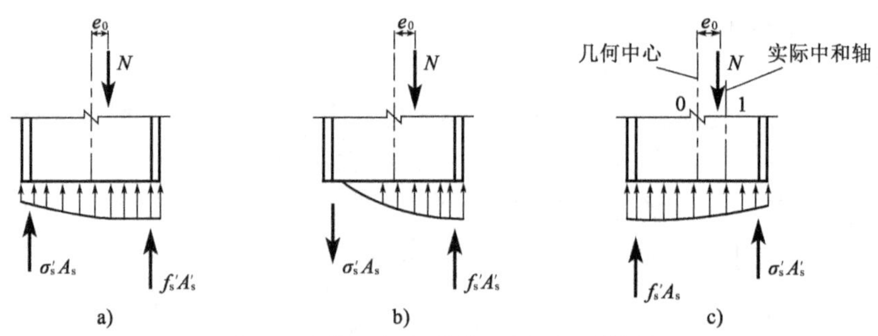

图 7-6　小偏心受压短柱截面受力的几种情况

a) 截面全部受压的应力图；b) 截面大部分受压的应力图；c) 离轴向力 N 较远一侧钢筋太少时的应力图

总之，小偏心受压构件破坏时，截面可能部分受压、部分受拉，也可能全截面受压。无论是哪种情况，其破坏都表现为：受压区边缘混凝土应变达到极限压应变被压碎，同侧钢筋屈服，而另一侧钢筋可能受拉也可能受压，但受拉时其应力未达到屈服强度。破坏前构件横向变形无明显的急剧增长，属于脆性破坏。

因为这种破坏一般发生在相对偏心距较小的情况，所以，称为小偏心受压破坏。又由于该破坏始于混凝土被压碎，也称为受压破坏。小偏心受压短柱破坏正截面承载力主要取决于受压混凝土抗压强度和受压钢筋强度。

2. 偏心受压构件的纵向弯曲

(1) 结构中的“二阶效应”。

结构中的“二阶效应”是指作用在结构上的重力或构件中的轴向压力在变形后的结构或构件中引起的附加内力和附加变形。一般可分为两类：

①结构侧移二阶效应（P-Δ 效应）。

结构侧移二阶效应是指竖向荷载在产生了侧移的框架中引起的附加内力和附加变

形,通常称为 $P\text{-}\Delta$(Δ 为层间侧向位移)效应,如图 7-7 所示。由重力在产生了侧移的结构中形成的整体二阶效应,也称“重力二阶效应”。

②杆件挠曲二阶效应($P\text{-}\delta$ 效应)。

轴向压力在挠曲杆件中产生的二阶效应($P\text{-}\delta$ 效应)是偏压杆件中由压力在产生了挠曲变形的杆件内引起的曲率和弯矩增量。对于在结构中反弯点位于柱高中部的偏压构件,$P\text{-}\delta$ 效应一般不会对杆件截面的偏心受压承载力产生不利影响。但是,对于反弯点不在杆件高度范围内(即沿杆件长度均为同号弯矩)的较细长偏压构件,经 $P\text{-}\delta$ 效应增大后的杆件中部弯矩有可能超过柱端控制截面的弯矩。此时,必须在截面设计中考虑 $P\text{-}\delta$ 效应的附加影响。

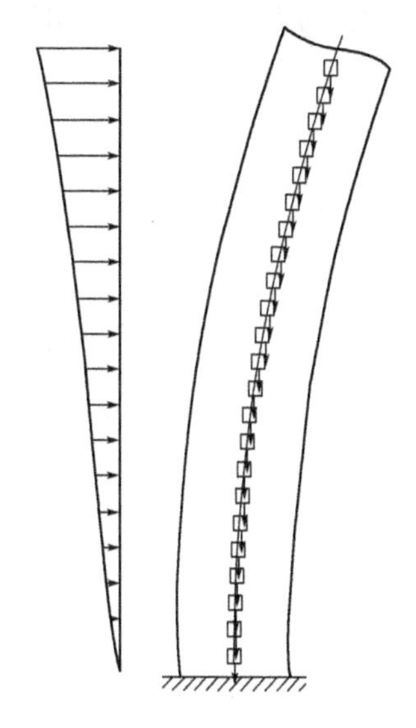

图 7-7 结构侧移二阶效应

严格地讲,考虑 $P\text{-}\Delta$ 效应和 $P\text{-}\delta$ 效应进行结构分析时,应考虑材料的非线性和裂缝、构件的曲率和层间侧移、荷载的持续作用、混凝土的收缩和徐变等因素。但要实现这样的分析,在目前条件下还比较困难,因此,工程分析中多采用简化的分析方法。

(2)偏心距增大系数。

对于长细比较大的偏心受压构件,由于轴向压力作用产生构件挠曲二阶弯矩,目前,国内外规范大多采用偏心距增大系数 η 与构件计算长度 l_0 相结合的方法进行简化计算。这种方法的基本思路为:首先以两端铰支等偏心距的受压标准构件为基础,通过试验分析,给出标准构件中点截面偏心距增大系数 η 的表达式,然后以计算长度 l_0 来体现与不同杆端约束条件下各偏心受压构件相应的标准构件长度,即用长度 l_0 的标准构件算出的 η 值使其能接近构件控制截面中二阶弯矩的实际情况。

《公路桥规》规定,当构件长细比 $l_0/i>17.5$ 或 $l_0/h>5$(矩形截面)、$l_0/d_1>4.4$(圆形截面)时,应考虑偏心受压构件的轴向力承载能力极限状态偏心距增大系数 η。

① 纵向弯曲产生的弯矩计算。

由图 7-8 可以看出,在偏心压力作用下,构件各截面所受的弯矩包括原来已承受的弯矩 $M_0=Ne_0$ 和附加弯矩(二阶弯矩)$M_1=Ny$。因此,构件的任一截面上由纵向弯曲产生的弯矩为

$$M_y = M_0 + M_{1y} = N(e_0 + y) = Ne_0\frac{e_0 + y}{e_0} \tag{7-1}$$

若纵向弯矩引起的柱段中段截面位移为 u,即 $y=u$,则有

$$M = Ne_0\frac{e_0 + u}{e_0} = Ne_0\left(1 + \frac{u}{e_0}\right) \tag{7-2}$$

令 $\eta=\dfrac{e_0+u}{e_0}$,则

$$M = N \cdot \eta e_0$$

式中,η 称为偏心受压构件考虑纵向挠曲影响(二阶效应)的轴向力偏心距增大系数。

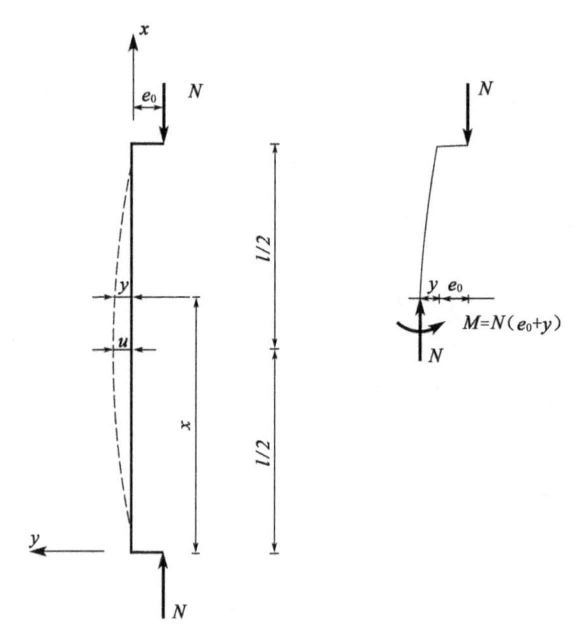

图 7-8　偏心受压构件纵向弯曲示意图

②偏心距增大系数的计算。

试验表明,两端铰支的偏心受压构件纵向弯曲曲线近似为正弦曲线,故假定弯曲挠度为

$$y = u\sin\frac{\pi x}{l} \qquad (0 \leqslant x \leqslant l)$$

则柱段中段截面曲率为

$$\psi = \left.\frac{\mathrm{d}^2 y}{\mathrm{d}x^2}\right|_{x=\frac{l}{2}} = -u\frac{\pi^2}{l^2}$$

因此

$$u = -\frac{l^2\psi}{\pi^2} \tag{7-3}$$

由于 $\eta = \dfrac{e_0 + u}{e_0}$,故有

$$\eta = \frac{e_0 - \dfrac{l^2\psi}{\pi^2}}{e_0} = 1 - \frac{l^2\psi}{e_0\pi^2} \tag{7-4}$$

若截面破坏时满足平截面假定,则截面曲率又可以表示为

$$\psi = \frac{\varepsilon_c + \varepsilon_s}{h_0} \tag{7-5}$$

将式(7-5)代入式(7-4)可得

$$\eta = 1 - \frac{l^2(\varepsilon_c + \varepsilon_s)}{e_0\pi^2 h_0} = 1 - \frac{\varepsilon_c + \varepsilon_s}{\dfrac{e_0}{h_0}\pi^2}\left(\frac{l}{h_0}\right)^2 \tag{7-6}$$

当发生界限破坏情况时，$\varepsilon_c = \varepsilon_{cu} = 0.0033$，$\varepsilon_s = 400/(2.0 \times 10^5) = 0.002$（按 HRB400 钢筋屈服强度标准值考虑），考虑徐变效应影响，混凝土应变增大系数取为 1.25，不考虑荷载偏心率、构件长细比对截面曲率的影响，则式(7-6)为

$$\eta = 1 - \frac{\varepsilon_c + \varepsilon_s}{\frac{e_0}{h_0}\pi^2}\left(\frac{l}{h_0}\right)^2$$

$$= 1 - \frac{1}{1610\frac{e_0}{h_0}}\left(\frac{l}{h_0}\right)^2 \tag{7-7}$$

式(7-7)是基于界限破坏得到的，对于没有达到界限破坏状态的构件，式(7-7)并不适用。例如当小偏心受压时，受拉侧钢筋未达到屈服强度，即 $\varepsilon_s < 0.002$。因此，需要对式(7-7)进行修正。《公路桥规》用 ζ_1 反映荷载偏心率对截面曲率的影响，ζ_2 反映构件长细比对截面曲率的影响，l_0 反映边界约束对截面曲率的影响。

《公路桥规》规定偏心距增大系数 η 计算表达式为

$$\eta = 1 + \frac{1}{1300 \times \frac{e_0}{h_0}}\left(\frac{l_0}{h}\right)^2\zeta_1\zeta_2 \tag{7-8}$$

$$\zeta_1 = 0.2 + 2.7\frac{e_0}{h_0} \leqslant 1.0 \tag{7-9a}$$

$$\zeta_2 = 1.15 - 0.01\frac{l_0}{h} \leqslant 1.0 \tag{7-9b}$$

式中：l_0——构件的计算长度，可参照表 7-1 或按《公路桥规》中“受压构件计算长度的简化计算公式”；

e_0——轴向力对截面重心的偏心距，20mm 和偏压方向截面最大尺寸的 1/30 两者之间的较大值；

h_0——截面的有效高度；

h——截面的高度，对圆形截面取 $h = d_1$，d_1 为圆形截面直径；

ζ_1——荷载偏心率对截面曲率的影响系数；

ζ_2——构件长细比对截面曲率的影响系数，不小于 0.85。

③构件计算长度 l_0 取值。

实际结构中的偏心受压构件不一定是受压标准构件，但是可以根据实际偏心受压构件的受力和变形特点将其等效为受压标准构件，其等效长度称为偏心受压构件的计算长度 l_0。计算长度 l_0 可按表 7-1 取用。

构件纵向弯曲计算长度 l_0 表 7-1

杆件	构件及其两端固定情况	计算长度 l_0
直杆	两端固定	$0.5l$
	一端固定，一端为不移动铰	$0.7l$
	两端均为不移动铰	$1.0l$
	一端固定，一端自由	$2.0l$

注：l 为构件支点间长度。

不满足表 7-1 约束条件的构件,可按《公路桥规》中“受压构件计算长度的简化计算公式”计算一般约束条件下构件的计算长度。

3. 大、小偏心受压的界限

由前文分析可知,受偏心距和纵向配筋情况的影响,偏心受压构件破坏时可能出现受压区边缘混凝土应变达到极限压应变值,而受拉纵向钢筋有可能屈服,也有可能未达到屈服应变的情况。因此,大、小偏心受压的界限状态为:受拉纵向钢筋达到屈服应变时,受压区边缘混凝土也同时达到极限压应变值。此时截面混凝土相对受压区高度称为相对界限受压区高度 ξ_b。偏心受压构件的破坏属于何种破坏形态,可以通过受压构件破坏时截面混凝土相对受压区高度 ξ 与相对界限受压区高度 ξ_b 的关系来确定。

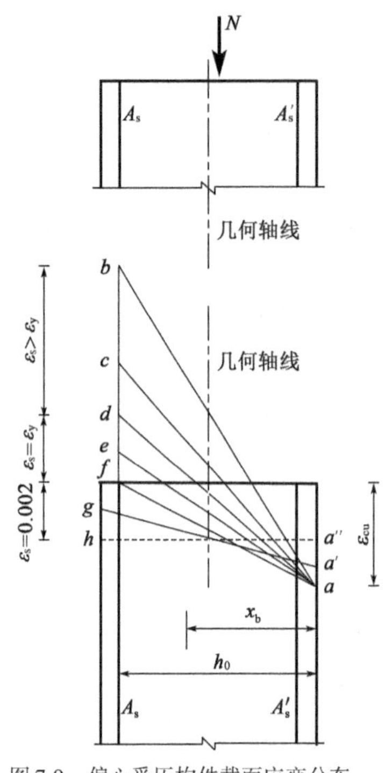

图 7-9 偏心受压构件截面应变分布

对于钢筋混凝土偏心受压构件,相对界限受压区高度 ξ_b 的取值与前文受弯构件承载力计算中 ξ_b 的取值一致。

试验表明,偏心受压构件受荷全过程中截面应变基本满足平截面假定,图 7-9 所示为破坏时偏心受压构件截面应变分布情况。图中斜线 ad 代表发生界限破坏时的应变分布,对应的相对界限受压区高度为 $\xi_b=\dfrac{x_b}{h_0}$;图 7-9 中斜线 ab、ac 代表大偏心受压破坏时的应变,即 $\xi=\dfrac{x}{h_0}\leqslant\xi_b$;图 7-9 中斜线 ae 代表小偏心受压(一部分受压,一部分受拉)破坏时的应变,即 $\xi_b<\xi=\dfrac{x}{h_0}<1$;图 7-9 中斜线 af、$a'g$ 代表小偏心受压(全截面受压)破坏时的应变,即 $\xi=\dfrac{x}{h_0}\geqslant1$。

4. 偏心受压构件的 M-N 相关曲线

对于偏心受压构件,作用在构件上的荷载只有压力,计算分析时的弯矩是由具有一定偏心的纵向压力产生的,因此,弯矩不是独立存在的,当纵向压力的大小和作用位置一定时,就必然存在且唯一存在一个对应的弯矩。如图 7-10 所示,纵坐标代表纵向压力 N,横坐标代表由纵向压力偏心产生的弯矩 M,曲线 abc 代表受压构件的极限状态。可以看出,当 N 一定时,在曲线 abc 上有唯一对应的弯矩 M;但是,当 M 一定时,在曲线 abc 上对应两个 N 值,这是由不同受压构件纵向压力的偏心距不同造成的。

分析图 7-10 可以看出,其正截面承载具有以下特点:

(1)M-N 相关曲线上的任一点代表截面处于正截面承载力极限状态时的一种内力组合。若一组内力(M,N)在曲线内侧,则说明截面未达到极限状态,结构是安全的。

(2)b 点处截面能够承担的弯矩最大,该点近似为界限破坏;ab 段为大偏心受压,受拉破坏;bc 段为小偏心受压,受压破坏。

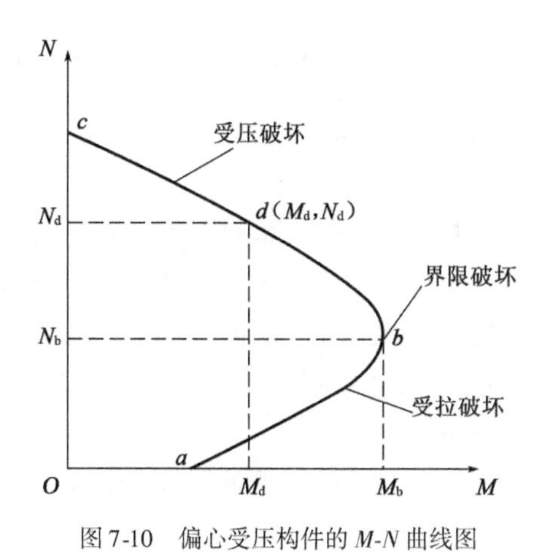

图7-10 偏心受压构件的 M-N 曲线图

7.2 轴心受压构件正截面承载力计算

7.2.1 普通箍筋柱

1. 计算公式

轴心受压柱的承载力由混凝土和钢筋两部分提供。根据轴向力平衡,钢筋混凝土短柱破坏时的轴心压力 P_s 为

$$P_s = f_{cd}A + f'_{sd}A'_s \tag{7-10}$$

钢筋混凝土长柱的承载力低于相同条件下短柱的承载力,承载力的大小与构件的长细比有关,长细比越大,承载力越小。在进行承载力计算时,引入稳定系数 φ 来表示长柱承载力降低的程度。

$$\varphi = \frac{P_l}{P_s} = \frac{\pi^2 \beta_1 E_c}{f_{cd} + f'_{sd}\rho'} \cdot \frac{1}{\lambda^2} \tag{7-11}$$

式中:P_s——短柱破坏时的轴心压力;

P_l——与短柱有相同截面、配筋和材料的长柱失稳时的轴心压力,$P_l = \dfrac{\pi^2 \beta_1 E_c I_c}{l_0^2}$;

l_0——柱的计算长度,按《公路钢筋混凝土及预应力混凝土桥涵设计规范》(JTG 3362—2018)附录E的规定取值;

β_1——柱刚度折减系数;对于钢筋混凝土来说,长柱失稳时截面一般已经开裂,刚度与未开裂前相比大大降低,因此,采用折减系数方法计算开裂后截面刚度,即将开裂前刚度 E_cI_c 乘柱刚度折减系数 β_1,得到开裂后刚度为 $\beta_1E_cI_c$;

E_cI_c——柱截面的抗弯刚度;

λ——构件长细比,$\lambda = l_0/i$,$i = \sqrt{I_c/A}$;

ρ'——截面配筋率，$\rho' = \frac{A'_s}{A}$，A 为柱混凝土截面面积，A'_s 为纵向钢筋截面面积。

f_{cd}——混凝土轴心抗压强度设计值；

f'_{sd}——纵向普通钢筋抗压强度设计值。

由式(7-11)可以看出，当柱的材料和截面配筋率一定时，φ 值随着长细比 λ 的增加而减小，相应的长柱破坏时临界力 P_l 也减小。稳定系数 φ 值可按附表1-10计算。

从附表1-10可以看出，当长细比 $l_0/i \leqslant 28$ 时，稳定系数 $\varphi \approx 1$，说明此时柱的承载力没有降低，即该柱为短柱。因此，可以将短柱和长柱的承载力计算公式统一为稳定系数 φ 乘短柱承载力的形式，即 $N_u = \varphi P_s$。

《公路桥规》规定：配有纵向受力钢筋和普通箍筋的轴心受压构件(包括短柱和长柱)正截面承载力按式(7-12)计算：

$$\gamma_0 N_d \leqslant N_u = 0.9\varphi(f_{cd}A + f'_{sd}A'_s) \tag{7-12}$$

式中：N_d——轴向压力组合设计值；

φ——轴心受压构件稳定系数，按附表1-10取用；

A——构件毛截面面积，当纵向钢筋配筋率 $\rho' = \frac{A'_s}{A} > 3\%$ 时，A 应改用混凝土截面净面积 $A_n = A - A'_s$；

A'_s——纵向钢筋截面面积。

2.正截面承载力计算

普通箍筋柱的正截面承载力计算包括截面设计和截面复核两部分。

(1)截面设计。

已知：构件的截面尺寸 $b \times h$、计算长度 l_0、混凝土轴心抗压强度设计值 f_{cd}、钢筋抗压强度设计值 f'_{sd}、轴向压力组合设计值 N_d、环境条件和安全等级。

设计内容：纵向钢筋截面面积 A'_s。

计算流程如图7-11所示。

(2)截面复核。

已知：构件的截面尺寸 $b \times h$、计算长度 l_0、纵向受压钢筋的截面面积 A'_s、混凝土轴心抗压强度设计值 f_{cd}、钢筋抗压强度设计值 f'_{sd}、轴向压力组合设计值 N_d、环境条件和安全等级。

复核内容：截面承载力 N_u。

计算流程如图7-12所示。

3.构造要求

(1)截面尺寸。

轴心受压构件截面尺寸不宜小于250mm。截面尺寸越小，构件的长细比越大，相应的稳定系数 φ 值越小，构件的承载力会越小，材料强度不能够被充分利用。

(2)钢筋。

配有普通箍筋(或螺旋筋)的轴心受压构件(钻/挖孔桩除外)，其钢筋设置应符合下列规定：

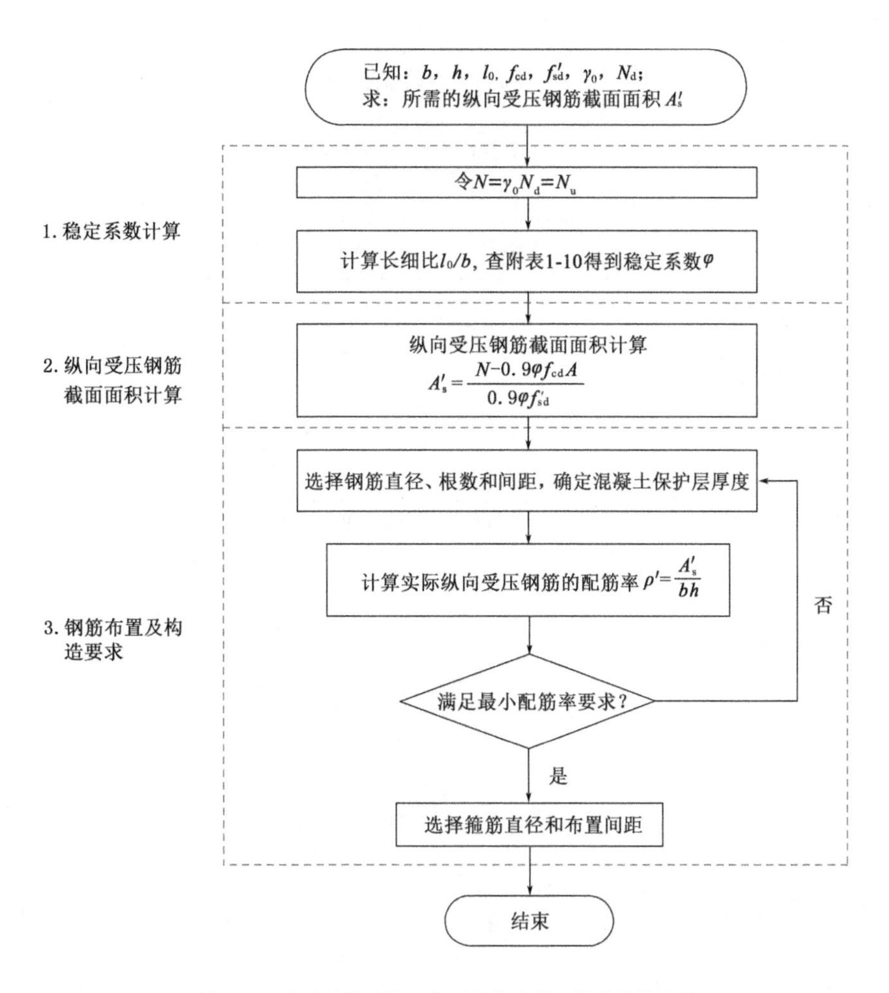

图7-11　普通箍筋柱的正截面承载力截面设计计算流程

①纵向受力钢筋一般采用HRB400热轧钢筋，箍筋一般采用HPB300热轧钢筋。

②纵向受力钢筋的直径应不小于12mm，净距不应小于50mm，且不应大于350mm；水平浇筑的预制件的纵向钢筋的最小净距采用受弯构件的规定要求。

③构件的最小配筋率应满足要求。全部纵向钢筋的配筋率不应小于0.5，当混凝土强度等级为C50及以上时不应小于0.6；同时，一侧钢筋的配筋率不应小于0.2。另外，构件的全部纵向钢筋配筋率不宜超过5。

④箍筋应做成闭合式，其直径不应小于纵向钢筋直径的1/4，且不小于8mm。

⑤箍筋间距不应大于纵向受力钢筋直径的15倍，不大于构件短边尺寸（圆形截面采用直径的80%）且不大于400mm。纵向受力钢筋搭接范围内的箍筋间距采用受弯构件的规定要求。另外，当纵向钢筋截面面积大于混凝土截面面积3%时，箍筋间距不应大于纵向钢筋直径的10倍，且不大于200mm。

⑥构件内纵向受力钢筋应设置于与角筋（位于箍筋折角处的纵向钢筋被定义为角筋）中心距离S不大于150mm或15倍箍筋直径（取较大者）范围内，如超出此范围设置纵向受力钢筋，应设复合箍筋（图7-13）。相邻箍筋的弯钩接头，在纵向应错开布置。

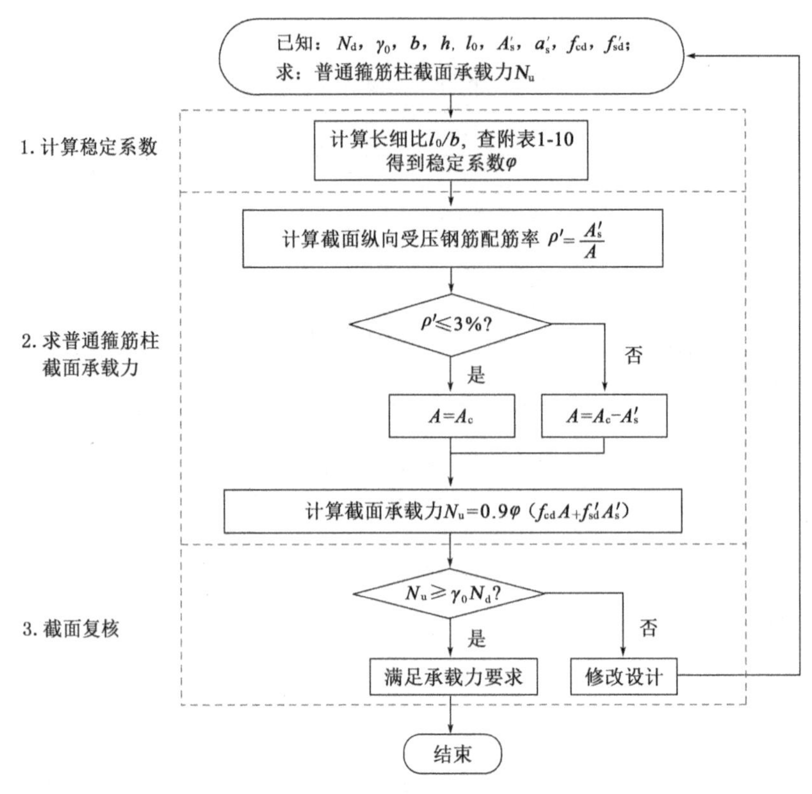

图 7-12　普通箍筋柱的正截面承载力截面复核计算流程

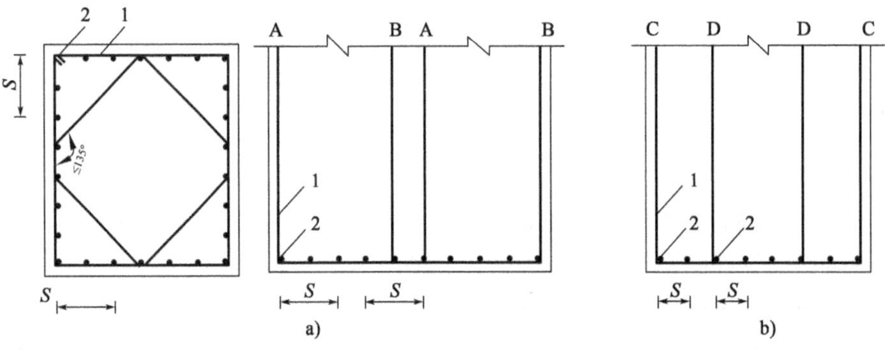

图 7-13　柱内复合箍筋布置

a) S 内设三根纵向受力钢筋；b) S 内设两根纵向受力钢筋

1-箍筋；2-角筋；A、B、C、D-箍筋编号

例 7-1　预制的钢筋混凝土轴心受压构件截面尺寸为 $b\times h=300\text{mm}\times 400\text{mm}$，计算长度 $l_0=4.5\text{m}$。采用 C30 级混凝土，HRB400 级钢筋(纵向钢筋)和 HPB300 级钢筋(箍筋)。作用的轴向压力组合设计值 $N_d=1900\text{kN}$，Ⅰ类环境条件，设计使用年限 50 年，安全等级为二级，试进行构件的截面设计。

解：1. 稳定系数计算

轴心受压构件截面短边尺寸 $b=300\text{mm}$，则计算长细比：

$$\lambda=\frac{l_0}{b}=\frac{4.5\times10^3}{300}=15$$

查附表1-10可得到稳定系数 $\varphi=0.895$。

2. 纵向受压钢筋截面面积计算

混凝土抗压强度设计值 $f_{cd}=13.8\text{MPa}$,纵向钢筋的抗压强度设计值 $f'_{sd}=330\text{MPa}$,现取轴向压力计算值 $N=\gamma_0 N_d=1900\text{kN}$,纵向钢筋截面面积 A'_s 为

$$A'_s=\frac{1}{f'_{sd}}\left(\frac{N}{0.9\varphi}-f_{cd}A\right)$$

$$=\frac{1}{330}\times\left[\frac{1900\times10^3}{0.9\times0.895}-13.8\times(300\times350)\right]$$

$$\approx2757(\text{mm}^2)$$

3. 钢筋布置及构造设计

纵向钢筋选取为8Φ22,则 $A'_s=3041\text{mm}^2$,布置形式如图7-14所示。

截面配筋率

$$\rho'=\frac{A'_s}{A}=\frac{3041}{300\times350}\approx2.90\%>\rho'_{min}=0.5\%$$,且 $\rho'<\rho'_{max}=5\%$

截面一侧的纵筋配筋率

$$\rho'=\frac{1140}{300\times350}=1.09\%>\rho'_{min}=0.2\%$$

纵向钢筋距截面边缘净距

$c=45-25.1/2\approx32.5(\text{mm})>20\text{mm}$ 且 $c>d=25\text{mm}$

截面短边方向上的纵向钢筋间距

$S_n=(300-2\times32.5-3\times25.1)/2\approx80(\text{mm})>50\text{mm}$,且 $S_n<350\text{mm}$。

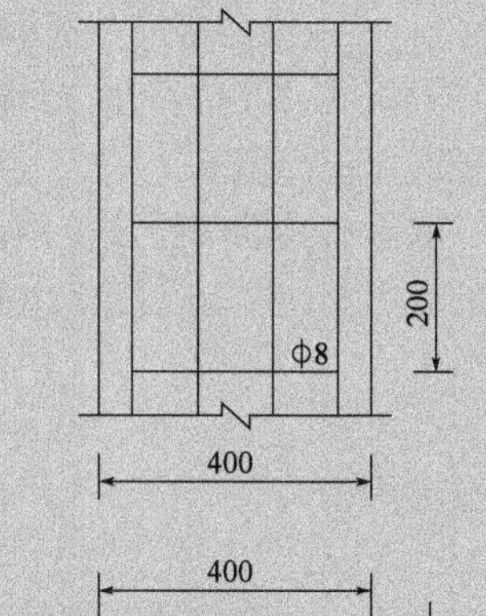

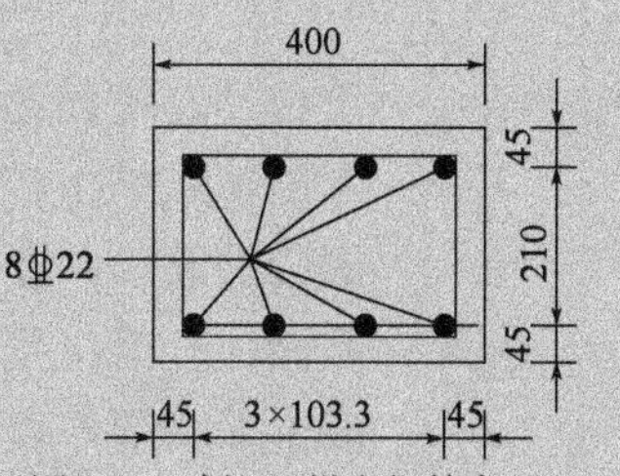

图7-14 例7-1纵向钢筋布置(尺寸单位:mm)

由以上分析可知,纵向受力钢筋布置满足规范要求。

箍筋采用Φ8,满足直径大于 $\frac{1}{4}d=\frac{1}{4}\times22=5.5(\text{mm})$,且不小于8mm的要求。

箍筋间距采用 $S=300\text{mm}$,满足 $S\leqslant15d=15\times22=330(\text{mm})$,$S\leqslant b=300\text{mm}$,$S\leqslant400\text{mm}$ 的要求。

箍筋距截面边缘净距

$$c_g=45-25.1/2-8=24.45(\text{mm})>20\text{mm}\ 且>d=8\text{mm}$$

7.2.2 螺旋箍筋柱

1. 计算公式

由螺旋箍筋柱的破坏机理可知,螺旋箍筋柱的承载力主要由核心混凝土和受压钢筋

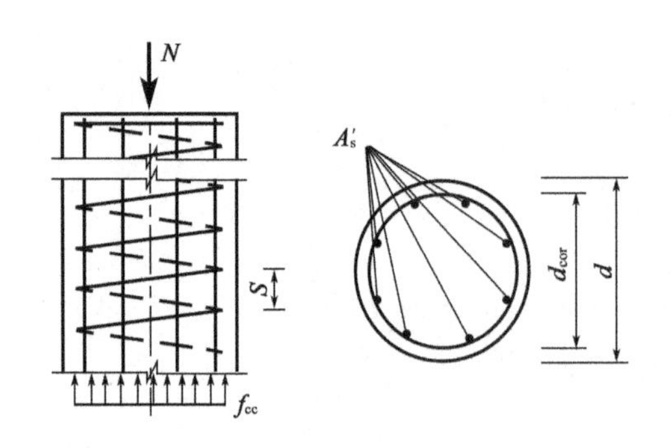

图 7-15　螺旋箍筋柱受力计算图式

提供(图 7-15),由平衡条件可得到:

$$N_u = f_{cc}A_{cor} + f'_sA'_s \tag{7-13}$$

式中:f_{cc}——处于三向压应力作用下核心混凝土的抗压强度,$f_{cc} = f_c + 2k\sigma_2$;其中,$k$ 为间接钢筋影响系数,混凝土强度等级为 C50 及以下时,取 $k = 2.0$,等级为 C50 ~ C80 时,取 $k = 2.0 \sim 1.70$,中间值直线插入取用;σ_2 为作用于核心混凝土的径向压应力值。

A_{cor}——核心混凝土面积。

f'_s——纵向钢筋抗压强度。

A'_s——纵向钢筋截面面积。

分析式(7-13)可知,要计算螺旋箍筋柱的承载力 N_u,必须先确定作用于核心混凝土的径向压应力值 σ_2。

取螺旋箍筋间距 S 范围内钢筋混凝土柱为研究对象,分析沿圆柱的直径切开后的箍筋的受力如图 7-16 所示(忽略箍筋间距 S 对箍筋长度的影响),由平衡条件可得

$$2\int_0^{\frac{\pi}{2}} \sigma_2 S \frac{d_{cor}}{2} \sin\theta \mathrm{d}\theta - 2f_sA_{s01} = 0$$

积分后可得

$$\sigma_2 = \frac{2f_sA_{s01}}{d_{cor}S} \tag{7-14}$$

式中:A_{s01}——单根螺旋箍筋的截面面积;

f_s——螺旋箍筋的抗拉强度;

S——螺旋箍筋的间距;

d_{cor}——截面核心混凝土的直径,$d_{cor} = d - 2c$,c 为纵向钢筋至柱截面边缘的径向混凝土保护层厚度。

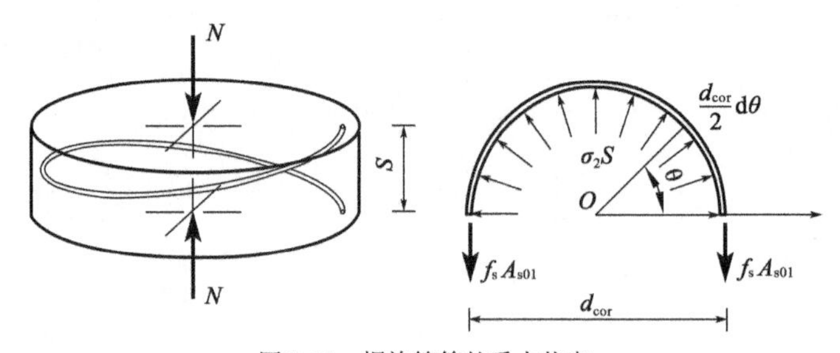

图 7-16　螺旋箍筋的受力状态

若令 $A_{s0} = \frac{\pi d_{cor}A_{s01}}{S}$,则式(7-14)可表示为

$$\sigma_2 = \frac{f_sA_{s0}}{2A_{cor}} \tag{7-15}$$

式中:A_{s0}——螺旋箍筋柱的间接钢筋换算截面面积,即将间距为 S 的螺旋箍筋按钢筋体积相等的原则换算成纵向钢筋的截面面积:$\pi d_{cor}A_{s01} = A_{s0}S$。

将式(7-15)代入式(7-13),可得计算式:

$$N_u = f_c A_{cor} + k f_s A_{s0} + f'_s A'_s$$

考虑混凝土为非均质材料,因此《公路钢筋混凝土及预应力混凝土桥涵设计规范》(JTG 3362—2018)规定螺旋箍筋柱正截面承载力计算公式为

$$\gamma_0 N_d \leqslant N_u = 0.9(f_{cd} A_{cor} + k f_{sd} A_{s0} + f'_{sd} A'_s) \tag{7-16}$$

2. 相关规定

《公路桥规》对于式(7-16)的使用有如下规定:

(1)螺旋箍筋柱的承载力计算值不应大于按普通箍筋柱计算公式得到的承载力的150%,目的是保证在使用荷载作用下,螺旋箍筋混凝土保护层不致过早剥落。即

$$0.9(f_{cd} A_{cor} + k f_{sd} A_{s0} + f'_{sd} A'_s) \leqslant 1.35\varphi(f_{cd} A + f'_{cd} A'_s)$$

(2)当出现下列情况时,按普通箍筋柱计算公式计算构件的承载力。

①构件长细比过大。当构件长细比 λ 过大时$\left[\lambda = \frac{l_0}{i} \geqslant 48\right.$($i$ 为截面最小回转半径),或 $\left.\lambda = \frac{l_0}{d} \geqslant 12\right.$($d$ 为圆形截面直径)],螺旋箍筋不能发挥其作用。

②按螺旋箍筋柱计算的构件承载力小于按普通箍筋柱计算的构件承载力,应按普通箍筋柱计算的构件承载力。造成这个结果的原因是螺旋箍筋外面的混凝土保护层厚度较大,按螺旋箍筋柱计算的构件承载力未考虑此部分混凝土的作用,计算时采用的混凝土核心面积相对较小。

③螺旋箍筋配置得太少。当 $A_{s0} < 0.25A'_s$ 时,按普通箍筋柱计算构件的承载力。

3. 构造要求

(1)螺旋箍筋柱的纵向钢筋应沿圆周均匀分布,其截面面积应不小于箍筋圈内核心截面面积的0.5%。常用的配筋率 $\rho' = A'_s / A_{cor}$ 在0.8%~1.2%之间。

(2)构件核心混凝土截面面积 A_{cor} 应不小于构件整个截面面积 A 的2/3。

(3)螺旋箍筋的直径不应小于纵向钢筋直径的1/4,且不小于8mm,一般采用8~12mm。为了保证螺旋箍筋的作用,螺旋箍筋的间距 S 应满足:

①S 应不大于核心混凝土直径 d_{cor} 的1/5,即 $S \leqslant \frac{1}{5} d_{cor}$;

②S 应不大于80mm,且不应小于40mm,以便施工。

例7-2 圆形截面轴心受压构件直径 $d = 500$mm,计算长度 $l_0 = 2.1$m。混凝土强度等级为C30,纵向钢筋采用HRB400级钢筋,箍筋采用HPB300级钢筋,轴心压力组合设计值 $N_d = 2710$kN。Ⅰ类环境条件,设计使用年限50年,安全等级为二级,试按照螺旋箍筋柱进行设计和截面复核。

解:混凝土抗压强度设计值 $f_{cd} = 13.8$MPa,HRB400级钢筋抗压强度设计值 $f'_{sd} = 330$MPa,HPB300级钢筋抗拉强度设计值 $f_{sd} = 250$MPa。轴心压力计算值 $N = \gamma_0 N_d = 2710$kN。

1. 截面设计

由于长细比 $\lambda = l_0/d = 2100/500 = 5.25 < 12$，故可以按螺旋箍筋柱设计。

（1）计算所需的纵向钢筋截面面积。

取纵向钢筋中心至构件表面的距离为 $c = 40\text{mm}$，则可得到

混凝土核心直径

$$d_{cor} = d - 2c = 500 - 2 \times 40 = 420(\text{mm})$$

柱截面面积

$$A = \frac{\pi d^2}{4} = \frac{3.14 \times 500^2}{4} = 196250\ (\text{mm}^2)$$

混凝土核心截面面积

$$A_{cor} = \frac{\pi d_{cor}^2}{4} = \frac{3.14 \times 420^2}{4} = 138474\ (\text{mm}^2) > \frac{2}{3}A \approx 130833\ \text{mm}^2$$

假定纵向钢筋配筋率 $\rho' = 0.012$，则可得到

$$A'_s = \rho' A_{cor} = 0.012 \times 138474 \approx 1661.7(\text{mm}^2)$$

现选用 9Φ16，$A'_s = 1810\ \text{mm}^2$。

（2）确定箍筋的直径和间距 S。

取 $N_u = N_d = 2710\text{kN}$，螺旋箍筋换算截面面积 A_{s0} 为

$$A_{s0} = \frac{N_d/0.9 - f_{cd}A_{cor} - f'_{sd}A'_s}{kf_{sd}}$$

$$= \frac{2710000/0.9 - 13.8 \times 138474 - 330 \times 1810}{2 \times 250}$$

$$\approx 1006\ (\text{mm}^2) > 0.25A'_s = 0.25 \times 1810 = 452.5\ (\text{mm}^2)$$

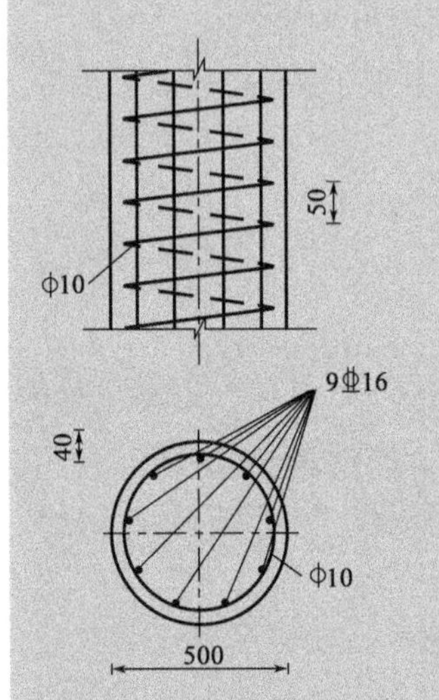

图 7-17　例 7-2 图(尺寸单位:mm)

选用 Φ10 单肢箍筋，则截面面积 $A_{s01} = 78.5\ \text{mm}^2$。螺旋箍筋所需的间距为

$$S = \frac{\pi d_{cor} A_{s01}}{A_{s0}} = \frac{3.14 \times 420 \times 78.5}{1006} \approx 103(\text{mm})$$

根据构造要求，间距 S 应满足 $S \leqslant d_{cor}/5 = 84\text{mm}$ 且 $S \leqslant 80\text{mm}$，故取 $S = 50\text{mm} > 40\text{mm}$。

截面设计布置如图 7-17 所示。

2. 截面复核

经复核，图 7-17 所示截面构造布置符合构造要求。实际设计截面的 $A_{cor} = 138474\ \text{mm}^2$，$A'_s = 1810\ \text{mm}^2$，则

$$\rho' = \frac{1810}{138474} \approx 1.3\% > 0.5\%$$

$$A_{s0}=\frac{\pi d_{cor}A_{s01}}{S}=\frac{3.14\times420\times78.5}{50}\approx2070.5\ (\mathrm{mm}^2)$$

则

$$\begin{aligned}N_u&=0.9(f_{cd}A_{cor}+kf_{sd}A_{s0}+f'_{sd}A'_s)\\&=0.9\times(13.8\times138474+2\times250\times2070.5+330\times1810)\\&\approx3189.1(\mathrm{kN})>N_d=2710\mathrm{kN}\end{aligned}$$

检查混凝土保护层是否会剥落，由式(7-12)可得到

$$\begin{aligned}N'_u&=0.9\varphi(f_{cd}A+f'_{sd}A'_s)\\&=0.9\times(13.8\times196250+330\times1810)\\&\approx2975(\mathrm{kN})\end{aligned}$$

$1.5N'_u=1.5\times2975\approx4463(\mathrm{kN})>N_u=3189.1\mathrm{kN}$，故混凝土保护层不会剥落。

7.3 矩形截面偏心受压构件正截面承载力计算

受弯矩作用对构件承载力的影响，计算偏心受压构件正截面承载力时需要分别考虑弯矩作用平面内和垂直于弯矩作用平面两个方向上的承载力，其中弯矩作用平面内截面的承载力需要考虑弯矩对其的影响，而垂直于弯矩作用平面截面的承载力则按轴心受压构件计算。弯矩作用的平面示意如图7-18所示。

偏心受压构件的正截面承载力计算基本假定与受弯构件基本相同：

(1)截面应变分布符合平截面假定；

(2)不考虑混凝土的抗拉强度；

(3)受压混凝土的极限压应变 $\varepsilon_{cu}=0.0033\sim0.003$；

(4)计算用的混凝土压应力采用等效矩形应力图，应力为f_{cd}，矩形应力图的高度 $x=\beta x_c$。

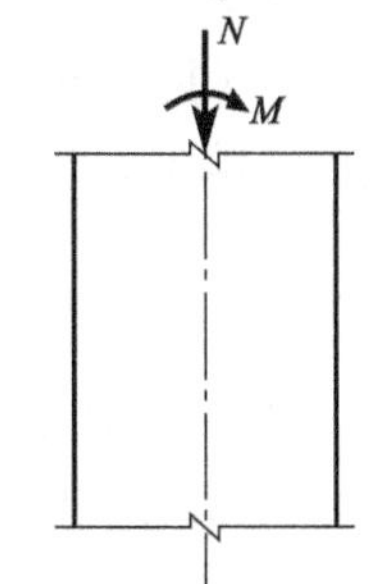

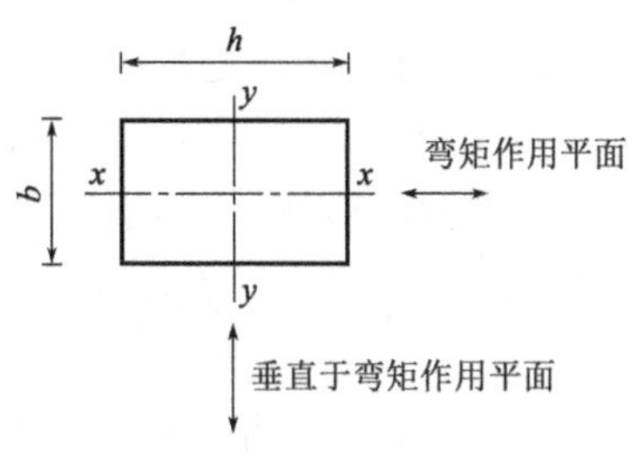

图7-18　矩形截面偏心受压构件的弯矩作用平面示意

7.3.1 基本公式及适用条件

矩形截面是工程中应用最广泛的构件之一，其截面长边边长为 h，短边边长为 b。考虑抗弯要求，设计中一般将长边方向的截面主轴面作为弯矩作用平面，短边方向作为垂直于弯矩作用平面的平面。纵向钢筋一般沿两个短边布置，如图7-19所示。图中 A_s 代表距离偏心压力较远一侧的钢筋截面面积，A'_s 代表

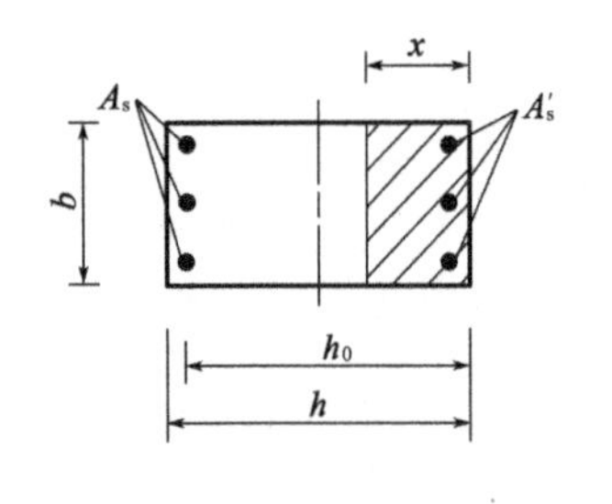

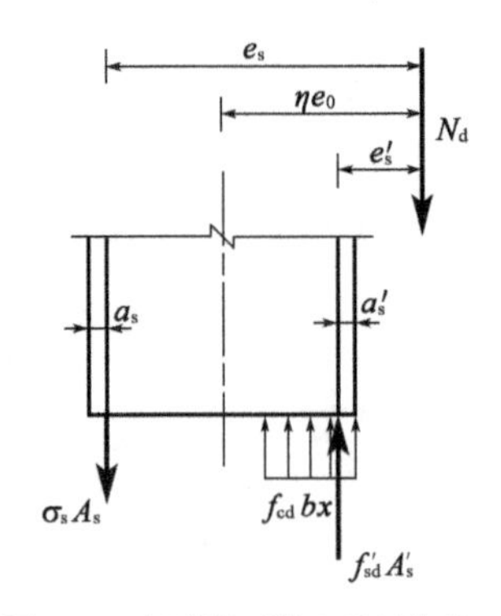

图 7-19　矩形截面偏心受压构件正截面承载力计算图式

距离偏心压力较近一侧的钢筋截面面积。

1. 计算公式

根据力的平衡条件、各力对受拉(压)钢筋合力点以及对偏心压力作用点取矩的力矩平衡条件,可以得到以下基本计算公式:

(1)沿构件纵轴方向的内外力之和为零。

$$\gamma_0 N_d \leqslant N_u = f_{cd}bx + f'_{sd}A'_s - \sigma_s A_s \tag{7-17}$$

(2)对钢筋 A_s 合力点的力矩之和等于零。

$$\gamma_0 N_d e_s \leqslant N_u e_s = f_{cd}bx\left(h_0 - \frac{x}{2}\right) + f'_{sd}A'_s(h_0 - a'_s) \tag{7-18}$$

(3)对钢筋 A'_s 合力点的力矩之和等于零。

$$\gamma_0 N_d e'_s \leqslant N_u e'_s = -f_{cd}bx\left(\frac{x}{2} - a'_s\right) + \sigma_s A_s(h_0 - a'_s) \tag{7-19}$$

(4)对偏心压力作用点力矩之和为零。

$$f_{cd}bx\left(e_s - h_0 + \frac{x}{2}\right) = \sigma_s A_s e_s - f'_{sd}A'_s e'_s \tag{7-20}$$

式中:x——混凝土受压区高度;

e_s、e'_s——偏心压力 $\gamma_0 N_d$ 作用点至钢筋 A_s 合力作用点和钢筋 A'_s 合力作用点的距离;

e_0——轴向力对截面重心轴的偏心距,$e_0 = M_d/N_d$。

2. 适用条件讨论

(1)关于纵向弯曲的影响。

纵向弯曲的影响通过偏心距增大系数的形式考虑,即

$$e_s = \eta e_0 + h/2 - a_s \tag{7-21}$$

$$e'_s = \eta e_0 - h/2 + a'_s \tag{7-22}$$

式中:η——偏心距增大系数。

(2)关于大、小偏心受压构件的判断。

当 $\xi = x/h_0 \leqslant \xi_b$ 时,构件属于大偏心受压构件;

当 $\xi = x/h_0 > \xi_b$ 时,构件属于小偏心受压构件。

(3)关于距离偏心压力较近一侧的钢筋 A'_s 的应力 σ'_s 取值。

对于矩形截面偏心受压构件,不管是大偏心受压构件还是小偏心受压构件,只要构件发生的是材料破坏,就都是受压区边缘混凝土应变达到极限压应变,该侧钢筋 A'_s 应力 σ'_s 达到抗压强度设计值 f'_{sd},因此基本计算公式中直接取

$$\sigma'_s = f'_{sd}$$

(4)关于距离偏心压力较远一侧的钢筋 A_s 的应力 σ_s 取值。

对于矩形截面偏心受压构件,构件破坏时,距离偏心压力较远一侧的钢筋 A_s 应力可能受拉,也可能受压;可能达到抗拉(压)强度设计值,也可能未达到抗拉(压)强度设计

值,具体的大小与构件的受力性质有关:

①当 $\xi = x/h_0 \leqslant \xi_b$ 时,构件属于大偏心受压构件,取:

$$\sigma_s = f_{sd}(拉应力)$$

②当 $\xi = x/h_0 > \xi_b$ 时,构件属于小偏心受压构件,根据平截面假定,可得:

$$\sigma_{si} = \varepsilon_{cu} E_s \left(\frac{\beta h_{0i}}{x} - 1 \right) \tag{7-23}$$

式中:σ_{si}——第 i 层普通钢筋的应力,且 $-f'_{sd} \leqslant \sigma_{si} \leqslant f_{sd}$,按公式计算正值表示拉应力;

E_s——受拉钢筋的弹性模量;

h_{0i}——第 i 层普通钢筋截面重心至受压较大边边缘的距离;

x——截面受压区高度。

(5)为了保证构件破坏时受压钢筋应力能达到抗压强度设计值 f'_{sd},要求满足:

$$x \geqslant 2a'_s$$

当 $x < 2a'_s$ 时,近似取 $x = 2a'_s$。受压区混凝土所承担的压力作用位置与受压钢筋承担的压力 $f'_{sd}A'_s$ 作用位置重合($\xi \leqslant \xi_b$ 为大偏心受压构件),式(7-19)可以写成:

$$\gamma_0 N_d e'_s \leqslant N_u e'_s = f_{sd} A_s (h_0 - a'_s) \tag{7-24}$$

(6)"反向破坏"时。

对于小偏心受压构件,为了防止发生"反向破坏",应满足下列条件:

$$\gamma_0 N_d e'_s \leqslant N_u e'_s = f_{cd} bh \left(h'_0 - \frac{h}{2} \right) + f'_{sd} A_s (h'_0 - a_s) \tag{7-25}$$

式中:h'_0——纵向钢筋 A'_s 合力点离偏心压力较远一侧边缘的距离,即 $h'_0 = h - a'_s$(图7-20);而 $e'_s = h/2 - e_0 - a'_s$。

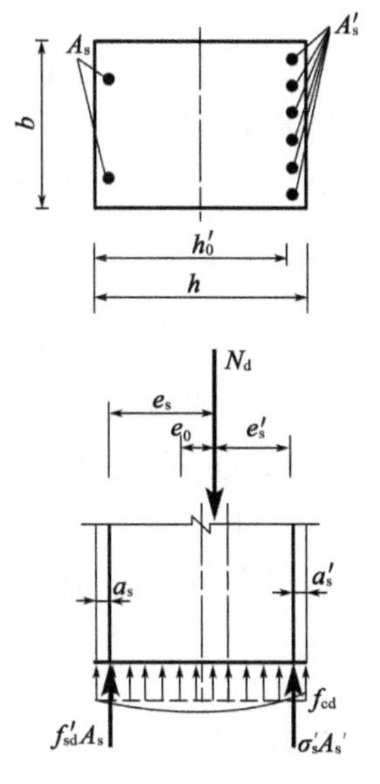

图7-20 偏心距很小时截面计算图式

(7)配筋率。

一侧纵筋:

$$\rho = \frac{A_s}{bh} \geqslant \rho_{min} = 0.002$$

$$\rho' = \frac{A'_s}{bh} \geqslant \rho'_{min} = 0.002$$

全部纵筋:

$$\rho = \frac{A_s + A'_s}{bh} \geqslant 0.005$$

7.3.2 计算方法

矩形截面偏心受压构件正截面承载力计算包括截面设计和截面复核两部分。截面设计主要是计算截面需要配置钢筋的数量及布置形式,截面复核主要是针对已完成的钢筋数量配置和布置设计的构件进行正截面承载力的验算。

1. 截面设计

设计截面时,通常荷载产生的内力 N_d 和 M_d(或 N_d 和 e_0)及材料强度为已知,构件计算长度也已知,截面形状和尺寸按照刚度与构造要求参照同类结构物预先拟定。主要需要做的工作是利用基本计算公式计算截面需要的配筋(钢筋数量和布置形式)。

(1)大、小偏心受压构件的初步判定。

由前文的基本计算公式可知,在进行配筋计算前,首先需要判定构件截面属于哪一种偏心受压情况。其判别条件是:$\xi \leqslant \xi_b$ 为大偏心受压,$\xi > \xi_b$ 为小偏心受压。但是在截面设计阶段,由于配筋 A_s 和 A'_s 未知,ξ 无法计算。故上述方法无法直接判别构件截面属于大偏心受压还是小偏心受压。

对于钢筋混凝土偏心受压构件,如果采用常用混凝土强度等级和 HPB300、HRB400、RRB400 级钢筋,截面设计时,为初步判别大、小偏心受压,取 $\eta e_0/h_0 = 0.3$ 为判别条件。即当 $\eta e_0 > 0.3h_0$ 时,可先按大偏心受压构件设计,计算出实际的受压区高度后,再按 $\xi \leqslant \xi_b$ 判别。当 $\eta e_0 \leqslant 0.3h_0$ 时,按小偏心受压构件设计。

(2)大偏心受压构件配筋计算。

初步判别构件为大偏心受压后,按大偏心受压构件的计算公式进行配筋计算,计算包括两种情况:

第一种情况:受压钢筋 A'_s 及受拉钢筋 A_s 均未知。

由于只有两个独立基本计算公式,但存在 3 个未知数(A'_s、A_s 和 x),所以不能得到唯一解。因此,考虑增加补充条件:与受弯构件双筋矩形截面配筋计算类似,考虑构件 A'_s 用量最少,取 $\xi = \xi_b$。

将 $\xi = \xi_b$ 代入式(7-18),并令 $N = \gamma_0 N_d$,可得

$$A'_s = \frac{Ne_s - f_{cd}bh_0^2\xi_b(1 - 0.5\xi_b)}{f'_{sd}(h_0 - a'_s)} \geqslant \rho'_{min}bh \tag{7-26}$$

式中:ρ'_{min}——受压侧钢筋最小配筋率。当计算 $A'_s < \rho'_{min}bh$ 或 $A'_s < 0$ 时,按 $A'_s \geqslant \rho'_{min}bh$ 选择并布置钢筋。

受压钢筋 A'_s 确定后,再计算受拉钢筋 A_s(按第二种情况:受压钢筋 A'_s 已知,受拉钢筋 A_s 未知计算)。

若式(7-26)算出的 $A'_s \geqslant \rho'_{min}bh$,则将求得的 A'_s 代入式(7-17)计算 A_s(此时 $\sigma_s = f_{sd}$)。

$$A_s = \frac{f_{cd}bh_0\xi_b + f'_{sd}A'_s - N}{f_{sd}} \geqslant \rho_{min}bh \tag{7-27}$$

若式(7-27)算出的 $A_s < \rho_{min}bh$ 或 $A_s < 0$,则按最小配筋率要求配筋。此时可能出现受拉钢筋 A_s 要比按式(7-27)计算得到的值大很多的情况,也就是说,实际配置的钢筋根数比较多,可能导致构件破坏时受拉钢筋应力未屈服,这时,实际构件截面为小偏心受压,因此需要根据实际配筋情况进行截面承载力复核。

大偏心受压截面设计计算流程(第一种情况)见图 7-21。

第二种情况:受压钢筋 A'_s 已知及受拉钢筋 A_s 未知。

当受压钢筋 A'_s 已知时,有两个基本公式,2 个未知数(A_s 和 x),因此,可以求得唯一解。由式(7-18)可得受压区高度 x 为

$$x = h_0 - \sqrt{h_0^2 - \frac{2[Ne_s - f'_{sd}A'_s(h_0 - a'_s)]}{f_{cd}b}} \tag{7-28}$$

当 $2a'_s < x \leqslant \xi_b h_0$ 时,取 $\sigma_s = f_{sd}$,由式(7-17)计算得到受拉钢筋 A_s:

$$A_s = \frac{f_{cd}bx + f'_{sd}A'_s - \gamma_0 N_d}{f_{sd}} \tag{7-29}$$

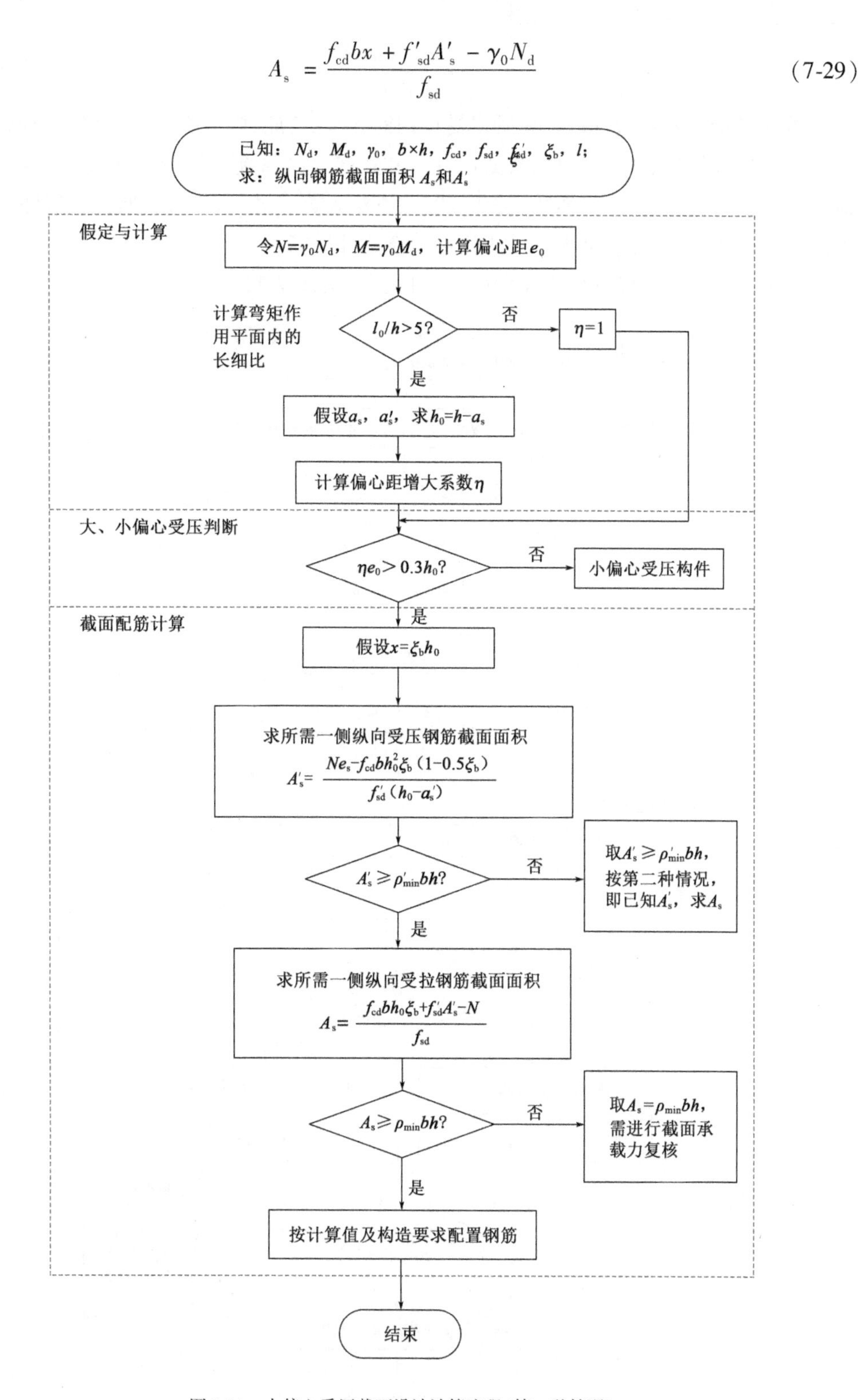

图7-21　大偏心受压截面设计计算流程(第一种情况)

当$x\leq\xi_b h_0$且$x<2a'_s$时，按式(7-24)计算得到受拉钢筋A_s：

$$A_s = \frac{\gamma_0 N_d e'_s}{f_{sd}(h_0 - a'_s)} \tag{7-30}$$

若式(7-29)或式(7-30)计算所得受拉钢筋 $A_s < \rho_{min} bh$,则截面很可能属于小偏心受压构件,此时可以先取 $A_s = \rho_{min} bh$,按式(7-19)和式(7-17)重新计算受压区高度 x 和极限承载力 N_u(注意这时 N_u 是未知数,按截面复核方法计算),若 $x \leqslant \xi_b h_0$,则说明设计配筋满足要求;若 $x > \xi_b h_0$,则应按小偏心受压构件重新设计配筋。

大偏心受压截面设计计算流程(第二种情况)见图 7-22。

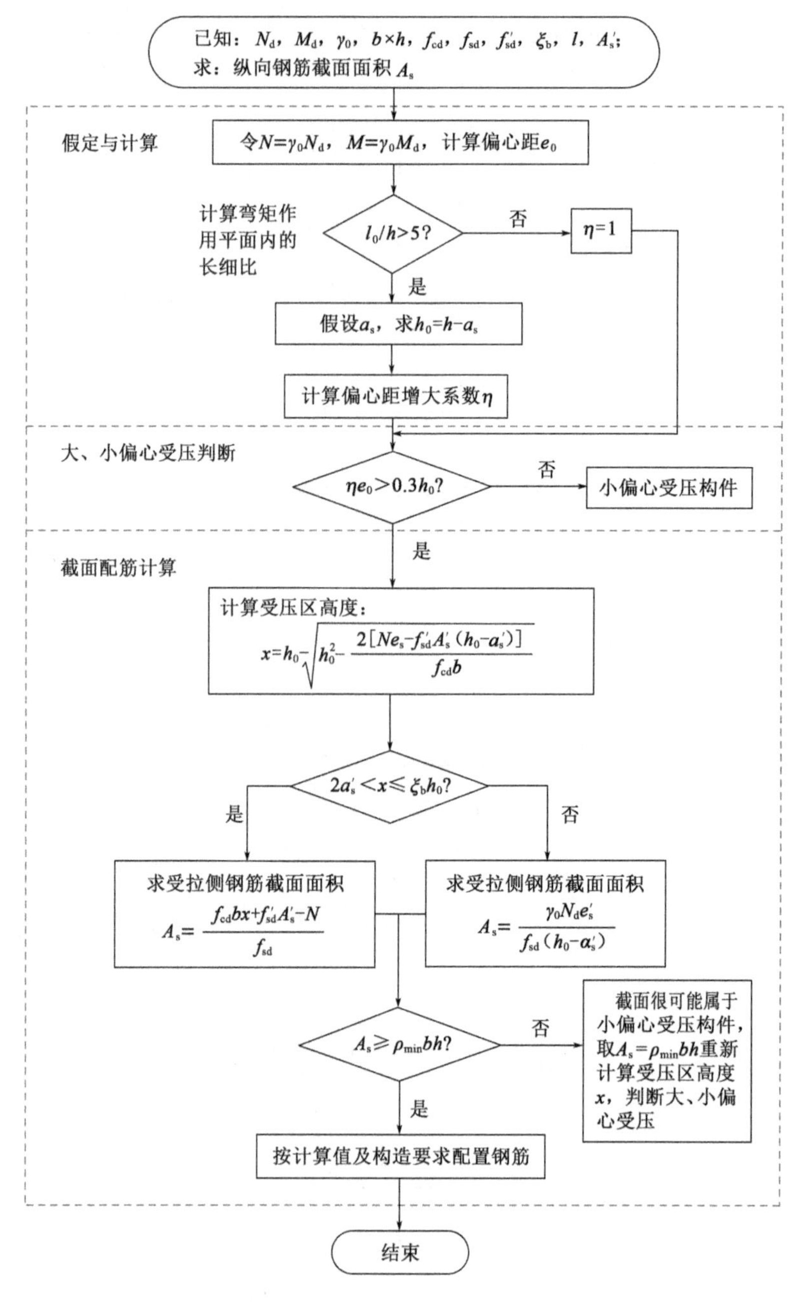

图 7-22　大偏心受压截面设计计算流程(第二种情况)

(3)小偏心受压构件配筋计算。

当初步估算 $\eta e_0 \leqslant 0.3h_0$ 时,按小偏心受压构件进行设计配筋计算。也分为第一种情况(受压钢筋 A'_s 及受拉钢筋 A_s 均未知)和第二种情况(受压钢筋 A'_s 已知及受拉钢筋 A_s 未知)两种情况。

第一种情况:受压钢筋 A'_s 及受拉钢筋 A_s 均未知。

这种情况仍然是两个基本方程中有三个未知数(A'_s、A_s 和 x),不能得到唯一的解,必须补充条件。

分析小偏心受压构件破坏特点可知,不管是全截面受压的小偏心受压构件还是部分截面受压的小偏心受压构件,破坏时,无论怎么配置远离偏心压力作用点一侧的钢筋 A_s 的数量,A_s 均未达到屈服,因此,为使得钢筋用量最小,可取 $A_s = \rho'_{min}bh = 0.002bh$。

$A_s = \rho'_{min}bh = 0.002bh$ 即为补充条件,剩下两个未知数 x 与 A'_s,可利用基本公式来进行设计计算。

计算受压区高度 x:

由式(7-19)和式(7-23)可得到以 x 为未知数的方程为

$$Ne'_s = -f_{cd}bx\left(\frac{x}{2} - a'_s\right) + \sigma_s A_s(h_0 - a'_s) \tag{7-31}$$

$$\sigma_s = \varepsilon_{cu}E_s\left(\frac{\beta h_0}{x} - 1\right)$$

可得关于 x 的一元三次方程为

$$Ax^3 + Bx^2 + Cx + D = 0 \tag{7-32}$$

$$A = -0.5f_{cd}b \tag{7-33}$$

$$B = f_{cd}ba'_s \tag{7-34}$$

$$C = \varepsilon_{cu}E_sA_s(a'_s - h_0) - Ne'_s \tag{7-35}$$

$$D = \beta\varepsilon_{cu}E_sA_s(h_0 - a'_s)h_0 \tag{7-36}$$

式中,$e'_s = \eta e_0 - h/2 + a'_s$。

当 $\xi_b < \xi < h/h_0$ 时,截面为部分受压、部分受拉。这时将 $\xi = x/h_0$ 代入式(7-23)求得钢筋 A_s 中的应力 σ_s 值,再将钢筋截面面积 A_s、钢筋应力计算值 σ_s 以及 x 值代入式(7-17)中,即可得所需钢筋截面面积 A'_s 值且应满足 $A'_s \geqslant \rho'_{min}bh$。

当 $\xi \geqslant h/h_0$ 时,截面为全截面受压。混凝土受压区高度最多也只能为截面高度 h。所以,在这种情况下,就取 $x = h$ 代入式(7-17),计算钢筋截面面积 A'_s。

式(7-32)为一元三次方程,手算求解比较烦琐,根据我国关于小偏心受压构件大量试验资料分析发现,当构件混凝土强度等级为 C50 以下时,钢筋应力 σ_s 与 ξ 接近线性关系,引入边界条件:$\xi = \xi_b$ 时,$\sigma_s = f_{sd}$;$\xi = \beta$ 时,$\sigma_s = 0$,则式(7-23)可以近似表示为

$$\sigma_s = \begin{cases} f_{sd} & \xi \leqslant \xi_b \\ \dfrac{f_{sd}(\xi - \beta)}{\xi_b - \beta} & \xi_b < \xi \leqslant 2\beta - \xi_b \\ -f_{sd} & \xi_b + 2\beta < \xi \leqslant h/h_0 \end{cases} \tag{7-37}$$

将式(7-37)代入式(7-19)可得到

$$Ax^2 + Bx + C = 0 \tag{7-38}$$

其中

$$A = -0.5f_{cd}bh_0 \tag{7-39}$$

$$B = \frac{h_0 - a_s'}{\xi_b - \beta}f_{sd}A_s + f_{cd}bh_0a_s' \tag{7-40}$$

$$C = -\beta\frac{h_0 - a_s'}{\xi_b - \beta}f_{sd}A_sh_0 - Ne_s'h_0 \tag{7-41}$$

式中，$N = \gamma_0 N_d$。

小偏心受压截面设计计算流程(第一种情况)见图 7-23。

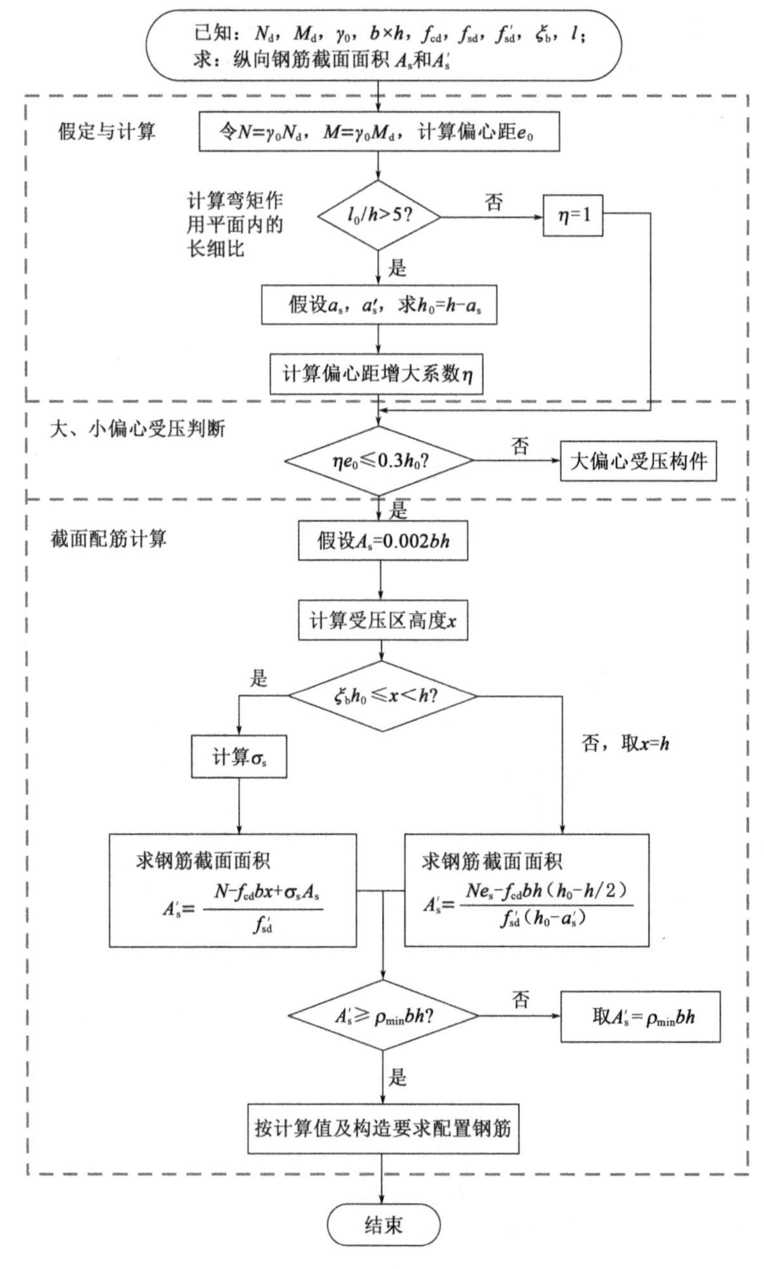

图 7-23　小偏心受压截面设计计算流程(第一种情况)

第二种情况：受压钢筋 A'_s 已知且受拉钢筋 A_s 未知。

这种情况下，需要求解 x 和 A_s 两个未知量，可以建立 2 个独立基本公式，直接求解即可。

首先由式(7-18)求截面受压区高度 x，再计算 ξ 值：

当 $\xi_b<\xi<h/h_0$ 时，截面部分受压、部分受拉，将 ξ 值代入式(7-23)，求得受拉钢筋 A_s 的应力 σ_s，采用式(7-17)计算得到所需钢筋 A_s 的数量。

当 $\xi\geqslant h/h_0$ 时，则全截面受压。取 $\xi=h/h_0$ 代入式(7-23)，求得钢筋 A_s 的应力 σ_s，采用式(7-17)可求得钢筋截面面积 A_{s1}。为防止设计的小偏心受压构件可能出现“反向破坏”，钢筋截面面积 A_s 应当满足：

$$A_s\geqslant\frac{Ne_s'-f_{cd}bh\left(h_0'-\frac{h}{2}\right)}{f'_{sd}(h_0'-a_s)} \tag{7-42}$$

由式(7-42)可求得截面所需一侧钢筋截面面积 A_{s2}。取 A_{s1} 和 A_{s2} 中的较大值作为钢筋截面面积 A_s，确保不会发生“反向破坏”。

小偏心受压截面设计计算流程(第二种情况)见图 7-24。

2. 截面复核

当构件截面形式、尺寸、配筋、材料强度、构件的计算长度已知时，就能够求出构件的截面承载力，将其与已知轴向力组合设计值 N_d 和 M_d 比较，判断是否能承受已知的作用组合设计值，即为偏心受压构件截面复核。

偏心受压构件需要对垂直于弯矩作用平面和弯矩作用平面内两个方向的截面承载力进行复核。

(1)垂直于弯矩作用平面的截面承载力复核。

受截面形式的影响，偏心受压构件截面在不同方向具有不同的长细比。而垂直于弯矩作用平面的构件长细比较大时，可能出现垂直于弯矩作用平面的承载力更小的情况，因此对垂直于弯矩作用平面进行承载力复核是必要的。

《公路桥规》规定，垂直于弯矩作用平面的承载力应按轴心受压构件复核。计算时不考虑弯矩作用，按轴心受压构件考虑稳定系数 φ 计算。

(2)弯矩作用平面内的截面承载力复核。

①大、小偏心受压构件的判定。

弯矩作用平面的截面复核首先需要判别大、小偏心受压。基本思路：先假设为大偏心受压，采用相应的计算公式求出 x，若 $x\leqslant\xi_b h_0$，则假设成立，即为大偏心受压，否则，按小偏心受压求解。具体方法如下：

假设为大偏心受压，取 $\sigma_s=f_{sd}$，代入式(7-20)，即

$$f_{cd}bx\left(e_s-h_0+\frac{x}{2}\right)=f_{sd}A_se_s-f'_{sd}A'_se'_s \tag{7-43}$$

可以求得受压区高度 x。

a. 当 $x\leqslant\xi_b h_0$ 时，说明假设成立，为大偏心受压；

b. 当 $x>\xi_b h_0$ 时，说明假设不成立，为小偏心受压。

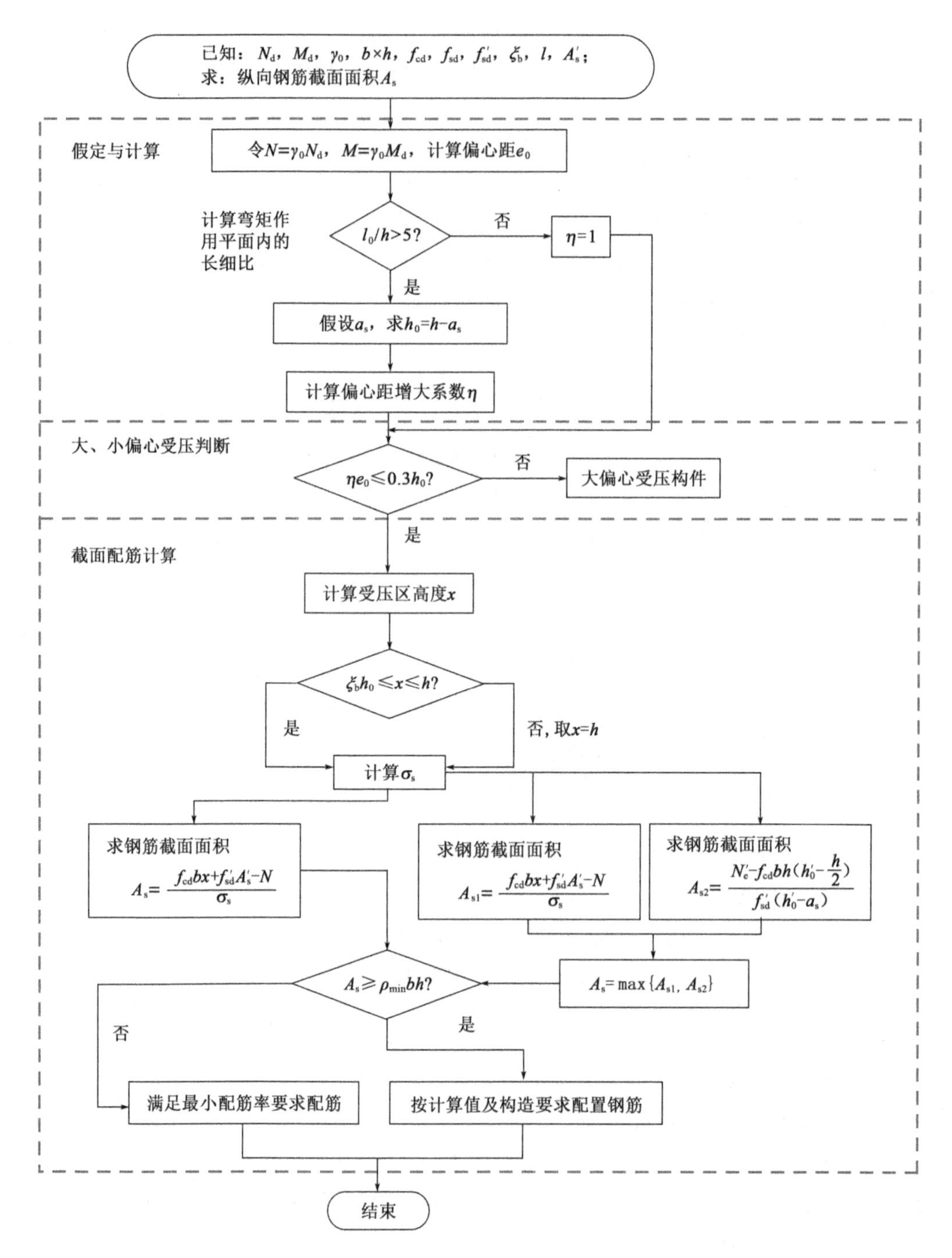

图 7-24　小偏心受压截面设计计算流程(第二种情况)

②大偏心受压构件截面承载力复核。

当 $x\leqslant\xi_b h_0$ 且 $x>2a'_s$时，计算所得 x 就是大偏心受压构件截面受压区高度，然后按式(7-17)复核截面承载力是否满足要求。

当 $x\leqslant\xi_b h_0$ 且 $x<2a'_s$时，取 $x=2a'_s$，按式(7-24)求截面承载力 $N_u=M_u/e'_s$。

③小偏心受压构件截面承载力复核。

当 $x>\xi_b h_0$ 时,为小偏心受压,由于 x 基于截面大偏心受压假定,采用大偏心受压计算公式计算得到,因此,当截面为小偏心受压时,x 不正确,需要重新进行计算。

由式(7-20)和式(7-23)可得

$$f_{cd}bx\left(e_s - h_0 + \frac{x}{2}\right) = \sigma_s A_s e_s - f'_{sd}A'_s e'_s$$

及

$$\sigma_s = \varepsilon_{cu}E_s\left(\frac{\beta h_0}{x} - 1\right)$$

可得到 x 的一元三次方程为

$$Ax^3 + Bx^2 + Cx + D = 0 \tag{7-44}$$

式中

$$A = 0.5f_{cd}b \tag{7-45}$$

$$B = f_{cd}b(e_s - h_0) \tag{7-46}$$

$$C = \varepsilon_{cu}E_s A_s e_s + f'_{sd}A'_s e'_s \tag{7-47}$$

$$D = -\beta\varepsilon_{cu}E_s A_s e_s h_0 \tag{7-48}$$

若钢筋 A_s 中的应力 σ_s 采用 ξ 的线性表达,则有

$$Ax^2 + Bx + C = 0 \tag{7-49}$$

式中

$$A = 0.5f_{cd}bh_0 \tag{7-50}$$

$$B = f_{cd}bh_0(e_s - h_0) - \frac{f_{sd}A_s e_s}{\xi_b - \beta} \tag{7-51}$$

$$C = \left(\frac{\beta f_{sd}A_s e_s}{\xi_b - \beta} + f'_{sd}A'_s e'_s\right)h_0 \tag{7-52}$$

通过式(7-44)或简化计算式(7-49),即可求得 x 值。但此时 x 值并不一定是小偏心受压构件截面受压区高度,还需要进一步判断,具体为:

a. 当 $\xi_b h_0 < x < h$ 时,截面部分受压、部分受拉,计算得到的 x 即为受压区高度,按式(7-17),求截面承载力 N_u 并且复核截面承载力。

b. 当 $x > h$ 时,截面全部受压,取受压区高度 $x = h$。这种情况下,偏心距较小。需要考虑存在两种破坏形式,一种是距离偏心压力作用点近的一侧截面边缘混凝土破坏,由式(7-17)求得截面承载力 N_{u1};另一种是距离偏心压力作用点远的一侧截面边缘混凝土破坏(反向破坏),由式(7-25)求得截面承载力 N_{u2},构件承载能力 N_u 应取 N_{u1} 和 N_{u2} 二者中的较小值。

3. 对称配筋形式截面计算

对称配筋是指截面的两侧用相同钢筋等级和数量的配筋,即 $A_s = A'_s$,$f_{sd} = f'_{sd}$,$a_s = a'_s$。在实际工程中,很多时候矩形截面偏心受压构件会采用对称配筋形式,这种配筋形式便于施工,钢筋位置不易放错,同时对结构也具有一定的有利作用(可能有相反方向弯矩)。

对称配筋形式截面计算时,仍依据前述基本公式[式(7-17)~式(7-20)]进行,也分为截面设计和截面复核两种情况,方法与非对称配筋计算类似,只是对称配筋补充了 $A_s = A'_s$,$f_{sd} = f'_{sd}$ 为计算条件,因此更为简单。需要指出,由于截面及配筋形式是对称的,因此,小偏心

受压构件在这种情况下不会发生“反向破坏”，故计算时可不考虑这方面的问题。

7.3.3 构造要求

矩形偏心受压构件的构造要求及基本原则与配有纵向钢筋及普通箍筋的轴心受压构件类似。其对箍筋直径、间距的构造要求也适用于偏心受压构件。

(1)矩形截面偏心受压构件钢筋设置要求与7.2.1节关于普通箍筋柱构造要求的规定一致。

(2)矩形截面偏心受压构件的纵向受力钢筋应满足最小配筋率要求。

(3)当偏心受压构件的截面高度 $h \geq 600$mm 时，在侧面应设置直径为10～16mm的纵向构造钢筋，必要时相应地设置复合箍筋。

例7-3 钢筋混凝土偏心受压构件，截面尺寸为 $b \times h = 300\text{mm} \times 400\text{mm}$，两个方向(弯矩作用方向和垂直于弯矩作用方向)的计算长度均为 $l_0 = 4\text{m}$。轴向力组合设计值 $N_d = 216\text{kN}$，相应弯矩组合设计值 $M_d = 130\text{kN} \cdot \text{m}$。预制构件拟采用水平浇筑C30混凝土，纵向钢筋为HRB400级钢筋，Ⅰ类环境条件，设计使用年限50年，安全等级为二级。试选择钢筋，并进行截面复核。

解：$f_{cd} = 13.8\text{MPa}$，$f_{sd} = f'_{sd} = 330\text{MPa}$，$\xi_b = 0.53$，$\gamma_0 = 1.0$。

1. 截面设计

轴向力计算值 $N = \gamma_0 N_d = 216\text{kN}$，弯矩计算值 $M = \gamma_0 M_d = 130\text{kN} \cdot \text{m}$，可得到偏心距 e_0 为

$$e_0 = \frac{M}{N} = \frac{130 \times 10^6}{216 \times 10^3} \approx 602(\text{mm})$$

弯矩作用平面内的长细比为 $\frac{l_0}{h} = \frac{4000}{400} = 10 > 5$，故应考虑偏心距增大系数 η。设 $a_s = a'_s = 40\text{mm}$，则 $h_0 = h - a_s = 400 - 40 = 360(\text{mm})$。

$$\zeta_1 = 0.2 + 2.7\frac{e_0}{h_0} = 0.2 + 2.7 \times \frac{602}{360} = 4.715 > 1\text{，取}\ \zeta_1 = 1.0;$$

$$\zeta_2 = 1.15 - 0.01\frac{l_0}{h} = 1.15 - 0.010 \times 10 = 1.05 > 1\text{，取}\ \zeta_2 = 1.0\text{。}$$

则

$$\eta = 1 + \frac{1}{1300(e_0/h_0)}\left(\frac{l_0}{h}\right)^2\zeta_1\zeta_2 = 1 + \frac{1}{1300 \times \frac{602}{360}} \times 10^2 \times 1.0 \times 1.0 \approx 1.05$$

(1)大、小偏心受压的初步判定。

$\eta e_0 = 1.05 \times 602 \approx 632(\text{mm}) > 0.3h_0 = 0.3 \times 360 = 108(\text{mm})$，故可先按大偏心受压情况进行设计。

$$e_s = \eta e_0 + h/2 - a_s = 632 + 400/2 - 40 = 792(\text{mm})$$

(2)计算所需的纵向钢筋截面面积。

属于大偏心受压求钢筋 A_s 和 A_s'的情况(第一种情况)。取 $\xi = \xi_b = 0.53$,可得到

$$A_s' = \frac{Ne_s - \xi_b(1 - 0.5\xi_b)f_{cd}bh_0^2}{f'_{sd}(h_0 - a'_s)}$$

$$= \frac{216 \times 10^3 \times 792 - 0.53 \times (1 - 0.5 \times 0.53) \times 13.8 \times 300 \times 360^2}{330 \times (360 - 40)}$$

$$\approx -359\ (\mathrm{mm}^2) < 0.002 \times 300 \times 400 = 240(\mathrm{mm}^2)$$

取 $A_s' = 240\mathrm{mm}^2$。

现选择受压钢筋为 3Φ12,则实际受压钢筋截面面积 $A_s' = 339\ \mathrm{mm}^2$,$a_s' = 45\mathrm{mm}$,$\rho' = 0.28\% > 0.2\%$。

由式(7-28)可得到截面受压区高度 x 为

$$x = h_0 - \sqrt{h_0^2 - \frac{2[Ne_s - f'_{sd}A_s'(h_0 - a'_s)]}{f_{cd}b}}$$

$$= 360 - \sqrt{360^2 - \frac{2 \times [216 \times 10^3 \times 792 - 330 \times 339 \times (360 - 45)]}{13.8 \times 300}}$$

$$\approx 107.1(\mathrm{mm}) < \xi_b h_0 = 0.53 \times 360 = 190.8(\mathrm{mm})$$

且大于 $2a_s' = 2 \times 45 = 90(\mathrm{mm})$。

令 $\sigma_s = f_{sd}$,可得

$$A_s = \frac{f_{cd}bx + f'_{sd}A_s' - N}{f_{sd}}$$

$$= \frac{13.8 \times 300 \times 107.1 + 330 \times 339 - 216 \times 10^3}{330}$$

$$\approx 1028.1(\mathrm{mm})^2 > \rho_{min}bh = 0.002 \times 300 \times 400 = 240(\mathrm{mm}^2)$$

现选受拉钢筋为 4Φ20,$A_s = 1256\mathrm{mm}^2$,$\rho = 1.05\% > 0.2\%$。$\rho + \rho' = 1.33\% > 0.5\%$。

设计的纵向钢筋沿截面短边 b 方向布置一排(图 7-25),因偏心压杆采用水平浇筑混凝土预制构件,故纵向钢筋最小净距采用 30mm。设计截面中取 $a_s = a_s' = 45\mathrm{mm}$。

纵向钢筋 A_s 的混凝土保护层厚度为 $45 - 22.7/2 \approx 33.7(\mathrm{mm})$,满足规范要求。所需截面最小宽度 $b_{min} = 2 \times 32 + 3 \times 30 + 4 \times 22.7 \approx 245(\mathrm{mm}) < b = 300\mathrm{mm}$。

箍筋的混凝土保护层厚度为 $45 - 22.7/2 - 8 \approx 25.7(\mathrm{mm})$,满足规范要求。

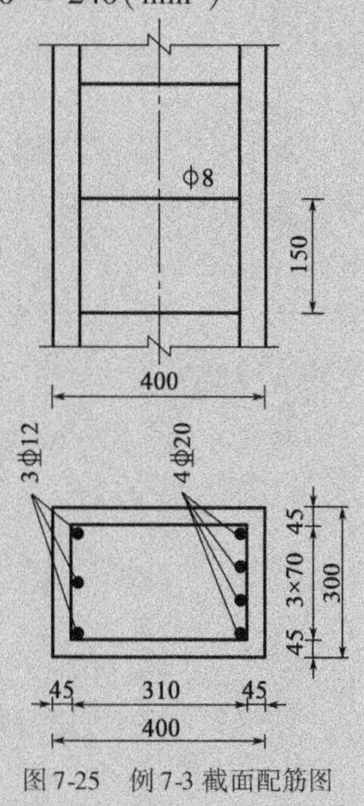

图 7-25 例 7-3 截面配筋图(尺寸单位:mm)

2. 截面复核

(1)垂直于弯矩作用平面的截面复核。

因为长细比 $l_0/b = 4000/300 \approx 13 > 8$,故由附表 1-10 可查得 $\varphi = 0.935$,则

$$N_u = 0.9\varphi[f_{cd}bh + f'_{sd}(A_s + A'_s)]$$
$$=0.9 \times 0.935 \times [13.8 \times 300 \times 400 + 330 \times (1256 + 339)]$$
$$\approx 1836 \times 10^3(\text{N}) = 1836\text{kN} > N = 216\text{kN}$$

故满足设计要求。

(2)弯矩作用平面内的截面复核。

截面实际有效高度 $h_0 = 400 - 45 = 355(\text{mm})$,计算得 $\eta = 1.05$。而 $\eta e_0 = 632\text{mm}$,则有

$$e_s = \eta e_0 + \frac{h}{2} - a_s = 632 + \frac{400}{2} - 45 = 787(\text{mm})$$

$$e'_s = \eta e_0 - \frac{h}{2} + a'_s = 632 - \frac{400}{2} + 45 = 477(\text{mm})$$

假定为大偏心受压,即取 $\sigma_s = f_{sd}$,混凝土受压区高度 x 为

$$x = h_0 - e_s + \sqrt{(h_0 - e_s)^2 + 2 \times \frac{f_{sd}A_s e_s - f'_{sd}A'_s e'_s}{f_{cd}b}}$$
$$= 355 - 787 + \sqrt{(355 - 787)^2 + 2 \times \frac{330 \times 1256 \times 787 - 330 \times 339 \times 477}{13.8 \times 300}}$$
$$\approx 132.3(\text{mm}) \begin{cases} < \xi_b h_0 = 0.53 \times 355 \approx 188(\text{mm}) \\ > 2a'_s = 2 \times 45 = 90(\text{mm}) \end{cases}$$

计算表明为大偏心受压。

计算截面承载力为

$$N_u = f_{cd}bx + f'_{sd}A'_s - \sigma_s A_s = 13.8 \times 300 \times 132.3 + 330 \times 339 - 330 \times 1256$$
$$\approx 245(\text{kN}) > N = 216\text{kN}$$

故满足正截面承载力要求。

经截面复核,确定图 7-25 的截面设计。箍筋采用φ 8,间距按照普通箍筋柱构造要求选用。

例 7-4 钢筋混凝土偏心受压构件,截面尺寸 $b \times h = 400\text{mm} \times 600\text{mm}$。弯矩作用方向及垂直于弯矩作用方向的构件计算长度 l_0 均为 4.5m。作用在构件截面上的计算轴向力 $N = 1980\text{kN}$,计算弯矩 $M = 263\text{kN}\cdot\text{m}$。Ⅰ类环境条件,设计使用年限 50 年,安全等级为二级,现浇构件欲采用 C30 混凝土,纵向钢筋为 HRB400 级钢筋。试进行配筋设计并进行截面复核。

解:$f_{cd} = 13.8\text{MPa}$,$f_{sd} = f'_{sd} = 330\text{MPa}$,$E_s = 2.0 \times 10^5\text{MPa}$,$\xi_b = 0.53$,$\beta = 0.8$。

1. 截面设计

偏心距 e_0 为

$$e_0 = \frac{M}{N} = \frac{263 \times 10^6}{1980 \times 10^3} \approx 133(\text{mm})$$

构件在弯矩作用平面内的长细比为

$$\lambda = \frac{l_0}{h} = \frac{4.5 \times 10^3}{600} = 7.5 > 5$$

设 $a_s = a'_s = 45\text{mm}$，则 $h_0 = h - a_s = 600 - 45 = 555(\text{mm})$，计算得到 $\eta = 1.153$。

(1)大、小偏心受压的初步判定。

$$\eta e_0 = 1.153 \times 133 \approx 153(\text{mm}) < 0.3h_0 \approx 167\text{mm}$$

初步判定属小偏心受压。

(2)计算所需的纵向钢筋截面面积。

属于小偏心受压构件，欲求钢筋 A_s 和钢筋 A'_s 的情况。

取 A_s 为最小配筋率要求时的截面面积，即

$$A_s = 0.002bh = 0.002 \times 400 \times 600 = 480(\text{mm}^2)$$

$$e_s = \eta e_0 + h/2 - a_s = 153 + 600/2 - 45 = 408(\text{mm})$$

$$e'_s = \eta e_0 - h/2 + a'_s = 153 - 600/2 + 45 = -102(\text{mm})$$

计算 x 值：

$$Ax^3 + Bx^2 + Cx + D = 0$$

其中

$$A = -0.5f_{cd}b = -0.5 \times 13.8 \times 400 = -2760$$

$$B = f_{cd}ba'_s = 13.8 \times 400 \times 45 = 248400$$

$$\begin{aligned} C &= \varepsilon_{cu}E_sA_s(a'_s - h_0) - Ne'_s \\ &= 0.0033 \times 2 \times 10^5 \times 480 \times (45 - 555) - 1980 \times 10^3 \times (-102) \\ &= 40392000 \end{aligned}$$

$$\begin{aligned} D &= \beta\varepsilon_{cu}E_sA_s(h_0 - a'_s)h_0 \\ &= 0.8 \times 0.0033 \times 2 \times 10^5 \times 480 \times (555 - 45) \times 555 \\ &= 71736192000 \end{aligned}$$

求解可得 $x = 347\text{mm}$。

现取截面受压区高度 $x = 347\text{mm}$，则可得到

$$\xi = \frac{x}{h_0} \approx \frac{347}{555} \approx 0.63 \begin{cases} > \xi_b = 0.53 \\ < h/h_0 = 1.081 \end{cases}$$

故可按截面部分受压的小偏心受压构件计算。

以 $\xi = 0.63$ 计算钢筋 A_s 中的应力为

$$\begin{aligned} \sigma_s &= \varepsilon_{cu}E_s\left(\frac{\beta}{\xi} - 1\right) = 0.0033 \times 2 \times 10^5 \times \left(\frac{0.8}{0.63} - 1\right) \\ &\approx 178(\text{MPa})(\text{拉应力}) \end{aligned}$$

将 $A_s = 480\ \text{mm}^2$，$\sigma_s = 178\text{MPa}$，$x = 347\text{mm}$ 及有关已知值代入：

$$\begin{aligned} A'_s &= \frac{N - f_{cd}bx + \sigma_sA_s}{f'_{sd}} = \frac{1980 \times 10^3 - 13.8 \times 400 \times 347 + 178 \times 480}{330} \\ &\approx 455(\text{mm}^2) < 480\text{mm}^2 \end{aligned}$$

取 $A'_s = \rho'_{min}bh = 480\ \text{mm}^2$。

现选择 $A_s = A'_s$ 为 4Φ14，$A_s = A'_s = 616\ \text{mm}^2$。取 $a_s = a'_s = 45\text{mm}$。设计的纵向钢筋沿截面短边 b 方向布置一排(图 7-26)，所需截面最小宽度

$$b_{\min} = 2 \times 32 + 3 \times 50 + 4 \times 16.2 = 278.8(\text{mm}^2)$$
$$< b = 400\text{mm}^2$$

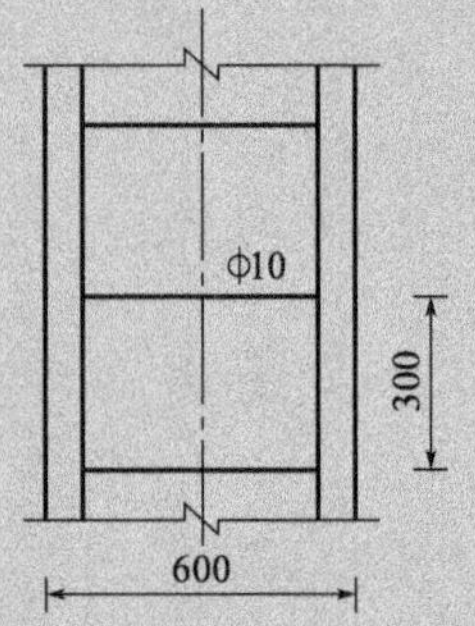

图 7-26　例 7-4 截面配筋图
(尺寸单位：mm)

2. 截面复核

(1)垂直于弯矩作用平面的截面复核。

构件在垂直于弯矩作用方向上的长细比 $l_0/b = 4500/400 = 11.25$。查附表 1-10 可得稳定系数 $\varphi = 0.96$。计算得到在垂直于弯矩作用平面的正截面承载力：

$$N_u = 0.9\varphi(f_{cd}A + f'_{sd}A'_s)$$
$$= 0.9 \times 0.96 \times (13.8 \times 400 \times 600 + 330 \times 616)$$
$$\approx 3037(\text{kN}) > N = 1980\text{kN}$$

满足要求。

(2)在弯矩作用平面内的截面复核。

由图 7-26 可得 $a_s = a'_s = 45\text{mm}$，$A_s = A'_s = 616\text{mm}^2$，$h_0 = 600 - 40 = 560(\text{mm})$。

计算得到 $\eta = 1.153$，$\eta e_0 = 153\text{mm}$。$e_s = \eta e_0 + h/2 - a_s = 408\text{mm}$，$e'_s = \eta e_0 - h/2 + a'_s = -102\text{mm}$。

假定为大偏心受压构件，即取 $\sigma_s = f_{sd}$。计算受压区高度 x：

$$f_{cd}bx\left(e_s - h_0 + \frac{x}{2}\right) - f_{sd}A_se_s + f'_{sd}A'_se'_s = 0$$

$$13.8 \times 400x\left(408 - 560 + \frac{x}{2}\right) - 330 \times 616 \times 408 + 330 \times 616 \times (-102) = 0$$

求得受压区高度 $x \approx 398\text{mm} > \xi_b h_0 = 297\text{mm}$，故截面应为小偏心受压。

按小偏心受压，重新计算截面受压区高度 x 为

$$Ax^3 + Bx^2 + Cx + D = 0$$

其中

$$A = 0.5f_{cd}b = 0.5 \times 13.8 \times 400 = 2760$$
$$B = f_{cd}b(e_s - h_0) = 13.8 \times 400 \times (408 - 560) = -839040$$
$$C = \varepsilon_{cu}E_sA_se_s + f'_{sd}A'_se'_s$$
$$= 0.0033 \times 2 \times 10^5 \times 616 \times 408 + 330 \times 616 \times (-102)$$
$$= 145141920$$
$$D = -\beta\varepsilon_{cu}E_sA_se_sh_0$$
$$= -0.8 \times 0.0033 \times 2 \times 10^5 \times 616 \times 408 \times 560$$
$$= -74312663040$$

求解 $x \approx 363\text{mm} > \xi_b h_0 = 0.53 \times 560 = 297(\text{mm})$，计算表明为小偏心受压构件。

由式(7-23)求钢筋 A_s 中的应力 σ_s 为

$$\sigma_s = \varepsilon_{cu} E_s \left(\frac{\beta h_0}{x} - 1\right) = 0.0033 \times 2 \times 10^5 \times \left(\frac{0.8 \times 560}{363} - 1\right)$$

$$\approx 154.5(\text{MPa})$$

由式(7-17)可求得截面承载力为

$$N_{u1} = f_{cd}bx + f'_{sd}A'_s - \sigma_s A_s = 13.8 \times 400 \times 363 + 330 \times 616 - 154.5 \times 616$$

$$\approx 2112(\text{kN}) > 1980\text{kN}$$

现 $h'_0 = h - a'_s = 600 - 40 = 560(\text{mm})$,则

$$e' = h/2 - e_0 - a'_s = 600/2 - 133 - 40 = 127(\text{mm})$$

$$N_{u2} = \frac{f_{cd}bh(h'_0 - h/2) + f'_{sd}A_s(h'_0 - a_s)}{e'}$$

$$= \frac{13.8 \times 400 \times 600 \times (560 - 600/2) + 330 \times 616 \times (560 - 40)}{127}$$

$$\approx 7613(\text{kN})$$

因为 $N_{u2} > N_{u1}$,故本例小偏心受压构件截面承载力 $N_u = N_{u1} = 2112\text{kN} > N = 1980\text{kN}$,满足设计要求。

7.4 I形和T形截面偏心受压构件正截面承载力计算

采用I形和T形截面能节省混凝土用量和减轻构件自重,一般在构件尺寸较大的偏心受压构件中采用,例如,大跨径钢筋混凝土拱桥的拱肋。

7.4.1 基本公式

I形和T形截面偏心受压构件的破坏特征,采用的计算假设、计算简图、承载力和配筋计算方法与矩形截面基本相同,主要区别在于增加翼缘板参与受力,因此,构件在破坏前瞬间受压区的形状与矩形截面不同,相应的计算公式有所不同。I形截面具体的计算公式与受压区高度 x 有关。

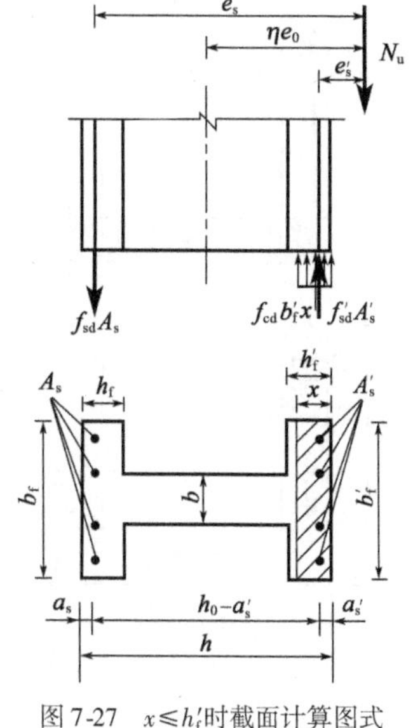

图7-27 $x \leq h'_f$时截面计算图式

第一种情况:当受压区高度 $x \leq h'_f$时(图7-27),受压区在受压翼缘内,应按翼缘板有效宽度为 b'_f、截面有效高度为 h_0 的矩形截面偏心受压构件来计算其正截面承载力。一般情况下,$h'_f < \xi_b h_0$,所以多为大偏心受压构件($x \leq h'_f < \xi_b h_0$)。

第二种情况:当受压区高度 $h'_f < x \leq (h - h_f)$ 时(图7-28),受压区高度 x 位于腹板内,构件有可能为大偏心受压,也可能为小偏心受压。可按下列公式计算:

$$\gamma_0 N_d \leq N_u = f_{cd}[bx + (b'_f - b)h'_f] + f'_{sd}A'_s - \sigma_s A_s \tag{7-53}$$

$$N_u e_s = f_{cd}\left[bx\left(h_0 - \frac{x}{2}\right) + (b'_f - b)h'_f\left(h_0 - \frac{h'_f}{2}\right)\right] + f'_{sd}A'_s(h_0 - a'_s) \tag{7-54}$$

$$f_{cd}bx\left(e_s - h_0 + \frac{x}{2}\right) + f_{cd}(b'_f - b)h'_f(e_s - h_0 + \frac{h'_f}{2}) = \sigma_s A_s e_s - f'_{sd}A'_s e'_s \tag{7-55}$$

式中各符号意义与前文相同。其中当 $x \leqslant \xi_b h_0$ 时，$\sigma_s = f_{sd}$；当 $x > \xi_b h_0$ 时，$\sigma_s = \varepsilon_{cu}E_s\left(\frac{\beta h_0}{x} - 1\right)$。

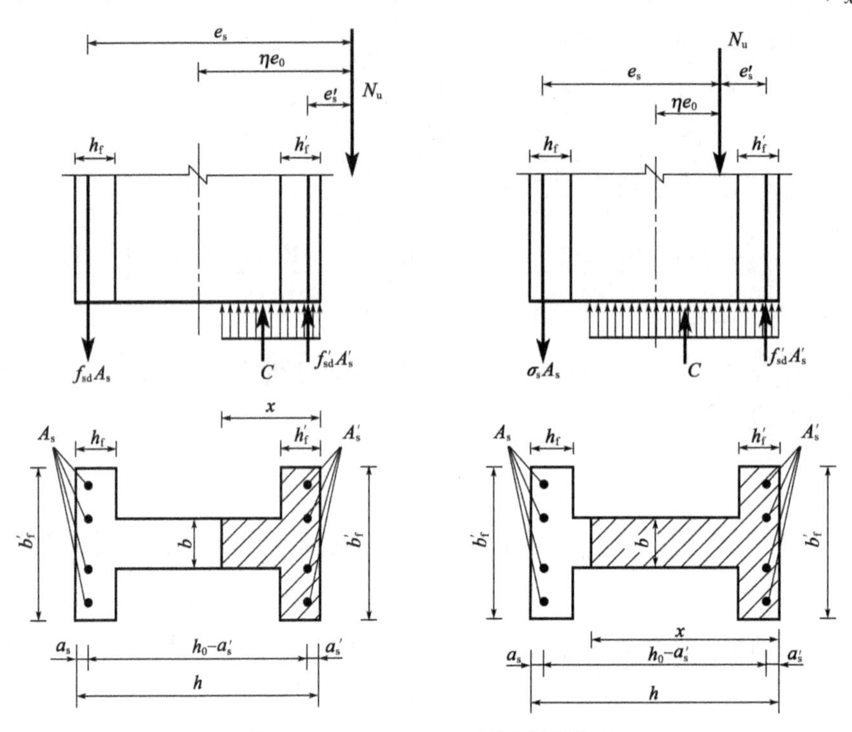

图 7-28　$h'_f < x \leqslant (h - h_f)$ 时截面计算图式

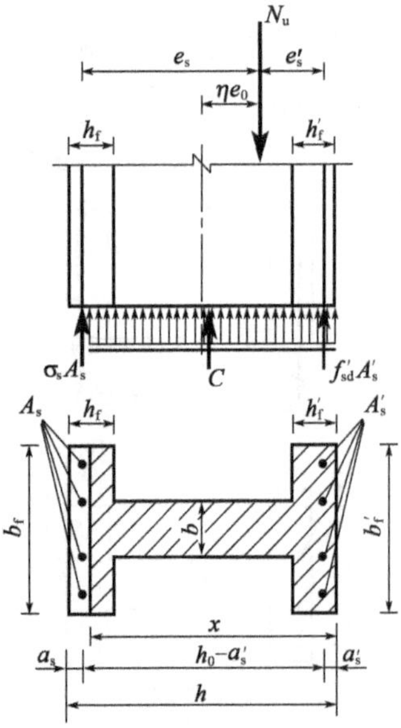

第三种情况：当受压区高度 $(h - h_f) < x \leqslant h$ 时（图 7-29），受压区高度 x 位于受拉（或受压较小）翼缘内。由于受压区高度 x 较大，因此，构件为小偏心受压。可按下列公式计算：

$$\gamma_0 N_d \leqslant N_u = f_{cd}[bx + (b'_f - b)h'_f + (b_f - b)(x - h + h_f)] + f'_{sd}A'_s - \sigma_s A_s \tag{7-56}$$

$$N_u e_s = f_{cd}\left[bx\left(h_0 - \frac{x}{2}\right) + (b'_f - b)h'_f\left(h_0 - \frac{h'_f}{2}\right) + (b_f - b)(x - h + h_f)\left(h_f - a_s - \frac{x - h + h_f}{2}\right)\right] + f'_{sd}A'_s(h_0 - a'_s) \tag{7-57}$$

图 7-29　$(h - h_f) < x \leqslant h$ 时截面计算图式

$$f_{cd}\left[bx(e_s - h_0 + \frac{x}{2}) + (b'_f - b)h'_f\left(e_s - h_0 + \frac{h'_f}{2}\right) + \right.$$

$$(b_f - b)(x - h + h_f)\left(e_s + a_s - h_f + \frac{x - h + h_f}{2}\right)\Big] = \sigma_s A_s e_s - f'_{sd} A'_s e'_s \tag{7-58}$$

式中各符号意义与前文相同。

第四种情况：当受压区高度 $x > h$ 时，说明构件为全截面受压。受压区高度应为 $x = h$。可按下列公式计算：

$$\gamma_0 N_d \leqslant N_u = f_{cd}[bh + (b_f - b)h'_f + (b_f - b)h_f] + f'_{sd}A'_s - \sigma_s A_s \tag{7-59}$$

$$N_u e_s = f_{cd}\left[bh\left(h_0 - \frac{h}{2}\right) + (b'_f - b)h'_f\left(h_0 - \frac{h'_f}{2}\right) + (b_f - b)h_f\left(\frac{h_f}{2} - a_s\right)\right] + f'_{sd}A'_s(h_0 - a'_s) \tag{7-60}$$

$$f_{cd}\left[bh\left(e_s - h_0 + \frac{h}{2}\right) + (b'_f - b)h'_f\left(e_s - h_0 + \frac{h'_f}{2}\right) + (b_f - b)h_f\left(e_s + a_s - \frac{h_f}{2}\right)\right] = \sigma_s A_s e_s - f'_{sd}A'_s e'_s \tag{7-61}$$

式中各符号意义与前文相同。

当 $x > h$（全截面受压）时，可能出现距离偏心压力作用点远的一侧截面边缘混凝土先破坏的现象，计算公式应满足：

$$N_u e'_s = f_{cd}\left[bh\left(h'_0 - \frac{h}{2}\right) + (b'_f - b)h'_f\left(\frac{h'_f}{2} - a'_s\right)\right] + f_{cd}(b_f - b)h_f\left(h'_0 - \frac{h_f}{2}\right) + f'_{sd}A_s(h'_0 - a_s) \tag{7-62}$$

当偏心受压构件截面为 T 形截面时，上述公式中，$h_f = 0, b_f = b'_f = b$。

7.4.2 计算方法

I 形、箱形和 T 形截面的偏心受压构件中，T 形截面采用非对称配筋形式；I 形截面和箱形截面既可采用非对称配筋形式，也可以采用对称配筋形式。计算方法与矩形截面相似，只是在计算截面的几何特征时，应依据具体的截面形式来考虑，尤其是对于非对称的截面，需要首先计算截面形心轴位置。

I 形截面一般采用对称配筋（$b'_f = b_f, h'_f = h_f, A'_s = A_s, f'_{sd} = f_{sd}, a'_s = a_s$），下面以对称配筋来阐明其计算方法。

(1)截面设计。

步骤 1：判别大、小偏心受压。

由 7.4.1 节分析可知，对于对称配筋的 I 形截面，只有出现受压区高度 $x > h'_f$（第二种情况）时，才需判别大、小偏心受压，因此，假定构件截面为大偏心受压，取 $\sigma_s = f_{sd}$，又因为 $A'_s f'_{sd} = A_s f_{sd}$，所以可以得到：

$$x = \frac{\gamma_0 N_d - f_{cd}(b'_f - b)h'_f}{f_{cd} b} \tag{7-63}$$

当 $x \leqslant \xi_b h_0$ 时，说明假定成立，按大偏心受压计算；

当 $x > \xi_b h_0$ 时，说明假定不成立，按小偏心受压计算。

步骤 2:计算配筋截面面积 $A_s = A'_s$。

①当 $x \leq \xi_b h_0$ 时。

若 $h'_f < x \leq \xi_b h_0$,受压区高度 x 位于腹板内,直接取计算所得 x 值代入式(7-54),求得钢筋截面面积 $A_s = A'_s$。

若 $2a'_s \leq x \leq h'_f$,受压区高度 x 位于受压翼缘板内,按矩形截面配筋计算公式重新计算 x 和钢筋截面面积 $A_s = A'_s$;

若 $x < 2a'_s$,取 $x = 2a'_s$,按矩形截面配筋计算公式计算钢筋截面面积 $A_s = A'_s$。

②当 $x > \xi_b h_0$ 时。

前文所得 x 值是基于大偏心受压假定计算得到的,所以 $x > \xi_b h_0$(小偏心受压)时计算结果不正确,应重新计算受压区高度 x。此时,受拉钢筋的应力取 $\sigma_s = \varepsilon_{cu} E_s \left(\dfrac{\beta h_0}{x} - 1\right)$,与相应的基本计算公式联立求解,然后,按相应的计算公式求得钢筋截面面积 $A_s = A'_s$。与矩形截面小偏心受压设计计算类似,也会出现解关于 x 的一元三次方程问题,可利用钢筋应力 σ_s 与 ξ 接近线性关系,计算截面受压区高度 x。

(2)截面复核。

截面承载力复核与矩形截面偏心受压构件的计算方法完全相似,不再详细列举。

例 7-5 已知 I 形截面的钢筋混凝土偏心受压构件的截面尺寸如图 7-30a)所示。构件的计算长度 $l_{0x} = l_{0y} = 11.5\text{m}$。计算轴向力 $N = 1880\text{kN}$,计算弯矩 $M = 750\text{kN} \cdot \text{m}$。Ⅰ类环境条件,设计使用年限为 50 年,安全等级为二级。采用 C35 级混凝土和 HRB400 级钢筋,按对称配筋进行截面设计。

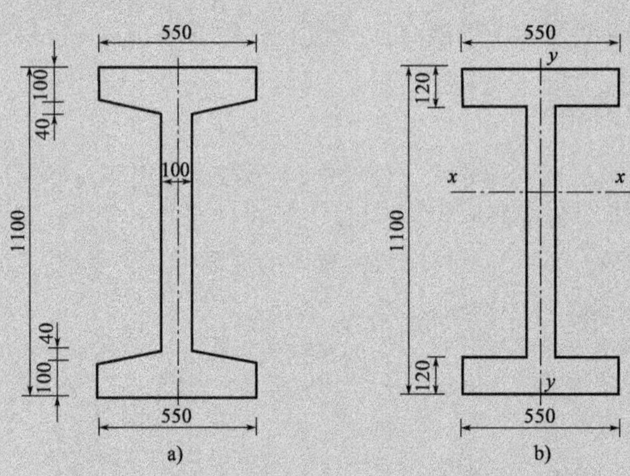

图 7-30 例 7-5 截面尺寸图(尺寸单位:mm)

a)截面实际尺寸;b)计算时截面尺寸

解:查附表 1-1、附表 1-3、表 4-1、表 4-2、表 2-3 可知,$f_{cd} = 16.1\text{MPa}$,$f_{sd} = 330\text{MPa}$,$\xi_b = 0.53$,$\beta = 0.8$,$\gamma_0 = 1.0$。由图 7-30b)可知,$b_f = b'_f = 550\text{mm}$,$h_f = h'_f = 120\text{mm}$,$b = 100\text{mm}$,$h = 1100\text{mm}$。

1. 截面设计

由 $N = 1880\text{kN}$,$M = 750\text{kN} \cdot \text{m}$ 可得偏心距 e_0 为

$$e_0 = \frac{M}{N} = \frac{750 \times 10^6}{1880 \times 10^3} = 399(\text{mm})$$

设 $a_s = a'_s = 50\text{mm}$,则 $h_0 = h - a_s = 1100 - 50 = 1050(\text{mm})$,长细比 $l_{0x}/h = 11500/1100 \approx 10.5$,则可得到

$$\zeta_1 = 0.2 + 2.7 \times \frac{399}{1050} = 1.226 > 1,\text{取}\zeta_1 = 1$$

$$\zeta_2 = 1.15 - 0.01 \times \frac{11500}{1100} = 1.05 > 1,\text{取}\zeta_2 = 1$$

$$\begin{aligned}\eta &= 1 + \frac{1}{1400(e_0/h_0)}\left(\frac{l_0}{h}\right)^2\zeta_1\zeta_2 \\ &= 1 + \frac{1}{1400 \times (399/1050)} \times \left(\frac{11500}{1100}\right)^2 \times 1 \times 1 \\ &\approx 1.205\end{aligned}$$

$$\eta e_0 = 1.205 \times 399 \approx 481(\text{mm})$$

(1)大、小偏心受压的初步判定。

假设为大偏心受压,且中和轴在肋板内,可得到

$$\begin{aligned}\xi &= \frac{N - f_{cd}(b'_f - b)h'_f}{f_{cd}bh_0} \\ &= \frac{1880 \times 10^3 - 16.1 \times (550 - 100) \times 120}{16.1 \times 100 \times 1050} \\ &\approx 0.598 > \xi_b = 0.53\end{aligned}$$

故按小偏心受压构件设计。这时,$e_s = \eta e_0 + h/2 - a_s = 481 + 550 - 50 = 981(\text{mm})$。

(2)求纵向钢筋截面面积。

假设中和轴位于I形截面肋板内,按小偏心受压情况重新计算相对受压区高度 ξ:

$$\xi = \frac{N - f_{cd}[(b'_f - b)h'_f + b\xi_b h_0]}{\dfrac{Ne_s - f_{cd}\left[(b'_f - b)h'_f(h_0 - \dfrac{h'_f}{2}) + 0.43bh_0^2\right]}{(\beta - \xi_b)(h_0 - a'_s)} + f_{cd}bh_0} + \xi_b$$

$$= \frac{1880 \times 10^3 - 16.1 \times [(550 - 100) \times 120 + 100 \times 0.53 \times 1050]}{\dfrac{1880 \times 10^3 \times 981 - 16.1 \times \left[(550 - 100) \times 120 \times \left(1050 - \dfrac{120}{2}\right) + 0.43 \times 100 \times 1050^2\right]}{(0.8 - 0.53)(1050 - 50)} + 16.1 \times 100 \times 1050} + 0.53$$

$$\approx 0.576$$

受压区高度 $x = \xi h_0 = 0.576 \times 1050 \approx 605(\text{mm})$,位于肋板内。

采用对称配筋形式,所需的钢筋截面面积 $A_s = A'_s$,得

$$A_s = A'_s = \frac{Ne_s - f_{cd}(b'_f - b)h'_f\left(h_0 - \dfrac{h'_f}{2}\right) - f_{cd}bx\left(h_0 - \dfrac{x}{2}\right)}{f'_{sd}(h_0 - a'_s)}$$

$$= \frac{1880 \times 10^3 \times 981 - 16.1 \times (550 - 100) \times 120 \times \left(1050 - \dfrac{120}{2}\right) - 16.1 \times 100 \times 605 \times \left(1050 - \dfrac{605}{2}\right)}{330 \times (1050 - 50)}$$

$$\approx 774(\text{mm}^2)$$

查附表 1-6 得，受压钢筋和受拉钢筋均为 4⏀20，$A_s = A'_s = 1256\text{mm}^2$。

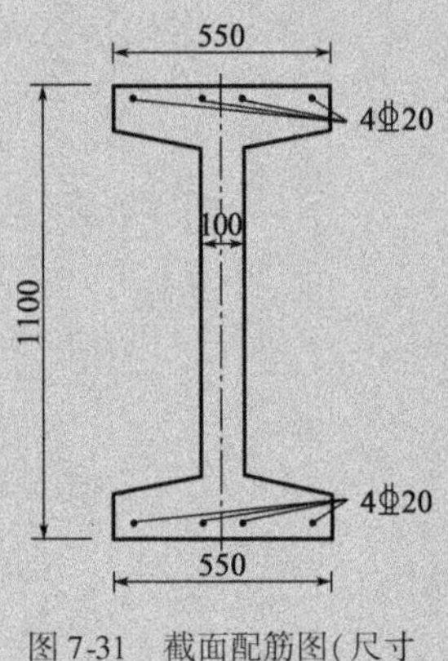

图 7-31　截面配筋图（尺寸单位：mm）

全部纵向钢筋配筋率 $\rho + \rho' = \dfrac{2 \times 1256}{218000} \approx 1.15\% > 0.5\%$。

一侧纵向钢筋配筋率 $\rho = \dfrac{1256}{218000} \approx 0.58\% > 0.2\%$。

所以配筋率满足要求。根据选取的钢筋直径调整 $a_s = a'_s = 45\text{mm}$，钢筋布置如图 7-31 所示。

2. 截面复核

（1）垂直于弯矩作用平面的截面复核。

计算垂直于弯矩作用平面截面的惯性矩及回转半径：

$$I_{hy} = \frac{2 \times 120 \times 550^3}{12} + \frac{(1100 - 120 \times 2) \times 100^3}{12} \approx 3.399 \times 10^9 (\text{mm}^4)$$

$$r_y = \sqrt{\frac{I_{hy}}{A}} = \sqrt{\frac{3.399 \times 10^9}{218000}} \approx 125$$

计算长细比 $l_{0y}/r_y = 11500/125 = 92$，查附表 1-10 可得 $\varphi = 0.59$，因此计算：

$$N_u = 0.9\varphi(f_{cd}A + 2f'_{sd}A'_s) = 0.9 \times 0.59 \times (16.1 \times 218000 + 2 \times 330 \times 1256) \approx 2303.9(\text{kN}) > N = 1880\text{kN}$$

所以垂直于弯矩作用平面的截面承载力满足要求。

（2）弯矩作用平面内的截面复核。

根据图 7-31 可得，$\eta e_0 = 481\text{mm}$，$A_s = A'_s = 1256\ \text{mm}^2$，$a_s = a'_s = 45\text{mm}$，$h_0 = 1055\text{mm}$，$e_s = 981\text{mm}$，$e'_s = \eta e_0 - h/2 + a'_s = 481 - 550 + 45 = -24(\text{mm})$。

设为中和轴位于肋板内的大偏心受压，取 $\sigma_s = f_{sd}$，根据式（7-55）可以计算出受压区高度 $x = 565\text{mm} > \xi_b h_0 = 0.53 \times 1055 \approx 559(\text{mm})$，与假定的大偏心受压不符，故应为小偏心受压构件。

按小偏心受压构件的截面中和轴位于肋板内，求解受压区高度 x，建立 ξ 的一元三次方程为

$$A\xi^3 + B\xi^2 + C\xi + D = 0$$

其中

$$A = 0.5f_{cd}bh_0^2 = 0.5 \times 16.1 \times 100 \times 1055^2 \approx 8.960 \times 10^8$$

$$B = f_{cd}b(e_s - h_0)h_0 = 16.1 \times 100 \times (981 - 1055) \times 1055 \approx -1.257 \times 10^8$$

$$\begin{aligned} C &= f_{cd}(b'_f - b)h'_f(e_s - h_0 + \frac{h'_f}{2}) + f'_{sd}A'_s e'_s + \varepsilon_{cu}E_sA_se_s \\ &= 16.1 \times (550 - 100) \times 120 \times \left(981 - 1055 + \frac{120}{2}\right) + 330 \times 1256 \times (-24) + \\ &\quad 0.0033 \times 2 \times 10^5 \times 1256 \times 981 \\ &\approx 7.911 \times 10^8 \end{aligned}$$

$$D = -\varepsilon_{cu}E_s\beta e_s A_s = -0.0033\times2\times10^5\times0.8\times981\times1256\approx-6.506\times10^8$$

得

$$\xi\approx0.617>\xi_b=0.53$$

且 $x=\xi h_0=0.617\times1055\approx651(\mathrm{mm})<h-h_f=1100-120=980(\mathrm{mm})$，说明中和轴位于肋板内，截面为小偏心受压。

计算钢筋 A_s 的应力 σ_s：

$$\sigma_s=\varepsilon_{cu}E_s\left(\frac{\beta}{\xi}-1\right)=0.0033\times2\times10^5\times\left(\frac{0.8}{0.617}-1\right)$$

$$\approx196(\mathrm{MPa})(拉应力)$$

计算截面的承载力：

$$N_u=f_{cd}[bx+(b'_f-b)h'_f]+(f'_{sd}-\sigma_s)A'_s$$

$$=16.1\times[100\times651+(550-100)\times120]+(330-196)\times1256$$

$$\approx2086(\mathrm{kN})>N=1880\mathrm{kN}$$

所以弯矩作用平面内的截面满足设计要求。

除了布置纵向钢筋外，受压构件还需要设置箍筋及相应的构造钢筋，实际截面的钢筋布置如图7-32所示。Φ20为计算所得的纵向钢筋，构造设置的纵向钢筋为Φ10。箍筋采用叠套箍筋，直径为8mm，箍筋间距 $S=250\mathrm{mm}$。

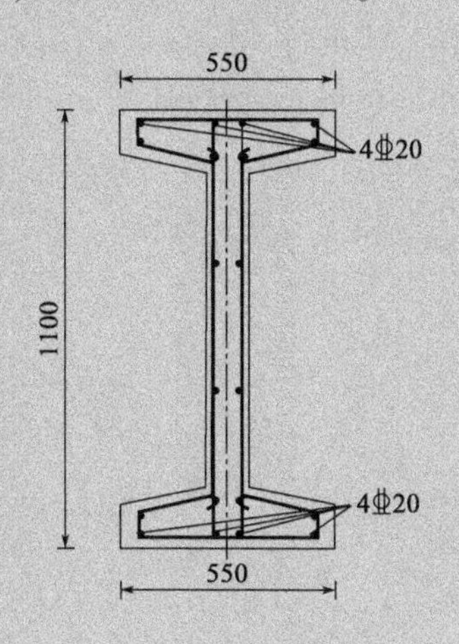

图7-32 实际截面钢筋布置图(尺寸单位:mm)

7.5 圆形截面偏心受压构件正截面承载力计算

圆形截面偏心受压构件也是工程中常见的结构形式之一，其配筋形式一般为：

(1)纵向钢筋沿着圆周均匀布置，根数不宜少于8根，且不应少于6根[钻(挖)孔桩不应少于8根]。一般的纵向钢筋直径不宜小于12mm，对于钻孔灌注桩，桩直径尺寸较大，纵向钢筋直径不宜小于14mm。

(2)纵向钢筋的保护层厚度要求与梁相同。

(3)当采用竖向浇筑混凝土时,纵向钢筋的净距不应小于50mm,也不大于350mm。对于水平浇筑的预制柱,其纵向钢筋的净距的要求与梁相同。

(4)箍筋应为闭合式,其直径不应小于 $d/4$(d 为纵向钢筋的最大直径),且不应小于8mm。

(5)箍筋间距不应大于纵向受力钢筋直径的15倍,不大于圆形截面直径的80%,且不大于400mm。

(6)当纵向钢筋截面面积大于混凝土截面面积3%时,箍筋间距不应大于纵向钢筋直径的10倍,且不大于200mm。

7.5.1 基本公式

严格意义上来讲,由于圆形截面偏心受压构件的纵向钢筋一般沿着圆周均匀布置,对于不同位置的钢筋,其应力 σ_{si} 也不一样,因此,设计时必须先一一计算出各个位置上的钢筋应力 σ_{si},然后根据静力平衡方程求解截面承载力。整个计算过程工作量非常大,不便于实际应用。

为了方便计算,考虑到沿圆周分布的钢筋比较多(不少于8根),可将分散布置的钢筋换算成总面积为 A_s、半径为 r_s 的钢环,即将离散式分布的钢筋等效成连续分布的钢环。这样钢筋的抗力计算可以用一个连续的函数来表示,不再需要明确区分大、小偏心受压的破坏界限,可以采用统一的计算公式进行计算。

1. 离散钢筋的等效处理——等效钢环方法

设圆形截面的半径为 r,等效钢环的壁厚中心至截面圆心的距离为 r_s,等效的原则是保证纵向钢筋总面积不变,如图7-33所示。

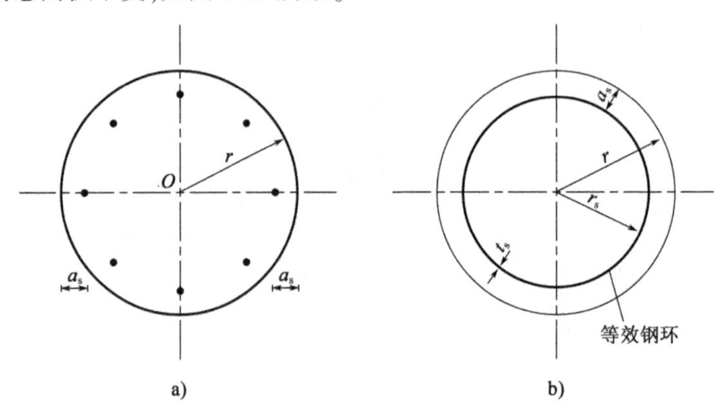

图7-33 等效钢环示意图

a)截面布置示意图;b)等效钢环

等效前纵向钢筋总面积为

$$A_s = \sum_{i=1}^{n} A_{si}$$

式中:A_{si}——单根钢筋面积;

n——钢筋根数。

等效后纵向钢筋总面积为

$$A_s = 2\pi r_s t_s$$

式中：r_s——等效钢环的半径(mm)；

t_s——等效钢环的厚度(mm)。

等效前后纵向钢筋总面积不变，所以

$$\sum_{i=1}^{n} A_{si} = 2\pi r_s t_s$$

令 $r_s = gr$，等效钢环的厚度 t_s 为

$$t_s = \frac{\sum_{i=1}^{n} A_{si}}{2\pi r_s} = \frac{\sum_{i=1}^{n} A_{si}}{\pi r^2} \cdot \frac{r}{2g} = \frac{\rho r}{2g} \tag{7-64}$$

式中：ρ——纵向钢筋配筋率，$\rho = \frac{\sum_{i=1}^{n} A_{si}}{\pi r^2}$。

2. 基本假定

(1)截面变形符合平截面假定；

(2)不考虑受拉区混凝土参加工作，拉力由钢筋承受；

(3)受压混凝土应力图为等效矩形应力图，正应力集度为 f_{cd}。

(4)构件达到破坏时，受压区边缘处混凝土的极限压应变取为 $\varepsilon_{cu} = 0.0033$。

(5)将钢筋视为理想的弹塑性体。

3. 正截面承载力计算的基本公式

图7-34所示为依据计算假定建立的圆形截面偏心受压构件计算图式。图7-34a)中阴影部分为混凝土等效均匀应力分布区域，其对应的圆心角为 $2\pi\alpha$；圆心角 $2\pi\alpha_0$ 范围内为混凝土实际受压区域；圆心角 $2\pi\alpha_1$ 范围内为钢筋受压屈服区域，圆心角 $2\pi\alpha_1 \sim 2\pi\alpha_0$ 范围内为钢筋受压弹性区域；圆心角 $2\pi\alpha_2$ 范围内为钢筋受拉屈服区域，圆心角 $2\pi\alpha_2 \sim 2\pi\alpha_0$ 范围内为钢筋受拉弹性区域；圆心角 $2\pi\alpha_2' = 2\pi - 2\pi\alpha_2$ 范围内为钢筋受拉屈服区域以外的其他区域。$\beta_c = \frac{f'_{sd}}{0.0033E_s}$，$\beta_t = \frac{f_{sd}}{0.0033E_s}$分别为受压及受拉钢筋屈服应变与混凝土极限压应变的比值(由平截面假定导出)。$\alpha_2 = 1 - \alpha_2'$为钢环受拉区进入屈服段的相对面积(或相对圆心角)。

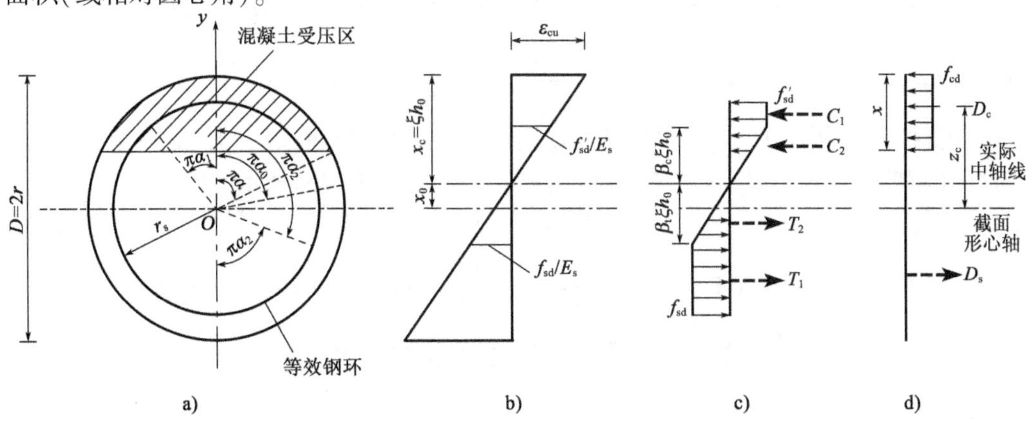

图7-34　圆形截面偏心受压构件计算简图

a)截面；b)应变；c)钢筋应力；d)混凝土等效应力

圆形截面正截面承载力采用静力平衡方程建立计算公式：

由截面上所有沿偏心压力方向力平衡条件可得

$$N_u = D_c + D_s \tag{7-65}$$

式中：D_c——受压区混凝土合力；

D_s——所有钢筋合力。

由截面上所有力对截面形心轴的合力矩平衡条件：

$$M_u = M_c + M_s \tag{7-66}$$

式中：M_c——受压区混凝土合力对截面形心轴取矩；

M_s——所有钢筋合力对截面形心轴取矩。

(1)受压区混凝土合力 D_c。

根据图7-34中等效矩形应力图和相应的弓形受压区面积 A_c 计算 D_c：

$$D_c = f_{cd}A_c$$

式中：A_c——弓形受压区面积，$A_c = \alpha A\left(1 - \dfrac{\sin 2\pi\alpha}{2\pi\alpha}\right)$；

A——截面总面积，$A = \pi r^2$；

α——对应于受压区混凝土截面面积的圆心角(rad)与 2π 的比值。

则

$$D_c = \alpha f_{cd}A\left(1 - \frac{\sin 2\pi\alpha}{2\pi\alpha}\right) \tag{7-67}$$

(2)所有钢筋(等效钢环)合力 D_s。

从图7-34可以看出，构件破坏时，截面靠近中性轴附件的部分钢环应力有可能没有达到屈服，即截面钢筋有一部分达到屈服强度，还有一部分钢筋没有屈服，截面钢筋应力分布并不均匀。精确计算时，需要依据钢环应力-应变曲线，考虑钢筋屈服点位置、受压区混凝土高度等影响因素，准确给出钢环应力分布表达式后，计算所有钢筋合力 D_s。

①受压钢筋合力可以分为受压区钢筋塑性区(钢筋受压屈服)合力 C_1 和受压区钢筋弹性区(钢筋受压未屈服)合力 C_2 两部分进行计算，如图7-34c)所示。因此，

$$C_1 = \alpha_1 f'_{sd}A_s \tag{7-68}$$

$$C_2 = 2\int_{\alpha_1}^{\alpha_0}\sigma_s \mathrm{d}A_s = 2\int_{\alpha_1}^{\alpha_0}\frac{f'_{sd}}{\beta_c \xi h_0}[r_s\cos\pi\theta - (r - \xi h_0)]\mathrm{d}A_s = f'_{sd}A_s k_C \tag{7-69}$$

其中，$k_C = \dfrac{[\xi(1 + r/r_s) - r/r_s]\pi(\alpha_0 - \alpha_1) + \sin\pi\alpha_0 - \sin\pi\alpha_1}{\pi\beta_c\xi(1 + r/r_s)} \geqslant 0$。

②受拉钢筋合力可以分为受拉区钢筋塑性区(钢筋受拉屈服)合力 T_1 和受拉区钢筋弹性区(钢筋受拉未屈服)合力 T_2 两部分进行计算，如图7-34c)所示。因此，

$$T_1 = -\alpha_2 f_{sd}A_s \tag{7-70}$$

$$T_2 = -2\int_{\alpha_0}^{\alpha'_2}\sigma_s \mathrm{d}A_s = -2\int_{\alpha_0}^{\alpha'_2}\frac{f_{sd}}{\beta_t \xi h_0}(r - \xi h_0 - r_s\cos\pi\theta)\mathrm{d}A_s = -f_{sd}A_s k_T \tag{7-71}$$

其中，$k_T = \dfrac{[-\xi(1 + r/r_s) + r/r_s]\pi(\alpha'_2 - \alpha_0) - \sin\pi\alpha'_2 + \sin\pi\alpha_0}{\pi\beta_t\xi(1 + r/r_s)} \geqslant 0$。

所以，

$$D_s = f'_{sd}A_s(\alpha_1 + k_C) - f_{sd}A_s(\alpha_2 + k_T) \tag{7-72}$$

假设$f_s = f'_s$(一般情况下此假设都成立),可以得到所有钢筋(等效钢环)合力D_s:

$$D_s = f_{sd}A_s(\alpha_1 - \alpha_2 + k_C - k_T) \tag{7-73}$$

(3)受压区混凝土合力对截面形心轴的力矩M_c。

$$M_c = f_{cd}A_c z_c \tag{7-74}$$

又

$$z_c = \frac{4\sin^3\pi\alpha}{3(2\pi\alpha - \sin2\pi\alpha)}r \tag{7-75}$$

故

$$M_c = \alpha f_{cd}A\left(1 - \frac{\sin2\pi\alpha}{2\pi\alpha}\right)\frac{4\sin^3\pi\alpha}{3(2\pi\alpha - \sin2\pi\alpha)}r = \frac{2}{3}f_{cd}Ar\frac{\sin^3\pi\alpha}{\pi} \tag{7-76}$$

(4)所有钢筋合力对截面形心轴的力矩M_s。

①受压区钢筋塑性区力矩。

$$M_{C1} = \alpha_1 f'_{sd}A_s \cdot \frac{\sin\pi\alpha_1}{\alpha_1\pi}r_s = f'_{sd}A_s r_s\frac{\sin\pi\alpha_1}{\pi} \tag{7-77}$$

②受压区钢筋弹性区力矩。

$$M_{C2} = 2\int_{\alpha_1}^{\alpha_0}\sigma_s r_s\cos\pi\theta \mathrm{d}A_s = f'_{sd}A_s r_s\frac{m_C}{\pi} \tag{7-78}$$

其中,$m_C = \dfrac{[\xi(1+r/r_s) - r/r_s](\sin\pi\alpha_0 - \sin\pi\alpha_1) + \pi(\alpha_0 - \alpha_1)/2 + (\sin2\pi\alpha_0 - \sin2\pi\alpha_1)/4}{\beta_c\xi(1+r/r_s)}$。

③受拉区钢筋塑性力矩。

$$M_{T1} = \alpha_2 f_{sd}A_s \cdot \frac{\sin\pi\alpha_2}{\alpha_2\pi}r_s = f_{sd}A_s r_s\frac{\sin\pi\alpha_2}{\pi} \tag{7-79}$$

④受拉区钢筋弹性力矩。

$$M_{T2} = 2\int_{\alpha_0}^{\alpha'_2}\sigma_s r_s\cos\pi\theta \mathrm{d}A_s = f_{sd}A_s r_s\frac{m_T}{\pi} \tag{7-80}$$

其中,$m_T = \dfrac{[-r/r_s + \xi(1+r/r_s)](\sin\pi\alpha'_2 - \sin\pi\alpha_0) + \pi(\alpha'_2 - \alpha_0)/2 + (\sin2\pi\alpha'_2 - \sin2\pi\alpha_0)/4}{\beta_t\xi(1+r/r_s)}$。

所以

$$M_s = f'_{sd}A_s r_s\frac{\sin\pi\alpha_1 + m_C}{\pi} + f_{sd}A_s r_s\frac{\sin\pi\alpha_2 + m_T}{\pi} \tag{7-81}$$

将式(7-67)和式(7-72)代入式(7-65),将式(7-76)和式(7-81)代入式(7-66)可得正截面承载力计算的基本公式:

$$\gamma_0 N_d \leqslant N_u = \alpha A f_{cd}\left(1 - \frac{\sin2\pi\alpha}{2\alpha\pi}\right) + f'_{sd}A_s(\alpha_1 + k_C) - f_{sd}A_s(\alpha_2 + k_T) \tag{7-82}$$

$$\gamma_0 N_d \eta e_0 \leqslant M_u = \frac{2}{3}rAf_{cd}\frac{\sin^3\pi\alpha}{\pi} + f'_{sd}A_s r_s\frac{\sin\pi\alpha_1 + m_C}{\pi} + f_{sd}A_s r_s\frac{\sin\pi\alpha_2 + m_T}{\pi} \tag{7-83}$$

4. 正截面承载力计算基本公式的简化

根据图7-34a)、b),利用平截面假定导出,各相关参数的计算公式如表7-2所示。

相关参数计算公式 表 7-2

定义	高度	对应的相对圆心角
中性轴高度	$\xi h_0 = \xi(r + r_s)$	$\pi\alpha_0 = \arccos[1 - \xi(1 + r_s/r)]$
受压区等效高度	$\beta\xi h_0 = \beta\xi(r + r_s)$	$\pi\alpha = \arccos[1 - \beta\xi(1 + r_s/r)]$ $\xi = \dfrac{1 - \cos\pi\alpha}{\beta(1 + r_s/r)}$
受压钢筋屈服点到受压区边缘的距离	$(1 - \beta_c)\xi(r + r_s)$	$\pi\alpha_1 = \arccos[r/r_s - (1 - \beta_c)\xi(1 + r/r_s)]$
受拉钢筋屈服点到受拉区边缘的距离	$(1 + \beta_t)\xi(r + r_s)$	$\pi\alpha_2' = \arccos[r/r_s - (1 + \beta_t)\xi(1 + r/r_s)]$

为了简化式(7-82)和式(7-83),定义 α_t 为纵向受拉普通钢筋截面面积与全部纵向普通钢筋截面面积的比值,令

$$\alpha_t = 1.25 - 2\alpha$$

取钢筋种类为 HRB400 进行相关参数计算,则

$$\beta_c = \beta_t = \frac{f'_{sd}}{0.0033E_s} = \frac{330}{0.0033 \times 2.0 \times 10^5} = 0.5$$

根据表 7-2 中各参数之间的关系,通过计算对比相关参数得到表 7-3 的计算结果,直观起见,绘制在图 7-35 中。

参数比对 表 7-3

α	$\alpha_1 + k_C$	$\alpha_2 + k_T$	$\alpha_t = 1.25 - 2\alpha$	$\sin\pi\alpha_1 + m_C$	$\sin\pi\alpha$	$\sin\pi\alpha_2 + m_T$	$\sin\pi\alpha_t$
0.2	0.1169	0.7712	0.8499	0.3631	0.5879	0.6583	0.6585
0.4	0.3703	0.4714	0.4500	0.9077	0.9511	0.9863	0.9960
0.5	0.4773	0.2738	0.2499	0.9771	1.0	0.7295	0.7580
0.6	0.5834	0.05214	0.0502	0.9302	0.9512	0.1550	0.1631
0.8	0.8737	0	0	0.3393	0.5878	0	0
1	0.9811	0	0	0.0564	0	0	0

注:$r_s/r = 0.9$,$\beta_c = 0.5$,$\beta_t = 0.5$。

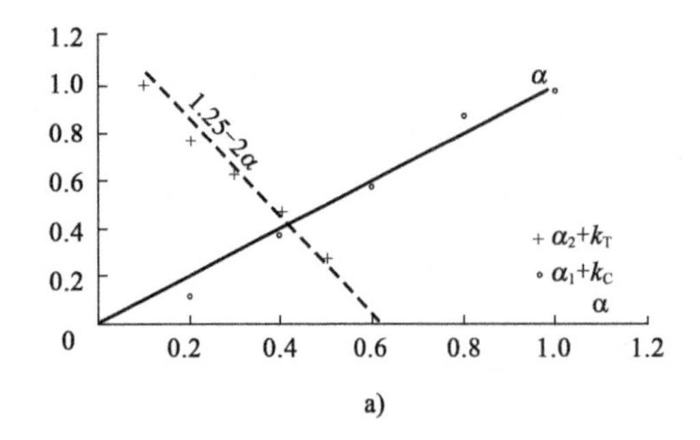

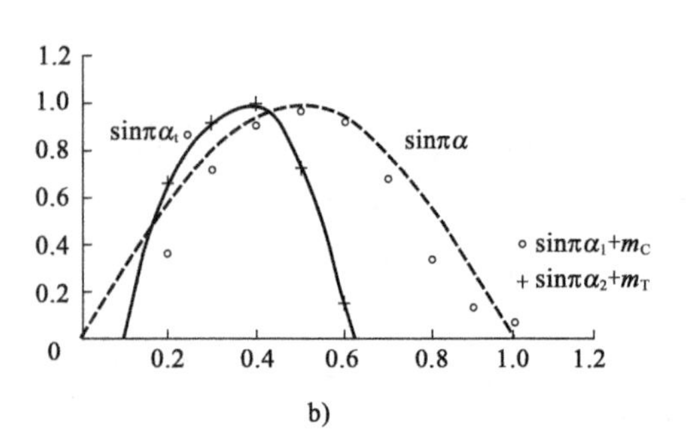

图 7-35 圆形截面偏心受压构件参数比对

a) $\alpha_1 + k_C$ 和 $\alpha_2 + k_T$ 与 α 的关系;b) $\sin\pi\alpha_1 + m_C$ 和 $\sin\pi\alpha_2 + m_T$ 与 α 的关系

通过以上比较,可近似得到:

$$\begin{cases}\alpha_1 + k_C \approx \alpha \\ \alpha_2 + k_T \approx \alpha_t = 1.25 - 2\alpha \qquad (\text{当}\ \alpha > 0.625\ \text{时,取}\ \alpha_t = 0)\end{cases}$$

$$\begin{cases}\sin\pi\alpha_1 + m_C \approx \sin\pi\alpha \\ \sin\pi\alpha_2 + m_T \approx \sin\pi\alpha_t\end{cases}$$

$\sin\pi\alpha_1 + m_C$ 与 $\sin\pi\alpha$ 在 α 较小及较大时存在较大差异。这样对于 HRB400、HPB300 等强度较低的普通热轧钢筋(抗拉强度与抗压强度相同),式(7-82)和式(7-83)可简化成:

$$\gamma_0 N_d \leqslant N_u = \alpha f_{cd} A\left(1 - \frac{\sin 2\pi\alpha}{2\pi\alpha}\right) + (\alpha - \alpha_t) f_{sd} A_s \tag{7-84}$$

$$\gamma_0 N_d \eta e_0 \leqslant M_u = \frac{2}{3} f_{cd} A r \frac{\sin^3 \pi\alpha}{\pi} + f_{sd} A_s r_s \frac{\sin\pi\alpha + \sin\pi\alpha_t}{\pi} \tag{7-85}$$

$$\alpha_t = 1.25 - 2\alpha$$

式中:A——圆形截面面积;

A_s——全部纵向普通钢筋截面面积;

r——圆形截面的半径;

r_s——纵向普通钢筋重心所在圆周的半径;

e_0——轴向力对截面重心的偏心距;

α——对应于受压区混凝土截面面积的圆心角(rad)与 2π 的比值;

α_t——纵向受拉普通钢筋截面面积与全部纵向普通钢筋截面面积的比值,当 α 大于 0.625 时,取 α_t 为 0;

η——偏心受压构件轴向力偏心距增大系数,按式(7-8)计算。

注意上述公式适用于截面内纵向普通钢筋数量不小于 8 根的情况。

7.5.2 计算方法

1. 截面设计

已知截面尺寸、计算长度、材料强度、荷载(作用)设计值、环境条件、安全等级,求纵向钢筋截面面积 A_s。

分析式(7-84)和式(7-85)可知,直接采用基本计算公式无法求得纵向钢筋截面面积 A_s,一般采用迭代法计算。具体计算步骤如下:

步骤一:计算长细比,确定偏心距增大系数 η。

步骤二:假设一个 α 值,利用式(7-85)求得 A_s。

步骤三:将 α 和求得的 A_s 代入式(7-84),求得 N_u。

步骤四:将求得的 N_u 与已知的 N 比较,若二者基本相符(允许误差在2%以内),则可以认为假设的 α 值即为设计用值,求得的 A_s 即为需要配置的纵向钢筋截面面积。

若二者不符,则回到步骤二,重新计算,直至基本相符为止。

2. 截面复核

圆形截面受压构件截面复核仅需要验算弯矩平面的承载力。

已知条件为截面尺寸、计算长度、材料强度、纵向钢筋面积 A_s、荷载(作用)设计值、环境条件、安全等级。

截面复核仍然采用迭代法计算。具体步骤为:

步骤一：计算长细比，确定偏心距增大系数 η。

步骤二：假设一个 α 值，代入式(7-85)求得 M_u。

步骤三：将计算得到的 M_u 与 $\gamma_0 N_d \eta e_0$ 进行比较，若二者基本相符（允许误差在 2% 以内），则可以认为假设的 α 值即为计算用 α 值。按式(7-84)计算截面承载能力。

若二者不符，则回到步骤二，重新计算，直至基本相符为止。

例 7-6 已知某钢筋混凝土柱式桥墩的柱直径 $d=1.2\text{m}$，计算长度 $l_0=6.5\text{m}$。柱控制截面的轴向压力设计值 $N_d=8716\text{kN}$，弯矩设计值 $M_d=2164\text{kN}\cdot\text{m}$。采用 C30 混凝土，HRB400 级钢筋，Ⅰ类环境条件，设计使用年限 50 年，安全等级为二级。试进行截面配筋设计。

解：查附表 1-1、附表 1-3、表 2-3 可知，$f_{cd}=13.8\text{MPa}$，$f_{sd}=f'_{sd}=330\text{MPa}$，$\gamma_0=1.0$。

1. 计算偏心距增大系数 η

轴向力计算值 $N=\gamma_0 N_d=8716\text{kN}$，弯矩计算值 $M=\gamma_0 M_d=2164\text{kN}\cdot\text{m}$，可得到偏心距 e_0 为

$$e_0=\frac{M}{N}=\frac{2164\times10^6}{8716\times10^3}\approx248(\text{mm})$$

$$\frac{1200}{30}=40(\text{mm})>20\text{mm}$$

长细比为 $\dfrac{l_0}{h}=\dfrac{6500}{1200}\approx5.417>4.4$，故应考虑偏心距增大系数 η。设 $r_s=0.925r=555\text{mm}$，则 $h_0=r+r_s=600+555=1155(\text{mm})$。

$$\zeta_1=0.2+2.7\frac{e_0}{h_0}=0.2+2.7\times\frac{248}{1155}\approx0.78$$

$$\zeta_2=1.15-0.01\frac{l_0}{h}=1.15-0.01\times5.417\approx1.096>1$$

取 $\zeta_2=1.0$，则

$$\eta=1+\frac{1}{1300(e_0/h_0)}\left(\frac{l_0}{h}\right)^2\zeta_1\zeta_2=1+\frac{1}{1300\times\dfrac{248}{1155}}\times5.417^2\times0.78\times1\approx1.082$$

故

$$\eta e_0=1.082\times248\approx269(\text{mm})$$

2. 控制截面所需配置纵向钢筋的截面面积

步骤一：假设一个 α 值，计算 A_s。

假设 $\alpha=0.45$，按式(7-85)计算，$A_s=3895\text{mm}^2$。

步骤二：求 N_u。

取 $\alpha=0.45$，$A_s=3895\text{mm}^2$，按式(7-84)计算，$N_u=6384\text{kN}$。

步骤三：将求得的 N_u 与已知的 N 比较。

$$\frac{N-N_u}{N}=\frac{8716-6384}{8716}\approx26.76\%>2\%$$

说明假设的 $\alpha=0.45$ 不合理,重新假设 α,回到步骤一进行计算,表 7-4 给出了假设不同 α 值的计算结果。

假设不同 α 值的计算结果　　表 7-4

序号	α	计算 A_s(mm^2)	计算 N_u(kN)	N(kN)	误差(%)	误差是否小于2%
1	0.450	3895	6384	8716	26.76	否
2	0.500	3558	8097	8716	7.11	否
3	0.505	3614	8276	8716	5.05	否
4	0.510	3688	8457	8716	2.97	否
5	0.515	3781	8640	8716	0.87	是

由表 7-4 可以看出,当 $\alpha=0.515<0.625$ 时,符合假设,计算得到 $A_s=3781\text{mm}^2$。

$\rho=\frac{A_s}{A}=\frac{3781}{1130973}\approx0.344\%$,小于最小配筋率 $\rho_{min}=0.5\%$,因此取最小配筋率 $\rho_{min}=0.5\%$,计算 $A_s=0.005\times1130973\approx5655(\text{mm}^2)$。

3. 纵向钢筋数量选择及布置

选用 16⌀22,$A_s=6082\text{mm}^2$,实际配筋率 $\rho=\frac{A_s}{A}=\frac{6082}{1130973}\approx0.54\%>0.5\%$,钢筋布置如图 7-36 所示,$a_s=60\text{mm}$。

纵向钢筋间净距 $S=\frac{2\pi r_s-16\times d}{16}=\frac{2\times\pi\times540-16\times25.1}{16}\approx187(\text{mm})>50\text{mm}$,且不大于 350mm,满足规定。

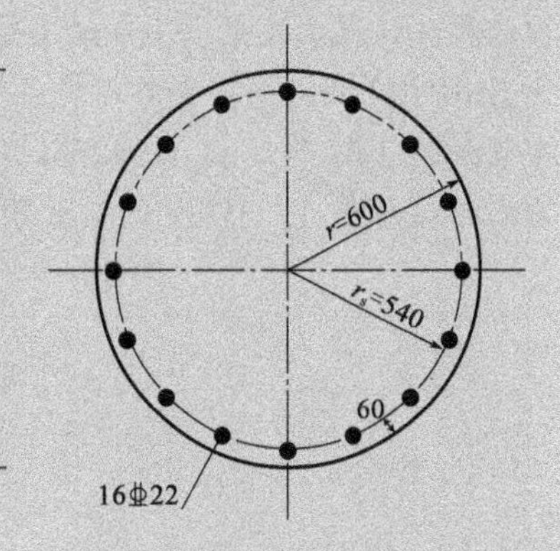

图 7-36　例 7-6 截面钢筋布置图（尺寸单位:mm）

思考题与习题

7-1　轴心受压构件中的纵向钢筋和箍筋的作用是什么?

7-2　配有纵向钢筋和普通箍筋的轴心受压短柱与长柱的破坏形态的区别是什么?

7-3　螺旋箍筋柱的破坏机理是什么?

7-4　偏心受压构件正截面破坏形态有几种?

7-5　如何区分大、小偏心受压破坏形态?

7-6　偏心距增大系数 η 与哪些因素有关?

7-7　稳定系数 φ 与哪些因素有关?

7-8 受压构件对配筋率有哪些规定？

7-9 对轴心受压的普通箍筋柱与螺旋箍筋柱进行正截面承载力计算有何不同？

7-10 偏心受压构件的 M-N 相关曲线的意义是什么？

7-11 矩形截面偏心受压构件非对称配筋的截面计算和截面复核的流程是怎样的？

7-12 圆形截面偏心受压构件计算中在哪些地方利用了平截面假定？

7-13 配有纵向钢筋和普通箍筋的轴心受压构件的截面尺寸为 $b \times h = 300\text{mm} \times 350\text{mm}$，构件计算长度 $l_0 = 4.3\text{m}$。C30 混凝土，HRB400 级钢筋，纵向钢筋截面面积 $A_s' = 678\text{mm}^2$（6⌀12）。Ⅰ类环境条件，设计使用年限为 50 年，安全等级为二级。试求该构件能承受的最大轴向压力组合设计值 N_d。

7-14 矩形截面偏心受压构件的截面尺寸为 $b \times h = 350\text{mm} \times 600\text{mm}$，弯矩作用平面内的构件计算长度 $l_0 = 6\text{m}$。C30 混凝土，HRB400 级钢筋。Ⅰ类环境条件，设计使用年限为 50 年，安全等级为二级。轴向压力组合设计值 $N_d = 560.8\text{kN}$，相应弯矩组合设计值 $M_d = 341.5\text{kN}\cdot\text{m}$，试按截面非对称布筋进行截面设计。

7-15 矩形截面偏心受压构件的截面尺寸为 $b \times h = 300\text{mm} \times 460\text{mm}$，弯矩作用平面内的构件计算长度 $l_{0x} = 3.5\text{m}$，垂直于弯矩作用平面方向的计算长度 $l_{0y} = 6\text{m}$。C30 混凝土，HRB400 级钢筋。Ⅰ类环境条件，设计使用年限为 50 年，安全等级为二级。截面钢筋布置如图 7-37 所示，$A_s = 942\text{mm}^2$（3⌀20），$A_s' = 628\text{mm}^2$（2⌀20），如图 7-37 所示。轴向压力组合设计值 $N_d = 337\text{kN}$，相应弯矩组合设计值 $M_d = 73.6\text{kN}\cdot\text{m}$。试进行截面复核。

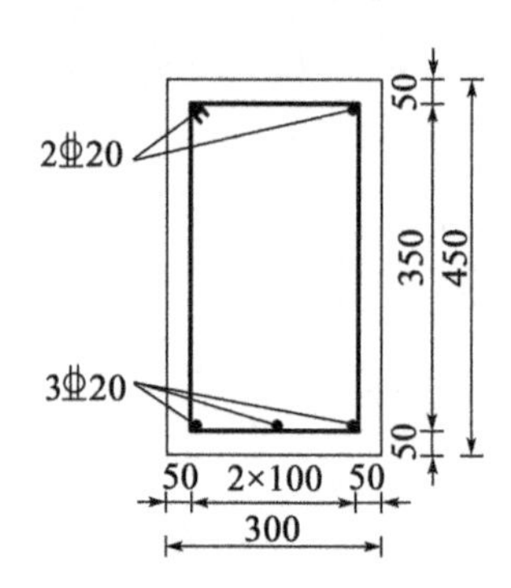

图 7-37 思考题与习题 7-15 图（尺寸单位：mm）

第8章 钢筋混凝土受拉构件正截面承载力计算

工程中常见的受拉构件包括桁架梁中的拉杆、系杆拱的系杆等。由于混凝土抗压性能要远远优于抗拉性能,在不大的拉力作用下,混凝土表面也会出现裂缝,因此,当采用混凝土材料作为受拉构件时,一般配合预应力钢筋来使用,进而延缓裂缝的出现,提高受拉构件的抗裂性。

与钢筋混凝土受压构件类似,钢筋混凝土受拉构件按承载能力极限状态进行设计,作用组合采用基本组合;采用相应的构造措施来保证其正常使用极限状态的要求。

对于受拉构件,一般有如下规定:

(1)钢筋混凝土受拉构件一侧受拉钢筋的配筋率不应小于$45f_{td}/f_{sd}$,同时不应小于0.2。

(2)轴心受拉构件及小偏心受拉构件一侧受拉钢筋的配筋率应按构件毛截面面积计算;大偏心受拉构件的一侧受拉钢筋的配筋率为$100A_s/(bh_0)$,其中A_s为受拉钢筋截面面积,b为腹板宽度(箱形截面梁为各腹板宽度之和),h_0为有效高度。

8.1 轴心受拉构件正截面承载力计算

钢筋混凝土轴心受拉构件从开始加载到构件破坏,受力过程可以分为三个阶段:

第Ⅰ阶段(开始加载到混凝土开裂前),此阶段混凝土与钢筋共同承担拉力。

第Ⅱ阶段(混凝土开裂后至钢筋即将屈服),此阶段开裂截面处的混凝土完全退出工作,全部拉力由钢筋承担。

第Ⅲ阶段(钢筋受拉开始屈服到全部受拉钢筋达到屈服),此阶段混凝土裂缝开展迅速,裂缝很大,当全部钢筋的拉应力均达到屈服强度时,构件达到其极限承载力。

由构件破坏阶段的受力特点可以看出,轴心受拉构件的极限承载力仅与配置的受拉

钢筋数量有关,因此,轴心受拉构件的正截面承载力计算式应满足以下条件:

$$\gamma_0 N_d \leq N_u = f_{sd} A_s \tag{8-1}$$

式中:N_d——轴向拉力设计值;

f_{sd}——钢筋抗拉强度设计值;

A_s——截面上全部纵向受拉钢筋截面面积。

8.2 偏心受拉构件正截面承载力计算

当构件所受的纵向拉力作用线与构件截面形心轴线偏离时,此构件为偏心受拉构件。

8.2.1 偏心受拉构件的破坏特征

由于纵向拉力作用位置不同,偏心受拉构件的破坏特征也不完全相同。偏心受拉构件可以分为大偏心受拉构件和小偏心受拉构件。

(1)偏心拉力作用点位于钢筋 A_s 合力点与钢筋 A_s'合力点范围内,如图 8-1 所示。

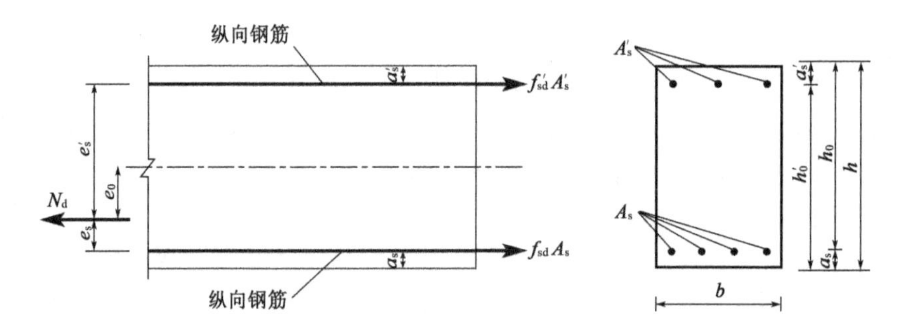

图 8-1 小偏心受拉构件正截面承载力计算图式

当偏心拉力作用点位于钢筋 A_s 合力点与钢筋 A_s'合力点范围以内时,属于小偏心受拉情况。此情况下,邻近构件破坏时,截面混凝土全部裂通,拉力完全由钢筋承担。

(2)偏心拉力作用点位于钢筋 A_s 合力点与钢筋 A_s'合力点范围外。

当偏心拉力作用点位于钢筋 A_s 合力点与钢筋 A_s'合力点范围外时,属于大偏心受拉情况。此情况下,邻近构件破坏时,截面混凝土虽然开裂,但并没有全部裂通,仍有一部分混凝土受压。一般以裂缝开展宽度超过某一限值作为截面破坏的标志。

8.2.2 小偏心受拉构件的正截面承载力计算

由小偏心受拉构件的破坏特征可知,小偏心受拉构件的极限承载力主要由配置的受拉钢筋数量决定。小偏心受拉构件纵向拉力的偏心距 $e_0 \leq (h/2 - a_s)$。

构件破坏时,钢筋 A_s 及 A_s'的应力均达到抗拉强度设计值 f_{sd},不考虑混凝土的受拉工作,建立计算公式,基本计算式如下:

$$\gamma_0 N_d e_s \leq N_u e_s = f_{sd} A_s' (h_0 - a_s') \tag{8-2}$$

$$\gamma_0 N_d e_s' \leq N_u e_s' = f_{sd} A_s (h_0 - a_s') \tag{8-3}$$

$$e_s = \frac{h}{2} - e_0 - a_s \tag{8-4}$$

$$e'_s = e_0 + \frac{h}{2} - a_s' \tag{8-5}$$

例 8-1 某偏心受拉构件承受轴向拉力组合设计值 $N_d = 980\text{kN}$,弯矩组合设计值 $M_d = 76\text{kN} \cdot \text{m}$。Ⅰ类环境条件,设计使用年限 50 年,结构安全等级为二级($\gamma_0 = 1.0$)。截面尺寸为 $b \times h = 400\text{mm} \times 500\text{mm}$。采用 C30 混凝土和 HRB400 级钢筋,$f_{td} = 1.39\text{MPa}$,$f_{sd} = 330\text{MPa}$,求截面配筋。

解:设 $a_s = a'_s = 40\text{mm}$,$h_0 = h - a_s = 500 - 40 = 460(\text{mm})$,$h'_0 = 460\text{mm}$。

1. 判断偏心情况

$$e_0 = \frac{76 \times 10^6}{980000} \approx 78(\text{mm}) < \frac{h}{2} - a_s = \frac{500}{2} - 40 = 210(\text{mm})$$

表明纵向力作用点在钢筋 A_s 合力点和钢筋 A'_s合力点之间,属小偏心受拉。

2. 计算 A_s 和 A'_s

$$e'_s = 78 + \frac{500}{2} - 40 = 288(\text{mm})$$

$$e_s = \frac{500}{2} - 78 - 40 = 132(\text{mm})$$

$$A'_s = \frac{\gamma_0 N_d \cdot e_s}{f_{sd}(h_0 - a_s')} = \frac{1.0 \times 980000 \times 132}{330 \times (460 - 40)} \approx 933(\text{mm}^2)$$

选用 4Φ20,$A'_s = 1256\ \text{mm}^2$。

$$A_s = \frac{\gamma_0 N_d \cdot e'_s}{f_{sd}(h_0 - a'_s)} = \frac{1.0 \times 980000 \times 288}{330 \times (460 - 40)} \approx 2036(\text{mm}^2)$$

选用 4Φ28,$A_s = 2463\text{mm}^2$。钢筋布置如图 8-2 所示。

单侧配筋率分别为:$\rho_1 = \frac{1256}{400 \times 500} \approx 0.63\%$,$\rho_2 = \frac{2463}{400 \times 500} \approx 1.23\%$,单侧配筋率满足不小于最小配筋率 $\rho_{min} = 45 f_{td}/f_{sd} = (45 \times 1.39/330) \times 1\% = 0.19\%$,且不应小于 0.2% 的要求。

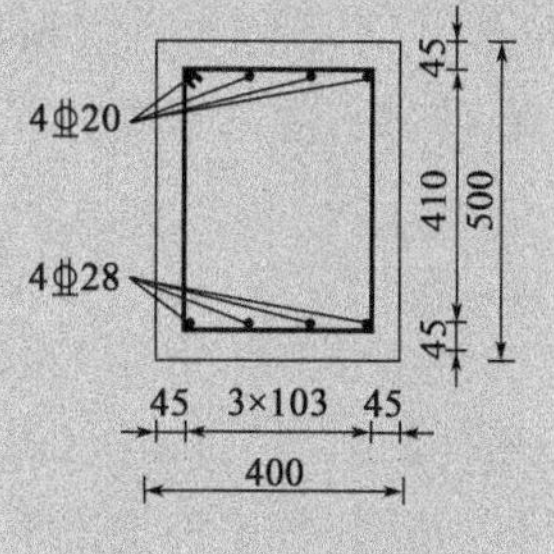

图 8-2 钢筋布置图(尺寸单位:mm)

8.2.3 大偏心受拉构件的正截面承载力计算

大偏心受拉构件破坏时,以裂缝宽度超过一定限制为标准,在此状态下,受压区混凝土应力达到混凝土抗压强度设计值 f_{cd},相应的受压钢筋 A'_s的应力达到屈服强度,纵向受拉钢筋 A_s 也达到屈服强度。建立计算图式,如图 8-3 所示,基本计算式如下:

$$\gamma_0 N_d \leqslant N_u = f_{sd} A_s - f'_{sd} A'_s - f_{cd} bx \tag{8-6}$$

$$\gamma_0 N_d e_s \leqslant N_u e_s = f_{cd} bx \left(h_0 - \frac{x}{2}\right) + f'_{sd} A'_s (h_0 - a'_s) \tag{8-7}$$

$$f_{sd} A_s e_s - f'_{sd} A'_s e'_s = f_{cd} bx \left(e_s + h_0 - \frac{x}{2}\right) \tag{8-8}$$

$$e_s = e_0 - \frac{h}{2} + a_s \tag{8-9}$$

此时，受压区高度 x 应符合 $2a_s' \leqslant x \leqslant \xi_b h_0$。

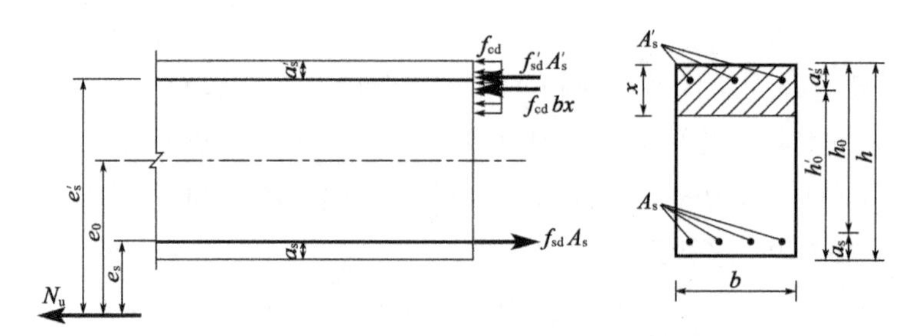

图 8-3　大偏心受拉构件正截面承载力计算图式

当 $x < 2a_s'$时，取 $x = 2a_s'$，此时，混凝土合力作用点位置与受压钢筋 A_s'合力作用点位置重合，对该点取矩建立弯矩平衡方程式，进行承载力计算。

$$\gamma_0 N_d e_s' \leqslant N_u e_s' = f_{sd} A_s (h_0 - a_s') \tag{8-10}$$

当进行非对称配筋设计计算配筋数量时，为了使钢筋总用量最少，与偏心受压构件类似，取 $x = \xi_b h_0$，则有

$$A_s' = \frac{\gamma_0 N_d e_s - f_{cd} b h_0^2 \xi_b (1 - 0.5\xi_b)}{f_{sd}' (h_0 - a_s')} \tag{8-11}$$

$$A_s = \frac{\gamma_0 N_d + f_{sd}' A_s' + f_{cd} b h_0 \xi_b}{f_{sd}} \tag{8-12}$$

需要注意的是，当进行对称配筋时，根据力的平衡，破坏时受压钢筋无法达到抗压强度设计值，即 $\sigma_s < f_{sd}'$，所以，不能采用式(8-6)计算受压区高度 x，应对受压钢筋 A_s'合力作用点取矩，建立平衡方程求解，具体公式：

$$\gamma_0 N_d e_s' \leqslant N_u e_s' = f_{sd} A_s (h_0 - a_s') f_{cd} bx \left(\frac{x}{2} - a_s'\right) \tag{8-13}$$

分析发现，当采用 HRB400 级钢筋时，抗压设计强度为 330MPa，对应的应变值为 $\varepsilon = 330/(2.0 \times 10^5) = 0.00165 < 0.0033$，约为混凝土极限压应变的一半，由平截面假定我们可以知道，在这种情况下，混凝土受压区高度 $x < 2a_s'$，因此，按式(8-10)计算 A_s 即可。

例 8-2　某偏心受拉构件承受轴向拉力组合设计值 $N_d = 25\text{kN}$，弯矩组合设计值 $M_d = 37.5\text{kN} \cdot \text{m}$。Ⅰ类环境条件，设计使用年限 50 年，结构安全等级为二级（$\gamma_0 = 1.0$）。截面尺寸为 $b \times h = 250\text{mm} \times 400\text{mm}$。采用 C30 混凝土和 HRB400 级钢筋，$f_{td} = 1.39\text{MPa}$，$f_{sd} = 330\text{MPa}$，求截面配筋。

解：查表 4-2、附表 1-1、附表 1-3 可得，$\xi_b = 0.53$，$f_{cd} = 13.8\text{MPa}$，$f_{sd} = f_{sd}' = 330\text{MPa}$，设 $a_s = a_s' = 40\text{mm}$，$h_0 = h - a_s = 400 - 40 = 360(\text{mm})$，$h_0' = 360\text{mm}$。

1. 判断偏心情况

$$e_0 = \frac{37.5 \times 10^6}{25000} = 1500(\text{mm}) > \frac{h}{2} - a_s = \frac{400}{2} - 40 = 160(\text{mm})$$

表明纵向力作用点不在钢筋 A_s 合力点和钢筋 A'_s 合力点之间，属大偏心受拉构件。

2. 计算 A'_s

$$e_s = 1500 - \frac{400}{2} + 40 = 1340(\text{mm})$$

$$e'_s = 1500 + \frac{400}{2} - 40 = 1660(\text{mm})$$

$$A'_s = \frac{\gamma_0 N_d e_s - f_{cd} b h_0^2 \xi_b (1 - 0.5\xi_b)}{f'_{sd}(h_0 - a'_s)}$$

$$= \frac{1.0 \times 25000 \times 1340 - 13.8 \times 250 \times 360^2 \times (1 - 0.5 \times 0.53)}{330 \times (360 - 40)}$$

$$\approx -2795(\text{mm}^2) < 0$$

按截面一侧最小配筋率配筋，则

$$A'_s = 0.002bh = 0.002 \times 250 \times 400 = 200(\text{mm}^2)$$

受压钢筋选 2Φ12，$A'_s = 226\text{mm}^2$。

3. 计算受压区高度 x

将各计算参数代入式(8-7)，可得

$$1.0 \times 25000 \times 1340 = 13.8 \times 250x \times \left(360 - \frac{x}{2}\right) + 330 \times 226 \times (360 - 40)$$

$$x \approx 7.8\text{mm} < 2a'_s = 2 \times 40 = 80(\text{mm})$$

取 $x = 2a'_s = 80\text{mm}$。

4. 计算 A_s

按式(8-10)计算 A_s

$$A_s = \frac{\gamma_0 N_d \cdot e'_s}{f_{sd}(h_0 - a'_s)} = \frac{1.0 \times 25000 \times 1660}{330 \times (360 - 40)} \approx 393(\text{mm}^2)$$

选用 2Φ16，$A_s = 402\text{mm}^2 > 0.002bh = 200\text{mm}^2$。

钢筋布置如图 8-4 所示。

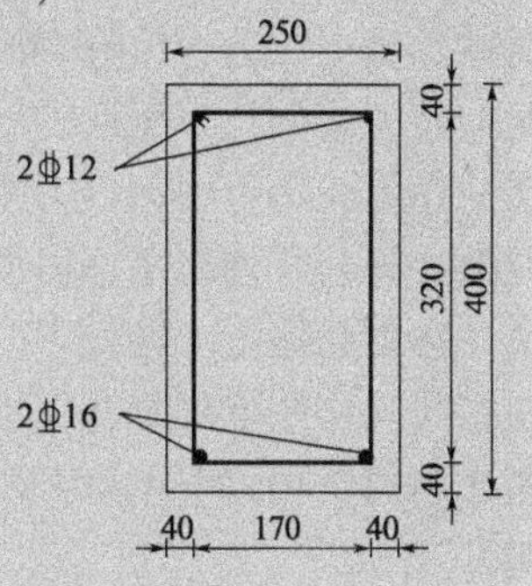

图 8-4 钢筋布置图(尺寸单位：mm)

思考题与习题

8-1 轴心受拉构件的破坏过程是怎样的？

8-2 如何区别大、小偏心受拉构件？

第 9 章

钢筋混凝土受扭构件承载力计算

实际工程中,由于荷载作用位置不同,钢筋混凝土构件除了承受弯矩、剪力、轴向拉力、轴向压力之外,还要承受扭矩的作用,扭转是结构承受的五种基本受力状态之一。钢筋混凝土构件扭矩作用一般可以分为平衡扭转和协调扭转。平衡扭转一般是指扭矩系由荷载直接引起的,并可由静力平衡条件求得;协调扭转一般是指扭矩系由结构或相邻构件间的转动受到约束引起的,并由转动变形的连续条件决定,也可以称为附加扭转。协调扭转的连续变形可引起内力重分布,对设计的扭矩起到折减作用。《公路桥规》关于受扭构件的计算公式均未考虑协调扭矩,也即有关受扭构件的计算仅适用于平衡扭转。

在钢筋混凝土结构中,大多数情况下构件处于弯矩、剪力和扭矩或压力、弯矩、剪力和扭矩共同作用下的复合应力状态,例如钢筋混凝土弯梁、斜梁(板)。几乎很难见到受纯扭作用的结构,但是为了方便理解受扭构件的力学原理,我们首先研究矩形截面纯扭构件。

9.1 矩形截面纯扭构件的承载力计算

与受剪无腹筋钢筋混凝土构件可以承担一定的剪力类似,素混凝土受扭构件也能够承担一定的扭矩。当受纯扭作用,素混凝土受扭构件的主拉应力超过混凝土抗拉强度时,混凝土将在垂直于主拉应力方向开裂,裂缝最早出现在混凝土抗拉薄弱部位(矩形截面长边中点附近),裂缝方向与构件纵轴线形成 45°。一旦开裂,裂缝迅速向构件的上下边缘延伸,很快发展到构件的顶面和底面,最后破坏,形成空间扭曲破坏面。由于混凝土抗拉性能差,构件的受扭承载力较弱,属于脆性破坏。因此,实际工程中采用配筋混凝土构件,即通过配置钢筋来提高构件的受扭承载能力,改善构件的延性。

在纯扭构件中，主拉应力方向角为45°，因此，可沿45°方向配置螺旋钢筋。但是按此方式配置钢筋会给施工带来不便，通常通过配置纵向钢筋和箍筋的方式来承受主拉应力，如图9-1所示。

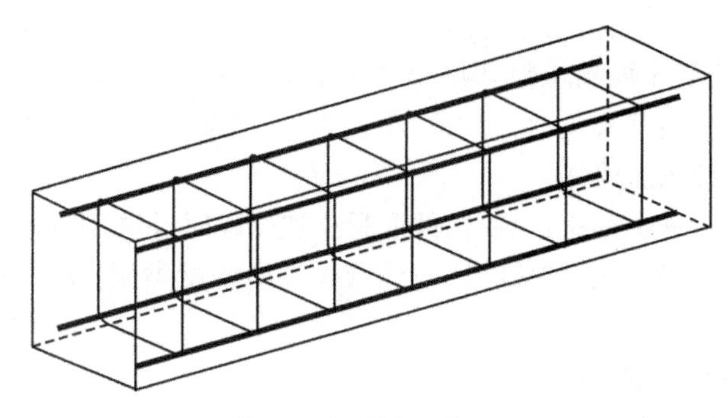

图9-1 受扭构件钢筋骨架

9.1.1 纯扭构件的破坏

1. 破坏特征研究

对于采用正常数量配筋的纯扭矩形截面构件，其受扭破坏全过程表现为：

(1)裂缝出现前的性能。

裂缝出现前，钢筋混凝土纯扭构件的受拉性能基本符合圣维南弹性扭转理论。在扭矩较小时，扭矩与扭转变形之间为线性关系，纵向钢筋和箍筋的应力都很小。

(2)裂缝出现后的性能。

随着扭矩增加至开裂扭矩，混凝土表面出现裂缝，部分混凝土退出工作，由混凝土承担的扭矩转移给钢筋，钢筋应力明显增大，扭转变形也开始明显增大。此时的扭矩由带裂缝的混凝土和钢筋共同承担。

当继续施加荷载时，裂缝数量逐渐增多、宽度逐渐增大，扭转变形快速增长，纯扭构件的四个面上形成连续的(或不连续的)螺旋形裂缝，裂缝走向与构件轴线呈一定的角度(图9-2)。

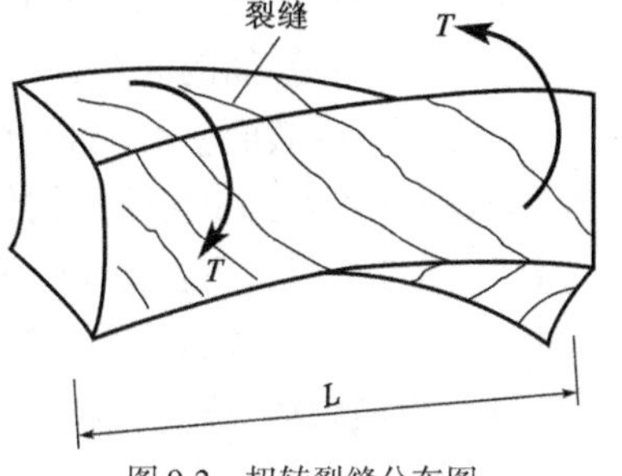

图9-2 扭转裂缝分布图

(3)破坏阶段。

当荷载临近极限扭矩时，构件的一条斜裂缝发展为临界裂缝，与之相交的部分箍筋(长肢)或部分纵向钢筋达到屈服强度，由于此时裂缝宽度较大，混凝土逐步退出工作，所以纯扭构件的抵抗扭矩在逐步下降，最后在构件的另一长边出现了压区塑性铰线或出现两个裂缝间混凝土被压碎的现象时构件破坏。

2. 破坏形态分类

受扭构件的破坏形态与受扭纵向钢筋和受扭箍筋的配筋率大小有关，可分为少筋破坏、适筋破坏、超筋破坏和部分超筋破坏四类。

(1)少筋破坏(少筋构件)。

若纵向钢筋和箍筋配置数量过少在扭矩荷载的作用下，混凝土出现裂缝，钢筋应力也立即达到或超过屈服强度,构件立即发生破坏。其破坏特征与素混凝土构件类似,属于脆性破坏,工程设计中应避免。

(2)适筋破坏(适筋构件)。

在正常配筋的条件下,受扭构件的破坏特征表现为抗扭箍筋和纵向钢筋首先达到屈服强度,然后混凝土受压面被压碎,构件破坏。破坏时变形及混凝土裂缝宽度均较大,其破坏特征与受弯构件适筋梁类似,属于延性破坏,工程设计中应普遍应用。

(3)超筋破坏(超筋构件)。

当纵向钢筋和箍筋配筋率过高,构件混凝土被压碎时,抗扭纵向钢筋和箍筋还未达到屈服强度,构件已经破坏。其破坏特征与受弯构件超筋梁类似,属于脆性破坏,工程设计中应予以避免。

(4)部分超筋破坏(部分超筋构件)。

若纵向钢筋和箍筋配置不匹配,即混凝土受扭构件的纵向钢筋与箍筋比率相差较大,会出现一种钢筋(纵向钢筋或箍筋)配置过多,另一种钢筋(箍筋或纵向钢筋)配置过少的情况,构件破坏时配置较少的钢筋屈服,而配置较多的钢筋未达到屈服强度,最后受压区混凝土达到抗压强度被压碎。结构具有一定的延性,但较适筋受扭构件破坏时的延性小。

3. 配筋强度比 ζ

由受扭构件的破坏形态可知,影响受扭构件承载力的因素不仅包括抗扭纵向钢筋和抗扭箍筋的数量和强度,纵向钢筋与箍筋比率也是影响因素之一,因此,我们引入配筋强度比(以 ζ 表示)来表示纵向钢筋数量、强度与箍筋数量、强度的比例,其中,钢筋的强度取抗拉强度设计值,钢筋的数量用钢筋的体积比来表示,则配筋强度比 ζ 的表达式为

$$\zeta = \frac{f_{sd}A_{st}s_{v}}{f_{sv}A_{sv1}U_{cor}} \tag{9-1}$$

式中:A_{st}、f_{sd}——对称布置的全部纵向钢筋截面面积及纵向钢筋的抗拉强度设计值;

A_{sv1}、f_{sv}——单肢箍筋的截面面积和箍筋的抗拉强度设计值;

s_v——箍筋的间距;

U_{cor}——截面核心混凝土部分的周长,计算时可取箍筋内表皮间的距离。

当 $0.6 \leqslant \zeta \leqslant 1.7$ 时,受扭构件中的纵向钢筋和箍筋基本上能同时屈服。设计时可取 $\zeta = 1.0 \sim 1.2$。需要注意,ζ 表示的是纵向钢筋和箍筋之间数量与强度的比值,并不是具体的配筋量,当 ζ 一定时,受扭构件中的纵向钢筋和箍筋数量是不确定的,因此,受扭构件可能发生少筋破坏、适筋破坏、部分超筋破坏或超筋破坏。

9.1.2 纯扭构件的承载力计算方法

1. 开裂扭矩

如前所述,钢筋混凝土纯扭构件开裂前钢筋的应力很小,钢筋对开裂扭矩的影响不大,因此,可以忽略钢筋对开裂扭矩的影响。

图 9-3 所示为一矩形截面的纯扭构件。在扭矩作用下,截面上产生扭剪应力 τ。由于扭剪应力作用,在与构件轴线成 45°和 135°的方向,相应地产生主拉应力 σ_{tp} 和主压应力 σ_{cp},并有

$$|\sigma_{tp}| = |\sigma_{cp}| = \tau \tag{9-2}$$

若混凝土为理想弹塑性材料,在弹性阶段,构件截面上的剪应力分布如图9-4a)所示。当截面上的剪应力达到材料强度时,最大扭剪应力 τ_{max} 及最大主拉应力 σ_{tp} 均发生在长边,结构材料进入塑性阶段,剪应力发生重分布,如图9-4b)所示。当截面上的剪应力全部达到混凝土抗拉强度时,构件破坏。当截面边缘的拉应力达到混凝土的极限拉应变值后,构件开裂,此时截面承受的扭矩称为开裂扭矩设计值 T_{cr}。

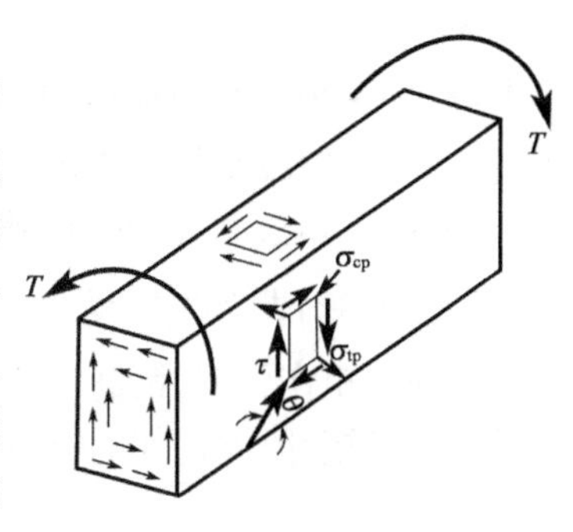

图9-3 矩形截面纯扭构件

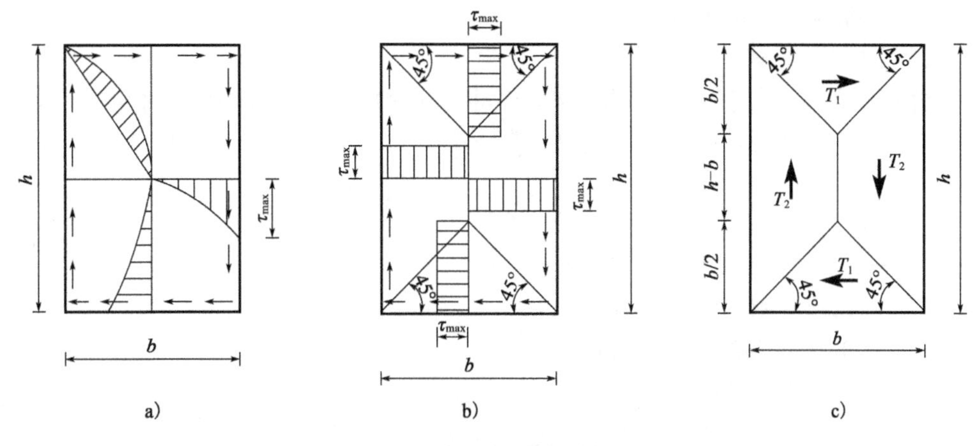

图9-4 矩形截面纯扭构件剪应力分布

a)弹性阶段剪应力分布;b)塑性阶段剪应力分布;c)剪应力区域划分

根据塑性力学理论,可把截面上的扭剪应力划分成四个部分[图9-4c)],计算各部分扭剪应力的合力,并对截面的扭矩中心取矩,建立平衡方程,则 T_{cr} 为

$$\begin{aligned} T_{cr} &= \tau_{max}\left\{2\times\frac{1}{2}\times b\times\frac{b}{2}\times\left[\frac{1}{2}(h-b)+\frac{2}{3}\times\frac{b}{2}\right]+2\times(h-b)\times\right.\\ &\qquad\left.\frac{b}{2}\times\frac{b}{4}+4\times\frac{1}{2}\times\frac{b}{2}\times\frac{b}{2}\times\frac{2}{3}\times\frac{b}{2}\right\}\\ &=\tau_{max}\frac{b^2}{6}(3h-b)\\ &=\tau_{max}W_t \end{aligned} \tag{9-3}$$

式中:h、b——矩形截面的长边和短边边长;

W_t——受扭构件的截面受扭塑性抵抗矩,对矩形截面,$W_t=\dfrac{b^2}{6}(3h-b)$。

式(9-3)是基于理想的弹塑性材料得到的,混凝土既不是弹性材料,也不是理想弹塑性材料,具有一定的塑性性质,但混凝土应力不可能全截面达到抗拉强度,因此,按式(9-3)计算的受扭开裂扭矩值与试验值相比偏低。为了实用方便,开裂扭矩可近似采用理想弹塑性材料的应力分布图形(图9-4)进行计算,但对混凝土抗拉强度进行一定的折减。一般地,取混凝土抗拉强度折减系数为0.7。因此,矩形截面混凝土受扭构件开裂扭矩的计算式为

$$T_{cr} = 0.7f_{td}W_t \tag{9-4}$$

式中：T_{cr}——矩形截面纯扭构件的开裂扭矩；

f_{td}——混凝土抗拉强度设计值；

W_t——矩形截面的受扭塑性抵抗矩。

2.《公路桥规》对矩形截面纯扭构件的承载力计算

在外扭矩作用下，钢筋混凝土受扭构件实际上是由钢筋（纵向钢筋和箍筋）和混凝土共同承担扭矩，因此构件的抗扭承载力 T_u 为

$$T_u = T_c + T_s$$

式中：T_s——钢筋承担的扭矩；

T_c——混凝土承担的扭矩。

（1）基本计算公式。

《公路桥规》基于变角度空间桁架模型分析和试验资料的统计分析，并考虑可靠度的要求，给出了矩形截面构件抗扭承载力计算公式：

$$\gamma_0 T_d \leqslant T_u = 0.35f_{td}W_t + 1.2\sqrt{\zeta}\frac{f_{sv}A_{sv1}A_{cor}}{s_v} \tag{9-5}$$

式中：T_d——扭矩组合设计值（N · mm）；

T_u——抗扭承载力（kN · mm）；

A_{sv1}——单肢箍筋截面面积（mm^2）；

A_{cor}——箍筋内表面所围成的混凝土核心面积（mm^2），$A_{cor} = b_{cor}h_{cor}$，此处 b_{cor} 和 h_{cor} 分别为核心面积的短边和长边边长，如图 9-5 所示；

s_v——抗扭箍筋间距（mm）；

f_{td}——混凝土轴心抗拉强度设计值（MPa）；

f_{sv}——抗扭箍筋抗拉强度设计值（MPa）；

ζ——纯扭构件纵向钢筋与箍筋的配筋强度比，按式（9-1）计算，对钢筋混凝土构件，《公路桥规》规定 ζ 值应符合 $0.6 \leqslant \zeta \leqslant 1.7$，当 $\zeta > 1.7$ 时，取 $\zeta = 1.7$。

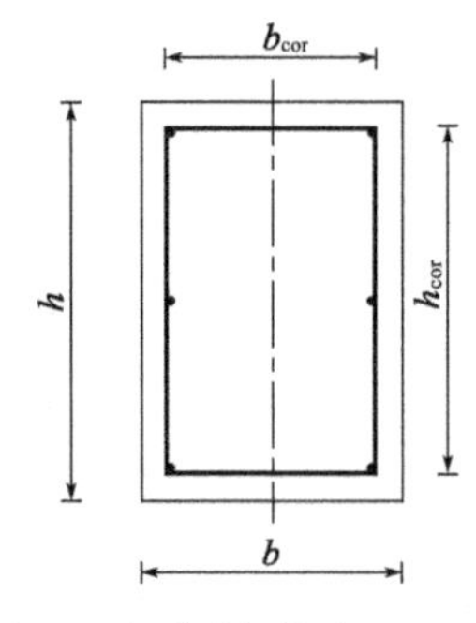

图 9-5　矩形受扭截面（$h > b$）

（2）限制条件。

①最小截面尺寸限制。

试验表明，当受扭构件的抗扭钢筋配量过多时，可能出现混凝土被压坏而钢筋未达到屈服强度的情况。构件的抗扭承载力由混凝土的强度和截面尺寸决定，即发生超筋破坏。为防止出现这种情况，必须限制截面的最小尺寸，使得截面混凝土剪应力不超过某一限值，类似构件斜截面抗剪承载力计算时的上限值。因此，要求钢筋混凝土矩形截面纯扭构件的截面尺寸符合下式：

$$\frac{\gamma_0 T_d}{W_t} \leqslant f_{cv} \tag{9-6}$$

式中：f_{cv}——名义剪应力设计值（MPa），按 $f_{cv} = 0.51\sqrt{f_{cu,k}}$ 计算；

$f_{cu,k}$——混凝土立方体抗压强度标准值（MPa）。

②配筋限制。

类似于构件斜截面抗剪计算的下限值，按式(9-7)计算并满足限值的要求时，构件可不配置抗扭钢筋。但为了防止脆性断裂和保证构件破坏时具有一定延性，仍应按构造要求配筋。

$$\frac{\gamma_0 T_d}{W_t} \leqslant 0.50 f_{td} \tag{9-7}$$

3.《公路桥规》对矩形截面纯扭构件的构造要求

(1)箍筋应采用闭合式，箍筋末端做成135°弯钩。弯钩应箍牢纵向钢筋，相邻箍筋的弯钩接头，其纵向位置应交替布置。

(2)承受扭矩的纵向钢筋，应沿截面周边均匀对称布置，其间距不应大于300mm。在矩形截面基本单元的四角应设纵向钢筋。末端应考虑留最小锚固长度。

(3)纯扭构件的箍筋配筋率应满足：

$$\rho_{sv} \geqslant 0.055 \frac{f_{cd}}{f_{sv}}$$

(4)纵向钢筋的配筋率，不应小于受弯构件纵向受力钢筋的最小配筋率与受扭构件纵向受力钢筋的最小配筋率之和。纯扭构件的纵向受力钢筋配筋率应满足：

$$\rho_{st} = \frac{A_{st,min}}{bh} \geqslant 0.08 \frac{f_{cd}}{f_{sd}}$$

式中：$A_{st,min}$——纯扭构件全部纵向钢筋最小截面面积。

9.2 矩形截面弯剪扭构件的承载力计算

9.2.1 弯剪扭构件的破坏类型

与纯扭构件相比，在弯矩、剪力和扭矩共同作用下的钢筋混凝土构件，受力性能更为复杂，构件的破坏形态及承载能力不仅与三个外力之间的比例有关，还与构件的截面形状、尺寸、配筋形式、数量和材料的强度等因素有关。在配筋适中的情况下可以分以下三种破坏形态。

1.第Ⅰ类型(弯型破坏)

在配筋适当的条件下，当弯矩较大、扭矩较小$\left(\text{即扭弯比}\ \psi = T/M\ \text{较小}\right)$时，弯矩为主要作用力。在弯矩作用下，构件截面下部纵向钢筋承受拉力，上部纵向钢筋承受压力。在扭矩的作用下，截面的纵向钢筋承受拉力。将弯矩和扭矩作用下的钢筋的应力叠加，可以知道，截面下部纵向钢筋拉应力将增大，上部纵向钢筋压应力将减小，因此，裂缝首先在底面出现，然后发展到两侧面。三个面上的螺旋形裂缝形成一个扭曲破坏面，而第四面即弯曲受压顶面无裂缝。构件破坏时与螺旋形裂缝相交的纵向钢筋及箍筋均受拉并达到屈服强度,构件顶部受压,形成图 9-6a)所示的弯型破坏。

2. 第Ⅱ类型(剪扭型破坏)

若剪力和扭矩起控制作用,则剪力和扭矩所产生的主拉应力相叠加首先出现裂缝,随着荷载的增大,裂缝逐渐向顶面和底面扩展,形成分布在三个面上的螺旋形裂缝,而混凝土受压区位于与剪力和扭矩所产生的主应力方向相反的一侧面,形成如图 9-6b)所示的剪扭型破坏。

3. 第Ⅲ类型(扭型破坏)

当扭矩较大、弯矩较小(即扭弯比 ψ 较大)时,扭矩为主要作用力。顶部钢筋承受扭矩产生的拉力远大于弯矩产生的压力,由于顶部钢筋明显少于底部纵向钢筋,首先屈服,受压区仅位于底面附近,从而发生底部混凝土被压碎的破坏形态,形成图 9-6c)所示的扭型破坏。

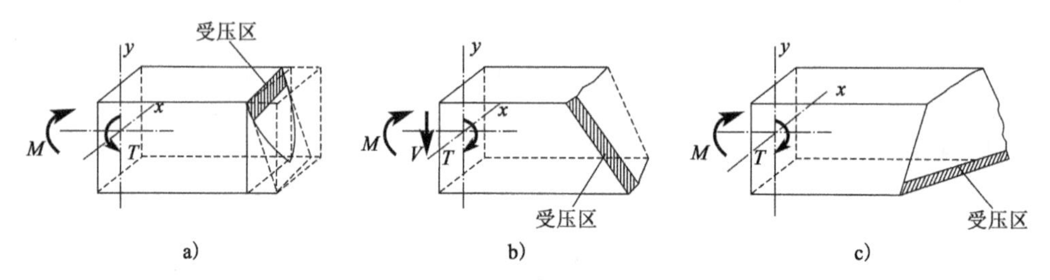

图 9-6 弯扭构件的破坏类型

a)弯型破坏;b)剪扭型破坏;c)扭型破坏

对于外部荷载条件,通常以表征扭矩和弯矩相对大小的扭弯比 ψ,以及表征扭矩和剪力相对大小的扭剪比 χ $\left(\chi=\frac{T}{Vb}\right)$来表示。构件的内在因素是指构件截面形状、尺寸、配筋及材料强度。

9.2.2 弯剪扭构件的配筋计算方法

在弯矩、剪力、扭矩共同作用下的钢筋混凝土构件力学分析属于空间受力问题,一般采用变角度空间桁架模型和斜弯理论(扭曲破坏面极限平衡理论)两种方法进行承载能力计算。但计算十分烦琐。因此,在国内大量试验研究和按变角度空间桁架模型分析的基础上,多采用简化计算方法。

在《混凝土结构设计规范(2015 年版)》(GB 50010—2010)中,对于受弯扭构件的承载力计算,先分别计算纯受弯矩和纯受扭矩时需要配置的纵向钢筋和箍筋,然后将二者叠加,即纵向钢筋用量为受弯纵向钢筋数量和受扭纵向钢筋数量之和,箍筋用量由受扭箍筋数量决定。对于受弯剪扭构件的承载力计算,先按弯矩、剪力和扭矩各自"单独"作用进行配筋计算,然后将相应配筋进行叠加,即将受弯和受扭计算的纵筋数量相叠加,受剪和受扭计算的箍筋数量相叠加。《公路桥规》也采取叠加计算的截面设计简化方法。正截面受弯承载力计算方法前文已经叙述,这里只分析剪扭作用下构件的抗剪承载力和抗扭承载力计算。

1. 剪力和扭矩共同作用下的矩形截面基本计算公式

(1)剪扭构件的抗剪承载力:

$$\gamma_0 V_d \leqslant V_u = 0.5 \times 10^{-4}\alpha_1\alpha_3(10 - 2\beta_t)bh_0\sqrt{(2 + 0.6P)\ \sqrt{f_{cu,k}}\rho_{sv}f_{sv}} \tag{9-8}$$

式中:V_d——剪扭构件的剪力组合设计值(N);

β_t——剪扭构件混凝土抗扭承载力降低系数,按 $\beta_t = \dfrac{1.5}{1 + 0.5\dfrac{V_d W_t}{T_d bh_0}}$ 计算,当 $\beta_t < 0.5$ 时,取 $\beta_t = 0.5$;当 $\beta_t > 1.0$ 时,取 $\beta_t = 1.0$;

T_d——剪扭构件的扭矩组合设计值(N·mm)。

(2)剪扭构件的抗扭承载力:

$$\gamma_0 T_d \leqslant T_u = 0.35\beta_t f_{td} W_t + 1.2\sqrt{\zeta}\frac{f_{sv}A_{sv1}A_{cor}}{s_v} \tag{9-9}$$

2. 限制条件

(1)最小截面尺寸限制。

为防止出现配置抗扭钢筋过多导致混凝土先被压碎的破坏,《公路桥规》规定,在弯矩、剪力、扭矩共同作用下,矩形截面构件的截面尺寸必须符合:

$$\frac{\gamma_0 V_d}{bh_0} + \frac{\gamma_0 T_d}{W_t} \leqslant f_{cv} \tag{9-10}$$

式中:f_{cv}——名义剪应力设计值(MPa),取 $f_{cv} = 0.51\sqrt{f_{cu,k}}$;

其他符号含义同前。

(2)配筋限制。

《公路桥规》规定,矩形截面承受弯矩、剪力、扭矩的构件,当满足下式条件时,可不进行构件的抗扭承载力计算,只需按构造要求配置钢筋即可。

$$\frac{\gamma_0 V_d}{bh_0} + \frac{\gamma_0 T_d}{W_t} \leqslant 0.50 f_{td} \tag{9-11}$$

式中:f_{td}——混凝土抗拉强度设计值(MPa);

其他符号含义同前。

3. 构造要求

弯剪扭构件构造上除了满足纯扭构件相关配筋要求之外,还应满足最小配筋率的相关要求。

(1)剪扭构件箍筋配筋率应满足:

$$\rho_{sv} \geqslant \rho_{sv,min} = (2\beta_t - 1)\left(0.055\frac{f_{cd}}{f_{sv}} - c\right) + c \tag{9-12}$$

当箍筋采用 HPB300 级钢筋时,c 取 0.0014;当箍筋采用 HRB400 级钢筋时,c 取 0.0011。

(2)纵向受力钢筋配筋率应满足:

$$\rho_{st} \geqslant \rho_{st,min} = \frac{A_{st,min}}{bh} = 0.08(2\beta_t - 1)\frac{f_{cd}}{f_{sd}} \tag{9-13}$$

式中:$A_{st,min}$——纯扭构件全部纵向钢筋最小截面面积;

h——矩形截面的长边边长;

b——矩形截面的短边边长；

ρ_{st}——纵向抗扭钢筋配筋率，$\rho_{st}=\dfrac{A_{st}}{bh}$；

A_{st}——全部纵向抗扭钢筋截面面积。

4. 在弯矩、剪力和扭矩共同作用下的配筋步骤

对于在弯矩、剪力和扭矩共同作用下的构件的配筋计算，一般的原则是：纵向钢筋应按受弯构件的正截面受弯承载力和剪扭构件的受扭承载力分别计算所需的钢筋截面面积，并在相应的位置进行配筋。箍筋应按剪扭构件的受剪承载力和受扭承载力分别计算所需的箍筋截面面积，并配置在相应位置。具体步骤如下：

步骤1：抗弯纵向钢筋应按受弯构件正截面承载力计算所需的钢筋截面面积，配置在受拉区边缘。

步骤2：按剪扭构件计算纵向钢筋和箍筋截面面积。按抗扭承载力计算公式计算所需的纵向抗扭钢筋截面面积，并均匀、对称布置在矩形截面的周边，其间距不应大于300mm，在矩形截面的四角必须配置纵向钢筋。

步骤3：按剪扭构件受剪承载力计算所需箍筋截面面积。

步骤4：按剪扭构件受扭承载力计算所需箍筋截面面积。

步骤5：取按抗剪和抗扭承载力计算所需的截面面积之和进行箍筋布置。

步骤6：检查纵向受力钢筋和箍筋的配筋率是否满足要求。《公路桥规》规定，纵向受力钢筋的配筋率不应小于受弯构件纵向受力钢筋最小配筋率与受剪扭构件纵向受力钢筋最小配筋率之和；箍筋最小配筋率不应小于剪扭构件的箍筋最小配筋率。

9.3 带翼缘截面和箱形截面受扭构件的承载力计算

9.3.1 带翼缘截面受扭构件的承载力计算

带翼缘截面受扭构件主要是指I形和T形截面的钢筋混凝土构件。对于I形和T形截面，可将其截面划分为几个矩形截面进行配筋计算，矩形截面划分的原则是首先按截面的总高度划分出腹板截面并保持其完整性，然后划分出受压翼缘和受拉翼缘的面积，如图9-7所示。

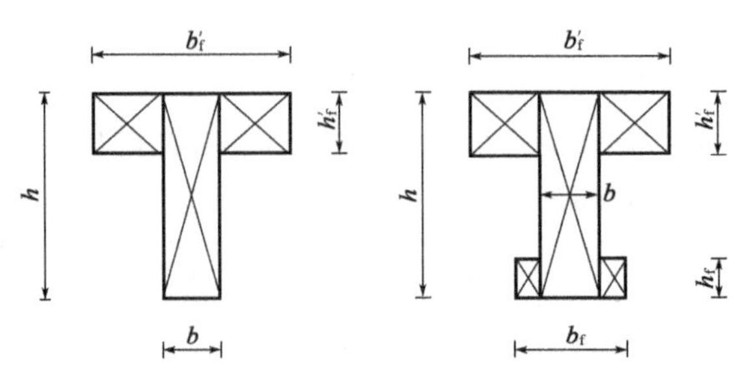

图9-7　T形、I形截面划分示意图

划分出的各矩形截面所承担的扭矩值，按各矩形截面的受扭塑性抵抗矩与截面总的受扭塑性抵抗矩的比值进行分配的原则确定。

1. 各矩形截面承担的扭矩值计算

(1)腹板：

$$T_{wd} = \frac{W_{tw}}{W_t} T_d \tag{9-14}$$

(2)受压翼缘：

$$T'_{fd} = \frac{W'_{tf}}{W_t} T_d \tag{9-15}$$

(3)受拉翼缘：

$$T_{fd} = \frac{W_{tf}}{W_t} T_d \tag{9-16}$$

式中：T_d——构件截面所承受的扭矩组合设计值；

T_{wd}——肋板所承受的扭矩组合设计值；

T'_{fd}——受压翼缘所承受的扭矩组合设计值；

T_{fd}——受拉翼缘所承受的扭矩组合设计值。

2. 各矩形截面受扭塑性抵抗矩计算

腹板、受压翼缘及受拉翼缘部分的矩形截面受扭塑性抵抗矩计算式如下：

(1)腹板：

$$W_{tw} = \frac{b^2}{6}(3h - b) \tag{9-17}$$

(2)受压翼缘：

$$W'_{tf} = \frac{h'^2_f}{2}(b'_f - b) \tag{9-18}$$

(3)受拉翼缘：

$$W_{tf} = \frac{h_f^2}{2}(b_f - b) \tag{9-19}$$

式中：b、h——矩形截面的短边和长边边长；

b'_f、h'_f——T 形、I 形截面受压翼缘的宽度和高度；

b_f、h_f——I 字形截面受拉翼缘的宽度和高度。

计算受扭塑性抵抗矩时取用的翼缘宽度应符合 $b'_f \leq b + 6h'_f$ 及 $b_f \leq b + 6h_f$ 的规定。

T 形截面总的受扭塑性抵抗矩为

$$W_t = W_{tw} + W'_{tf} \tag{9-20}$$

I 形截面总的受扭塑性抵抗矩为

$$W_t = W_{tw} + W'_{tf} + W_{tf} \tag{9-21}$$

3. I 形和 T 形截面受扭构件配筋计算

对于 T 形截面，在弯矩、剪力和扭矩共同作用下，构件截面设计的计算可按下列方法进行：

(1)按受弯构件的正截面受弯承载力计算所需的纵向钢筋截面面积。

(2)按剪力、扭矩共同作用下的承载力计算承受剪力所需的箍筋截面面积。假设剪力全部由腹板承担进行计算,计算时应分别用 T_{wd} 和 W_{tw} 代替公式中的 T_d 和 W_t。

(3)按剪力、扭矩共同作用下的承载力计算承受扭矩所需的纵向钢筋截面面积和箍筋截面面积。剪扭构件的受扭承载力按承受相应的分配扭矩的纯扭构件进行计算,将截面划分为几个矩形截面分别进行计算。腹板按剪扭构件计算,翼缘按纯扭构件计算,构件的箍筋和纵向抗扭钢筋配筋率应满足纯扭构件的相应规范值。

(4)将上述计算得到的纵向钢筋和箍筋截面面积求和,即为最后所需的纵向钢筋截面面积,并配置在相应的位置。

9.3.2 箱形截面受扭构件的承载力计算

钢筋混凝土结构抗扭研究起步比较晚,系统的研究成果相对比较少,有关箱形截面受扭构件配筋的研究资料也不是很多,成果不是很成熟。一般采用近似的计算方法,即引入一个折减系数 β_a。

1. 箱形截面受扭塑性抵抗矩计算

箱形截面的受扭塑性抵抗矩为按矩形截面受扭塑性抵抗矩计算公式计算的实心矩形截面与箱室空心矩形截面受扭塑性抵抗矩之差。

$$W_t = \frac{b^2}{6}(3h - b) - \frac{(b - 2t_1)^2}{6}[3(h - 2t_2) - (b - 2t_1)] \tag{9-22}$$

2. 矩形箱体截面抗扭承载力计算

试验表明,具有一定壁厚的矩形箱体截面纯扭构件(图9-8),其受扭承载力与实心截面 $b \times h$ 基本相同,因此当箱形截面壁厚满足 $t_2 \geqslant 0.1b$ 和 $t_1 \geqslant 0.1h$ 时,将箱形箱室部分视为实体,式(9-5)等号右边第一项乘箱形截面有效壁厚折减系数 β_a,计算箱形截面纯扭构件抗扭承载力。

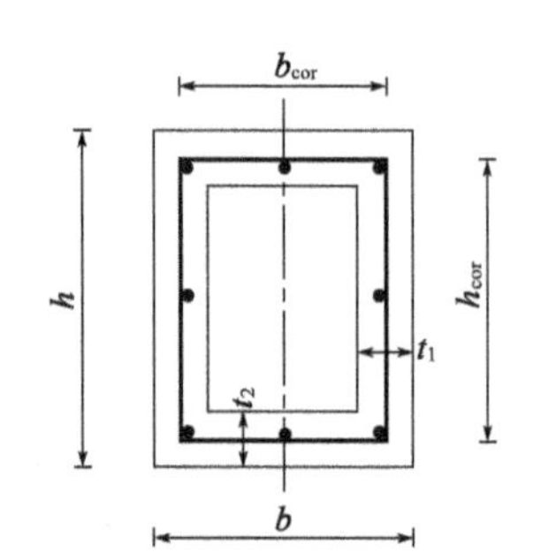

图9-8 矩形箱体受扭截面($h > b$)

$$\gamma_0 T_d \leqslant T_u = 0.35\beta_a f_{td} W_t + 1.2\sqrt{\zeta}\frac{f_{sv}A_{sv1}A_{cor}}{s_v} \tag{9-23}$$

式中:β_a——箱形截面有效壁厚折减系数,当 $0.1b \leqslant t_2 \leqslant 0.25b$ 或 $0.1h \leqslant t_1 \leqslant 0.25h$ 时,取 $\beta_a = 4\frac{t_2}{b}$ 和 $\beta_a = 4\frac{t_1}{h}$ 两者中的较小值;当 $t_2 > 0.25b$ 和 $t_1 > 0.25h$ 时,取 $\beta_a = 1.0$。

3. 矩形箱体截面构件承受剪扭作用

矩形箱体截面构件承受剪扭作用时,其抗剪承载力计算与矩形截面剪扭构件抗剪承载力计算类似,截面受扭塑性抵抗矩 W_t 按式(9-22)计算,截面抗剪承载力按式(9-8)计算。截面承受抗扭承载力时,将式(9-9)等号右边第一项乘箱形截面有效壁厚折减系数 β_a,如式(9-24)所示。

$$\gamma_0 T_d \leqslant T_u = 0.35\beta_t\beta_a f_{td} W_t + 1.2\sqrt{\zeta}\frac{f_{sv}A_{sv1}A_{cor}}{s_v} \tag{9-24}$$

4. 带翼缘箱形截面构件承受弯剪扭作用

带翼缘箱形截面的受扭构件承受弯剪扭作用时,可将其截面划分为矩形截面

(图9-9)进行抗扭承载力计算。具体划分原则为:先按截面总高度划出矩形箱体,然后划出受压翼缘和受拉翼缘。计算时对矩形箱体和翼缘分别进行抗扭计算。矩形箱体按剪扭构件计算,即将式(9-8)和式(9-24)中的 T_d 和 W_t 以 T_{wd} 和 W_{tw} 代替,计算其抗剪承载力和抗扭承载力;受压翼缘或受拉翼缘作为纯扭构件,将式(9-23)中的 T_d 和 W_t 以 T'_{fd} 和 W'_{tf} 或 T_{fd} 和 W_{tf} 代替来计算纯扭构件的抗扭承载力。

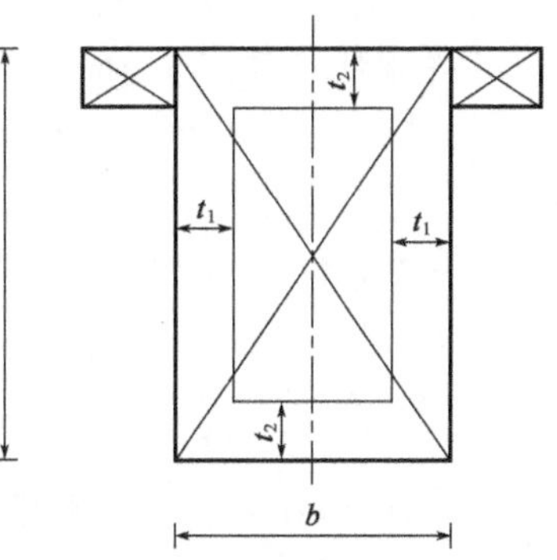

图9-9 带翼缘箱形受扭截面($h>b$)

由上述分析可知,计算时箱形截面壁厚应满足 $t_2 \geq 0.1b$ 和 $t_1 \geq 0.1h$ 的条件。但在实际工程中,一些箱梁桥采用单箱单室截面且箱梁顶、底板的厚度相对较小,因此无法满足 $t_2 \geq 0.1b$ 和 $t_1 \geq 0.1h$ 的条件。此时,确定截面壁厚需格外慎重,尤其是剪力较大的截面,如支点截面等,其壁厚不宜过小。必要时可考虑采取局部加厚等措施,防止由于壁厚太小,截面发生扭曲或腹板翘曲,局部混凝土被压碎,发生脆性破坏。

例9-1 某简支钢筋混凝土斜梁截面尺寸为 $b \times h = 300\text{mm} \times 600\text{mm}$,斜梁承受弯矩设计值 $M_d = 166\text{kN}\cdot\text{m}$,剪力设计值 $V_d = 112\text{kN}$,扭矩设计值 $T_d = 13.5\text{kN}\cdot\text{m}$。Ⅰ类环境条件,设计使用年限50年,结构安全等级为二级。已知采用C30混凝土,HRB400级钢筋(纵向钢筋)和HPB300级钢筋(箍筋);$a_s = 45\text{mm}$,箍筋内表面至构件表面距离为33mm。试进行截面的配筋。

解:查附表1-1、附表1-3可得,对于C30混凝土,$f_{cd} = 13.8\text{MPa}$,$f_{td} = 1.39\text{MPa}$,$f_{cu,k} = 30\text{MPa}$;对于HRB400级钢筋,$f_{sd} = f'_{sd} = 330\text{MPa}$;对于HPB400级钢筋,$f_{sd} = f'_{sd} = 250\text{MPa}$;查表4-2可得,$\xi_b = 0.53$,查表2-3可得,$\gamma_0 = 1.0$。

1. 确定计算参数

根据已知条件计算箍筋内表面所围成的混凝土核心面积 A_{cor},即

$$A_{cor} = b_{cor}h_{cor} = (300 - 33 \times 2) \times (600 - 33 \times 2) = 234 \times 534 = 124956(\text{mm}^2)$$

根据已知条件计算截面混凝土核心周长 U_{cor},即

$$U_{cor} = 2(b_{cor} + h_{cor}) = 2 \times (234 + 534) = 1536(\text{mm})$$

计算矩形截面的受扭塑性抵抗矩 W_t,即

$$W_t = \frac{b^2}{6}(3h - b) = \frac{300^2}{6} \times (3 \times 600 - 300) = 22500000(\text{mm}^3)$$

2. 受弯纵向钢筋截面面积计算

按单筋矩形截面单层布置钢筋考虑,可以得到矩形截面有效高度 h_0:

$$h_0 = h - a_s = 600 - 45 = 555(\text{mm})$$

求截面受压区高度 x:

$$1.0 \times 166000000 = 13.8 \times 300x\left(555 - \frac{x}{2}\right)$$

$$x \approx 77.7\text{mm} < \xi_b h_0 = 0.53 \times 555 \approx 294.2(\text{mm})$$

受弯纵向钢筋截面面积

$$A_s = \frac{f_{cd}bx}{f_{sd}} = \frac{13.8 \times 300 \times 77.7}{330} \approx 975(\text{mm}^2)$$

受弯构件截面一侧纵向受拉钢筋最小配筋率

$$\rho_{min} = \max\left\{45\frac{f_{td}}{f_{sd}} = 45 \times \frac{1.39}{330} \approx 0.19\%, 0.2\%\right\}$$

取 $\rho_{min} = 0.2\%$，因此截面一侧纵向受拉钢筋最小配筋面积为

$$A_{s,min} = 0.002 \times 300 \times 605 = 363(\text{mm}^2) < A_s = 975\text{mm}^2$$

满足最小配筋率要求。

3. 截面限制条件验算

计算名义剪应力设计值 f_{cv}：

$$f_{cv} = 0.51\sqrt{f_{cu,k}} = 0.51 \times \sqrt{30} \approx 2.79(\text{MPa})$$

$$0.50f_{td} = 0.50 \times 1.39 = 0.695(\text{MPa})$$

$$\frac{\gamma_0 V_d}{bh_0} + \frac{\gamma_0 T_d}{W_t} = \frac{112000}{300 \times 555} + \frac{13500000}{22500000} \approx 1.27(\text{MPa})$$

可以看出，$\frac{\gamma_0 T_d}{W_t} < f_{cv}$，所以满足截面尺寸限制要求；$\frac{\gamma_0 V_d}{bh_0} + \frac{\gamma_0 T_d}{W_t} > 0.50f_{td}$，所以需要通过计算配置剪扭钢筋。

4. 计算所需抗剪箍筋数量

(1)计算剪扭构件混凝土抗扭承载力降低系数 β_t：

$$\beta_t = \frac{1.5}{1 + 0.5\frac{V_d W_t}{T_d b h_0}} = \frac{1.5}{1 + 0.5 \times \frac{112000 \times 22500000}{13500000 \times 300 \times 555}} \approx 0.96$$

(2)计算斜截面内纵向受拉钢筋配筋百分率 P：

$$P = \frac{100A_s}{bh_0} = \frac{100 \times 975}{300 \times 555} \approx 0.586$$

(3)计算抗剪箍筋配筋率。

根据式(9-8)计算抗剪箍筋配筋率，已知结构为简支钢筋混凝土斜梁，所以取 $\alpha_1 = 1.0$，采用矩形截面，所以取 $\alpha_3 = 1.0$。

$$\rho_{sv} = \frac{\left[\dfrac{\gamma_0 V_d}{0.5 \times 10^{-4}\alpha_1\alpha_3(10 - 2\beta_t)bh_0}\right]^2}{(2 + 0.6P)\sqrt{f_{cu,k}}f_{sv}}$$

$$= \frac{\left[\dfrac{1.0 \times 112}{0.5 \times 10^{-4} \times 1.0 \times 1.0 \times (10 - 2 \times 0.96) \times 300 \times 555}\right]^2}{(2 + 0.6 \times 0.586) \times \sqrt{30} \times 250} \approx 0.00086$$

(4)计算单位间距所需抗剪箍筋截面面积。

选用双肢闭合箍筋,则肢数 $n=2$,可以计算所需单位间距抗剪箍筋截面面积为

$$\frac{A_{sv1}}{s_v}=\frac{b\rho_{sv}}{n}=\frac{300\times0.00086}{2}\approx0.13(\mathrm{mm^2/mm})$$

5. 计算单位间距所需抗扭箍筋截面面积

取 $\zeta=1.3$,由式(9-9)计算单位间距所需抗扭箍筋截面面积为

$$\frac{A_{sv1}}{s_v}=\frac{\gamma_0T_d-0.35\beta_t f_{td}W_t}{1.2\sqrt{\zeta}f_{sv}A_{cor}}=\frac{1.0\times13500000-0.35\times0.96\times1.39\times22500000}{1.2\times\sqrt{1.3}\times250\times124956}$$

$$\approx0.07(\mathrm{mm^2/mm})$$

6. 抗剪扭箍筋配置设计

根据计算所得的单位间距所需抗剪和抗扭箍筋截面面积,可以得到所需单位间距抗剪扭箍筋截面面积

$$\frac{A_{sv1}}{s_v}=0.13+0.07=0.20(\mathrm{mm^2/mm})$$

取箍筋间距 $s_v=150\mathrm{mm}$,则抗剪扭箍筋截面面积 A_{sv1} 为

$$A_{sv1}=0.20\times150=30(\mathrm{mm^2})$$

选用双肢Φ10 闭合箍筋,可得 $A_{sv1}=78.5\mathrm{mm^2}>30\mathrm{mm^2}$。

箍筋的配筋率为 ρ_{sv}:

$$\rho_{sv}=\frac{nA_{sv1}}{bs_v}=\frac{2\times78.5}{300\times150}\approx0.35\%$$

根据《公路桥规》关于矩形截面剪扭构件箍筋配筋率的规定,按式(9-12)计算箍筋最小配筋率 $\rho_{sv,min}$:

$$\rho_{sv,min}=(2\beta_t-1)\left(0.055\frac{f_{cd}}{f_{sv}}-c\right)+c$$

$$=(2\times0.96-1)\times\left(0.055\times\frac{13.8}{250}-0.0014\right)+0.0014$$

$$\approx0.29\%<\rho_{sv}=0.35\%$$

故满足要求。

7. 受扭纵向钢筋截面面积计算

根据配筋强度比 $\zeta=1.3$,箍筋间距 $s_v=150\mathrm{mm}$,箍筋截面面积 $A_{sv1}=78.5\ \mathrm{mm^2}$,按式(9-1)计算所需抗扭纵向钢筋截面面积 A_{st} 为

$$A_{st}=\frac{f_{sv}A_{sv1}U_{cor}\zeta}{f_{sd}s_v}=\frac{250\times78.5\times1536\times1.3}{330\times150}\approx792(\mathrm{mm^2})$$

相应的抗扭纵向钢筋配筋率 $\rho_{st}=\frac{A_{st}}{bh}=\frac{792}{300\times600}=0.44\%$。

根据《公路桥规》关于矩形截面剪扭构件抗扭纵向钢筋配筋率的规定,按式(9-13)计算抗扭纵向钢筋最小配筋率 $\rho_{st,min}$:

$$\rho_{st,min} = 0.08(2\beta_t - 1)\frac{f_{cd}}{f_{sd}} = 0.08 \times (2 \times 0.96 - 1) \times \frac{13.8}{330} \approx 0.31\%$$

$$< \rho_{st} = 0.44\%$$

故满足要求。

8. 纵筋布置设计

根据受扭纵向钢筋构造要求：承受扭矩的纵向钢筋，应沿截面周边均匀对称布置，其间距不应大于300mm。本例中矩形截面高度为600mm，故抗扭纵向钢筋沿截面高度可考虑布置三层或四层，选择按四层布置，可以计算每层需要布置抗扭纵向钢筋的截面面积为

$$A_{st1} = \frac{A_{st}}{4} = \frac{792}{4} = 198(\text{mm}^2)$$

(1)截面底层纵向钢筋布置。

底层纵向钢筋包括受弯纵向钢筋和受扭纵向钢筋两部分，所得底层纵向钢筋截面面积A_{s1}为

$$A_{s1} = A_s + A_{st1} = 975 + 198 = 1173(\text{mm}^2)$$

选用4Φ20(A_{s1} =1256mm^2)，计算可知混凝土保护层厚度和纵向钢筋净距可以满足构造要求。

(2)截面其他各层纵向钢筋布置。

截面其他各层纵向钢筋面积A_{s2}为单层抗扭纵向钢筋面积A_{st1} =198mm^2，选用2Φ12(A_{s2} =226mm^2)。

截面纵向钢筋布置如图9-10所示。

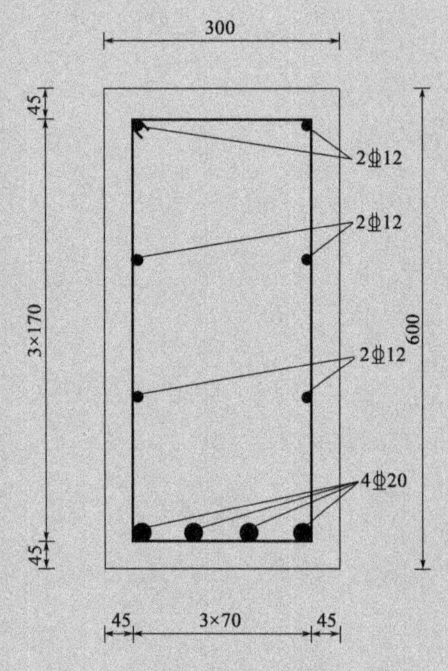

图9-10　例9-1截面纵向钢筋布置(尺寸单位：mm)

思考题与习题

9-1 钢筋混凝土纯扭构件受扭破坏全过程是怎样的?

9-2 钢筋混凝土纯扭构件破坏形态分类有哪些?

9-3 什么是受扭构件配筋强度比ζ? 其作用和限制条件有哪些?

9-4 矩形截面纯扭构件承载力计算公式的限制条件有哪些?

9-5 弯剪扭构件的破坏类型分别有哪几种?

9-6 在弯矩、剪力和扭矩共同作用下的配筋步骤是怎样的?

第 10 章
钢筋混凝土深受弯构件承载力计算

受弯构件的计算跨径与截面的高度之比 l/h 称为跨高比。根据试验研究结果,一般将跨高比 $l/h>5$ 的梁称为一般受弯构件或浅梁;$l/h\leq5$ 的梁称为深受弯构件。深受弯构件包括深梁和短梁:$l/h\leq2$ 的简支梁和 $l/h\leq2.5$ 的连续梁称为深梁;$2<l/h\leq5$ 的简支梁和 $2.5<l/h\leq5$ 的连续梁称为短梁。深梁因其计算跨径和截面高度相近,在荷载作用下其受力特点与一般梁明显不同。短梁的受力特点与一般梁也有一定区别,它相当于浅梁与深梁之间的过渡状态。

试验研究结果表明,钢筋混凝土深受弯构件因其跨高比较小,在荷载作用下梁正截面的应变分布和开裂后的平均应变分布不符合平截面假定,故钢筋混凝土深受弯构件的破坏形态、计算方法与一般受弯构件有较大差异。

钢筋混凝土深梁在工业与民用建筑及特种结构中应用较广,桥梁结构中常见的柱式墩、台的盖梁,其跨间部分跨高比大多数在 3 ~ 5 之间,属于深受弯构件。

10.1 深受弯构件的受力性能

10.1.1 深梁的受力特点及破坏形态

1. 受力特点

如图 10-1 所示,简支深梁($l/h=1.5$)从加载至破坏,其受力过程可分为弹性工作阶段、带裂缝工作阶段和破坏阶段。

从加载至出现裂缝前,深梁处于弹性工作阶段,因其高度与计算跨径接近,在荷载作用下同时兼有受压、受弯和受剪。跨中截面的应变分布情况如图 10-1b）所示，显然截面应变分布不符合平截面假定。

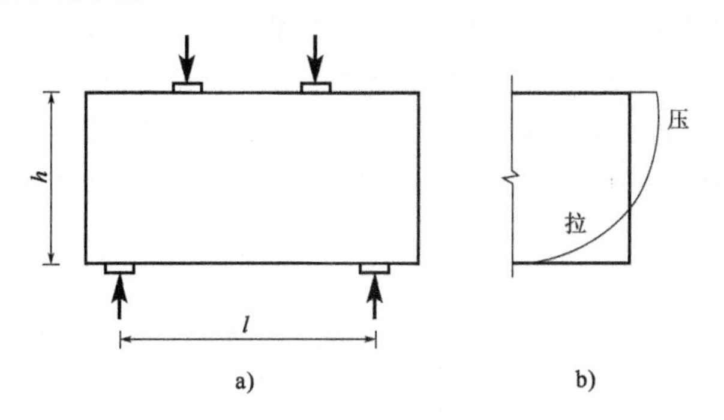

图 10-1　简支深梁跨中截面应变分布

a）简支梁（$l/h=1.5$）；b）跨中截面应变

在弹性工作阶段，外加荷载通过梁内形成的主压力线和主拉力线的共同作用传至支座。一般称主压力线的作用为拱作用，主拉力线的作用为梁作用。这一阶段的特点是梁作用和拱作用共存。

当荷载增加到破坏荷载的 20% ~30% 时，深梁一般在跨中最大截面附近首先出现垂直于梁底的裂缝。裂缝出现后的受力性能将因纵向受拉钢筋配筋率的不同而不同。

若梁纵向受拉钢筋配置较少，随着荷载的增加，垂直裂缝将发展为沿正截面弯曲破坏的主要裂缝，其特征和一般浅梁的受弯破坏相仿。

若梁纵向受拉钢筋配置较多，随着荷载的增加，垂直裂缝发展缓慢，在弯剪区内将由于斜向主拉应力超过混凝土的抗拉强度而出现斜裂缝。随着弯剪区段斜裂缝的出现和发展，深梁的工作性能将发生很大变化。梁腹斜裂缝两侧混凝土的主压应力由于主拉应力的卸荷作用而显著增大，梁内产生了明显的应力重分布。从梁作用和拱作用共存转化为以拱作用为主，使深梁跨中中下部的混凝土形成低应力区。此时，支座附近的纵向钢筋应力迅速增大，很快与跨中的钢筋应力趋于一致，从而形成以纵向受拉钢筋为拉杆，以加载点至支座之间的混凝土为拱腹的“拉杆拱”受力体系（图 10-2），此时，深梁承担的荷载距破坏荷载还有相当一段距离。

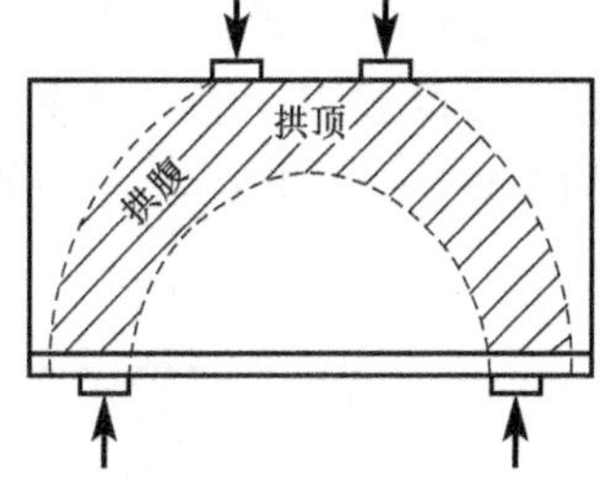

图 10-2　简支深梁的“拉杆拱”受力体系

当荷载增加至破坏荷载时，试件将发生破坏，其破坏形态有多种。影响深梁破坏形态的主要因素有纵向受拉钢筋配筋率、剪跨比、跨高比、钢筋与混凝土强度等级及加载方式等。

2. 破坏形态

试验研究表明，深梁的破坏形态主要有以下四种：

（1）弯曲破坏。

当纵向受拉钢筋配筋率 ρ 较低时，随着荷载的增加，一般在最大弯矩作用截面附近首先出现垂直裂缝，并逐渐发展为临界裂缝。在垂直裂缝出现之后，斜裂缝没出现或出现甚少，“拉杆拱”受力体系未能形成。当纵向受拉钢筋应力达到屈服强度后，垂直裂缝进一步扩展，混凝土受压区高度不断减小，最后梁顶混凝土被压碎，梁即丧失承载力，其破坏特征类似于一般梁的弯曲破坏。这种破坏称为正截面弯曲破坏，见图 10-3a)。

当纵向受拉钢筋配筋率 ρ 稍高时，在梁跨中附近出现垂直裂缝后，随着荷载的增加，垂直裂缝发展缓慢，而弯剪区内由于混凝土的主拉应力超过混凝土抗拉强度而出现斜裂缝。斜裂缝的发展较跨中垂直裂缝更快，逐步形成“拉杆拱”受力体系。在“拉杆拱”受力体系中，纵向受拉钢筋的应力首先达到屈服强度使梁破坏，这种破坏称斜截面弯曲破坏，见图 10-3b)。

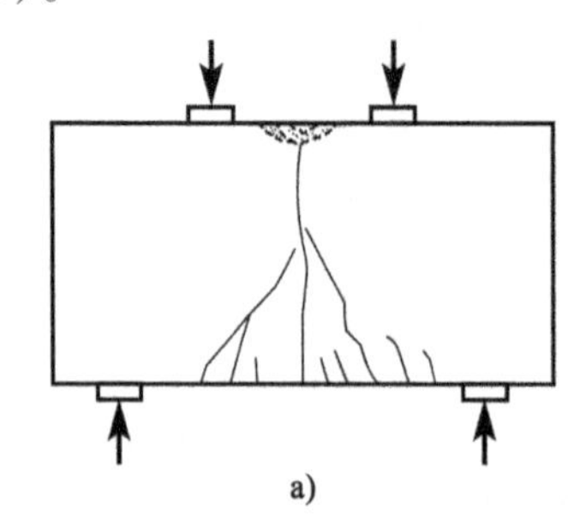

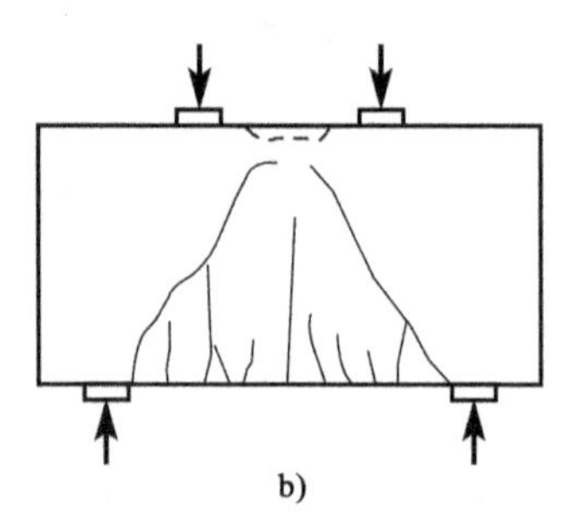

图 10-3　简支深梁的弯曲破坏

a)正截面弯曲破坏；b)斜截面弯曲破坏

(2)剪切破坏。

当纵向受拉钢筋配筋率 ρ 较高时，在弯剪区产生斜裂缝形成“拉杆拱”受力体系后，随着荷载的增加，“拱腹”混凝土首先被压碎或劈裂，即为剪切破坏。

根据斜裂缝发展的特征，深梁的剪切破坏又可分为斜压破坏和劈裂破坏两种形态。

①斜压破坏。“拉杆拱”受力体系形成后，随着荷载的增加，“拱腹”混凝土压应力随之增加，在梁腹出现许多大致平行于支座中心至加载点连线的斜裂缝。最后梁腹混凝土首先被压碎，如图 10-4a)所示。

②劈裂破坏。深梁在产生斜裂缝后，随着荷载的增加，主要的一条斜裂缝继续斜向延伸。接近破坏时，在主要斜裂缝的外侧突然出现一条与其大致平行的通长劈裂裂缝，导致构件破坏，如图 10-4b)所示。

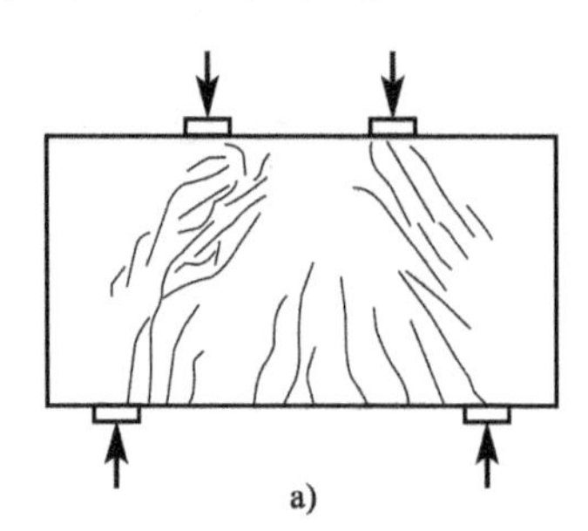

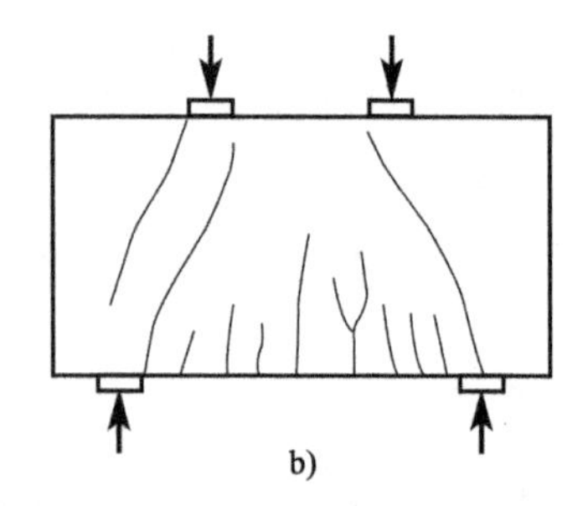

图 10-4　简支深梁的剪切破坏

a)斜压破坏；b)劈裂破坏

可见，随着纵向受拉钢筋配筋率 ρ 的增长，深梁将由弯曲破坏转化为剪切破坏，不存在一般梁的超筋破坏现象。

(3)局部受压破坏。

深梁的集中荷载作用处或支座处是局部承载的高压应力区。试验表明,深梁在达到受弯和受剪承载力之前,发生局部受压破坏的可能性比普通梁要大得多。

(4)锚固破坏。

深梁在斜裂缝发展时,支座附近的纵向受拉钢筋应力迅速增加,容易被拔出而发生锚固破坏。

10.1.2 短梁的受力特点及破坏形态

短梁相当于一般梁与深梁之间的过渡状态,在弹性阶段,随着 l/h 增大,正截面应变沿截面高度越接近线性分布,在带裂缝工作阶段,其平均应变基本上符合平截面假设。

试验结果表明,短梁从加载到破坏也经历了弹性阶段、带裂缝工作阶段和破坏阶段,其受力性能及破坏形态与浅梁较接近。

钢筋混凝土短梁的破坏形态主要有弯曲破坏、剪切破坏,也可能发生局部受压破坏和锚固破坏。

(1)弯曲破坏。

根据纵向受拉钢筋配筋率 ρ 的不同,短梁的弯曲破坏亦可分为适筋梁破坏、少筋梁破坏和超筋梁破坏三种。

(2)剪切破坏。

根据斜裂缝发展的特征,钢筋混凝土短梁的剪切破坏分为斜压破坏、剪压破坏和斜拉破坏三种。集中荷载作用下钢筋混凝土短梁的试验与分析表明,当剪跨比小于 1 时,一般发生斜压破坏;当剪跨比为 1 ~ 2.5 时,一般发生剪压破坏;当剪跨比大于 2.5 时,一般发生斜拉破坏。

(3)局部受压破坏和锚固破坏。

短梁的局部受压破坏和锚固破坏情况与深梁相似。

10.2 钢筋混凝土墩台盖梁的承载力计算

钢筋混凝土深受弯构件与普通钢筋混凝土梁的受力特点和破坏特征不同,其设计计算方法与构造要求不同于一般受弯构件。国内外工程界对钢筋混凝土深受弯构件的设计计算方法进行了大量的研究,提出了基于试验资料及分析结果的公式法及拉压杆模型法等。

广泛用于桥梁结构的柱式墩台是由柱(桩)与盖梁组成的刚架结构(图 10-5)。据调查分析,桥梁的墩台盖梁,其跨间部分跨高比 l/h 绝大多数在 3 ~ 5 之间,属于深受弯构件的短梁,但未进入深梁范围。而盖梁的悬臂部分长度较小,但截面尺寸较大,往往具有悬臂深梁的受力特点。本节主要介绍桥梁常见的墩台盖梁按深受弯构件的设计计算方法。

《公路桥规》规定:当盖梁跨中部分的跨高比 $l/h > 5.0$ 时,按钢筋混凝土一般受弯构件计算；当盖梁跨中部分的跨高比为 $2.5 < l/h \leq 5.0$ 时，按深受弯构件的短梁计算，而其构造不必按深梁的特殊要求处理。盖梁的悬臂部分，按规定要求进行计算，详见10.2.2节内容。

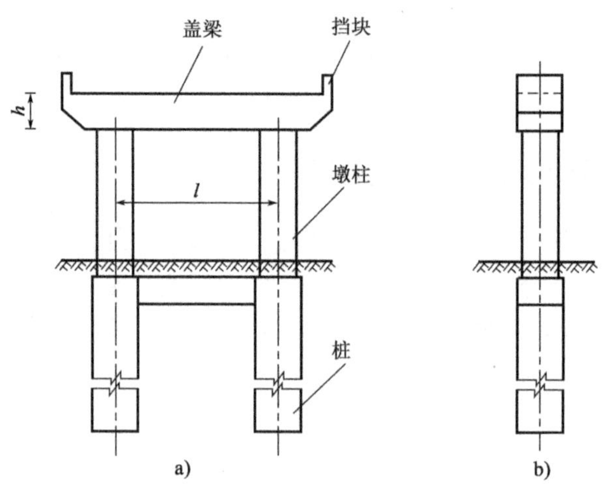

图10-5　柱式墩台示意图

a)正面图；b)侧面图

10.2.1　钢筋混凝土盖梁（短梁）的承载力计算

1. 正截面抗弯承载力计算

试验研究表明，影响深受弯构件抗弯承载力的主要因素有纵向受拉钢筋的强度及数量、跨高比及混凝土强度等级等。考虑与一般受弯构件正截面承载力计算公式相衔接，深受弯构件的正截面抗弯承载力仍采用内力臂表达式。

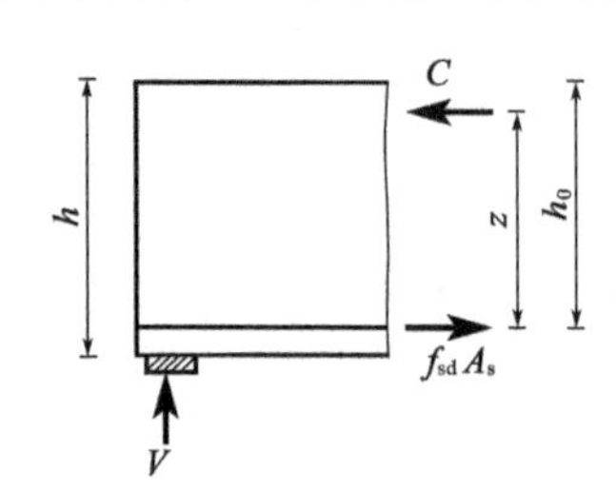

图10-6　深受弯构件正截面抗弯承载力计算图式

盖梁跨中部分作为深受弯构件（短梁），当正截面受弯破坏时，取受力隔离体如图10-6所示。根据平衡条件可得正截面抗弯承载力 M_u 的计算式：

$$\gamma_0 M_d \leq M_u = f_{sd} A_s z \tag{10-1}$$

式中：M_d——盖梁最大弯矩设计值；

f_{sd}——纵向普通钢筋的抗拉强度设计值；

A_s——受拉区普通钢筋截面面积；

z——内力臂。

由于深受弯构件截面应变不符合平截面假定，一般梁的应力图形已不再适用。根据试验资料分析，内力臂 z 较一般受弯构件小，故可将内力臂乘修正系数。依据试验资料和有限元分析结果，并考虑与一般梁的计算公式相衔接，其内力臂 z 可按下式计算：

$$z = \left(0.75 - 0.05\frac{l}{h}\right)(h_0 - 0.5x) \tag{10-2}$$

式中：x——截面受压区高度，按一般钢筋混凝土受弯构件计算；

h_0——截面有效高度。

对于有水平分布钢筋的深受弯构件，水平分布钢筋对抗弯承载力的贡献较小，为简化计算,不考虑其对抗弯承载力的作用,作为安全储备。

2. 斜截面抗剪承载力计算

(1)斜截面抗剪承载力计算公式。

试验结果表明,影响深受弯构件斜截面抗剪承载力的主要因素为截面尺寸、混凝土强度等级、剪跨比、跨高比、腹筋配筋率及纵向受拉钢筋配筋率等。

《公路桥规》根据有关试验资料及相关设计规范,规定了钢筋混凝土盖梁(短梁)斜截面抗剪承载力公式并应满足:

$$\gamma_0 V_d \leq 0.5\times10^{-4}\alpha_1\left(14-\frac{l}{h}\right)bh_0\sqrt{(2+0.6P)\sqrt{f_{cu,k}}\rho_{sv}f_{sv}} \tag{10-3}$$

式中:V_d——验算截面处的剪力设计值(kN);

α_1——连续梁异号弯矩影响系数,计算近边支点梁段的抗剪承载力时,$\alpha_1=1.0$;计算中间支点梁段及刚构各节点附近时,$\alpha_1=0.9$;

P——受拉区纵向受拉钢筋的配筋百分率,$P=100\rho$,$\rho=A_s/bh_0$,当$P>2.5$时,取$P=2.5$;

ρ_{sv}——箍筋配筋率,$\rho_{sv}=A_{sv}/bs_v$,此处,A_{sv}为同一截面内箍筋各肢的总截面面积,s_v为箍筋间距,箍筋配筋率应符合本书5.5节要求;

f_{sv}——箍筋的抗拉强度设计值(MPa);

b——盖梁截面宽度(mm);

h_0——盖梁截面有效高度(mm)。

应注意的是,作为短梁设计计算的钢筋混凝土盖梁的纵向受拉钢筋,一般均应沿盖梁长度方向通长布置,中间不予切断或弯起,斜截面抗剪承载力主要由剪压区混凝土和箍筋提供。

(2)截面限制条件。

与一般受弯构件相同,为防止单纯靠抗剪钢筋来提高深受弯构件的抗剪承载力,造成混凝土截面过小,引起斜压破坏,《公路桥规》规定,钢筋混凝土盖梁(短梁)的抗剪截面应符合下式:

$$\gamma_0 V_d \leq 0.33\times10^{-4}\left(\frac{l}{h}+10.3\right)\sqrt{f_{cu,k}}bh_0 \tag{10-4}$$

式中:V_d——验算截面处的剪力设计值(kN);

b——盖梁截面宽度(mm);

h_0——盖梁截面有效高度(mm);

$f_{cu,k}$——混凝土立方体抗压强度标准值(MPa)。

3. 裂缝宽度验算

按正常使用极限状态设计要求,对按深受弯构件(短梁)计算的钢筋混凝土盖梁应进行裂缝宽度验算。最大裂缝宽度可按式(6-30)计算,但式中系数C_3取$C_3=\frac{1}{3}\left(\frac{0.4l}{h}+1\right)$,其中$l$和$h$分别为钢筋混凝土盖梁的计算跨径和截面高度。计算的最大裂缝宽度不应超过《公路桥规》规定的限值。

钢筋混凝土盖梁(短梁)刚度较大,挠度一般满足相关规范要求,可不作验算。

10.2.2 钢筋混凝土盖梁悬臂部分承载力计算

《公路桥规》规定,钢筋混凝土盖梁两端位于柱外的悬臂部分承受竖向力作用时(图10-7),当竖向力作用点至柱边缘的水平距离 a(圆形截面柱可换算为边长等于80%直径的方形截面柱)大于盖梁截面高度时,悬臂部分可按一般钢筋混凝土梁计算。当 a 小于或等于盖梁截面高度时,属于悬臂深梁,可按拉压杆模型方法计算抗拉承载力。

自20世纪80年代以来,国际工程界倡导将混凝土结构划分为B区和D区。B区是指构件截面应变分布符合平截面假定的区域,字母B代表伯努利定律;D区,即应力扰动区,是指构件截面应变分布不符合平截面假定或力流扩散明显的区域,字母D代表受扰动或不连续,一般位于集中力作用点附近或几何尺寸发生突变的部位。从局部受力特征上看,混凝土桥梁中常见的应力扰动区有剪跨比较小的区域,如盖梁的柱外悬臂部分,跨高比较小的深梁区域,后张预应力锚固区及牛腿部位等。

混凝土桥梁应力扰动区常见的设计计算方法有基于试验的半经验半理论公式、拉压杆模型方法、有限元分析方法、基于弹性力学或力流线模型理论的计算方法等。

拉压杆模型是从混凝土结构连续体内抽象出的一种简化力流分析模型,由拉杆、压杆和节点组成,用以反映结构内部的传力路径。图10-8所示为钢筋混凝土盖梁外悬臂深梁的拉压杆计算模型。图中纵向受拉钢筋为拉杆,受压的混凝土为压杆,集中力作用点位置和柱中心位置分别为拉压杆模型的节点。

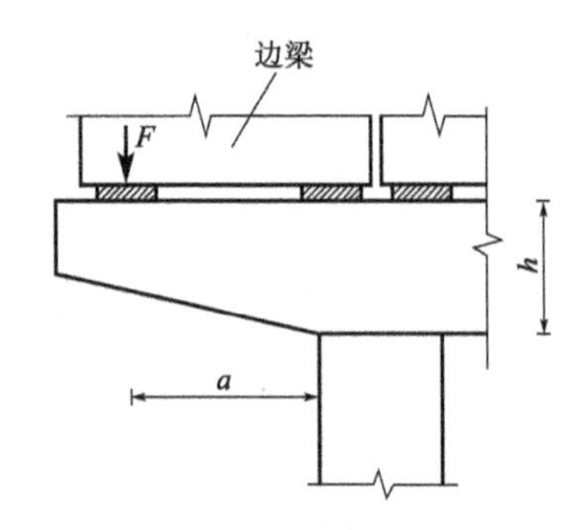

图10-7 钢筋混凝土盖梁外悬臂示意图

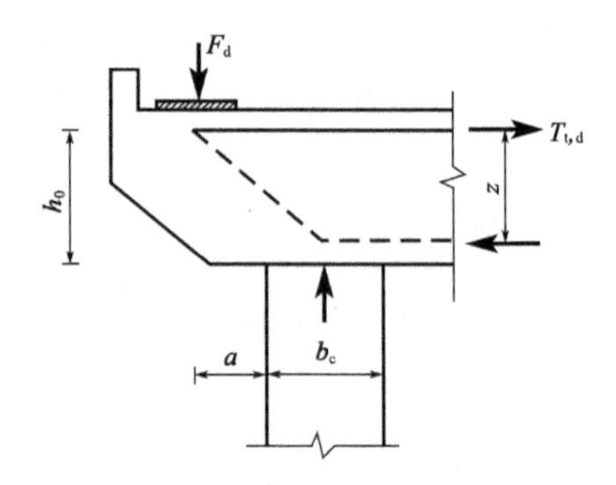

图10-8 盖梁外悬臂深梁的拉压杆计算模型

《公路桥规》规定:当竖向力作用点至柱边缘的水平距离小于或等于盖梁截面高度时,可采用拉压杆模型按下列规定计算悬臂上缘拉杆的抗拉承载力:

$$\gamma_0 T_{t,d} \leqslant f_{sd} A_s \tag{10-5}$$

$$T_{t,d} = \frac{a + 0.5b_c}{z} F_d \tag{10-6}$$

式中:$T_{t,d}$——盖梁悬臂上缘拉杆的内力设计值;

F_d——盖梁悬臂部分的竖向力设计值,按基本组合取用;

f_{sd}——普通钢筋的抗拉强度设计值;

A_s——拉杆中的普通钢筋截面面积;

b_c——柱的支撑宽度,方形截面柱取截面边长,圆形截面柱取直径的80%;

a——竖向力作用点至柱边缘的水平距离；

z——盖梁截面的内力臂,可取 $z=0.9h_0$；

h_0——盖梁的截面有效高度。

盖梁悬臂拉压杆模型中混凝土斜压杆有效面积较大,压杆承载力不控制设计,只需进行拉杆配筋验算。

对于桥梁结构中常见的桩基承台,其厚度往往较大,当承台下面外排桩中心距离墩台边缘小于或等于承台高度时,作为悬臂深梁考虑,也按拉压杆模型方法进行设计计算,计算内容、方法详见《公路桥规》。

思考题与习题

10-1 什么是深受弯构件？深受弯构件分为哪两类？

10-2 深受弯构件的受力特点及破坏形态与普通受弯构件有何不同？

10-3 影响深受弯构件正截面抗弯承载力的主要因素有哪些？短梁与一般梁的正截面抗弯承载力计算公式有何区别？

10-4 影响深受弯构件斜截面抗剪承载力的主要因素有哪些？

10-5 深受弯构件的设计计算包括哪些内容？

第 11 章

预应力混凝土结构基本概念及其材料

钢筋混凝土结构具有耐久性好、可就地取材、制造工艺简单等优点,至今仍然是工程结构的主要形式之一。但是钢筋混凝土结构也有其固有的缺点,即易开裂,使其使用范围受到了限制。为了克服这一缺点,人们经过长期的试验研究及工程实践创造出了预应力混凝土结构。

11.1 概　　述

11.1.1 预应力混凝土的一般概念

普通钢筋混凝土构件的最大缺点是抗裂性能差。混凝土的极限拉应变很小,一般只有$(0.1 \sim 0.15) \times 10^{-3}$,若混凝土应变值超过该极限值,就会出现裂缝。由于普通钢筋混凝土构件存在这个缺点,其在使用中出现如下问题:一是需要带裂缝工作,裂缝的存在,不仅使构件刚度下降,变形增大,而且不能应用于不允许开裂的结构中;二是为了满足对变形和裂缝控制的要求,必须加大构件截面尺寸和用钢量,这样做不仅不经济,而且使构件自重增加,很难应用于大跨径结构;三是无法充分利用高强材料的强度。计算分析表明,对于不允许开裂的钢筋混凝土构件,受拉钢筋的拉应力只能达到20~30MPa。对于允许开裂的钢筋混凝土构件,为了保证构件的耐久性,常需将裂缝宽度限制在0.2~0.25mm以内,此时钢筋拉应力也只能达到150~250MPa,这与各种热轧钢筋的正常工作应力相近,若在普通钢筋混凝土构件中采用高强度钢筋,其强度是不能被充分利用的。

采用预应力混凝土是改善构件抗裂性能最有效的途径。1.3节已介绍了预应力混凝土的基本原理。所谓预应力混凝土,是指按照需要预先人为地在混凝土中引入内部应力,其量值和分布能将使用荷载产生的应力抵消到一个合适程度的混凝土。由于预应力混凝土构件在承受使用荷载之前预先对其受拉区施加压应力，这种预压应力能够部分或全部抵消使用荷载产生的拉应力，因而可推迟甚至避免裂缝的出现。

由图1-3可以看出，预应力必须针对外荷载作用下产生的应力状态合理地施加。由预加力引起的应力状态不仅与N_p的大小有关，而且也与其位置（即偏心距e的大小）有关。对混凝土施加预应力的通常做法是张拉高强度的钢筋（即预应力钢筋），使其伸长后再加以锚固，利用钢筋的弹性回缩作用对混凝土构件施加预加力，并在混凝土中形成预应力。为了节省预应力钢筋的用量，设计中常常尽量减小N_p值，因此，对于如简支梁弯矩最大的跨中截面，一般总是在可能的条件下尽量加大偏心距e值，使其产生较大的负弯矩来抵消荷载产生的正弯矩。如果沿全梁N_p值保持不变，对于外弯矩较小的截面，则需将e值相应地减小，以免由于预加力弯矩过大，梁的上缘出现拉应力，甚至出现裂缝。预加力N_p在各截面的偏心距e值的调整工作，通常是采用曲线配筋的形式来实现的。这将在后面的受弯构件设计中做进一步介绍。

预应力混凝土从本质上改善了混凝土容易开裂的特性，这是工程结构设计的一个飞跃发展，是一项意义重大的技术革命。在日常生活中，人们也常应用预应力原理。例如，在建筑工地用砖钳装卸砖块，被钳住的一叠水平砖块因砖块之间的摩擦力而不会掉落；用铁箍紧箍木桶，木桶受到环向压应力盛水而不漏。

11.1.2 配筋混凝土分类

以钢材为配筋并施加预应力的预应力混凝土，实际上与普通钢筋混凝土同属于一个统一的加筋混凝土系列。国内按预应力度大小对其进行分类。

1.预应力度

受弯构件的预应力度（λ）定义为由预加应力大小确定的消压弯矩M_0与外荷载产生的弯矩M_s的比值，即

$$\lambda = \frac{M_0}{M_s} \tag{11-1}$$

式中：M_0——消压弯矩，即构件抗裂边缘混凝土预压应力恰被抵消到零时的弯矩；

M_s——按作用频遇组合计算的弯矩值；

λ——预应力混凝土构件的预应力度。

2.配筋混凝土分类

根据预应力度大小的不同，配筋混凝土分为以下三类。

（1）全预应力混凝土。

全预应力混凝土是指构件在作用频遇组合下控制的正截面受拉区边缘不允许出现拉应力，即$\lambda \geq 1$。

（2）部分预应力混凝土。

部分预应力混凝土是指构件在作用频遇组合下控制的正截面受拉区边缘出现拉应力或出现不超过规定宽度的裂缝，即$0 < \lambda < 1$。

按照构件在使用荷载作用下正截面的应力状态，部分预应力混凝土分为以下两类：

①A类预应力混凝土：在作用频遇组合下，构件控制的正截面受拉区边缘出现拉应

力，但控制拉应力不超过规定限值。

②B 类预应力混凝土：在作用频遇组合下，构件控制的正截面受拉区边缘拉应力超过规定限值，但若出现裂缝，其宽度不超过裂缝宽度限值。

(3)普通钢筋混凝土。

普通钢筋混凝土是指构件不施加预应力的混凝土，即 $\lambda = 0$。

全预应力混凝土结构具有抗裂性好、刚度大等优点，但预应力钢筋用量往往较大，构件在制作、运输、堆放和安装过程中，截面的预拉区往往会开裂，以致需在预拉区设置预应力钢筋，另外，构件的反拱较大，可能影响结构的正常使用。

部分预应力混凝土结构可以较好地克服全预应力混凝土结构的缺点，获得较好的技术经济效果。虽然其抗裂性能稍差、刚度稍小，但只要满足使用要求，仍然是允许的。

A 类预应力混凝土构件允许出现拉应力的规定限值较小，在使用荷载作用下，构件一般不会出现裂缝，故不必进行专门的裂缝宽度验算。对于 B 类预应力混凝土构件，则应进行裂缝宽度的验算。

《公路桥规》规定，跨径大于 100m 桥梁的主要受力构件，不宜按部分预应力混凝土设计。

11.1.3 预应力混凝土结构的优缺点

与普通钢筋混凝土结构相比，预应力混凝土结构具有下列主要优点：

(1)提高了混凝土构件的抗裂性和刚度。通过对构件截面受拉区施加预压应力，构件在使用荷载作用下不出现裂缝或使裂缝出现的时间大大推迟，从而提高了构件的刚度，改善了构件的使用性能，增强了结构的耐久性。

(2)节省材料，减轻了结构自重。预应力混凝土由于采用高强材料，可以减少钢筋用量和构件截面尺寸，节省钢材与混凝土用量，减轻结构自重。这对自重比例很大的大跨径桥梁来说，有着更显著的优越性。大跨度和重荷载结构，采用预应力混凝土结构一般是经济合理的。

(3)可以减小混凝土受弯构件的剪力和主拉应力。预应力混凝土受弯构件采用曲线布置钢筋(束)时，可使构件的剪力减小；又由于混凝土截面上预压应力的存在，主拉应力也相应减小。这些有利于减小构件的腹板厚度，使自重进一步减轻。

(4)提高构件抗剪承载力。由于预压应力延缓了截面斜裂缝的发展，增加了截面剪压区面积，从而提高了构件的抗剪承载力。

(5)结构安全，质量可靠。施加预应力时，预应力钢筋与混凝土都将经受一次强度检验。如果在施加预应力时预应力钢筋和混凝土的质量表现良好，那么在使用阶段一般也可以认为是安全可靠的。

(6)提高结构的抗疲劳性能。预应力混凝土构件由于预应力钢筋经过张拉，有了较大的初始应力，在使用阶段重复荷载作用下，预应力钢筋的应力变化幅度相对较小，这种小幅度的应力变化，一般不会造成钢材的疲劳，对于以承受动荷载为主的桥梁结构是很有利的。

(7)预应力可作为结构构件连接的手段，促进了桥梁结构新体系与施工方法的发展。

预应力混凝土结构也存在一些缺点：

(1)工艺较复杂，对施工质量要求甚高，因而需要配备一支技术熟练的专业队伍。

(2)需要专门的施工设备，如张拉机具、灌浆设备等。

(3)预应力引起的反拱度不易控制。它随混凝土徐变的增加而加大,如存梁时间过久再进行安装,就可能使反拱度增大,造成桥面不平顺,影响行车舒适性。

(4)预应力混凝土结构的开工费用较大,对于跨径小、构件数量少的工程,成本较高。

11.2 施加预应力的方法

混凝土获得预应力的方法有多种,在实际工程中,一般是在混凝土中配置高强度的钢筋,通过机械直接张拉钢筋,利用钢筋回缩力来压缩混凝土,在混凝土中建立预应力。根据张拉钢筋与混凝土浇筑的先后次序不同,施加预应力的方法可分为先张法和后张法两种。

11.2.1 先张法

先张法,即先张拉钢筋,后浇筑构件混凝土的施工方法,如图 11-1 所示。其基本工序为:

①在台座上按设计要求铺放预应力钢筋,如图 11-1a)所示;

②按设计规定的张拉力用千斤顶张拉预应力钢筋,并用锚具(也称夹具或工具锚)将其临时锚固,如图 11-1b)所示;

③绑扎非预应力钢筋,立模并浇筑构件混凝土,如图 11-1c)所示;

④养护混凝土,待其强度达到设计强度的 80% 以上,且弹性模量不低于 28d 弹性模量的 80%(保证具有足够的黏结力和避免徐变值过大等)后,放张(即将临时锚固松开,缓慢放松预应力钢筋),如图 11-1d)所示。

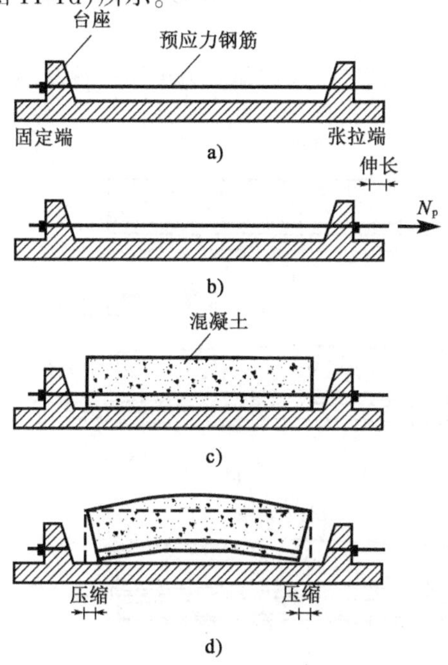

图 11-1 先张法工艺流程示意图

a)布置预应力钢筋;b)张拉预应力并锚固;c)立模浇筑混凝土并养护;d)放张

预应力钢筋放松后将产生弹性回缩，回缩力通过预应力钢筋与混凝土间的黏结作用传递给混凝土，使混凝土获得预压应力。

先张法施加预应力的关键技术是如何保证预应力钢筋与混凝土的可靠黏结。为了增加预应力钢筋与混凝土的黏结力，先张法采用的预应力钢筋一般为高强度的螺旋肋钢丝、钢绞线。

用先张法生产预应力混凝土构件，除千斤顶等设备外，一般还需要用来张拉和锚固钢筋的台座。台座因要承受预应力钢筋巨大的回缩力，应保证其具有足够的强度、刚度和稳定性，因此，初期投资费用较大。但先张法施工工艺简单，预应力钢筋靠黏结力自锚，在构件上不需设置永久性锚具，临时锚具可以重复使用，在大批量生产时先张法构件比较经济，质量易于保证。

先张法一般宜生产直线配筋的中小型构件，对于大型曲线配筋构件，施工工艺将复杂化，且需配备庞大的张拉台座，因而很少采用先张法。

11.2.2 后张法

后张法是先浇筑构件混凝土，待混凝土结硬后，再张拉预应力钢筋并锚固的施工方法，如图 11-2 所示。其基本工序为：

①在构件混凝土浇筑之前按预应力钢筋的设计位置预留孔道，之后再浇筑混凝土，如图 11-2a）所示。

②养护混凝土达到规定要求（强度不低于设计强度的 80%，且弹性模量不低于 28d 弹性模量的 80%），在孔道中穿预应力钢筋，如图 11-2b）所示。

③用千斤顶张拉预应力钢筋至控制应力。千斤顶一般支承于混凝土构件端部，张拉钢筋时构件也同时受到反力压缩，如图 11-2b）所示。

④待张拉力达到设计值后，用锚具将预应力钢筋锚固在构件上，使混凝土获得预应力，如图 11-2c）所示。

⑤在预留孔道内压注水泥浆，以保护预应力钢筋不致锈蚀，并使它与混凝土黏结成整体，如图 11-2c）所示。

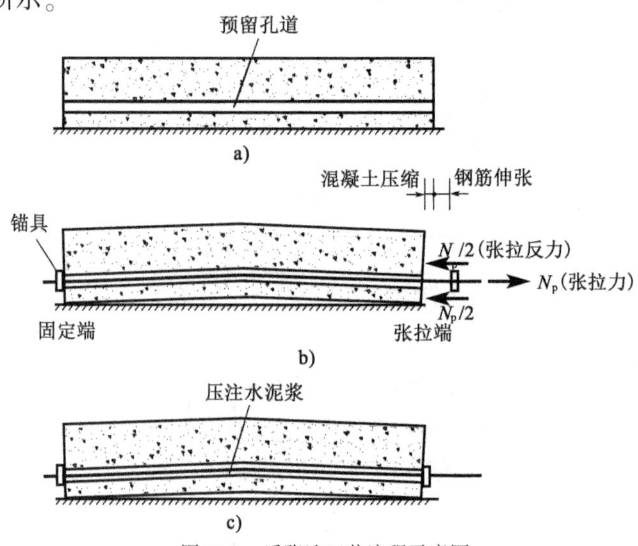

图 11-2　后张法工艺流程示意图

a）浇筑构件混凝土并预留孔道；b）穿预应力钢筋，进行张拉；c）锚固预应力钢筋，灌浆

后张法不需要台座,张拉工作可在预制场进行,也可在现场进行。预应力钢筋可按设计要求布置成直线或曲线形状。该方法是生产大型预应力混凝土构件的主要方法。但是后张法施工工序多,锚具用量较大,成本较高。

由上可知,施工工艺不同,建立预应力的方法也不同。先张法是通过预应力钢筋和混凝土之间的黏结力来传递并保持预压应力的,而后张法则是依靠锚具来传递和保持预加应力的。

11.3 锚　　具

锚具是在制作预应力混凝土构件时锚固预应力钢筋的装置,是预应力混凝土工程中必不可少的重要工具或附件。先张法构件的锚具是用来临时锚固被张拉的预应力钢筋,可重复使用,故称为工具锚。后张法构件中,锚具是永久依附在混凝土构件上作为传递和保持预应力的一种措施,不能重复使用,故称为工作锚。

11.3.1 对锚具性能要求

锚具是保证预应力混凝土安全施工和结构可靠工作的关键设备,它对在构件中建立有效的预应力起着至关重要的作用。因此,在设计、制造或选择锚具时,应注意满足下列要求:

①安全可靠,锚具本身应有足够的强度和刚度;

②引起的预应力损失小;

③构造简单、紧凑,制作方便,用钢量少;

④张拉锚固操作方便、迅速。

11.3.2 锚具的分类

锚具的种类繁多,按其传力锚固的方式不同,主要分为摩擦型锚具、承压型锚具和黏结型锚具三种基本类型。

1. 摩擦型锚具

摩擦型锚具是利用锥形或梯形楔块的侧向压力产生的摩阻力来锚固预应力钢筋。例如楔形锚具、锥形锚具和用于锚固钢绞线的夹片式锚具等都属于摩擦型锚具,桥梁中常用的此类锚具有锥形锚具和夹片式锚具。

(1)锥形锚具。

锥形锚具(又称弗式锚),由锚圈和锚塞(又称锥销)组成[图 11-3a)],锚圈内孔及锚塞为锥形,主要用于钢丝束的锚固。其工作原理是预应力钢丝束通过锚圈孔用千斤顶张拉后,顶压锚塞,把预应力钢丝楔紧在锚圈与锚塞之间,依靠摩阻力锚固。当张拉千斤顶放松预应力钢丝后,钢丝向体内回缩带动锚塞向锚圈内滑进,使钢丝被进一步楔紧[图 11-3b)]。预应力钢丝束的回缩力通过摩擦力传到锚圈,然后由锚圈承压传递到混凝土构件上。

桥梁工程中采用的锥形锚具,有锚固 18 ϕ^P5 和锚固 24 ϕ^P5 的钢丝束两种。

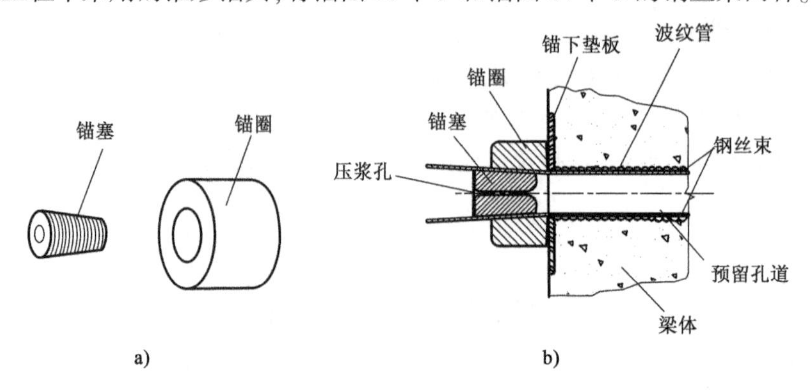

图 11-3 锥形锚具组成及其工作示意
a)锥形锚具组成;b)锥形锚具工作示意

锥形锚具的优点是锚固方便,锚具尺寸较小,便于在梁体上分散布置。但缺点是锚固时钢丝的回缩量较大,引起的预应力损失较大。钢丝又不能重复张拉和接长,使钢丝束的设计长度受到千斤顶行程的限制。这种锚具在国内已很少使用。

(2)夹片式锚具。

将预应力钢筋用夹片楔紧在锥形锚孔中的锚具称为夹片式锚具,其主要用来锚固钢绞线。由于钢绞线与周围接触的面积小,且强度高,故对锚具的锚固性能要求很高。

我国从 20 世纪 60 年代开始,研究锚固钢绞线的夹片式锚具,开发了 JM 锚具,它由锚环和夹片组成,其夹片与被锚固钢筋共同形成组合式锚塞,将预应力钢筋楔紧。其缺点是一根钢绞线锚固失效,会导致整束钢绞线锚固失效。另外,这类锚具仅能锚固 3 ~ 6 根钢绞线,难以满足大量钢绞线锚固要求。这种锚具在公路桥梁上已较少采用。

20 世纪 80 年代,国内着重进行钢绞线群锚体系的研究与试制工作,先后研制出了 XM 型、QM 型、OVM 型锚具,扁锚(BM)等系列锚具。

①XM 型、QM 型、OVM 型锚具。

XM 型、QM 型、OVM 型锚具是由带锥孔的圆形锚板和夹片组成[图 11-4a)、b)]。工作原理如图 11-4c)所示。锚板锥孔内各放置一副由两片或三片式夹片构成的锚塞,张拉时,每个锥孔穿进一根钢绞线,张拉后各自用夹片将孔中的钢绞线抱夹锚固,每个锥孔成为一个独立的锚固单元。每个夹片式锚具由多个锚固单元组成,能锚固 1 ~ 55 根不等的 $\phi^S15.2$ 与 $\phi^S12.7$ 钢绞线组成的预应力钢束,其最大锚固吨位可达 11000kN,故这些夹片式锚具又称为大吨位钢绞线群锚体系。其特点是各根钢绞线独立锚固,即使单根钢绞线锚固失效,也不会影响同束中其他钢绞线的锚固,只需对失效孔的钢绞线进行补拉即可。夹片式锚具因锚板锥孔布置的需要,预留孔道端部必须扩孔,即工作锚下的一段预留管道需做成喇叭形,或配置专门的铸铁喇叭形锚垫板[图 11-4c)]。铸铁喇叭形锚垫板是将垫板与铸铁喇叭管铸成整体,可解决混凝土承受大吨位局部压力及预应力钢束孔道与锚垫板问题。

XM 型、QM 型、OVM 型锚具的主要差别是夹片的结构及锚孔方向不同。XM 型锚具锚孔为斜孔,锚板顶面为斜面,垂直于锚孔中心线,夹片为三片式。QM 型、OVM 型锚具锚孔为直孔,锚板顶面为平面,QM 型锚具的夹片为三片式,而 OVM 型锚具是在 QM 型锚具的基础上,将夹片改为两片式,并在夹片背面锯一条弹性槽,以方便施工和提高锚固性能。

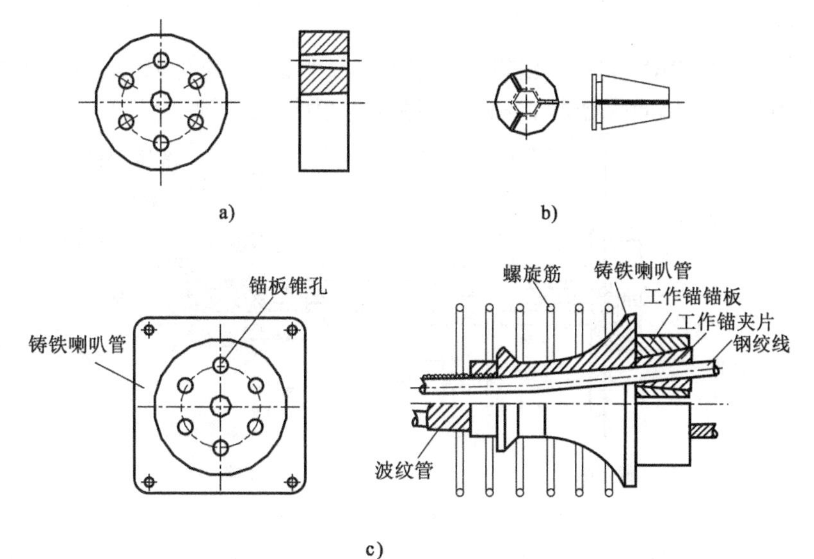

图11-4 夹片式锚具及配套示意图

a)锚板;b)夹片;c)夹片式锚具配套示意

这些锚具系列都经过严格检测,锚固性能均达到国际预应力混凝土协会(FIP)标准,已被广泛用于各种土建结构工程中,桥梁结构中采用OVM型锚具较多,设计时根据每束钢绞线的根数选用相应孔数的锚具。

②扁锚(BM)。

扁锚(BM)是为适应扁薄截面构件(如箱梁桥桥面板)预应力钢筋锚固的需要而研制的。扁锚由夹片、扁形锚板组成(图11-5),也是群锚的一种。每个扁锚一般锚固2~5根钢绞线。其工作原理与一般夹片式锚具相同,只是锚板、锚下垫板和喇叭管,以及形成预留孔道的波纹管等均为扁形。采用扁锚的优点是可减小混凝土板厚度、减小张拉槽口尺寸等。

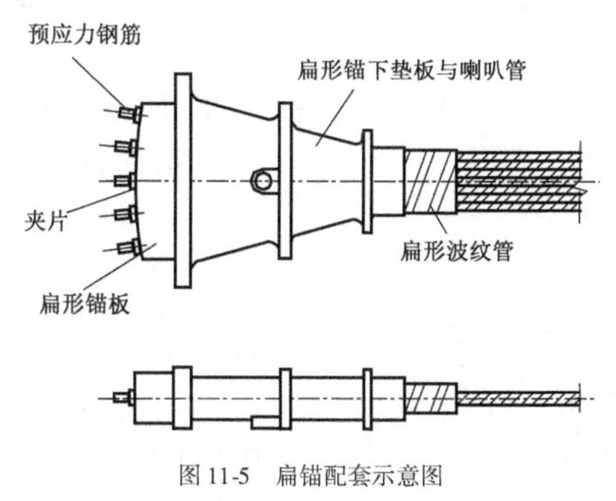

图11-5 扁锚配套示意图

2. 承压型锚具

承压型锚具是将钢筋的端头做成螺纹(或镦成粗头),钢筋张拉后拧紧螺母(或锚圈),利用钢筋螺纹或钢筋的镦粗头承压将钢筋进行锚固。目前常用的承压型锚具有镦头锚和钢筋螺纹锚具。

(1)墩头锚。

镦头锚(又称 BBRV 锚具),由带蜂窝眼的锚杯和锚圈(螺母)组成(图 11-6),主要用于锚固钢丝束,也可锚固直径在 14mm 以下的预应力钢筋束。

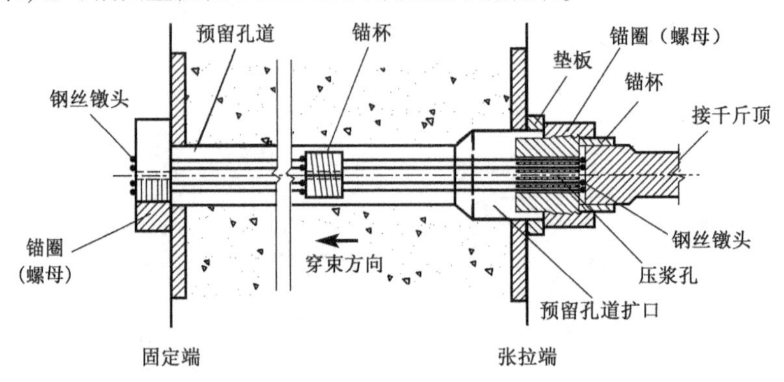

图 11-6　镦头锚工作示意图

镦头锚的工作原理如图 11-6 所示。先将钢丝逐一穿过锚杯上的孔眼,再用镦头机将钢丝端头镦粗呈圆头形,借镦粗头直接承压将钢丝锚固于锚杯上。锚杯的外圆车有螺纹丝,穿束后,在固定端将锚圈(螺母)拧上,即可将钢丝束锚固于构件端部。在张拉端,锚杯的内外壁均车有螺纹丝,先将与千斤顶相连的拉杆旋入锚杯内,用千斤顶支承于混凝土上进行张拉,当达到设计张拉力时,锚杯被拉出,拧紧锚杯上的锚圈(螺母),再缓慢放松千斤顶,退出拉杆,于是预应力钢筋的回缩力通过镦头的承压力传给锚杯,依靠螺纹的承压力传至锚圈,再经过垫板传给混凝土。

镦头锚钢丝的根数和锚具的尺寸依设计张拉力的大小选定。国内镦头锚有锚固12 ~ 133 根ϕ^P5 和 12 ~ 84 根ϕ^P7 两种锚具系列。

镦头锚构造简单,锚固可靠,张拉操作方便,可重复张拉,不会出现“滑丝”现象,锚固时的预应力损失小。但也有其特殊要求,如对钢丝下料长度要求精度高,误差不得超过 1/3000。误差过大,张拉时各根钢丝受力不均,容易发生断丝现象。另外,张拉端的预留孔道端部需设置扩孔段。

镦头锚适用于锚固直线式配束,对于较平缓的曲线预应力钢筋也适用。

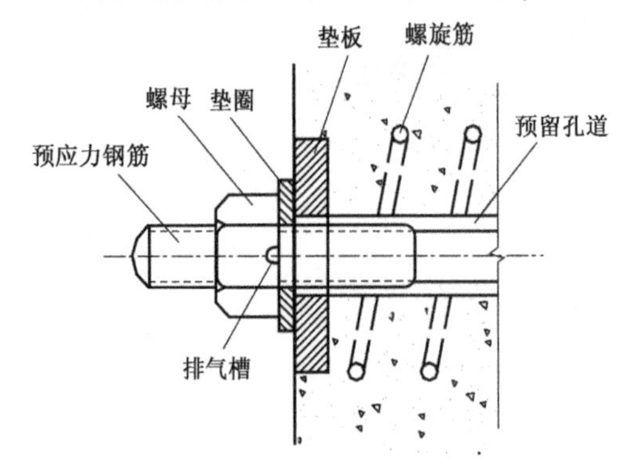

图 11-7　钢筋螺纹锚具

(2)钢筋螺纹锚具。

采用高强度粗钢筋作预应力钢筋时,可采用钢筋螺纹锚具锚固。锚具由螺母与钢垫板组成(图 11-7)。利用粗钢筋端部的螺纹,在钢筋张拉后直接拧上螺母进行锚固。钢筋的回缩力由螺帽经垫板承压传递给混凝土,从而获得预应力。由于螺纹系冷轧而成,故又将这种锚具称为轧丝锚。

近年来,国内外相继采用可直接拧上螺母的高强预应力螺纹钢筋,这种钢筋沿长度方向不带纵肋,具有规则但不连续的凸形螺纹,可在任意位置进行锚固和接长,不必在施工时临时轧丝。

钢筋螺纹锚具受力明确,锚固可靠,构造简单,施工方便,预应力损失小,并能重复张拉、放松或拆卸。

3. 黏结型锚具

先张法预应力钢筋的锚固,以及后张法固定端的钢绞线压花锚具等,是利用预应力钢筋与混凝土之间的黏结力锚固钢筋的。

压花锚具(又称暗锚)是用压花机将钢绞线端头压制成梨形花头的一种黏结型锚具(图 11-8)。张拉前预先埋入构件混凝土中,待混凝土结硬后将可靠地锚固于混凝土内。这种锚具可节省造价,但占用空间大,需进行专门的构造设计,只适用于有黏结预应力混凝土结构受力较小的部位。

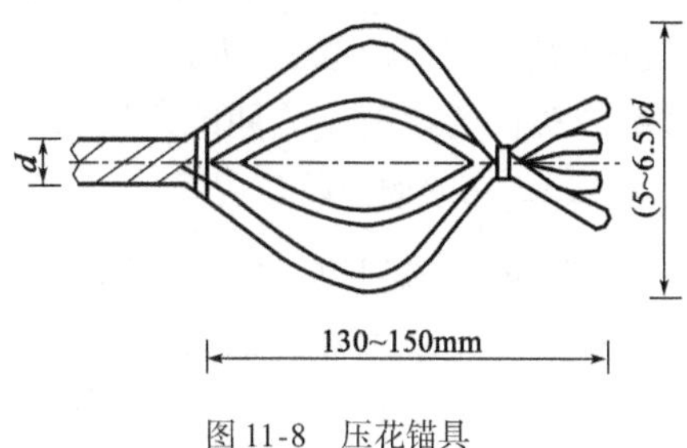

图 11-8　压花锚具

11.3.3　锚具的选用

锚具的选用,可根据预应力钢筋的品种、锚固的部位、构件的长度等确定。施工图纸上必须注明所选定的锚具类别。

对于不同形式的锚具,往往需要配套使用专门的张拉设备。因此,在设计、施工中,锚具与张拉设备的选择应同时考虑。

11.4　预应力混凝土结构的材料

11.4.1　预应力钢筋

预应力混凝土构件中包括预应力钢筋和普通钢筋,普通钢筋的选用要求与钢筋混凝土构件的普通钢筋相同。而预应力钢筋从构件制作到使用始终处于高应力状态,其材料性能是控制预应力混凝土构件应力和抗裂性的关键,因此,对预应力钢筋有较高的要求。

1. 强度要高

预应力混凝土的预应力大小,主要取决于预应力钢筋的数量和张拉应力。在预应力混凝土构件的制作和使用过程中,受各种因素的影响,预应力钢筋会出现预应力损失而使张拉应力降低。为了能有效地建立预应力,保证预应力钢筋在出现各种预应力损失后仍存有较高的应力,必须使用高强钢筋,采用较高的张拉应力。这已被预应力混凝土的发展历史证明。早在 19 世纪中后期,就有人提出了在钢筋混凝土梁中建立预应力的想法,并进行了试验。但当时采用的是抗拉强度低的普通钢筋,由于钢筋松弛,混凝土收缩、徐变等,施加的预应力随着时间的延长而丧失殆尽,使试验一度失败。直到 1928 年,法国工程师 E. Freyssinet 使用高强度钢丝试验后才获得成功,使预应力混凝土结构有了使用的可能。

2. 塑性较好

为了避免预应力混凝土构件发生脆性破坏,保证结构在破坏之前有较大的变形能力,必须保证预应力钢筋塑性较好。

3. 与混凝土之间有良好的黏结性能

对有黏结预应力混凝土结构,要求预应力钢筋与混凝土之间有足够的黏结强度。这一要求对先张法构件尤为重要,因为先张法构件预应力的传递是靠预应力钢筋和混凝土之间的黏结力实现的。因此,对于先张法构件的预应力钢筋,可采用螺旋肋钢丝或钢绞线,以提高与混凝土之间的黏结力。

4. 应力松弛小

钢筋在一定拉应力值和恒定温度下,其长度固定不变,钢筋中的应力将随时间的延长而降低,这种现象称为钢筋的松弛或应力松弛。钢筋的应力松弛会引起预应力钢筋的应力损失,应力松弛量越大,预应力损失值越大,对结构越不利。

《公路桥规》规定,预应力混凝土构件中的预应力钢筋应选用钢绞线、钢丝,中小型构件或竖向、横向配置的预应力钢筋,也可选用预应力螺纹钢筋。

11.4.2 混凝土

1. 预应力混凝土结构对混凝土要求

预应力混凝土结构构件所用的混凝土应满足以下要求。

(1)强度要高。

在预应力混凝土结构中,应采用高强度等级的混凝土。高强度混凝土与高强度钢筋相配合,使混凝土建立尽可能高的预压应力,以提高预应力混凝土构件的抗裂性及刚度;同时,可以有效地减小构件截面尺寸,减轻结构自重以适应大跨度结构的要求;另外,采用高强度混凝土,对于先张法构件,可增大预应力钢筋与混凝土之间的黏结强度,以保证预应力钢筋在混凝土中有良好的自锚性能。对于后张法构件,可提高锚固端局部抗压承载能力。

(2)收缩、徐变小。

预应力混凝土构件除了混凝土在结硬过程中会产生收缩变形外,由于混凝土长期承受着预压应力等,还会产生徐变变形。混凝土的收缩和徐变,使预应力混凝土构件缩短,因而将引起预应力钢筋中的预拉应力下降,产生预应力损失。混凝土的收缩、徐变变形值越大,预应力损失值就越大,对预应力混凝土结构就越不利。因此,在预应力混凝土结构的设计、施工中,应尽量设法减少混凝土的收缩和徐变,并应尽量准确地估算混凝土的收缩和徐变变形值。

(3)快硬、早强。

为尽早施加预应力,加快施工进度,提高设备、模板等的利用率,应采用快硬、早强混凝土。

选择混凝土强度等级时,应综合考虑施工方法、构件跨度、钢筋种类等因素。《公路桥规》规定,预应力混凝土构件的混凝土强度等级不应低于 C40。

为了获得强度高和收缩、徐变小的混凝土,应尽可能地采用高强度等级水泥,减少水

泥用量,降低水灰比,选用优质坚硬的集料,并注意采取以下措施:

①严格控制水灰比。高强混凝土的水灰比一般宜在0.25~0.35之间。为增强和易性,可掺加适量的高效减水剂。

②注意选用高强度等级水泥并宜控制水泥用量不大于500kg/m³。水泥品种以硅酸盐类水泥为宜,不得已需要采用矿渣水泥时,应适当掺加早强剂,以改善其早期强度较低的缺点。火山灰水泥不适合拌制预应力混凝土,因为其早期强度过低,收缩率又大。

③注意选用优质活性掺合料,如硅粉、F矿粉等,尤其是硅粉混凝土,不仅可使收缩减小,徐变变形也会显著减小。

④加强振捣与养护。

2. 混凝土收缩变形、徐变变形计算

(1)混凝土收缩变形。

混凝土的收缩主要与混凝土品质和构件所处的环境等因素有关。混凝土的收缩变形随时间增加而增加,初期收缩明显,以后逐渐变缓,一般第一年的应变可达到$(0.15\sim0.4)\times10^{-3}$,收缩变形可延续数年,其应变终值可达$(0.2\sim0.6)\times10^{-3}$。

依据《公路桥规》,混凝土收缩应变按下式计算:

$$\varepsilon_{cs}(t,t_s) = \varepsilon_{cs0}\cdot\beta_s(t-t_s) \tag{11-2}$$

式中: t——计算考虑时刻的混凝土龄期(d);

t_s——收缩开始时的混凝土龄期(d);

$\varepsilon_{cs}(t,t_s)$——收缩开始时的混凝土龄期为t_s,计算考虑时刻的混凝土龄期为t时的收缩应变;

ε_{cs0}——名义收缩系数,按下式计算:

$$\varepsilon_{cs0} = \varepsilon_s(f_{cm})\cdot\beta_{RH} \tag{11-3}$$

$$\varepsilon_s(f_{cm}) = \left[160+10\beta_{sc}\left(9-\frac{f_{cm}}{f_{cm0}}\right)\right]\times10^{-6} \tag{11-4}$$

β_{sc}——依水泥种类而定的系数,对一般的硅酸盐类水泥或快硬水泥,$\beta_{sc}=5.0$;

f_{cm}——强度等级C20~C50混凝土在28d龄期时的平均圆柱体抗压强度(MPa),$f_{cm}=0.8f_{cu,k}+8\text{MPa}$;

$f_{cu,k}$——混凝土立方体抗压强度标准值(MPa),即混凝土强度等级;

β_{RH}——与年平均相对湿度相关的系数,当$40\%\leq RH<99\%$时,有

$$\beta_{RH} = 1.55\left[1-\left(\frac{RH}{RH_0}\right)^3\right] \tag{11-5}$$

RH——环境年平均相对湿度(%);

β_s——收缩随时间发展的系数,按下式计算:

$$\beta_s(t-t_s) = \left[\frac{(t-t_s)/t_1}{350(h/h_0)^2+(t-t_s)/t_1}\right]^{0.5} \tag{11-6}$$

h——构件理论厚度(mm),$h=2A/u$(mm),A为构件截面面积,u为构件与大气接触的周边长度。

依照《公路桥规》式(11-4)~式(11-6)中取$f_{cm0}=10\text{MPa}$,$RH_0=100\%$,$t_1=1\text{d}$,$h_0=100\text{mm}$。

在桥梁设计中，当需考虑收缩影响或计算阶段预应力损失时，混凝土收缩应变值可按下列步骤计算：

①按式(11-6)计算从 t_s 到 t、t_s 到 t_0 的收缩随时间发展的系数 $\beta_s(t-t_s)$、$\beta_s(t_0-t_s)$，当计算 $\beta_s(t_0-t_s)$ 时，式中的 t 均改用 t_0。其中 t_0 为桥梁结构开始受收缩影响时刻或预应力钢筋传力锚固时刻的混凝土龄期(d)，t_s 设计时可取 3～7d，$t_s \leq t_0 < t$；

②按式(11-7)计算自 t_0 至 t 时的收缩应变值 $\varepsilon_{cs}(t,t_0)$，即

$$\varepsilon_{cs}(t,t_0) = \varepsilon_{cs0}[\beta_s(t-t_s) - \beta_s(t_0-t_s)] \tag{11-7}$$

对于强度等级为 C25～C50 混凝土，式中的名义收缩系数 ε_{cs0} 可采用按式(11-3)计算得到的表 11-1 所列数值。

混凝土名义收缩系数 ε_{cs0}($\times 10^{-3}$) 表 11-1

年平均相对湿度	40% ≤RH <70%	70% ≤RH <99%
名义收缩系数	0.529	0.310

注：1. 本表适用于一般硅酸盐类水泥或快硬水泥配制而成的混凝土。

2. 本表适用于季节性变化的平均温度 -20～+40℃。

3. 对强度等级为 C50 及以上混凝土，表列数值应乘 $\sqrt{\frac{32.4}{f_{ck}}}$，式中的 f_{ck} 为混凝土轴心抗压强度标准值(MPa)。

4. 计算时，表中年平均相对湿度 40% ≤RH <70%，取 RH =55%；70% ≤RH <99%，取 RH =80%。

对于用硅酸盐类水泥配制的中等稠度的普通混凝土，在要求不十分精确时，其收缩应变终极值 $\varepsilon_{cs}(t_u,t_0)$ 可按表 11-2 取用。

混凝土收缩应变终极值 $\varepsilon_{cs}(t_u,t_0)$($\times 10^{-3}$) 表 11-2

加载龄期(d)	40% ≤RH <70%				70% ≤RH <99%			
	理论厚度 h(mm)				理论厚度 h(mm)			
	100	200	300	≥600	100	200	300	≥600
3～7	0.50	0.45	0.38	0.25	0.30	0.26	0.23	0.15
14	0.43	0.41	0.36	0.24	0.25	0.24	0.21	0.14
28	0.38	0.38	0.34	0.23	0.22	0.22	0.20	0.13
60	0.31	0.34	0.32	0.22	0.18	0.20	0.19	0.12
90	0.27	0.32	0.30	0.21	0.16	0.19	0.18	0.12

注：1. 本表适用于由一般的硅酸盐类水泥或快硬水泥配制而成的混凝土。

2. 本表适用于季节性变化的平均温度 -20～+40℃。

3. 表中数值系按强度等级 C40 混凝土计算所得，对 C50 及以上混凝土，表列数值应乘 $\sqrt{\frac{32.4}{f_{ck}}}$，式中的 f_{ck} 为混凝土轴心抗压强度标准值(MPa)。

4. 计算时，表中年平均相对湿度 40% ≤RH <70%，取 RH =55%；70% ≤RH <99%，取 RH =80%。

5. 表中理论厚度 $h = 2A/u$，A 为构件截面面积，u 为构件与大气接触的周边长度。当构件为变截面时，A 和 u 均可取其平均值。

6. 表中数值按 10 年的延续期计算。

7. 构件的实际传力锚固龄期、加载龄期或理论厚度为表列数值中间值时，收缩应变终极值可按直线内插法取值。

(2)混凝土徐变变形。

影响混凝土徐变的主要因素有混凝土压应力大小、加载龄期、持荷时间、混凝土的品质、构件尺寸及工作环境等。混凝土徐变试验的结果表明，当混凝土所承受的持续应力

$\sigma_c \leq 0.5f_{ck}$时，其徐变应变值 ε_c 与混凝土应力 σ_c 之间存在线性关系，在此范围内的徐变变形则称为线性徐变，即 $\varepsilon_c = \phi(t,t_0)\varepsilon_e$，或写成：

$$\phi(t,t_0) = \varepsilon_c/\varepsilon_e \tag{11-8}$$

式中：ε_c——徐变应变值；

ε_e——加载（σ_c 作用）时的弹性应变值；

t_0——加载时的混凝土龄期（d）；

t——计算考虑时刻的混凝土龄期（d）；

$\phi(t,t_0)$——加载龄期为 t_0，计算考虑龄期为 t 时的混凝土徐变系数。

由式（11-8）可知，只要知道徐变系数 $\phi(t,t_0)$，就可以算出混凝土应力 σ_c 作用下的徐变应变值 ε_c。《公路桥规》建议的徐变系数计算公式为

$$\phi(t,t_0) = \phi_0 \cdot \beta_c(t-t_0) \tag{11-9}$$

式中：ϕ_0——混凝土名义徐变系数，按式（11-10）计算，即

$$\phi_0 = \phi_{RH} \cdot \beta(f_{cm}) \cdot \beta(t_0) \tag{11-10}$$

$$\phi_{RH} = 1 + \frac{1 - RH/RH_0}{0.46(h/h_0)^{\frac{1}{3}}} \tag{11-11}$$

$$\beta(f_{cm}) = \frac{5.3}{(f_{cm}/f_{cm0})^{0.5}} \tag{11-12}$$

$$\beta(t_0) = \frac{1}{0.1 + (t_0/t_1)^{0.2}} \tag{11-13}$$

$\beta_c(t-t_0)$——加载后徐变随时间发展的系数，按下式计算：

$$\beta_c(t-t_0) = \left[\frac{(t-t_0)/t_1}{\beta_H + (t-t_0)/t_1}\right]^{0.3} \tag{11-14}$$

$$\beta_H = 150\left[1 + \left(1.2\frac{RH}{RH_0}\right)^{18}\right]\frac{h}{h_0} + 250 \leq 1500 \tag{11-15}$$

式中，f_{cm}、f_{cm0}、RH、RH_0、h、h_0、t_1 的意义及其采用值同式（11-4）~式（11-6）。

强度等级为 C25 ~ C50 混凝土的名义徐变系数 ϕ_0，可采用按式（11-10）计算得到的表 11-3所列数值。

混凝土名义徐变系数 ϕ_0 表 11-3

加载龄期（d）	40% ≤RH <70%				70% ≤RH <99%			
	理论厚度 h（mm）				理论厚度 h（mm）			
	100	200	300	≥600	100	200	300	≥600
3	3.90	3.50	3.31	3.03	2.83	2.65	2.56	2.44
7	3.33	3.00	2.82	2.59	2.41	2.26	2.19	2.08
14	2.92	2.62	2.48	2.27	2.12	1.99	1.92	1.83
28	2.56	2.30	2.17	1.99	1.86	1.74	1.69	1.60
60	2.21	1.99	1.88	1.72	1.61	1.51	1.46	1.39
90	2.05	1.84	1.74	1.59	1.49	1.39	1.35	1.28

注：1. 本表适用于一般硅酸盐类水泥或快硬水泥配制而成的混凝土。

2. 本表适用于季节性变化的平均温度 -20 ~ +40℃。

3. 对强度等级 C50 及以上混凝土，表列数值应乘 $\sqrt{\frac{32.4}{f_{ck}}}$，式中的 f_{ck} 为混凝土轴心抗压强度标准值（MPa）。

4. 构件的实际理论厚度和加载龄期为表列中间值时，混凝土名义徐变系数可按直线内插法求得。

在桥梁设计中需考虑徐变影响或计算阶段预应力损失时，混凝土的徐变系数值可按下列步骤计算：

①按式（11-15）计算 β_H，计算时式中的环境年平均相对湿度 RH，当 40% ≤RH <70% 时，取 RH =55%；当 70% ≤RH <99% 时，取 RH =80%；

②根据计算徐变考虑时刻的龄期 t、加载龄期 t_0 及已算得的 β_H，按式（11-14）计算徐变发展系数 $\beta_c(t-t_0)$；

③根据 $\beta_c(t-t_0)$ 和表 11-3 所列混凝土名义徐变系数（必要时用直线内插法求得），按式（11-9）计算徐变系数 $\phi(t,t_0)$。

当实际的加载龄期超过表 11-3 给出的 90d 时，其混凝土名义徐变系数可按 $\phi_0' = \phi_0 \cdot \beta(t_0')/\beta(t_0)$ 求得，式中 ϕ_0 为表 11-3 所列名义徐变系数，$\beta(t_0')$ 和 $\beta(t_0)$ 按式（11-13）计算，其中 t_0' 为 90d 以外计算所需的加载龄期，t_0 为表列加载龄期。

一般当混凝土应力 $\sigma_c > 0.6f_{ck}$ 时，徐变应变不再与 σ_c 成正比例关系，此时称为非线性徐变。在非线性徐变范围内，如果 σ_c 过大，则徐变应变急剧增加，不再收敛，将导致混凝土破坏。试验表明，混凝土构件长期处于高压状态是很危险的，故一般取（0.75 ~ 0.80）f_{ck} 作为混凝土的长期极限强度（也称为徐变极限强度）。因此，预应力混凝土构件的预压应力不是越高越好，压应力过高对结构安全不利。

在桥梁结构中，混凝土的持续应力一般都小于 $0.5f_{ck}$，不会由徐变造成破坏，可按线性关系计算徐变应变。考虑在露天环境下工作的桥梁结构，影响混凝土徐变的各项因素不易确定，因此，对于用硅酸盐类水泥配制的中等稠度的普通混凝土，在要求不十分精确时，其徐变系数终极值 $\phi(t_u,t_0)$ 可按表 11-4 取用。

混凝土徐变系数终极值 $\phi(t_u,t_0)$　　表 11-4

加载龄期（d）	40% ≤RH <70%				70% ≤RH <99%			
	理论厚度 h（mm）				理论厚度 h（mm）			
	100	200	300	≥600	100	200	300	≥600
3	3.78	3.36	3.14	2.79	2.73	2.52	2.39	2.20
7	3.23	2.88	2.68	2.39	2.32	2.15	2.05	1.88
14	2.83	2.51	2.35	2.09	2.04	1.89	1.79	1.65
28	2.48	2.20	2.06	1.83	1.79	1.65	1.58	1.44
60	2.14	1.91	1.78	1.58	1.55	1.43	1.36	1.25
90	1.99	1.76	1.65	1.46	1.44	1.32	1.26	1.15

注：1 ~6 同表 11-2 中注 1 ~6。

7. 构件的实际传力锚固龄期、加载龄期或理论厚度为表列数值中间值时，徐变系数终极值可按直线内插法取值。

11.4.3 制孔器

后张法构件的预留孔道是用制孔器制成的。常用的制孔器有两类。

（1）抽拔式制孔器。在预应力混凝土构件中按设计要求预埋制孔器，在混凝土浇筑并初凝后抽拔制孔器，从而形成预留孔道。橡胶抽拔管是常用的一种抽拔式制孔器，其制孔工艺为：在钢丝网加劲的胶管内事先穿入钢筋（称芯棒），再将胶管（连同芯棒一起）放入模板内,待浇筑的混凝土结硬到一定强度(一般为初凝期)后,抽去芯棒,再拔出胶管,形成预留孔道。

(2)埋入式制孔器。在预应力混凝土构件中按设计要求永久埋置制孔器,从而形成预留孔道。桥梁工程中往往需配置密集、形状复杂的预应力钢筋,抽拔式制孔器不再适用,普遍采用预埋波纹管成孔。波纹管按材料不同分为金属波纹管和塑料波纹管两种。

金属波纹管是用薄钢带经卷管机压波后卷成的,其质量小,纵向弯曲性能好,径向刚度较大,连接方便,与混凝土黏结良好,与预应力钢筋的摩阻系数也小,但易锈蚀,缝易开。

塑料波纹管由聚丙烯或高密度聚乙烯制成。波纹管外表面的螺旋肋与周围的混凝土之间具有较高的黏结力。这种塑料波纹管具有强度高、刚度大、密封性好、耐腐蚀、孔道摩擦损失小等优点。

11.4.4 水泥浆

在后张法预应力混凝土构件中,预应力钢筋张拉锚固后,应尽早向预留孔道内压注水泥浆,以免钢筋锈蚀,降低结构耐久性,同时也是为了使预应力钢筋与梁体混凝土尽早结合成一整体。压浆用的水泥浆,采用40mm×40mm×160mm试件,标准养护28d,按《水泥胶砂强度检验方法(ISO法)》(GB/T 17671—2021)的规定,测得的抗压强度不应低于50MPa。孔道内水泥浆应饱满、密实。为减少水泥浆凝结过程中产生的收缩,可在水泥浆中掺入适量的膨胀剂,并控制水泥浆的水灰比及泌水率。详细内容可参考预应力混凝土结构相关施工规范。

思考题与习题

11-1　为什么要对混凝土构件施加预应力?与普通钢筋混凝土结构相比,预应力混凝土结构有何特点?

11-2　什么是预应力度?根据预应力度大小的不同,配筋混凝土可分为哪几类?

11-3　施加预应力的先张法和后张法施工工艺有什么不同?简述它们各自的优缺点及应用范围。

11-4　先张法和后张法都是通过张拉钢筋对混凝土施加预应力,它们对混凝土传递预应力的方法有何不同?

11-5　预应力混凝土结构对锚具性能有哪些要求?按锚具传力锚固的方式可以把锚具分为哪几类?试列举工程中常用的锚具。

11-6　预应力混凝土结构对材料有何要求?为什么?

11-7　为什么在钢筋混凝土受弯构件中不能有效地利用高强度钢筋和高强度混凝土?而在预应力混凝土中必须采用高强度钢筋和高强度混凝土?

11-8　什么是混凝土的线性徐变和非线性徐变?混凝土的收缩、徐变对预应力混凝土构件有何影响?如何配制收缩、徐变小的混凝土?

第 12 章

预应力混凝土受弯构件设计与计算

预应力混凝土受弯构件广泛应用于桥梁及大跨度的建筑工程结构中。本章主要介绍预应力混凝土受弯构件的受力特点,设计计算内容、方法及构造要求等内容。

12.1 预应力混凝土受弯构件受力特点与设计计算内容

预应力混凝土结构与普通钢筋混凝土结构在受力上有许多不同的地方,因此在进行预应力混凝土受弯构件设计计算之前,须了解构件在各受力阶段的特点,以便确定其相应的计算内容和方法。

12.1.1 预应力混凝土受弯构件受力特点

预应力混凝土受弯构件从预加应力到承受外荷载,直至最后破坏,可分为两个主要阶段,即施工阶段和使用阶段。每个阶段又包括若干特征受力过程。受弯构件在不同工作阶段的抗弯工作性能,可以通过正截面应力状态来描述。

1. 施工阶段

施工阶段是指预应力混凝土构件制作、运输至安装的阶段。在该阶段构件一般处于弹性工作状态,故可采用材料力学的方法进行计算。在应力计算中,应注意采用相应阶段混凝土的实际强度和相应的截面性质。先张法构件按换算截面计算;后张法构件在预留孔道压浆前按扣除孔道影响的净截面计算,孔道压浆并结硬后则按换算截面计算。

根据构件受力条件不同,施工阶段分为预加应力阶段和运输、安装阶段。

(1)预加应力阶段。

预加应力阶段是指从预加应力开始至预加应力结束(即传力锚固)的阶段。构件所承受的作用主要是偏心预加力 N_p。对于简支梁来说,在偏心预加力作用下梁将向上挠曲,这时梁就会自然地脱离底模而变为两端支承的简支梁,梁的一期恒载(自重)G_1随即参加工作。换句话说,在预加应力阶段梁将受到预加力和自重的共同作用(图 12-1)。

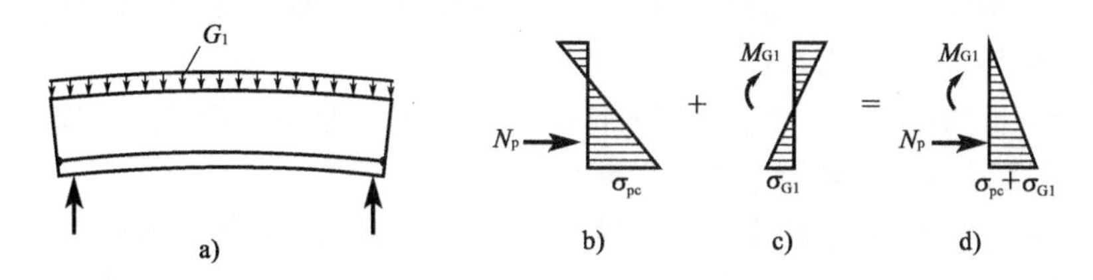

图 12-1 梁预加应力阶段截面应力分布

此阶段使用荷载较小,预压区及预拉区(施加预应力时形成的压应力区和拉应力区)混凝土应力较大,为保证结构安全,控制截面上、下缘混凝土的最大拉应力和最大压应力不应超出《公路桥规》的规定值。

由于受环境条件、材料性能及施工因素等影响,此阶段预应力钢筋中的预拉应力会产生部分损失,通常把扣除预应力损失后钢筋中实际存余的预应力称为有效预应力。

(2)运输、安装阶段。

运输、安装阶段梁承受的荷载仍然是偏心预加力 N_p 和梁的自重 G_1。这个阶段由于预应力损失继续增加,N_p 要比预加应力阶段小;构件在运输、安装过程中将受到动力作用,梁的自重应计入 1.20 或 0.85 的动力系数。需注意的是,梁在运输、安装时支点或吊点位置可能与使用时的支承位置不同,通常要沿跨中方向移动一些,离梁端有一定距离,这将使自重作用下梁的受力图式有所变化,特别是在支点或吊点附近,梁的自重弯矩由正值变为负值。此时需注意验算构件支点或吊点截面上、下缘混凝土的拉应力及压应力(图 12-2)。

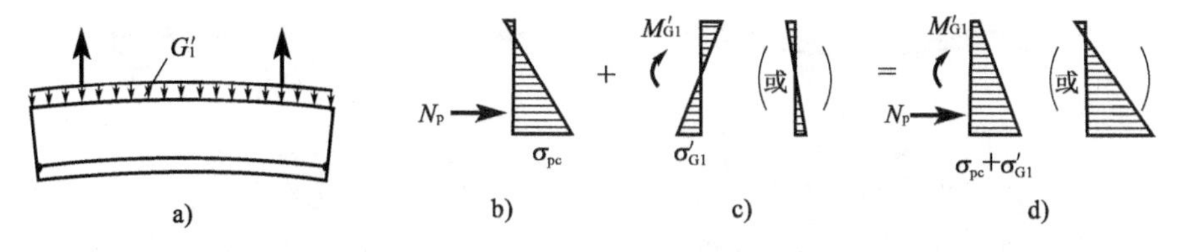

图 12-2 梁运输、安装阶段截面应力分布

2. 使用阶段

使用阶段是指桥梁建成通车后的整个使用阶段。在此阶段构件除承受偏心预加力 N_p 和自重 G_1 外,还要承受桥面铺装、人行道、栏杆等后加的二期恒载 G_2 以及由车辆、人群等引起的活载 Q。由于对混凝土施加了预应力,构件在正常使用时可能不开裂甚至不出现拉应力,因而可以认为构件基本处于弹性工作状态,因此,构件截面产生的正应力,为偏心预加力 N_p 和以上各项荷载所产生的应力之和。图 12-3 所示为简支梁使用阶段截面的应力分布情况。

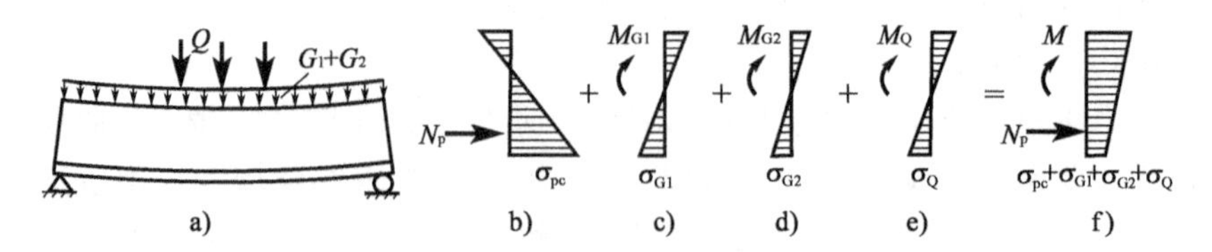

图 12-3　梁使用阶段截面应力分布

本阶段内预应力钢筋各项预应力损失将相继发生并全部完成，最后在钢筋中建立了相对不变的预拉应力，称为永存预应力。

本阶段根据构件受力后可能出现的特征状态，可分为如下几个受力过程：

(1)加载至受拉区边缘混凝土应力为零。

构件在永存预加力 N_p 作用下，控制截面下边缘混凝土的有效预压应力为 σ_{pc}。随着外荷载的增加，由荷载引起的混凝土拉应力将逐渐抵消混凝土的预压应力，当下缘混凝土的预压应力 σ_{pc} 恰好被抵消完，该处的混凝土应力为零，这一状态称为消压状态，此时，控制截面上由外荷载引起的弯矩称为消压弯矩 M_0[图 12-4a)]，则有

$$\sigma_{pc} - \frac{M_0}{W_0} = 0 \tag{12-1}$$

于是

$$M_0 = \sigma_{pc} W_0 \tag{12-2}$$

式中：σ_{pc}——永存预加力 N_p 引起的受弯构件受拉区边缘处混凝土的有效预压应力；

W_0——换算截面受拉区边缘的弹性抵抗矩。

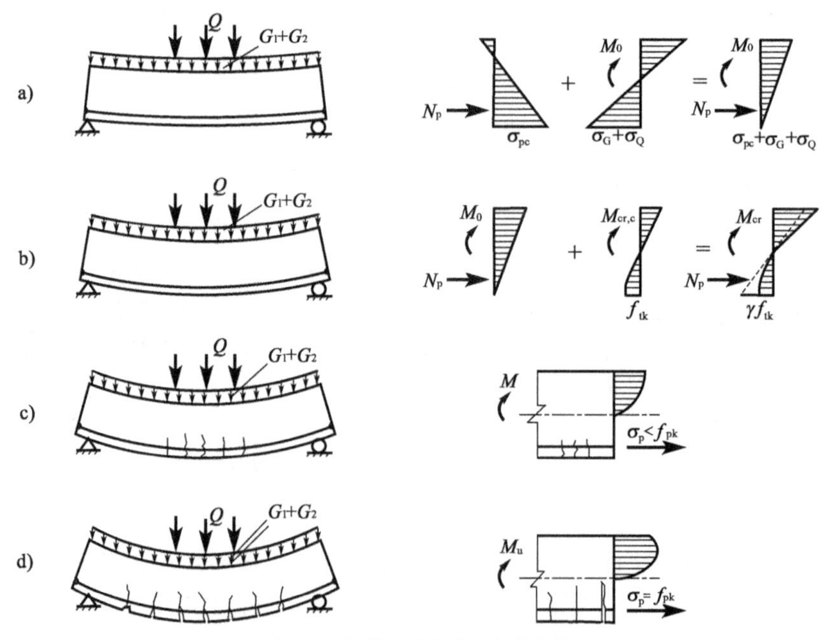

图 12-4　梁使用阶段截面应力状态

a)梁进入消压状态；b)梁进入开裂临界状态；c)梁进入带裂缝工作阶段；d)梁进入破坏状态

应当注意，当加荷至 M_0 时，仅构件控制截面下边缘混凝土应力为零，而截面上其他位置混凝土应力并不为零。

(2)加载至受拉区裂缝即将出现。

受弯构件达到消压状态后继续加载，受拉区边缘出现拉应力，当其拉应力达到混凝土抗拉强度(设计时取混凝土轴心抗拉强度标准值)f_{tk}时，由于混凝土具有塑性性质，构件尚不出现裂缝，受拉区混凝土应力呈曲线分布。当荷载增加到受拉区边缘混凝土应变达到极限应变时，裂缝即将出现，构件达到开裂临界状态，此时截面承受的外荷载弯矩称为开裂弯矩M_{cr}[图12-4b)]。为便于抗裂度计算，可将曲线应力图等效为受拉区边缘应力为$\gamma f_{tk}(\gamma>1)$的三角形应力图形[图12-4b)]。由此可以理解为，当受拉边缘混凝土的应力达到γf_{tk}时，裂缝即将出现。按材料力学公式，则有

$$\frac{M_{cr}}{W_0}-\sigma_{pc}=\gamma f_{tk} \tag{12-3}$$

可得

$$M_{cr}=(\sigma_{pc}+\gamma f_{tk})W_0=\sigma_{pc}W_0+\gamma f_{tk}W_0 \tag{12-4}$$

不难看出，式(12-4)第一部分为消压弯矩，第二部分相当于同截面普通钢筋混凝土梁的开裂弯矩。

于是式(12-4)也可写成

$$M_{cr}=M_0+M_{cr,c} \tag{12-5}$$

式中：$M_{cr,c}$——相当于同截面普通钢筋混凝土梁的开裂弯矩，$M_{cr,c}=\gamma f_{tk}W_0$；

γ——构件受拉区混凝土塑性影响系数。

可见，当消压状态出现后，预应力混凝土梁的受力情况就如同普通钢筋混凝土梁一样。但是，预应力混凝土梁的开裂弯矩M_{cr}要比同截面、同材料的普通钢筋混凝土梁的开裂弯矩$M_{cr,c}$多一个消压弯矩M_0，这说明预应力混凝土梁可以大大推迟裂缝的出现。

梁从开始加载到裂缝即将出现，经历的时间较长，基本处于弹性工作状态。由有效预加力、自重及活载引起的截面应力，可按材料力学公式计算。但应注意的是，对后张法构件，使用阶段管道水泥浆已结硬，计算此阶段所作用的荷载引起的应力时应采用考虑预应力钢筋影响的换算截面几何特征值。

(3)带裂缝工作。

荷载继续增大，则受拉区出现裂缝，梁进入带裂缝工作阶段[图12-4c)]。这时，在裂缝截面上受拉区混凝土退出工作，拉力由受拉区钢筋承受。随着荷载的增大，裂缝逐步向上延伸和开展。

如果设计时要求在作用频遇组合下控制的正截面允许出现裂缝，但应控制裂缝宽度小于允许值，这样的构件称为B类预应力混凝土构件。带裂缝工作的初期阶段，梁受压区混凝土基本上仍处于弹性工作状态。B类预应力混凝土构件开裂后的截面应力，可按开裂的钢筋混凝土弹性体计算。

(4)加载至破坏。

对于只在受拉区配置预应力钢筋且配筋率适当的受弯构件，在荷载作用下，受拉区钢筋(包括预应力钢筋和普通钢筋)先后达到屈服强度后，裂缝迅速向上延伸，混凝土受压区高度迅速减小，最后受压区混凝土被压碎，构件即告破坏[图12-4d)]。破坏时，截面的应力状态与普通钢筋混凝土受弯构件类似，因而其承载力计算方法也基本相同。试验和理论分析表明，在正常配筋范围内，预应力混凝土受弯构件的破坏弯矩主要与组成构件的

材料受力性能有关,而与是否在受拉区钢筋中施加预拉应力的关系不大,其破坏弯矩值与同条件普通钢筋混凝土构件的破坏弯矩值几乎相同。

12.1.2 预应力混凝土受弯构件设计计算的主要内容

预应力混凝土受弯构件应根据使用条件进行承载力计算及抗裂(或裂缝宽度)和变形验算,并应按具体情况对制作、运输、安装等施工阶段及使用阶段进行应力验算。

《公路桥规》规定,预应力混凝土受弯构件的设计计算应包括下列主要内容。

1. 持久状况承载能力极限状态计算

承载能力极限状态计算是结构构件不发生破坏的基本保证,所有结构构件均应进行承载力计算。预应力混凝土受弯构件承载能力的计算方法与普通钢筋混凝土构件基本相同,包括正截面承载力计算和斜截面承载力计算两部分内容。斜截面承载力计算又分为斜截面抗剪承载力计算和斜截面抗弯承载力计算两种情况。

此外,对于后张法构件,需进行锚下局部承压承载力计算。

2. 持久状况正常使用极限状态计算

公路桥涵的持久状况设计应按正常使用极限状态的要求,采用作用频遇组合或准永久组合,或作用频遇组合并考虑作用长期效应的影响,对构件的抗裂或裂缝宽度及变形进行验算,并使各项计算值不超过规定的相应限值。

(1)抗裂验算。

预应力混凝土受弯构件应进行正截面抗裂验算、斜截面抗裂验算或裂缝宽度验算。

①正截面抗裂验算。全预应力混凝土和A类预应力混凝土构件的抗裂验算,是通过在作用频遇组合或准永久组合下,对正截面混凝土法向拉应力进行控制;B类预应力混凝土构件在自重作用下控制截面受拉区边缘不得消压。

②斜截面抗裂验算。为避免构件出现斜裂缝,要求对全预应力混凝土及部分预应力混凝土受弯构件进行斜截面抗裂验算。斜截面抗裂验算用来控制梁体混凝土主拉应力。

③裂缝宽度验算。B类预应力混凝土构件,在作用频遇组合下的最大弯曲裂缝宽度应小于规范规定的限值。

(2)变形验算。

预应力混凝土受弯构件应进行变形验算,必要时还应进行预拱度的计算。

3. 持久状况和短暂状况应力计算

预应力混凝土构件由于施加预应力以后截面应力状态较为复杂,各个受力阶段均有其不同受力特点,为了保证构件安全,除了计算构件承载力外,还要计算弹性阶段构件的应力。

(1)持久状况构件应力计算。

持久状况受弯构件的应力计算包括正截面的混凝土法向压应力、受拉钢筋的拉应力和斜截面混凝土的主压应力的计算,其值不得超过规定的限值。

(2)短暂状况构件应力计算。

预应力混凝土受弯构件按短暂状况设计时,应计算其在制作、运输及安装等施工阶段,由预加力、构件自重及施工荷载等引起的截面混凝土正应力,不得超过规定的限值。

考虑介绍的方便,本章主要介绍全预应力混凝土受弯构件的设计与计算,部分预应力混凝土受弯构件将在第 13 章中作专门介绍。

12.2 张拉控制应力与预应力损失

在预应力混凝土结构的施工及使用过程中,由于受施工工艺、材料性能及环境条件等因素的影响,预应力钢筋在张拉时所建立的预拉应力将会逐渐减小,这种现象称为预应力损失。预应力损失会使混凝土中的预应力相应减小,构件的抗裂度将会有所降低。满足设计需要的预应力钢筋中的预应力值,应是扣除预应力损失后,钢筋中实际存余的有效预应力,其数值取决于张拉时的控制应力和预应力损失,即

$$\sigma_{pe} = \sigma_{con} - \sigma_l \tag{12-6}$$

式中:σ_{pe}——预应力钢筋中的有效预应力;

σ_{con}——张拉控制应力;

σ_l——预应力损失。

要确定预应力钢筋中的有效预应力,一方面要确定钢筋张拉时的控制应力,另一方面要正确估算出预应力损失。

12.2.1 张拉控制应力 σ_{con}

张拉控制应力是指预应力钢筋在进行张拉时所控制达到的最大应力值。其值为预应力钢筋锚固前张拉千斤顶所指示的总张拉力除以预应力钢筋截面面积所得到的应力值,以 σ_{con}表示。《公路桥规》特别指出,σ_{con}为锚下的钢筋应力。对于如锥形锚具等具有锚圈口摩擦损失的锚具,σ_{con}应为扣除锚圈口摩擦损失后的锚下钢筋拉应力值。设计计算时,锚圈口摩擦损失可根据产品实测数据确定。

张拉控制应力的取值直接影响预应力混凝土构件的使用效果,取值应适当。如果张拉控制应力取值过低,则预应力钢筋在经历各种预应力损失后,对混凝土产生的预压应力过小,不能有效地提高构件的抗裂度。所以从预应力效果及经济等方面考虑,预应力钢筋张拉控制应力尽可能定得高一些。但是张拉控制应力并非越高越好,张拉控制应力过高,可能会引起如下问题:

(1)在张拉过程中,预应力束筋中各根钢丝或钢绞线获得的张拉应力不均匀,其中少数钢丝的应力超过 σ_{con},如果 σ_{con}值定得过高,个别钢丝就可能被拉断。

(2)可能造成构件反拱过大或预拉区出现裂缝,对后张法构件,还可能造成锚固区混凝土局部受压破坏。

(3)构件的抗裂度可能会过高,使构件的开裂荷载与破坏荷载更加接近,构件一旦开裂,将很快破坏,破坏前没有明显的预兆,构件的延性较差。

(4)增大预应力钢筋的应力松弛损失。

可见,张拉控制应力也不能定得过高,一般宜定在钢筋的比例极限强度以下。不同性质的预应力钢筋应分别确定其张拉控制应力值,塑性较好的预应力螺纹钢筋,σ_{con}应定得

高些，塑性相对较差的钢丝、钢绞线，σ_{con}就定得低些。按《公路桥规》要求，预应力钢筋张拉控制应力 σ_{con}应符合下列规定：

对于预应力钢丝、钢绞线

$$\sigma_{con} \leqslant 0.75f_{pk} \tag{12-7}$$

对于预应力螺纹钢筋

$$\sigma_{con} \leqslant 0.85f_{pk} \tag{12-8}$$

式中：f_{pk}——预应力钢筋的抗拉强度标准值。

在实际工程中，为了减少预应力损失，有时在张拉钢筋时采用超张拉工艺，需要适当提高张拉控制应力。为此，《公路桥规》规定，当对构件进行超张拉或计入锚圈口摩擦损失时，预应力钢筋最大张拉控制应力值（千斤顶油泵上显示的值）可增加 $0.05f_{pk}$。

12.2.2 预应力损失的估算

产生预应力损失后，预应力钢筋的应力才会在混凝土中建立相应的有效预应力。因此，只有正确认识和估算预应力钢筋的预应力损失值，才能比较准确地估计混凝土中的预应力水平。

预应力损失与施工工艺、材料性能及环境影响等有关，影响因素复杂，其值宜根据实测数据确定，当无可靠实测数据时，可按《公路桥规》的规定估算。

一般情况下，主要考虑以下六项预应力损失。六项预应力损失大致根据预应力损失出现的先后次序编号。下面将分项讨论预应力损失产生的原因、损失值的计算方法以及减小预应力损失值的措施。

1. 预应力钢筋与管道壁间摩擦引起的预应力损失（σ_{l1}）

后张法构件张拉钢筋的过程中，由于预应力钢筋与管道壁之间接触而产生摩擦阻力［图 12-5a)］，从而使构件中各个截面预应力钢筋的实际应力均比张拉端小，即造成钢筋中的应力损失，以 σ_{l1}表示。离张拉端越远，摩擦阻力的累积值越大，预应力钢筋的应力越小，摩擦损失 σ_{l1}越大［图 12-5b)］。

摩擦损失主要由管道的弯曲和管道位置偏差影响引起。后张法构件预应力钢筋，一般由直线段和曲线段组成。从理论上说，直线管道无摩擦损失，但由于管道制孔器支承在一定间距的定位钢筋上，形成的管道不可能完全顺直［图 12-5d)］，因而直线预应力钢筋在张拉时实际上会与局部管道壁接触而引起摩擦损失，一般称此为管道偏差影响摩擦损失，其值较小。在曲线管道部分，除了管道偏差影响摩擦损失外，还有因管道弯曲张拉预应力钢筋时，预应力钢筋对管道内壁的径向压力所引起的摩擦损失，一般称此为弯道影响摩擦损失，其值较大，并随预应力钢筋弯曲角度的增加而增加。曲线部分的摩擦损失由以上两部分影响形成，故要比直线部分大得多。

可见摩擦损失分为两部分：第一部分为弯道影响摩擦损失，仅在曲线部分加以考虑；第二部分为管道偏差影响摩擦损失，在直线段和曲线段均须考虑。

图 12-5a)所示构件中预应力钢筋截面面积为 A_p，张拉端的总拉力为 $N_{con}=\sigma_{con}A_p$，由于存在摩擦损失，计算截面的总拉力为 N_x，则计算截面摩擦损失为

$$\sigma_{l1} = \frac{N_{con} - N_x}{A_p} \tag{12-9}$$

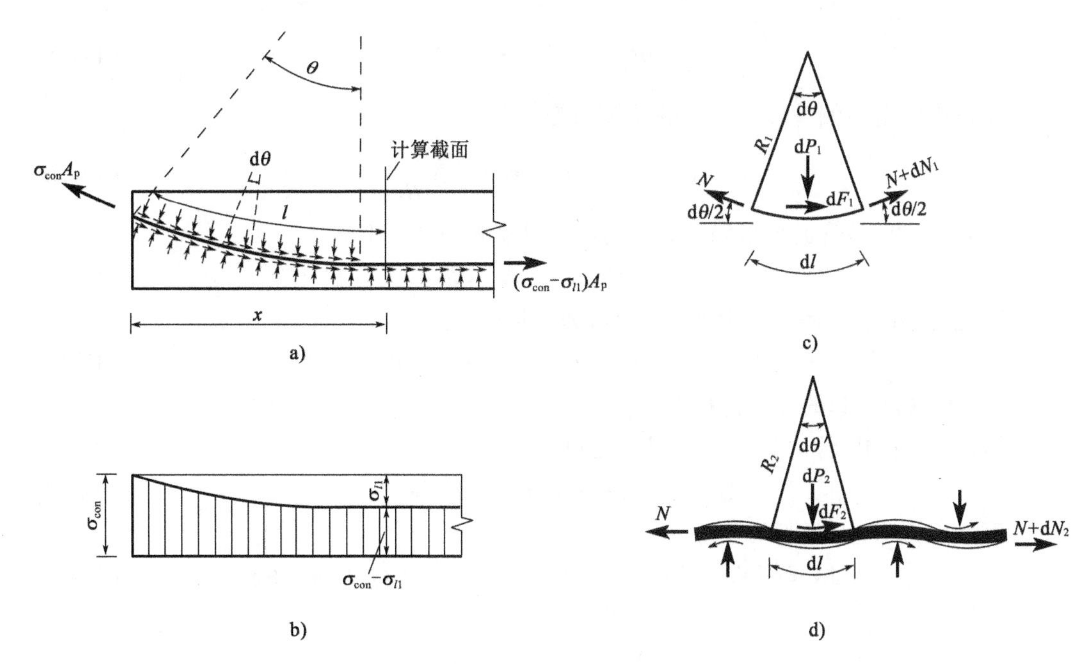

图 12-5 管道摩阻引起的钢筋预应力损失计算简图

为求得 N_x，从张拉端到计算截面之间曲线段取 dl 微段预应力钢筋脱离体进行分析。

(1)弯道影响引起的摩擦力。

设钢筋与曲线管道内壁相贴，微段预应力钢筋 dl 相应的弯曲角为 dθ，曲率半径为 R_1，则 $\mathrm{d}l=R_1\mathrm{d}\theta$。微段钢筋两端的拉力分别为 N 和 $N+\mathrm{d}N_1$，对弯道壁产生的径向压力为 $\mathrm{d}P_1$，$\mathrm{d}P_1$ 引起的摩擦力为 $\mathrm{d}F_1$[图 12-5c)]。

依据径向静力平衡条件，可得

$$\mathrm{d}P_1 = N\sin\frac{\mathrm{d}\theta}{2} + (N+\mathrm{d}N_1)\sin\frac{\mathrm{d}\theta}{2} = 2N\sin\frac{\mathrm{d}\theta}{2} + \mathrm{d}N_1\sin\frac{\mathrm{d}\theta}{2} \tag{12-10}$$

令 $\sin\frac{\mathrm{d}\theta}{2}\approx\frac{\mathrm{d}\theta}{2}$，且忽略较小项 $\mathrm{d}N_1\sin\frac{\mathrm{d}\theta}{2}$，则式(12-10)为

$$\mathrm{d}P_1 \approx N\mathrm{d}\theta \tag{12-11}$$

设钢筋与管道壁间的摩擦系数为 μ，则

$$\mathrm{d}F_1 = \mu\mathrm{d}P_1 \approx \mu N\mathrm{d}\theta \tag{12-12}$$

由切向静力平衡条件，并取 $\cos\frac{\mathrm{d}\theta}{2}\approx1$，可得

$$N = N + \mathrm{d}N_1 + \mathrm{d}F_1 \tag{12-13}$$

于是

$$\mathrm{d}N_1 = -\mathrm{d}F_1 \approx -\mu N\mathrm{d}\theta \tag{12-14}$$

(2)管道偏差影响引起的摩擦力。

假设管道具有正负偏差，并假定其平均曲率半径为 R_2[图 12-5d)]。同理，假定钢筋与平均曲率半径为 R_2 的管道壁相贴。微段预应力钢筋 dl 相应的弯曲角为 dθ'，钢筋与管壁间在 dl 段内的径向压力为 $\mathrm{d}P_2$，摩擦力为 $\mathrm{d}F_2$，钢筋拉力增量为 $\mathrm{d}N_2$。

同理，由静力平衡条件可得

$$dP_2 \approx N d\theta' = N\frac{dl}{R_2} \tag{12-15}$$

dl 段内因管道偏差影响引起的摩擦力为

$$dF_2 = \mu \cdot dP_2 \approx \mu \cdot N\frac{dl}{R_2} \tag{12-16}$$

令 $k=\mu/R_2$ 为管道每米局部偏差对摩擦的影响系数,则

$$dF_2 = k \cdot N \cdot dl \tag{12-17}$$

同理,按静力平衡条件得到钢筋的拉力增量为

$$dN_2 = -dF_2 = -k \cdot N \cdot dl \tag{12-18}$$

(3)摩擦力引起的预应力损失 σ_{l1}。

微段 dl 内的摩擦力为上述两部分之和,即

$$dF = dF_1 + dF_2 = N(\mu d\theta + k dl) \tag{12-19}$$

钢筋拉力增量 dN 则为

$$dN = dN_1 + dN_2 = -dF_1 - dF_2 = -N(\mu d\theta + k dl) \tag{12-20}$$

移项后得

$$\frac{dN}{N} = -(\mu d\theta + k dl) \tag{12-21}$$

对式(12-21)积分,并考虑张拉端 $\theta=0°$、$l=0$ 时,$N=N_{con}$ 的边界条件,可得经过摩擦损失后计算截面处预应力钢筋的张拉力为

$$N = N_{con} \cdot e^{-(\mu\theta+kl)} \tag{12-22}$$

为方便计算,式中 l 近似地用预应力钢筋从张拉端至计算截面在构件轴线上的投影长度 x 代替,则式(12-22)为

$$N_x = N_{con} \cdot e^{-(\mu\theta+kx)} \tag{12-23}$$

式中:N_x——距张拉端为 x 的计算截面处,钢筋实际的张拉力。

将式(12-23)代入式(12-9)得摩擦损失计算式为

$$\sigma_{l1} = \frac{N_{con} - N_{con} \cdot e^{-(\mu\theta+kx)}}{A_p} = \sigma_{con}[1 - e^{-(\mu\theta+kx)}] \tag{12-24}$$

式中:σ_{con}——预应力钢筋锚下的张拉控制应力,$\sigma_{con}=N_{con}/A_p$,N_{con} 为钢筋锚下张拉控制力;

A_p——预应力钢筋的截面面积;

θ——从张拉端至计算截面曲线管道部分切线的夹角之和(rad),如管道为竖平面内和水平面内同时弯曲的三维空间曲线管道,则 θ 可按下式计算:

$$\theta = \sqrt{\theta_H^2 + \theta_V^2} \tag{12-25}$$

θ_H、θ_V——在同段管道水平面内的弯曲角与竖向平面内的弯曲角(rad);

x——从张拉端至计算截面的管道长度,可近似地取该段管道在构件纵轴上的投影长度(m),或为三维空间曲线管道的长度(m);

k——管道每米局部偏差对摩擦的影响系数,可按附表 2-5 采用;

μ——钢筋与管道壁间的摩擦系数,可按附表 2-5 采用。

为减小摩擦损失,常采用如下措施:

①采用两端张拉。采用两端张拉可以减小 θ 值及从张拉端至计算截面的管道长度 x 值。比较图 12-6a)及图 12-6b),两端张拉可减小摩擦损失是显而易见的。

②采用超张拉。其张拉工艺按下列要求进行:

对于钢绞线束

$0 \rightarrow$ 初应力$[(0.1 \sim 0.25)\sigma_{con}] \rightarrow 1.05\sigma_{con}$(持荷 5min)$\rightarrow \sigma_{con}$(锚固)

对于钢丝束

$0 \rightarrow$ 初应力$[(0.1 \sim 0.25)\sigma_{con}] \rightarrow 1.05\sigma_{con}$(持荷 5min)$\rightarrow 0 \rightarrow \sigma_{con}$(锚固)

超张拉时预应力钢筋端部的预应力增大,其他截面的预应力也相应增大,如图 12-6c)所示。当张拉端 A 超张拉 5% 时,预应力钢筋中的预拉应力将沿 EFG 分布。张拉端应力回降至 σ_{con} 时,钢筋因要回缩而受到反向摩擦力的作用,且随着与张拉端距离的增加,反向摩擦力的积累逐渐增大。所以回缩影响一般不能传递到中间截面,使得中间截面仍可保持较大的张拉应力。预应力钢筋中的预拉应力将沿 CFG 分布,显然比图 12-6a)所建立的预拉应力要均匀些,预应力损失要小一些。

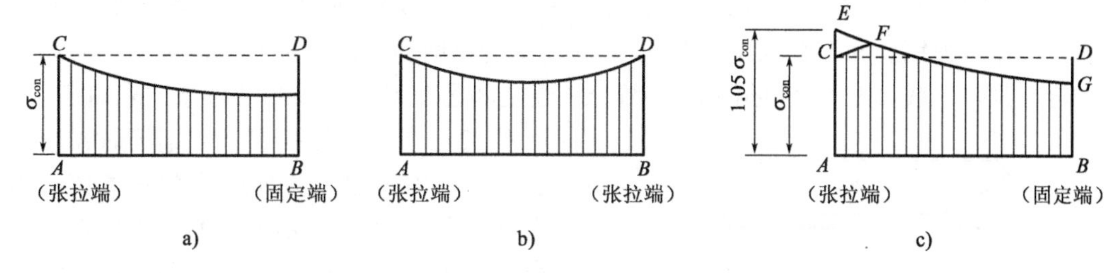

图 12-6 一端张拉、两端张拉及超张拉对减小摩擦损失的影响

a)一端张拉;b)两端张拉;c)超张拉

需要注意的是,对于一般夹片式锚具,不宜采用超张拉工艺。其原因是此类锚具具有回缩自锚功能,超张拉后的钢筋拉应力无法在锚固前回降至 σ_{con},一回降钢筋就回缩,同时钢筋带动夹片将其夹紧而被锚固。

2. 锚具变形、钢筋回缩和接缝压缩引起的预应力损失(σ_{l2})

无论是先张法还是后张法构件,当预应力钢筋张拉完毕进行锚固时,锚具将受到巨大的压力作用,由于锚具压缩变形、垫板缝隙压密、预应力钢筋在锚具内的滑移及分段预制、逐段拼装式构件的接缝压缩等,均会使已锚固好的预应力钢筋出现松动缩短的现象,造成预应力损失,用 σ_{l2} 表示。

(1)预应力直线钢筋的预应力损失 σ_{l2}。

对于预应力直线钢筋,σ_{l2} 可按下式计算:

$$\sigma_{l2} = \frac{\sum \Delta l}{l} E_p \tag{12-26}$$

式中:$\sum \Delta l$——张拉端锚具变形、钢筋回缩和接缝压缩值之和(mm),可根据试验确定,当无可靠资料时,按附表 2-6 采用;

l——张拉端与锚固端之间的距离(mm);

E_p——预应力钢筋的弹性模量。

应该指出,利用式(12-26)计算的预应力损失值沿预应力钢筋全长是均匀分布的。显然对直线配筋的先张法构件来说,此式是成立的。但对后张法构件,钢筋在孔道内回缩时会与管道发生摩擦,这种摩阻力与钢筋张拉时的摩阻力方向相反,称为反摩阻。反摩阻将会阻止钢筋的回缩,因而此项预应力损失在张拉端最大,随着与张拉端距离的增大而逐渐减小。对于预应力直线钢筋,由于其受到的反摩阻较小,可近似采用式(12-26)计算。但对于预应力曲线钢筋,应考虑反摩阻影响。

(2)预应力曲线钢筋的预应力损失 σ_{l2}。

《公路桥规》规定:后张法构件预应力曲线钢筋由锚具变形、钢筋回缩和接缝压缩引起的预应力损失,应考虑锚固后反向摩擦的影响。反向摩擦的管道摩擦系数可假定与正向摩擦相同。

下面介绍后张法预应力钢筋考虑反摩阻作用的 σ_{l2} 计算方法。

预应力钢筋在锚固时,张拉端的钢筋回缩应变最大,σ_{l2} 值也最大。离张拉端越远,钢筋回缩受到的反向摩阻力越大,钢筋回缩应变则越小,σ_{l2} 值也就越小。当离张拉端超过一定距离 l_f 后,预应力钢筋的回缩不再发生,即回缩应变为零,其 σ_{l2} 值变为零。l_f 为反摩阻影响长度,或称为预应力钢筋回缩影响长度。为了确定 σ_{l2} 沿预应力钢筋的变化情况,必须先求出预应力钢筋回缩影响长度 l_f,而 l_f 可按预应力钢筋在此影响长度范围内的回缩变形值与张拉端锚具变形、钢筋回缩、接缝压缩值之和 $\sum\Delta l$ 相等的变形协调条件来确定。

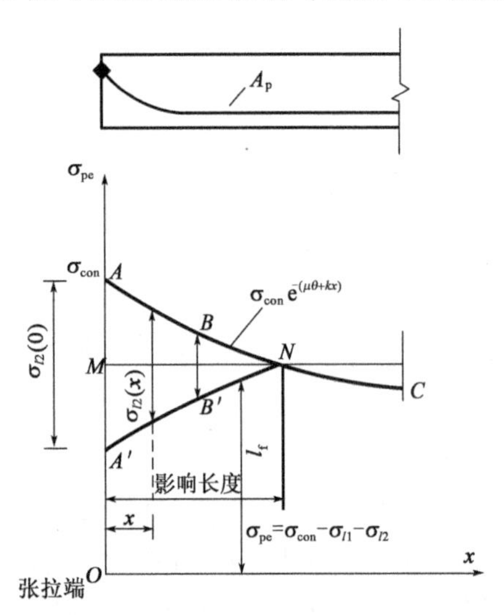

图 12-7 考虑反摩阻后钢筋预应力损失计算示意图

图 12-7 所示为张拉和锚固钢筋时预应力钢筋中的压力沿梁长方向的变化示意图。钢筋张拉锚固前,张拉端锚下钢筋的张拉控制应力为 σ_{con},设为图中的 A 点,远离张拉端后,预应力钢筋的应力因正向摩阻力作用而逐渐降低,表示为图中的 ABC 曲线。传力锚固时,由于锚具变形、钢筋回缩等引起应力损失,张拉端钢筋中的应力由 A 点下降到 A' 点。假定正、反向摩阻力相等,则回缩后的预应力钢筋的应力沿 $A'B'NC$ 曲线变化,其中曲线 $A'B'N$ 与曲线 ABN 以水平线 MN 对称。显然,图中的 MN 为预应力钢筋回缩影响长度 l_f,两曲线在竖向的差值就是该截面由锚具变形、钢筋回缩等引起的应力损失值 $\sigma_{l2}(x)$。由图 12-7 可知,只要求出预应力钢筋回缩影响长度 l_f,便能确定 σ_{l2} 沿梁长方向的变化。

钢筋总回缩量等于回缩影响长度 l_f 范围内各微分段 dx 钢筋回缩量的累计,并应与张拉端锚具变形、钢筋回缩和接缝压缩值之和 $\sum\Delta l$ 相协调,则

$$\sum\Delta l = \int_0^{l_f}\Delta\varepsilon\mathrm{d}x = \frac{1}{E_p}\int_0^{l_f}\sigma_{l2}(x)\mathrm{d}x \tag{12-27}$$

式(12-27)改写为

$$E_p\sum\Delta l = \int_0^{l_f}\sigma_{l2}(x)\mathrm{d}x \tag{12-28}$$

式中,$\int_0^{l_f}\sigma_{l2}(x)\mathrm{d}x$ 为图形 $ABNB'A'$ 的面积,即图形 $ABNM$ 面积的两倍。根据已知的

$E_p\sum\Delta l$ 值,用试算法确定一个面积等于 $E_p\sum\Delta l/2$ 的图形 $ABNM$,即可求得回缩影响长度 MN。在回缩影响长度 MN 内,任一截面处的预应力损失为基线 MN 以上垂直距离的两倍。

上述计算方法概念清楚,但应用不方便,为了求得较为精确的数值,往往需经过多次的反复试算。

《公路桥规》推荐了一种考虑反摩阻后预应力损失的简化计算方法,是目前国际上多数国家规范采用的计算方法。假定张拉端至锚固端范围内由管道摩擦引起的预应力损失沿梁长方向均匀分配,即将扣除管道正摩阻损失后钢筋应力沿梁长方向的分布曲线简化为直线。

图 12-8 所示为考虑反摩阻后预应力钢筋应力损失计算简图,图中 caa' 表示预应力钢筋扣除沿途管道摩擦损失后锚固前瞬间的应力分布线,直线 caa' 的斜率 $\Delta\sigma_d$ 为

$$\Delta\sigma_d = \frac{\sigma_{con} - \sigma_l}{l} \tag{12-29}$$

式中:$\Delta\sigma_d$——单位长度由管道摩擦引起的预应力损失(MPa/mm);

σ_{con}——张拉端锚下控制应力(MPa);

σ_l——预应力钢筋扣除沿途管道摩擦损失后锚固端应力(MPa);

l——张拉端与锚固端之间的距离(mm)。

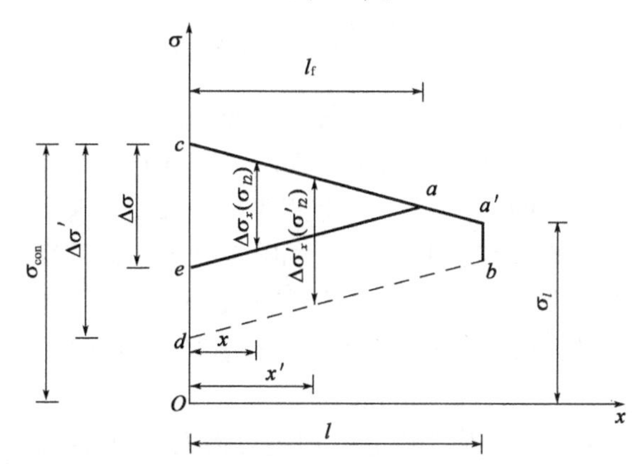

图 12-8 考虑反摩阻后预应力钢筋应力损失计算简图

锚固时张拉端预应力钢筋将发生回缩,由于钢筋回缩发生的反摩阻和张拉时发生的正摩阻的摩阻系数相等,因此,代表锚固前和锚固后瞬间的预应力钢筋应力变化的两条直线 ca 和 ea 的斜率相等,但方向相反。两条直线的交点 a 至张拉端的水平距离即为反摩阻影响长度 l_f。当 $l_f < l$ 时,锚固后预应力钢筋的应力分布可用折线 eaa' 表示。

由于 ca 和 ea 两条直线是对称的,因此钢筋回缩引起的张拉端预应力损失 $\Delta\sigma$ 为

$$\Delta\sigma = 2\Delta\sigma_d l_f \tag{12-30}$$

钢筋总回缩量 $\sum\Delta l$ 等于回缩影响长度 l_f 范围内各微分段钢筋回缩应变的累计,即

$$\sum\Delta l = \int_0^{l_f}\Delta\varepsilon \mathrm{d}x = \int_0^{l_f}\frac{\Delta\sigma_x}{E_p}\mathrm{d}x = \int_0^{l_f}\frac{2\Delta\sigma_d(l_f - x)}{E_p}\mathrm{d}x = \frac{\Delta\sigma_d}{E_p}l_f^2 \tag{12-31}$$

移项得

$$l_f = \sqrt{\frac{\sum\Delta l \cdot E_p}{\Delta\sigma_d}} \tag{12-32}$$

式(12-32)也可由等腰三角形 cae 面积等于 $E_p\sum\Delta l$ 得到。

求得回缩影响长度后,根据 l_f 与 l 的关系,即可按下列不同情况,计算考虑反摩阻后预应力钢筋的应力损失。

①当 $l_f \leq l$ 时,扣除管道正摩阻和钢筋回缩(考虑反摩阻)损失后的预应力线以折线 eaa'表示(图 12-8)。预应力钢筋距张拉端 x 处由锚具变形等引起的考虑反摩阻后的预应力损失为

$$\Delta\sigma_x(\sigma_{l2}) = \Delta\sigma\frac{l_f - x}{l_f} \tag{12-33}$$

式中:$\Delta\sigma_x(\sigma_{l2})$——距张拉端 x 处由锚具变形等引起的考虑反摩阻后的预应力损失;

$\Delta\sigma$——张拉端由锚具变形等引起的考虑反摩阻后的预应力损失,按式(12-30)计算。

若 $x \geq l_f$,则表示距张拉端 x 处预应力钢筋不受锚具变形的影响,即 $\sigma_{l2}=0$。

②当 $l_f > l$ 时,预应力钢筋的全长均处于反摩阻影响长度以内,扣除管道摩阻和钢筋回缩等损失后的预应力线以直线 db 表示(图 12-8)。

预应力钢筋由锚具变形等引起的考虑反摩阻后在张拉端锚下的预应力损失值 $\Delta\sigma'$,由图中等腰梯形 $ca'bd$ 的面积 $A=\sum\Delta l\cdot E_p$ 得到,计算式为

$$\Delta\sigma' = \frac{E_p\sum\Delta l}{l} + \Delta\sigma_d l \tag{12-34}$$

预应力钢筋距张拉端 x'处由锚具变形等引起的考虑反摩阻后的预应力损失为

$$\Delta\sigma'_x(\sigma'_{l2}) = \Delta\sigma' - 2x'\Delta\sigma_d \tag{12-35}$$

两端张拉(分次张拉或同时张拉)反摩阻损失影响长度可能会有重叠,《公路桥规》规定,在重叠范围内某截面预应力钢筋的应力(扣除正摩阻和回缩反摩阻损失后的应力)按下述方法确定:将一端作为张拉端,另一端为锚固端,计算此截面位置预应力钢筋的应力;再将张拉端与锚固端交换位置,同样计算此截面位置预应力钢筋的应力,取以上二者中的较大值。

应注意的是,计算由锚具变形等引起的预应力损失 σ_{l2}时仅需考虑张拉端,不需考虑固定端,因为固定端锚具在张拉过程中已被压紧,其变形已在张拉过程中完成。

减小 σ_{l2}值的方法:

①注意选用变形及预应力钢筋内缩值小的锚具,对于短小构件尤为重要。

②先张法可采用长线台座,因为 σ_{l2}与台座长度成反比。实际工程常常采用长线台座,一次张拉钢筋可以生产多个中小型构件。

3. 预应力钢筋与台座间的温差引起的预应力损失(σ_{l3})

先张法构件施工过程中,预应力钢筋的张拉和临时锚固是在常温下进行的。为了缩短生产周期,有时采用蒸气或其他加热方法养护混凝土。当对新浇筑尚未结硬的混凝土升温养护时,预应力钢筋因受热而伸长,但张拉台座一般埋置于土中与大地相连,基本不受升温的影响,设置在台座上的临时锚固点间的距离保持不变,这样预应力钢筋受到限制不能自由伸长而会放松,预应力下降。当加热养护结束构件降温时,预应力钢筋与已结硬的混凝土黏成整体,无法恢复到原来的应力状态,于是产生了预应力损失,以 σ_{l3}表示。

假设张拉时钢筋与台座的温度均为 t_1,混凝土加热养护时的最高温度为 t_2,此时钢筋尚未与混凝土黏结,钢筋因温度升高产生的变形值为 Δl_t,即

$$\Delta l_t = \alpha \cdot (t_2 - t_1) \cdot l \tag{12-36}$$

式中:α——钢筋的线膨胀系数,一般可取 $\alpha = 1 \times 10^{-5}℃^{-1}$;

l——钢筋的有效长度;

t_1——张拉钢筋时的场地温度(℃);

t_2——混凝土加热养护时,张拉钢筋的最高温度(℃)。

于是,预应力钢筋与台座间的温差引起的应力损失 σ_{l3} 按下式计算:

$$\sigma_{l3} = \frac{\Delta l_t}{l} \cdot E_p = \alpha(t_2 - t_1) \cdot E_p \tag{12-37}$$

值得注意的是,此项预应力损失,仅在先张法构件采用加热方法养护混凝土时才予以考虑。但如果张拉台座与被养护构件是共同受热、共同变形,则不会产生此项预应力损失。

为了减小由温差引起的应力损失,可采用两次升温分阶段养护措施。第一次升温的温差一般控制在20℃以内,此时钢筋与混凝土之间尚无黏结,因而这个温差将引起预应力损失。待混凝土结硬并具有一定强度(7.5～10MPa)能够阻止钢筋在混凝土中自由滑移后,再进行第二次升温,并升温到规定的养护温度。此时,预应力钢筋与混凝土已结成整体,能够一起胀缩而不引起预应力损失。

4. 混凝土弹性压缩引起的预应力损失(σ_{l4})

预应力混凝土构件受到预加力的作用会产生弹性压缩变形,对于已张拉并锚固于该构件上的预应力钢筋来说,将产生一个与该预应力钢筋重心水平处混凝土同样大小的压缩应变 $\varepsilon_p = \varepsilon_c$,因而引起预应力损失,以 σ_{l4} 表示。

(1)先张法构件。

先张法构件的钢筋张拉与对混凝土施加预加力,是先后分开的两个工序。当预应力钢筋被放松(称为放张)对构件施加预加力时,钢筋已与混凝土黏结,两者共同受力、协调变形,预应力钢筋则会产生与该钢筋重心水平处混凝土同样大小的压缩应变 $\varepsilon_p = \varepsilon_c$,使预应力钢筋的预拉应力降低,引起预应力损失,以 σ_{l4} 表示,其值可按下式计算:

$$\sigma_{l4} = \varepsilon_p \cdot E_p = \varepsilon_c \cdot E_p = \frac{\sigma_{pc}}{E_c} \cdot E_p = \alpha_{Ep} \cdot \sigma_{pc} \tag{12-38}$$

$$\sigma_{pc} = \frac{N_{p0}}{A_0} + \frac{N_{p0} e_{p0}^2}{I_0} \tag{12-39}$$

式中:α_{Ep}——预应力钢筋弹性模量 E_p 与混凝土弹性模量 E_c 的比值;

σ_{pc}——在计算截面钢筋重心处,由预加力 N_{p0} 产生的混凝土预压应力;

N_{p0}——全部预应力钢筋放张前的预加力(扣除相应阶段的预应力损失);

A_0、I_0——构件全截面的换算截面面积和惯性矩;

e_{p0}——预应力钢筋重心至换算截面重心轴的距离。

(2)后张法构件。

后张法构件在张拉钢筋时,千斤顶是支承在梁体混凝土上进行的,所以混凝土的弹性压缩发生在钢筋的张拉过程中。如果所有的预应力钢筋一次同时张拉,混凝土弹性压缩

不会引起预应力损失。但是,后张法构件预应力钢筋数量往往较多,受张拉设备、操作空间等条件的限制,一般采用分批张拉锚固,多数情况采用逐束张拉锚固。这样,张拉后批钢筋过程中产生的混凝土弹性压缩会使先批已张拉锚固的预应力钢筋产生应力损失,通常称此为分批张拉应力损失,也以 σ_{l4} 表示。第一批张拉的钢筋此项应力损失最大,以后逐批减小,最后一批张拉的钢筋无此项应力损失。

预应力钢筋采用分批张拉时,先张拉预应力钢筋的预应力损失 σ_{l4} 可按下式计算:

$$\sigma_{l4} = \alpha_{\mathrm{Ep}} \sum \Delta\sigma_{\mathrm{pc}} \tag{12-40}$$

式中:α_{Ep}——预应力钢筋弹性模量与混凝土弹性模量的比值;

$\sum\Delta\sigma_{\mathrm{pc}}$——在计算截面先张拉的预应力钢筋重心处,由后张拉各批预应力钢筋所产生的混凝土法向应力之和。

因为后张法构件往往配置很多纵向预应力钢筋,其中有较多预应力钢筋要弯起,所以预应力钢筋在各截面的相对位置并不相同,各截面的 $\sum\Delta\sigma_{\mathrm{pc}}$ 值也不相同,要详细计算,十分烦琐,除非利用电算程序,手工计算有一定难度。简便起见,可按下述近似方法简化计算:

①假定同一截面内所有预应力钢筋都集中布置于其合力作用点(一般可近似为全部预应力钢筋的重心点)处,并假定各批预应力钢筋的张拉力相等,于是,张拉后批钢筋时,在先批张拉钢筋重心(即假定的全部预应力钢筋重心)处产生的混凝土正应力 $\Delta\sigma_{\mathrm{pc}}$ 为

$$\Delta\sigma_{\mathrm{pc}} = \frac{N_{\mathrm{p}}}{m}\left(\frac{1}{A_{\mathrm{n}}} + \frac{e_{\mathrm{pn}}^2}{I_{\mathrm{n}}}\right) \tag{12-41}$$

式中:N_{p}——所有预应力钢筋预加应力(扣除相应阶段的预应力损失 σ_{l1} 与 σ_{l2})的合力;

m——张拉预应力钢筋的总批数;

e_{pn}——预应力钢筋预加应力的合力 N_{p} 至净截面重心轴的距离;

A_{n}、I_{n}——构件的净截面面积和惯性矩。

张拉第 i 批钢筋后,还将张拉 $(m-i)$ 批钢筋,故第 i 批钢筋的应力损失 σ_{l4}^{i} 为

$$\sigma_{l4}^{i} = (m-i)\alpha_{\mathrm{Ep}}\Delta\sigma_{\mathrm{pc}} \tag{12-42}$$

显而易见,m 批钢筋的弹性压缩损失值是各不相同的。最先张拉的第一批钢筋应力损失最大,而最后张拉的第 m 批钢筋应力损失最小,其值为0。

②假定以同一截面上全部预应力钢筋的弹性压缩损失平均值,作为各批钢筋由混凝土弹性压缩引起的应力损失,即

$$\sigma_{l4} = \frac{\sum_{i=1}^{m}\sigma_{l4}^{i}}{m} = \frac{\sum_{i=1}^{m}(m-i)\alpha_{\mathrm{Ep}}\Delta\sigma_{\mathrm{pc}}}{m} = \frac{m-1}{2}\alpha_{\mathrm{Ep}}\Delta\sigma_{\mathrm{pc}} \tag{12-43}$$

按上述假定,张拉各批钢筋所产生的混凝土正应力之和 $m\Delta\sigma_{\mathrm{pc}}$ 等于全部预应力钢筋预加力在其作用点处所产生的混凝土正应力 σ_{pc},则

$$\Delta\sigma_{\mathrm{pc}} = \frac{\sigma_{\mathrm{pc}}}{m} \tag{12-44}$$

于是式(12-43)可改写为

$$\sigma_{l4} = \frac{m-1}{2m}\alpha_{\mathrm{Ep}}\sigma_{\mathrm{pc}} \tag{12-45}$$

式中：σ_{pc}——计算截面预应力钢筋重心处，由预加力产生的混凝土正应力，其计算式为

$$\sigma_{pc} = \frac{N_p}{A_n} + \frac{N_p e_{pn}^2}{I_n} \tag{12-46}$$

应注意的是，当各批预应力钢筋张拉力相等时，可利用式(12-41)～式(12-46)进行计算，如果各批预应力钢筋张拉力不同，上述公式已不再适用，应分别计算各批钢筋的应力损失，再取平均值。

为了减小由混凝土弹性压缩引起的预应力损失，后张法构件可尽量减少分批张拉次数。

5. 钢筋松弛引起的预应力损失(σ_{l5})

钢筋在一定的拉应力作用下，其长度保持不变，钢筋中的应力会随时间延长而降低，这种现象称为钢筋的松弛或应力松弛。根据我国的试验研究结果，钢筋松弛一般有如下特点：

(1)钢筋松弛与初应力有关。当初应力小于$0.7f_{pk}$时，松弛与初应力呈线性关系，初应力大于$0.7f_{pk}$时，松弛显著增大。

(2)钢筋松弛与钢材品种有关。一般热轧钢筋的松弛较碳素钢丝小，而钢绞线的松弛则比其所用的钢丝大。我国的预应力钢丝与钢绞线依其加工工艺不同而分为Ⅰ级松弛(普通松弛)和Ⅱ级松弛(低松弛)两种，低松弛钢筋的松弛值，一般不到普通松弛钢筋的1/3。

(3)钢筋松弛与时间有关。在承受初应力后的初期，松弛发展最快，1h内松弛量最大，24h内可完成总松弛量的50%左右，以后逐渐趋向稳定，但在持续5～8年的试验中，仍可测到其影响。

(4)钢筋松弛与温度变化有关，它随温度升高而增加，这对采用加热养护的预应力混凝土构件会有所影响。

试验还表明，当预应力钢筋的初应力小于其极限强度的50%时，其松弛量很小，可略去不计。一般预应力钢筋的持续工作应力多为钢筋极限强度的60%～70%，若以此应力持续1000h，普通松弛(Ⅰ级松弛)钢丝、钢绞线的松弛率为4.5%～8.0%；低松弛(Ⅱ级松弛)钢丝、钢绞线的松弛率为1.0%～2.5%。

《公路桥规》规定，预应力钢筋由钢筋松弛引起的预应力损失终极值σ_{l5}可按下列规定计算。

对于预应力钢丝、钢绞线：

$$\sigma_{l5} = \psi \cdot \zeta \cdot \left(0.52\frac{\sigma_{pe}}{f_{pk}} - 0.26\right) \cdot \sigma_{pe} \tag{12-47}$$

式中：ψ——张拉系数，一次张拉时，$\psi=1.0$；超张拉时，$\psi=0.9$。

ζ——钢筋松弛系数，Ⅰ级松弛(普通松弛)，$\zeta=1.0$；Ⅱ级松弛(低松弛)，$\zeta=0.3$。

σ_{pe}——传力锚固时的预应力钢筋应力，对后张法构件，$\sigma_{pe}=\sigma_{con}-\sigma_{l1}-\sigma_{l2}-\sigma_{l4}$；对先张法构件，$\sigma_{pe}=\sigma_{con}-\sigma_{l2}$。

对于预应力螺纹钢筋：

一次张拉

$$\sigma_{l5} = 0.05\sigma_{con} \tag{12-48}$$

超张拉

$$\sigma_{l5}=0.035\sigma_{con} \tag{12-49}$$

《公路桥规》规定,对于预应力钢丝、钢绞线,当 $\sigma_{pe}/f_{pk}\leqslant 0.5$ 时,应力松弛损失值为零。

由于松弛与持续时间有关,故计算时应根据构件不同受力阶段的持荷时间,采用不同的松弛损失值。如先张法构件,在预加应力阶段,考虑持荷时间较短,一般按松弛损失终极值的一半计算,其余一半认为在随后的使用阶段中完成;后张法构件,其松弛损失值则认为全部在使用阶段内完成。当需按时间分阶段计算预应力钢丝、钢绞线的松弛损失时,其中间值应根据建立预应力的时间按表12-1确定。

钢筋松弛损失中间值与终极值的比值 表12-1

时间(d)	2	10	20	30	40
比值	0.5	0.61	0.74	0.87	1.00

减小由钢筋松弛引起的预应力损失的方法:

①选用低松弛预应力钢筋。

②采用超张拉。钢筋在高应力下短时间内产生的松弛可达到在低应力下需经过较长时间才能完成的松弛,所以经过超张拉后持荷数分钟可使相当一部分松弛发生在钢筋锚固之前,这样,锚固后松弛损失就会减小。

6. 混凝土收缩和徐变引起的预应力损失(σ_{l6})

混凝土的收缩、徐变变形会使预应力混凝土构件长度减小,预应力钢筋也随之回缩,因而引起预应力损失,以 σ_{l6} 表示。

收缩与徐变虽是两种性质完全不同的现象,但它们的影响因素、变化规律较为相似,故一般将它们引起的预应力损失综合在一起考虑。《公路桥规》规定,混凝土收缩、徐变引起受拉区和受压区预应力钢筋的应力损失 $\sigma_{l6}(t)$ 和 $\sigma'_{l6}(t)$ 可分别按以下公式计算。

$$\sigma_{l6}(t)=\frac{0.9[E_p\varepsilon_{cs}(t,t_0)+\alpha_{Ep}\sigma_{pc}\phi(t,t_0)]}{1+15\rho\rho_{ps}} \tag{12-50}$$

$$\sigma'_{l6}(t)=\frac{0.9[E_p\varepsilon_{cs}(t,t_0)+\alpha_{Ep}\sigma'_{pc}\phi(t,t_0)]}{1+15\rho'\rho'_{ps}} \tag{12-51}$$

$$\rho=\frac{A_p+A_s}{A},\rho'=\frac{A'_p+A'_s}{A} \tag{12-52}$$

$$\rho_{ps}=1+\frac{e_{ps}^2}{i^2},\rho'_{ps}=1+\frac{e'^2_{ps}}{i^2} \tag{12-53}$$

$$e_{ps}=\frac{A_pe_p+A_se_s}{A_p+A_s},e'_{ps}=\frac{A'_pe'_p+A'_se'_s}{A'_p+A'_s} \tag{12-54}$$

式中:$\sigma_{l6}(t)$、$\sigma'_{l6}(t)$——构件受拉区、受压区全部纵向钢筋截面重心处由混凝土收缩、徐变引起的预应力损失。

σ_{pc}、σ'_{pc}——构件受拉区、受压区全部纵向钢筋截面重心处由预加力(扣除相应阶段的预应力损失)和结构自重产生的混凝土法向应力。此时,预应力损失仅考虑预应力钢筋锚固时(第一批)的损失,普通

钢筋应力 σ_{l6}、σ'_{l6}应取为 0；σ_{pc}、σ'_{pc}值不得大于 $0.5f'_{cu}$，f'_{cu}为预应力钢筋传力锚固时混凝土立方体抗压强度；当 σ'_{pc} 为拉应力时，应取为 0。

E_p——预应力钢筋的弹性模量。

α_{Ep}——预应力钢筋弹性模量与混凝土弹性模量的比值。

ρ、ρ'——构件受拉区、受压区全部纵向钢筋配筋率。

A_p、A_s——构件受拉区预应力钢筋、普通钢筋的截面面积。

A'_p、A'_s——构件受压区预应力钢筋、普通钢筋的截面面积。

A——构件截面面积，对先张法构件，$A=A_0$；对后张法构件，$A=A_n$；其中，A_0 和 A_n 分别为换算截面面积和净截面面积。

i——截面回转半径，$i^2=I/A$。先张法构件，取 $I=I_0$，$A=A_0$；后张法构件，取 $I=I_n$，$A=A_n$；其中，I_0 和 I_n 分别为换算截面惯性矩和净截面惯性矩。

e_p、e'_p——构件受拉区、受压区预应力钢筋截面重心至构件截面重心轴的距离。

e_s、e'_s——构件受拉区、受压区纵向普通钢筋截面重心至构件截面重心轴的距离。

e_{ps}、e'_{ps}——构件受拉区、受压区预应力钢筋和普通钢筋截面重心至构件截面重心轴的距离。

$\varepsilon_{cs}(t,t_0)$——预应力钢筋传力锚固龄期为 t_0，计算考虑的龄期为 t 时的混凝土收缩应变，其终极值 $\varepsilon_{cs}(t_u,t_0)$ 可按表 11-2 取用。

$\phi(t,t_0)$——加载龄期为 t_0，计算考虑的龄期为 t 时的徐变系数，其终极值 $\phi(t_u,t_0)$ 可按表 11-4 取用。

混凝土收缩和徐变引起的应力损失在预应力总损失中所占比例较大，因此必须采取减小混凝土收缩和徐变的各种措施来减小此项应力损失。减小 σ_{l6}的措施如下：

（1）采用高标号水泥，减少水泥用量，降低水灰比，采用干硬性混凝土。

（2）采用级配较好的集料，加强振捣，提高混凝土的密实性。

（3）加强养护，以减小混凝土的收缩、徐变。

（4）避免混凝土过早受力。

以上介绍了各项预应力损失的估算方法，可作为设计时的依据。一般来说，在各项损失中，混凝土收缩、徐变引起的应力损失最大，在后张法构件中的摩擦损失的数值也较大，当预应力钢筋长度较小时，锚具变形引起的应力损失也较大，这些都应予以重视。如何降低这些预应力损失是预应力混凝土结构设计和施工中应予考虑的问题。

12.2.3 预应力损失值组合

上述各项预应力损失，不是同时产生的，有的是瞬时完成的，有的是经过很长一段时间才能完成。而且有的只发生在先张法构件中，有的只发生在后张法构件中，有的在两种构件中均会发生。为了便于分析和计算，可将预应力损失按先张法、后张法并分阶段进行组合。

在实际计算中，以传力锚固为界，把预应力损失分为两批。第一批损失 σ_{l1} 为传力锚固时的损失,即预加应力完成以前发生的损失;第二批损失 $\sigma_{l\text{II}}$ 为传力锚固后的损失,即预加应力完成以后若干年内发生的损失。

预应力混凝土构件在各阶段的预应力损失值可按表 12-2 的规定进行组合。

各阶段预应力损失值的组合 表 12-2

预应力损失值的组合	先张法构件	后张法构件
传力锚固时的损失(第一批)$\sigma_{l\text{I}}$	$\sigma_{l2}+\sigma_{l3}+\sigma_{l4}+0.5\sigma_{l5}$	$\sigma_{l1}+\sigma_{l2}+\sigma_{l4}$
传力锚固后的损失(第二批)$\sigma_{l\text{II}}$	$0.5\sigma_{l5}+\sigma_{l6}$	$\sigma_{l5}+\sigma_{l6}$

12.3 预应力混凝土受弯构件的预应力计算

预应力混凝土受弯构件,在使用荷载作用下的受拉区配置预应力钢筋 A_p,对于跨度较大的构件,为了防止在制作、运输、吊装等施工阶段,构件的使用阶段受压区产生较大拉应力,甚至出现裂缝,有时也在受压区配置预应力钢筋。此外,为了满足承载力、应力等要求,在构件的受拉区和受压区往往配置一些普通受力钢筋 A_s 和 A'_s,如图 12-9 所示。

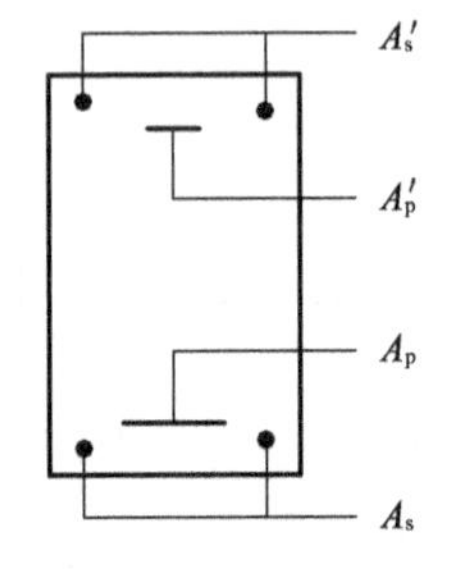

图 12-9 预应力混凝土受弯构件截面钢筋布置

本节介绍由预加力产生的混凝土预应力及钢筋的预应力计算。

12.3.1 预应力钢筋应力

1. 预应力钢筋的有效预应力

预应力钢筋的有效预应力为锚下张拉控制应力扣除相应预应力损失后剩余的预拉应力。其值按下式计算:

$$\begin{cases}\sigma_{pe}=\sigma_{con}-\sigma_l\\ \sigma'_{pe}=\sigma'_{con}-\sigma'_l\end{cases}\tag{12-55}$$

式中:σ_{pe}、σ'_{pe}——受拉区、受压区预应力钢筋的有效预应力;

σ_{con}、σ'_{con}——受拉区、受压区预应力钢筋的张拉控制应力;

σ_l、σ'_l——受拉区、受压区预应力钢筋相应阶段的预应力损失,预加应力阶段 $\sigma_l=\sigma_{l\text{I}}$,$\sigma'_l=\sigma'_{l\text{I}}$,使用阶段 $\sigma_l=\sigma_{l\text{I}}+\sigma_{l\text{II}}$,$\sigma'_l=\sigma'_{l\text{I}}+\sigma'_{l\text{II}}$;

$\sigma_{l\text{I}}$、$\sigma'_{l\text{I}}$——受拉区、受压区预应力钢筋传力锚固时的预应力损失(第一批);

$\sigma_{l\text{II}}$、$\sigma'_{l\text{II}}$——受拉区、受压区预应力钢筋传力锚固后的预应力损失(第二批)。

2. 预应力钢筋合力点处混凝土法向应力为零时的预应力钢筋应力

在预应力混凝土构件设计计算中,有时用到预应力钢筋合力点处混凝土法向应力为零时的预应力钢筋应力。计算此应力时应扣除混凝土弹性压缩的影响。

预应力钢筋合力点处混凝土法向应力为零时的预应力钢筋应力按下式计算:

先张法构件

$$\begin{cases}\sigma_{p0}=\sigma_{con}-\sigma_l+\sigma_{l4}\\ \sigma'_{p0}=\sigma'_{con}-\sigma'_l+\sigma'_{l4}\end{cases}\tag{12-56}$$

后张法构件

$$\begin{cases}\sigma_{p0} = \sigma_{con} - \sigma_l + \alpha_{Ep}\sigma_{pc} \\ \sigma'_{p0} = \sigma'_{con} - \sigma'_l + \alpha_{Ep}\sigma'_{pc}\end{cases} \tag{12-57}$$

式中：σ_{p0}、σ'_{p0}——受拉区、受压区预应力钢筋合力点处混凝土法向应力等于零时的预应力钢筋应力；

σ_{pc}、σ'_{pc}——由预加力引起的受拉区、受压区预应力钢筋重心处混凝土的法向应力；

α_{Ep}——预应力钢筋弹性模量与混凝土弹性模量的比值。

12.3.2 混凝土预应力计算

计算预应力混凝土受弯构件中由预加力产生的混凝土法向应力时，可看作将一个偏心压力作用于构件截面上，然后按材料力学公式计算。计算时，先张法构件用换算截面几何特征值，后张法构件用净截面几何特征值。

1. 计算预应力钢筋和普通钢筋合力及偏心距

预应力混凝土构件，截面受到的预加力为预应力钢筋的合力。但当构件中配置了普通钢筋时，受混凝土收缩、徐变的影响，普通钢筋中会产生压应力，混凝土中会产生拉应力，这种应力减小了混凝土的预压应力，使构件的抗裂能力降低，因而计算预加力时应考虑其影响。为了简化计算，假定普通钢筋由混凝土收缩、徐变引起的压应力增量与混凝土收缩、徐变引起的预应力损失值相同。这样，普通钢筋 A_s、A'_s获得的压力为 $\sigma_{l6}A_s$ 和 $\sigma'_{l6}A'_s$，为了平衡此项压力，应在普通钢筋 A_s、A'_s截面重心处分别对混凝土施加拉力 $\sigma_{l6}A_s$ 和 $\sigma'_{l6}A'_s$，如图 12-10 所示。可见，预应力混凝土构件截面所承受的预加力为预应力钢筋和普通钢筋的合力。

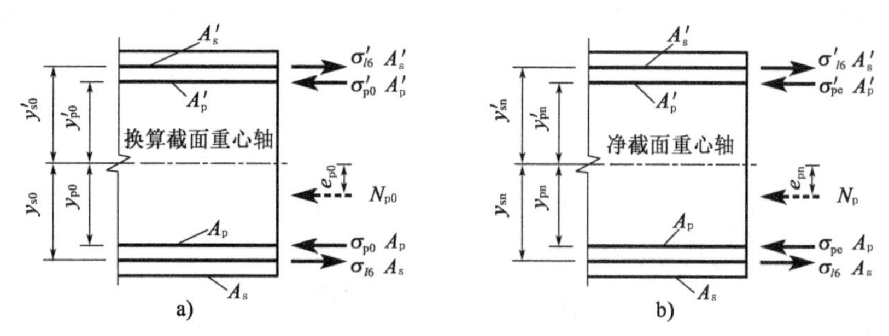

图 12-10 预应力钢筋和普通钢筋合力及偏心距
a) 先张法构件；b) 后张法构件

预应力钢筋和普通钢筋的合力 N_{p0}、N_p 及其偏心距 e_{p0}、e_{pn} 按下列公式计算：

先张法构件

$$N_{p0} = \sigma_{p0}A_p + \sigma'_{p0}A'_p - \sigma_{l6}A_s - \sigma'_{l6}A'_s \tag{12-58}$$

$$e_{p0} = \frac{\sigma_{p0}A_p y_{p0} - \sigma'_{p0}A'_p y'_{p0} - \sigma_{l6}A_s y_{s0} + \sigma'_{l6}A'_s y'_{s0}}{N_{p0}} \tag{12-59}$$

后张法构件

$$N_p = \sigma_{pe}A_p + \sigma'_{pe}A'_p - \sigma_{l6}A_s - \sigma'_{l6}A'_s \tag{12-60}$$

$$e_{pn} = \frac{\sigma_{pe}A_p y_{pn} - \sigma'_{pe}A'_p y'_{pn} - \sigma_{l6}A_s y_{sn} + \sigma'_{l6}A'_s y'_{sn}}{N_p} \tag{12-61}$$

式中：N_{p0}、N_p——先张法构件、后张法构件的预应力钢筋和普通钢筋的合力；

e_{p0}、e_{pn}——换算截面重心、净截面重心至预应力钢筋与普通钢筋合力点的距离；

σ_{p0}、σ'_{p0}——受拉区、受压区预应力钢筋合力点处混凝土法向应力等于零时的预应力钢筋应力，按式(12-56)计算；

σ_{pe}、σ'_{pe}——受拉区、受压区预应力钢筋相应阶段的有效预应力，按式(12-55)计算；

A_p、A'_p——受拉区、受压区预应力钢筋的截面面积，对于配置部分曲线预应力钢筋的后张法构件，A_p 以 $A_p + A_{pb}\cos\theta_p$ 取代，A'_p以 $A'_p + A'_{pb}\cos\theta'_p$取代，其中 A_{pb}、A'_{pb}为受拉区、受压区弯起预应力的截面面积，θ_p、θ'_p为计算截面处受拉区、受压区弯起的预应力钢筋的切线与构件轴线的夹角；

A_s、A'_s——受拉区、受压区普通钢筋的截面面积；

y_{p0}、y'_{p0}——受拉区、受压区预应力钢筋合力点至换算截面重心轴的距离；

y_{s0}、y'_{s0}——受拉区、受压区普通钢筋截面重心至换算截面重心轴的距离；

y_{pn}、y'_{pn}——受拉区、受压区预应力钢筋合力点至净截面重心轴的距离；

y_{sn}、y'_{sn}——受拉区、受压区普通钢筋截面重心至净截面重心轴的距离；

σ_{l6}、σ'_{l6}——受拉区、受压区预应力钢筋在各自合力点处由混凝土收缩和徐变引起的预应力损失值。

应用式(12-58)～式(12-61)时注意，当受压区未配置预应力钢筋时，则令式中 $A'_p=0$，$\sigma'_{l6}=0$；当计算传力锚固(第一批预应力损失完成)时预应力钢筋与普通钢筋的合力及其偏心距时，令式中 $\sigma_l=\sigma_{lI}$，$\sigma'_l=\sigma'_{lI}$，并取 $\sigma_{l6}=0$，$\sigma'_{l6}=0$；计算使用阶段(第一、第二批损失完成)预应力钢筋与普通钢筋的合力及其偏心距时，则取 $\sigma_l=\sigma_{l\mathrm{I}}+\sigma_{l\mathrm{II}}$，$\sigma'_l=\sigma'_{l\mathrm{I}}+\sigma'_{l\mathrm{II}}$。

2. 计算混凝土预应力

预应力混凝土构件，由预加力产生的混凝土法向压应力 σ_{pc}和拉应力 σ_{pt}按下列公式计算：

先张法构件

$$\sigma_{pc}=\frac{N_{p0}}{A_0}+\frac{N_{p0}e_{p0}}{I_0}y_0 \tag{12-62}$$

$$\sigma_{pt}=\frac{N_{p0}}{A_0}-\frac{N_{p0}e_{p0}}{I_0}y_0 \tag{12-63}$$

后张法构件

$$\sigma_{pc}=\frac{N_p}{A_n}+\frac{N_pe_{pn}}{I_n}y_n \tag{12-64}$$

$$\sigma_{pt}=\frac{N_p}{A_n}-\frac{N_pe_{pn}}{I_n}y_n \tag{12-65}$$

式中：N_{p0}、N_p——先张法构件、后张法构件的预应力钢筋与普通钢筋的合力，分别按式(12-58)、式(12-60)计算；

A_n——净截面面积，即扣除管道等削弱部分后的混凝土全部截面面积与纵向普通钢筋截面面积换算成混凝土的截面面积之和；

A_0——换算截面面积，包括混凝土截面面积和全部纵向预应力钢筋与普通钢筋截面面积换算成混凝土的截面面积；

I_n、I_0——净截面惯性矩、换算截面惯性矩；

e_{pn}、e_{p0}——净截面重心、换算截面重心至预应力钢筋和普通钢筋合力点的距离，按式(12-61)、式(12-59)计算；

y_n、y_0——净截面重心、换算截面重心至计算纤维处的距离。

对于预应力混凝土连续梁等超静定结构，计算预加力引起的预应力时，应考虑预加力引起的次弯矩的影响。

12.4 预应力混凝土受弯构件承载力计算

预应力混凝土受弯构件持久状况承载力计算包括正截面承载力计算和斜截面承载力计算两部分。斜截面承载力计算又分斜截面抗剪承载力计算和斜截面抗弯承载力计算两种情况。

12.4.1 正截面承载力计算

1. 预应力混凝土受弯构件计算特点

试验研究表明，预应力混凝土受弯构件开裂后，受力性能开始趋向普通钢筋混凝土受弯构件，破坏时截面应力状态与普通钢筋混凝土受弯构件类似。与钢筋混凝土受弯构件一样，预应力混凝土受弯构件破坏形态依据截面纵向受拉钢筋配筋率的大小分为适筋梁破坏、超筋梁破坏和少筋梁破坏三种情况。设计时，应将配筋率控制在适筋梁范围内，即混凝土受压区高度应满足 $x \leqslant \xi_b h_0$。

预应力混凝土受弯构件沿正截面破坏时，其应力状态与钢筋混凝土受弯构件类似，但也有以下特点：

(1)钢筋混凝土受弯构件正截面承载力计算基本假定中的平截面假定、不考虑混凝土的抗拉强度及采用的混凝土受压应力-应变关系，这三条对预应力混凝土受弯构件仍然适用，而普通钢筋采用的理想弹塑性应力-应变关系，对于有明显屈服台阶的预应力钢筋亦适用，但对于没有明显流幅的预应力钢筋，其应力-应变关系只能近似为理想弹塑性。

(2)相对界限受压区高度 ξ_b 与普通钢筋混凝土受弯构件不同。

依据平截面假定确定预应力混凝土受弯构件界限破坏时截面相对界限受压区高度 ξ_b。

设受拉区预应力钢筋合力点处混凝土法向应力为零时，预应力钢筋中已存在的拉应力为 σ_{p0}，相应的应变为 $\varepsilon_{p0}=\dfrac{\sigma_{p0}}{E_p}$。界限破坏，即受拉区预应力钢筋达到屈服的同时，截面受压区边缘混凝土的压应变达到其极限压应变 ε_{cu}，如图 12-11 所示。这时截面上受拉区预应力钢筋的应变增量为 $\varepsilon_{pd}-\varepsilon_{p0}$。

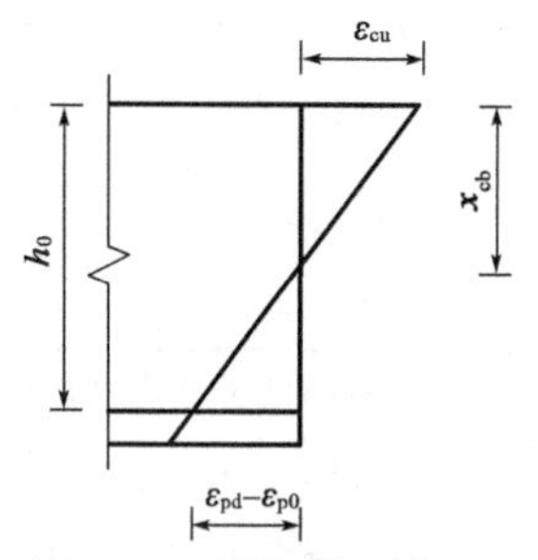

图 12-11 界限破坏时截面应变分布

界限破坏时，受压区混凝土等效矩形应力分布图高度为 $x_b=$

βx_{cb}，其中 x_{cb} 为按平截面假定得到的受压区高度，β 为系数。则相对界限受压区高度 ξ_b 可按图 12-11 所示几何关系确定，即

$$\xi_b = \frac{x_b}{h_0} = \beta\frac{x_{cb}}{h_0} = \beta \cdot \frac{\varepsilon_{cu}}{\varepsilon_{cu} + (\varepsilon_{pd} - \varepsilon_{p0})} \tag{12-66}$$

下面以应力形式表示相对界限受压区高度。

①精轧螺纹钢筋。

对有明显屈服台阶的预应力钢筋，$\varepsilon_{pd} = f_{pd}/E_p$，于是

$$\xi_b = \frac{\beta}{1 + \dfrac{f_{pd} - \sigma_{p0}}{E_p \cdot \varepsilon_{cu}}} \tag{12-67}$$

②钢丝、钢绞线。

对无屈服点的预应力钢丝、钢绞线，根据条件屈服点的定义，钢筋达到条件屈服点时的拉应变(图 12-12)为

$$\varepsilon_{pd} = 0.002 + \frac{f_{pd}}{E_p} \tag{12-68}$$

于是

$$\xi_b = \frac{\beta}{1 + \dfrac{0.002}{\varepsilon_{cu}} + \dfrac{f_{pd} - \sigma_{p0}}{E_p \cdot \varepsilon_{cu}}} \tag{12-69}$$

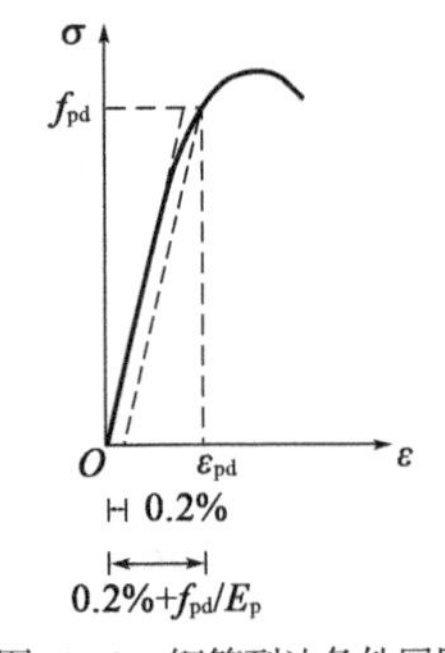

图 12-12 钢筋到达条件屈服点时的拉应变

式中：f_{pd}——预应力钢筋抗拉强度设计值；

σ_{p0}——受拉区预应力钢筋重心水平处，混凝土法向应力为零时预应力钢筋的应力；

ε_{cu}——混凝土极限压应变；

E_p——预应力钢筋弹性模量；

β——受压区混凝土等效矩形应力图中受压区高度 x_b 与实际受压区高度 x_{cb} 的比值，它随混凝土强度等级的提高而降低，其值见表 4-1。

上述公式中只有 σ_{p0} 为未知数，但可根据以往预应力混凝土构件的设计经验，对 $f_{pd} - \sigma_{p0}$ 作一定范围的设定，计算出最大和最小的 ξ_b 值。《公路桥规》选用了计算的最小值，见表 12-3，这样可使构件具有较好的延性。

预应力混凝土梁相对界限受压区高度 ξ_b 表 12-3

钢筋种类	混凝土强度等级			
	C50 及以下	C55、C60	C65、C70	C75、C80
钢绞线、钢丝	0.40	0.38	0.36	0.35
精轧螺纹钢筋	0.40	0.38	0.36	—

注：截面受拉区内配置不同种类钢筋的受弯构件，其 ξ_b 值应选用相应于各种钢筋的较小者。

可以看出，对于普通钢筋混凝土构件来说，相对界限受压区高度 ξ_b 只与钢筋和混凝土的力学性能有关，而预应力混凝土构件的相对界限受压区高度 ξ_b 不仅取决于钢筋和混凝土的力学性能，还与预应力的大小有关。

（3）破坏时受压区预应力钢筋 A'_p 的应力 σ'_{pa}。

若在受压区也配置预应力钢筋 A'_p，受钢筋中预拉应力的影响，构件破坏时受压区预应力钢筋的应力与普通钢筋混凝土受弯构件中的受压钢筋应力不同，其应力可按变形协调及平截面假定确定。

设构件在承受使用荷载前，受压区预应力钢筋 A'_p 中已存在有效预拉应力 σ'_p（假定扣除全部预应力损失），预应力钢筋 A'_p 重心水平处混凝土已产生预压应力 σ'_{pc}，相应的混凝土压应变为 σ'_{pc}/E_c。当荷载从零加载至构件破坏时，预应力钢筋 A'_p 重心水平处混凝土压应变增加至 ε_c。预应力钢筋 A'_p 产生的压应力增量为 $\Delta\sigma'_p$，压应变增量为 $\Delta\varepsilon'_p$，则破坏时预应力钢筋 A'_p 的应力 σ'_{pa}（压为正，拉为负）为

$$\sigma'_{pa} = \Delta\sigma'_p - \sigma'_p \tag{12-70}$$

根据变形协调条件，预应力钢筋 A'_p 压应变增量 $\Delta\varepsilon'_p$ 应与其重心水平处混凝土的压应变增量 $\Delta\varepsilon'_c$ 相等，即

$$\Delta\varepsilon'_p = \Delta\varepsilon'_c \tag{12-71}$$

而

$$\Delta\varepsilon'_c = \varepsilon_c - \frac{\sigma'_{pc}}{E_c} \tag{12-72}$$

于是

$$\Delta\sigma'_p = E_p\Delta\varepsilon'_p = E_p\Delta\varepsilon'_c = E_p\varepsilon_c - \sigma'_{pc}\frac{E_p}{E_c} = f'_{pd} - \alpha_{Ep}\sigma'_{pc} \tag{12-73}$$

$$\sigma'_{pa} = f'_{pd} - \alpha_{Ep}\sigma'_{pc} - \sigma'_p = f'_{pd} - (\alpha_{Ep}\sigma'_{pc} + \sigma'_p) = f'_{pd} - \sigma'_{p0} \tag{12-74}$$

式中：σ'_{p0}——受压区预应力钢筋 A'_p 重心水平处混凝土法向应力为零时预应力钢筋的应力（扣除不包括混凝土弹性压缩在内的全部预应力损失）。对先张法构件，按式（12-56）计算；对后张法构件，按式（12-57）计算。

α_{Ep}——受压区预应力钢筋弹性模量与混凝土弹性模量之比。

在上述推导中，认为构件破坏时预应力钢筋 A'_p 重心水平处混凝土的压应变已达到 $\varepsilon_c = 0.002$。

由式（12-74）可知，σ'_{pa} 值主要取决于预应力钢筋 A'_p 中预应力的大小，破坏时 σ'_{pa} 可能仍为拉应力，也可能变为压应力。当 σ'_{pa} 为压应力时，其值也较小，一般达不到预应力钢筋 A'_p 的抗压强度设计值。

2. 计算正截面承载力

试验表明，在适筋条件下，预应力混凝土受弯构件正截面受弯破坏时，受拉区预应力钢筋先达到屈服，然后受压区边缘混凝土应变达到极限压应变而破坏。如果在截面上还有普通受力钢筋 A_s、A'_s，破坏时受拉区钢筋 A_s 已屈服，当 $x \geqslant 2a'_s$ 时，受压区钢筋 A'_s 也能达到屈服。若在受压区也配置有预应力钢筋 A'_p，破坏时其应力为 $\sigma'_{pa} = f'_{pd} - \sigma'_{p0}$。

（1）矩形截面受弯构件。

矩形截面（包括翼缘位于受拉区的 T 形截面）预应力混凝土受弯构件正截面承载力计算简图如图 12-13 所示，由静力平衡条件建立正截面承载力计算公式。

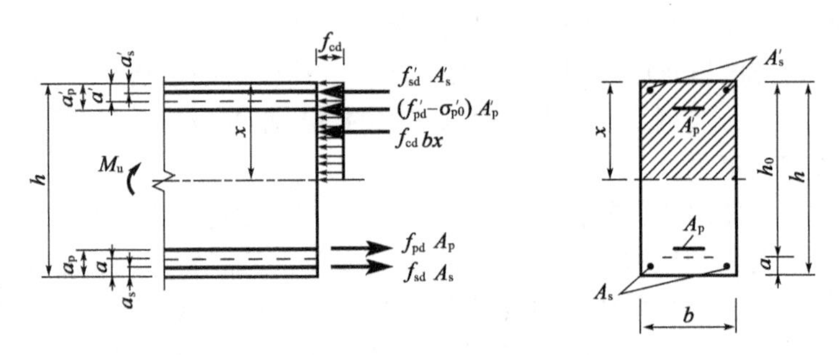

图 12-13　矩形截面预应力混凝土受弯构件正截面承载力计算简图

由水平方向力的平衡条件，即$\sum X=0$得

$$f_{sd}A_s+f_{pd}A_p=f_{cd}bx+f'_{sd}A'_s+(f'_{pd}-\sigma'_{p0})A'_p \tag{12-75}$$

由受拉区预应力钢筋和普通钢筋合力点的力矩平衡条件，即$\sum M_Z=0$得

$$\gamma_0 M_d\leqslant M_u=f_{cd}bx\left(h_0-\frac{x}{2}\right)+f'_{sd}A'_s(h_0-a'_s)+(f'_{pd}-\sigma'_{p0})A'_p(h_0-a'_p) \tag{12-76}$$

式中：γ_0——桥梁结构重要性系数；

M_d——作用基本组合的弯矩设计值；

M_u——正截面受弯承载力设计值；

f_{cd}——混凝土轴心抗压强度设计值；

f_{sd}、f'_{sd}——纵向普通钢筋的抗拉强度设计值和抗压强度设计值；

f_{pd}、f'_{pd}——纵向预应力钢筋的抗拉强度设计值和抗压强度设计值；

A_s、A'_s——受拉区、受压区纵向普通钢筋的截面面积；

A_p、A'_p——受拉区、受压区纵向预应力钢筋的截面面积；

b——矩形截面宽度或T形截面腹板宽度；

h_0——截面有效高度，$h_0=h-a$，此处h为截面高度；

a'_s、a'_p——受压区纵向普通钢筋合力点、预应力钢筋合力点至受压区边缘的距离；

a——受拉区纵向普通钢筋和预应力钢筋的合力点至受拉区边缘的距离，按下式计算：

$$a=\frac{f_{pd}A_p a_p+f_{sd}A_s a_s}{f_{pd}A_p+f_{sd}A_s} \tag{12-77}$$

a_s、a_p——受拉区纵向普通钢筋合力点、预应力钢筋合力点至受拉区边缘的距离；

σ'_{p0}——受压区预应力钢筋A'_p合力点处混凝土法向应力为零时预应力钢筋的应力。

应用上述公式时，截面受压区高度x应符合下列条件：

$$x\leqslant \xi_b h_0 \tag{12-78}$$

当受压区配有纵向普通钢筋和预应力钢筋，且预应力钢筋受压，即$f'_{pd}-\sigma'_{p0}>0$时，应满足：

$$x\geqslant 2a' \tag{12-79}$$

当受压区仅配有纵向普通钢筋，或配有普通钢筋和预应力钢筋，且预应力钢筋受拉，即$f'_{pd}-\sigma'_{p0}<0$时，应满足：

$$x \geqslant 2a'_{s} \tag{12-80}$$

式中：ξ_b——预应力混凝土受弯构件相对界限受压区高度，按表12-3采用；

a'——受压区纵向普通钢筋和预应力钢筋的合力点至截面受压区边缘的距离，按下式计算：

$$a' = \frac{(f'_{pd} - \sigma'_{p0})A'_{p}a'_{p} + f'_{sd}A'_{s}a'_{s}}{(f'_{pd} - \sigma'_{p0})A'_{p} + f'_{sd}A'_{s}} \tag{12-81}$$

其余符号意义同前。

为防止构件出现超筋脆性破坏，必须满足式(12-78)条件；式(12-79)则是为了保证在构件破坏时，钢筋A'_s的应力达到f'_{sd}，同时也是保证式(12-73)、式(12-74)成立的必要条件；式(12-80)是为了保证构件破坏时，钢筋A'_s的应力达到f'_{sd}。

当不符合上述截面受压区高度最小值限制条件时，构件的正截面抗弯承载力可按下列公式计算：

①当受压区配有纵向普通钢筋和预应力钢筋，且预应力钢筋受压时，满足$x < 2a'$，取$x = 2a'$[图12-14a)]，正截面抗弯承载力为

$$\gamma_0 M_d \leqslant M_u = f_{pd}A_p(h - a_p - a') + f_{sd}A_s(h - a_s - a') \tag{12-82}$$

②当受压区仅配有纵向普通钢筋，或配有普通钢筋和预应力钢筋，且预应力钢筋受拉时，满足$x < 2a'_s$，取$x = 2a'_s$[图12-14b)]，正截面抗弯承载力为

$$\gamma_0 M_d \leqslant M_u = f_{pd}A_p(h - a_p - a'_s) + f_{sd}A_s(h - a_s - a'_s) - (f'_{pd} - \sigma'_{p0})A'_p(a'_p - a'_s) \tag{12-83}$$

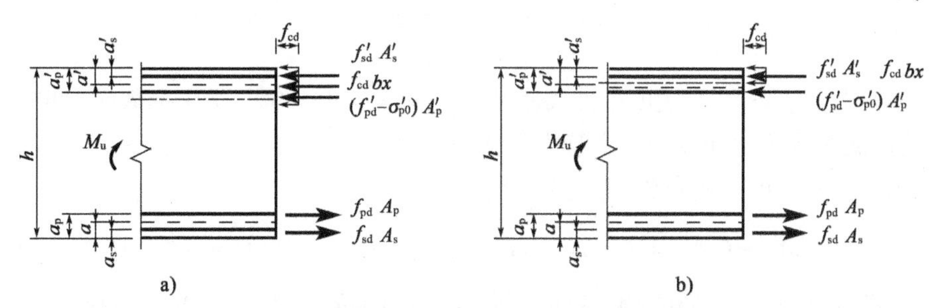

图12-14 矩形截面受弯构件正截面承载力计算简图

a) $x < 2a'$；b) $x < 2a'_s$

由正截面承载力计算公式可以看出，构件的承载力与是否对受拉区钢筋施加预应力无关，但对受压区预应力钢筋A'_p施加预应力后，式(12-76)等号右边末项的钢筋应力由f'_{pd}下降为σ'_{pa}，或者变为负值（即为拉应力），将比对受压区预应力钢筋A'_p不施加预应力时构件的承载力有所降低，同时也降低了构件使用阶段的抗裂性能。因此，只有在受压区确有需要预应力钢筋A'_p时，才予以设置。

(2)T形截面受弯构件。

翼缘位于受压区的T形、I形截面预应力混凝土受弯构件，正截面承载能力计算同普通钢筋混凝土梁一样，先按下列条件判断属于哪一类T形截面。

截面复核时：

$$f_{sd}A_s + f_{pd}A_p \leqslant f_{cd}b'_fh'_f + f'_{sd}A'_s + (f'_{pd} - \sigma'_{p0})A'_p \tag{12-84}$$

截面设计时：

$$\gamma_0 M_d \leqslant f_{cd} b_f' h_f' (h_0 - h_f'/2) + f'_{sd} A'_s (h_0 - a'_s) + (f'_{pd} - \sigma'_{p0}) A'_p (h_0 - a'_p) \tag{12-85}$$

当符合上述条件时，为第一类T形截面，即 $x \leqslant h_f'$，如图12-15a)所示，其正截面承载力按宽度为 b_f'、高度为 h 的矩形截面计算。

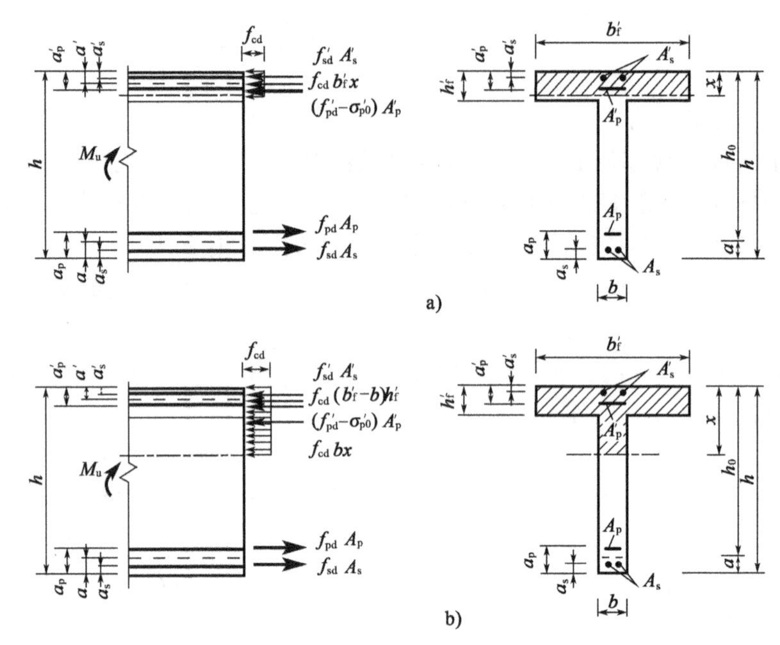

图12-15　T形截面预应力混凝土受弯构件正截面承载力计算简图

a) $x \leqslant h_f'$；b) $x > h_f'$

当不符合上述条件时，表明中性轴通过梁肋，即 $x > h_f'$，为第二类T形截面，如图12-15b)所示，其正截面承载力计算公式由静力平衡条件得到。

由水平方向力的平衡条件，即 $\sum X = 0$ 得

$$f_{sd} A_s + f_{pd} A_p = f_{cd} [bx + (b_f' - b) h_f'] + f'_{sd} A'_s + (f'_{pd} - \sigma'_{p0}) A'_p \tag{12-86}$$

由受拉区预应力钢筋和普通钢筋合力点的力矩平衡条件，即 $\sum M_Z = 0$ 得

$$\gamma_0 M_d \leqslant M_u = f_{cd} \left[bx\left(h_0 - \frac{x}{2}\right) + (b_f' - b) h_f' \left(h_0 - \frac{h_f'}{2}\right) \right] + f'_{sd} A'_s (h_0 - a'_s) + (f'_{pd} - \sigma'_{p0}) A'_p (h_0 - a'_p) \tag{12-87}$$

公式中 x 需满足的条件同矩形截面受弯构件。

为了防止少筋梁脆性破坏，预应力混凝土受弯构件中的纵向受拉钢筋配筋率应符合下列要求：

$$\frac{M_u}{M_{cr}} \geqslant 1.0 \tag{12-88}$$

$$M_{cr} = (\sigma_{pc} + \gamma f_{tk}) W_0 \tag{12-89}$$

式中：M_u——构件正截面抗弯承载力。

M_{cr}——构件正截面开裂弯矩值。

σ_{pc}——扣除全部预应力损失的预应力钢筋和普通钢筋合力 N_{p0} 在构件抗裂边缘产生的混凝土预压应力,先张法构件和后张法构件均按式(12-62)计算,但后张法构件采用净截面几何特征值。先张法构件和后张法构件 N_{p0} 均按式(12-58)计算,该式中的 σ_{p0} 和 σ'_{p0},先张法构件按式(12-56)计算,后张法构件按式(12-57)计算。

γ——受拉区混凝土塑性影响系数,按下式计算:

$$\gamma = \frac{2S_0}{W_0}$$

S_0——换算截面重心轴以上(或以下)部分面积对重心轴的面积矩。

W_0——换算截面抗裂验算边缘的弹性抵抗矩。

12.4.2 斜截面承载力计算

预应力混凝土受弯构件斜截面承载力计算与普通钢筋混凝土受弯构件一样,包括斜截面抗剪承载力计算和斜截面抗弯承载力计算。

1. 斜截面抗剪承载力计算

预应力混凝土受弯构件斜截面抗剪承载力计算,以剪压破坏形态的受力特征为基础。矩形、T形和I形截面的受弯构件,当配置箍筋和预应力弯起钢筋时,其斜截面抗剪承载力 V_u 由斜截面顶端未开裂的混凝土、与斜裂缝相交的箍筋和预应力弯起钢筋提供(图12-16),其基本表达式为

$$\gamma_0 V_d \leq V_u = V_c + V_{sv} + V_{pd} = V_{cs} + V_{pb} \tag{12-90}$$

式中:V_d——作用基本组合产生的最大剪力设计值(kN),按斜截面剪压区对应正截面处取值;

V_c——斜截面内混凝土的抗剪承载力设计值(kN);

V_{sv}——与斜截面相交的箍筋的抗剪承载力设计值(kN);

V_{cs}——斜截面内混凝土和箍筋共同的抗剪承载力设计值(kN);

V_{pb}——与斜截面相交的预应力弯起钢筋抗剪承载力设计值(kN)。

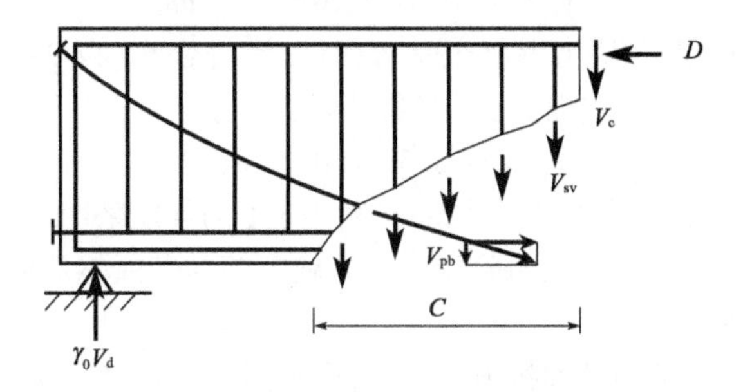

图12-16 斜截面抗剪承载力计算图

(1)斜截面内混凝土和箍筋共同的抗剪承载力设计值(V_{cs})。

试验研究表明,预压应力能够阻滞构件斜裂缝的发生和发展,使混凝土的剪压区高度增大,从而提高了混凝土所承担的抗剪能力。《公路桥规》采用的斜截面内混凝土和箍筋共同的抗剪承载力(V_{cs})计算公式为

$$V_{cs}=0.45\times10^{-3}\alpha_1\alpha_2\alpha_3bh_0\sqrt{(2+0.6P)\sqrt{f_{cu,k}}\rho_{sv}f_{sv}} \tag{12-91}$$

式中：α_2——预应力提高系数。对预应力混凝土受弯构件，$\alpha_2=1.25$，但当由钢筋合力引起的截面弯矩与外弯矩的方向相同时，或允许出现裂缝的预应力混凝土受弯构件，取 $\alpha_2=1.0$。

P——斜截面内纵向受拉钢筋的计算配筋百分率。$P=100\rho$，$\rho=(A_p+A_s)/(bh_0)$，当 $P>2.5$ 时，取 $P=2.5$。

其他符号意义详见式(5-11)。

实际工程中，有时在一些大型受弯构件的腹板内沿梁高方向设置竖向预应力钢筋，以满足构件抗裂性等要求。当考虑竖向预应力钢筋对构件抗剪承载力的作用时，式(12-91)改写为

$$V_{cs}=0.45\times10^{-3}\alpha_1\alpha_2\alpha_3bh_0\sqrt{(2+0.6P)\sqrt{f_{cu,k}}(\rho_{sv}f_{sv}+0.6\rho_{pv}f_{pv})} \tag{12-92}$$

式中：ρ_{pv}——斜截面内竖向预应力钢筋的配筋率，$\rho_{pv}=\dfrac{A_{pv}}{s_pb}$；

A_{pv}——斜截面内配置在同一截面的竖向预应力钢筋总截面面积(mm^2)；

s_p——斜截面内竖向预应力钢筋的间距(mm)；

f_{pv}——竖向预应力钢筋的抗拉强度设计值(MPa)。

(2)预应力弯起钢筋的抗剪承载力设计值(V_{pb})。

斜截面内预应力弯起钢筋的抗剪承载力计算公式为

$$V_{pb}=0.75\times10^{-3}f_{pd}\sum A_{pb}\sin\theta_p \tag{12-93}$$

式中：θ_p——预应力弯起钢筋的切线与水平线的夹角，按斜截面剪压区对应正截面处取值；

A_{pb}——斜截面内在同一弯起平面的预应力弯起钢筋的截面面积(mm^2)；

f_{pd}——预应力钢筋抗拉强度设计值(MPa)。

为防止构件出现斜压破坏，《公路桥规》规定，预应力混凝土受弯构件，其抗剪截面尺寸应符合式(5-12)的要求，即

$$\gamma_0V_d\leq0.51\times10^{-3}\sqrt{f_{cu,k}}bh_0$$

《公路桥规》还规定，预应力混凝土受弯构件，当符合式(12-94)要求时，可不进行斜截面抗剪承载力的验算，仅需按构造要求配置箍筋。

$$\gamma_0V_d\leq0.50\times10^{-3}\alpha_2f_{td}bh_0 \tag{12-94}$$

式中：f_{td}——混凝土轴心抗拉强度设计值，按附表1-1的规定采用。

预应力混凝土受弯构件斜截面验算截面的确定等与普通钢筋混凝土受弯构件相同，详见第5章相关内容。

箱形截面受弯构件的斜截面抗剪承载力，可参照以上规定计算。

2. 斜截面抗弯承载力计算

当纵向钢筋较少时，预应力混凝土受弯构件也有可能发生斜截面弯曲破坏。

图12-17所示为预应力混凝土受弯构件斜截面抗弯承载力计算图式。此时，与斜裂缝相交的纵向预应力钢筋、纵向普通钢筋、箍筋和预应力弯起钢筋的应力均达到抗拉强度设计值，受压区混凝土的应力达到抗压强度设计值。

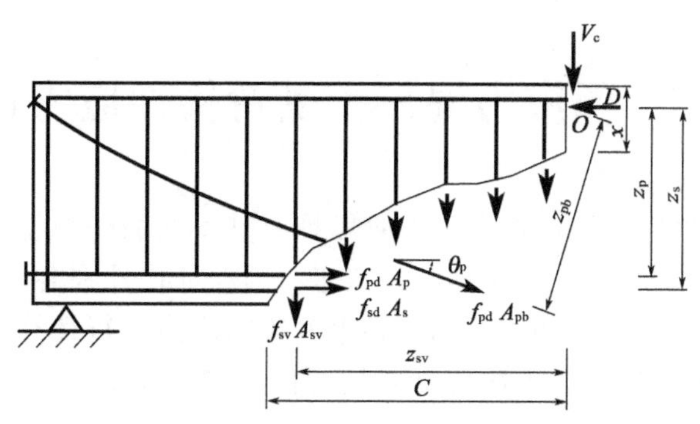

图 12-17 斜截面抗弯承载力计算图式

对受压区混凝土合力作用点 O 取矩，由平衡条件 $\Sigma M_O=0$，可得矩形、T 形和 I 形截面受弯构件斜截面抗弯承载力计算公式为

$$\gamma_0 M_d \leq M_u = f_{sd}A_s z_s + f_{pd}A_p z_p + \sum f_{pd}A_{pb}z_{pb} + \sum f_{sv}A_{sv}z_{sv} \tag{12-95}$$

式中：M_d——作用基本组合最不利弯矩设计值，按斜截面剪压区对应正截面处取值；

z_s、z_p——纵向普通受拉钢筋合力点、纵向预应力受拉钢筋合力点至受压区中心点 O 的距离；

z_{pb}——与斜截面相交的同一弯起平面内预应力弯起钢筋合力点至受压区中心点 O 的距离；

z_{sv}——与斜截面相交的同一平面内箍筋合力点至斜截面受压端的水平距离。

按照式(12-95)计算预应力混凝土受弯构件斜截面抗弯承载力时，需要确定斜截面水平投影长度 C 及剪压区受压合力作用点 O 的位置。

斜截面水平投影长度 C 按下式计算确定：

$$\gamma_0 V_d = \Sigma f_{pd}A_{pb}\sin\theta_p + \Sigma f_{sv}A_{sv} \tag{12-96}$$

式中：V_d——与作用基本组合最不利弯矩设计值 M_d 对应的剪力设计值。

斜截面受压区高度 x，按斜截面内所有的力对构件纵向轴投影之和为零的平衡条件 $\Sigma H=0$ 求得。

$$\Sigma f_{pd}A_{pb}\cos\theta_p + f_{sd}A_s + f_{pd}A_p = f_{cd}A_c \tag{12-97}$$

式中：A_c——受压区混凝土截面面积(mm^2)。

由式(12-97)求出受压区混凝土截面面积 A_c 后，再根据截面形式就可确定斜截面受压区高度 x 及受压区合力作用点 O 的位置。

计算斜截面抗弯承载力时，其最不利斜截面的位置，需选在预应力钢筋数量变少、箍筋间距变化处，以及构件混凝土截面腹板厚度变化处等。

预应力混凝土受弯构件斜截面抗弯承载力的计算比较麻烦，因此也可以同普通钢筋混凝土受弯构件一样，用构造措施加以保证，具体要求可参照钢筋混凝土受弯构件的有关内容。

值得注意的是，计算先张法预应力混凝土构件端部锚固区段的正截面和斜截面抗弯承载力时，应考虑梁端锚固区范围内预应力钢筋抗拉强度设计值是变化的。《公路桥规》规定，锚固区内预应力钢筋的抗拉强度设计值，在锚固起点处应取为零，在锚固终点处应取为 f_{pd}，两点之间按直线内插法求得，详见 12.8 节。

12.5 预应力混凝土受弯构件应力计算

预应力混凝土受弯构件在各个受力阶段均有其不同的受力特点，从开始施加预应力起，预应力钢筋和混凝土就处于高应力状态。为保证构件在各个阶段的工作安全可靠，除了承载力满足要求外，还须对构件各个阶段的应力进行计算，并应将其控制在相应的限值之内。构件的应力计算实质上是构件的强度计算，是对构件承载力计算的补充。

构件在施工和使用阶段，材料处于近似弹性工作状态，应力可按材料力学公式进行计算。计算T形、I形和箱形截面构件应力时，受压翼缘取有效宽度 b_f'。

根据习惯，混凝土应力以压为正，预应力钢筋应力以拉为正。

12.5.1 短暂状况的应力计算

预应力混凝土受弯构件按短暂状况计算时，应计算其在制作、运输及安装等施工阶段，由预应力作用、构件自重和施工荷载等引起的正截面应力，并不应超过规定的限值。施工荷载除有特别规定外，均采用标准值，当有组合时不考虑荷载组合系数。

当采用吊机(车)行驶于桥梁进行构件安装时，应对已安装就位的构件进行验算，吊机(车)作用应乘1.15的分项系数，但当由吊(机)车产生的效应设计值小于按持久状况承载能力极限状态计算的作用效应设计值时，可不必验算。

预应力混凝土构件从预应力张拉、锚固到构件运输、安装，分两个重要的受力阶段，即预加应力阶段和运输、安装阶段。

1.预加应力阶段的正应力计算

预加应力阶段构件主要承受预加力和自重(一期恒载) G_1，如图12-18所示。本阶段的受力特点是预加力最大(仅发生了第一批预应力损失)，而外荷载最小(仅有构件的自重作用)。应力计算时，先张法构件采用换算截面几何特征值，后张法构件此阶段管道尚未灌浆，采用净截面几何特征值。计算时应取最不利截面进行验算，如直线配筋的等截面简支梁，其受力最不利截面往往是支点截面，其支点截面上、下缘为应力计算的控制点。

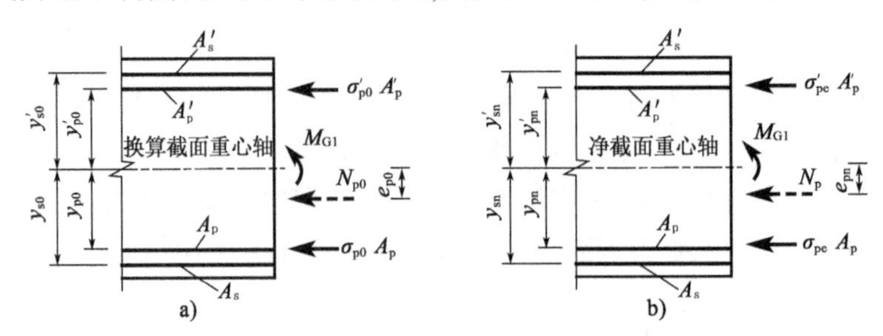

图12-18 预加应力阶段截面受力图示

a)先张法构件；b)后张法构件

由预加力和构件自重引起的截面边缘混凝土法向应力按下列公式计算。

①先张法构件。

预拉区：

$$\sigma_{ct}^{t}=\frac{N_{p0}}{A_0}-\frac{N_{p0}e_{p0}}{I_0}y_0+\frac{M_{G1}}{I_0}y_0=\frac{N_{p0}}{A_0}-\frac{N_{p0}e_{p0}}{W_0}+\frac{M_{G1}}{W_0} \tag{12-98}$$

预压区：

$$\sigma_{cc}^{t}=\frac{N_{p0}}{A_0}+\frac{N_{p0}e_{p0}}{I_0}y_0-\frac{M_{G1}}{I_0}y_0=\frac{N_{p0}}{A_0}+\frac{N_{p0}e_{p0}}{W_0}-\frac{M_{G1}}{W_0} \tag{12-99}$$

式中：N_{p0}——先张法构件的预应力钢筋的合力，按式(12-58)计算，此时只考虑第一批预应力损失 $\sigma_{l\mathrm{I}}$，不考虑普通钢筋对预应力的影响；

e_{p0}——预应力钢筋的合力对换算截面重心轴的偏心距，按式(12-59)计算，只考虑第一批预应力损失 $\sigma_{l\mathrm{I}}$，不考虑普通钢筋对预应力的影响；

y_0——截面计算边缘处至换算截面重心轴的距离；

A_0——换算截面面积；

I_0——换算截面惯性矩；

W_0——换算截面对计算边缘的弹性抵抗矩；

M_{G1}——受弯构件自重产生的弯矩标准值。

②后张法构件。

预拉区：

$$\sigma_{ct}^{t}=\frac{N_{p}}{A_n}-\frac{N_{p}e_{pn}}{I_n}y_n+\frac{M_{G1}}{I_n}y_n=\frac{N_{p}}{A_n}-\frac{N_{p}e_{pn}}{W_n}+\frac{M_{G1}}{W_n} \tag{12-100}$$

预压区：

$$\sigma_{cc}^{t}=\frac{N_{p}}{A_n}+\frac{N_{p}e_{pn}}{I_n}y_n-\frac{M_{G1}}{I_n}y_n=\frac{N_{p}}{A_n}+\frac{N_{p}e_{pn}}{W_n}-\frac{M_{G1}}{W_n} \tag{12-101}$$

式中：N_p——后张法构件的预应力钢筋的合力，按式(12-60)计算，此时只考虑第一批预应力损失 $\sigma_{l\mathrm{I}}$，不考虑普通钢筋对预应力的影响；

e_{pn}——预应力钢筋的合力对净截面重心轴的偏心距，按式(12-61)计算，只考虑第一批预应力损失 $\sigma_{l\mathrm{I}}$，不考虑普通钢筋对预应力的影响；

y_n——截面计算边缘处至净截面重心轴的距离；

A_n——净截面的面积；

I_n——净截面惯性矩；

W_n——净截面对计算边缘的弹性抵抗矩。

2. 运输、安装阶段的正应力计算

采用预制拼装施工方法的预应力混凝土构件，应对其运输、安装阶段的应力进行计算。此阶段应力计算方法与预加应力阶段相同。但应注意，此时预加力 N_p 已变小；构件在运输、安装过程中将受到动力作用，其自重应乘动力系数 1.2 或 0.85，采用增大还是减小的动力系数，应以不利组合来判断；此外，还应注意构件计算图式的变化。

3. 施工阶段混凝土应力限值

(1)混凝土压应力 σ_{cc}^{t}。

施工阶段构件预压区混凝土的压应力最大。预压区混凝土应力过高，沿梁轴方向的变形较大,相应引起的构件横向拉应变也越大,可能使构件发生纵向裂缝;压应力过高,混凝土的徐变变形较大,构件也会出现过大的拱度。为了防止这些现象的发生,必须控制混凝土的压应力。《公路桥规》规定,在预应力作用构件自重和施工荷载作用下预应力混凝土受弯构件截面边缘混凝土的法向压应力应满足:

$$\sigma_{cc}^{t} \leqslant 0.70f_{ck}' \tag{12-102}$$

式中:f_{ck}'——制作、运输、安装各施工阶段的混凝土轴心抗压强度标准值,按附表1-1直线内插取用。

(2)混凝土拉应力 σ_{ct}^{t}。

施工阶段构件预拉区混凝土的拉应力也不能过大,否则混凝土可能被拉裂。为了防止构件开裂,《公路桥规》要求对预拉区边缘混凝土的拉应力予以限制,并根据预拉区边缘混凝土拉应力的大小,通过规定的预拉区配筋率来分布可能发生的裂缝,具体规定如下:

①当 $\sigma_{ct}^{t} \leqslant 0.70f_{tk}'$ 时,预拉区应配置配筋率不小于0.2%的纵向钢筋;

②当 $\sigma_{ct}^{t} = 1.15f_{tk}'$ 时,预拉区应配置配筋率不小于0.4%的纵向钢筋;

③当 $0.70f_{tk}' < \sigma_{ct}^{t} < 1.15f_{tk}'$ 时,预拉区应配置的纵向钢筋配筋率按以上两者直线内插取用;

④拉应力 σ_{ct}^{t} 不应超过 $1.15f_{tk}'$。

式中:f_{tk}'——制作、运输、安装各施工阶段的混凝土轴心抗拉强度标准值,按附表1-1直线内插取用。

预拉区的配筋率为 $(A_s' + A_p')/A$,先张法构件计入 A_p',后张法构件不计入 A_p'。A_p' 为预拉区预应力钢筋截面面积,A_s' 为预拉区普通钢筋截面面积,A 为构件毛截面面积。

预拉区配置的普通钢筋宜采用带肋钢筋,沿预拉区的外边缘均匀布置,直径不宜大于14mm,这样,有利于将可能出现的裂缝均匀地分布。

根据规范要求,施工阶段仅对截面混凝土正应力进行验算。一般情况下,施工阶段预应力钢筋中的拉应力呈下降趋势,故此阶段不进行预应力钢筋的应力验算。

12.5.2 持久状况的应力计算

预应力混凝土受弯构件按持久状况设计时,应计算其使用阶段正截面混凝土的法向压应力、受拉区钢筋的拉应力和斜截面混凝土的主压应力,并不得超过规定的限值。

使用阶段构件除了承受预加力和自重 G_1 外,还要承受桥面铺装、人行道、栏杆等后加的二期恒载 G_2 以及车辆、人群等活载 Q。计算时作用取其标准值,汽车荷载应计入冲击系数,预加应力效应应考虑在内,所有荷载分项系数均取为1.0。本阶段的受力特点是预应力损失已全部完成,预应力钢筋的预加力最小,但永久作用和可变作用将有最不利组合。

对于使用阶段不开裂的预应力混凝土构件,考虑其全截面受力,材料近似处于弹性工作状态,截面应力可按材料力学公式计算。计算时,应取最不利截面进行验算。对于直线配筋等截面简支梁,一般以跨中正截面为最不利控制截面。但对于曲线配筋的简支梁,则应根据预应力钢筋的弯起和混凝土截面变化的情况来确定其控制截面,一般可取跨中、$L/4$、$L/8$、支点及截面变化处的截面作为验算截面。

1. 正截面应力计算

预应力混凝土受弯构件,在使用阶段截面受力如图 12-19 所示。

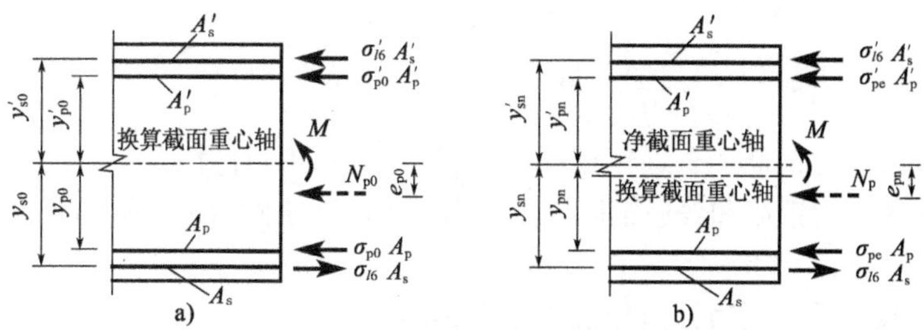

图 12-19　使用阶段截面受力图示

a)先张法构件;b)后张法构件

(1)先张法构件。

由预加力和作用标准值在构件截面受压区边缘产生的混凝土法向压应力为

$$\sigma_{cu} = \sigma_{pt} + \sigma_{kc} = \left(\frac{N_{p0}}{A_0} - \frac{N_{p0}e_{p0}}{I_0}y_0\right) + \frac{M_{G1} + M_{G2} + M_Q}{I_0}y_0$$

$$= \left(\frac{N_{p0}}{A_0} - \frac{N_{p0}e_{p0}}{W_0}\right) + \frac{M_{G1} + M_{G2} + M_Q}{W_0} \tag{12-103}$$

受拉区预应力钢筋中的最大拉应力为

$$\sigma_{p,max} = \sigma_{pe} + \sigma_p = \sigma_{pe} + \alpha_{Ep}\left(\frac{M_{G1} + M_{G2} + M_Q}{I_0}\right)y_{p0} \tag{12-104}$$

式中:σ_{pt}——预加力在截面受压区边缘产生的混凝土法向应力;

σ_{kc}——作用标准值在截面受压区边缘产生的混凝土法向压应力;

σ_{pe}——受拉区预应力钢筋的永存预应力,即 $\sigma_{pe} = \sigma_{con} - \sigma_{l\,\mathrm{I}} - \sigma_{l\,\mathrm{II}} = \sigma_{con} - \sigma_l$;

σ_p——作用标准值产生的预应力钢筋的应力;

N_{p0}——使用阶段预应力钢筋和普通钢筋的合力,按式(12-58)计算;

e_{p0}——预应力钢筋与普通钢筋合力作用点至构件换算截面重心轴的距离,按式(12-59)计算;

y_0——截面受压区边缘至换算截面重心轴的距离;

y_{p0}——截面受拉区预应力钢筋合力点至换算截面重心轴的距离;

A_0——换算截面面积;

I_0——换算截面惯性矩;

W_0——换算截面对截面受压区边缘的抵抗矩;

α_{Ep}——预应力钢筋弹性模量与混凝土弹性模量的比值;

M_{G1}——受弯构件自重产生的弯矩标准值;

M_{G2}——由桥面铺装、人行道和栏杆等二期恒载产生的弯矩标准值;

M_Q——由可变作用标准值组合计算的截面最不利弯矩,汽车荷载应考虑冲击系数。

(2)后张法构件。

后张法构件在承受二期恒载及活载作用时,一般情况下构件预留孔道已压浆结硬,预应力钢筋与混凝土已成为整体共同工作,因此,计算二期恒载与活载对截面产生的应力,应按换算截面计算。而在预加应力时,因孔道未压浆,仍按净截面计算。

由预加力和作用标准值在构件截面受压区边缘产生的混凝土法向压应力为

$$\sigma_{cu}=\sigma_{pt}+\sigma_{kc}=\left(\frac{N_p}{A_n}-\frac{N_p e_{pn}}{I_n}y_n\right)+\frac{M_{G1}}{I_n}y_n+\frac{M_{G2}+M_Q}{I_0}y_0$$

$$=\left(\frac{N_p}{A_n}-\frac{N_p e_{pn}}{W_n}\right)+\frac{M_{G1}}{W_n}+\frac{M_{G2}+M_Q}{W_0} \tag{12-105}$$

式中：N_p——预应力钢筋和普通钢筋的合力，按式(12-60)计算；

e_{pn}——预应力钢筋和普通钢筋合力作用点至构件净截面重心轴的距离，按式(12-61)计算；

y_n——截面受压区边缘至净截面重心轴的距离；

A_n——净截面面积；

I_n——净截面惯性矩；

W_n——净截面对截面受压区边缘的抵抗矩；

其余符号意义同前。

受拉区预应力钢筋中的最大拉应力为

$$\sigma_{p,max}=\sigma_{pe}+\sigma_p=\sigma_{pe}+\alpha_{Ep}\frac{M_{G2}+M_Q}{I_0}y_{p0} \tag{12-106}$$

式(12-106)不考虑构件自重的影响，其原因是后张法构件在张拉钢筋时，自重已产生，对预应力钢筋的应力无影响。

2. 斜截面混凝土主应力计算

斜截面主应力计算是选取若干不利截面(例如支点附近截面、梁肋宽度变化处截面等)，计算在预加力和作用标准值作用下混凝土的主压应力，并不得超过规定的限值。验算斜截面混凝土主压应力的目的是防止构件腹板在预加力和使用阶段的作用下被压坏，作为斜截面抗剪承载力计算的补充，同时也考虑到过高的主压应力会导致斜截面抗裂能力降低。

对配有纵向预应力钢筋和竖向预应力钢筋的预应力混凝土受弯构件，由预加力和作用标准值产生的混凝土主拉应力 σ_{tp} 和主压应力 σ_{cp} 按下列公式计算：

$$\begin{matrix}\sigma_{tp}\\ \sigma_{cp}\end{matrix}=\frac{\sigma_{cx}+\sigma_{cy}}{2}\mp\sqrt{\left(\frac{\sigma_{cx}-\sigma_{cy}}{2}\right)^2+\tau^2} \tag{12-107}$$

(1)混凝土法向应力 σ_{cx}。

σ_{cx} 为在预加力和作用标准值作用下，计算主应力点的混凝土法向应力，按下式计算：

先张法构件

$$\sigma_{cx}=\frac{N_{p0}}{A_0}-\frac{N_{p0}e_{p0}}{I_0}y_0+\frac{M_{G1}+M_{G2}+M_Q}{I_0}y_0 \tag{12-108}$$

后张法构件

$$\sigma_{cx}=\frac{N_p}{A_n}-\frac{N_p e_{pn}}{I_n}y_n+\frac{M_{G1}}{I_n}y_n+\frac{M_{G2}+M_Q}{I_0}y_0 \tag{12-109}$$

式中：y_0、y_n——计算主应力点至换算截面、净截面重心轴的距离，当主应力点位于图12-19所示的重心轴之上时，取为正，反之取为负；

其余符号意义同前。

(2)混凝土竖向应力 σ_{cy}。

为了减小混凝土构件中的主拉应力,防止出现斜裂缝,有时在大跨径预应力混凝土构件中配置竖向预应力钢筋。

由竖向预应力钢筋的预加力产生的混凝土竖向压应力,按下式计算:

$$\sigma_{cy}=0.6\frac{n\sigma'_{pe}A_{pv}}{bs_p} \tag{12-110}$$

式中:n——同一截面上竖向预应力钢筋的肢数;

σ'_{pe}——竖向预应力钢筋扣除全部预应力损失后的有效预应力;

A_{pv}——单肢竖向预应力钢筋的截面面积;

b——计算主应力点处构件腹板的宽度;

s_p——竖向预应力钢筋的纵向间距。

式(12-110)中0.6为预应力折减系数。调查表明,竖向预应力钢筋一般施工质量不理想,甚至发现几乎失效的情况,由它引起的混凝土竖向压应力很可能达不到设计值。考虑这些实际情况,在设计计算时,可将竖向预应力予以适当折减。

对有些情况,横向预应力钢筋的预加力、横向温度梯度和汽车荷载也会使构件混凝土产生竖向应力,计算时亦应考虑。

(3)混凝土剪应力 τ。

由预应力弯起钢筋预加力的竖直分力(又称预剪力)和作用标准值在计算主应力点产生的混凝土剪应力 τ,按下列公式计算。

先张法构件:

$$\tau=\frac{V_{G1}S_0}{bI_0}+\frac{(V_{G2}+V_Q)S_0}{bI_0} \tag{12-111}$$

后张法构件:

$$\tau=\frac{V_{G1}S_n}{bI_n}+\frac{(V_{G2}+V_Q)S_0}{bI_0}-\frac{\sum\sigma''_{pe}A_{pb}\sin\theta_pS_n}{bI_n} \tag{12-112}$$

式中:V_{G1}、V_{G2}——一期恒载和二期恒载标准值引起的剪力;

V_Q——可变作用标准值引起的剪力;

S_0、S_n——计算主应力点以上(或以下)部分换算截面面积对换算截面重心轴、净截面面积对净截面重心轴的面积矩;

σ''_{pe}——纵向预应力弯起钢筋扣除全部预应力损失后的有效预应力;

A_{pb}——计算截面上同一弯起平面内预应力弯起钢筋的截面面积;

θ_p——计算截面上预应力弯起钢筋的切线与构件纵轴线的夹角(图12-20)。

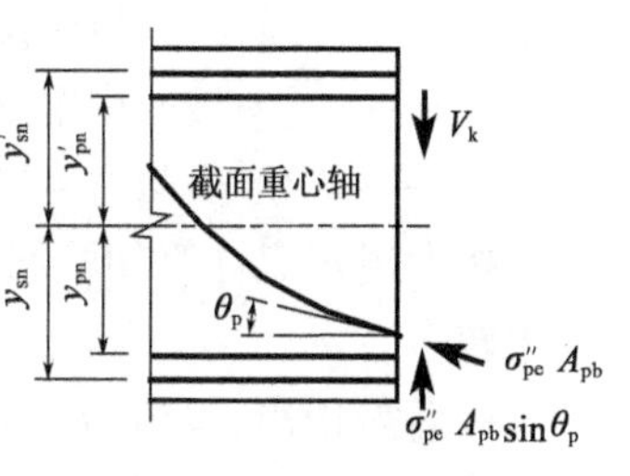

图12-20 计算截面剪力

当计算截面作用有扭矩时,尚应计入扭矩引起的剪应力。

在应用上述公式计算主应力时,应特别注意以下几点:

①主应力计算公式式(12-107)中的 σ_{cx} 和 τ 应是同一计算截面、同一水平纤维处,由同一荷载产生的法向应力和剪应力值。一般是按作用标准值进行组合计算的最大剪力设计值与其对应的弯矩计算值进行计算。

②对先张法构件端部区段进行应力计算时,由预加力引起的截面应力,应考虑梁端预应力传递长度 l_{tr} 范围内预加力的变化。预应力钢筋在传递长度范围内实际应力取值详见12.8 节内容。

3. 使用阶段应力限值

使用阶段预应力混凝土受弯构件正截面混凝土的法向压应力、受拉区预应力钢筋的拉应力和斜截面混凝土的主压应力,应符合下列规定。

(1)未开裂构件正截面受压区混凝土的最大压应力:

$$\sigma_{cu} \leqslant 0.5 f_{ck} \tag{12-113}$$

(2)未开裂构件正截面受拉区预应力钢筋的最大拉应力:

①钢绞线、钢丝:

$$\sigma_{p,max} \leqslant 0.65 f_{pk} \tag{12-114}$$

②预应力螺纹钢筋:

$$\sigma_{p,max} \leqslant 0.75 f_{pk} \tag{12-115}$$

(3)混凝土的主压应力:

$$\sigma_{cp} \leqslant 0.6 f_{ck} \tag{12-116}$$

预应力混凝土受弯构件受拉区的非预应力钢筋,其使用阶段的应力很小,可不必验算。

4. 箍筋计算

《公路桥规》规定,按混凝土主拉应力数值设置箍筋,作为对构件斜截面抗剪承载力计算的补充。

根据式(12-107)计算的混凝土主拉应力,按下列规定设置箍筋:

在 $\sigma_{tp} \leqslant 0.5 f_{tk}$ 的区段,箍筋可仅按构造要求配置;

在 $\sigma_{tp} > 0.5 f_{tk}$ 的区段,箍筋的间距 s_v 可按下式计算:

$$s_v = \frac{f_{sk} A_{sv}}{\sigma_{tp} b} \tag{12-117}$$

式中:f_{sk}——箍筋的抗拉强度标准值;

A_{sv}——同一截面内箍筋的总截面面积;

b——矩形截面宽度、T 形或 I 形截面的腹板宽度。

按上述规定计算的箍筋用量应与按斜截面抗剪承载力计算的箍筋数量进行比较,取其中较多者。

最后需指出,本节给出的公式都是以静定的预应力混凝土构件给出的,对于超静定结构,均应考虑预加力引起的次效应的影响。

12.6 预应力混凝土受弯构件抗裂验算

预应力混凝土受弯构件的抗裂验算是以构件混凝土的拉应力是否超过规定的限值来表示的,属于正常使用极限状态计算的范畴。抗裂验算分为正截面抗裂验算和斜截面抗裂验算。

12.6.1 正截面抗裂验算

正截面抗裂验算是选取构件的控制截面(例如简支梁的跨中截面,连续梁的跨中和支点截面等),对正截面抗裂验算边缘混凝土的应力进行计算。《公路桥规》规定,对于全预应力混凝土构件,在作用频遇组合下,正截面抗裂验算边缘混凝土的拉应力应符合下列要求。

预制构件

$$\sigma_{st} - 0.85\sigma_{pc} \leqslant 0 \tag{12-118}$$

分段浇筑或砂浆接缝的纵向分块构件

$$\sigma_{st} - 0.8\sigma_{pc} \leqslant 0 \tag{12-119}$$

式中:σ_{pc}——预加力在构件抗裂验算边缘产生的混凝土预压应力,先张法构件按式(12-62)计算,后张法按式(12-64)计算。

σ_{st}——在作用频遇组合下,构件抗裂验算截面边缘混凝土的法向拉应力,按下式计算:

先张法构件

$$\sigma_{st} = \frac{M_s}{W} = \frac{M_{G1} + M_{G2} + M_{Qs}}{W_0} \tag{12-120}$$

后张法构件

$$\sigma_{st} = \frac{M_s}{W} = \frac{M_{G1}}{W_n} + \frac{M_{G2} + M_{Qs}}{W_0} \tag{12-121}$$

式中:M_s——按作用频遇组合计算的弯矩值。对于超静定结构,除了考虑直接施加于梁上的荷载(如恒载、汽车荷载)外,还应考虑间接作用,如日照温差、混凝土收缩和徐变等的影响。

M_{Qs}——按作用频遇组合计算的可变作用弯矩值,其中汽车荷载效应不计冲击影响。

W_0、W_n——构件换算截面和净截面对抗裂验算边缘的弹性抵抗矩。

12.6.2 斜截面抗裂验算

预应力混凝土受弯构件在弯矩和剪力的共同作用下,可能由于主拉应力达到混凝土的抗拉强度而形成斜裂缝。斜裂缝一般是不能自动闭合的,而梁的弯曲裂缝在使用阶段的大多数情况下可能是闭合的。因此,对构件的斜截面抗裂应更严格些,无论哪类受弯构件都不希望其出现斜裂缝,因而要求对全预应力混凝土及部分预应力混凝土受弯构件都要进行斜截面抗裂验算,以避免构件出现斜裂缝。

预应力混凝土受弯构件斜截面抗裂性是由斜截面混凝土主拉应力控制的。主拉应力验算在跨径方向应选择剪力与弯矩均较大的最不利区段截面进行,且应选择计算截面重心处和宽度剧烈变化处作为计算点进行验算。

全预应力混凝土及部分 A 类预应力混凝土构件,在作用频遇组合作用下,全截面参加工作,构件处于弹性工作状态。即使是允许开裂的部分 B 类预应力混凝土构件,验算抗裂性所选取的支点附近截面,在一般情况下也是处于全截面参加工作的弹性工作状态。因此,主拉应力可按材料力学公式计算。

1. 混凝土主拉应力计算

对于大跨径混凝土梁桥,在主拉应力较大的梁段,可通过设置竖向预应力钢筋对混凝土施加竖向压应力来减小混凝土的主拉应力,因而斜截面抗裂要求易满足。

对于配有纵向预应力钢筋和竖向预应力钢筋的预应力混凝土受弯构件,由预加力和作用频遇组合产生的混凝土主拉应力 σ_{tp},按下式计算:

$$\sigma_{tp} = \frac{\sigma_{cx} + \sigma_{cy}}{2} - \sqrt{\left(\frac{\sigma_{cx} - \sigma_{cy}}{2}\right)^2 + \tau^2} \tag{12-122}$$

式中:σ_{cx}——在计算主应力点,由预加力和按作用频遇组合计算的弯矩 M_s 产生的混凝土法向应力,按式(12-108)或式(12-109)计算,但式中涉及的作用标准值组合的计算弯矩用作用频遇组合的计算弯矩取代。

σ_{cy}——混凝土竖向压应力,由竖向预应力钢筋的预加力产生的混凝土竖向压应力按式(12-110)计算;若横向预应力钢筋的预加力、横向温度梯度和汽车荷载也会使构件混凝土产生竖向应力,计算时应予以考虑。

τ——在计算主应力点,由预应力弯起钢筋的预加力和按作用频遇组合计算的剪力 V_s 产生的混凝土剪应力,按式(12-111)或式(12-112)计算,但式中涉及的作用标准值组合的计算剪力用作用频遇组合的计算剪力取代;当计算截面有扭矩时,应计入由扭矩引起的剪应力。

在上节混凝土主应力计算中已强调计算 σ_{cx} 和 τ 时的对应关系及先张法构件端部区段预应力传递长度 l_{tr} 范围内预加力的变化等问题,在斜截面抗裂验算时也应特别注意。

2. 混凝土主拉应力限值

全预应力混凝土受弯构件,在作用频遇组合下斜截面混凝土主拉应力 σ_{tp} 应符合下列要求:

预制构件

$$\sigma_{tp} \leqslant 0.6 f_{tk} \tag{12-123}$$

现场浇筑(包括预制拼装)构件

$$\sigma_{tp} \leqslant 0.4 f_{tk} \tag{12-124}$$

式中:f_{tk}——混凝土轴心抗拉强度标准值。

12.7 预应力混凝土受弯构件变形计算

预应力混凝土构件所使用的都是高强度材料,其截面尺寸较同跨度的普通钢筋混凝土构件小,而且预应力混凝土结构所适用的跨径范围一般较大。因此,设计中应注意预应力混凝土构件的变形验算，以避免因变形过大而影响桥梁的正常使用。

与普通钢筋混凝土受弯构件不同，预应力混凝土受弯构件的挠度由两部分组成，一部分是预加力引起的反挠度（又称反拱度），另一部分是由使用荷载（恒载与活载）产生的挠度。一般情况下，这两部分变形方向相反，可用预加力引起的反拱度来抵消荷载产生的挠度。

预应力混凝土受弯构件的挠度，可根据给定的构件刚度用结构力学的方法计算。计算时应考虑混凝土收缩、徐变、弹性模量等随时间而变化的影响因素。

12.7.1 预加力引起的反拱度

预加力作用于构件时，构件基本上为弹性体工作。因此，计算反拱度时，截面抗弯刚度可按弹性刚度 E_cI_0 确定。于是，由预加力引起的反拱变形可按下式计算：

$$f_p = \int_0^l \frac{M_p \overline{M}_x}{B_0} dx \tag{12-125}$$

式中：M_p——由永存预加力（永存预应力的合力）在任意截面 x 处所引起的弯矩值；

$\overline{M}_x$——构件变形计算点作用单位力时在任意截面 x 处所产生的弯矩值；

B_0——构件抗弯刚度，$B_0 = E_cI_0$。

12.7.2 使用荷载作用下的挠度

在使用荷载作用下，预应力混凝土受弯构件的变形同样可近似按结构力学方法计算。计算中所涉及的构件截面抗弯刚度将随着荷载的增加而下降，而且变化范围较大。所以计算结果的准确程度，主要取决于如何合理确定能够反映构件实际情况的抗弯刚度。

以预应力混凝土等截面简支梁为例，设构件在施加外荷载前没有裂缝，而且预应力钢筋与混凝土黏结良好。荷载在短时间内从零增加至最大值的过程中，其跨中弯矩-挠度曲线如图12-21所示。图中的1、2、3点分别表示受拉区混凝土进入塑性、受拉区混凝土开裂及受拉钢筋进入塑性变形。

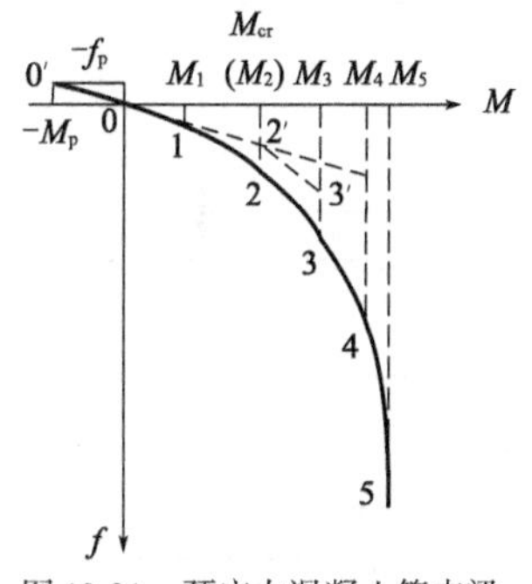

图12-21 预应力混凝土简支梁跨中弯矩-挠度曲线

从图中弯矩-挠度曲线可以看出，随着荷载的增加，跨中挠度增长的速度要比荷载增长的速度快。这说明构件的抗弯刚度随着荷载的增加而降低。为了计算方便，常将图中弯矩-挠度曲线予以简化。将弯矩-挠度曲线近似地以混凝土受拉区出现裂缝的点2为转折点，并用两条直线（图12-21中的0′—2′和2′—3′）替代。同时假定构件受拉区混凝土开裂前（0′—2′段）的抗弯刚度为$0.95E_cI_0$，承受的最大弯矩为M_{cr}，假定开裂后（2′—3′段）的抗弯刚度为E_cI_{cr}，承受的弯矩为$(M - M_{cr})$（M为使用荷载引起的弯矩），这个近似计算挠度的方法称为“双直线法”。

《公路桥规》规定对于全预应力混凝土构件，取抗弯刚度为$B_0 = 0.95E_cI_0$。

在使用荷载作用下，全预应力混凝土受弯构件的挠度f_{Ms}按下式计算：

$$f_{Ms} = \int_0^l \frac{M_s \overline{M}_x}{B_0} dx \tag{12-126}$$

式中：M_s——作用频遇组合在任意截面 x 处所引起的弯矩值；

$\overline{M}_x$——构件变形计算点作用单位力时在任意截面 x 处所产生的弯矩值；

B_0——构件抗弯刚度，$B_0=0.95E_cI_0$。

对于等高度梁，可不做积分运算，用图乘法计算。简支梁、悬臂梁在使用荷载作用下的挠度计算式为

$$f_{Ms}=\frac{\alpha M_s l^2}{B_0} \tag{12-127}$$

式中：l——梁的计算跨径；

α——挠度系数，与弯矩图形状和支承的约束条件有关，见表12-4。

梁的最大弯矩 M_{max} 和跨中(或悬臂端)挠度系数 α 表达式 表12-4

荷载图式	弯矩图和最大弯矩 M_{max}	挠度系数 α
q; l	$\frac{ql^2}{8}$	$\frac{5}{48}$
βl; q	$\frac{\beta^2(2-\beta^2)ql^2}{8}$	$\beta\leqslant\frac{1}{2}$时：$\frac{3-2\beta}{12(2-\beta)^2}$ $\beta>\frac{1}{2}$时：$\frac{4\beta^4-10\beta^3+9\beta^2-2\beta+0.25}{12\beta^2(\beta-2)^2}$
q	$\frac{ql^2}{15.625}$	$\frac{5}{48}$
βl; F	$F\beta(1-\beta)l$	$\beta\geqslant\frac{1}{2}$时：$\frac{4\beta^2-8\beta+1}{-48\beta}$
βl; F	$F\beta l$	$\frac{\beta(3-\beta)}{6}$
βl; q	$\frac{q\beta^2l^2}{2}$	$\frac{\beta(4-\beta)}{12}$

12.7.3 考虑长期效应影响的挠度

随时间的增长，受压区混凝土发生徐变、受压区与受拉区混凝土收缩不一致导致构件曲率增大以及混凝土弹性模量降低等，预应力混凝土受弯构件的挠度会增加。因此，在计

算使用阶段受弯构件挠度时应考虑荷载长期效应的影响，可将上述弹性挠度计算值乘挠度长期增长系数。

(1)预加力作用下并考虑长期效应影响的反拱度$f_{p,l}$：

$$f_{p,l} = \eta_{\theta,p} f_p \tag{12-128}$$

式中：f_p——预加力引起的短期反拱值，按式(12-125)计算；

$\eta_{\theta,p}$——预加力反拱值考虑长期效应的增长系数，取$\eta_{\theta,p}=2$。

(2)作用频遇组合下并考虑长期效应影响的挠度$f_{Ms,l}$：

$$f_{Ms,l} = \eta_{\theta} f_{Ms} \tag{12-129}$$

式中：f_{Ms}——按作用频遇组合计算的短期挠度值。

η_{θ}——作用频遇组合下考虑长期效应的挠度增长系数。当采用C40以下混凝土时，$\eta_{\theta}=1.6$；当采用C40～C80混凝土时，$\eta_{\theta}=1.45\sim1.35$；中间强度等级混凝土可按直线内插法取值。

12.7.4 挠度验算

为了保证结构在使用过程中不致产生过大的变形，应对使用阶段梁的挠度值加以限制。《公路桥规》规定，预应力混凝土受弯构件由汽车荷载(不计冲击力)和人群荷载频遇组合在梁式桥主梁产生的最大挠度(考虑长期效应的影响)不应超过计算跨径的1/600；在梁式桥主梁悬臂端产生的最大挠度不应超过悬臂长度的1/300。

预应力混凝土受弯构件由汽车荷载(不计冲击力)和人群荷载频遇组合作用下产生的长期挠度$f_{Qs,l}$为

$$f_{Qs,l} = \eta_{\theta} f_{Qs} \tag{12-130}$$

式中：f_{Qs}——由汽车荷载(不计冲击力)和人群荷载频遇组合计算的短期挠度值。

需要注意的是，尽管预加力引起的反拱度可以减小总的挠度值，但是这个减小后的挠度值不能真实反映结构的刚度大小。因此，用总挠度值来控制预应力混凝土的变形是没有意义的，故对预应力混凝土受弯构件的挠度验算不考虑反拱度。

12.7.5 预拱度的设置

由于预加力具有反拱作用，中小跨径的预应力混凝土梁一般不设置预拱度。但当梁的跨径较大，或对于混凝土预压应力不是很大的构件(例如部分预应力混凝土构件)，必要时应设置预拱度。

《公路桥规》规定，预应力混凝土受弯构件的预拱度按下列要求设置：

(1)由预加应力产生的长期效应影响的反拱值大于按作用频遇组合计算的长期挠度时，可不设预拱度。

(2)当预加应力产生的长期效应影响的反拱值小于按作用频遇组合计算的长期挠度时，应设预拱度，其值Δ应按该项荷载的挠度值与预加应力长期效应影响的反拱值之差采用，即

$$\Delta = f_{Ms,l} - f_{p,l} \tag{12-131}$$

设置预拱度时，应按最大的预拱值沿顺桥向做成平顺的曲线。

应注意的是，对自重相对于活载较小的预应力混凝土受弯构件，应考虑预加力反拱过

大可能造成的不利影响，必要时可以设置反预拱，或者采取其他设计和施工措施，以避免桥面隆起甚至开裂破坏。

12.8 预应力钢筋锚固区计算

12.8.1 先张法构件预应力钢筋的传递长度与锚固长度

1. 预应力钢筋的传递长度 l_{tr}

先张法构件是依靠预应力筋和混凝土之间的黏结力来传递预应力的，其传递并不能在构件的端部集中一点完成，而必须通过一定的传递长度才能完成。

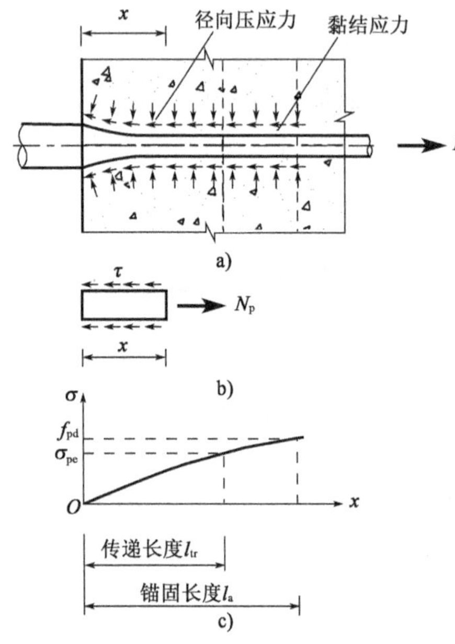

图 12-22 先张法预应力筋的锚固

当放张钢筋时，端部外露处的钢筋应力由原有的预拉应力变为零，拉应变也相应变为零，这样，构件端部内钢筋要发生内缩或滑移，但钢筋的内缩或滑移会受到周围混凝土的阻止[图 12-22a)]，使得预应力钢筋受拉，周围混凝土受压。

取距构件端部长度为 x 的预应力钢筋作为脱离体，其受力如图 12-22b）所示。随着与端部距离 x 的增大，由于黏结应力积累，预应力钢筋的预拉应力 σ_p 增大，当 x 达到一定长度 l_{tr}时，在 l_{tr}长度内的黏结力正好等于钢筋中的有效预拉力 $N_{pe}=\sigma_{pe}A_p$，钢筋内缩在此截面将被完全阻止，且在以后的各截面，钢筋将保持稳定的有效预拉应力 σ_{pe}，而周围混凝土中也建立起有效的预压应力 σ_{pc}。把钢筋从应力为零的端部到应力逐渐增至 σ_{pe}的截面这一长度 l_{tr}称为预应力钢筋的传递长度。

在钢筋应力传递过程中，由于钢筋内缩、滑移，传递长度范围的胶结力部分遭到破坏。但钢筋的内缩及应力减小又使其直径变大，且愈接近端部愈大，形成锚楔作用；同时，由于预应力钢筋周围混凝土限制，其直径变大而产生较大的径向压力，因此会产生较大的摩阻力。这些是钢筋应力传递的有利因素。可见，先张法构件中整个传递长度范围内的受力情况比较复杂。为了设计计算方便，《公路桥规》对预应力钢筋的传递长度 l_{tr}取值作了具体规定，见附表 2-7。同时建议，传递长度范围内的预应力钢筋的应力近似按直线分别从零变化到 σ_{pe}（图 12-23）。

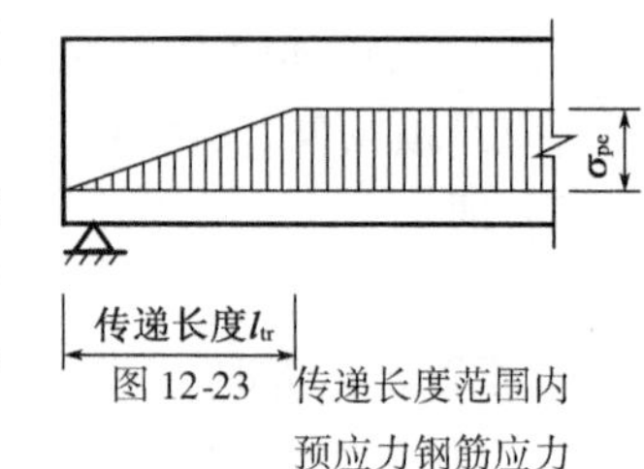

图 12-23 传递长度范围内预应力钢筋应力

需要注意的是，对先张法预应力混凝土构件端部区段进行抗裂及应力验算时，预应力传递长度 l_{tr}范围内应取预应力钢筋的实际应力值，即在构件端部取为零，在预应力钢筋传递长度末端处取为 σ_{pe}，两点之间按直线变化取值。

2. 预应力钢筋的锚固长度 l_a

先张法预应力混凝土构件是依靠预应力钢筋和混凝土之间的黏结力来锚固钢筋的。当构件在外荷载作用下达到承载能力极限状态时，预应力钢筋应力已达到其抗拉强度设计值 f_{pd}，为了保证预应力钢筋不致被拔出，应使其端部有足够的锚固长度。通常把钢筋应力从端部为零向内逐渐增加到 f_{pd} 的这一段长度 l_a 称为预应力钢筋的锚固长度(图 12-24)。《公路桥规》规定的预应力钢筋的锚固长度 l_a 值见附表 2-7。

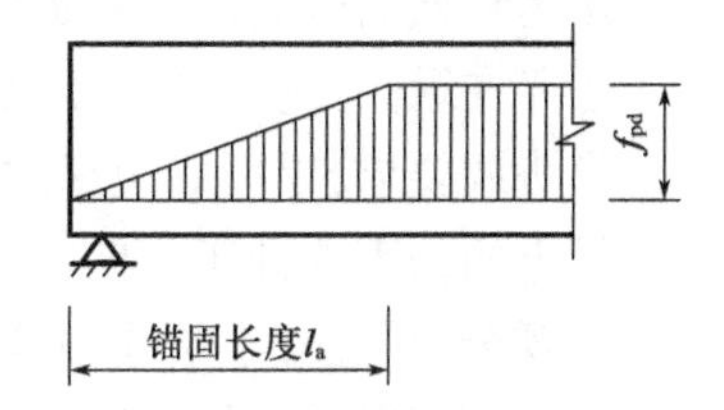

图 12-24 锚固长度范围内预应力钢筋抗拉强度设计值

计算先张法预应力混凝土构件端部锚固区的正截面和斜截面抗弯承载力时，考虑锚固区内预应力钢筋抗拉强度不能得到充分发挥，其抗拉强度设计值在锚固起点处取为零，在锚固终点处取为 f_{pd}，两点之间按直线内插法确定(图 12-24)。

值得注意的是，传递长度或锚固长度的起点，与放张的方式有关。当采用骤然放松预应力钢筋时，钢筋回缩的冲击将使构件端部一定范围内预应力钢筋与混凝土之间的黏结力遭到破坏，其起点应从距构件端部 $0.25l_{tr}$ 处开始计算。

先张法构件的端部锚固区也需采取局部加强措施，详见 12.9 节中的构造要求。

12.8.2 后张法构件端部锚固区计算

1. 构件端部锚固区受力特点

在后张法构件的端部，预应力钢筋的回缩力通过锚具及其下面不大的垫板压在混凝土上，由于通过锚具下垫板作用在混凝土上的面积小于构件端部的截面面积，因此构件端部混凝土是局部受压的。要将这个很大的集中锚固力均匀地传递到梁体的整个截面，需要一个过渡区段才能完成，试验和理论研究表明，这个过渡区段长度约等于构件截面高度 h(图 12-25)，称为构件的端部锚固区。

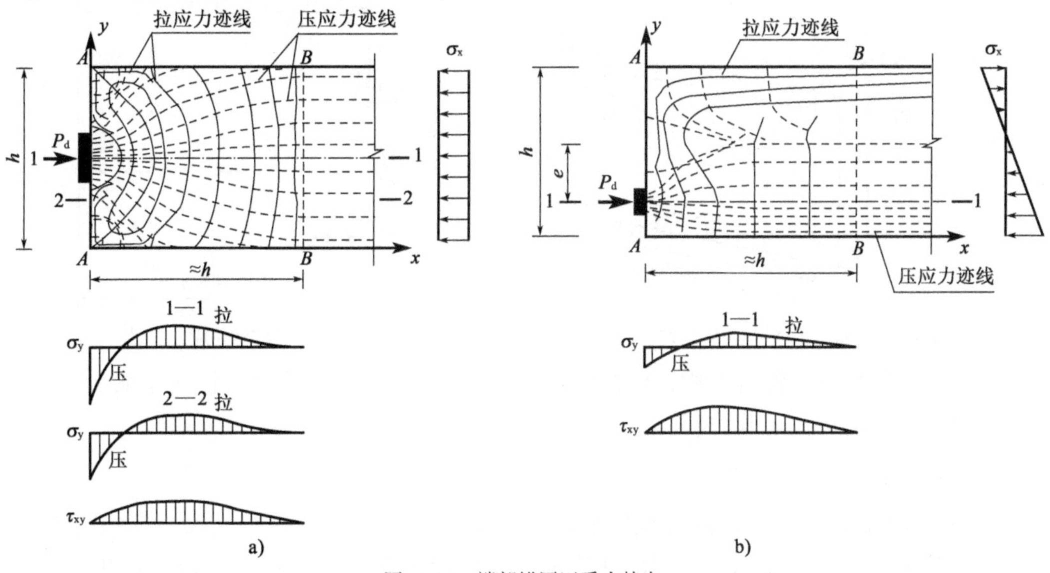

图 12-25 端部锚固区受力特点

a) 轴心锚固；b) 大偏心锚固

由图12-25可见，经过了过渡区段即 B—B 截面后，集中预加力作用下构件截面的正应力分布就与材料力学分析结果一致，但是，锚固区的应力状态较为复杂。锚固力从锚垫板向全截面扩散过程中，锚固区内混凝土除了沿纵向产生的压应力外，还有横向应力及剪应力。横向应力在距端部较近处为压应力而较远处为拉应力（或称劈裂应力）。当锚固力作用在截面核心（使截面上只出现纵向压应力的作用点范围）之外时，锚固区受拉侧边缘还存在纵向拉应力[图12-25b)]。锚固面承受巨大压力时将产生压陷，按照与周边的变形协调要求，锚固面边缘附近会产生剥裂应力。锚垫板下的混凝土受压后将受到周围混凝土的约束而处于三向或双向受压状态。可见，后张法预应力混凝土构件的锚固区受力很复杂，是混凝土桥梁中典型的应力扰动区（截面应变不符合平截面假定的区域），需要配置钢筋以满足抗裂和承载力要求。

《公路桥规》对后张法锚固区范围进行了界定，并将其划分为局部区和总体区两个区域（图12-26），以便根据各自的受力特点分别计算。

预应力混凝土构件端部锚固区的范围，横向取构件端部全截面，纵向取1.0～1.2倍的构件截面高度 h 或截面宽度中的较大值。

局部区为锚下直接承受锚固力的区域，其范围横向取锚下局部受压面积（图12-26），纵向取1.2倍的锚垫板较长边尺寸。对于局部区，需要对锚下混凝土局部承压进行计算。

总体区的范围为局部区以外的锚固区部分。由前面分析可知，总体区存在多个受拉区域（图12-27）。锚固力扩散过程中产生与锚固力方向垂直的横向拉应力，其合力称为劈裂力。在锚固面边缘附近由锚固力引起的局部压陷和周边变形协调要求，会产生剥裂拉应力，通过对剥裂拉应力在其分布面上的积分，可以得到剥裂力。大偏心锚固时，会产生边缘拉应力，其合力为边缘拉力。在总体区，如果预应力扩散引起的这些拉应力较大，则可能导致混凝土开裂。所以对总体区域需进行抗裂配筋设计计算，以控制裂缝的开展。

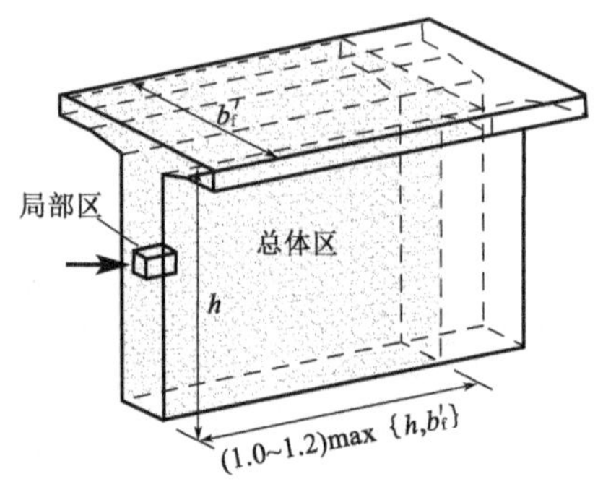

图12-26　后张法锚固区总体区和局部区的划分

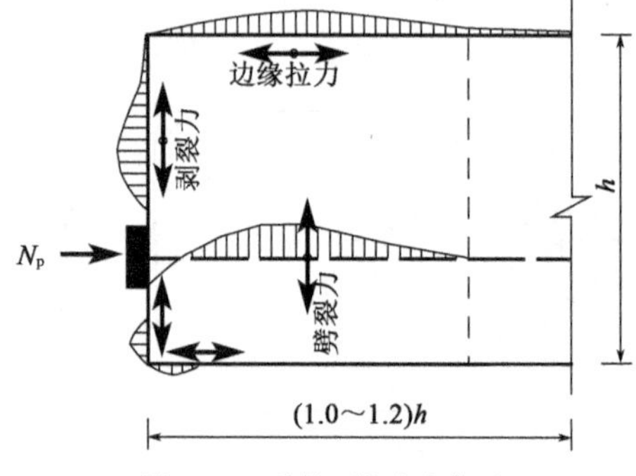

图12-27　总体区拉应力位置

对后张法预应力混凝土构件的锚固区，应分别计算局部区的锚下抗压承载力和总体区各受拉部位的抗拉承载力。

2. 局部区抗压承载力计算

(1)不配置间接钢筋时局部抗压承载力计算。

试验表明，混凝土局部受压时的抗压强度值大于单轴受压时的强度值，增大的幅度与局部受压面积 A_l 周围混凝土面积的大小有关，这是由 A_l 周围混凝土的约束作用所致。

混凝土局部受压时的强度一般用局部承压强度提高系数 β 乘轴心抗压强度表示。

对不配置间接钢筋的局部受压区，其抗压承载力按下式计算：

$$\gamma_0 F_{ld} \leqslant F_u = 0.9\eta_s \beta f_{cd} A_{ln} \tag{12-132}$$

$$\beta = \sqrt{\frac{A_b}{A_l}} \tag{12-133}$$

式中：F_{ld}——局部受压面积上的局部压力设计值，后张法预应力混凝土构件的锚头局部受压区，应取 1.2 倍张拉时的最大压力。

f_{cd}——混凝土轴心抗压强度设计值，对后张法预应力混凝土构件，应根据张拉时混凝土立方体抗压强度 f'_{cu} 值按附表 1-1 的规定以直线内插法求得。

η_s——混凝土局部承压修正系数，混凝土强度等级为 C50 及以下，取 $\eta_s = 1.0$；混凝土强度等级为 C50 ~ C80，取 $\eta_s = 1.0 \sim 0.76$；中间强度等级混凝土按直线内插法取值。

β——混凝土局部承压强度提高系数，按式(12-133)计算。

A_{ln}、A_l——混凝土局部受压面积，当局部受压面积有孔洞时，A_{ln} 为扣除孔洞后的面积，A_l 为不扣除孔洞的面积。当受压面设有垫板时，局部受压面积应计入垫板按 45°刚性角扩大的面积；对于具有喇叭管并与垫板连成整体的锚具，A_{ln} 可取垫板面积扣除喇叭管尾端内孔面积。

A_b——局部承压的计算底面积，一般情况可按图 12-28 确定。

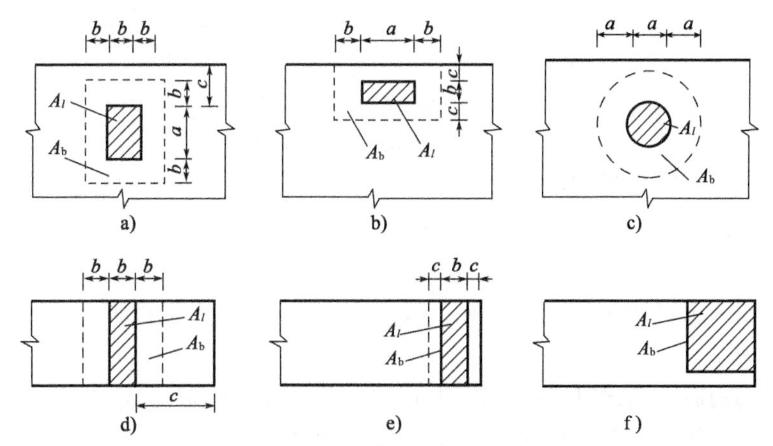

图 12-28 局部承压计算底面积 A_b 的示意图

a)，d) $c \geqslant b$；b)，e) $c < b$；c) 圆形；f) 边角

《公路桥规》规定，在计算混凝土局部承压强度提高系数 β 时，采用的是不扣除孔洞的承压面积 A_l 及计算底面积 A_b；在进行承载能力计算时，采用的是扣除孔洞后的承压面积 A_{ln}。这样处理是为了避免造成预留孔道越大，计算 β 值越高的不合理情况。

对计算底面积 A_b 的取值，采用了“同心、对称”的原则，即要求计算底面积与局部受压面积 A_l 具有相同的重心位置，并对称。具体计算时，规定沿 A_l 各边向外扩大的有效距离不超过承压板短边尺寸 b（矩形）或直径 a（圆形），详见图 12-28。图中的 c 为局部承压面到最靠近的截面边缘的距离。

(2) 配置间接钢筋时局部抗压承载力计算。

在实际工程中，一般在局部承压区段范围配置间接钢筋。由于横向钢筋限制了混凝土的横向膨胀,使局部承压下混凝土处于三向受压应力状态,提高了混凝土的抗压强度。所以,这样的配筋措施可以显著提高局部抗压承载力。

①间接钢筋的构造。

局部承压区内配置的间接钢筋可采用方格网钢筋或螺旋形钢筋两种形式(图 12-29)。

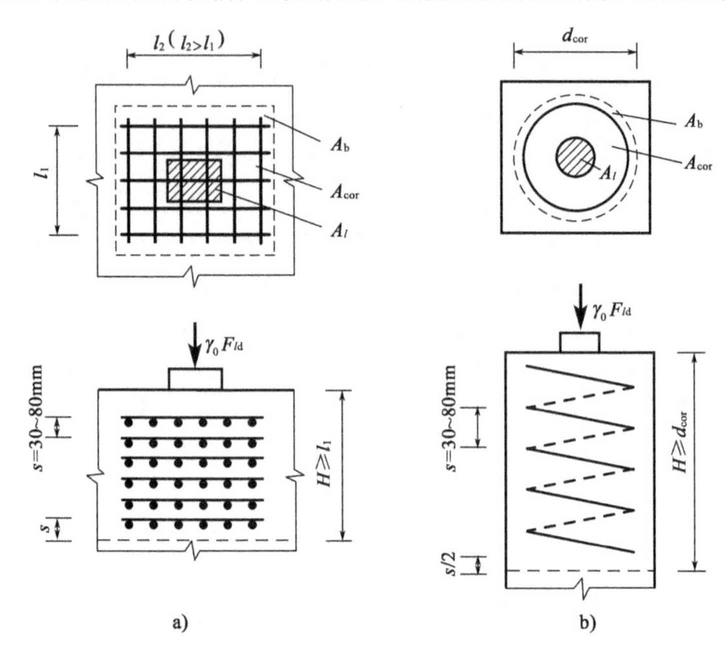

图 12-29 局部承压区的间接钢筋

a)方格网钢筋;b)螺旋形钢筋

间接钢筋应配置在图 12-29 所规定的高度 H 范围内,对方格网钢筋,不应少于 4 层;对螺旋形钢筋,不应少于 4 圈;带喇叭管的锚具垫板下螺旋筋圈数的长度不应小于喇叭管长度。

间接钢筋宜选 HPB300 钢筋,直径一般为 8 ~ 10mm,尽量接近承压表面布置,其距离不宜大于 35mm。

间接钢筋的数量通常以体积配筋率 ρ_v 来表示。体积配筋率 ρ_v 是指核心面积 A_{cor} 范围内单位混凝土体积所含间接钢筋的体积,按下列公式计算。

当采用方格网钢筋时[图 12-29a)]:

$$\rho_v = \frac{n_1 A_{s1} l_1 + n_2 A_{s2} l_2}{A_{cor} s} \tag{12-134}$$

式中:n_1、A_{s1}——单层方格网钢筋沿 l_1 方向的钢筋根数、单根钢筋的截面面积;

n_2、A_{s2}——单层方格网钢筋沿 l_2 方向的钢筋根数、单根钢筋的截面面积;

A_{cor}——方格网间接钢筋内表面范围内混凝土核心面积,其形心应与 A_l 的形心重合,计算时按同心、对称原则取值;

s——方格网钢筋网片的层距。

钢筋网两个方向的钢筋截面面积相差不应大于 50%。

当采用螺旋形钢筋时[图 12-29b)]:

$$\rho_v = \frac{4A_{ss1}}{d_{cor}s} \tag{12-135}$$

式中：A_{ss1}——单根螺旋形间接钢筋的截面面积；

d_{cor}——螺旋形间接钢筋内表面范围内混凝土核心面积的直径；

s——螺旋形间接钢筋的螺距。

《公路桥规》规定，后张法预应力混凝土端部锚固区，在锚具下面应设置厚度不小于16mm的垫板或采用具有喇叭管的锚具垫板。在锚垫板下应设置间接钢筋，其体积配筋率ρ_v不应小于0.5%。

②局部抗压承载力计算。

配置间接钢筋的局部承压区，抗压承载力可由混凝土项承载力和间接钢筋项承载力之和组成，按下式计算：

$$\gamma_0 F_{ld} \leq F_u = 0.9(\eta_s \beta f_{cd} + k\rho_v \beta_{cor} f_{sd})A_{ln} \tag{12-136}$$

$$\beta_{cor} = \sqrt{\frac{A_{cor}}{A_l}} \geq 1 \tag{12-137}$$

式中：k——间接钢筋影响系数，混凝土强度等级为C50及以下时，取$k=2.0$；混凝土强度等级为C50～C80时，取$k=2.0\sim1.70$；中间强度等级混凝土按直线插值取用。

ρ_v——间接钢筋的体积配筋率，当为方格网钢筋时，按式(12-134)计算；当为螺旋形钢筋时，按式(12-135)计算。

β_{cor}——配置间接钢筋时局部抗压强度提高系数，式(12-137)中的A_{cor}和A_l不扣除孔洞面积。

f_{sd}——间接钢筋的抗拉强度设计值。

其余符号含义同前。

A_{cor}应满足$A_b > A_{cor} > A_l$，且A_{cor}的形心应与A_l的形心重合。在实际工程中，若为$A_{cor} > A_b$情况，则应取$A_{cor} = A_b$。

③局部承压区的截面尺寸验算。

试验表明，当局部承压区间接钢筋配置过多时，虽然能提高局部受压承载力，但垫板下的混凝土往往会产生过大的下沉变形，从而导致局部破坏。为了限制下沉变形，构件端部截面尺寸不能过小。《公路桥规》规定，对于在局部承压区配置间接钢筋的情况，其局部承压区的截面尺寸应满足：

$$\gamma_0 F_{ld} \leq 1.3\eta_s \beta f_{cd} A_{ln} \tag{12-138}$$

若不能满足式(12-138)的要求，应加大构件端部截面尺寸，或调整混凝土强度，或增大垫板厚度等。

3. 总体区计算

(1)总体区受拉部位抗拉承载力计算。

为了抵抗总体区混凝土出现的拉应力，应在各受拉部位配置适量的普通钢筋。

总体区各受拉部位的抗拉承载力应符合下列要求：

$$\gamma_0 T_{(\cdot),d} \leq f_{sd} A_s \tag{12-139}$$

式中：$T_{(\cdot),d}$——总体区各受拉部位的拉力设计值，对于端部锚固区，为锚下劈裂力设计值 $T_{b,d}$、剥裂力设计值 $T_{s,d}$ 和边缘拉力设计值 $T_{et,d}$；

A_s——总体区内相应计算位置的普通钢筋截面面积；

f_{sd}——普通钢筋的抗拉强度设计值。

(2)锚下劈裂力设计值 $T_{b,d}$。

后张法构件端部锚固面通常布置单个或多个锚具，其锚固区的锚下劈裂力设计值按下列规定计算。

①单个锚头。

单个锚头[图 12-30a)]引起的锚下劈裂力设计值：

$$T_{b,d} = 0.25P_d(1+\gamma)^2\left(1-\gamma-\frac{a}{h}\right)+0.5P_d|\sin\alpha| \tag{12-140}$$

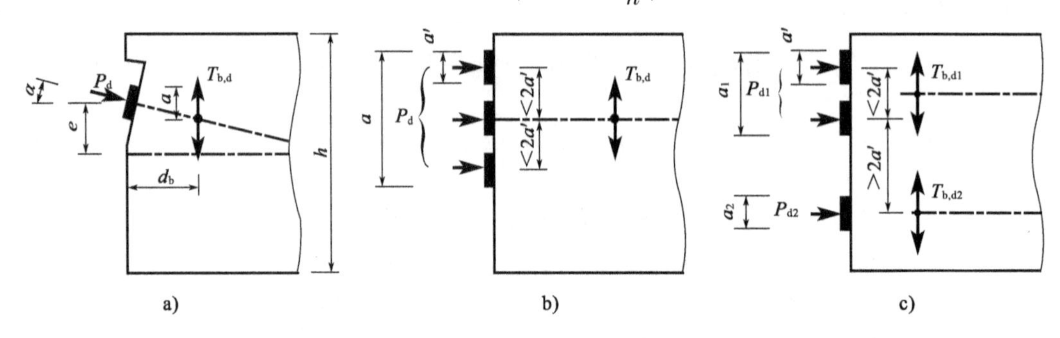

图 12-30 端部锚固区的锚下劈裂力设计值计算

a)单个锚头情形；b)一组密集锚头情形；c)非密集锚头情形

劈裂力作用位置至锚固端面的水平距离 d_b[图 12-30a)]：

$$d_b = 0.5(h-2e)+e\sin\alpha \tag{12-141}$$

式中：P_d——预应力锚固力设计值，取 1.2 倍张拉控制力；

a——锚垫板宽度；

h——锚固端截面高度；

e——锚固力偏心距，取锚固力作用点至截面形心的距离；

γ——锚固力在截面上的偏心率，$\gamma=2e/h$；

α——预应力钢筋的倾角，一般在 $-5°\sim+20°$ 之间，当锚固力作用线从起点指向截面形心时取正值[图 12-31a)]，逐渐远离截面形心时取负值[图 12-31b)]。

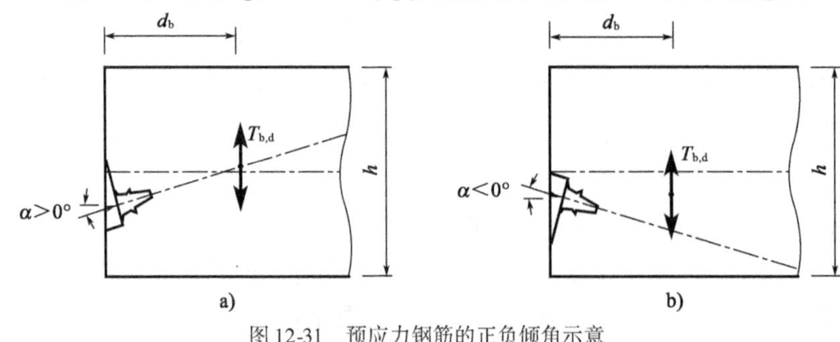

图 12-31 预应力钢筋的正负倾角示意

a)$\alpha>0°$；b)$\alpha<0°$

②密集锚头。

当后张法预应力构件端部锚固区内的相邻锚固点中心距小于2倍锚垫板宽度时，为密集锚头［图12-30b)］。

一组密集锚头锚固力可等代为一个集中力 P_{d}，按式(12-140)、式(12-141)计算劈裂力设计值。计算时，总的垫板宽度取该组锚头两个最外侧垫板外缘之间的距离。

③非密集锚头。

当相邻锚固点中心距大于或等于2倍锚垫板宽度时，为非密集锚头［图12-30c)］。

对于非密集锚头，可分别计算单个锚头(各组密集锚头)产生的劈裂力，取其最大值作为劈裂力设计值。

(3)剥裂力设计值 $T_{\mathrm{s,d}}$。

由锚垫板局部压陷引起的周边剥裂力(图12-32)设计值按下式计算：

$$T_{\mathrm{s,d}} = 0.02\max\{P_{\mathrm{d}i}\} \tag{12-142}$$

式中：$P_{\mathrm{d}i}$——同一端面上，第 i 个锚固力设计值。

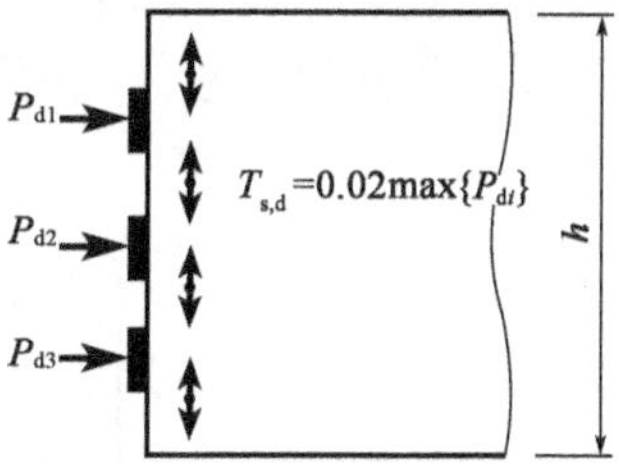

图12-32　锚头周边剥裂力计算

边缘剥裂力的作用位置取边缘受拉钢筋中心位置。

在端部锚固区内，大间距锚固力的扩散会引起端面剥裂力，比如T梁两端上下两组锚头间距较大时，会在锚固端面产生剥裂应力，可能引发剥裂裂缝(图12-33)。又如作用于箱梁腹板的锚固力也会向顶板、底板扩散，在顶板和底板前端产生剥裂应力，可能引发纵向开裂(图12-34)。设计计算时应予以注意。

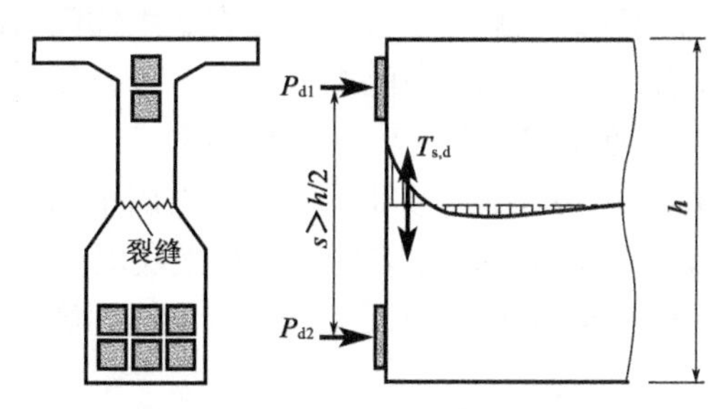

图12-33　T梁腹板端面剥裂力

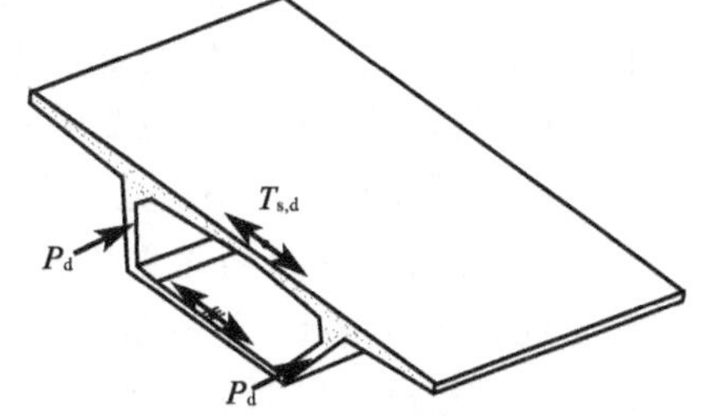

图12-34　箱梁顶板、底板端面剥裂力

《公路桥规》规定，当两个锚固力的中心距大于1/2锚固端截面高度时，该组大间距锚头之间的端面剥裂力(图12-35)按式(12-143)计算，且不小于最大锚固力设计值的2%。

$$T_{\mathrm{s,d}} = 0.45\,\overline{P_{\mathrm{d}}}\cdot\left(\frac{2s}{h}-1\right) \tag{12-143}$$

式中：$\overline{P_{\mathrm{d}}}$——锚固力设计值的平均值，即 $\overline{P_{\mathrm{d}}}=(P_{\mathrm{d1}}+P_{\mathrm{d2}})/2$；

s——两个锚固力的中心距；

h——锚固端截面高度。

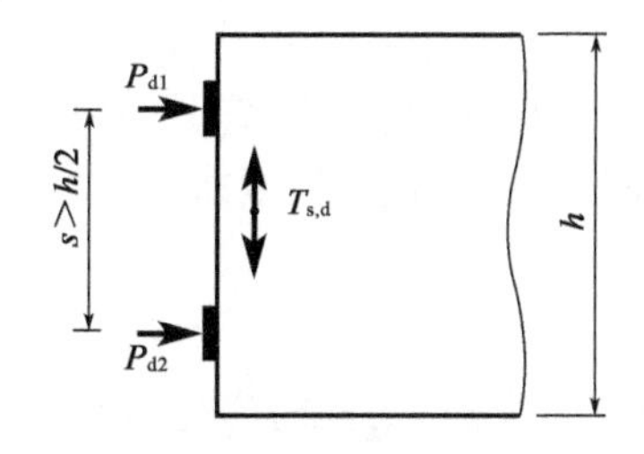

图12-35　大间距锚头之间的剥裂力计算

(4)边缘拉力设计值 $T_{\mathrm{et,d}}$。

端部锚固区的边缘拉力设计值 $T_{\mathrm{et,d}}$(图12-36)按式(12-144)计算：

$$T_{\mathrm{et,d}}=\begin{cases}0 & \left(\gamma\leqslant\dfrac{1}{3}\right)\\ \dfrac{(3\gamma-1)^2}{12\gamma}P_{\mathrm{d}} & \left(\gamma>\dfrac{1}{3}\right)\end{cases} \tag{12-144}$$

式中符号意义与式(12-140)相同。边缘拉力的作用位置取边缘受拉钢筋中心位置。

后张法预应力混凝土构件端部总体区的应力状态比较复杂,设计时应采取补强措施。锚下总体区应配置抵抗横向劈裂力的闭合式箍筋,其间距不应大于120mm;梁端截面应配置抵抗表面剥裂力的抗裂钢筋;当采用大偏心锚固时,锚固端面钢筋宜弯起并延伸至纵向受拉区边缘。总体区配筋示意如图12-37所示。

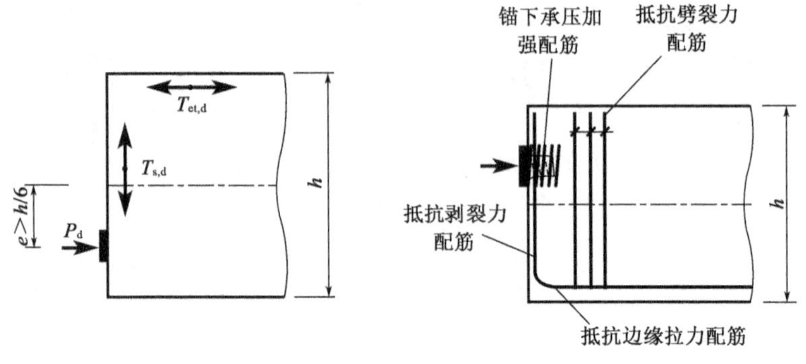

图12-36　端部锚固区的边缘拉力计算　　图12-37　总体区配筋示意

以上介绍了后张法预应力混凝土构件端部锚固区的受力特点、计算方法及构造要求。预应力混凝土桥梁也常常会遇到三角齿块锚固区。三角齿块锚固区存在集中锚固力的作用、几何形体上的突变以及预应力钢束弯起引起的径向力作用,是一个受力十分复杂的典型应力扰动区,其设计计算及构造要求等详见《公路桥规》及其他相关文献。

局部承压是混凝土结构中常见的受力形式之一。除了后张法构件锚下属于局部受压外,其他部位例如桥梁墩(台)帽直接支承支座垫板的部分,支座反力对梁底混凝土的作用等也属于局部受压情况。这些部位可参照后张法预应力混凝土构件端部锚固区中局部区的设计计算方法进行局部承压计算。

12.9　预应力混凝土受弯构件的构造要求

预应力混凝土受弯构件的构造,除应满足钢筋混凝土受弯构件的有关规定外,还应根据预应力张拉工艺、锚固措施及预应力钢筋种类的不同,满足有关其他构造要求。

12.9.1　截面形式及尺寸

在实际工程设计中,人们根据多年来的实践经验及理论研究成果,同时考虑设计、使用和施工等多种因素,已经形成了一些常用的预应力混凝土受弯构件截面形式和基本尺寸,可供设计时参考。

1. 预应力混凝土空心板[图12-38a)、b)]

预应力混凝土空心板采用预制拼装施工方法,可采用先张法或后张法施工工艺,按部分 A 类预应力混凝土构件设计。

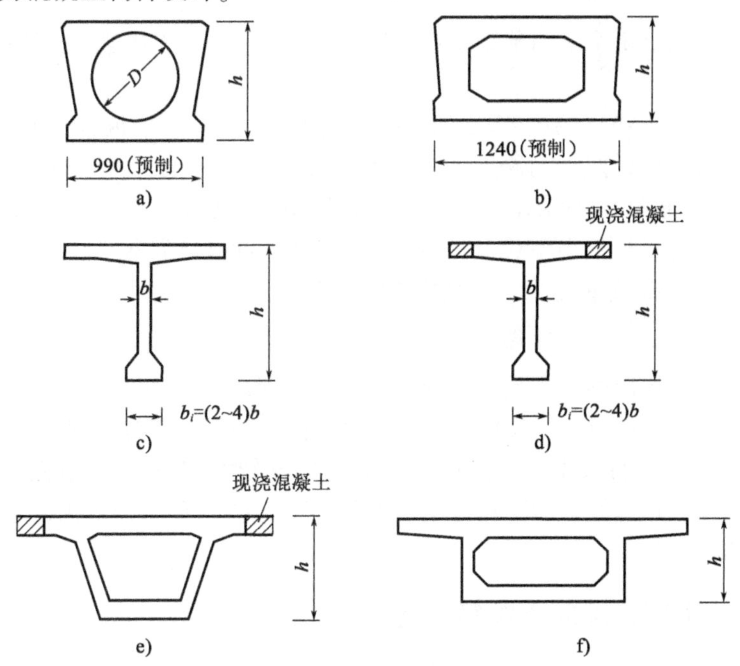

图 12-38　预应力混凝土梁常用截面形式（尺寸单位：mm）

a）先张法预应力混凝土空心板；b）后张法预应力混凝土空心板；c）预应力混凝土 T 形梁（一）；d）预应力混凝土 T 形梁（二）；e）预应力混凝土小箱梁；f）预应力混凝土箱形梁

先张法预应力混凝土空心板[图 12-38a）]，其芯模可采用圆形、圆端形等形式，截面高度与跨度有关，一般取高跨比 $h/l = 1/22 \sim 1/20$，板宽一般取 1000mm，顶板和底板的厚度均不小于 80mm。

后张法预应力混凝土空心板[图 12-38b）]，高跨比 $h/l = 1/21 \sim 1/16$，板宽一般取 1250 ~ 1500mm，顶板和底板的厚度一般为 120mm。

装配式简支预应力混凝土空心板的跨径不大于 20m，标准化跨径一般为 10m、13m、16m 和 20m。

2. 预应力混凝土 T 形梁[图 12-38c）、d）]

预应力混凝土 T 形梁是我国应用最多的预应力混凝土简支梁桥截面形式，一般采用预制拼装施工方法，后张法施工工艺，按全预应力混凝土或部分 A 类预应力混凝土构件设计。

T 形梁的高跨比一般为 $h/l = 1/16 \sim 1/13$。T 形梁的肋板主要是承受剪应力和主应力，一般做得较薄，但构造上要求应能满足布置预留孔道的需要，肋板宽一般取 160 ~ 200mm。为了满足布置预应力钢筋和承受预压力的需要，常将下缘加宽成马蹄形。在梁端锚固区段（约等于梁高的范围）内，应满足局部承压、梁端布置锚具和安放千斤顶的需要，常将腹板做成与“马蹄”同宽。T 形梁的上翼缘宽度一般取 1600 ~ 2500mm，悬臂端的最小厚度不得小于 100mm，与腹板相连处的翼缘厚度不应小于梁高的 1/10。为了减轻梁在运输、吊装时的质量，同时也为了增强 T 形梁间横向联系，通常在预制 T 形梁翼缘板之间采用现浇湿接缝[图 12-38d）]，这种情况下的翼缘悬臂端厚度不应小于 140mm。

装配式预应力混凝土 T 形梁的跨径不大于 50m，标准化跨径为 20 ~ 40m，每级差为 5m。

3. 预应力混凝土小箱梁[图 12-38e)]

预应力混凝土小箱梁采用预制拼装施工方法,后张法施工工艺,按部分 A 类预应力混凝土构件设计。

预应力混凝土小箱梁的高跨比一般为 $h/l = 1/20 \sim 1/16$,顶板宽一般为 2400mm,顶板厚度取 180mm,底板厚度,对跨中截面采用 180mm,梁端区段采用 250mm。腹板一般采用斜腹板,其跨中截面厚度采用 180mm,梁端区段采用 250mm。

装配式预应力混凝土小箱梁的跨径不大于 40m,标准化跨径为 20 ~ 40m,每级差为 5m。小箱梁适用于简支或先简支后结构连续体系。

4. 预应力混凝土箱形梁[图 12-38f)]

预应力混凝土箱形梁采用预制或现浇施工方法,后张法施工工艺。当跨径大于 100m 时,宜按全预应力混凝土构件设计。箱形梁截面为闭口截面,其抗扭刚度和横向刚度比一般开口截面(如 T 形梁)大得多,可使梁的荷载分布比较均匀,箱壁一般做得较薄,材料利用合理,自重较轻,跨越能力大。箱形梁更多用于连续梁、T 形刚构等大跨度桥梁中,其构造要求详见相关文献。

12.9.2 预应力混凝土配筋构造

1. 先张法构件预应力钢筋的构造要求

先张法预应力混凝土构件宜采用钢绞线、螺旋肋钢丝作预应力钢筋。当采用光面钢丝作预应力钢筋时,应采用适当措施,保证钢丝在混凝土中可靠地锚固。

先张法构件中预应力钢筋的保护层厚度(钢筋外缘至混凝土表面的距离)不应小于钢筋公称直径,最外侧钢筋的混凝土保护层厚度应不小于附表 1-8 的规定值。

预应力钢绞线之间的净距不应小于其公称直径的 1.5 倍,对于 1 ×7(七股)钢绞线净距并不应小于 25mm。预应力钢丝间净距不应小于 15mm。

为了使预应力钢筋放松时引起的冲击不致破坏端部混凝土,预应力钢筋端部周围混凝土应采取局部加强措施。对于单根预应力钢筋,其端部应设置长度不小于 150mm 的螺旋筋;对于多根预应力钢筋,在构件端部 10 倍预应力钢筋直径范围内,应设置 3 ~5 片钢筋网。

2. 后张法构件预应力钢筋管道的构造要求

后张法构件中预留管道一般采用抽拔橡胶管或钢管和预埋波纹管或铁皮管两种方式形成,其设置应符合下列要求:

(1)管道保护层厚度。

后张法构件中直线预应力钢筋的保护层厚度取预应力钢筋管道外缘至混凝土表面的距离,不应小于其管道直径的 1/2。

对外形呈曲线形且布置有曲线预应力钢筋的构件(图 12-39),其曲线平面内、外管道的最小保护层厚度,应根据施加预应力时曲线预应力钢筋引起的压力,按下式计算。

①曲线平面内向心方向混凝土保护层最小厚度。

$$c_{\mathrm{in}} \geqslant \frac{P_{\mathrm{d}}}{0.266r\sqrt{f'_{\mathrm{cu}}}} - \frac{d_{\mathrm{s}}}{2} \tag{12-145}$$

式中：c_{in}——曲线平面内混凝土保护层最小厚度(mm)；

P_d——预应力钢筋的张拉力设计值(N)，可取扣除锚圈口摩擦、钢筋回缩及计算截面处管道摩擦损失后的张拉力乘1.2；

d_s——管道外缘直径(mm)；

f'_{cu}——预应力钢筋张拉时，边长为150mm的立方体混凝土抗压强度(MPa)；

r——管道圆曲线半径(mm)，当为其他曲线时，可近似按下式计算：

$$r = \frac{l}{2}\left(\frac{1}{4\beta} + \beta\right) \tag{12-146}$$

l——曲线弦长(mm)；

β——曲线矢高f与弦长l之比。

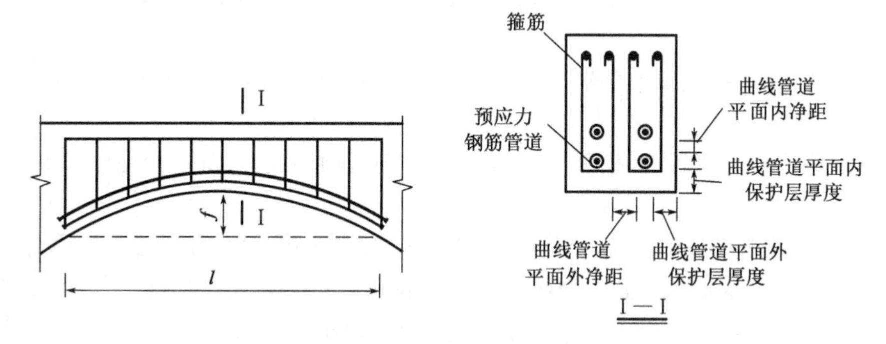

图12-39　预应力钢筋曲线管道净距、保护层厚度

当按式(12-145)计算的保护层厚度较大时，也可按直线管道的最小保护层厚度设置，但应在管道曲线段弯曲平面内设置箍筋(又称拉筋)(图12-39)，箍筋单肢的截面面积计算式为

$$A_{sv1} \geqslant \frac{P_d s_v}{2rf_{sv}} \tag{12-147}$$

式中：A_{sv1}——箍筋单肢截面面积(mm^2)；

s_v——箍筋间距(mm)；

f_{sv}——箍筋抗拉强度设计值(MPa)。

②曲线平面外混凝土保护层最小厚度。

$$c_{out} \geqslant \frac{P_d}{0.266\pi r\sqrt{f'_{cu}}} - \frac{d_s}{2} \tag{12-148}$$

式中：c_{out}——曲线平面外混凝土保护层最小厚度(mm)。

若按上述公式计算的保护层厚度小于直线管道最小保护层厚度，则应取直线管道的保护层厚度。

(2)管道净距。

直线管道之间的净距不应小于40mm，且不宜小于管道直径的60%；对于预埋的金属或塑料波纹管和铁皮管，在直线管道的竖直方向可将两管道叠置。

曲线形预应力钢筋管道在曲线平面内相邻管道间的最小净距按式(12-145)计算，其

中 c_{in} 为相邻两曲线管道外缘在曲线平面内的净距，P_d 和 r 分别为相邻两管道曲线半径较大的一根预应力钢筋的张拉力设计值和曲线半径。当计算结果小于其相应直线管道外缘间净距时，应取用直线管道最小外缘间净距。

曲线形预应力钢筋管道在曲线平面外相邻外缘间的最小净距按式(12-148)计算，其中 c_{out} 为相邻两曲线管道外缘在曲线平面外的净距。

(3)管道内径的截面面积不应小于 2 倍预应力钢筋截面面积。

(4)按计算需要设置预拱度时，预留管道也应同时起拱。

3. 曲线形预应力钢筋设置要求

对于曲线形预应力钢筋，如果曲线半径过小，张拉钢筋时将会引起较大的管道摩擦力及径向压力。《公路桥规》规定，后张法预应力混凝土构件的曲线形预应力钢筋，其曲线半径应符合下列规定：

(1)钢丝束、钢绞线束的钢丝直径 $d \leq 5$mm 时，不宜小于 4m；钢丝直径 $d > 5$mm 时，不宜小于 6m。

(2)预应力螺纹钢筋直径 $d \leq 25$mm 时，不宜小于 12m；直径 $d > 25$mm 时，不宜小于 15m。

对于具有特殊用途的预应力钢筋(如斜拉桥桥塔中围箍用的半圆形预应力钢筋，其半径在 1.5m 左右)，因采取特殊措施，可以不受此限。

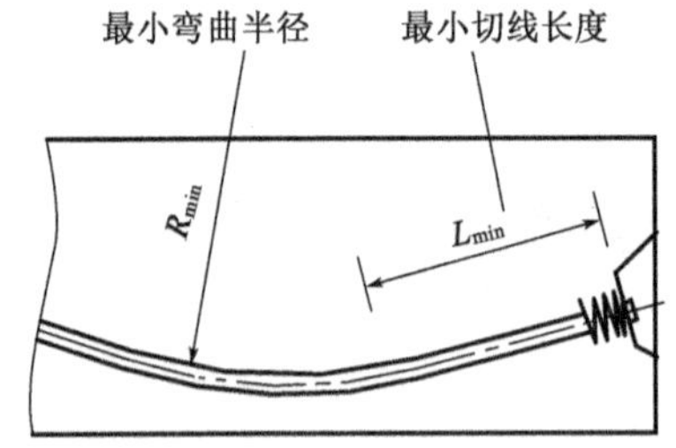

图 12-40　锚下预应力钢筋最小直线段长度示意

在后张法构件锚固端，由于构造和受力要求，不允许预应力钢筋的曲线部分进入锚固区段，这就要求锚下钢筋具有一定的直线长度(图 12-40)。锚下最小直线段长度宜取 0.80 ~ 1.5m。

4. 非预应力钢筋构造

在预应力混凝土受弯构件中，除了预应力钢筋外，还需要配置各种形式的非预应力钢筋。

(1)箍筋。

预应力混凝土受弯构件中的箍筋按斜截面抗剪承载力要求计算，在剪力较小的梁段，按计算要求的箍筋数量可能较少，但为了防止混凝土受剪时发生意外脆性破坏，仍需要配置一定数量的箍筋。《公路桥规》规定，按下列要求配置箍筋：

①预应力混凝土 T 形、I 形截面梁和箱形截面梁腹板内应分别设置直径不小于 10mm 和 12mm 的箍筋，且应采用带肋钢筋，间距不宜大于 200mm；自支座中心起长度不小于一倍梁高范围内，应采用闭合式箍筋，间距不应大于 120mm。因为在梁支座中心附近，剪力较大且锚固区有拉应力，所以箍筋应加密布置。

②在 T 形、I 形截面梁下部的"马蹄"内，应另设直径不小于 8mm 的闭合式箍筋，间距不应大于 200mm。这是因为"马蹄"在预加应力阶段承受着很大的预压应力，为防止混凝土横向变形过大和沿梁轴方向发生纵向水平裂缝而予以局部加强。

(2)水平纵向钢筋。

在 4.1 节中已指出，梁高较大的钢筋混凝土 T 形梁或箱形梁的腹板两侧面应设置水平纵向钢筋，用以防止因混凝土收缩及温度变化而产生裂缝。对预应力混凝土梁来说，设置水平纵向钢筋的作用更加突出。预应力混凝土T形梁,上有翼板,下有“马蹄”,在混凝土硬化和温度变化时,腹板的变形将受到翼板与“马蹄”的钳制作用,更容易出现裂缝。梁的截面越高,就越容易出现裂缝。

设置在腹板两侧的水平纵向钢筋,直径为6~8mm,每腹板内钢筋截面面积宜为$(0.001\sim0.002)bh$,其中b为腹板宽度,h为梁的高度。其间距在受拉区不应大于腹板宽度,且不应大于200mm,在受压区不应大于300mm,在支点附近剪力较大区段和预应力混凝土梁的锚固区段,腹板两侧纵向钢筋截面面积应予增加,纵向钢筋间距宜为100~150mm。

(3)局部加强钢筋。

对于局部受力较大的部位,应设置加强钢筋,如“马蹄”中的闭合式箍筋,梁端锚固区锚下间接钢筋,抵抗劈裂力、剥裂力及边缘拉力的钢筋等。除此之外,梁底支座处亦设置钢筋网予以加强。

(4)架立钢筋与定位钢筋。

架立钢筋是用于支撑箍筋的,一般采用直径为12~22mm的钢筋;定位钢筋是用于固定管道制孔器位置的钢筋,常做成网格式。

5. 混凝土封锚

在预加应力施加完毕后,埋封于梁体内的锚具周围应设置构造钢筋与梁体连接,然后浇筑混凝土封锚。封锚混凝土强度等级不应低于构件本身混凝土强度等级的80%,且不低于C30。对于长期外露的锚具,应采取有效的防锈措施。

12.10 预应力混凝土受弯构件的设计

12.10.1 设计步骤

预应力混凝土受弯构件的设计应满足安全、适用和耐久性方面的要求。设计的主要内容包括拟定截面形式及尺寸,选择施工方法及材料,计算作用效应,截面配筋设计以及相关验算。

预应力混凝土受弯构件设计的一般步骤如下:

(1)拟定截面形式尺寸。

根据设计要求,参照已有的设计图纸与资料,选择截面形式,初步拟定截面尺寸。

(2)选择施工方法及材料。

根据结构跨径、孔数、构件截面形式和尺寸、地形等综合条件选择施工方法、预加应力方法,并确定锚具形式。选定所需各种材料的规格。

(3)计算作用效应。

按照实际施工、使用阶段,计算结构重力、汽车及人群等荷载效应。根据结构可能出现的作用组合,计算控制截面作用组合的弯矩设计值和剪力设计值。

(4)截面配筋设计。

按持久状况承载能力极限状态和持久状况正常使用极限状态的要求,估算预应力钢筋和普通钢筋的数量,并进行合理布置。这部分内容将在12.10.2节作详细介绍。

(5)计算截面几何特征值。

根据拟定的截面形式和尺寸,计算控制截面面积、惯性矩等。

(6)计算预应力钢筋的有效预应力。

按照《公路桥规》的规定,确定预应力钢筋张拉控制应力,估算相关各项预应力损失,并计算各阶段相应的有效预应力。

(7)承载能力验算。

按持久状况承载能力极限状态要求,分别进行正截面和斜截面承载能力验算。

(8)应力验算。

按短暂状况和持久状况进行构件的应力验算。

(9)抗裂验算。

按正常使用极限状态要求,对构件进行正截面和斜截面抗裂验算。

(10)变形验算。

按正常使用极限状态要求,对构件的变形进行验算。

(11)锚固区计算。

对于后张法构件,需对锚固区进行计算。

设计中应特别注意对上述各项计算结果进行分析。若其中某项计算结果不满足要求或安全储备过大,应适当修改截面尺寸或调整钢筋的数量和位置,重新进行上述各项计算。尽量做到既能满足规范规定的各项限制条件,又不致个别验算项目的安全储备过大,以达到全梁优化设计的目的。

预应力混凝土受弯构件设计流程如图12-41所示。

12.10.2 预应力混凝土受弯构件配筋设计

预应力混凝土受弯构件设计步骤中除了作用效应计算及配筋设计没有介绍之外,其他内容已在前面介绍。有关作用效应的计算在"桥梁工程"课程介绍。下面主要介绍预应力混凝土受弯构件的配筋设计。

1.钢筋截面面积估算

预应力混凝土受弯构件应进行承载能力极限状态和正常使用极限状态计算,并应满足不同设计状况下规范规定的设计要求(如承载力、应力、抗裂性或裂缝宽度和变形等)。构件中钢筋数量就是根据这些设计要求来进行估算的。对预应力混凝土受弯构件来说,一般以抗裂性(全预应力混凝土、A类预应力混凝土构件)或裂缝宽度(B类预应力混凝土构件)控制设计。在截面尺寸已定的情况下,构件的抗裂性或裂缝宽度主要与预加力的大小有关,而构件的极限承载能力则与预应力钢筋和普通钢筋的总量有关。因此,预应力混凝土受弯构件钢筋数量估算的一般方法是,首先按正常使用极限状态正截面抗裂性要求或裂缝宽度限值确定预应力钢筋的数量,再按承载能力极限状态要求,确定普通钢筋数量。

(1)预应力钢筋截面面积估算。

为估算预应力钢筋数量,首先应按正常使用状态正截面抗裂性要求,确定有效预加力N_{pe}。

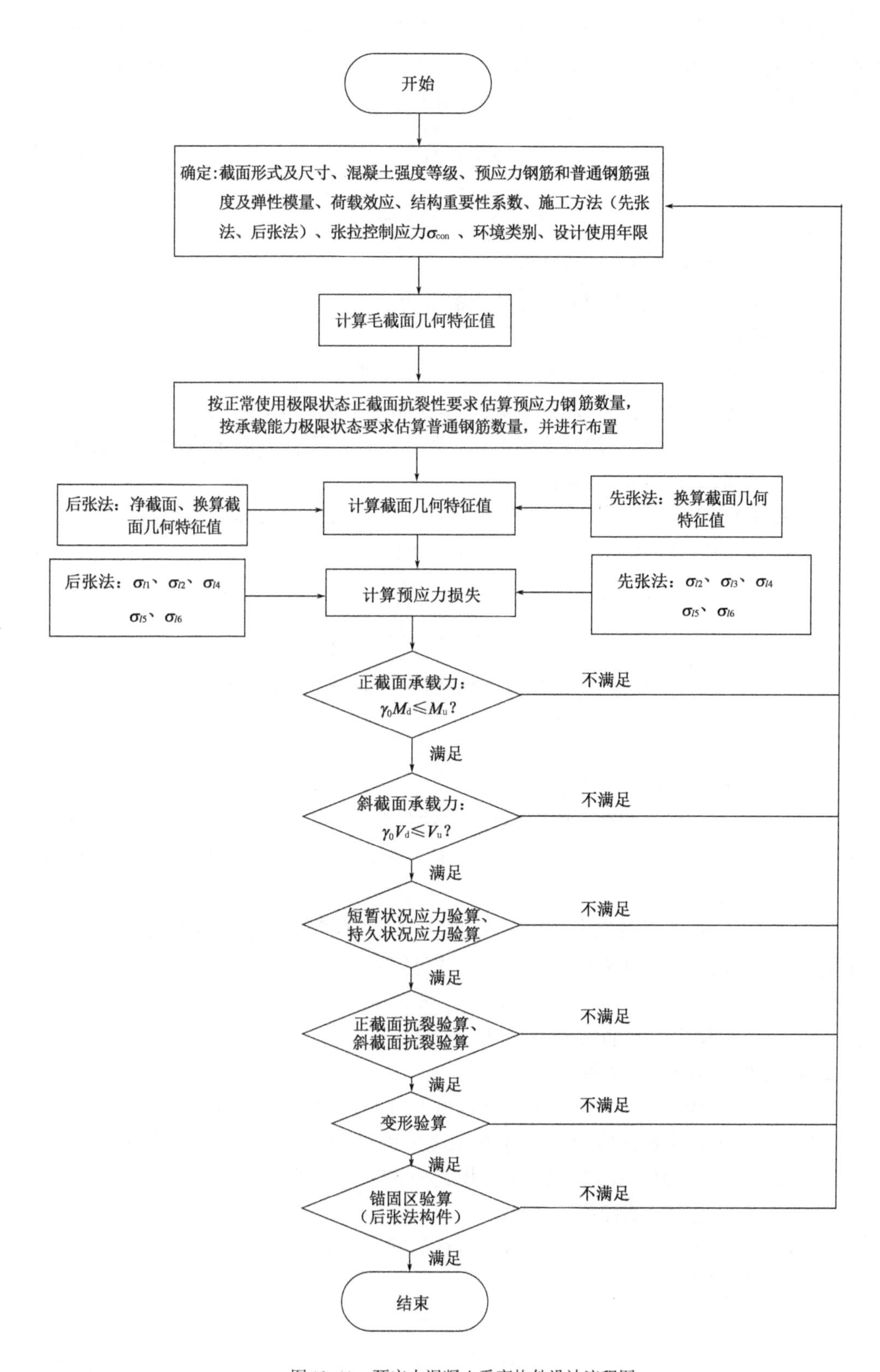

图12-41 预应力混凝土受弯构件设计流程图

《公路桥规》规定，对于全预应力混凝土构件，在作用频遇组合下，应满足 $\sigma_{st}-0.85\sigma_{pc}\leq 0$ 或 $\sigma_{st}-0.8\sigma_{pc}\leq 0$［式(12-118)或式(12-119)］的要求(详见 12.6 节)。在初步设计时，可采用毛截面计算，σ_{st} 和 σ_{pc} 按下列近似公式计算：

$$\sigma_{st}=\frac{M_s}{W} \tag{12-149}$$

$$\sigma_{pc}=\frac{N_{pe}}{A}+\frac{N_{pe}e_p}{W} \tag{12-150}$$

式中：M_s——按作用频遇组合计算的弯矩值；

N_{pe}——使用阶段预应力钢筋永存应力的合力；

A——构件混凝土毛截面面积；

W——构件毛截面对抗裂验算边缘的弹性抵抗矩；

e_p——预应力钢筋合力作用点至截面重心轴的距离，$e_p=y-a_p$，其中 y 为截面重心轴至截面受拉区边缘的距离，a_p 为预应力钢筋合力点至截面受拉区边缘的距离，其值可预先假定。

将式(12-149)和式(12-150)代入式(12-118)或式(12-119)，即可得到满足全预应力混凝土构件正截面抗裂性要求所需的有效预加力为

$$N_{pe}\geq\frac{M_s/W}{0.85(\text{或}\,0.8)\left(\dfrac{1}{A}+\dfrac{e_p}{W}\right)} \tag{12-151}$$

求得有效预加力 N_{pe} 值后，所需预应力钢筋截面面积按下式计算：

$$A_p=\frac{N_{pe}}{\sigma_{con}-\sigma_l} \tag{12-152}$$

式中：σ_{con}——预应力钢筋的张拉控制应力；

σ_l——预应力损失总值，估算时对先张法构件可取 20% ~30% 的张拉控制应力，对后张法构件可取 25% ~35% 的张拉控制应力，采用低松弛钢筋时取低值。

求得预应力钢筋截面面积后，应结合锚具，选择一束预应力钢筋的组成，计算预应力钢筋束的数量。预应力钢筋束的数量 n 按下式计算：

$$n=A_p/A_{p1} \tag{12-153}$$

式中：A_{p1}——一束预应力钢筋的截面面积。

(2)普通钢筋截面面积估算。

在确定预应力钢筋的数量后，普通钢筋数量可由正截面承载能力板限状态要求来确定。

对于仅在受拉区配置预应力钢筋和非预应力钢筋的预应力混凝土矩形截面和 T 形截面梁，正截面承载能力计算式由 12.4 节相关公式改写得到。

①T 形截面普通钢筋截面面积估算。

预应力混凝土 T 形截面正截面承载能力计算式：

第一类 T 形截面

$$f_{sd}A_s+f_{pd}A_p=f_{cd}b'_fx \tag{12-154}$$

$$\gamma_0M_d\leq f_{cd}b'_fx\left(h_0-\frac{x}{2}\right) \tag{12-155}$$

第二类 T 形截面

$$f_{sd}A_s + f_{pd}A_p = f_{cd}bx + f_{cd}(b'_f - b)h'_f \tag{12-156}$$

$$\gamma_0 M_d \leqslant f_{cd}bx\left(h_0 - \frac{x}{2}\right) + f_{cd}(b'_f - b)h'_f\left(h_0 - \frac{h'_f}{2}\right) \tag{12-157}$$

估算时,先假定为第一类 T 形截面,按式(12-155)计算受压区高度 x,若满足 $x \leqslant h'_f$,将 x 值代入式(12-154)得受拉区非预应力钢筋截面面积为

$$A_s = \frac{f_{cd}b'_f x - f_{pd}A_p}{f_{sd}} \tag{12-158}$$

若按式(12-155)计算所得的受压区高度 $x > h'_f$,则为第二类 T 形截面,须按式(12-157)重新计算受压区高度 x,若 $x > h'_f$ 且满足 $x \leqslant \xi_b h_0$ 的限制条件,则由式(12-156)求受拉区非预应力钢筋截面面积为

$$A_s = \frac{f_{cd}bx + f_{cd}(b'_f - b)h'_f - f_{pd}A_p}{f_{sd}} \tag{12-159}$$

②矩形截面普通钢筋截面面积估算。

对于矩形截面,只要令 $b'_f = b$,按式(12-154)和式(12-155)估算普通钢筋截面面积即可。

(3)最小配筋率的要求。

按上述方法估算的预应力钢筋和普通钢筋截面面积,还须满足式(12-88)最小配筋率要求。

2. 预应力钢筋纵断面设计

(1)束界。

由预加力 N_p 引起的混凝土预应力,不仅与预加力大小有关,而且与其作用点位置(一般近似地取为预应力钢筋截面重心)有关。预应力混凝土受弯构件,在外荷载弯矩较大的截面处,为了使受拉区边缘混凝土不出现拉应力或不出现超限拉应力,同时为了节约预应力钢筋,应尽可能使预应力钢筋的重心靠近受拉区边缘,以增大偏心距 e_p 值,使其产生较大的预应力反向弯矩 M_p 来平衡外荷载引起的弯矩。但对于外荷载弯矩较小的其他截面,若 N_p 沿梁近似不变,则应相应地减小 e_p 值,以免由于过大的反向弯矩 M_p 引起构件预拉区混凝土出现拉应力或出现超限拉应力。可见,预应力钢筋的偏心距 e_p 应与外荷载弯矩值的变化相适应。

下面以全预应力混凝土简支梁为例,分析预应力钢筋的合理布置范围。

根据全预应力混凝土构件截面上、下缘混凝土不出现拉应力的原则,可以按照最小外荷载(构件自重 G_1)作用下和最不利荷载(构件自重 G_1、二期恒载 G_2 和可变荷载 Q)作用下两种情况,分别确定 N_p 在各个截面上偏心距的极限值。由此可以绘出图 12-42 所示两条 e_p 的限值线 E_1 和 E_2。只要 N_p 作用点的位置落在由 E_1 及 E_2 所围成的区域内,就能保证构件在最小外荷载和最不利荷载作用下,其上、下缘混凝土均不会出现拉应力。把由 E_1 和 E_2 两条曲线所围成的布置预应力钢筋(钢束)重心的界限,称为束界(或索界)。

根据上述原则,可以容易地按下列方法绘制出全预应力混凝土等截面简支梁的束界。

方便起见,近似按混凝土毛截面特性计算,并设混凝土压应力为正,拉应力为负。

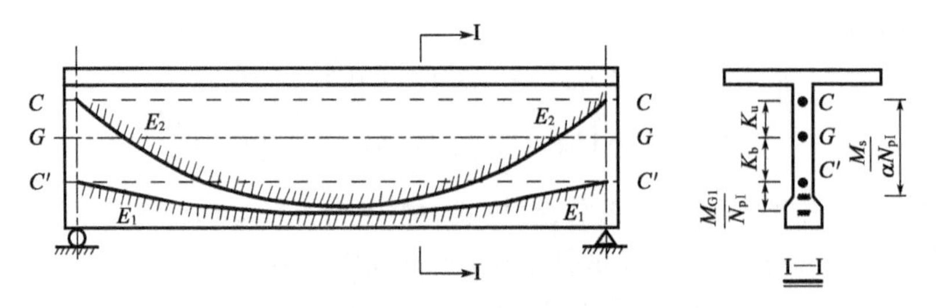

图 12-42　全预应力混凝土简支梁的束界

在预加应力阶段,保证梁的上缘混凝土不出现拉应力的条件为

$$\sigma_{ct}=\frac{N_{pI}}{A}-\frac{N_{pI}e_p}{W_u}+\frac{M_{G1}}{W_u}\geqslant 0 \tag{12-160}$$

得到

$$e_p\leqslant E_1=K_b+\frac{M_{G1}}{N_{pI}} \tag{12-161}$$

式中:N_{pI}——传力锚固时的预加力;

M_{G1}——构件自重弯矩;

e_p——预加力的偏心距,预加力合力点位于截面重心轴以下时,e_p 取正值,反之取负值;

E_1——预加力偏心距上限值;

K_b——混凝土截面的下核心距,$K_b=W_u/A$;

A——构件毛截面面积;

W_u——构件毛截面对截面上缘的弹性抵抗矩。

同理,在使用阶段作用频遇组合下,根据构件下缘不出现拉应力的条件,同样可以求得预加力的偏心距 e_p 为

$$e_p\geqslant E_2=\frac{M_s}{\alpha N_{pI}}-K_u \tag{12-162}$$

式中:M_s——按作用频遇组合计算的弯矩值;

α——使用阶段的永存预加力 N_{pII} 与传力锚固时的有效预加力 N_{pI} 的比值,可近似地取 $\alpha=0.8$;

E_2——预加力偏心距下限值;

K_u——混凝土截面的上核心距,$K_u=W_b/A$;

W_b——构件毛截面对截面下缘的弹性抵抗矩。

由式(12-161)、式(12-162)可以看出,预加力偏心距上、下限值 E_1、E_2 分别具有与弯矩 M_{G1} 和弯矩 M_s 相似的变化规律。由 E_1、E_2 表达式可绘出沿梁纵向预加力偏心距的限值线,如图 12-42 所示。曲线 E_1 和 E_2 分别称为束界的上限和下限,二者之间的区域就是束筋配置的范围。由此可见,预应力钢筋重心位置(e_p)所应遵循的条件为

$$\frac{M_s}{\alpha N_{pI}}-K_u\leqslant e_p\leqslant K_b+\frac{M_{G1}}{N_{pI}} \tag{12-163}$$

只要预应力钢筋重心线的偏心距 e_p 满足式(12-163)的要求,就可以保证构件在预加力阶段和使用阶段,其上、下缘混凝土均不会出现拉应力。这对于检验预应力钢筋配置是

否得当,无疑是一个简便而直观的方法。

应该指出,上面给出的束界是针对全预应力混凝土构件导出的。对部分 A 类预应力混凝土或 B 类预应力混凝土构件来说,只要根据构件上、下缘混凝土拉应力(或名义拉应力)的不同限制值,按上述方法不难确定其束界。

(2)预应力钢筋的布置。

①先张法预应力钢筋布置。

先张法预应力混凝土构件一般都配置直线预应力钢筋,在构件全长范围内,预应力钢筋重心的偏心距相同,且预加力也基本相同,这对沿梁纵向弯矩变化较大的构件会产生不利影响。例如,简支梁的跨中弯矩最大,支点处弯矩为零,为抵抗跨中弯矩配置的预应力钢筋,有可能使支点附近截面上缘出现过大的拉应力。为了解决这个问题,一般从梁端到四分点之间将部分预应力钢筋分批与混凝土隔离,使隔离部分的黏结力失效,从而达到减小支点附近截面预加力、降低上缘混凝土拉应力的目的。隔离措施一般是在预应力钢筋表面设置硬塑料套管或硬塑料围裹等,如图 12-43 所示。但应注意的是,确定隔离长度时应考虑预应力钢筋的锚固长度。从抗弯或抗剪承载力控制截面算起,预应力钢筋的锚固长度应满足附表 2-7 的要求。

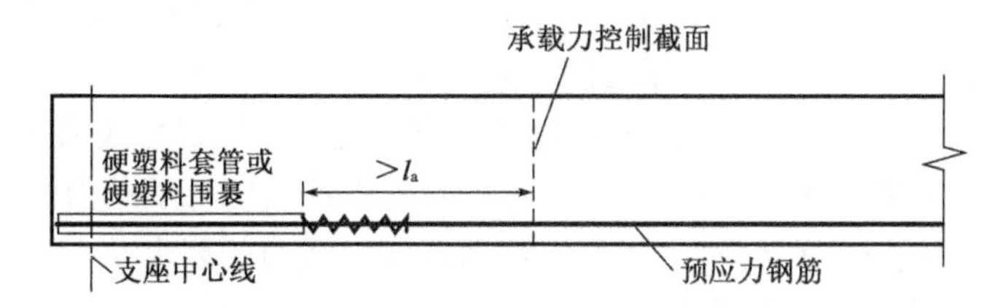

图 12-43　先张法预应力钢筋隔离措施

②后张法预应力钢筋布置。

a. 钢束的布置应使其重心线不超出束界范围。因此,后张法预应力混凝土受弯构件大部分预应力钢筋在趋向支点时,须逐步弯起。只有这样,才能保证构件无论是在施工阶段,还是在使用阶段,其任意截面上、下缘混凝土的法向应力都不致超过规定的限制值。对于简支梁来说,预应力钢筋逐步弯起将产生预剪力,可有效抵消支点附近较大的外荷载剪力,而且预应力钢筋的弯起,可使锚固点分散,有利于锚具的布置,对改善锚固区的局部承压条件及布置张拉千斤顶也是有利的。

b. 预应力钢筋弯起的角度,应与所承受的剪力变化规律相配合。根据受力要求,预应力钢筋弯起后所产生的预剪力 V_p 应能抵消恒载和部分活载剪力,使构件在无活载作用时剩余的预剪力值不致过大。从控制总剪力值出发,最佳的总预剪力应为

$$N_p \sin\theta_p = V_G + \frac{V_Q}{2} \tag{12-164}$$

式中:V_G、V_Q——恒载、活载剪力;

θ_p——预应力钢筋弯起角度;

N_p——弯起预应力钢筋合力。

于是,当仅有结构重力作用时,截面的总剪力为

$$V = V_G - \left(V_G + \frac{V_Q}{2}\right) = -\frac{V_Q}{2} \tag{12-165}$$

当结构重力和活载共同作用时,截面的总剪力为

$$V = V_G + V_Q - \left(V_G + \frac{V_Q}{2}\right) = \frac{V_Q}{2} \tag{12-166}$$

这样,构件在有活载或无活载作用时,截面上分别只产生大小相等、方向相反的剪力。由式(12-164)可确定预应力钢筋弯起角度为

$$\theta_p = \arcsin \frac{V_G + \dfrac{V_Q}{2}}{N_p} \tag{12-167}$$

对于恒载较大的大跨径桥梁,按式(12-167)确定的弯起角度值显然过大,将使预应力钢筋的摩擦损失大大增加,所以一般只按抵消一部分恒载剪力来设计。

从减小曲线预应力钢筋预拉时摩阻应力损失出发,弯起角度 θ_p 不宜大于20°,对于弯出梁顶锚固的钢筋束,弯起角度常在25°~30°之间。

c. 预应力钢筋弯起点的确定。

预应力钢筋的弯起点,应从兼顾剪力与弯矩两方面的受力要求来考虑。

a)从受剪考虑,理论上应从 $\gamma_0 V_d \geqslant V_{cs}$ 的截面起弯,以提供预剪力 V_p 来抵抗作用产生的剪力。但实际上,受弯构件跨中部分梁段的梁肋混凝土已足够承受荷载剪力,因此一般根据经验,在跨径的三分点到四分点之间开始弯起。

b)从受弯考虑,对于简支梁,由于预应力钢筋弯起后,其重心线将上移,截面的抗弯承载力将会降低,因此,应注意预应力钢筋弯起后的正截面抗弯承载力的要求。

c)预应力钢筋的起弯点应考虑满足斜截面抗弯承载力的要求。

d. 预应力钢筋弯起的曲线形状。

预应力钢筋弯起的曲线可采用圆弧线、抛物线和悬链线三种形式。公路桥梁中多采用圆弧线。

12.11 预应力混凝土简支T梁设计计算示例

12.11.1 设计资料

1. 桥梁跨径

标准跨径35m;计算跨径 $L=33.8$m;预制长度34.92m。

2. 设计荷载

公路-Ⅰ级荷载;人群荷载3.0kN/m²。

3. 设计使用年限

设计使用年限为100年。

4. 结构安全等级及环境类别

结构安全等级为二级。桥位于野外一般地区,Ⅰ类环境条件,年平均相对湿度为65%。

5. 主要材料

(1)混凝土:预制T梁、湿接缝采用C50,$E_c = 3.45 \times 10^4$ MPa;抗压强度标准值f_{ck} = 32.4MPa,抗压强度设计值f_{cd} =22.4MPa;抗拉强度标准值f_{tk} =2.65MPa,抗拉强度设计值f_{td} =1.83MPa。

(2)预应力钢筋:采用低松弛钢绞线ϕ^s15.2,f_{pk} =1860MPa,$E_p = 1.95 \times 10^5$ MPa。

(3)普通钢筋:HRB400级钢筋,抗拉强度标准值f_{sk} =400MPa,抗拉强度设计值f_{sd} = 330MPa,弹性模量$E_s = 2.0 \times 10^5$ MPa;锚下螺旋筋采用HPB300级钢筋,抗拉强度标准值f_{sk} =300MPa,抗拉强度设计值f_{sd} =250MPa。

(4)其他材料:锚具采用夹片式群锚,预应力管道采用预埋圆形金属波纹管成孔。

6. T梁主要尺寸

T梁(中梁)各部分尺寸如图12-44所示。

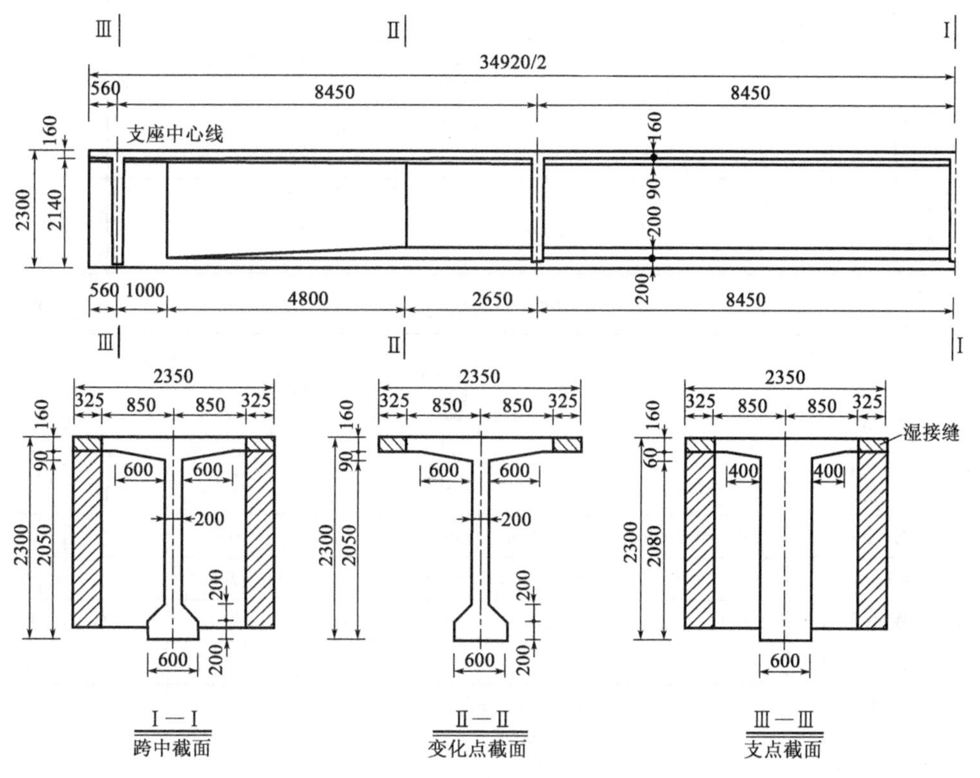

图12-44 T梁尺寸(尺寸单位:mm)

7. 施工方法

采用后张法工艺、装配式施工方法。预制主梁时对预应力钢绞线采用两端同时张拉,主梁安装就位后现浇650mm宽的湿接缝。最后施工桥面铺装层、人行道及栏杆。

8. 作用效应

公路简支梁桥主梁的作用效应,由永久作用(如结构重力、结构附加重力等)与可变作用(包括汽车荷载、人群荷载等)产生。装配式梁桥主梁恒载效应,应根据梁分阶段受力的实际情况,分别计算由预制主梁(包括横隔梁)自重、现浇湿接缝自重及二期恒载(包括桥面铺装、人行道及栏杆)引起的效应。主梁各截面由活载引起的最大效应值,由考虑主梁所分担的最不利荷载来求得。主梁效应具体计算方法,将在“桥梁工程”课程中介绍,这里仅列出中梁作用效应计算结果,恒载作用效应值见表12-5,活载作用效应值见表12-6。

恒载作用效应值表 表12-5

截面位置	预制主梁自重标准值 G_{11}		现浇湿接缝自重标准值 G_{12}		二期恒载(桥面铺装、人行道及栏杆)标准值 G_2	
	弯矩	剪力	弯矩	剪力	弯矩	剪力
	M_{G11k} (kN·m)	V_{G11k} (kN)	M_{G12k} (kN·m)	V_{G12k} (kN)	M_{G2k} (kN·m)	V_{G2k} (kN)
跨中截面(Ⅰ—Ⅰ)	3843.35	0.00	371.29	0.00	1603.39	0.00
L/4截面	2882.51	227.42	278.47	21.97	1202.55	94.88
变化点截面(Ⅱ—Ⅱ)	2185.36	298.74	211.12	28.86	911.7	124.63
支点截面(Ⅲ—Ⅲ)	0.00	454.83	0.00	43.94	0.00	189.75

活载作用效应值表 表12-6

截面位置	公路-Ⅰ级荷载				人群荷载			
	最大弯矩		最大剪力		最大弯矩		最大剪力	
	M_{Q1k} (kN·m)	对应 V (kN)	V_{Q1k} (kN)	对应 M (kN·m)	M_{Q2k} (kN·m)	对应 V (kN)	V_{Q2k} (kN)	对应 M (kN·m)
跨中截面(Ⅰ—Ⅰ)	2095.74	78.07	144.32	1831.53	103.37	0.00	3.34	64.71
L/4截面	1669.22	184.38	191.46	1575.88	74.46	7.41	8.05	59.42
变化点截面(Ⅱ—Ⅱ)	986.61	248.68	258.14	899.02	48.63	9.42	10.24	45.10
支点截面(Ⅲ—Ⅲ)	0.00	388.34	388.34	0.00	0.00	12.27	12.27	0.00

注:表内数据中汽车荷载效应未计冲击系数。冲击系数 $\mu=0.238$。

9.设计要求

根据《公路钢筋混凝土及预应力混凝土桥涵设计规范》(JTG 3362—2018)要求,按全预应力混凝土设计T梁。

12.11.2 主梁毛截面几何特性

计算截面几何特征值时,通常将截面划分成多个规则图形的小单元,采用分块数值求和法进行。

截面面积:

$$A = \sum A_i$$

截面重心至梁顶的距离：

$$y_u = \frac{\sum A_i y_i}{A}$$

截面惯性矩：

$$I = \sum[I_i + A_i(y_u - y_i)^2]$$

式中：A_i——分块面积；

y_i——分块面积的重心至梁顶距离；

I_i——分块面积自身惯性矩。

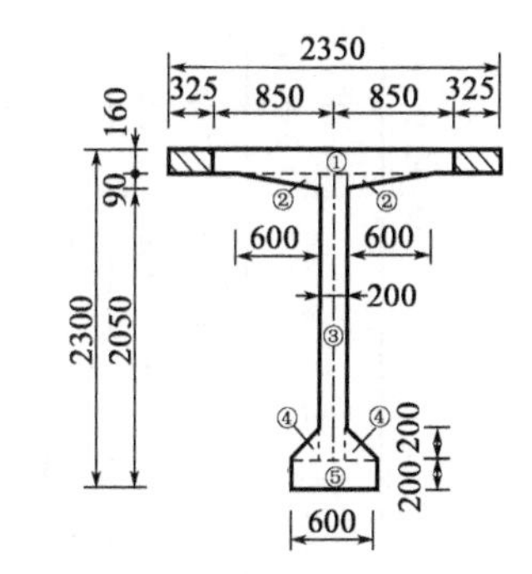

图12-45　跨中截面（Ⅰ—Ⅰ）分块示意（尺寸单位：mm）

现以跨中截面（Ⅰ—Ⅰ）（图12-45）为例列表计算毛截面几何特征值，见表12-7。

跨中截面（Ⅰ—Ⅰ）毛截面几何特征计算表　　表12-7

分块号	A_i (mm²)	y_i (mm)	$S_i = A_i \cdot y_i$ (mm³)	$y_u - y_i$ (mm)	$I_x = A_i y_u - y_i{}^2$ (mm⁴)	I_i (mm⁴)
①	2350×160 =376000	80	30080×10³	762.7	218.723×10⁹	2350×160³/12 ≈0.802×10⁹
②	600×90 =54000	190	10260×10³	652.7	23.005×10⁹	2×600×90³/36 ≈0.024×10⁹
③	200×1940 =388000	1130	438440×10³	−287.3	32.026×10⁹	200×1940³/12 ≈121.690×10⁹
④	200×200 =40000	2033.3	81332×10³	−1190.6	56.701×10⁹	2×200×200³/36 ≈0.089×10⁹
⑤	600×200 =120000	2200	264000×10³	−1357.3	221.072×10⁹	600×200³/12 ≈0.400×10⁹
合计	$A = \sum A_i$ =978000	$y_u = \frac{\sum S_i}{A} \approx 842.7$ $y_b = 2300 - 842.7 = 1457.3$①	$\sum S_i$ =824112×10³	—	$\sum I_x$ =551.527×10⁹	$\sum I_i$ ≈123.005×10⁹
					$I = \sum I_x + \sum I_i = 674.532\times10^9$	

注：①y_b 为截面重心至梁底的距离。

按同样方法计算支点、变化点、$L/4$ 全截面及预制梁毛截面几何特征值，计算结果见表12-8。

毛截面几何特征值　　表12-8

截面	全截面			预制梁毛截面		
	毛截面面积 A (mm²)	抗弯惯性矩 I (mm⁴)	截面重心到梁顶距离 y_u (mm)	毛截面面积 A (mm²)	抗弯惯性矩 I (mm⁴)	截面重心到梁顶距离 y_u (mm)
跨中、$L/4$、变化点	978000	674.532×10⁹	842.7	874000	606.625×10⁹	933.4
支点	1684000	890.199×10⁹	958.3	1580000	804.476×10⁹	1016.1

12.11.3　作用组合效应设计值

主梁作用基本组合、频遇组合及准永久组合效应设计值列表计算，结果见表12-9。

表 12-9

主梁作用组合效应设计值计算表

作用类别		跨中截面(Ⅰ—Ⅰ)				$L/4$ 截面				变化点截面(Ⅱ—Ⅱ)				支点截面(Ⅲ—Ⅲ)
		M_{max} (kN·m)	相应 V (kN)	V_{max} (kN)	相应 M (kN·m)	M_{max} (kN·m)	相应 V (kN)	V_{max} (kN)	相应 M (kN·m)	M_{max} (kN·m)	相应 V (kN)	V_{max} (kN)	相应 M (kN·m)	V_{max} (kN)
一期恒载 预制主梁自重标准值 G_{11}	①	3843.35	0.00	0.00	3843.35	2882.51	227.42	227.42	2882.51	2185.36	298.74	298.74	2185.36	454.83
一期恒载 现浇湿接缝自重标准值 G_{12}	②	371.29	0.00	0.00	371.29	278.47	21.97	21.97	278.47	211.12	28.86	28.86	211.12	43.94
二期恒载(桥面铺装、人行道及栏杆)标准值 G_2	③	1603.39	0.00	0.00	1603.39	1202.55	94.88	94.88	1202.55	911.70	124.63	124.63	911.70	189.75
人群荷载标准值 Q_2	④	103.37	0.00	3.34	64.71	74.46	7.41	8.05	59.42	48.63	9.42	10.24	45.10	12.27
公路-Ⅰ级汽车荷载标准值(不计冲击系数)	⑤	2095.74	78.07	144.32	1831.53	1669.22	184.38	191.46	1575.88	986.61	248.68	258.14	899.02	388.34
公路-Ⅰ级汽车荷载标准值(计冲击系数 $\mu=0.238$)	⑥	2594.53	96.65	178.67	2267.43	2066.49	228.26	237.03	1950.94	1221.42	307.87	319.58	1112.99	480.76
基本组合 1.0×(1.2×恒+1.4×汽+0.75×1.4×人)	⑦	10722.52	135.31	253.65	10223.98	8207.51	740.47	753.42	8029.94	5730.87	983.59	1000.84	5575.36	1512.17
作用频遇组合 恒+0.7×汽+0.4×人	⑧	7326.40	54.65	102.36	7125.99	5561.77	476.30	481.51	5490.41	4018.26	630.07	637.02	3955.53	965.27
作用准永久组合 恒+0.4×汽+0.4×人	⑨	6697.67	31.23	59.06	6576.53	5061.00	420.99	424.07	5017.65	3722.28	555.47	559.58	3685.83	848.76

12.11.4 钢筋截面面积的估算及钢束布置

1. 预应力钢筋截面面积估算

根据跨中正截面抗裂性要求估算预应力钢筋数量。对于全预应力混凝土预制构件，由式(12-151)计算跨中截面所需的有效预加力，即

$$N_{pe} \geqslant \frac{M_s/W}{0.85\left(\frac{1}{A}+\frac{e_p}{W}\right)}$$

M_s 为作用频遇组合设计值，由表 12-9 查得 $M_s = 7326.40\text{kN}\cdot\text{m}$。

估算钢筋数量时，可近似采用全截面的毛截面几何特征值计算。由表 12-8 查得跨中截面全截面的毛截面面积 $A = 978000\text{mm}^2$，全截面对抗裂验算边缘的弹性抵抗矩为 $W = I/y_b = 674.532\times10^9/(2300-842.7)\approx 462.8642\times10^6(\text{mm}^3)$。设预应力钢筋截面重心距截面下缘为 $a_p = 150\text{mm}$，则预应力钢筋的合力作用点至截面重心轴的距离为 $e_p = y_b - a_p = 1307.3\text{mm}$。于是

$$N_{pe} \geqslant \frac{M_s/W}{0.85\left(\frac{1}{A}+\frac{e_p}{W}\right)} = \frac{7326.40\times10^6/(462.8642\times10^6)}{0.85\times\left(\frac{1}{978000}+\frac{1307.3}{462.8642\times10^6}\right)} \approx 4840733(\text{N})$$

预应力钢绞线抗拉强度标准值 $f_{pk} = 1860\text{MPa}$，张拉控制应力取为 $\sigma_{con} = 0.75f_{pk} = 0.75\times1860 = 1395(\text{MPa})$，预应力损失按张拉控制应力的 20% 估算。

所需预应力钢筋的截面面积为

$$A_p = \frac{N_{pe}}{(1-0.2)\sigma_{con}} = \frac{4840733}{0.8\times1395} \approx 4338(\text{mm}^2)$$

单根 $\phi^S 15.2$ 预应力钢绞线的公称截面面积为 139mm^2，每束拟采用 8 根钢绞线，截面面积 $A_{p1} = 8\times139 = 1112(\text{mm}^2)$，需要钢束数为

$$n = \frac{A_p}{A_{p1}} = \frac{4338}{1112} \approx 4$$

采用4 束8 $\phi^S 15.2$ 钢绞线，预应力钢筋的截面面积 $A_p = 4\times8\times139 = 4448(\text{mm}^2)$。采用夹片式群锚，$\phi 70$ 金属波纹管成孔。

2. 预应力钢束布置

(1)锚固端钢束布置。

为了施工方便，全部 4 束预应力钢筋均锚于梁端[图 12-46a)]。对于锚固端，钢束布置通常考虑以下要求：预应力钢束合力尽可能靠近截面形心，使截面均匀受压；锚具的布置能满足张拉操作方便的要求；另外，锚具布置间距应满足锚固区受力要求。按照上述要求，锚固端钢束布置应分散、均匀，见图 12-46b)。

(2)跨中截面钢束布置。

在保证预留管道构造要求的前提下，尽可能使钢束重心的偏心距大些。参考已有的设计图纸并按《公路桥规》中的构造要求，跨中截面预应力钢束布置如图 12-46c)所示。

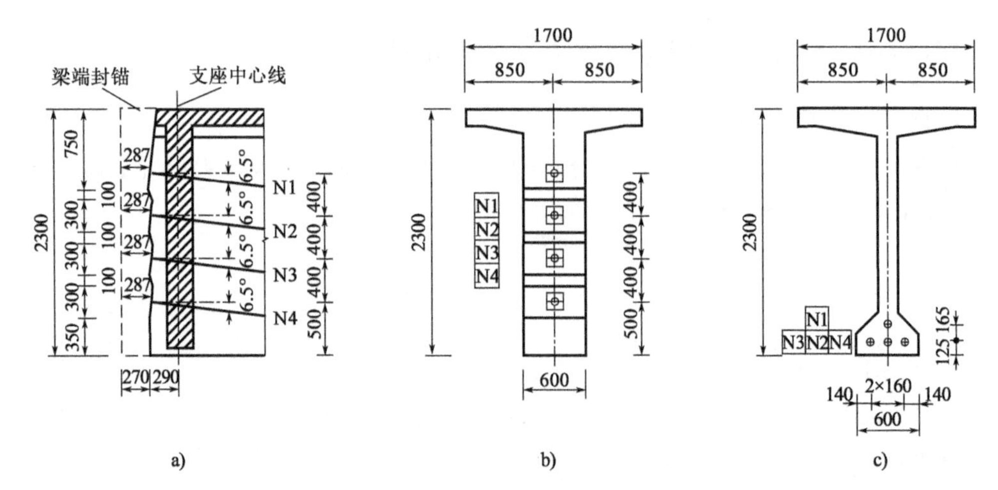

图 12-46　锚固端部及跨中截面预应力钢筋布置图(尺寸单位:mm)

a)预制梁端部;b)端部钢束锚固位置;c)跨中截面钢束位置

(3)其他截面钢束位置及倾角计算。

①钢束弯起形状、弯起角 θ 及弯起半径。

为方便计算,预应力钢束弯起形状采用圆弧线。

确定钢束弯起角时,既要考虑弯起后能产生足够的预剪力,又要考虑所引起的摩擦预应力损失不宜过大。为此,N1 ~ N4 钢束的弯起角均取 $\theta_0 = 6.5°$。

各钢束的弯起半径:$R_{\mathrm{N1}} = R_{\mathrm{N2}} = 66000\mathrm{mm}$,$R_{\mathrm{N3}} = R_{\mathrm{N4}} = 40000\mathrm{mm}$。

②钢束线形控制点确定。

简支梁预应力弯起钢筋线形一般对称于跨中。跨中为直线段,曲线段设置在端部,在锚固点附近再设置一直线段,如图 12-47 所示。

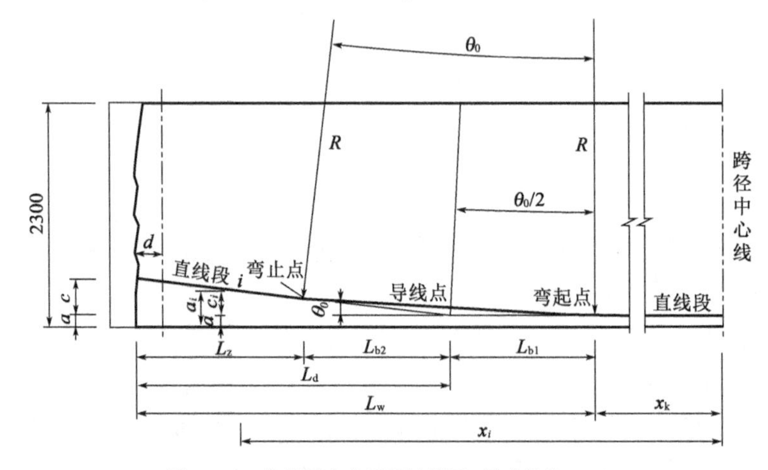

图 12-47　曲线预应力钢筋计算图(尺寸单位:mm)

以 N4 钢束为例,确定钢束线形控制点位置。

设钢束弯起后,到锚固点的升高值为 c,则导线点至锚固点的水平距离为

$$L_{\mathrm{d}} = c \cdot \cot\theta_0 = (500 - 125) \times \cot 6.5° \approx 3291.3(\mathrm{mm})$$

弯起点至导线点的水平距离为

$$L_{b1} = R \cdot \tan\frac{\theta_0}{2} = 40000 \times \tan\frac{6.5°}{2} \approx 2271.4(\mathrm{mm})$$

弯起点至锚固点的水平距离为

$$L_w = L_d + L_{b1} = 3291.3 + 2271.4 = 5562.7(\mathrm{mm})$$

弯起点至跨中截面的水平距离为

$$x_k = (L/2 + d) - L_w = (33800/2 + 273) - 5562.7 = 11610.3(\mathrm{mm})$$

弯止点至导线点的水平距离为

$$L_{b2} = L_{b1} \cdot \cos\theta_0 = 2271.4 \times \cos6.5° \approx 2256.8(\mathrm{mm})$$

弯止点至锚固点的水平距离为

$$L_z = L_d - L_{b2} = 3291.3 - 2256.8 = 1034.5(\mathrm{mm})$$

锚下钢束直线长度为

$$\frac{L_z}{\cos6.5°} = \frac{1034.5}{\cos6.5°} \approx 1041.2(\mathrm{mm}) > L_{min} = 1000\mathrm{mm}(\text{锚下最小直线段长度})$$

同理,可计算 N1、N2、N3 的控制点位置,各钢束弯曲控制参数汇总于表 12-10 中。

各钢束弯曲控制参数表 表 12-10

钢束编号	升高值 c (mm)	弯起角 θ_0 (°)	弯起半径 R (mm)	支点至锚固点的水平距离 d (mm)	弯起点至跨中截面的水平距离 x_k (mm)	弯起点至导线点的水平距离 L_{b1} (mm)	弯止点至导线点的水平距离 L_{b2} (mm)	弯止点至锚固点的水平距离 L_z (mm)
N1	1410	6.5	66000	273	1049.8	3747.8	3723.7	8651.7
N2	1175	6.5	66000	273	3112.4	3747.8	3723.7	6589.1
N3	775	6.5	40000	273	8099.5	2271.4	2256.8	4545.3
N4	375	6.5	40000	273	11610.3	2271.4	2256.8	1034.5

由表 12-10 中 L_z 数据可知,N1、N2、N3 钢束锚下直线段长度亦满足最小直线段长度要求。

③各截面钢束位置及其倾角计算。

计算钢束上任一点 i 至梁底距离 $a_i = a + c_i$ 及该点处钢束的倾角 θ_i,式中 a 为钢束弯起前其重心至梁底的距离,c_i 为 i 点所在计算截面处钢束位置的升高值。

计算时,首先应判断出 i 点所在的区段,然后计算 c_i 及 θ_i。

当 $x_i - x_k \leq 0$ 时,i 点位于直线段(还未弯起),$c_i = 0$,故 $a_i = a$,$\theta_i = 0$。

当 $0 < x_i - x_k \leq L_{b1} + L_{b2}$ 时,i 点位于圆弧弯曲段,按下式计算 c_i 及 θ_i:

$$c_i = R - \sqrt{R^2 - (x_i - x_k)^2}$$

$$\theta_i = \arcsin\frac{x_i - x_k}{R}$$

当 $x_i - x_k > L_{b1} + L_{b2}$ 时,i 点位于靠近锚固端的直线段,此时 $\theta_i = \theta_0 = 6.5°$,按下式计算 c_i:

$$c_i = (x_i - x_k - L_{b1})\tan\theta_0$$

各截面钢束位置 a_i、倾角 θ_i 及钢束群重心至梁底距离 a_p 计算值见表 12-11。

各截面钢束位置、倾角及钢束群重心至梁底距离计算表 表 12-11

计算截面	钢束编号	x_k (mm)	$L_{b1}+L_{b2}$ (mm)	x_i-x_k (mm)	$\theta_i=\arcsin\frac{x_i-x_k}{R}$ (°)	c_i (mm)	$a_i=a+c_i$ (mm)	a_p (mm)
跨中截面 (Ⅰ—Ⅰ) $x_i=0$	N1	1049.8	7471.5	为负值,钢束尚未弯起	0	0	290.0	166.3
	N2	3112.4	7471.5				125.0	
	N3	8099.5	4528.2				125.0	
	N4	11610.3	4528.2				125.0	
$L/4$ 截面 $x_i=$ 8450mm	N1	1049.8	7471.5	$0<x_i-x_k=7400.2<7471.5$	6.438	416.2	706.2	324.7
	N2	3112.4	7471.5	$0<x_i-x_k=5337.6<7471.5$	4.639	216.2	341.2	
	N3	8099.5	4528.2	$0<x_i-x_k=350.5<4528.2$	0.502	1.5	126.5	
	N4	11610.3	4528.2	为负值,钢束尚未弯起	0	0	125.0	
变化点截面 (Ⅱ—Ⅱ) $x_i=$ 11100mm	N1	1049.8	7471.5	$x_i-x_k>L_{b1}+L_{b2}$	6.5	718.1	1008.1	494.7
	N2	3112.4	7471.5	$x_i-x_k>L_{b1}+L_{b2}$	6.5	483.1	608.1	
	N3	8099.5	4528.2	$0<x_i-x_k=3000.5<4528.2$	4.302	112.7	237.7	
	N4	11610.3	4528.2	为负值,钢束尚未弯起	0	0	125.0	
支点截面 (Ⅲ—Ⅲ) $x_i=$ 16900mm	N1	1049.8	7471.5	$x_i-x_k>L_{b1}+L_{b2}$	6.5	1378.9	1668.9	1068.9
	N2	3112.4	7471.5	$x_i-x_k>L_{b1}+L_{b2}$	6.5	1143.9	1268.9	
	N3	8099.5	4528.2	$x_i-x_k>L_{b1}+L_{b2}$	6.5	743.9	868.9	
	N4	11610.3	4528.2	$x_i-x_k>L_{b1}+L_{b2}$	6.5	343.9	468.9	

④钢束平弯段的位置。

跨中截面的 N1、N2 钢束布置在肋板中心线上,N3、N4 与 N2 在同一水平面上。在锚固端,四束钢绞线均在肋板中心线上。为实现钢束的这种布筋方式,N3、N4 在主梁肋板中须从两侧平弯到肋板中心线上。为了便于施工,N3、N4 钢束分别平弯到肋板中心线上以后,再进行竖弯。这两束的平弯采用相同的形式,各束平弯段有两段圆弧曲线,每段圆弧曲线弯起角度 $\theta=6°$,半径 $R=10000\text{mm}$,其平弯位置如图 12-48 所示。

3. 非预应力钢筋截面面积估算及布置

(1)受压翼缘有效宽度 b_f' 的计算。

按《公路桥规》规定,T 形截面梁受压翼缘有效宽度 b_f'取下列三者中的最小值:

①简支梁计算跨径的 1/3,即 $L/3=33800/3\approx11266.7$(mm);

②相邻两梁的平均间距,中梁为 2350mm;

③承托坡度$\frac{h_h}{b_h}=\frac{90}{600}=0.15<\frac{1}{3}$，$b+6h_h+12h_f'=200+6\times90+12\times160=2660(\mathrm{mm})$。

所以，受压翼缘的有效宽度为 $b_f'=2350\mathrm{mm}$。

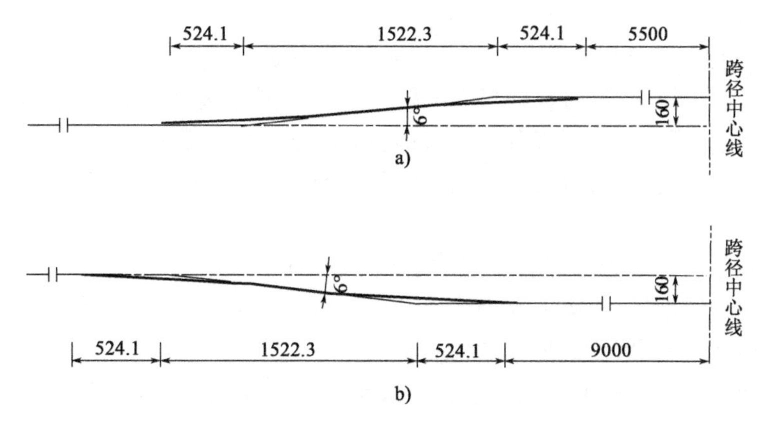

图 12-48　钢束平弯示意图(尺寸单位:mm)

a) N3 平弯示意图;b) N4 平弯示意图

(2)非预应力钢筋数量估算。

预应力钢筋数量确定后，非预应力钢筋数量根据正截面承载能力极限状态的要求进行确定。设跨中截面预应力钢筋和非预应力钢筋的合力点到截面底边的距离 $a=100\mathrm{mm}$，则有

$$h_0=h-a=2300-100=2200(\mathrm{mm})$$

先假定为第一类 T 形截面。

①计算受压区高度 x。

由式

$$\gamma_0M_d=f_{cd}b_f'x(h_0-x/2)$$

即

$$10722.51\times10^6=22.4\times2350x\left(2200-\frac{x}{2}\right)$$

得

$$x\approx94.6\mathrm{mm}<h_f'=160\mathrm{mm}$$

②计算非预应力钢筋截面面积。

由式

$$f_{cd}b_f'x=f_{sd}A_s+f_{pd}A_p$$

得

$$A_s=\frac{f_{cd}b'_fx-f_{pd}A_p}{f_{sd}}=\frac{22.4\times2350\times94.6-1260\times4448}{330}\approx-1893(\mathrm{mm}^2)$$

故不需配置纵向受拉普通钢筋。

12.11.5　主梁截面几何特性计算

后张法预应力混凝土梁截面几何特性应根据不同的受力阶段分别计算。本示例中的

T 梁从施工到运营经历了如下三个阶段。

(1)主梁预制并张拉预应力钢筋(阶段 1)。

主梁混凝土达到设计强度的 90% 后,进行预应力钢筋的张拉,此时管道尚未灌浆,所以其截面特性为净截面,截面几何特性计算中应扣除预应力钢筋管道的影响。该阶段 T 梁翼板宽度为 1700mm。

(2)灌浆封锚,主梁吊装就位并现浇 650mm 湿接缝(阶段 2)。

预应力钢筋张拉完成并进行管道压浆、封锚。主梁吊装就位后现浇 650mm 湿接缝,这时管道水泥浆已结硬,水泥浆及预应力钢筋能够参与截面受力,但湿接缝还没有参与截面受力,所以,此时的截面几何特性为计入预应力钢筋影响的换算截面,T 梁翼板宽度仍为 1700mm。

(3)桥面铺装、人行道及栏杆施工和运营阶段(阶段 3)。

桥面湿接缝结硬后,主梁即为全截面参与工作,此时截面几何特性为计入预应力钢筋影响的换算截面,T 梁翼板宽度为 2350mm。

截面几何特性的计算可以列表进行。以跨中截面为例,列表计算于表 12-12 中。同理,可求得其他受力阶段控制截面几何特性,结果见表 12-13。

跨中截面几何特性计算表 表 12-12

阶段	截面特性	分块名称	分块面积 A_i (mm^2)	A_i 重心至梁顶距离 y_i(mm)	对梁顶面积矩 $S_i=A_iy_i$ ($\times10^6mm^3$)	自身惯性矩 I_i ($\times10^9mm^4$)	y_u-y_i (mm)	$I_x=A_i(y_u-y_i)^2$ ($\times10^9mm^4$)	截面惯性矩 $I=I_i+I_x$ ($\times10^9mm^4$)
1	净截面	混凝土全截面	874000	933.4	815.792	606.625	-21.5	0.404	—
		预留管道面积	-15394	2133.7	-32.846	≈0	-1221.8	-22.980	—
		净截面面积	A_n = 858606	$y_u=\Sigma S_i/A_n$ =911.9	ΣS_i = 782.946	606.625	—	-22.576	584.049
2	换算截面	混凝土全截面	874000	933.4	815.792	606.625	27.8	0.675	—
		预应力钢筋换算面积	$(\alpha_{Ep}-1)A_p$ =20693	2133.7	44.153	≈0	-1172.5	28.448	—
		换算截面面积	894693	$y_u=\Sigma S_i/A_n$ =961.2	ΣS_i = 859.945	606.625	—	29.123	635.748
3	换算截面	混凝土全截面	978000	842.7	824.161	674.532	26.8	0.702	—
		预应力钢筋换算面积	$(\alpha_{Ep}-1)A_p$ = 20693	2133.7	44.153	≈0	-1264.2	33.072	—
		换算截面面积	998693	$y_u=\Sigma S_i/A_n$ =869.5	ΣS_i = 868.314	674.532	—	33.774	708.306

各控制截面不同阶段的截面几何特性汇总表　　表 12-13

受力阶段	计算截面	A ($\times 10^3 mm^2$)	y_u (mm)	y_b (mm)	$e_p = y_b - a_p$ (mm)	I ($\times 10^9 mm^4$)	W ($\times 10^8 mm^3$)	
							$W_u = I/y_u$	$W_b = I/y_b$
阶段1：孔道压浆前	跨中截面(Ⅰ—Ⅰ)	858.606	911.9	1388.1	1221.8	584.049	6.405	4.208
	$L/4$ 截面	858.606	914.7	1385.3	1060.5	588.750	6.437	4.250
	变化点截面(Ⅱ—Ⅱ)	858.606	917.8	1382.2	887.5	592.870	6.460	4.289
	支点截面(Ⅲ—Ⅲ)	1564.606	1014.0	1286.0	217.1	800.678	7.896	6.226
阶段2：管道结硬后至湿接缝结硬前	跨中截面(Ⅰ—Ⅰ)	894.693	961.2	1338.8	1172.5	635.748	6.614	4.749
	$L/4$ 截面	894.693	957.5	1342.5	1017.8	629.732	6.577	4.691
	变化点截面(Ⅱ—Ⅱ)	894.693	953.6	1346.4	851.7	624.470	6.549	4.638
	支点截面(Ⅲ—Ⅲ)	1600.693	1018.9	1281.1	212.2	809.559	7.945	6.319
阶段3：湿接缝结硬后	跨中截面(Ⅰ—Ⅰ)	998.693	869.5	1430.5	1264.2	708.306	8.146	4.951
	$L/4$ 截面	998.693	866.1	1433.9	1109.2	701.695	8.102	4.894
	变化点截面(Ⅱ—Ⅱ)	998.693	862.6	1437.4	942.7	695.792	8.066	4.841
	支点截面(Ⅲ—Ⅲ)	1704.693	961.6	1338.4	269.5	895.859	9.316	6.694

12.11.6 钢束预应力损失估算

1. 预应力钢筋张拉控制应力 σ_{con}

钢绞线的张拉控制应力值：

$$\sigma_{con} = 0.75 f_{pk} = 0.75 \times 1860 = 1395(\text{MPa})$$

2. 钢束预应力损失

(1)预应力钢筋与管道间摩擦引起的预应力损失 σ_{l1}：

$$\sigma_{l1} = \sigma_{con}\left[1 - e^{-(\mu\theta + kx)}\right]$$

式中：k——管道每米局部偏差对摩擦的影响系数，查附表 2-5，取 $k = 0.0015$；

μ——钢筋与管道壁间的摩擦系数，查附表 2-5，取 $\mu = 0.25$；

θ——从张拉端至计算截面曲线管道部分切线的夹角之和(rad)；

x——从张拉端至计算截面的管道长度在构件纵轴上的投影长度(m)。

预应力钢筋与管道间摩擦引起的预应力损失列表计算，见表 12-14。

摩擦引起的预应力损失 σ_{l1} 计算表　　表 12-14

计算截面	钢束编号	竖弯角度 θ_V		平弯角度 θ_H		$\theta = \theta_V + \theta_H$	x	σ_{l1}	σ_{l1} 平均
		(°)	(rad)	(°)	(rad)	(rad)	(m)	(MPa)	(MPa)
支点截面(Ⅲ—Ⅲ)	N1	0	0	0	0	0	0.273	0.57	0.57
	N2	0	0	0	0	0	0.273	0.57	
	N3	0	0	0	0	0	0.273	0.57	
	N4	0	0	0	0	0	0.273	0.57	

续上表

计算截面	钢束编号	竖弯角度 θ_V		平弯角度 θ_H		$\theta=\theta_V+\theta_H$	x	σ_{l1}	σ_{l1}平均
		(°)	(rad)	(°)	(rad)	(rad)	(m)	(MPa)	(MPa)
变化点截面(Ⅱ—Ⅱ)	N1	0	0	0	0	0	6.073	12.65	29.54
	N2	0	0	0	0	0	6.073	12.65	
	N3	2.198	0.0384	0	0	0.0384	6.073	25.86	
	N4	6.5	0.1134	2.694	0.0470	0.1604	6.073	66.99	
$L/4$ 截面	N1	0.062	0.0011	0	0	0.0011	8.723	18.51	56.60
	N2	1.861	0.0325	0	0	0.0325	8.723	29.28	
	N3	5.998	0.1047	0	0	0.1047	8.723	53.71	
	N4	6.5	0.1134	12	0.2094	0.3228	8.723	124.88	
跨中截面(Ⅰ—Ⅰ)	N1	6.5	0.1134	0	0	0.1134	17.173	73.48	107.18
	N2	6.5	0.1134	0	0	0.1134	17.173	73.48	
	N3	6.5	0.1134	12	0.2094	0.3228	17.173	140.88	
	N4	6.5	0.1134	12	0.2094	0.3228	17.173	140.88	

(2)锚具变形、钢筋回缩引起的预应力损失(σ_{l2})。

对于曲线预应力筋,在计算锚具变形、钢筋回缩引起的预应力损失时,应考虑锚固后反摩阻的影响。

反摩阻影响长度 l_f:

$$l_f=\sqrt{\frac{\sum\Delta l\cdot E_p}{\Delta\sigma_d}}$$

$$\Delta\sigma_d=\frac{\sigma_0-\sigma_l}{l}$$

式中:$\sum\Delta l$——张拉端锚具变形、钢束回缩值,由附表2-6查得夹片式锚具顶压张拉时 Δl 为4mm;

E_p——预应力钢筋的弹性模量,$E_p=1.95\times10^5$MPa;

σ_0——张拉端锚下控制应力,本算例 $\sigma_0=1395$MPa;

σ_l——预应力钢筋扣除沿途摩擦损失后锚固端预拉应力,$\sigma_l=\sigma_0-\sigma_{l1}$;

l——张拉端到锚固端的距离,这里的锚固端为跨中截面,$l=17173$mm。

各束预应力钢筋的反摩阻影响长度列表计算,见表12-15。

反摩阻影响长度计算表 表12-15

钢束编号	$\sigma_0=\sigma_{con}$ (MPa)	σ_{l1} (MPa)	$\sigma_l=\sigma_0-\sigma_{l1}$ (MPa)	l (mm)	$\Delta\sigma_d=(\sigma_0-\sigma_l)/l$ (MPa/mm)	l_f (mm)
N1、N2	1395	73.48	1321.52	17173	0.004279	13501.3
N3、N4	1395	140.88	1254.12	17173	0.008204	9750.7

求得 l_f 后可知,4束预应力钢绞线均满足 $l_f\leq l$。

距张拉端为 x 处,由锚具变形和钢筋回缩引起的考虑反摩阻后的预应力损失 $\Delta\sigma_x(\sigma_{l2})$ 为

$$\Delta\sigma_x(\sigma_{l2}) = \Delta\sigma\frac{l_f - x}{l_f}$$

$$\Delta\sigma = 2\Delta\sigma_d l_f$$

若 $x > l_f$,则表示该截面不受反摩阻影响。将各控制截面 $\Delta\sigma_x(\sigma_{l2})$ 的计算列于表 12-16 中。

锚具变形、钢筋回缩引起的预应力损失计算表　　表 12-16

计算截面	钢束编号	x (mm)	l_f (mm)	$\Delta\sigma$ (MPa)	σ_{l2} (MPa)	控制截面 σ_{l2} 平均值 (MPa)
跨中截面 (Ⅰ—Ⅰ)	N1	17173	13501.3	115.54	$x > l_f$ 不受反摩阻影响	0
	N2	17173	13501.3	115.54		
	N3	17173	9750.7	159.99		
	N4	17173	9750.7	159.99		
$L/4$ 截面	N1	8723	13501.3	115.54	40.89	28.88
	N2	8723	13501.3	115.54	40.89	
	N3	8723	9750.7	159.99	16.86	
	N4	8723	9750.7	159.99	16.86	
变化点截面 (Ⅱ—Ⅱ)	N1	6073	13501.3	115.54	63.57	61.96
	N2	6073	13501.3	115.54	63.57	
	N3	6073	9750.7	159.99	60.34	
	N4	6073	9750.7	159.99	60.34	
支点截面 (Ⅲ—Ⅲ)	N1	273	13501.3	115.54	113.20	134.36
	N2	273	13501.3	115.54	113.20	
	N3	273	9750.7	159.99	155.51	
	N4	273	9750.7	159.99	155.51	

(3)混凝土弹性压缩引起的预应力损失(σ_{l4})。

后张法构件当采用分批张拉时,先张拉的钢束由于张拉后批钢束产生的混凝土弹性压缩引起的预应力损失按式(12-40)计算。本例预应力钢束采用逐束张拉,也可直接按简化式(12-45)计算,即

$$\sigma_{l4} = \frac{m-1}{2m}\alpha_{Ep}\sigma_{pc}$$

式中:m——张拉批数,$m = 4$。

α_{Ep}——预应力钢筋弹性模量与混凝土弹性模量的比值,按张拉时混凝土的实际强度等级 f'_{ck} 计算。f'_{ck} 假定为设计强度的 90%,即 $f'_{ck} = 0.9 \times C50 = C45$,查附表 1-2得 $E'_c = 3.35 \times 10^4$ MPa,故

$$\alpha_{Ep} = \frac{E_p}{E'_c} = \frac{1.95 \times 10^5}{3.35 \times 10^4} \approx 5.82$$

σ_{pc}——全部预应力钢筋(m 批)的合力 N_p 在其作用点(全部预应力钢筋重心点)处所产生的混凝土正应力,$\sigma_{pc}=\frac{N_p}{A_n}+\frac{N_p e_{pn}^2}{I_n}$,其中 $N_p=\sigma_{pe}A_p=(\sigma_{con}-\sigma_{l1}-\sigma_{l2})A_p$。截面几何特性按表12-13中阶段1取用。

混凝土弹性压缩引起的预应力损失列表计算,其结果见表12-17。

混凝土弹性压缩引起的预应力损失 σ_{l4} 计算表 表12-17

计算截面	A_n ($\times10^3$mm^2)	I_n ($\times10^9$mm^4)	e_{pn} (mm)	A_p (mm^2)	σ_{pe} (MPa)	N_p ($\times10^3$N)	σ_{pc} (MPa)	σ_{l4} (MPa)
跨中截面(Ⅰ—Ⅰ)	858.606	584.049	1221.8	4448	1287.82	5728.22	21.31	46.51
$L/4$ 截面	858.606	588.750	1060.5	4448	1309.52	5824.74	17.91	39.09
变化点截面(Ⅱ—Ⅱ)	858.606	592.870	887.5	4448	1303.50	5797.97	14.46	31.56
支点截面(Ⅲ—Ⅲ)	1564.606	800.678	217.1	4448	1260.07	5604.79	3.91	8.53

(4)钢筋松弛引起的预应力损失(σ_{l5})。

钢筋松弛引起的预应力损失按式(12-47)计算,即

$$\sigma_{l5}=\psi\cdot\zeta\cdot\left(0.52\frac{\sigma_{pe}}{f_{pk}}-0.26\right)\cdot\sigma_{pe}$$

钢筋松弛引起的预应力损失见表12-18。

钢筋松弛引起的预应力损失计算表 表12-18

计算截面	f_{pk}(MPa)	σ_{pe}(MPa)	ψ	ζ	σ_{l5}(MPa)
跨中截面(Ⅰ—Ⅰ)	1860	1241.31	1.0	0.3	32.41
$L/4$ 截面	1860	1270.43	1.0	0.3	36.27
变化点截面(Ⅱ—Ⅱ)	1860	1271.94	1.0	0.3	36.48
支点截面(Ⅲ—Ⅲ)	1860	1251.54	1.0	0.3	33.75

(5)混凝土收缩、徐变引起的预应力损失(σ_{l6})。

混凝土收缩、徐变终极值引起的受拉区预应力钢筋的预应力损失按式(12-50)计算,即

$$\sigma_{l6}(t_u)=\frac{0.9[E_p\varepsilon_{cs}(t_u,t_0)+\alpha_{Ep}\sigma_{pc}\phi(t_u,t_0)]}{1+15\rho\rho_{ps}}$$

式中:$\varepsilon_{cs}(t_u,t_0)$、$\phi(t_u,t_0)$——加载龄期为 t_0 时混凝土收缩应变终极值和徐变系数终极值。

t_0——加载龄期,即达到设计强度为90%的龄期,近似按标准养护条件计算,则有:$0.9f_{ck}=f_{ck}\frac{\lg t_0}{\lg 28}$,则可得 $t_0\approx20$d;对于湿接缝及二期恒载 G_2 的加载龄期 t_0',假定为 $t_0'=90$d。

该梁所属的桥位于野外一般地区,相对湿度为65%,其构件理论厚度 h 由图12-44可得。

跨中、$L/4$、变化点截面处：

$$h=\frac{2A_{c}}{u}=\frac{2\times 978000}{7029}\approx 278(\mathrm{mm})$$

支点截面处：

$$h=\frac{2A_{c}}{u}=\frac{2\times 1684000}{6519}\approx 517(\mathrm{mm})$$

查表 11-4、表 11-2 并插值得相应的混凝土徐变系数终极值和收缩应变终极值为：

跨中、$L/4$、变化点截面处：$\phi(t_{u},t_{0})=\phi(t_{u},20)=2.26$，$\phi(t_{u},t_0')=\phi(t_{u},90)=1.67$；$\varepsilon_{cs}(t_{u},20)=0.36\times10^{-3}$。

支点截面处：$\phi(t_{u},t_{0})=\phi(t_{u},20)=2.04$，$\phi(t_{u},t_0')=\phi(t_{u},90)=1.51$；$\varepsilon_{cs}(t_{u},20)=0.27\times10^{-3}$。

σ_{pc}为受拉区全部受力钢筋截面重心处，由 N_{pI}、M_{G11}、M_{G12}、M_{G2}引起的混凝土正应力。考虑加载龄期不同，M_{G12}、M_{G2}按徐变系数变小乘折减系数 $\phi(t_{u},t_0')/\phi(t_{u},20)$。计算 N_{pI}和 M_{G11}引起的应力时采用阶段 1 截面特性，计算 M_{G12}及 M_{G2}引起的应力时分别采用阶段 2、阶段 3 截面特性。要求 σ_{pc}值不得大于 $0.5f'_{cu}$，f'_{cu}为预应力钢筋传力锚固时混凝土立方体的抗压强度。

现以跨中截面为例，计算混凝土收缩、徐变引起的预应力损失。

$$N_{pI}=(\sigma_{con}-\sigma_{lI})A_{p}=(1395-107.18-0-46.51)\times4448\approx5521.35(\mathrm{kN})$$

$$\sigma_{pc}=\left(\frac{N_{pI}}{A_{n}}+\frac{N_{pI}e_{pn}^{2}}{I_{n}}\right)-\frac{M_{G11}}{I_{n}}e_{pn}-\frac{\phi(t_{u},90)}{\phi(t_{u},20)}\left(\frac{M_{G12}}{I_0'}e'_{p0}+\frac{M_{G2}}{I_{0}}e_{p0}\right)$$

$$=\left(\frac{5521.35\times10^{3}}{858.606\times10^{3}}+\frac{5521.35\times10^{3}\times1221.8^{2}}{584.049\times10^{9}}\right)-\frac{3843.35\times10^{6}}{584.049\times10^{9}}\times1221.8-$$

$$\frac{1.67}{2.26}\times\left(\frac{371.29\times10^{6}}{635.748\times10^{9}}\times1172.5+\frac{1603.39\times10^{6}}{708.306\times10^{9}}\times1264.2\right)$$

$$=9.88(\mathrm{MPa})<0.5f'_{cu}=0.5\times0.9\times50=22.5(\mathrm{MPa})$$

$$\rho=\frac{A_{p}+A_{s}}{A}=\frac{4448+0}{998.693\times10^{3}}\approx0.00445$$

$$\alpha_{Ep}=5.65$$

$$\rho_{ps}=1+\frac{e_{ps}^{2}}{i^{2}}=1+\frac{e_{ps}^{2}}{I_{0}/A_{0}}$$

$$e_{ps}=\frac{A_{p}e_{p}+A_{s}e_{s}}{A_{p}+A_{s}}=\frac{A_{p}e_{p}+0}{A_{p}+0}=e_{p}=1264.2\mathrm{mm}$$

$$\rho_{ps}=1+\frac{1264.2^{2}}{708.306\times10^{9}/(998.693\times10^{3})}\approx3.25$$

将以上各参数数据代入得

$$\sigma_{l6}=\frac{0.9\times(1.95\times10^{5}\times0.36\times10^{-3}+5.65\times9.88\times2.26)}{1+15\times0.00445\times3.25}\approx145.22(\mathrm{MPa})$$

同理，可得其他截面混凝土收缩、徐变引起的预应力损失值，见表 12-19。

混凝土收缩、徐变引起的预应力损失计算表　　表 12-19

计算截面	e_{ps} (mm)	ρ	ρ_{ps}	N_{pI} (kN)	σ_{pc} (MPa)	σ_{l6} (MPa)
跨中截面(Ⅰ—Ⅰ)	1264.2	0.00445	3.25	5521.35	9.88	145.22
L/4 截面	1109.2	0.00445	2.75	5650.87	10.45	154.85
变化点截面(Ⅱ—Ⅱ)	942.7	0.00445	2.28	5657.59	9.71	151.68
支点截面(Ⅲ—Ⅲ)	269.5	0.00261	1.14	5566.98	3.89	83.99

由表可知，各截面 σ_{pc} 值小于 $0.5f'_{cu}=22.5\text{MPa}$。

现将各截面钢束预应力损失平均值及有效预应力汇总于表 12-20 中。

各截面钢束预应力损失平均值及有效预应力汇总表　　表 12-20

计算截面	预加应力阶段 $\sigma_{l\text{I}}=\sigma_{l1}+\sigma_{l2}+\sigma_{l4}$ (MPa)				使用阶段 $\sigma_{l\text{II}}=\sigma_{l5}+\sigma_{l6}$ (MPa)			钢束有效预应力(MPa)	
	σ_{l1}	σ_{l2}	σ_{l4}	$\sigma_{l\text{I}}$	σ_{l5}	σ_{l6}	$\sigma_{l\text{II}}$	预加力阶段 $\sigma_{p\text{I}}=\sigma_{con}-\sigma_{l\text{I}}$	使用阶段 $\sigma_{p\text{II}}=\sigma_{con}-\sigma_{l\text{I}}-\sigma_{l\text{II}}$
跨中截面(Ⅰ—Ⅰ)	107.18	0	46.51	153.69	32.41	145.22	177.63	1241.31	1063.68
L/4 截面	56.60	28.88	39.09	124.57	36.27	154.85	191.12	1270.43	1079.31
变化点截面(Ⅱ—Ⅱ)	29.54	61.96	31.56	123.06	36.48	151.68	188.16	1271.94	1083.78
支点截面(Ⅲ—Ⅲ)	0.57	134.36	8.53	143.46	33.75	83.99	117.74	1251.54	1133.80

12.11.7　持久状况承载能力极限状态计算

1. 正截面承载力计算

一般取弯矩最大的跨中截面进行正截面承载力计算。

查表 12-11，跨中截面预应力钢筋合力作用点到截面底边距离 $a_p=166.3\text{mm}$，则

$$h_0=h-a_p=2300-166.3=2133.7(\text{mm})$$

(1)判断 T 形截面类型。

$$f_{pd}A_p=1260\times4448=5604480(\text{N})$$

$$f_{cd}b'_fh'_f=22.4\times2350\times160=8422400(\text{N})$$

因为 $f_{pd}A_p<f_{cd}b'_fh'_f$，故属于第一类 T 形截面，应按宽度为 b'_f 的矩形截面计算其承载力。

(2)求受压区高度 x。

由式

$$f_{cd}b'_fx=f_{pd}A_p$$

得

$$x=\frac{f_{pd}A_p}{f_{cd}b'_f}=\frac{1260\times4448}{22.4\times2350}\approx106.5(\text{mm})<h'_f=160\text{mm}$$

且小于 $\xi_bh_0=0.40\times2133.7\approx853.5(\text{mm})$。

(3)正截面抗弯承载力计算。

跨中正截面抗弯承载力为

$$
\begin{aligned}
M_{u} &= f_{cd}b_{f}'x(h_{0}-x/2)\\
&= 22.4\times 2350\times 106.5\times(2133.7-106.5/2)\\
&\approx 11663.33(\mathrm{kN\cdot m}) > \gamma_{0}M_{d}=10722.51\mathrm{kN\cdot m}
\end{aligned}
$$

跨中正截面承载力满足要求。

(4)验算最小配筋率。

为防止出现少筋梁脆性破坏,预应力混凝土受弯构件最小配筋率应满足:

$$\frac{M_{u}}{M_{cr}}\geqslant 1.0$$

式中:M_{u}——构件正截面抗弯承载力设计值,本例题 $M_{u}=11663.33\mathrm{kN\cdot m}$;

M_{cr}——构件正截面开裂弯矩值,按下式计算:

$$M_{cr}=(\sigma_{pc}+\gamma f_{tk})W_{0}$$

式中 σ_{pc} 为预加力在构件抗裂边缘产生的混凝土预压应力,按下列公式计算:

$$\sigma_{pc}=\frac{N_{p0}}{A_{n}}+\frac{N_{p0}e_{pn}}{W_{n}}$$

$$N_{p0}=\sigma_{p0}A_{p}=(\sigma_{pe}+\alpha_{Ep}\sigma_{pc,p})A_{p}$$

$$\sigma_{pc,p}=\frac{N_{p}}{A_{n}}+\frac{N_{p}e_{pn}^{2}}{I_{n}}$$

上述公式可近似采用阶段 1 截面特性值,将有关数据代入以上公式得:

$$\sigma_{pc,p}=\frac{1063.68\times 4448}{858606}+\frac{1063.68\times 4448\times 1221.8^{2}}{584.049\times 10^{9}}\approx 17.60(\mathrm{MPa})$$

$$N_{p0}=(1063.68+5.65\times 17.60)\times 4448\approx 5173.56(\mathrm{kN})$$

$$\sigma_{pc}=\frac{N_{p0}}{A_{n}}+\frac{N_{p0}e_{pn}}{W_{n}}=\frac{5173.56\times 10^{3}}{858606}+\frac{5173.56\times 10^{3}\times 1221.8}{4.208\times 10^{8}}\approx 21.05(\mathrm{MPa})$$

γ 为受拉区混凝土塑性影响系数,按下式计算:

$$\gamma=\frac{2S_{0}}{W_{0}}$$

式中,S_{0} 为换算截面重心轴以上(或以下)部分面积对重心轴的面积矩,计算结果为 $S_{0}=3.799\times 10^{8}\ \mathrm{mm}^{3}$(表 12-21);$W_{0}$ 为换算截面抗裂验算边缘的弹性抵抗矩,$W_{0}=4.951\times 10^{8}\ \mathrm{mm}^{3}$,代入上式得

$$\gamma=\frac{2\times 3.799\times 10^{8}}{4.951\times 10^{8}}\approx 1.535$$

于是

$$M_{cr}=(21.05+1.535\times 2.65)\times 4.951\times 10^{8}\approx 12435.80(\mathrm{kN\cdot m})$$

由此可见,$\frac{M_{u}}{M_{cr}}=\frac{11663.33}{12435.80}=0.94\approx 1.0$,满足最小配筋率要求。

面积矩计算结果　表 12-21

截面类型	阶段 1 净截面对其重心轴（重心轴位置 x_n = 917.8mm）			阶段 2 换算截面对其重心轴（重心轴位置 x_0' = 953.6mm）			阶段 3 换算截面对其重心轴（重心轴位置 x_0 = 862.6mm）		
计算点位置	$a—a$	$x_0—x_0$	$b—b$	$a—a$	$x_0—x_0$	$b—b$	$a—a$	$x_0—x_0$	$b—b$
面积矩符号	S_{na}	S_{nx_0}	S_{nb}	S'_{0a}	S'_{0x_0}	S'_{0b}	S_{0a}	S_{0x_0}	S_{0b}
面积矩（mm^3）	2.800×10^8	3.243×10^8	2.325×10^8	2.923×10^8	3.410×10^8	2.467×10^8	3.424×10^8	3.799×10^8	2.658×10^8

2. 斜截面承载力计算

(1)斜截面抗剪承载力计算。

预应力混凝土简支梁应按《公路桥规》规定需要验算的截面进行斜截面抗剪承载力计算。

以变化点截面(Ⅱ—Ⅱ)为例计算斜截面抗剪承载力。

①复核 T 梁截面尺寸。

为避免斜压破坏，T 梁截面尺寸应符合下列要求：

$$\gamma_0 V_d \leqslant 0.51\times10^{-3}\sqrt{f_{cu,k}}bh_0$$

式中：V_d——验算截面处作用组合剪力设计值，查表 12-9，V_d = 1000.84kN；

$f_{cu,k}$——混凝土强度等级，$f_{cu,k}$ = 50MPa；

b——腹板厚度，取斜截面所在范围内的最小值，b = 200mm；

h_0——自纵向受拉钢筋合力点至受压区边缘的距离，取斜截面所在范围内截面有效高度，变化点截面 h_0 = 2300 − 494.7 = 1805.3(mm)。

将以上参数值代入上式得

$$0.51\times10^{-3}\sqrt{f_{cu,k}}bh_0 = 0.51\times10^{-3}\times\sqrt{50}\times200\times1805.3$$
$$\approx 1302.07(kN) > \gamma_0 V_d = 1000.84kN$$

故该截面尺寸满足要求。

②判断是否需要进行斜截面抗剪承载力验算。

对于 T 形截面，若符合下式，可不进行斜截面抗剪承载力的验算，仅按构造要求配置箍筋。

$$\gamma_0 V_d \leqslant 0.50\times10^{-3}\alpha_2 f_{td}bh_0$$

式中：α_2——预应力提高系数，α_2 = 1.25；

f_{td}——混凝土抗拉强度设计值，f_{td} = 1.83MPa。

将参数值代入上式不等号右边，得

$$0.50\times10^{-3}\alpha_2 f_{td}bh_0 = 0.50\times10^{-3}\times1.25\times1.83\times200\times1805.3$$
$$\approx 412.96(kN) < \gamma_0 V_d = 1000.84kN$$

故该斜截面需配置抗剪钢筋，并要进行斜截面抗剪承载力验算。

③斜截面抗剪承载力计算。

T 梁预应力钢束的位置及弯起角度按表 12-11 采用。箍筋选用双肢直径为 12mm 的 HRB400 钢筋，f_{sv} = 330MPa，间距 s_v = 200mm。

斜截面抗剪承载力按式(12-90)计算，即

$$\gamma_0 V_d \leqslant V_{cs} + V_{pb}$$

$$V_{cs} = 0.45 \times 10^{-3} \alpha_1 \alpha_2 \alpha_3 b h_0 \sqrt{(2 + 0.6P) \sqrt{f_{cu,k}} \rho_{sv} f_{sv}}$$

$$V_{pb} = 0.75 \times 10^{-3} f_{pd} \sum A_{pb} \sin\theta_p$$

式中：α_1——异号弯矩影响系数，$\alpha_1 = 1.0$；

α_2——预应力提高系数，$\alpha_2 = 1.25$；

α_3——受压翼缘的影响系数，$\alpha_3 = 1.1$；

P——斜截面内纵向受拉钢筋的配筋百分率，按下式计算：

$$P = 100\rho = 100 \times \frac{A_p + A_{pb}}{b h_0} = 100 \times \frac{4448}{200 \times 1805.3} \approx 1.232$$

ρ_{sv}——斜截面内箍筋配筋率，双肢直径12mm的箍筋，$A_{sv} = 2 \times 113.1 = 226.2(\mathrm{mm}^2)$，有

$$\rho_{sv} = \frac{A_{sv}}{s_v b} = \frac{226.2}{200 \times 200} \approx 0.00566$$

式中，$\sin\theta_p$ 值应为与斜裂缝相交的预应力弯起钢筋与构件纵轴线夹角的正弦，由于精确计算夹角 θ_p 比较繁杂，而一般弯起钢筋又比较缓和，故可取计算控制截面处的 θ_p 值来计算。θ_p 值查表12-11取用。

将以上相关参数数据代入 V_{cs}、V_{pb} 表达式得

$$V_{cs} = 1.0 \times 1.25 \times 1.1 \times 0.45 \times 10^{-3} \times 200 \times 1805.3 \times \sqrt{(2 + 0.6 \times 1.232) \times \sqrt{50} \times 0.00566 \times 330}$$
$$\approx 1343.74(\mathrm{kN})$$

$$V_{pb} = 0.75 \times 10^{-3} \times 1260 \times 1112 \times (\sin 6.5° + \sin 6.5° + \sin 4.302° + \sin 0°)$$
$$\approx 316.74(\mathrm{kN})$$

于是

$$V_{cs} + V_{pb} = 1343.74 + 316.74 = 1660.48(\mathrm{kN}) > \gamma_0 V_d = 1000.84\mathrm{kN}$$

故变化点处斜截面抗剪承载力满足要求。

(2)斜截面抗弯承载力。

由于钢束均锚固于梁端，钢束数量沿跨长方向没有变化，且弯起角度缓和，其斜截面抗弯承载力一般不控制设计，故不另行验算。

12.11.8 持久状况正常使用极限状态计算

1. 抗裂验算

(1)正截面抗裂验算。

以跨中截面为例进行正截面抗裂验算。

①预加力对构件抗裂验算边缘混凝土产生的预压应力。

由式(12-64)计算预加力对构件抗裂验算边缘混凝土产生的预压应力，即

$$\sigma_{pc} = \frac{N_{p\mathrm{II}}}{A_n} + \frac{N_{p\mathrm{II}} e_{pn}}{I_n} y_{nb} = \frac{N_{p\mathrm{II}}}{A_n} + \frac{N_{p\mathrm{II}} e_{pn}}{W_{nb}}$$

其中，$N_{p\mathrm{II}} = \sigma_{p\mathrm{II}} A_p = 1063.68 \times 4448 \approx 4731.25(\mathrm{kN \cdot m})$，截面特性取用表12-13中的阶段1的截面特性值。代入上式得

$$\sigma_{pc} = \frac{4731.25 \times 10^3}{858.606 \times 10^3} + \frac{4731.25 \times 10^3 \times 1221.8}{4.208 \times 10^8} \approx 19.25(\mathrm{MPa})$$

②作用频遇组合引起构件抗裂验算边缘混凝土的法向拉应力。

由式(12-121)计算使用荷载对构件抗裂验算边缘混凝土产生的应力，即

$$\sigma_{st} = \frac{M_s}{W} = \frac{M_{G11}}{W_{nb}} + \frac{M_{G12}}{W'_{0b}} + \frac{M_{G2} + M_{Qs}}{W_{0b}}$$

其中，$M_{G11} = 3843.35\text{kN}\cdot\text{m}$，$M_{G12} = 371.29\text{kN}\cdot\text{m}$，$M_{G2} = 1603.39\text{kN}\cdot\text{m}$，$M_{Qs} = 0.7\times 2095.74 + 0.4\times 103.37 \approx 1508.37(\text{kN}\cdot\text{m})$，截面特性取用表12-13中的值。代入上式得

$$\sigma_{st} = \frac{3843.35\times 10^6}{4.208\times 10^8} + \frac{371.29\times 10^6}{4.749\times 10^8} + \frac{1603.39\times 10^6 + 1508.37\times 10^6}{4.951\times 10^8}$$

$$\approx 16.20(\text{MPa})$$

③正截面混凝土抗裂验算。

对于全预应力混凝土构件，在作用频遇组合下正截面抗裂验算边缘混凝土应力应满足下列要求：

$$\sigma_{st} - 0.85\sigma_{pc} \leqslant 0$$

$$\sigma_{st} - 0.85\sigma_{pc} = 16.20 - 0.85\times 19.25 \approx -0.16(\text{MPa}) < 0$$

计算结果满足抗裂要求。

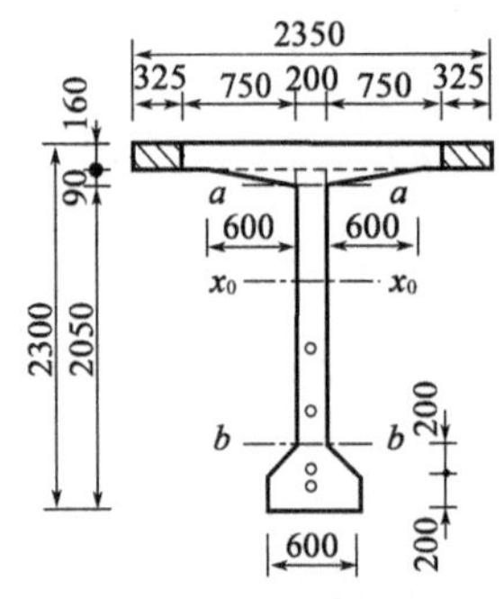

图12-49 变化点截面（尺寸单位：mm）

(2)斜截面抗裂验算。

斜截面抗裂验算应取剪力和弯矩均较大的最不利区段截面进行计算。这里以剪力和弯矩都较大的变化点截面（Ⅱ—Ⅱ）为例进行计算。设计时，应根据需要增加验算截面。

①截面面积矩计算。

按图12-49进行计算，其中计算点分别取上梗肋 a—a 处、阶段3截面重心轴 x_0—x_0 处及下梗肋 b—b 处。

现以阶段1截面梗肋 a—a 处为例，计算其以上面积对净截面重心轴 x_n—x_n 的面积矩 S_{na}。

$$S_{na} = 1700\times 160\times(917.8 - 160/2) + 2\times 600\times 90\times\frac{1}{2}\times(917.8 - 160 - 90/3) + 200\times 90\times(917.8 - 160 - 90/2) \approx 2.800\times 10^8(\text{mm}^3)$$

同理，可计算其他计算点处的面积矩，结果见表12-21。

②主应力计算。

以上梗肋 a—a 处的主应力计算为例。

a. 剪应力。

剪应力按下式计算：

$$\tau = \frac{V_{G11}S_{na}}{bI_n} + \frac{V_{G12}S'_{0a}}{bI'_0} + \frac{(V_{G2} + V_{Qs})S_{0a}}{bI_0} - \frac{\sum\sigma''_{pe}A_{pb}\sin\theta_p S_{na}}{bI_n}$$

其中，$V_{Qs} = 0.7\times 258.14 + 0.4\times 10.24 \approx 184.79(\text{kN})$，$V_{G11} = 298.74\text{kN}$，$V_{G12} = 28.86\text{kN}$，$V_{G2} = 124.63\text{kN}$，将以上数据及截面几何特性值代入上式得

$$\tau=\frac{298.74\times10^{3}\times2.800\times10^{8}}{200\times592.870\times10^{9}}+\frac{28.86\times10^{3}\times2.923\times10^{8}}{200\times624.470\times10^{9}}+$$

$$\frac{(124.63+184.79)\times10^{3}\times3.424\times10^{8}}{200\times695.792\times10^{9}}-\frac{1083.78\times3336\times0.1005\times2.800\times10^{8}}{200\times592.870\times10^{9}}$$

$$\approx0.68(\mathrm{MPa})$$

b. 正应力。

正应力按下式计算：

$$\sigma_{cx}=\frac{N_{p\mathrm{II}}}{A_{n}}-\frac{N_{p\mathrm{II}}e_{pn}y_{na}}{I_{n}}+\frac{M_{G11}y_{na}}{I_{n}}+\frac{M_{G12}y'_{0a}}{I'_{0}}+\frac{(M_{G2}+M_{Qs})y_{0a}}{I_{0}}$$

其中，$M_{G11}=2185.36\mathrm{kN\cdot m}$，$M_{G12}=211.12\mathrm{kN\cdot m}$，$M_{G2}=911.70\mathrm{kN\cdot m}$，$M_{Qs}=0.7\times899.02+0.4\times45.10=647.354(\mathrm{kN\cdot m})$，$N_{p\mathrm{II}}=\sigma_{p\mathrm{II}}A_{p}\cos\theta_{p}+\sigma_{p\mathrm{II}}A_{p}=1083.78\times3336\times0.9948+1083.78\times1112\approx4801.85(\mathrm{kN})$。将以上数据及截面几何特性值代入上式得

$$\sigma_{cx}=\frac{4801.85\times10^{3}}{858.606\times10^{3}}-\frac{4801.85\times10^{3}\times887.5\times(917.8-250)}{592.870\times10^{9}}+\frac{2185.36\times10^{6}\times(917.8-250)}{592.870\times10^{9}}+$$

$$\frac{211.12\times10^{6}\times(953.6-250)}{624.470\times10^{9}}+\frac{(911.70+647.354)\times10^{6}\times(862.6-250)}{695.792\times10^{9}}$$

$$\approx4.86(\mathrm{MPa})$$

c. 主拉应力。

$$\sigma_{tp}=\frac{\sigma_{cx}+\sigma_{cy}}{2}-\sqrt{\left(\frac{\sigma_{cx}-\sigma_{cy}}{2}\right)^{2}+\tau^{2}}=\frac{4.86}{2}-\sqrt{\left(\frac{4.86}{2}\right)^{2}+0.68^{2}}\approx-0.09(\mathrm{MPa})$$

同理，可得 x_0—x_0 及下梗肋 b—b 处的主应力，见表 12-22。

变化点截面（Ⅱ—Ⅱ）抗裂验算主拉应力计算结果 表 12-22

计算纤维	剪应力 τ（MPa）	正应力 σ（MPa）	主拉应力 σ_{tp}（MPa）
a—a	0.68	4.86	-0.09
x_0—x_0	0.75	5.43	-0.10
b—b	0.52	6.39	-0.04

③主拉应力限制值。

作用频遇组合下抗裂验算的混凝土主拉应力限值为

$$0.7f_{tk}=0.7\times2.65\approx1.86(\mathrm{MPa})$$

从表 12-22 中可以看出，主拉应力均符合要求，故变化点截面满足斜截面抗裂要求。

2. 主梁变形（挠度）计算

（1）作用频遇组合下主梁挠度计算。

主梁计算跨径 $L=33.8\mathrm{m}$，C50 混凝土的弹性模量 $E_c=3.45\times10^{4}\mathrm{MPa}$。

由于主梁在各控制截面的惯性矩各不相同，为简化挠度计算，本算例取梁 $L/4$ 处截面的换算截面惯性矩 $I_0=701.695\times10^{9}\mathrm{mm}^{4}$作为全梁截面惯性矩的平均值来计算。

由式(12-127)计算简支梁挠度，即

$$f_{\mathrm{Ms}}=\frac{\alpha M_{\mathrm{s}}L^{2}}{0.95E_{\mathrm{c}}I_{0}}$$

①可变作用引起的挠度。

将可变作用作为均布荷载作用在主梁上，则主梁跨中挠度系数 $\alpha=5/48$，跨中截面的可变作用频遇值为 $M_{\mathrm{Qs}}=1508.37\mathrm{kN}\cdot\mathrm{m}$。

由可变作用引起的简支梁跨中截面的挠度为

$$f_{\mathrm{Qs}}=\frac{5}{48}\times\frac{33800^{2}}{0.95\times3.45\times10^{4}}\times\frac{1508.37\times10^{6}}{701.695\times10^{9}}\approx7.8(\mathrm{mm})(\downarrow)$$

考虑长期效应的可变作用引起的挠度值为

$$f_{\mathrm{Qs},l}=\eta_{\theta}f_{\mathrm{Qs}}=1.43\times7.8\approx11.2(\mathrm{mm})<\frac{L}{600}=\frac{33800}{600}\approx56.3(\mathrm{mm})$$

故挠度满足要求。

②考虑长期效应的结构自重引起的挠度。

$$\begin{aligned}f_{\mathrm{G},l}&=\eta_{\theta}(f_{\mathrm{G11}}+f_{\mathrm{G12}}+f_{\mathrm{G2}})\\&=1.43\times\frac{5}{48}\times\frac{33800^{2}}{0.95\times3.45\times10^{4}}\times\frac{(3843.35+371.29+1603.39)\times10^{6}}{701.695\times10^{9}}\\&\approx43.1(\mathrm{mm})(\downarrow)\end{aligned}$$

③作用频遇组合下的长期挠度。

$$f_{\mathrm{Ms},l}=f_{\mathrm{G},l}+f_{\mathrm{Qs},l}=43.1+11.2=54.3(\mathrm{mm})(\downarrow)$$

(2)预加力引起的上拱度值。

采用 $L/4$ 截面处使用阶段永存预加力矩作为全梁平均预加力矩计算值，即

$$\begin{aligned}N_{\mathrm{p II}}&=\sigma_{\mathrm{p II}}A_{\mathrm{pb}}\cos\theta_{\mathrm{p}}+\sigma_{\mathrm{p II}}A_{\mathrm{p}}=1079.31\times3336\times0.9968+1079.31\times1112\\&\approx4789.25(\mathrm{kN})\end{aligned}$$

$$M_{\mathrm{pe}}=N_{\mathrm{pII}}e_{\mathrm{p0}}=4789.25\times10^{3}\times1109.2=5312.24\times10^{6}(\mathrm{N}\cdot\mathrm{mm})=5312.24\mathrm{kN}\cdot\mathrm{m}$$

截面惯性矩采用预加力阶段(阶段1)的截面惯性矩，为简化计算，以梁 $L/4$ 处截面的截面惯性矩 $I_{\mathrm{n}}=588.750\times10^{9}\mathrm{mm}^{4}$ 作为全梁截面惯性矩的平均值来计算。

主梁跨中截面上拱度值为

$$\begin{aligned}f_{\mathrm{p}}&=\int_{0}^{L}\frac{M_{\mathrm{pe}}\cdot\overline{M}_{x}}{E_{\mathrm{c}}I_{0}}\mathrm{d}x=-\frac{M_{\mathrm{pe}}L^{2}}{8E_{\mathrm{c}}I_{\mathrm{n}}}\\&=-\frac{5312.24\times10^{6}\times33800^{2}}{8\times3.45\times10^{4}\times588.75\times10^{9}}\\&\approx-37.3(\mathrm{mm})(\uparrow)\end{aligned}$$

考虑长期效应的预加力引起的上拱度值为

$$f_{\mathrm{p},l}=\eta_{\theta,\mathrm{pe}}f_{\mathrm{p}}=2\times(-37.3)=-74.6(\mathrm{mm})(\uparrow)$$

(3)预拱度的设置。

由于 74.6mm > 54.3mm，即预加力产生的长期反拱值大于按作用频遇组合计算的长期挠度值，所以不需设置预拱度。

12.11.9 短暂状况和持久状况构件应力验算

1. 短暂状况应力验算

预应力混凝土构件按短暂状况设计时,应计算其在制作、运输及安装等施工阶段,在预加力和自重作用下截面边缘混凝土的法向应力,并不超过规定的限值。

(1)预加应力阶段的正应力验算。

以梁跨中截面为例,验算截面正应力。

截面上、下缘混凝土的法向应力按下式计算:

预拉区上缘:

$$\sigma_{ct}^{t} = \frac{N_{pI}}{A_n} - \frac{N_{pI}e_{pn}}{W_{nu}} + \frac{M_{G11}}{W_{nu}}$$

预压区下缘:

$$\sigma_{cc}^{t} = \frac{N_{pI}}{A_n} + \frac{N_{pI}e_{pn}}{W_{nb}} - \frac{M_{G11}}{W_{nb}}$$

其中 $N_{pI}=\sigma_{pI}A_p=1241.31\times4448=5521.35\times10^3(\text{N})$,$M_{G11}=3843.35\text{kN}\cdot\text{m}$。截面特性取用表12-13中的阶段1的截面特性值。代入上式得

$$\sigma_{ct}^{t} = \frac{5521.35\times10^3}{858.606\times10^3} - \frac{5521.35\times10^3\times1221.8}{6.405\times10^8} + \frac{3843.35\times10^6}{6.405\times10^8}$$

$$\approx 1.90(\text{MPa})(\text{压})$$

$$\sigma_{cc}^{t} = \frac{5521.35\times10^3}{858.606\times10^3} + \frac{5521.35\times10^3\times1221.8}{4.208\times10^8} - \frac{3843.35\times10^6}{4.208\times10^8}$$

$$\approx 13.33(\text{MPa})(\text{压}) < 0.7f'_{ck} = 0.7\times29.6 = 20.72(\text{MPa})$$

由计算结果可知,预加应力阶段混凝土压应力满足应力限制值的要求;预拉区混凝土没有出现拉应力,故预拉区只需配置配筋率不小于0.2%的纵向普通钢筋即可。

(2)运输、安装阶段的正应力验算。

该阶段应力计算方法与预加应力阶段相同,但应注意计算图式、预加应力的变化情况,另外构件自重应根据不利情况考虑动力系数1.2或0.85。

2. 持久状况应力验算

按持久状况设计的预应力混凝土受弯构件,应计算其使用阶段正截面混凝土的法向压应力、受拉区钢筋的拉应力及斜截面混凝土的主压应力,并不得超过规定的限值。

(1)持久状况正截面应力验算。

对于预应力混凝土简支梁,由于采用曲线配筋,一般取跨中、$L/4$、$L/8$、支点及钢束突然变化处(截断或弯出梁顶等)分别进行正截面应力验算。在此仅以跨中截面为例,验算正截面混凝土的法向压应力、受拉区钢筋的拉应力。

①混凝土正应力验算。

在预加力和使用荷载作用下,梁上边缘压应力按下式计算:

$$\sigma_{cu} = \frac{N_{p\text{II}}}{A_n} - \frac{N_{p\text{II}}e_{pn}}{W_{nu}} + \frac{M_{G11}}{W_{nu}} + \frac{M_{G12}}{W'_{0u}} + \frac{M_{G2}+M_Q}{W_{0u}}$$

跨中截面，$N_{p\text{II}}=\sigma_{p\text{II}}A_p=1063.68\times4448=4731.25(\text{kN})$，$M_{G11}=3843.35\text{kN}\cdot\text{m}$，$M_{G12}=371.29\text{kN}\cdot\text{m}$，$M_{G2}=1603.39\text{kN}\cdot\text{m}$，$M_Q=103.37+2594.53=2697.90(\text{kN}\cdot\text{m})$，跨中截面混凝土上边缘压应力为

$$\sigma_{cu}=\left(\frac{4731.25\times10^3}{858.606\times10^3}-\frac{4731.25\times10^3\times1221.8}{6.405\times10^8}\right)+\frac{3843.35\times10^6}{6.405\times10^8}+\frac{371.29\times10^6}{6.614\times10^8}+\frac{1603.39\times10^6+2697.90\times10^6}{8.146\times10^8}$$

$$\approx8.33(\text{MPa})<0.5f_{ck}=0.5\times32.4=16.2(\text{MPa})$$

持久状况下跨中截面混凝土法向压应力满足要求。

②预应力钢筋的应力验算。

由湿接缝、二期恒载及活载作用产生的预应力钢筋截面重心处混凝土正应力为

$$\sigma_{kt}=\frac{M_{G12}}{I_0'}y_{p0}'+\frac{M_{G2}+M_Q}{I_0}y_{p0}$$

$$=\frac{371.29\times10^6}{635.748\times10^9}\times1172.5+\frac{1603.39\times10^6+2697.90\times10^6}{708.306\times10^9}\times1264.2\approx8.36(\text{MPa})$$

预应力钢筋拉应力为

$$\sigma=\sigma_{p\text{II}}+\alpha_{Ep}\sigma_{kt}=1063.68+5.65\times8.36$$

$$\approx1110.91(\text{MPa})<0.65f_{pk}=0.65\times1860=1209(\text{MPa})$$

预应力钢筋拉应力满足要求。

(2)持久状况混凝土主应力验算。

本例仍以剪力和弯矩都较大的变化点截面(Ⅱ—Ⅱ)为例进行计算。实际设计中，应根据需要增加验算截面。

①主应力计算。

以上梗肋 *a*—*a* 处的主应力计算为例。

a. 剪应力。

剪应力按式(12-112)计算，其中 $V_Q=319.58+10.24=329.82(\text{kN})$，则

$$\tau=\frac{V_{G11}S_{na}}{bI_n}+\frac{V_{G12}S_{0a}'}{bI_0'}+\frac{(V_{G2}+V_Q)S_{0a}}{bI_0}-\frac{\sum\sigma_{pe}''A_{pb}\sin\theta_pS_{na}}{bI_n}$$

$$=\frac{298.74\times10^3\times2.800\times10^8}{200\times592.870\times10^9}+\frac{28.86\times10^3\times2.923\times10^8}{200\times624.470\times10^9}+\frac{(124.63+329.82)\times10^3\times3.424\times10^8}{200\times695.792\times10^9}-\frac{1083.78\times3336\times0.1005\times2.800\times10^8}{200\times592.870\times10^9}$$

$$\approx1.03(\text{MPa})$$

b. 正应力。

$$\sigma_{cx}=\frac{N_{p\text{II}}}{A_n}-\frac{N_{p\text{II}}e_{pn}y_{na}}{I_n}+\frac{M_{G11}y_{na}}{I_n}+\frac{M_{G12}y_{0a}'}{I_0'}+\frac{(M_{G2}+M_Q)y_{0a}}{I_0}$$

$$=\frac{4801.85\times10^3}{858.606\times10^3}-\frac{4801.85\times10^3\times887.5\times(917.8-250)}{592.870\times10^9}+\frac{2185.36\times10^6\times(917.8-250)}{592.870\times10^9}+$$

$$\frac{211.12\times10^{6}\times(953.6-250)}{624.470\times10^{9}}+\frac{(911.70+1112.99+45.10)\times10^{6}\times(862.6-250)}{695.792\times10^{9}}$$

$\approx 5.31(\text{MPa})$

c. 主应力。

$$\sigma_{tp}=\frac{\sigma_{cx}+\sigma_{cy}}{2}-\sqrt{\left(\frac{\sigma_{cx}-\sigma_{cy}}{2}\right)^{2}+\tau^{2}}=\frac{5.31}{2}-\sqrt{\left(\frac{5.31}{2}\right)^{2}+1.03^{2}}\approx-0.19(\text{MPa})$$

$$\sigma_{cp}=\frac{\sigma_{cx}+\sigma_{cy}}{2}+\sqrt{\left(\frac{\sigma_{cx}-\sigma_{cy}}{2}\right)^{2}+\tau^{2}}=\frac{5.31}{2}+\sqrt{\left(\frac{5.31}{2}\right)^{2}+1.03^{2}}\approx5.50(\text{MPa})$$

同理,可得 x_0—x_0 及下梗肋 b—b 处的主应力,见表 12-23。

变化点截面(Ⅱ—Ⅱ)主应力计算结果 表 12-23

计算纤维	剪应力 τ (MPa)	正应力 σ (MPa)	主应力(MPa)	
			σ_{tp}	σ_{cp}
a—a	1.03	5.31	−0.19	5.50
x_0—x_0	1.14	5.43	−0.23	5.66
b—b	0.80	5.63	−0.11	5.74

②主应力验算。

混凝土主压应力限值为 $0.6f_{ck}=0.6\times32.4=19.44(\text{MPa})$,表 12-23 中各点主压应力计算值均小于限值,满足要求。

最大主拉应力为 $\sigma_{tp,max}=0.23\text{MPa}<0.5f_{tk}=0.5\times2.65\approx1.33(\text{MPa})$,按《公路桥规》的要求,仅需按构造要求布置箍筋。

12.11.10 端部锚固区计算

1. 局部区计算

本算例采用夹片式锚具,该锚具的垫板与其后的喇叭管连成整体,如图 12-50 所示。锚垫板尺寸为 195mm×195mm,喇叭管尾端接内径为 70mm 的波纹管。锚下设置间接钢筋为 HPB300 的螺旋形钢筋,直径为 12mm,螺距为 50mm,螺旋形钢筋中心直径为 235mm。根据锚具的布置情况(图 12-51),取最不利的 N2(或 N3)钢束进行局部承压验算。

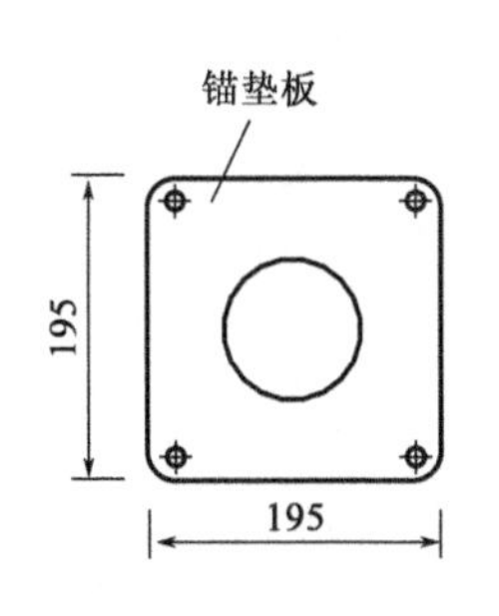

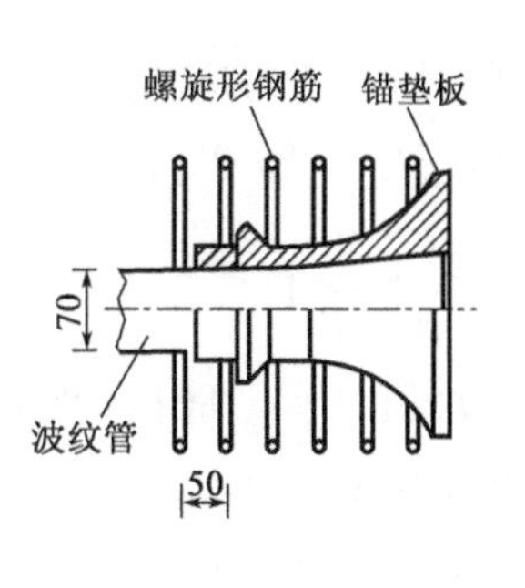

图 12-50 带喇叭管的夹片式锚具(尺寸单位:mm)

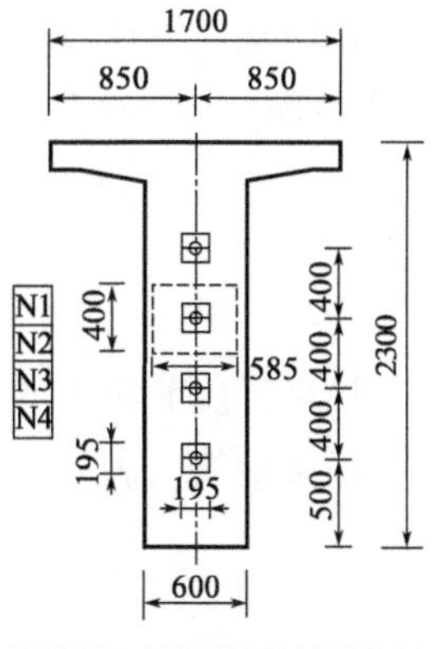

图 12-51 梁端混凝土局部承压计算图(尺寸单位:mm)

(1)局部受压区的截面尺寸验算。

配置间接钢筋的混凝土构件,其局部受压区的尺寸应满足下列要求:

$$\gamma_0 F_{ld} \leqslant 1.3\eta_s\beta f_{cd}A_{ln}$$

式中:γ_0——结构重要性系数,这里 $\gamma_0 = 1.0$。

F_{ld}——局部受压面积上的局部压力设计值,后张法锚头局部受压区应取 1.2 倍张拉时的最大压力,所以局部压力设计值为

$$F_{ld} = 1.2 \times 1395 \times 1112 \approx 1861.49(\text{kN})$$

η_s——混凝土局部承压修正系数,$\eta_s = 1.0$。

f_{cd}——张拉锚固时混凝土轴心抗压强度设计值,混凝土强度达到设计强度的 90% 时张拉预应力钢筋,此时混凝土强度等级相当于 $0.9 \times \text{C50} = \text{C45}$,由附表 1-1 查得 $f_{cd} = 20.5\text{MPa}$。

β——混凝土局部承压强度力提高系数,$\beta = \sqrt{\dfrac{A_b}{A_l}}$。

A_{ln}、A_l——混凝土局部受压面积,A_{ln} 为扣除孔洞后的面积,A_l 为不扣除孔洞的面积。对于具有喇叭管并与垫板连成整体的锚具,A_{ln} 可取垫板面积扣除喇叭管尾端内孔面积,本示例中采用的是此类锚具,喇叭管尾端内孔直径为 70mm,所以

$$A_l = 195 \times 195 = 38025(\text{mm}^2)$$

$$A_{ln} = 195 \times 195 - \frac{\pi \times 70^2}{4} \approx 34177(\text{mm}^2)$$

A_b——局部受压计算底面积,局部受压面为边长 195mm 的正方形截面,根据《公路桥规》规定的计算方法,N2 钢束锚下局部承压计算底面积(图 12-51)为

$$A_b = 400 \times (195 + 2 \times 195) = 400 \times 585 = 234000(\text{mm}^2)$$

$$\beta = \sqrt{\frac{A_b}{A_l}} = \sqrt{\frac{234000}{38025}} \approx 2.481$$

所以

$$1.3\eta_s\beta f_{cd}A_{ln} = 1.3 \times 1.0 \times 2.481 \times 20.5 \times 34177$$
$$\approx 2259.74(\text{kN}) > \gamma_0 F_{ld} = 1861.49\text{kN}$$

计算表明,局部受压区尺寸满足要求。

(2)局部抗压承载力计算。

配置间接钢筋的局部受压构件,其局部抗压承载力应满足:

$$\gamma_0 F_{ld} \leqslant F_u = 0.9(\eta_s\beta f_{cd} + k\rho_v\beta_{cor}f_{sd})A_{ln}$$

$$\beta_{cor} = \sqrt{\frac{A_{cor}}{A_l}} \geqslant 1$$

式中:F_{ld}——局部受压面积上的局部压力设计值,$F_{ld} = 1861.49\text{kN}$;

A_{cor}——间接钢筋内表面范围内的混凝土核心面积,按下式计算:

$$d_{cor} = 235 - 12 = 223(\text{mm})$$

$$A_{cor} = \frac{\pi \times 223^2}{4} \approx 39057(\text{mm}^2)$$

$$\beta_{cor} = \sqrt{\frac{A_{cor}}{A_l}} = \sqrt{\frac{39057}{38025}} \approx 1.013$$

k——间接钢筋影响系数,混凝土强度等级为 C50 及以下时,取 $k=2.0$;

ρ_v——间接钢筋体积配筋率,局部承压区配置直径为 12mm 的 HPB300 钢筋,单根钢筋截面面积为 113.1mm²,所以

$$\rho_v = \frac{4A_{ss1}}{d_{cor}s} = \frac{4 \times 113.1}{223 \times 50} \approx 0.0406$$

将上述各计算值代入局部抗压承载力计算公式,可得到

$$\begin{aligned} F_u &= 0.9(\eta_s \beta f_{cd} + k\rho_v \beta_{cor} f_{sd})A_{ln} \\ &= 0.9 \times (1.0 \times 2.481 \times 20.5 + 2.0 \times 0.0406 \times 1.013 \times 250) \times 34177 \\ &\approx 2196.96(\text{kN}) > \gamma_0 F_{ld} = 1861.49\text{kN} \end{aligned}$$

因此,主梁锚下局部抗压承载力满足要求。

2. 总体区计算

(1)抗劈裂力验算。

由图 12-46 可知,相邻锚头中心间距 400mm 大于 2 倍的锚垫板宽[$2a' = 2 \times 195 = 390$(mm)],故属于非密集锚头布置,应按单个锚头分别计算并取各劈裂力中的最大值进行验算。

单个锚头引起的锚下劈裂力设计值 $T_{b,d}$ 及其作用位置至锚固面的水平距离 d_b 分别按式(12-140)、式(12-141)计算,即

$$T_{b,d} = 0.25P_d(1+\gamma)^2\left(1 - \gamma - \frac{a}{h}\right) + 0.5P_d|\sin\alpha|$$

$$d_b = 0.5(h - 2e) + e\sin\alpha$$

以 N1 为例进行计算。N1 锚头位置至截面形心(近似取支点截面形心)的垂直距离,即偏心距为

$$e_1 = 500 + 3 \times 400 - 1286.0 = 414.0(\text{mm})$$

锚固力在截面上的偏心率为

$$\gamma_1 = \frac{2e_1}{h} = \frac{2 \times 414.0}{2300} = 0.360$$

预应力锚固力设计值为

$$P_d = 1.2\sigma_{con}A_{p1} = 1.2 \times 1395 \times 1112 \approx 1861.49(\text{kN})$$

N1 锚头锚固力作用线从起点指向截面形心,预应力钢筋的倾角取 $\alpha_1 = +6.5°$。

将以上数据代入 $T_{b,d}$ 及 d_b 计算式,得

$$\begin{aligned} T_{b,d1} &= 0.25 \times 1861.49 \times (1 + 0.360)^2 \times \left(1 - 0.360 - \frac{195}{2300}\right) + 0.5 \times 1861.49 \times |\sin 6.5°| \\ &\approx 583.27(\text{kN}) \end{aligned}$$

$$d_{b1} = 0.5 \times (2300 - 2 \times 414.0) + 414.0 \times \sin 6.5° \approx 782.9(\text{mm})$$

同理,对 N2 ~ N4 锚头分别单独计算锚下劈裂力设计值及其作用位置,结果见表 12-24。

单个锚头引起的锚下劈裂力设计值及其作用位置计算结果　　表 12-24

锚头编号	偏心距 e_i (mm)	偏心率 γ_i	劈裂力设计值 $T_{b,di}$ (kN)	水平距离 d_{bi} (mm)
N1	414.0	0.360	583.27	782.9
N2	14.0	0.012	535.84	1137.6
N3	386.0	0.336	586.49	720.3
N4	786.0	0.683	411.46	275.0

由表 12-24 可见，N3 锚头引起的锚下劈裂力设计值最大，取 $T_{b,d}=586.49\text{kN}$ 进行端部锚固区锚下抗劈裂力的设计计算。

本例抗劈裂钢筋采用 HRB400 钢筋，分布于梁端 $h=2300\text{mm}$ 范围内，配置 23 根直径为 16mm 的双肢闭合箍筋，于是

$$f_{sd}A_s = 330\times23\times2\times201.1\approx3052.70(\text{kN}) > \gamma_0T_{b,d} = 586.49\text{kN}$$

故锚下抗劈裂力的承载力满足要求。

(2)抗剥裂力验算。

相邻锚头中心之间的距离均为 400mm，小于 $h/2=1150\text{mm}$，不属于大间距锚头。故剥裂力按式(12-142)进行计算，即

$$T_{s,d} = 0.02\max\{P_{di}\} = 0.02\times1861.49\approx37.23(\text{kN})$$

本例在梁端布置一排抗剥裂力的双肢闭合箍筋，直径为 16mm，采用 HRB400 钢筋，则

$$f_{sd}A_s = 330\times2\times201.1\approx132.73(\text{kN}) > \gamma_0T_{s,d} = 37.23\text{kN}$$

故抵抗剥裂力的承载力满足要求。

(3)抗边缘拉力验算。

对预应力钢筋进行逐束或分批张拉时，可能出现大偏心锚固的情形，此时需要进行受拉侧边缘最不利拉力的计算。已知各锚头的锚固力设计值 $P_d=1861.49\text{kN}$ 和偏心率(表 12-24)，由式(12-144)计算各锚头锚固力作用下受拉侧边缘拉力设计值。下面以 N1 锚头为例进行计算。

由于 $\gamma_1=0.360>1/3$，故

$$T_{et,d1} = \frac{(3\gamma_1-1)^2}{12\gamma_1}P_{d1} = \frac{(3\times0.360-1)^2}{12\times0.360}\times1861.49\approx2.76(\text{kN})$$

同理，可得到其他锚头锚固力作用下受拉侧边缘拉力设计值，N2 锚头 $T_{et,d2}=0$，N3 锚头 $T_{et,d3}=0.03\text{kN}$，N4 锚头 $T_{et,d4}=249.93\text{kN}$。

以上计算结果表明，N4 锚头位于锚固端截面下边缘附近，在其锚固力作用下受拉侧边缘(梁顶面)拉力设计值最大。本算例配置有 4 根直径为 22mm 的架立钢筋(HRB400)，则抗拉承载力为

$$f_{sd}A_s = 330\times1520 = 501600(\text{N}) = 501.60\text{kN} > \gamma_0T_{et,d} = 249.93\text{kN}$$

故抵抗边缘拉力的承载力满足要求。

思考题与习题

12-1 预应力混凝土受弯构件在施工阶段和使用阶段的受力有什么特点?

12-2 什么是张拉控制应力 σ_{con}? 为什么张拉控制应力取值不能过高也不能过低?

12-3 什么是预应力损失?《公路桥规》中考虑的预应力损失主要有哪些? 各项预应力损失产生的原因是什么? 计算方法及减小措施有哪些?

12-4 何谓预应力钢筋的有效预应力和永存预应力? 写出两者的计算公式。

12-5 何谓预应力钢筋的松弛? 钢筋松弛有何特点? 为什么超张拉可以减小松弛损失?

12-6 如何确定预应力混凝土受弯构件的界限受压区高度 ξ_b? 与普通钢筋混凝土受弯构件的界限受压区高度相比有何不同?

12-7 怎样正确理解"对梁截面的受拉区施加预应力可以提高抗裂度而不能提高正截面抗弯承载力"?

12-8 预应力混凝土受弯构件的受压区有时也配置预应力钢筋,它的主要作用是什么? 这种预应力钢筋对构件的正截面承载力及抗裂度有何影响?

12-9 对受弯构件的纵向受拉钢筋施加预应力后,是否可以提高斜截面受剪承载力? 为什么?

12-10 为什么要对预应力混凝土受弯构件进行应力计算? 应力计算包括哪些项目? 如何选择应力计算的截面?

12-11 在计算混凝土预应力时,为什么先张法构件采用换算截面几何特征值,而后张法构件采用净截面几何特征值? 在使用阶段,由荷载引起的混凝土应力计算为何二者都用换算截面?

12-12 如何对预应力混凝土受弯构件进行正截面和斜截面抗裂验算? 抗裂计算与应力计算有何异同点?

12-13 预应力混凝土构件的挠度由哪几部分组成? 如何验算构件的挠度? 预应力混凝土和普通钢筋混凝土受弯构件预拱度设置的条件和方法有何不同?

12-14 何谓预应力钢筋的传递长度和锚固长度? 先张法构件施工时为什么要注意预应力钢筋的放松问题?

12-15 《公路桥规》将后张法构件端部锚固区分为哪两个区域? 各区域受力特点如何?

12-16 后张法预应力混凝土构件,为什么要控制局部受压区的截面尺寸并需在锚下配置间接钢筋? 在确定 β 时,为什么 A_b 及 A_l 不扣除孔洞面积?

12-17 预应力钢筋弯起的曲线形状有哪几类? 如何确定预应力钢筋的弯起点和弯起角度?

12-18 预应力混凝土受弯构件的计算内容有哪些? 其设计计算步骤是怎样的?

12-19 何谓束界? 如何确定束界? 布置预应力钢筋需考虑哪些问题?

12-20 如何确定全预应力混凝土受弯构件纵向预应力钢筋及普通受力钢筋截面面积?

12-21 装配式先张法预应力混凝土简支空心板,截面如图 12-52 所示。空心板预制

长度 $l=7960$mm。采用 C40 混凝土，预应力钢筋为 6 $\phi^{T}18$，单根预应力螺纹钢筋截面面积为 254.5mm²，抗拉强度标准值 $f_{pk}=785$MPa。

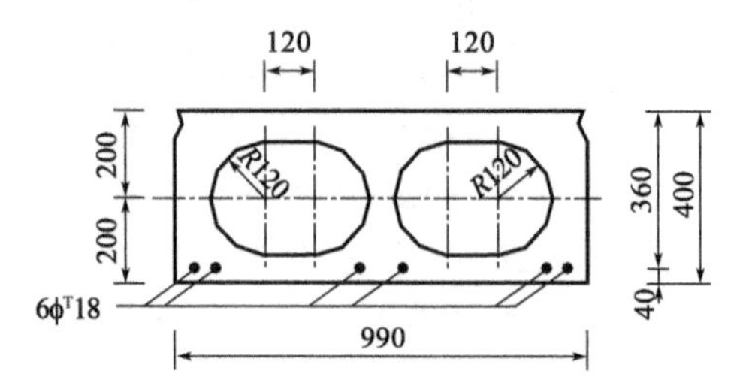

图 12-52　空心板截面（尺寸单位：mm）

预应力钢筋采用一端张拉（采用超张拉工艺），张拉到控制应力时，用带螺帽的锚具临时将钢筋固定在台座上。张拉端与固定端间距离为 28m。张拉控制应力 $\sigma_{con}=0.85f_{pk}$。

当混凝土强度达到设计强度的 90% 时逐渐放松钢筋，此时混凝土龄期为 10d。空心板采用自然养护方法，大气条件中相对湿度为 75%。

空心板换算截面面积 $A_0=2352.81\times10^2$ mm²，换算截面惯性矩 $I_0=4.67451\times10^9$ mm⁴，换算截面重心轴至空心板上边缘距离 $y_{0u}=205.3$mm。

试计算预应力钢筋的预应力损失。

12-22　试计算题 12-21 中空心板正截面抗弯承载力。

12-23　某后张法全预应力混凝土简支 T 梁，受压翼缘的有效宽度 $b_f'=2200$mm，腹板厚 $b=200$mm，截面高度 $h=1800$mm。采用 C50 混凝土，预应力钢筋采用钢绞线，弹性模量 $E_p=1.95\times10^5$MPa，抗拉强度标准值 $f_{pk}=1860$MPa，抗拉强度设计值 $f_{pd}=1260$MPa，预应力钢筋张拉控制应力 $\sigma_{con}=1395$MPa。构件采用 3 束钢绞线，截面面积 $A_p=2520$mm²，跨中截面预应力钢筋合力中心至下缘的距离 $a_p=100$mm。

梁跨中截面弯矩标准值为：一期恒载弯矩 $M_{G1}=2265.11$kN·m，二期恒载弯矩 $M_{G2}=480.23$kN·m，汽车荷载作用（不计冲击力，$1+\mu=1.08$）产生的弯矩值 $M_{Q1}=1516.25$kN·m，人群荷载作用产生的弯矩值 $M_{Q2}=58.36$kN·m。梁跨中截面预应力钢筋的预应力损失 $\sigma_{l1}=93.55$MPa，$\sigma_{l2}=0$，$\sigma_{l4}=27.98$MPa，$\sigma_{l5}=33.23$MPa，$\sigma_{l6}=71.01$MPa。跨中截面几何特征值见表 12-25。

跨中截面几何特征值　　表 12-25

截面特征	A(mm²)	y_u(mm)	y_b(mm)	I(mm⁴)
净截面	799.011×10^3	567	1233	279.102×10^9
换算截面	893.554×10^3	576	1224	325.005×10^9

注：y_u 为截面重心到梁顶距离；y_b 为截面重心到梁底距离。

(1) 当混凝土达到设计强度时，对预应力钢筋张拉锚固。试验算预加应力阶段跨中截面的应力。

(2) 试对使用阶段跨中截面混凝土的法向压应力、预应力钢筋的拉应力进行验算。

(3) 试对跨中截面进行正截面抗裂验算。

12-24　后张法全预应力混凝土简支 T 梁，计算跨径 $L=29.14$m。跨中截面如图 12-53 所示。采用 C50 混凝土。

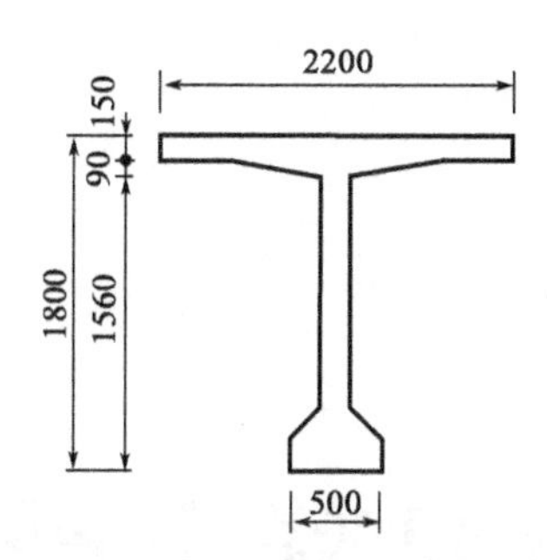

图 12-53　T梁截面(尺寸单位:mm)

梁跨中截面一期恒载弯矩 $M_{G1}=2258.62\text{kN}\cdot\text{m}$,二期恒载(桥面铺装、人行道、栏杆)弯矩 $M_{G2}=672.45\text{kN}\cdot\text{m}$,汽车荷载作用(不计冲击力)产生的弯矩值 $M_{Q1}=1450.58\text{kN}\cdot\text{m}$,人群荷载作用产生的弯矩值 $M_{Q2}=80.56\text{kN}\cdot\text{m}$。$L/4$ 截面处使用阶段的永存预加力矩 $M_{pe}=2989.62\text{kN}\cdot\text{m}$ 作为全梁平均预加力矩计算值。

梁 $L/4$ 处截面几何特性作为全梁的平均值,预加应力阶段净截面惯性矩 $I_n=316.503\times10^9\ \text{mm}^4$,使用阶段换算截面惯性矩 $I_0=322.865\times10^9\ \text{mm}^4$。

(1)验算使用阶段跨中截面挠度。

(2)该梁是否需要设置预拱度?

第 13 章 部分预应力混凝土受弯构件

全预应力混凝土结构具有抗裂性好、刚度大、抗疲劳、防渗漏等优点,但也存在一些缺点,主要有以下几个方面:

(1)在全预应力混凝土构件中,纵向预应力钢筋的用量往往较大,且张拉控制应力取值也较高。因此,对张拉设备及锚具的要求较高,当预加力过大时,锚下混凝土受到局部压力较大,易出现沿预应力钢筋纵向不能恢复的裂缝。

(2)在制作、运输、堆放及安装过程中,对于较大跨度构件,截面预拉区往往会开裂,以致需要在受压区设置预应力钢筋。

(3)在张拉或放松预应力钢筋时,构件的反拱变形较大,以至于桥面铺装施工的实际厚度变化较大,易造成桥面损坏。特别是对于恒载小而活载较大的构件,在使用阶段因预压区混凝土长期处于高压应力状态而产生徐变,构件的反拱将不断增大,从而影响结构的正常使用。

部分预应力混凝土结构是指其预应力度介于全预应力混凝土结构和普通钢筋混凝土结构之间的广阔领域的预应力混凝土结构,其能较好地克服全预应力混凝土结构和普通钢筋混凝土结构的缺点。与全预应力混凝土结构相比,部分预应力混凝土结构抗裂性稍差,刚度稍小,但只要能满足使用要求,仍然是允许的。越来越多的研究成果和工程实践表明,采用部分预应力混凝土结构取得了较好的技术经济效果。可以认为,部分预应力混凝土结构的出现是预应力混凝土结构设计和应用的一个重要发展。

13.1 部分预应力混凝土结构概述

在第 11 章中已提到,国内将配筋混凝土按预应力度不同分为全预应力混凝土($\lambda \geq 1$)、部分预应力混凝土($0 < \lambda < 1$)及普通钢筋混凝土($\lambda = 0$)。可见,部分预应力混凝土结构是处于全预应力混凝土结构和普通钢筋混凝土结构之间的一种具有不同预应力

度的混凝土结构。为了设计方便,《公路桥规》将部分预应力混凝土构件分为 A 类和 B 类构件。

13.1.1 部分预应力混凝土受弯构件的受力特点

图 13-1 是截面尺寸、材料及配筋率相同而预应力度不同的三根配筋混凝土简支适筋梁受力全过程的弯矩-挠度(M-f)关系图。图中 1、2 和 3 分别表示全预应力混凝土、部分预应力混凝土和普通钢筋混凝土梁的弯矩-挠度关系曲线。

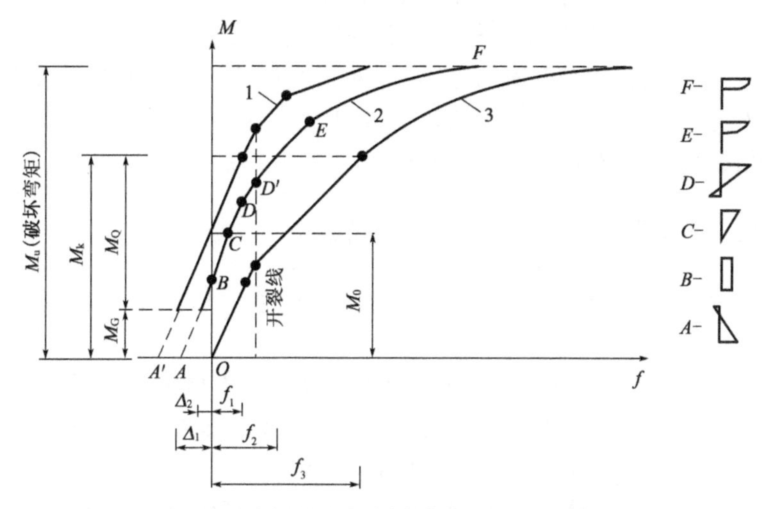

图 13-1 不同预应力度受弯构件弯矩-挠度关系曲线

从图 13-1 中可以看出,部分预应力混凝土梁的受力特点,介于全预应力混凝土梁与钢筋混凝土梁之间。在有效预加力作用下,它具有反拱(OA),但其值较全预应力混凝土梁的反拱(OA')小。考虑自重后,部分预应力混凝土梁的反拱值 Δ_2 较全预应力混凝土梁的反拱值 Δ_1 小;当外荷载增加到 B 点时,梁的挠度为零,表示外荷载作用下产生的下挠度值与预应力反拱值相等,两者正好相互抵消,但此时受拉区边缘的混凝土应力并不为零。当荷载继续增加,到达 C 点时,外荷载作用产生的梁底混凝土拉应力正好与梁底的有效预压应力 σ_{pc} 抵消,使梁底受拉区边缘的混凝土应力为零,此时相应的外荷载弯矩称为消压弯矩 M_0。此后继续加载,梁底开始出现拉应力,这时梁的受力性能就像普通钢筋混凝土梁一样;荷载继续增加到 D 点,混凝土边缘拉应力达到极限抗拉强度;随着外荷载继续增加,受拉区混凝土进入塑性阶段,构件的刚度下降,到达 D' 点时构件即将出现裂缝,此时相应的弯矩就称为部分预应力混凝土构件的开裂弯矩 M_{cr},显然($M_{cr}-M_0$)就相当于相应的普通钢筋混凝土梁的截面开裂弯矩;此后随荷载增加,裂缝开展,刚度继续下降,挠度增加速度加快,到达 E 点时,受拉钢筋屈服;E 点以后裂缝进一步扩展,刚度进一步降低,挠度增加速度更快,直到 F 点,受压区边缘混凝土应变达到其抗压极限应变,构件即达到极限承载能力状态而被破坏。

由图 13-1 所示试验结果可知,部分预应力混凝土受弯构件开裂弯矩大于钢筋混凝土受弯构件,但小于全预应力混凝土受弯构件;在使用荷载 M_k 作用下,部分预应力受弯构件的挠度 f_2 大于全预应力混凝土受弯构件挠度 f_1,但小于普通钢筋混凝土受弯构件挠度 f_3。可见,与全预应力混凝土构件相比,部分预应力混凝土构件避免了过大的预应力反拱,且具有较好的延性;与普通钢筋混凝土相比,其裂缝宽度与挠度要小。

13.1.2 实现部分预应力混凝土的方法

实现部分预应力混凝土的方法有以下几种:

(1)全部采用高强钢筋,将其中一部分张拉到最大控制应力,保留一部分作为非预应力钢筋。

(2)将全部预应力钢筋张拉到一个较低的应力水平。

(3)采用高强度预应力钢筋和普通钢筋的混合配筋方法。

以上几种方法中,应用较普遍的是第(3)种混合配筋方法。因为构件中的预应力钢筋能平衡一部分荷载,可提高构件的抗裂度,减小挠度,并提供部分或大部分承载力;普通钢筋则可分散裂缝,提高构件的承载能力和延性。

13.1.3 部分预应力混凝土结构的特点

部分预应力混凝土结构已逐步应用于工程结构,这与其自身的特点是分不开的,其优点如下:

(1)节省预应力钢筋与锚具。与全预应力混凝土结构相比,部分预应力混凝土结构所施加的预应力要小,因而可减少高强度预应力钢筋及锚具的用量。同时,由于预应力钢筋减少,制孔、灌浆、张拉、锚固等工作量也相应减少。

(2)避免过大的预应力反拱。部分预应力混凝土受弯构件,由于预加力小,其相应的预应力反拱较小,从而可避免全预应力混凝土构件中由预加力大而引起的反拱过大问题,保证桥面行车平顺。

(3)构件的延性较好。由于配置了普通的非预应力钢筋,部分预应力混凝土受弯构件破坏时所呈现的延性比全预应力混凝土构件好,其吸收能量的性能较好,因而使结构有利于抗震、抗爆。

(4)与普通钢筋混凝土相比,部分预应力混凝土受弯构件由于有适量的预应力,其挠度与裂缝宽度都比较小,尤其是最不利荷载卸载后的恢复性能良好,裂缝能很快闭合。由于使用荷载最不利组合的概率较小,即使是允许开裂的 B 类预应力混凝土构件,在正常使用状态下,其裂缝也是经常闭合的。所以,部分预应力混凝土受弯构件的综合使用性能要优于普通钢筋混凝土构件。

总之,长期以来的实践经验说明,全预应力混凝土结构并不一定是预应力混凝土结构的最佳方案,而部分预应力混凝土结构却可能获得良好的使用性能,它可以避免长期处于高应力状态下的全预应力混凝土结构的种种弊端。

结构设计时,采用全预应力混凝土还是部分预应力混凝土,应根据结构的使用要求及工程实际来选择。对于需防止渗漏的压力容器、水下结构或处于高度腐蚀环境的结构,以及承受高频反复荷载作用而预应力钢筋有疲劳危险的结构(例如铁路桥)等,需要用全预应力混凝土结构。而对于自重作用(恒载)效应相较可变作用效应较小的结构,例如中、小跨径的桥梁,其主梁适宜采用部分预应力混凝土结构。

13.2　部分预应力混凝土受弯构件的设计计算

部分预应力混凝土受弯构件由于具有不同的预应力度，且采用混合配筋形式，因此，在设计计算中应充分考虑其受力特点，使结构设计安全可靠、经济合理。

在12.1节中已详细介绍了预应力混凝土受弯构件设计计算内容，对于部分预应力混凝土受弯构件，一般应进行下列各项计算：正截面、斜截面承载力计算，持久状况和短暂状况的应力计算，抗裂或裂缝宽度验算，锚固区计算，变形计算，承受反复荷载的构件尚需进行疲劳验算。其中正截面、斜截面承载力计算及锚固区计算与全预应力混凝土受弯构件相同，这里不再赘述。下面介绍其他项的计算要点。

13.2.1　短暂状况和持久状况的应力计算

1. 短暂状况的应力计算

预应力混凝土受弯构件应计算其在制作、运输及安装等施工阶段，由预应力作用、构件自重和施工荷载等引起的正截面应力，并不应超过规定的限值。

部分预应力混凝土受弯构件，在施工阶段为全截面参加工作，材料处于弹性工作状态，其正截面应力计算方法及应力限值与全预应力混凝土受弯构件相同。

2. 持久状况的应力计算

持久状况部分预应力混凝土受弯构件应计算其使用阶段正截面混凝土的法向压应力、受拉钢筋的拉应力和斜截面混凝土的主压应力，并不得超过规定的限值。

(1)正截面应力计算。

部分A类预应力混凝土受弯构件，在使用阶段处于全截面参加工作的弹性工作状态，其正截面应力计算与全预应力混凝土受弯构件相同。

下面仅介绍在使用阶段，截面开裂的部分B类预应力混凝土构件正截面应力的计算方法。

开裂后的部分预应力混凝土受弯构件的应力状态，与钢筋混凝土大偏心受压构件非常相似。钢筋混凝土大偏心受压构件的内力是偏心压力，如将部分预应力混凝土受弯构件的预加力看作等效的截面内力，再把截面内力变换成等效的偏心压力，则这两种构件的受力就等同起来了。这样，就可把在外弯矩和预加力作用下的受弯构件转化为仅有一轴向力的偏心受压构件，按钢筋混凝土大偏心受压构件进行计算。

部分预应力混凝土受弯构件与钢筋混凝土大偏心受压构件虽然应力状态类似，但两者有一个显著的区别：在无任何外荷载作用时，钢筋混凝土大偏心受压构件截面应力为零，即初始应力为零；而部分预应力混凝土受弯构件即使没有外部荷载作用，预加力的作用也会使截面产生初始应力。为此，可在计算方法上进行处理，使截面应力变成“零应力”状态，就可以借助钢筋混凝土大偏心受压构件的计算方法来求解开裂的B类预应力混凝土受弯构件正截面应力。

下面以图 13-2 所示的 T 形截面受弯构件为例,建立 B 类预应力混凝土受弯构件开裂后的截面应力计算公式。

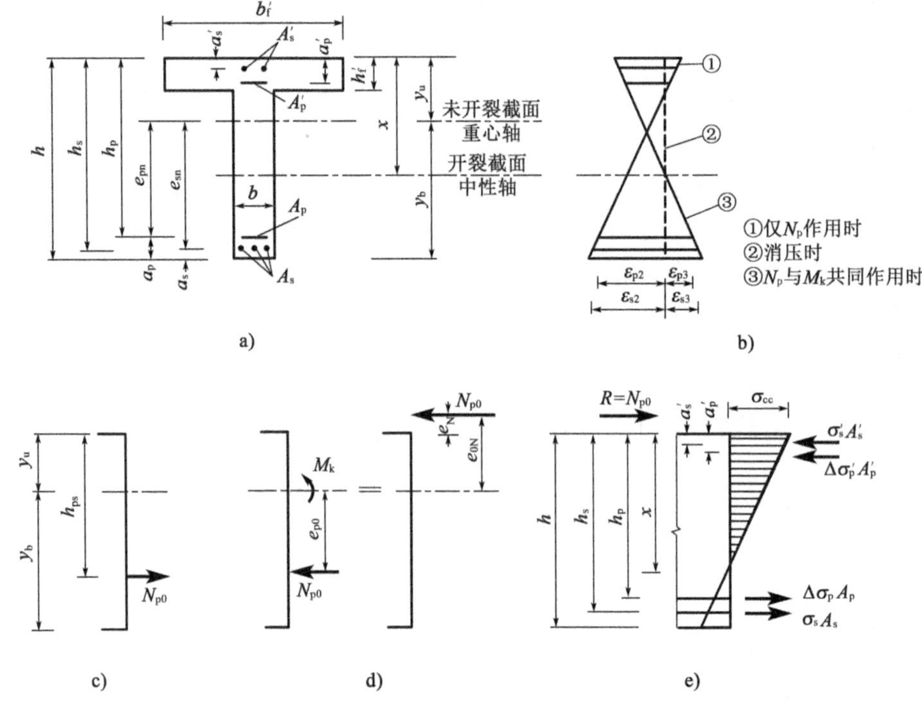

图 13-2　B 类预应力混凝土构件开裂后截面受力图式

a)截面;b)应变;c)虚拟荷载;d)开裂截面上的力;e)应力

在有效预加力 N_p(预应力钢筋和普通钢筋的合力)作用下,截面应变沿梁高分布情况如图 13-2b)所示的直线①。此时,受拉区预应力钢筋和受压区预应力钢筋截面重心处混凝土的有效预压力为 σ_{pc}、σ'_{pc}。在预应力钢筋和普通钢筋的合力 N_p 和外荷载弯矩 M_k 共同作用下,截面应变分布为直线③。

为了使截面在外荷载作用之前达到完全消压状态,须对截面施加一个拉力 N_{p0}(又称虚拟荷载),如图 13-2c)所示,即为了消除混凝土的预应力,须对受拉区预应力钢筋截面重心处施加一个拉力 $\sigma_{p0}A_p$,对受压区预应力钢筋截面重心处施加一个拉力 $\sigma'_{p0}A'_p$。考虑混凝土收缩徐变的影响,还须对受拉区普通钢筋截面重心处施加一个压力 $\sigma_{l6}A_s$,对受压区普通钢筋重心处施加一个压力 $\sigma'_{l6}A'_s$。虚拟荷载 N_{p0} 为上述各项力的合力,即

$$N_{p0}=\sigma_{p0}A_p+\sigma'_{p0}A'_p-\sigma_{l6}A_s-\sigma'_{l6}A'_s \tag{13-1}$$

N_{p0}作用点至截面受压边缘的距离[图 13-2c)]为

$$h_{ps}=\frac{\sigma_{p0}A_ph_p+\sigma'_{p0}A'_pa'_p-\sigma_{l6}A_sh_s-\sigma'_{l6}A'_sa'_s}{N_{p0}} \tag{13-2}$$

式中:σ_{p0}、σ'_{p0}——构件受拉区、受压区预应力钢筋截面重心处,混凝土法向应力为零时预应力钢筋的应力,先张法构件按式(12-56)计算,后张法构件按式(12-57)计算;

σ_{l6}、σ'_{l6}——受拉区、受压区预应力钢筋在各自合力点处由混凝土收缩和徐变引起的预应力损失；

A_p、A'_p——受拉区、受压区预应力钢筋的截面面积；

A_s、A'_s——受拉区、受压区普通钢筋的截面面积；

h_p、h_s——受拉区预应力钢筋、普通钢筋合力点至截面受压边缘的距离；

a'_p、a'_s——受压区预应力钢筋、普通钢筋合力点至截面受压边缘的距离。

通过对截面施加虚拟荷载的技术处理后，沿梁高的全截面混凝土应力与应变都变为零，构件处于“零应力”状态，截面应变如图13-2b）所示虚线②，即相当于没有受荷的钢筋混凝土构件，此时仅截面的混凝土和普通钢筋的应力为零，而预应力钢筋的应力为扣除不考虑混凝土弹性压缩损失在内的预应力损失后的应力，即 σ_{p0}、σ'_{p0}。

计算使用阶段截面应力，可在截面“零应力”状态基础上进行，此时考虑的荷载，除了使用外荷载弯矩 M_k 外，还应在虚拟荷载作用点施加一个与其大小相等、方向相反的外荷载压力 N_{p0}，此压力用以抵消多加的虚拟荷载[图13-2c）]。

在外荷载压力 N_{p0} 和外荷载弯矩 M_k 的共同作用下，其效应与钢筋混凝土偏心受压构件类似，作用于与截面受压边缘距离为 h_{ps} 的压力 N_{p0} 和弯矩 M_k，可以用一个与截面受压边缘距离为 e_N 的等效偏心压力 R 来代替[图13-2d]，即

$$R = N_{p0} \tag{13-3}$$

而

$$e_N = \frac{M_k - N_{p0} h_{ps}}{N_{p0}} = \frac{M_k}{N_{p0}} - h_{ps} \tag{13-4}$$

这样，在预加力和外荷载弯矩作用下，部分预应力混凝土受弯构件开裂截面的应力计算，就转化为大偏心受压构件的应力计算。

对后张法预应力连续梁等超静定结构，上述外荷载弯矩 M_k 还应计入由预加力引起的次弯矩 M_{p2}。

开裂后的部分预应力混凝土受弯构件，按钢筋混凝土偏心构件分析方法计算时，采用以下假定：

①截面变形符合平截面假定；

②受压区混凝土取三角形应力图；

③不考虑受拉区混凝土参加工作，拉力全部由钢筋承担。

按上述计算假定，开裂后的部分预应力混凝土受弯构件转化为大偏心受压构件的截面受力情况如图13-3所示。计算开裂截面应力，首先要确定截面中性轴位置。中性轴位置可由所有力对偏心力 $R = N_{p0}$ 作用点的力矩平衡条件求得，假定开裂截面的中性轴位于腹板内，可得：

$$\begin{aligned}&\frac{1}{2}\sigma_{cc} b'_f x \left(e_N + \frac{x}{3}\right) - \frac{1}{2}\sigma_{cc}\frac{x - h'_f}{x}(b'_f - b)(x - h'_f)\left(e_N + h'_f + \frac{x - h'_f}{3}\right) + \\ &\sigma'_s A'_s (e_N + a'_s) + \Delta\sigma'_p A'_p (e_N + a'_p) - \Delta\sigma_p A_p (e_N + h_p) - \sigma_s A_s (e_N + h_s) = 0\end{aligned} \tag{13-5}$$

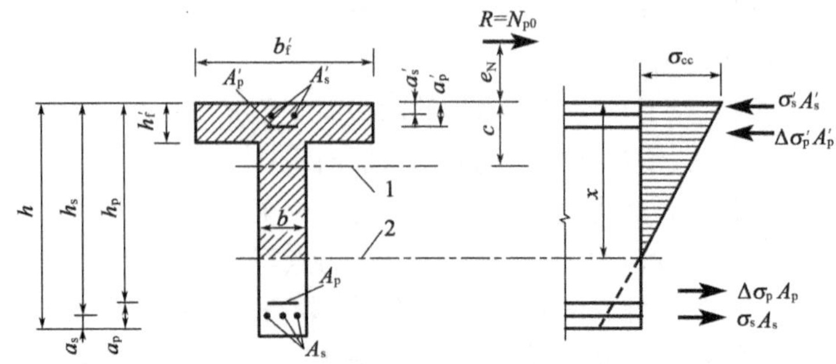

图 13-3 开裂后的部分预应力混凝土受弯构件截面应力计算图式

1-开裂截面重心轴;2-开裂截面中性轴

式中普通钢筋应力 σ_s'、σ_s 和预应力钢筋的应力增量 $\Delta\sigma_p'$、$\Delta\sigma_p$,可按截面应力直线比例关系,用混凝土受压边缘应力 σ_{cc} 来表示:

$$\sigma_s' = \alpha_{Es}\sigma_{cc}\frac{x - a_s'}{x} \tag{13-6}$$

$$\Delta\sigma_p' = \alpha_{Ep}\sigma_{cc}\frac{x - a_p'}{x} \tag{13-7}$$

$$\Delta\sigma_p = \alpha_{Ep}\sigma_{cc}\frac{h_p - x}{x} \tag{13-8}$$

$$\sigma_s = \alpha_{Ep}\sigma_{cc}\frac{h_s - x}{x} \tag{13-9}$$

将式(13-6)~式(13-9)代入式(13-5),并令:$g_p = h_p + e_N$;$g_s = h_s + e_N$;$g_p' = a_p' + e_N$;$g_s' = a_s' + e_N$;$b_0 = b_f' - b$。消去共同项 σ_{cc},即可得到一个以 x 为未知数的一元三次方程:

$$Ax^3 + Bx^2 + Cx + D = 0 \tag{13-10}$$

式中:

$$A = b \tag{13-11}$$

$$B = 3be_N \tag{13-12}$$

$$C = 3b_0h_f'(2e_N + h_f') + 6\alpha_{Ep}(A_pg_p + A_p'g_p') + 6\alpha_{Es}(A_sg_s + A_s'g_s') \tag{13-13}$$

$$D = -b_0h_f'^2(3e_N + 2h_f') - 6\alpha_{Ep}(A_ph_pg_p + A_p'a_p'g_p') - 6\alpha_{Es}(A_sh_sg_s + A_s'a_s'g_s') \tag{13-14}$$

计算系数 A、B、C、D 值后,代入式(13-10),解一元三次方程,便可得到混凝土受压区高度 x 值。

按上述方法求得截面中性轴位置后,即可由所有力水平投影之和为零的平衡条件,得到混凝土受压边缘的应力计算式:

$$\sigma_{cc} = \frac{N_{p0}x}{S_0} \tag{13-15}$$

式中:S_0——换算截面对开裂截面中性轴的面积矩,按式(13-16)计算:

$$S_0 = \frac{1}{2}b_f'x^2 - \frac{1}{2}(b_f' - b)(x - h_f')^2 + \alpha_{Ep}A_p'(x - a_p') + \alpha_{Es}A_s'(x - a_s') - \alpha_{Ep}A_p(h_p - x) - \alpha_{Es}A_s(h_s - x) \tag{13-16}$$

求得 σ_{cc} 后,即可按式(13-6)~式(13-9)计算普通钢筋的应力 σ_s、σ_s' 和预应力钢筋应力增量 $\Delta\sigma_p$、$\Delta\sigma_p'$。

于是，预应力钢筋的总应力为

$$\sigma_{\mathrm{p}}=\sigma_{\mathrm{p0}}+\Delta\sigma_{\mathrm{p}} \tag{13-17}$$

$$\sigma'_{\mathrm{p}}=\sigma'_{\mathrm{p0}}-\Delta\sigma'_{\mathrm{p}} \tag{13-18}$$

上述混凝土受压边缘应力是根据纵向水平力的平衡条件求得的。当求得中性轴位置后，如果开裂截面的换算截面面积及其重心轴 c（图 13-3）确定，也可按应力计算的一般公式计算混凝土应力及钢筋的应力增量，即

开裂截面混凝土受压边缘应力：

$$\sigma_{\mathrm{cc}}=\frac{N_{\mathrm{p0}}}{A_{\mathrm{cr}}}+\frac{N_{\mathrm{p0}}e_{\mathrm{0N}}c}{I_{\mathrm{cr}}} \tag{13-19}$$

开裂截面受拉区预应力钢筋的应力增量：

$$\Delta\sigma_{\mathrm{p}}=\alpha_{\mathrm{Ep}}\left[\frac{N_{\mathrm{p0}}}{A_{\mathrm{cr}}}-\frac{N_{\mathrm{p0}}e_{\mathrm{0N}}(h_{\mathrm{p}}-c)}{I_{\mathrm{cr}}}\right] \tag{13-20}$$

式中：e_{0N}——合力 $R=N_{\mathrm{p0}}$ 作用点至开裂换算截面重心轴的距离，$e_{\mathrm{0N}}=e_{\mathrm{N}}+c$；

e_{N}——合力 $R=N_{\mathrm{p0}}$ 作用点至截面受压边缘的距离，按式（13-4）计算；

c——截面受压边缘至开裂换算截面重心轴的距离，按式（13-22）计算；

A_{cr}——开裂截面换算截面面积，按式（13-21）计算；

I_{cr}——开裂截面换算截面对其重心轴的惯性矩，按式（13-23）计算。

开裂截面的换算截面几何特征计算如下：

①开裂截面换算截面面积。

$$A_{\mathrm{cr}}=b'_{\mathrm{f}}x-(b'_{\mathrm{f}}-b)(x-h'_{\mathrm{f}})+(\alpha_{\mathrm{Es}}-1)A'_{\mathrm{s}}+(\alpha_{\mathrm{Ep}}-1)A'_{\mathrm{p}}+\alpha_{\mathrm{Ep}}A_{\mathrm{p}}+\alpha_{\mathrm{Es}}A_{\mathrm{s}} \tag{13-21}$$

②开裂截面换算截面重心轴的位置。

对受压边缘取矩，可得截面受压边缘至开裂换算截面重心轴的距离 c 为

$$c=\left[b'_{\mathrm{f}}x\frac{x}{2}-(b'_{\mathrm{f}}-b)(x-h'_{\mathrm{f}})\left(h'_{\mathrm{f}}+\frac{x-h'_{\mathrm{f}}}{2}\right)+(\alpha_{\mathrm{Es}}-1)A'_{\mathrm{s}}a'_{\mathrm{s}}+(\alpha_{\mathrm{Ep}}-1)A'_{\mathrm{p}}a'_{\mathrm{p}}+\alpha_{\mathrm{Ep}}A_{\mathrm{p}}h_{\mathrm{p}}+\alpha_{\mathrm{Es}}A_{\mathrm{s}}h_{\mathrm{s}}\right]/A_{\mathrm{cr}} \tag{13-22}$$

③开裂截面换算截面对其重心轴的惯性矩。

$$I_{\mathrm{cr}}=\frac{b'_{\mathrm{f}}x^3}{12}+b'_{\mathrm{f}}x\left(c-\frac{x}{2}\right)^2-\frac{(b'_{\mathrm{f}}-b)(x-h'_{\mathrm{f}})^3}{12}-(b'_{\mathrm{f}}-b)(x-h'_{\mathrm{f}})\left(c-h'_{\mathrm{f}}-\frac{x-h'_{\mathrm{f}}}{2}\right)^2+$$
$$(\alpha_{\mathrm{Es}}-1)A'_{\mathrm{s}}(c-a'_{\mathrm{s}})+(\alpha_{\mathrm{Ep}}-1)A'_{\mathrm{p}}(c-a'_{\mathrm{p}})^2+\alpha_{\mathrm{Ep}}A_{\mathrm{p}}(h_{\mathrm{p}}-c)^2+\alpha_{\mathrm{Es}}A_{\mathrm{s}}(h_{\mathrm{s}}-c)^2 \tag{13-23}$$

按式（13-15）或式（13-19）求得的混凝土受压边缘最大压应力应满足：

$$\sigma_{\mathrm{cc}}\leqslant 0.5f_{\mathrm{ck}} \tag{13-24}$$

预应力钢筋的拉应力应满足下列要求：

对钢丝、钢绞线

$$\sigma_{\mathrm{p}}=\sigma_{\mathrm{p0}}+\Delta\sigma_{\mathrm{p}}\leqslant 0.65f_{\mathrm{pk}} \tag{13-25}$$

对预应力螺纹钢筋

$$\sigma_{\mathrm{p}}=\sigma_{\mathrm{p0}}+\Delta\sigma_{\mathrm{p}}\leqslant 0.75f_{\mathrm{pk}} \tag{13-26}$$

预应力混凝土受弯构件受拉区的普通钢筋，在使用阶段的应力很小，可不必验算。

（2）斜截面主应力计算。

部分 A 类预应力混凝土构件，在使用荷载作用下，全截面参加工作，构件处于弹性工

作阶段。即使是允许开裂的部分B类预应力混凝土构件,斜截面主应力所选取的支点附近截面,一般也是处于全截面参加工作的弹性工作状态。因此,部分预应力混凝土受弯构件主应力可按材料力学公式计算,计算公式及应力限值与全预应力混凝土构件相同。

13.2.2 抗裂验算

部分A类预应力混凝土构件以构件混凝土的拉应力是否超过规定的限值来进行抗裂验算,包括正截面抗裂验算和斜截面抗裂验算。

1. 正截面抗裂验算

正截面抗裂验算是选取构件的控制截面,对正截面抗裂验算边缘混凝土的应力进行计算,并应符合下列要求:

①部分A类预应力混凝土构件。

在作用频遇组合下

$$\sigma_{st}-\sigma_{pc}\leqslant 0.7f_{tk} \tag{13-27}$$

在作用准永久组合下

$$\sigma_{lt}-\sigma_{pc}\leqslant 0 \tag{13-28}$$

式中:f_{tk}——混凝土轴心抗拉强度标准值;

σ_{pc}——扣除全部预应力损失后的预加力在构件抗裂验算边缘产生的混凝土预压应力,先张法构件按式(12-62)计算,后张法构件按式(12-64)计算;

σ_{st}——在作用频遇组合下,构件抗裂验算截面边缘混凝土的法向拉应力,先张法构件按式(12-119)计算,后张法构件按式(12-120)计算;

σ_{lt}——在作用准永久组合下,构件抗裂验算截面边缘混凝土的法向拉应力,按下式计算:

先张法构件

$$\sigma_{lt}=\frac{M_l}{W}=\frac{M_{G1}+M_{G2}+M_{Ql}}{W_0} \tag{13-29}$$

后张法构件

$$\sigma_{lt}=\frac{M_l}{W}=\frac{M_{G1}}{W_n}+\frac{M_{G2}+M_{Ql}}{W_0} \tag{13-30}$$

M_l——结构自重和直接施加于结构上的汽车荷载、人群荷载、风荷载按作用准永久组合计算的弯矩值;

M_{Ql}——按作用准永久组合计算的可变作用弯矩值,仅考虑汽车荷载、人群荷载、风荷载直接作用;

W_0、W_n——构件换算截面和净截面对抗裂验算边缘的弹性抵抗矩。

②部分B类预应力混凝土受弯构件。

在结构自重作用下控制截面不得消压。

2. 斜截面抗裂验算

在第12章中已经指出,斜裂缝形成后,一般不能自动闭合。为了防止构件出现斜裂缝,对部分预应力混凝土受弯构件也应进行斜截面抗裂验算。

在作用频遇组合作用下,部分 A 类预应力混凝土构件处于全截面参加工作的弹性工作阶段。对于允许开裂的部分 B 类预应力混凝土构件,验算抗裂性所选取的支点附近截面,在一般情况下也是处于全截面参加工作的弹性工作状态。因此,部分预应力混凝土受弯构件的主拉应力可按材料力学公式计算,计算方法与全预应力混凝土受弯构件相同。

预应力混凝土 A 类和预应力混凝土 B 类受弯构件斜截面抗裂验算,是对构件剪力与弯矩均较大的控制截面的主拉应力进行计算,并应符合下列要求:

预制构件

$$\sigma_{tp} \leqslant 0.7 f_{tk} \tag{13-31}$$

现场现浇(包括预制拼装)构件

$$\sigma_{tp} \leqslant 0.5 f_{tk} \tag{13-32}$$

式中:f_{tk}——混凝土轴心抗拉强度标准值;

σ_{tp}——在计算主应力点,由预加力(扣除全部预应力损失后)和按作用频遇组合计算的弯矩 M_s 产生的混凝土主拉应力,按式(12-122)计算。

13.2.3 裂缝宽度验算

由于 A 类预应力混凝土构件允许出现拉应力的限值较小,在使用荷载作用下,构件一般不会出现裂缝,故不必进行专门的裂缝宽度验算。对于 B 类预应力混凝土构件,在正常使用阶段允许出现裂缝,为满足结构耐久性要求,需对裂缝宽度进行计算,并使之不超过规定的限值。

1. 裂缝宽度计算

国内外关于计算部分 B 类预应力混凝土受弯构件裂缝宽度的公式很多,但是由于裂缝问题较复杂,这些公式都带有很大的经验成分,计算结果相差较大。

《公路桥规》推荐的部分 B 类预应力混凝土受弯构件最大裂缝宽度计算公式与钢筋混凝土构件裂缝宽度计算公式具有相同的形式,即

$$W_{tk} = c_1 c_2 c_3 \frac{\sigma_{ss}}{E_s}\left(\frac{c+d}{0.36+1.7\rho_{te}}\right) \tag{13-33}$$

$$\sigma_{ss} = \frac{M_s \pm M_{p2} - N_{p0}(z - e_p)}{(A_p + A_s)z} \tag{13-34}$$

$$z = \left[0.87 - 0.12(1-\gamma_f')\left(\frac{h_0}{e}\right)^2\right]h_0 \tag{13-35}$$

$$e = e_p + \frac{M_s \pm M_{p2}}{N_{p0}} \tag{13-36}$$

式中:σ_{ss}——由作用频遇组合引起的开裂截面纵向受拉钢筋的应力;

M_s——按作用频遇组合计算的弯矩;

N_{p0}——混凝土法向应力为零时,纵向预应力钢筋和普通钢筋的合力,对先张法构件和后张法构件均按式(12-58)计算,该式中的 σ_{p0} 和 σ'_{p0},先张法构件按式(12-56)计算,后张法构件按式(12-57)计算;

z——受拉区纵向预应力钢筋和普通钢筋合力作用点至截面受压区合力作用点的距离;

e_p——混凝土法向应力等于零时,纵向预应力钢筋和普通钢筋的合力 N_{p0} 作用点至

受拉区纵向预应力钢筋和普通钢筋合力作用点的距离；

γ_f'——受压翼缘截面面积与腹板有效截面面积之比，$\gamma_f'=(b_f'-b)h_f'/(bh_0)$；

b_f'、h_f'——受压翼缘的宽度和厚度，当 $h_f'>0.2h_0$ 时，取 $h_f'=0.2h_0$；

M_{p2}——由预加力 N_p 在预应力混凝土连续梁等超静定结构中产生的次内力；

式中其余符号含义详见钢筋混凝土受弯构件裂缝宽度计算公式。

式(13-36)中，当 M_{p2} 与 M_s 方向相同时取正值，相反时取负值。

2. 裂缝宽度限值

《公路桥规》规定，各类环境中，B 类预应力混凝土构件的最大裂缝宽度值不应超过表 6-2 规定的限值。

13.2.4 变形计算

部分预应力混凝土受弯构件，其挠度也是由预加力产生的反挠度和使用荷载产生的挠度组成，其值仍可根据给定的构件刚度用结构力学方法计算。

使用荷载作用下的挠度计算，主要是合理确定构件的抗弯刚度问题。在 12.7 节中已介绍，预应力混凝土受弯构件截面抗弯刚度将随着荷载的增加而下降，而且变化范围较大。一般可采用近似的挠度计算方法，即“双直线法”计算(图 12-21)。构件受拉区混凝土开裂前的抗弯刚度为 $0.95E_cI_0$，承受的最大弯矩为 M_{cr}，假定开裂后的抗弯刚度为 E_cI_{cr}，承受的弯矩为 (M_s-M_{cr})。

考虑裂缝开展前后刚度的变化，《公路桥规》规定，部分预应力混凝土受弯构件的抗弯刚度按下列规定采用。

①A 类预应力混凝土构件：

$$B_0=0.95E_cI_0 \tag{13-37}$$

②允许开裂的 B 类预应力混凝土构件：

在开裂弯矩 M_{cr} 作用下

$$B_0=0.95E_cI_0 \tag{13-38}$$

在 (M_s-M_{cr}) 作用下

$$B_{cr}=E_cI_{cr} \tag{13-39}$$

式中：I_0——全截面换算截面惯性矩；

I_{cr}——开裂截面换算截面惯性矩；

M_s——按作用频遇组合计算的弯矩；

M_{cr}——开裂弯矩，按式(12-89)计算。

按照上述规定的抗弯刚度，就不难得到各类构件的挠度计算式。A 类预应力混凝土受弯构件与全预应力混凝土构件的刚度相同，因而其挠度计算公式也相同，见式(12-126)；B 类预应力混凝土受弯构件在作用频遇组合下的挠度按下式计算：

$$f_{Ms}=\frac{\alpha l^2}{0.95E_c}\left(\frac{M_{cr}}{I_0}+\frac{M_s-M_{cr}}{I_{cr}}\right) \tag{13-40}$$

式中：l——梁的计算跨径；

α——挠度系数，与弯矩图的形状及支承的约束条件有关，见表 12-4。

在计算使用阶段受弯构件挠度时应注意考虑荷载长期效应的影响。

部分预应力混凝土受弯构件预加力引起的反拱值计算、挠度验算及预拱度设置方法，与全预应力混凝土受弯构件相同，详见12.7节内容。

13.2.5 疲劳验算

对于允许开裂的B类预应力混凝土构件，在正常使用荷载作用下，构件截面开裂后的钢筋应力会大幅度增加，将会引起较大幅度的应力变化。同时，部分预应力混凝土结构通常是用于活载与恒载比值较大的情况。因此，对经常承受反复荷载的B类预应力混凝土构件，需要考虑构件的疲劳问题。

对部分预应力混凝土构件疲劳验算主要是针对正截面受拉区钢筋的应力和斜截面箍筋应力进行的。而正截面受压区混凝土一般不会先于纵向钢筋发生疲劳破坏，故其疲劳可不做验算。

国内外的试验资料表明，影响钢筋疲劳寿命（即荷载重复次数N）的主要因素是应力变化幅值$\Delta\sigma$，其次是最小应力值σ_{min}。对于部分预应力混凝土结构，钢筋的疲劳寿命还与黏结性能和预应力度有关。

影响钢筋疲劳强度最主要的因素是应力幅值。中国土木工程学会编制的《部分预应力混凝土结构设计建议》（1985年，以下简称《PPC建议》）规定，受拉区预应力钢筋的应力变化幅度$\Delta\sigma_p$应满足下列条件：

$$\Delta\sigma_p = \sigma_{p,max} - \sigma_{p,min} \leqslant [\Delta\sigma_p] \tag{13-41}$$

式中：$\Delta\sigma_p$——对部分预应力混凝土受弯构件进行疲劳验算时，受拉区预应力钢筋的应力变化幅度；

$\sigma_{p,max}$、$\sigma_{p,min}$——按弹性理论（即按①平截面假定；②受压区混凝土应力图形为三角形；③受拉区混凝土开裂后，混凝土不参与工作）算得的钢筋最大与最小应力；

$[\Delta\sigma_p]$——预应力钢筋应力变化幅度限值，其值应由试验确定，当缺乏试验数据时，可参照表13-1取用。

钢筋应力变化幅度限值（MPa） 表13-1

钢筋种类	光面圆钢筋	规律变形钢筋	光面预应力钢丝	钢绞线	高强钢筋
$[\Delta\sigma_p]$	250	150	200	200	80

部分预应力混凝土受弯构件的斜截面疲劳是一个很复杂的问题。研究表明，在正常配筋的情况下，斜截面疲劳破坏总是从斜裂缝处某一肢箍筋开始发生疲劳断裂而破坏的，因此，斜截面的疲劳验算主要是控制箍筋的应力问题。

13.3 部分预应力混凝土受弯构件设计与构造要点

13.3.1 部分预应力混凝土受弯构件设计

1. 部分预应力混凝土受弯构件设计步骤

部分预应力混凝土受弯构件的设计计算内容前面已介绍。A类预应力混凝土构件设计步骤与全预应力混凝土构件相同,详见12.10节内容。B类预应力混凝土受弯构件设计流程见图13-4。

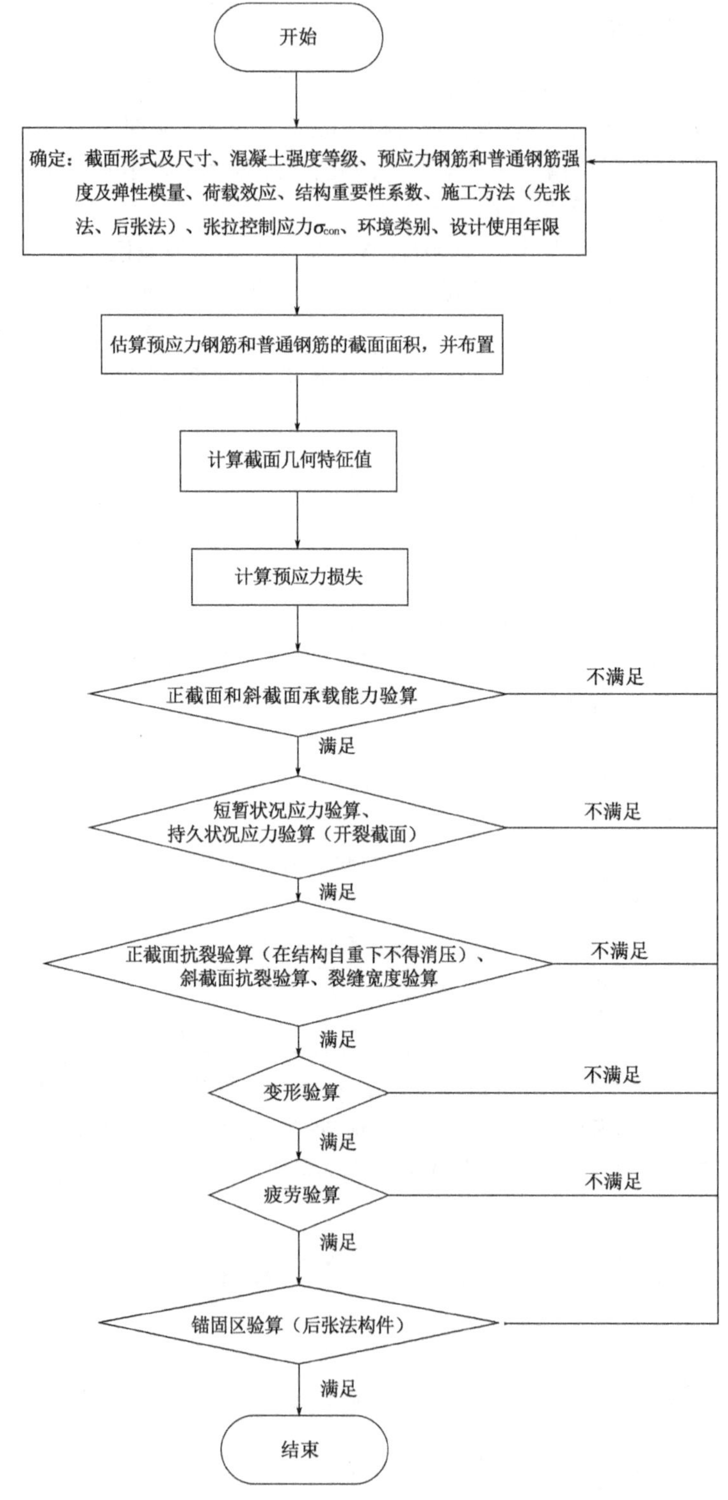

图13-4　B类预应力混凝土受弯构件设计流程图

2. 截面配筋设计

部分预应力混凝土受弯构件钢筋截面面积估算的一般方法是，先按正常使用极限状态正截面抗裂性要求（A类预应力混凝土构件）或裂缝宽度限值等（B类预应力混凝土构件）确定预应力钢筋的截面面积，再按承载能力极限状态及构造要求确定普通钢筋的截面面积。

下面主要介绍预应力钢筋截面面积的估算方法，普通钢筋截面面积不难由正截面承载力及构造要求确定，这里就不再介绍。

（1）A类预应力混凝土受弯构件预应力钢筋截面面积估算。

《公路桥规》规定，对于A类部分预应力混凝土构件，在作用频遇组合下，应满足式（13-27）的要求，即

$$\sigma_{st}-\sigma_{pc}\leqslant 0.7f_{tk}$$

将σ_{st}和σ_{pc}计算表达式式（12-149）和式（12-150）代入上式，可得到满足A类预应力混凝土构件正截面抗裂性要求所需的有效预加力，即

$$N_{pe}\geqslant\frac{\dfrac{M_s}{W}-0.7f_{tk}}{\dfrac{1}{A}+\dfrac{e_p}{W}} \tag{13-42}$$

式中：N_{pe}——使用阶段预应力钢筋永存应力的合力；

M_s——按作用频遇组合计算的弯矩值；

A——构件混凝土毛截面面积；

W——构件毛截面对抗裂验算边缘的弹性抵抗矩；

e_p——预应力钢筋合力作用点至截面重心轴的距离，$e_p=y-a_p$，y为截面重心轴至受拉边缘的距离，a_p为预应力钢筋合力点至截面受拉边缘的距离，其值可预先假定；

f_{tk}——混凝土抗拉强度标准值。

求得有效预加力N_{pe}值后，所需预应力钢筋截面面积按下式计算：

$$A_p=\frac{N_{pe}}{\sigma_{con}-\sigma_l} \tag{13-43}$$

式中：σ_{con}——预应力钢筋的张拉控制应力；

σ_l——预应力损失总值，估算时对先张法构件可取20%～30%的张拉控制应力，对后张法构件可取25%～35%的张拉控制应力，采用低松弛钢筋时取低值。

（2）B类预应力混凝土受弯构件预应力钢筋截面面积估算。

B类预应力混凝土受弯构件预应力钢筋截面面积估算方法较多，用的较多的有预应力度法、名义拉应力法等。

①预应力度法。

预应力度法是依据预应力度来估算预应力钢筋截面面积的一种方法。预应力度λ是指由预加应力大小确定的消压弯矩M_0与外荷载产生的弯矩M_s的比值，其表达式为式（11-1），即

$$\lambda = M_0 / M_s$$

消压弯矩 M_0 为构件抗裂验算边缘混凝土预压应力恰被抵消为零时的弯矩，按式(12-2)计算，即

$$M_0 = \sigma_{pc} W_0$$

式中 σ_{pc} 为有效预加力 N_{pe} 引起的受弯构件受拉边缘混凝土的有效预压应力，σ_{pc} 可近似按式(12-150)计算，即

$$\sigma_{pc} = \frac{N_{pe}}{A} + \frac{N_{pe} e_p}{W}$$

将上式进行整理，并注意采用毛截面几何特征值，可得到按预应力度要求所需的有效预加力，即

$$N_{pe} = \frac{\lambda M_s}{W} \cdot \frac{1}{\frac{1}{A} + \frac{e_p}{W}} \tag{13-44}$$

求得 N_{pe} 值后，按式(13-43)计算所需预应力钢筋截面面积。

在设计中，预应力度 λ 的选择是很重要的。但是，对于B类预应力混凝土受弯构件，采用预应力度法时，不易发现预应力度 λ 大小与裂缝宽度之间的关系，造成选择困难。国外试验研究及设计经验表明，当 $\lambda = 0.6 \sim 0.8$ 时，预应力钢筋和非预应力钢筋用量之和较小，且可以满足B类预应力混凝土受弯构件裂缝宽度限制要求，故可参考上述数值范围初选预应力度 λ 值。

②名义拉应力法。

名义拉应力法是依据混凝土容许名义拉应力估算预应力钢筋截面面积的一种方法。

控制部分B类预应力混凝土受弯构件裂缝宽度的另一方法，是限制构件受拉边缘混凝土的名义拉应力。所谓名义拉应力，就是将开裂后的部分预应力混凝土梁截面，假定仍按未开裂的截面，采用材料力学方法计算所得到的截面受拉边缘混凝土的拉应力。在预加力和使用荷载共同作用下，构件截面受拉边缘混凝土的名义拉应力应不超过与裂缝宽度值相应的容许名义拉应力，即

$$\sigma_{st} - \sigma_{pc} \leqslant [\sigma_{ct}] \tag{13-45}$$

式中：σ_{st}——在作用频遇组合下，构件抗裂验算截面边缘混凝土的法向拉应力；

σ_{pc}——扣除预应力损失后的预加力在构件抗裂验算边缘产生的混凝土预压应力；

$[\sigma_{ct}]$——构件混凝土的容许名义拉应力，按表13-2取值。

显然，对于允许开裂的部分B类预应力混凝土构件，根据式(13-45)算得的受拉边缘混凝土拉应力值，必将超过混凝土抗拉极限强度，亦即构件受拉区混凝土早已开裂，故称其为名义拉应力。根据试验资料的分析，对于不同配筋情况、不同混凝土强度等级的部分预应力混凝土梁，可以算出它达到一定裂缝宽度时所对应的混凝土名义拉应力，因而可以定出其相应的容许名义拉应力 $[\sigma_{ct}]$ 值。

表13-2中的容许名义拉应力为基本的容许名义拉应力，它仅考虑了预加应力方式、混凝土强度等级和裂缝宽度限值三个因素，而对于梁高的变化和普通钢筋对容许名义拉应力的影响也需考虑，见表13-2注解。

混凝土容许名义拉应力$[\sigma_{ct}]$(MPa) 表 13-2

构件类型	裂缝宽度限值(mm)	混凝土强度等级		
		C30	C40	≥C50
后张法构件	0.10	3.2	4.1	5.0
	0.15	3.5	4.6	5.6
	0.20	3.8	5.1	6.2
先张法构件	0.10	—	4.6	5.5
	0.15	—	5.3	6.2
	0.20	—	6.0	6.9

注:1. 应根据构件的实际高度将$[\sigma_{ct}]$乘表 13-3 规定的高度修正系数。对于组合构件,当施工阶段的拉应力不超过表 13-2 的规定时,可采用截面全高按表 13-3 计算其高度修正系数。

2. 当构件受拉区边缘布置普通钢筋时,修正后的容许名义拉应力尚可以提高。其增量可根据普通钢筋截面面积A_s与混凝土截面面积A_c的百分比计算。对后张法构件,每 1% 容许名义拉应力可提高 4.0MPa;对先张法构件,每 1% 容许名义拉应力可提高 3.0MPa。但在任何情况下,提高后的混凝土容许名义拉应力不得超过混凝土抗压强度标准值的 1/4。

混凝土容许名义拉应力的构件高度修正系数 表 13-3

构件高度(mm)	≤200	400	600	800	≥1000
修正系数	1.1	1.0	0.9	0.8	0.7

将σ_{st}和σ_{pc}计算表达式式(12-149)和式(12-150)代入式(13-45),可得到满足 B 类预应力混凝土构件裂缝宽度要求所需的有效预加力,即

$$N_{pe} \geqslant \frac{\frac{M_s}{W} - [\sigma_{ct}]}{\frac{1}{A} + \frac{e_p}{W}} \tag{13-46}$$

同样,求得N_{pe}值后,按式(13-43)计算所需预应力钢筋截面面积。

13.3.2 部分预应力混凝土受弯构件构造要点

考虑部分预应力混凝土受弯构件的特殊性,《公路桥规》及《PPC 建议》就其构造提出了以下几个方面的要求。

(1)《公路桥规》规定,部分预应力混凝土梁应采用混合配筋。普通钢筋应布置在受拉区边缘,宜采用直径较小的带肋钢筋,以较小的间距布置。普通受拉钢筋的截面面积不应小于$0.003bh_0$,其中b、h_0分别为截面的宽度和有效高度。

(2)采用混合配筋的受弯构件,《PPC 建议》中建议非预应力钢筋数量应根据预应力度的大小按下列原则配置:

①当预应力度较高($\lambda > 0.7$)时,为保证构件的安全和延性,宜采用较小直径及较密间距,按最小配筋率$\rho_s = A_s/A_{hl} = 0.2\% \sim 0.3\%$设置非预应力钢筋,其中$A_s$为非预应力钢筋截面面积,$A_{hl}$为受拉区混凝土面积。

②当预应力度中等($0.4 \leqslant \lambda \leqslant 0.7$)时,由于非预应力钢筋的数量相对增多,钢筋的直径,特别是最外排的直径应增加。

③当预应力度较低($\lambda < 0.4$)时,非预应力钢筋的数量已超过了预应力钢筋数量,构

件受力性能接近钢筋混凝土构件,故可按一般钢筋混凝土梁的构造规定配置非预应力钢筋。

(3)为了防止构件发生脆性破坏,《PPC 建议》要求部分预应力混凝土受弯构件最小配筋率满足下列条件:

$$\frac{M_u}{M_{cr}} > 1.25 \tag{13-47}$$

式中:M_u——受弯构件正截面抗弯承载能力;

M_{cr}——构件正截面开裂弯矩值,按式(12-89)计算。

《公路桥规》要求的预应力混凝土受弯构件最小配筋率应满足 $M_u/M_{cr} \geq 1.0$,比《PPC 建议》中的要求要小。

思考题与习题

13-1 部分预应力混凝土受弯构件受力特点是怎样的?

13-2 部分预应力混凝土结构有何特点?如何实现部分预应力混凝土?

13-3 混合配筋的部分预应力混凝土构件中的非预应力钢筋有何作用?

13-4 如何确定部分预应力混凝土受弯构件中纵向预应力钢筋及普通受力钢筋数量?

13-5 部分预应力混凝土受弯构件的计算内容有哪些?其设计计算步骤是怎样的?

第 14 章

圬工结构基本概念及其材料和性能

圬工结构通常是指砌体结构和混凝土结构，相较其他结构，圬工结构具有取材容易、耐久性好和施工简便等优点，故常被应用于桥涵工程及其他建筑工程中。组成圬工结构的材料种类繁多，桥涵工程中采用的圬工材料主要有石材、混凝土及砂浆，需要了解各种组成材料的特点，以便精心选材。圬工结构中的块材经常处于受压、受弯、受剪等复杂应力状态，需要了解其破坏形态，以及抗压、抗弯和抗剪强度。

14.1 圬工结构基本概念

将砖、天然石材或混凝土预制块等用胶结材料连接成整体的结构，称为砌体结构；由整体浇筑的混凝土或片石混凝土等构成的结构，称为混凝土结构。通常将以上两种结构统称为圬工结构。圬工结构中砖、石材及混凝土预制块等称为块材。由于圬工材料的共同特点是抗压强度大而抗拉、抗剪强度低，因此在桥涵工程中，圬工结构常用作以承压为主的结构部件，如拱桥的拱圈、桥梁的墩台及扩大基础、涵洞及重力式挡土墙等。

砌体是用砂浆或小石子混凝土将具有一定规格的块材按一定的砌筑规则砌筑而成，并满足构件既定尺寸和形状要求的受力整体。砌筑规则的核心是为了保证砌体受力尽可能均匀。如果各层块材的灰缝相互垂直重合在几条线上，则砌体在受力后将沿垂直重合的几条线被分割成彼此独立的受力单元，因而不能很好地共同工作，此时砌体的整体受力将无法保证。为保证砌体整体受力，砌体的竖向灰缝应相互咬合和错缝，并不应出现瞎缝、透明缝和假缝。

圬工结构之所以被广泛地应用于桥涵工程及其他建筑工程中，是因为它具备以下主要优点：

①易于就地取材，天然石材、砂等原材料分布广泛。

②耐火性、耐久性好,且有较好的化学稳定性,因而其维修养护费用低。

③施工简便,不需特殊设备,易于掌握。

④具有较强的抗冲击能力及较大的超载能力。由于圬工结构一般体积较大,因此其质量和刚度大,当构件受力时,其恒载所占的比例较大,因而抗冲击能力强,超载能力大。

⑤与钢筋混凝土结构相比,圬工结构可节约水泥和钢材,且砌筑砌体时不需要模板和特殊设备,可以节省模板。

除以上优点外,砌体结构也存在如下明显的缺点:

①自重大。由于砌体的抗弯和抗拉强度较低,故构件的截面尺寸一般较大,导致其体积大,自重大。

②砌筑工作繁重,目前的砌筑工作基本上采用手工方式,机械化程度低,施工工期长。

③砂浆和块材间的黏结能力相对较弱,因而砌体结构抗拉、抗剪强度很低,抗震能力差。

14.2 材料种类

14.2.1 块材、砂浆

由于砖的强度低、耐久性差,在公路桥涵结构中较少采用,特别是在等级公路上的桥涵结构物不应采用砖砌体,因此《公路圬工桥涵设计规范》(JTG D 61—2005)(简称《圬工桥涵规范》)中规定桥涵工程采用的圬工材料主要为石材、混凝土及砂浆。本节将石材、混凝土归为块材,砂浆另行介绍。

1. 块材

(1)石材。

石材是无明显风化的天然岩石经过人工开采和加工后外形规则的建筑用材,它具有强度高、抗冻性能好等优点。天然岩石经过开采和加工后形成的符合工程要求的石材,可广泛应用于以承压为主的结构部件,比如桥梁基础、墩台和挡土墙等。在桥涵结构中,应选择质地坚硬、均匀、无裂纹,且不易风化的石材作为圬工材料。常用天然石材的种类主要有花岗岩、石灰岩等。石材根据开采方法、形状、尺寸及表面粗糙度的不同,可分为以下几类:

①片石:由爆破开采、直接炸取的不规则石材。使用时形状不受限制,但厚度不得小于150mm,且卵形和薄片不得采用。

②块石:按岩石层理放炮或楔劈而成的石材。要求形状大致方正,上、下面比较平整,厚度为200~300mm,宽度为厚度的1.0~1.5倍,长度为厚度的1.5~3.0倍。块石一般不修凿加工,但应敲去尖角凸出部分。

③细料石:由岩层或大块石材开劈并经粗略修凿而成。要求外形方正,呈六面体,表面凹陷深度不大于10mm,厚度为200~300mm,宽度为厚度的1.0~1.5倍,长度为厚度的2.5~4.0倍。

④半细料石:同细料石,但凹陷深度不大于15mm。

⑤粗料石:同细料石,但凹陷深度不大于20mm。

桥涵结构中所用的石材强度等级有 MU30、MU40、MU50、MU60、MU80、MU100 和

MU120。石材强度等级采用边长为70mm的含水饱和的立方体试块的抗压强度(MPa)表示,并用三个试块抗压强度的平均值来确定石材的强度等级。不同强度等级石材的强度设计值和不同尺寸的石材强度等级换算系数分别见附表3-1和附表3-2。

(2)混凝土。

①混凝土预制块:根据结构的构造与施工要求,预先设计成一定形状和尺寸,然后浇筑而成。其尺寸要求不低于粗料石,且其表面应较为平整。应用混凝土预制块,可减少石材的开采加工工作,加快施工进度;对于形状复杂的块材,难以用石材加工时,更可显示出其优越性;另外,由于混凝土预制块形状、尺寸统一,因而砌体表面整齐、美观。

②整体浇筑的混凝土。整体浇筑的素混凝土结构,由于收缩应力较大,受力不利,故较少采用。对于大体积混凝土,为了节省水泥用量,可在其中分层掺入含量不多于20%的片石,这种混凝土称为片石混凝土。其中片石强度等级不低于表14-1规定的最低强度等级且不低于混凝土强度等级。

圬工材料的最低强度等级 表14-1

结构物种类	材料最低强度等级	砌筑砂浆最低强度等级
拱圈	MU50石材 C25混凝土(现浇) C30混凝土(预制块)	M10(大、中桥) M7.5(小桥涵)
大、中桥墩台及基础,轻型桥台	MU40石材 C25混凝土(现浇) C30混凝土(预制块)	M7.5
小桥涵墩台、基础	MU30石材 C20混凝土(现浇) C25混凝土(预制块)	M5

③小石子混凝土:由胶结料(水泥)、粗集料(细卵石或碎石,粒径不大于20mm)、细粒料(砂)加水拌和而成。采用小石子混凝土,可以节约水泥和砂,在一定条件下是一种水泥砂浆的代用品。

在圬工桥涵结构中,采用的混凝土强度等级分为C15、C20、C25、C30、C35和C40。混凝土强度设计值参见附表3-3。

2. 砂浆

砂浆由胶结料(如水泥、石灰和黏土等)、细集料(砂)及水拌制而成。砂浆在砌体结构中的作用是将块材黏结成整体,并在铺砌时抹平块材不平的表面而使块材在砌体受压时能比较均匀地受力。此外,由于砂浆填满了块材间隙,砌体的透气性在一定程度上变差,从而提高了砌体整体的密实性、保温性与抗冻性。砌体的强度与砂浆的强度、流动性(可塑性)和保水性密切相关,所以强度、流动性和保水性是衡量砂浆质量的三大指标。

砂浆按其所用的胶结料的不同可分为以下几类:

①水泥砂浆:由一定比例的水泥和砂加水配制而成的砂浆。强度较高,耐久性好,但流动性、保水性均稍差,一般用于对强度有较高要求的砌体。

②混合砂浆:以水泥、砂和水为主要原料,并加入石灰膏、电石膏、黏土膏的一种或多种,也可以根据需要加入矿物掺合料等配制而成的砂浆。依矿物掺合料的不同,混合砂浆又分为水泥石灰砂浆、水泥黏土砂浆等,但应用最广的混合砂浆还是水泥石灰砂浆,这种

砂浆具有一定的强度和耐久性，且流动性、保水性均较好，易于砌筑。

③石灰砂浆：胶结料为石灰的砂浆。强度较低。

由于石灰砂浆及混合砂浆的强度较低，使用性能较差，故在桥涵工程中大都采用水泥砂浆。

砂浆的物理力学性能指标主要有砂浆的强度、流动性和保水性。

砂浆的强度等级采用70.7mm×70.7mm×70.7mm的立方体试块，标准养护28d［温度(20±2)℃，相对湿度大于90%］的抗压强度表示。砂浆试块抗压强度取三个试块测试值的平均值。桥涵结构中采用的砂浆的强度等级有M5、M7.5、M10、M15和M20。砂浆强度等级应与块材强度等级相匹配，块材强度高应配用强度较高的砂浆，块材强度低宜配用强度低的砂浆。

砂浆的和易性是指砂浆在自重与外力作用下的流动程度。流动性用标准圆锥体沉入砂浆的深度测定。和易性好，则易于铺砌，而且砌缝均匀、密实，易于保证砌体质量。

砂浆的保水性是指砂浆在运输和使用过程中保持其均匀程度的能力。保水性会直接影响砌筑质量。若砂浆保水性好，则容易均匀铺设在块材上；若砂浆保水性较差，砂浆就会发生离析现象，此时块材上新铺设砂浆的水分会被块材吸收或散失，使得砂浆难以抹平，从而降低砌体的砌筑质量。同时，砂浆因失水过多而不能正常硬化，从而降低砂浆强度。因此，在砌筑砌体前必须对吸水性很大的干燥块材洒水，使其砌筑表面湿润。

在砂浆中掺入适量的掺合料，可提高砂浆的流动性和保水性，既能节约水泥用量，又可提高砌筑质量。纯水泥砂浆的流动性和保水性都比混合砂浆差，实验发现，用强度等级为M5以下的混合砂浆砌筑的砌体比用相同强度等级的水泥砂浆砌筑的砌体强度都高。所以施工中不应采用强度等级小于M5的水泥砂浆替代同强度等级的水泥混合砂浆，如需替代，应将水泥砂浆提高一个等级强度。

《圬工桥涵规范》规定的各种结构物所用的圬工材料的最低强度等级见表14-1。设计时，砂浆强度应与块材强度相配合。

14.2.2 砌体

工程中常用的砌体，根据选用块材的不同，可分为以下几类。

1. 片石砌体

砌筑时，应敲掉片石凸出部分，使片石放置平稳，交错排列且相互咬紧，避免空隙过大，并用小石块填塞空隙(不得支垫)。所用砂浆用量不宜超过砌体体积的40%，以防砂浆的收缩量过大，同时也可以节省水泥用量。

2. 块石砌体

块石应平砌，每层块石高度大致相等，并应错缝砌筑，上下层错开距离不小于80mm。砌筑缝宽不宜过大，一般水平缝不大于30mm，竖缝不超过40mm。

3. 粗料石砌体

砌筑时石材应安放平正，保证砌缝平直，砌缝宽度不大于20mm，并且错缝砌筑，错缝距离不小于100mm。

4. 半细料石砌体

半细料石砌体同粗料石砌体，但表面凹陷深度不大于15mm，砌缝宽度不大于15mm。

5. 细料石砌体

细料石砌体同粗料石砌体，但表面凹陷深度不大于10mm，砌缝宽度不大于10mm。

6. 混凝土预制块砌体

混凝土预制块砌体要求砌缝宽度不大于10mm，其他砌筑要求同粗料石砌体。

上述砌体中，除片石砌体外，其余砌体统称为规则砌块砌体。在砌筑片石砌体、块石砌体时，若用小石子混凝土代替砂浆，则砌体称为小石子混凝土砌体。为了节约水泥用量，对大体积结构如墩身等可采用片石混凝土砌体。该砌体是在混凝土中分层加入片石，但要求片石含量控制在砌体体积的20%以内，片石强度等级不低于表14-1中规定的石材最低强度等级，且不低于混凝土强度等级，片石净距在40～60mm。

在圬工桥涵工程中，砌体种类的选用应根据结构的重要程度、尺寸大小、工程环境、施工条件以及材料供应情况等综合考虑。

《圬工桥涵规范》规定了各种结构物所用的圬工材料及其砌筑砂浆的最低强度等级，如表14-1所示。砌体中的圬工材料，除应符合规定的强度要求外，还应具有耐风化、抗侵蚀性等特点。严寒地区，砌体中所用的材料还应满足抗冻性要求。

14.3 砌体的强度与变形

14.3.1 砌体的抗压强度

1. 砌体的受压破坏特征

砌体由单块块材用砂浆黏结而成，其与单一均质的整体结构在受压时的工作性能存在较大差异，而且相对于单块块材的抗压强度，砌体的抗压强度往往较低。为了能正确地了解砌体受压的工作特性，现以混凝土预制块砌体为例来研究在荷载作用下砌体的破坏特征。

试验研究表明，砌体从开始加载到破坏大致经历下列三个阶段。

第Ⅰ阶段：整体工作阶段。即从砌体开始加载到个别单块块材内第一批裂缝出现的阶段，如图14-1a）所示。此时，如不增加荷载，裂缝也不再发展。这时的荷载为破坏荷载的50%～70%。

第Ⅱ阶段：带裂缝工作阶段。此时砌体的单块块材内裂缝会随着荷载的增大而不断发展，并逐渐相互连接起来形成连续的裂缝，如图14-1b）所示。此时，若不增加荷载，裂缝仍继续发展。这时的荷载为破坏荷载的80%～90%。

第Ⅲ阶段：破坏阶段。随着荷载持续增加，裂缝会急剧发展，并互相连接成为几条贯通的裂缝，此时砌体会被分成若干小柱，且各个小柱的受力状态很不稳定，再增大荷载，小柱会被压碎或彻底失稳从而导致砌体的破坏，如图14-1c）所示。此时，砌体的强度称为砌体的抗压极限强度。

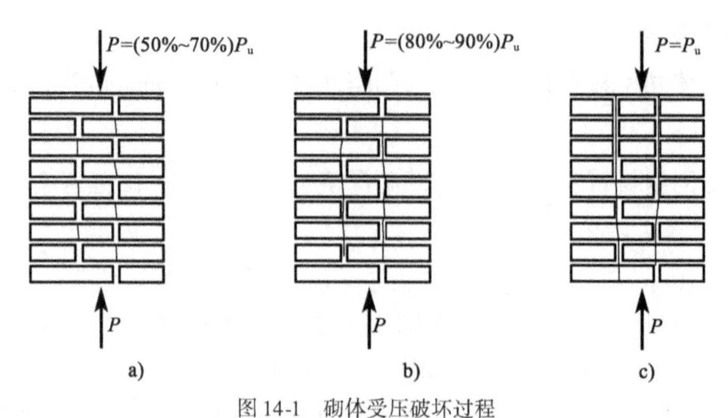

图 14-1　砌体受压破坏过程

a)整体工作阶段;b)带裂缝工作阶段;c)破坏阶段

2. 砌体受压的应力状态

由上述试验分析可知,砌体在受压破坏过程中,受力特征是单块块材先开裂,且砌体的抗压强度总是低于其所用的块材的抗压强度,致使砌体的抗压强度不能充分发挥。这是因为砌体构件虽然承受轴向均匀压力,但砌体中块材并非均匀受压,而是处于复杂应力状态。具体如下:

(1)砂浆层的非均匀性及块材表面的不平整。由于在砌筑时,砂浆的铺砌无法做到完全均匀;又由于砂浆拌和不均匀,砌缝砂浆层各部位成分不均匀,砂浆各部位的收缩和各部位的成分有直接关系,砂子多的部位收缩小,而砂子少的部位收缩大;另外,块材表面往往不平整等,这些都导致块材与砂浆层并非全面接触。因此,块材在砌体受压时,实际上处于受弯、受剪与局部受压等复杂应力状态,如图 14-2 所示。

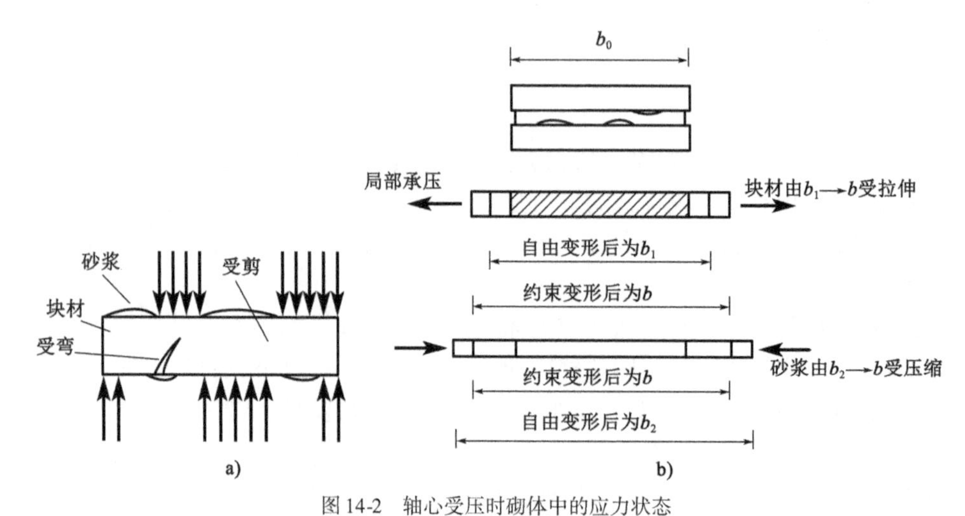

图 14-2　轴心受压时砌体中的应力状态

a)砌体中个别块材的受力状态;b)块材和砂浆横向变形的差异

(2)砌体横向变形时块材和砂浆的交互作用。砌体受压后,若块材和砂浆的变形为自由变形,那么一般块材的横向变形小($b_0 \to b_1$),而砂浆的变形大($b_0 \to b_2$),但是,由于块材和砂浆间的黏结力和摩阻力约束了它们彼此的横向自由变形,只能有横向约束变形 b($b_2 > b > b_1$),如图 14-2b)所示。这样,块材因砂浆的影响而增大了横向变形,砂浆因块材的影响又使其横向变形减小,因此,块材会受到横向拉力作用,而砂浆则处于三向受压状态，其抗压强度将提高。

综上所述，在均匀压力作用下，砌体中的块材并不是处于均匀受压状态，而是处于受弯、受剪、局部受压及横向受拉等复杂的应力状态。块材的抗弯、抗拉及抗剪强度远低于其抗压强度，砌体受压时通常在块材的抗压强度还未得到充分利用时就出现裂缝，导致砌体破坏，因此，砌体的抗压强度总是远低于块材的抗压强度。

3. 影响砌体抗压强度的主要因素

从砌体受压特点及应力状态分析可知，影响砌体抗压强度的主要因素有以下几个方面：

(1)块材的强度等级和尺寸。

块材的强度等级越高，其抗压强度越大，在砌体中越不容易开裂。因而，提高块材的强度等级，可在很大程度上提高砌体的抗压强度。试验表明，当块材的强度等级提高一倍时，砌体的抗压强度大约能提高50%。

块材的截面高度(厚度)增加，其截面的抗弯、抗拉和抗剪能力均会不同程度地增强。砌体受压时处于复合受力状态的块材抗裂能力提高，从而提高了砌体的抗压强度。但块材的厚度不能增加太多，以免给砌筑施工带来不便。

(2)砂浆的物理力学性能。

提高砂浆的强度等级，受压后的横向变形减小，砂浆与块材之间横向变形的差异减小了，使块材承受的横向水平拉应力减小，改善砌体的受力状态，在一定程度上会提高砌体的抗压强度。试验表明，砂浆的强度等级提高一倍，砌体的抗压强度可提高20%左右，但水泥用量需要增加约50%。砂浆强度等级对砌体抗压强度的影响比块材强度等级对砌体抗压强度的影响小，当砂浆强度等级较低时，提高砂浆强度等级，砌体的抗压强度增长较快；但是，当砂浆强度等级较高时，再提高砂浆强度等级，砌体的抗压强度增长将减缓。为了节约水泥用量，一般不宜采用提高砂浆强度等级的方法来提高砌体抗压强度。

砂浆的和易性对砌体的强度亦有影响。和易性好的砂浆，容易铺成厚度均匀及密实性好的砌体，此时块材内的弯剪应力相对较小，砌体的整体强度较高。但和易性过好的砂浆往往水分过高，会导致砌缝的密实性降低，砌体的整体强度也会下降。因此，作为砂浆和易性指标的标准圆锥体沉入度，对于片石和块石砌体，应控制在5～7cm，对于粗料石及砖砌体，应控制在7～10cm。

(3)砌缝厚度。

砂浆水平砌缝厚度越大，砌体强度越低。这是因为砌缝越厚，砌体越难密实均匀，块材的受弯、受剪程度越大，而较薄的砌缝，可以减小砂浆砌缝与块材横向变形的差异，使块材的横向拉应力减小。所以要想提高砌体的整体强度，应适当减小砌缝厚度。实践证明，砌缝厚度以10～12mm为宜。

(4)砌浆饱满程度。

砂浆的饱满程度对砌体抗压强度影响较大。砂浆铺砌饱满、均匀，可改善块材在砌体中的受力性能，使其较均匀地受压，从而提高砌体的抗压强度。

4. 砌体抗压强度设计值

砌体抗压强度设计值见附表3-4、附表3-5、附表3-6、附表3-8、附表3-9。

14.3.2 砌体的抗拉、抗弯与抗剪强度

砌体的抗拉、抗弯和抗剪强度远低于其抗压强度，所以应尽可能使圬工砌体主要用于以承受压力为主的结构中。但在实际工程中，也会经常遇到砌体受拉、受弯和受剪情况，例如挡土墙及主拱圈等。

由试验可知，砌体的受拉、受弯与受剪破坏发生的位置往往处于砂浆与块材的连接面处。因此，若想提高砌体的整体抗拉、抗弯与抗剪强度，应尽量提高块材与砂浆的黏结强度。只有在砂浆与块材黏结强度较大时，才可能发生沿块材本身的破坏。

砂浆与块材间的黏结强度按照砌体受力方向的不同，分为两类：一类是作用力平行于砌缝时[图 14-3a)]的切向黏结强度；另一类是作用力垂直于砌缝[图 14-3b)]时的法向黏结强度。通常，砂浆与块材间的黏结强度也与砂浆的强度有关。由于法向黏结强度不易保证，在实际工程中不允许设计成利用法向黏结强度的轴心受拉构件。

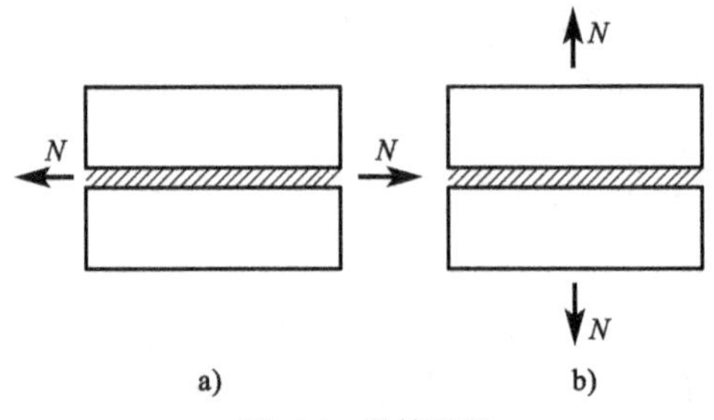

图 14-3 黏结强度

a)作用力平行于砌缝时的切向黏结强度；b)作用力垂直于砌缝时的法向黏结强度

1. 轴心受拉强度

砌体在平行于水平砌缝的轴心拉力作用下的破坏形式通常有两种：一种是砌体沿齿缝截面发生破坏，破坏面呈齿状，如图 14-4a)所示，其强度主要取决于砌缝与块材间的切向黏结强度；另一种是砌体沿竖向砌缝和块材发生破坏，如图 14-4b)所示，其强度主要取决于块材的抗拉强度。

当拉力作用方向与水平砌缝垂直时，砌体可能沿通缝截面发生破坏，如图 14-4c)所示，其强度主要取决于砌缝与块材的法向黏结强度。

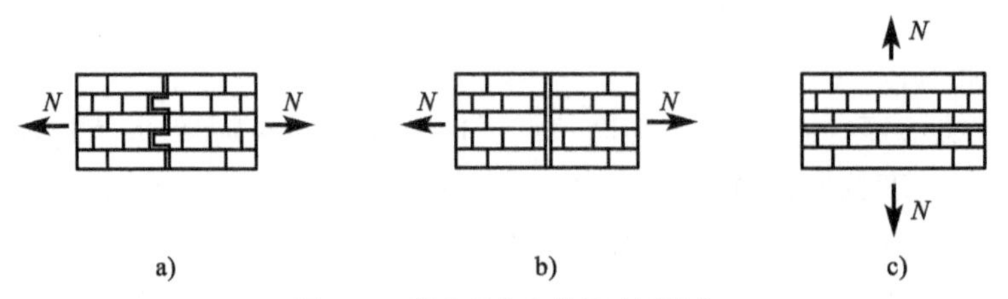

图 14-4 轴心受拉砌体的破坏形式

a)沿齿缝截面发生破坏；b)沿竖向砌缝和块材发生破坏；c)沿通缝截面发生破坏

2. 弯曲抗拉强度

砌体处于弯曲状态时，可能沿图 14-5a)所示通缝截面发生破坏，此时砂浆与块材的法向黏结强度是影响砌体弯曲抗拉强度的主要因素。亦可能沿图 14-5b)所示的齿缝截面发生破坏，此时影响因素主要是砌体中砌块与砂浆间的切向黏结强度。

3. 抗剪强度

砌体处于剪切状态时,则有可能发生通缝截面受剪破坏,如图14-6a)所示,此时其抗剪强度的主要影响因素是块材与砂浆间的切向黏结强度。也可能发生齿缝截面破坏,如图14-6b)所示,此时其抗剪强度的主要影响因素是块材的抗剪强度及砂浆与块材之间的切向黏结强度。对规则块材,砌体的齿缝抗剪强度取决于块材的抗剪强度,可不计灰缝的抗剪作用。各类砌体的轴心抗拉、弯曲抗拉及直接抗剪强度设计值见附表3-7、附表3-10。

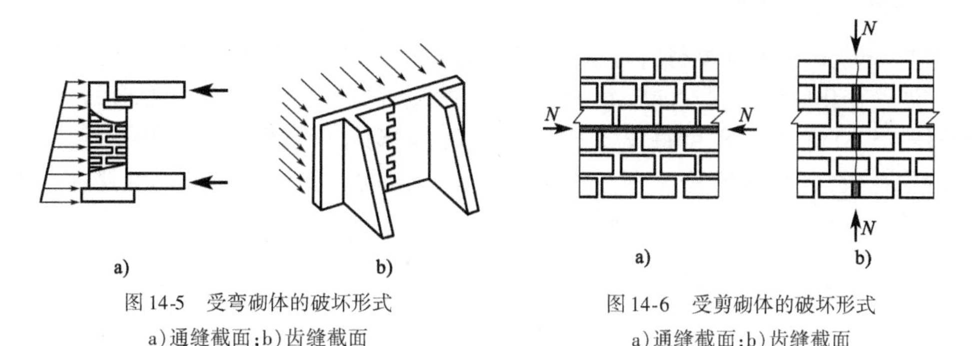

图14-5 受弯砌体的破坏形式

a)通缝截面;b)齿缝截面

图14-6 受剪砌体的破坏形式

a)通缝截面;b)齿缝截面

14.3.3 砌体变形

1. 砌体受压应力-应变曲线

圬工砌体属弹塑性材料,开始受压时应力与应变近似呈线性关系。随着荷载的增加,变形增加速度加快,应力与应变呈明显的非线性关系。在接近破坏时,荷载即使增加很少,其变形也急剧增加,如图14-7所示。

砌体受压时的应力-应变曲线可采用下列对数表达式:

$$\varepsilon = -\frac{1}{\xi\sqrt{f_{\mathrm{m}}}}\ln\left(1-\frac{\sigma}{f_{\mathrm{m}}}\right) \tag{14-1}$$

式中:ξ——砌体的特征系数;

f_{m}——砌体抗压强度值。

由此可见,在相同的σ/f_{m}的条件下,砌体的变形随特征系数ξ的增大而减小。据国外资料,砌体的变形中,砌缝砂浆的变形是主要的。因此,砌体变形的特征系数ξ主要与砂浆的强度等级有关。

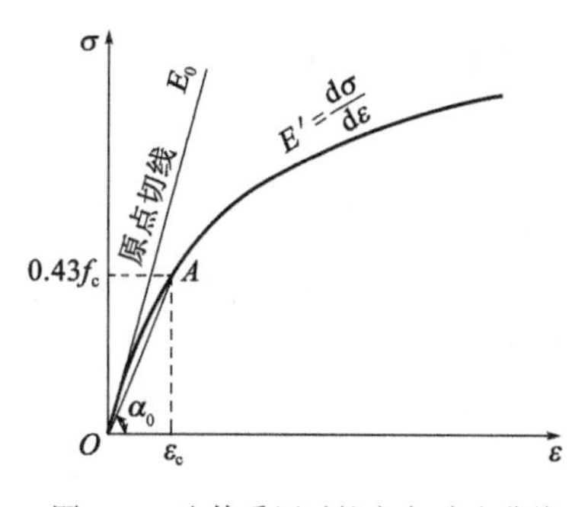

图14-7 砌体受压时的应力-应变曲线

2. 砌体的弹性模量

由砌体受压时的应力-应变曲线可知,砌体的受压变形模量也有三种表示方法,即初始弹性模量、割线弹性模量以及切线弹性模量。

在应力-应变曲线上过原点O作曲线的切线,该切线的斜率即为初始弹性模量E_0,其值为

$$E_0 = \tan\alpha_0 \tag{14-2}$$

式中:α_0——应力-应变曲线上原点的切线与横坐标轴的夹角。

当 $\sigma/f_{\mathrm{m}}=0$ 时,其切线的斜率即为初始弹性模量。

由于在工程实际中,砌体的实际压应力不超过 $(0.3\sim0.4)f_{\mathrm{c}}$,而在此范围内,应力-应变曲线与割线较接近,因此《圬工桥涵规范》中取 $\sigma=0.43f_{\mathrm{c}}$ 处的割线模量作为圬工砌体的弹性模量。

《圬工桥涵规范》规定的各类砌体受压弹性模量见附表 3-11。

混凝土和砌体的剪变模量 G_{c} 和 G_{m} 分别取其受压弹性模量的 40%。

3. 砌体的温度变形

通常来说,砌体的各类材料对温度变形的敏感性较小,但在超静定结构的计算中,若要考虑温度变化所引起的附加应力,则必须考虑砌体的温度变形。温度变形的大小随砌筑块材种类不同而异。温度每升高 1℃,单位长度的砌体所发生的线性伸长为该砌体的温度膨胀系数,又称线膨胀系数。用水泥砂浆砌筑的各种圬工砌体的线膨胀系数如表 14-2所示。

圬工砌体的线膨胀系数 表 14-2

砌体种类	线膨胀系数
混凝土	1.0×10^{-5}/℃
混凝土预制块砌体	0.9×10^{-5}/℃
细料石砌体、半细料石砌体、粗料石砌体、块石砌体、片石砌体	0.8×10^{-5}/℃

思考题与习题

14-1 什么是圬工结构?圬工结构和其他结构相比有哪些优点?圬工结构所使用的材料有什么特点?

14-2 什么是砌体?砌体在砌筑时应满足什么砌筑规则?常见的砌体可以分为哪几类?

14-3 常见的石材可以分为哪几类?分类依据是什么?

14-4 什么是砂浆?在砌体结构中砂浆的主要作用是什么?砂浆可以分为哪几类?分类依据是什么?

14-5 什么是小石子混凝土、片石混凝土?为什么有时用小石子混凝土代替水泥砂浆?

14-6 用于砌体的砂浆、石材及混凝土材料的基本要求有哪些?

14-7 为什么块材的抗压强度往往高于砌体的整体抗压强度?

14-8 在砌体中的块材为什么常处于复杂应力状态?

14-9 影响砌体整体抗压强度的主要因素是什么?

14-10 砌体的受弯、受拉及受剪的破坏形式有哪些?

第 15 章 圬工结构构件承载力计算

圬工结构按承载能力极限状态进行设计，同时根据圬工桥涵结构的特点，采用相应的构造措施来保证其正常使用极限状态的要求。在荷载作用下，圬工结构有受压、受弯、受剪和局部承压等破坏形态，需要相应地计算构件的受压、受弯、受剪和局部承压承载力。

15.1 设计原则

公路桥涵圬工结构采用以概率论为基础的极限状态设计方法，以分项系数为结构可靠度保证的设计表达式进行计算。

圬工桥涵结构设计中，除了按承载能力极限状态进行设计外，应根据圬工桥涵结构的特点，采用相应的构造措施来保证其满足正常使用极限状态的要求。

视结构破坏可能产生后果的严重程度，应按表 15-1 规定的设计安全等级对圬工桥涵结构的承载能力极限状态进行设计。

公路圬工桥涵结构设计安全等级 表 15-1

设计安全等级	桥涵结构
一级	特大桥、重要大桥
二级	大桥、中桥、重要小桥
三级	小桥、涵洞

注：1. 本表所列特大桥、大桥、中桥等是指《公路桥涵设计通用规范》(JTG D60—2015)规定的桥梁、涵洞，按其单孔跨径分类确定，对多孔不等跨桥梁，以其中最大跨径为准。

2. 本表冠以“重要”的大桥和小桥，是指高速公路和一级公路上、国防公路上及城市附近交通繁忙公路上的桥梁。

公路圬工桥涵结构按承载能力极限状态设计的原则是：作用组合的效应设计值小于或等于结构承载力的设计值，表达式见式(15-1)。

$$\gamma_0 S_{\mathrm{d}} \leqslant R(f_{\mathrm{d}}, a_{\mathrm{d}}) \tag{15-1}$$

式中：γ_0——结构重要性系数，对应于表15-1规定的一级、二级、三级设计安全等级分别取用1.1、1.0、0.9；

S_d——作用基本组合的效应设计值，按《公路桥涵设计通用规范》(JTG D60—2015)的规定计算；

$R(\cdot)$——构件承载力设计值函数；

f_d——材料强度设计值；

a_d——几何参数设计值，可采用几何参数标准值a_k，即设计文件规定值。

15.2 受压构件的承载力计算

圬工材料具有抗压强度高、抗拉和抗剪强度低的特点，因此圬工结构被广泛用于以受压为主的构件，如桥梁的重力式墩台、圬工拱桥的拱圈等。受压构件按轴向压力作用位置的不同，可分为轴向受压、单向偏压和双向偏压，按构件长细比的不同又可分为短柱和长柱。

15.2.1 偏心距限值

当轴向压力作用线与构件截面重心轴重合时，称为轴向受压构件。轴向受压构件在轴心力作用下截面产生均匀的压应力。应力达到砌体轴心抗压极限强度时，构件发生脆性破坏。但是在实际结构中，当构件的长细比较大时，由材料的不均匀性、制作安装误差等原因导致轴压力作用线的实际作用点偏离截面的几何重心轴形成初始偏心。当轴压力作用线平行于截面重心轴且偏离某一主轴时，称为单向偏心受压构件；当轴压力作用线平行于截面重心轴且偏离两个主轴时，称为双向偏心受压构件。

在偏心压力的作用下，构件截面内会产生相应的附加弯曲应力，与相同条件的理想轴向受压构件相比，受压承载力将减小，减小的程度与偏心距e有关。对于长细比较大的偏心受压构件，其承载力将同时受到偏心距e和构件长细比的影响。试验结果表明，当轴向力偏心距较大，截面远离荷载一侧为受拉区，其余部分为受压区，若受拉区边缘拉应力大于圬工砌体的弯曲抗拉强度，则构件的受拉区会出现沿截面通缝的水平裂缝，开裂部分截面退出工作。随着轴向压力的不断增大，裂缝不断发展，截面的受压区面积不断减小，在压力作用下结构受压区产生竖向裂缝，构件发生脆性破坏。

为了保证结构的正常使用和稳定性，控制或防止受拉区过早出现水平裂缝，应该限制轴向力偏心距e的范围。根据试验分析并参考国内外相关规范，《圬工桥涵规范》规定了砌体结构和混凝土的单向、双向偏心受压构件受压偏心距e的限值，见表15-2。

受压构件偏心距限值 表15-2

作用组合	偏心距限值e
基本组合	$\leqslant 0.6s$
偶然组合	$\leqslant 0.7s$

注：1. 混凝土结构单向偏心的受拉一边或双向偏心的各受拉一边，当设有不小于截面面积0.05%的纵向钢筋时，表内规定值可增加0.1s。

2. 表中s值为截面或换算截面重心轴至偏心方向截面边缘的距离(图15-1)。

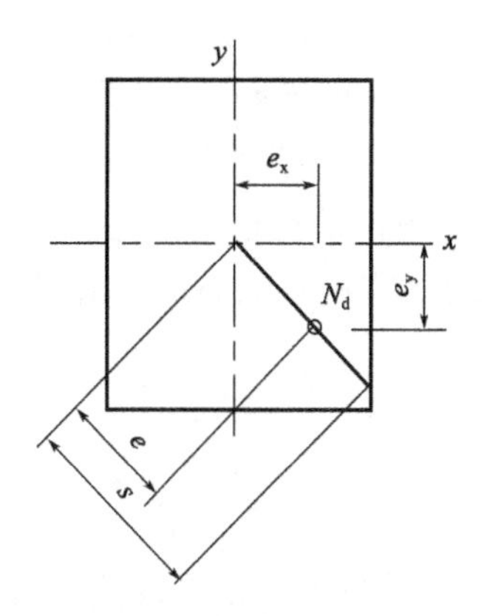

图 15-1 受压构件偏心距

N_d-轴向力；e-偏心距；s-截面重心轴至偏心方向截面边缘的距离

15.2.2 偏心受压构件承载力影响系数

为了考虑长细比和偏心距对受压构件的影响，在砌体受压构件承载力计算中引入系数 φ。砌体偏心受压构件承载力影响系数 φ 按式(15-2)～式(15-4)计算。

$$\varphi=\frac{1}{\frac{1}{\varphi_x}+\frac{1}{\varphi_y}-1} \tag{15-2}$$

$$\varphi_x=\frac{1-\left(\frac{e_x}{x}\right)^m}{1+\left(\frac{e_x}{i_y}\right)^2}\cdot\frac{1}{1+\alpha\beta_x(\beta_x-3)\left[1+1.33\left(\frac{e_x}{i_y}\right)^2\right]} \tag{15-3}$$

$$\varphi_y=\frac{1-\left(\frac{e_y}{y}\right)^m}{1+\left(\frac{e_y}{i_x}\right)^2}\cdot\frac{1}{1+\alpha\beta_y(\beta_y-3)\left[1+1.33\left(\frac{e_y}{i_x}\right)^2\right]} \tag{15-4}$$

式中：φ_x、φ_y——x 方向和 y 方向偏心受压构件承载力影响系数。

x、y——x 方向、y 方向截面重心轴至偏心方向的截面边缘的距离。

e_x、e_y——轴向力在 x 方向、y 方向的偏心距。

m——截面形状系数，对于圆形截面，取2.5；对于T形或U形截面，取3.5；对于箱形截面或矩形截面（包括两端设有曲线形或圆弧形的矩形墩身截面），取8.0。

i_x、i_y——弯曲平面内的截面回转半径，$i_x=\sqrt{I_x/A}$、$i_y=\sqrt{I_y/A}$，I_x、I_y 分别为截面绕 x 轴和 y 轴的惯性矩，A 为截面面积。对于组合截面，A、I_x、I_y 应按弹性模量比换算，即 $A=A_0+\varphi_1A_1+\varphi_2A_2+\cdots$，$I_x=I_{0x}+\varphi_1I_{1x}+\varphi_2I_{2x}+\cdots$，$I_y=I_{0y}+\varphi_1I_{1y}+\varphi_2I_{2y}+\cdots$，$A_0$ 为标准层截面面积，A_1、A_2、…为其他层截面面积，I_{0x}、I_{0y} 为标准层绕 x 轴和 y 轴的惯性矩，I_{1x}、I_{2x}、…和 I_{1y}、I_{2y}、…为其他层绕 x 轴和 y 轴的惯性矩；$\varphi_1=E_1/E_0$、$\varphi_2=E_2/E_0$、…，E_0 为标准层弹性模量，E_1、E_2、…

为其他层的弹性模量。对于矩形截面，$i_y = b/\sqrt{12}$，$i_x = h/\sqrt{12}$。

α——与砂浆强度等级有关的系数，当砂浆强度等级大于或等于 M5 或为组合构件时，α 为 0.002；当砂浆强度为 0 时，α 为 0.013。

β_x、β_y——构件在 x 方向、y 方向的长细比，当 β_x、β_y 小于 3 时取 3。

计算砌体偏心受压构件承载力影响系数 φ 时，构件长细比 β_x、β_y 按下列公式计算：

$$\beta_x = \frac{\gamma_\beta l_0}{3.5 i_y} \tag{15-5}$$

$$\beta_y = \frac{\gamma_\beta l_0}{3.5 i_x} \tag{15-6}$$

式中：γ_β——不同砌体材料构件的长细比修正系数，按表 15-3 的规定采用。

l_0——构件计算长度，按表 15-4 的规定取用；拱的纵、横向计算长度见《圬工桥涵规范》第 5.1.4 条。

i_x、i_y——弯曲平面内的截面回转半径，对于等截面构件，见上述计算；对于变截面构件，可取等代截面的回转半径。

不同砌体材料构件的长细比修正系数 γ_β 表 15-3

砌体材料类别	γ_β
混凝土预制块砌体或组合构件	1.0
细料石砌体、半细料石砌体	1.1
粗料石砌体、块石砌体、片石砌体	1.3

构件计算长度 l_0 表 15-4

构件及其两端约束情况		计算长度 l_0
直杆	两端固结	$0.5l$
	一端固定，一端为不移动的铰	$0.7l$
	两端均为不移动的铰	$1.0l$
	一端固定，一端自由	$2.0l$

注：l 为构件支点间长度。

15.2.3 偏心距限值内砌体受压构件的承载力计算

《圬工桥涵规范》中规定当受压构件偏心距限值在表 15-2 范围内时，砌体（包括砌体与混凝土组合）受压构件的承载力计算表达式为式（15-7）。

$$\gamma_0 N_d < \varphi A f_{cd} \tag{15-7}$$

式中：N_d——轴向力设计值；

A——构件截面面积，对于组合截面，按强度换算处理，即 $A = A_0 + \eta_1 A_1 + \eta_2 A_2 + \cdots$，$A_0$ 为标准层截面面积，A_1、A_2、…为其他层截面面积，$\eta_1 = f_{c1d}/f_{c0d}$、$\eta_2 = f_{c2d}/f_{c0d}$、…，f_{c0d} 为标准层材料的轴心抗压强度设计值，f_{c1d}、f_{c2d}、…为其他层材料的轴心抗压强度设计值；

f_{cd}——砌体或混凝土轴心抗压强度设计值，对组合截面，应采用标准层轴心抗压强度设计值；

φ——构件轴向力的偏心距 e 和长细比 β 对受压构件承载力的影响系数。

式(15-7)适用于砌体轴心受压和偏心受压。

15.2.4 偏心距限值内混凝土受压构件的承载力计算

混凝土构件与砌体构件相比,其整体性能较好,在极限状态下混凝土的塑性性能表现更为突出,其承载力计算具有自身的特点,不能机械套用砌体受压构件承载力计算公式。

混凝土偏心受压构件,在表15-2规定的受压构件偏心距限值范围内,进行受压承载力计算时,假定受压区的法向应力图形为矩形,取混凝土抗压强度设计值为应力值,按照轴向力作用点与受压区法向应力的合力作用点重合的原则(图15-2)确定受压区面积 A_c。受压构件承载力计算表达式为式(15-8)。

$$\gamma_0 N_d \leqslant \varphi f_{cd} A_c \tag{15-8}$$

式中:N_d——轴向力设计值;

φ——弯曲平面内轴心受压构件弯曲系数,按表15-5采用;

f_{cd}——混凝土轴心抗压强度设计值,见附表3-3;

A_c——混凝土受压区面积。

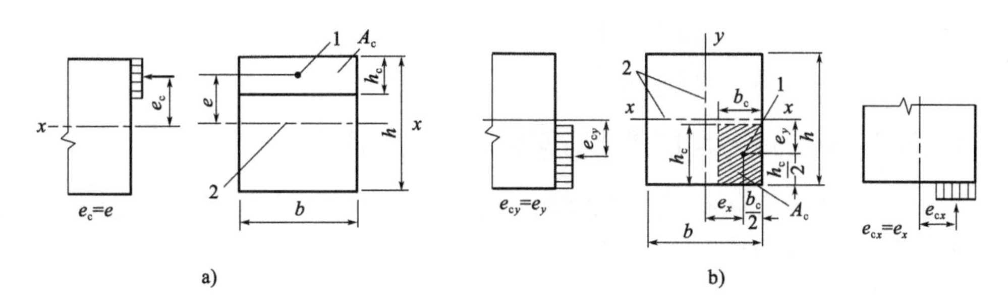

图15-2 混凝土构件偏心受压

a)单向偏心受压;b)双向偏心受压

1-受压区重心(法向压应力合力作用点);2-截面重心轴;h_c、b_c-矩形截面受压区高度、宽度

1. 单向偏心受压

受压区高度 h_c 应按图15-2a)确定,具体表达式为式(15-9)。

$$h_c = h - 2e_c = h - 2e \tag{15-9}$$

矩形截面的受压承载力可按式(15-10)计算:

$$\gamma_0 N_d \leqslant \varphi f_{cd} b(h - 2e) \tag{15-10}$$

式中:e_c——受压区混凝土法向应力合力作用点至截面重心轴的距离;

e——轴向力的偏心距;

b——矩形截面宽度;

h——矩形截面高度;

其余符号含义同前。

当构件弯曲平面外长细比大于弯曲平面内长细比时,尚应按轴心受压构件验算其承载力。

混凝土轴心受压构件弯曲系数　　表 15-5

l_0/b	<4	4	6	8	10	12	14	16	18	20	22	24	26	28	30
l_0/i	<14	14	21	28	35	42	49	56	63	70	76	83	90	97	104
φ	1.00	0.98	0.96	0.91	0.86	0.82	0.77	0.72	0.68	0.63	0.59	0.55	0.51	0.47	0.44

注：1. l_0为计算长度，按《圬工桥涵规范》表 4.0.7-2 的规定采用。

2. 在计算 l_0/b 或 l_0/i 时，b 或 i 的取值：对于单向偏心受压构件，取弯曲平面内截面高度或回转半径；对于轴心受压构件及双向偏心受压构件，取截面短边尺寸或截面最小回转半径。

2. 双向偏心受压

受压区高度和宽度，应按图 15-2b）确定，具体表达式见式（15-11）、式（15-12）。

$$h_c = h - 2e_y \tag{15-11}$$

$$b_c = b - 2e_x \tag{15-12}$$

矩形截面的轴向受压承载力可按式（15-13）计算。

$$\gamma_0 N_d \leqslant \varphi f_{cd}[(h-2e_y)(b-2e_x)] \tag{15-13}$$

式中：φ——轴心受压构件弯曲系数，见表 15-5；

e_{cy}——受压区混凝土法向应力合力作用点在 y 轴方向至截面重心轴距离；

e_{cx}——受压区混凝土法向应力合力作用点在 x 轴方向至截面重心轴距离；

e_y——轴向力 y 轴方向的偏心距；

e_x——轴向力 x 轴方向的偏心距。

15.2.5　偏心距 e 超过限值时构件承载力的计算

当轴向力的偏心距 e 超过表 15-2 偏心距限值时，砌体受压构件以及混凝土受压构件承载力均按式（15-14）、式（15-15）进行计算。

单向偏心：

$$\gamma_0 N_d \leqslant \varphi \frac{A f_{tmd}}{\frac{Ae}{W} - 1} \tag{15-14}$$

双向偏心：

$$\gamma_0 N_d \leqslant \varphi \frac{A f_{tmd}}{\frac{Ae_x}{W_y} + \frac{Ae_y}{W_x} - 1} \tag{15-15}$$

式中：N_d——轴向力设计值。

A——构件截面面积，对于组合截面，应按弹性模量比换算为换算截面面积。

W——单向偏心时，构件受拉边缘的弹性抵抗矩；对于组合截面，应按弹性模量比换算为换算截面弹性抵抗矩。

W_y、W_x——双向偏心时，构件 x 方向受拉边缘绕 y 轴的截面弹性抵抗矩和构件 y 方向受拉边缘绕 x 轴的截面弹性抵抗矩；对于组合截面，应按弹性模量比换算为换算截面弹性抵抗矩。

f_{tmd}——构件受拉边缘的弯曲抗拉强度设计值。

e——单向偏心时轴向力的偏心距。

e_x、e_y——双向偏心时轴向力在 x 方向和 y 方向的偏心距。

φ——砌体偏心受压构件承载力影响系数或混凝土轴心受压构件弯曲系数，见式(15-2)和表 15-5。

15.3 受弯构件、受剪构件与局部承压构件的承载力计算

15.3.1 受弯构件承载力计算

圬工砌体在弯矩作用下，可能沿通缝或齿缝截面弯曲受拉而发生破坏。因此，对于超偏心受压构件和受弯构件，均应进行抗弯承载力计算。砌体受弯构件正截面承载力计算以受拉区边缘拉应力达到弯曲抗拉强度设计值控制，《圬工桥涵规范》规定按式(15-16)进行计算。

$$\gamma_0 M_d \leqslant W f_{tmd} \tag{15-16}$$

式中：M_d——弯矩设计值；

W——截面受拉边缘的弹性抵抗矩，对于组合截面，应按弹性模量比换算为换算截面受拉边缘弹性抵抗矩；

f_{tmd}——构件受拉边缘的弯曲抗拉强度设计值，按附表 3-3、附表 3-7、附表 3-10 采用。

15.3.2 受剪构件承载力计算

在剪力作用下，砌体构件既要承受水平剪力，又要承受其他砌块对其产生的垂直压力。随着剪力的增大，砂浆产生剪切变形，进而导致一层砌体相对另一层砌体开始移动，在垂直压力的作用下，其产生摩擦力抵抗滑移。砌体构件的试验表明，砌体沿水平缝的抗剪承载力为砌体沿通缝的抗剪承载力及摩擦力的总和。当砌体构件或混凝土构件直接受剪时，可能产生沿水平缝截面的受剪破坏。《圬工桥涵规范》规定其抗剪承载力按式(15-17)计算。

$$\gamma_0 V_d \leqslant A f_{vd} + \frac{1}{1.4}\mu_f N_k \tag{15-17}$$

式中：A——受剪区截面面积；

V_d——剪力设计值；

f_{vd}——砌体或混凝土抗剪强度设计值，按附表 3-3、附表 3-7、附表 3-10 采用；

μ_f——摩擦系数，取 $\mu_f = 0.7$；

N_k——与受剪区截面垂直的压力标准值。

15.3.3 局部承压构件承载力计算

对于局部承压构件，直接受压的局部范围内的砌体抗压强度有较大程度提高，但局部受压面积却很小，局部应力集中，因而可能导致构件产生局部破坏。局部承压构件的破坏形态有纵向裂缝发展而引起的破坏、劈裂破坏、与支座垫板直接接触的局部破坏。因此，在设计计算受压构件时，除了要按全截面验算抗压强度外，还必须对构件局部承压强度进行验算。

1. 砌体截面局部承压

桥涵结构的砌体截面承受局部压力时，应在砌体表面浇一层混凝土，作用于混凝土层的局部压力以45°扩散角向下分布，分布后的压力应不大于砌体的抗压强度设计值。

2. 混凝土截面局部承压

混凝土截面局部承压的承载力应按式(15-18)、式(15-19)进行计算。

$$\gamma_0 N_d \leqslant 0.9\beta A_l f_{cd} \tag{15-18}$$

$$\beta = \sqrt{\frac{A_b}{A_l}} \tag{15-19}$$

式中：β——局部承压强度提高系数；

N_d——局部承压面积上的轴向力设计值；

A_l——局部承压面积；

A_b——局部承压计算底面积，根据底面积重心与局部受压面积重心相重合的原则确定；

f_{cd}——混凝土轴心抗压强度设计值，按附表3-3采用。

15.4 应用示例

例15-1 已知某一轴向受压柱，高度5m，截面尺寸为380mm×640mm，两端铰支。采用MU50粗料石、M7.5水泥砂浆砌筑，该柱轴向力设计值$N_d=600\text{kN}$，安全等级为二级。试复核该柱的承载力。

解：由粗料石和砂浆强度等级查附表3-5，得到$f_{cd}=3.45\times1.2=4.14(\text{MPa})$；桥梁安全等级为二级，则结构重要性系数$\gamma_0=1.0$。

矩形截面回转半径：

$$i_x = h/\sqrt{12} = 640/\sqrt{12} \approx 185(\text{mm})$$

$$i_y = b/\sqrt{12} = 380/\sqrt{12} \approx 110(\text{mm})$$

该柱两端为铰支，查表15-4可知$l_0=1.0l=5000\text{mm}$；查表15-3得长细比修正系数$\gamma_\beta=1.3$。

由式(15-5)得构件在x方向的长细比：

$$\beta_x = \frac{\gamma_\beta l_0}{3.5 i_y} = \frac{1.3\times5000}{3.5\times110} \approx 16.88$$

由式(15-6)得构件在y方向的长细比：

$$\beta_y = \frac{\gamma_\beta l_0}{3.5 i_x} = \frac{1.3\times5000}{3.5\times185} \approx 10.04$$

对轴向受压构件，$e_x = e_y = 0$；砂浆强度等级大于 M5，$\alpha = 0.002$。由式(15-3)得 x 方向受压构件承载力影响系数：

$$\varphi_x = \frac{1-(e_x/x)^m}{1+(e_x/i_y)^2} \cdot \frac{1}{1+\alpha\beta_x(\beta_x-3)[1+1.33\,(e_x/i_y)^2]}$$
$$= \frac{1}{1+0.002\times16.88\times(16.88-3)}$$
$$\approx 0.6809$$

由式(15-4)得 y 方向受压构件承载力影响系数：

$$\varphi_y = \frac{1-(e_y/y)^m}{1+(e_y/i_x)^2} \cdot \frac{1}{1+\alpha\beta_y(\beta_y-3)[1+1.33\,(e_y/i_x)^2]}$$
$$= \frac{1}{1+0.002\times10.04\times(10.04-3)}$$
$$\approx 0.8761$$

由式(15-2)得受压构件承载力影响系数：

$$\varphi = \frac{1}{\frac{1}{\varphi_x}+\frac{1}{\varphi_y}-1} = \frac{1}{\frac{1}{0.6809}+\frac{1}{0.8761}-1} \approx 0.6211$$

由式(15-7)可得轴向受压柱的承载力：

$$N_u = \frac{\varphi A f_{cd}}{\gamma_0} = \frac{0.6211\times380\times640\times4.14}{1.0}$$
$$\approx 625.353\times10^3(\mathrm{N}) = 625.353\mathrm{kN} > N_d = 600\mathrm{kN}$$

故该柱的承载力满足要求。

例 15-2 已知某大桥一混凝土预制块砌体立柱，柱高 6m，截面尺寸 $b\times h = 480\mathrm{mm}\times 650\mathrm{mm}$，两端铰支。采用 C30 混凝土预制块、M10 水泥砂浆砌筑，作用效应基本组合的轴向力设计值 $N_d = 440\mathrm{kN}$，弯矩设计值 $M_{d(y)} = 70\mathrm{kN\cdot m}$，$M_{d(x)} = 0$，安全等级为一级。试复核该立柱的受压承载力。

解：轴向力偏心距：

$$e_x = 0$$

$$e_y = \frac{M_{d(y)}}{N_d} = \frac{70}{440} \approx 0.159(\mathrm{m}) = 159\mathrm{mm}$$

查表 15-2，容许偏心距 $[e] = 0.6s = 0.6\times650/2 = 195(\mathrm{mm}) > e_y = 159\mathrm{mm}$，满足偏心距限值要求。

由混凝土预制块和砂浆强度等级，查附表 3-4 得到 $f_{cd} = 5.06\mathrm{MPa}$；结构安全等级为一级，则结构重要性系数 $\gamma_0 = 1.1$。

矩形截面回转半径：

$$i_x = h/\sqrt{12} = 650/\sqrt{12} \approx 188(\mathrm{mm})$$

$$i_y = b/\sqrt{12} = 480/\sqrt{12} \approx 139(\mathrm{mm})$$

该柱两端为铰支，查表 15-4 可知，$l_0 = 1.0l = 6000\text{mm}$；查表 15-3 得长细比修正系数 $\gamma_\beta = 1.0$。

由式(15-5)得构件在 x 方向的长细比：

$$\beta_x = \frac{\gamma_\beta l_0}{3.5i_y} = \frac{1.0 \times 6000}{3.5 \times 139} \approx 12.3$$

由式(15-6)得构件在 y 方向的长细比：

$$\beta_y = \frac{\gamma_\beta l_0}{3.5i_x} = \frac{1.0 \times 6000}{3.5 \times 188} \approx 9.12$$

砂浆强度等级大于 M5，$\alpha = 0.002$；对矩形截面，截面形状系数 $m = 8.0$；由式(15-3)得 x 方向受压构件承载力影响系数：

$$\begin{aligned}\varphi_x &= \frac{1-(e_x/x)^m}{1+(e_x/i_y)^2} \cdot \frac{1}{1+\alpha\beta_x(\beta_x-3)[1+1.33(e_x/i_y)^2]} \\ &= \frac{1}{1+0.002 \times 12.3 \times (12.3-3)} \\ &\approx 0.8138\end{aligned}$$

由式(15-4)得 y 方向受压构件承载力影响系数：

$$\begin{aligned}\varphi_y &= \frac{1-(e_y/y)^m}{1+(e_y/i_x)^2} \cdot \frac{1}{1+\alpha\beta_y(\beta_y-3)[1+1.33(e_y/i_x)^2]} \\ &= \frac{1-\left(\dfrac{159}{650/2}\right)^8}{1+(159/188)^2} \times \frac{1}{1+0.002 \times 9.12 \times (9.12-3) \times [1+1.33 \times (159/188)^2]} \\ &\approx 0.477\end{aligned}$$

由式(15-2)得受压构件承载力影响系数：

$$\varphi = \frac{1}{\dfrac{1}{\varphi_x}+\dfrac{1}{\varphi_y}-1} = \frac{1}{\dfrac{1}{0.8138}+\dfrac{1}{0.477}-1} \approx 0.4301$$

由式(15-7)可得偏心受压柱的承载力：

$$\begin{aligned}N_u &= \frac{\varphi A f_{cd}}{\gamma_0} = \frac{0.4301 \times 480 \times 650 \times 5.06}{1.1} \\ &\approx 617.28 \times 10^3(\text{N}) = 617.28\text{kN} > N_d = 440\text{kN}\end{aligned}$$

故该立柱满足承载力要求。

例 15-3 已知某一石砌悬链线板拱，其桥台采用 M7.5 水泥砂浆砌片石，台口处受剪截面面积为 114m^2，拱脚处水平推力组合设计值 $V_d = 17894\text{kN}$，台口处受剪面上承受的垂直压力标准值 $N_k = 16983\text{kN}$，安全等级为二级。试复核该台口的抗剪承载力。

解：由附表 3-7 查得 $f_{vd} = 0.147\text{MPa}$，安全等级为二级，则 $\gamma_0 = 1.0$，由式(15-17)可得台口的抗剪承载力为

$$V_u = \frac{Af_{vd}}{\gamma_0} + \frac{1}{1.4\gamma_0}\mu_f N_k$$
$$= 114 \times 10^6 \times 0.147 + 0.7 \times 16983000/1.4$$
$$\approx 25250 \times 10^3 (N) = 25250kN > V_d = 17894kN$$

故该台口的抗剪承载力满足要求。

思考题与习题

15-1　圬工结构设计的原则是什么？

15-2　砌体受压时，随着偏心距的变化，截面应力状态如何变化？

15-3　偏心距 e 如何确定？在计算受压承载力时有何限制？

15-4　试简述构件长细比对砌体结构承载力的影响。《公路桥规》中又是如何考虑该影响的？

15-5　试简述砌体受压构件的计算内容。

15-6　在局部压力作用下，砌体抗压强度为什么会提高？

15-7　某空腹式无铰拱桥的拱上横墙为矩形截面，其厚度 $h=500$mm，宽度 $b=8.5$m，计算长度 $l_0=4.34$m。拱上横墙采用 MU40 块石、M7.5 水泥砂浆砌筑。横墙沿宽度方向的单位长度上作用的基本组合弯矩设计值 $M_y=13.59$kN·m，轴向力设计值 $N_d=234.86$kN，结构安全等级为一级。试复核该横墙的承载力。

15-8　某等截面悬链线空腹式无铰石拱桥，其主孔净跨径为 30m，主拱圈厚度 $h=800$mm，宽度 $b=8.5$m，矢跨比 1/5，拱轴长度 $s=33.876$m。主拱圈采用 MU60 块石、M10 水泥砂浆砌筑。在作用效应基本组合下，拱顶截面单位宽度作用的弯矩设计值 $M_{d(y)}=142.689$kN·m，轴向力设计值 $N_d=1083.064$kN，结构安全等级为一级。试复核该拱桥拱顶截面处的承载力以及整体承载力。

附　　表

混凝土强度标准值和设计值(MPa)　　附表 1-1

强度种类		符号	混凝土强度等级											
			C25	C30	C35	C40	C45	C50	C55	C60	C65	C70	C75	C80
强度标准值	轴心抗压	f_{ck}	16.7	20.1	23.4	26.8	29.6	32.4	35.5	38.5	41.5	44.5	47.4	50.2
	轴心抗拉	f_{tk}	1.78	2.01	2.20	2.40	2.51	2.65	2.74	2.85	2.93	3.00	3.05	3.10
强度设计值	轴心抗压	f_{cd}	11.5	13.8	16.1	18.4	20.5	22.4	24.4	26.5	28.5	30.5	32.4	34.6
	轴心抗拉	f_{td}	1.23	1.39	1.52	1.65	1.74	1.83	1.89	1.96	2.02	2.07	2.10	2.14

混凝土的弹性模量($\times 10^4$MPa)　　附表 1-2

混凝土强度等级	C25	C30	C35	C40	C45	C50	C55	C60	C65	C70	C75	C80
E_c	2.80	3.00	3.15	3.25	3.35	3.45	3.55	3.60	3.65	3.70	3.75	3.80

注:1. 混凝土剪切变形模量 G_c 按表中数值的40%采用,混凝土的泊松比可采用0.2。

2. 对高强混凝土,当采用引气剂及较高砂率的泵送混凝土且无实测数据时,表中 C50 ~ C80 的 E_c 值应乘折减系数0.95。

普通钢筋强度标准值和设计值(MPa)　　附表 1-3

钢筋种类	直径 d (mm)	符号	抗拉强度标准值 f_{sk}	抗拉强度设计值 f_{sd}	抗压强度设计值 f_{sd}
HPB300	6 ~ 22	Φ	300	250	250
HRB400 HRBF400 RRB400	6 ~ 50	Φ Φ^F Φ^R	400	330	330
HRB500	6 ~ 50	Φ	500	415	400

注:1. 表中 d 是指国家标准中的钢筋公称直径。

2. 钢筋混凝土轴心受拉和小偏心受拉构件的钢筋抗拉强度设计值大于330MPa 时,仍应取330MPa;在斜截面抗剪承载力、受扭承载力和冲切承载力计算中垂直于纵向受力钢筋的箍筋或间接钢筋等横向钢筋的抗拉强度设计值大于330MPa 时,仍应取330MPa。

3. 构件中有不同种类钢筋时,每种钢筋应采用各自的强度设计值。

普通钢筋的弹性模量（$\times 10^5$ MPa）　附表 1-4

钢筋种类	弹性模量 E_s
HPB300	2.1
HRB400、HRB500 HRBF400、RRB400	2.0

钢筋混凝土受弯构件单筋矩形截面承载力计算用表　附表 1-5

ξ	A_0	ξ_0	ξ	A_0	ξ_0
0.01	0.010	0.995	0.34	0.282	0.830
0.02	0.020	0.990	0.35	0.289	0.825
0.03	0.030	0.985	0.36	0.295	0.820
0.04	0.039	0.980	0.37	0.301	0.815
0.05	0.048	0.975	0.38	0.309	0.810
0.06	0.058	0.970	0.39	0.314	0.805
0.07	0.067	0.965	0.40	0.320	0.800
0.08	0.077	0.960	0.41	0.326	0.795
0.09	0.085	0.955	0.42	0.332	0.790
0.10	0.095	0.950	0.43	0.337	0.785
0.11	0.104	0.945	0.44	0.343	0.780
0.12	0.113	0.940	0.45	0.349	0.775
0.13	0.121	0.935	0.46	0.354	0.770
0.14	0.130	0.930	0.47	0.359	0.765
0.15	0.139	0.925	0.48	0.365	0.760
0.16	0.147	0.920	0.49	0.370	0.755
0.17	0.155	0.915	0.50	0.375	0.750
0.18	0.164	0.910	0.51	0.380	0.745
0.19	0.172	0.905	0.52	0.385	0.740
0.20	0.180	0.900	0.53	0.390	0.735
0.21	0.188	0.895	0.54	0.394	0.730
0.22	0.196	0.890	0.55	0.399	0.725
0.23	0.203	0.885	0.56	0.403	0.720
0.24	0.211	0.880	0.57	0.408	0.715
0.25	0.219	0.875	0.58	0.412	0.710
0.26	0.226	0.870	0.59	0.416	0.705
0.27	0.234	0.865	0.60	0.420	0.700
0.28	0.241	0.860	0.61	0.424	0.695
0.29	0.248	0.855	0.62	0.428	0.690
0.30	0.255	0.850	0.63	0.432	0.685
0.31	0.262	0.845	0.64	0.435	0.680
0.32	0.269	0.840	0.65	0.439	0.675
0.33	0.275	0.835			

普通钢筋截面面积、质量表　附表 1-6

公称直径（mm）	在下列钢筋根数时的截面面积（mm^2）									质量（kg/m）	带肋钢筋	
	1	2	3	4	5	6	7	8	9		计算直径（mm）	外径（mm）
6	28.27	57	85	113	141	170	198	226	254	0.222	6	7.0
8	50.27	101	151	201	251	302	352	402	452	0.395	8	9.3

续上表

公称直径（mm）	在下列钢筋根数时的截面面积（mm^2）									质量（kg/m）	带肋钢筋	
	1	2	3	4	5	6	7	8	9		计算直径（mm）	外径（mm）
10	78.54	157	236	314	393	471	550	628	707	0.617	10	11.6
12	113.10	226	339	452	566	679	792	905	1018	0.888	12	13.9
14	153.90	308	462	616	770	924	1078	1232	1385	1.210	14	16.2
16	201.10	402	603	804	1005	1206	1407	1608	1810	1.580	16	18.4
18	254.50	509	763	1018	1272	1527	1781	2036	2290	2.000	18	20.5
20	314.20	628	942	1256	1570	1884	2200	2513	2827	2.470	20	22.7
22	380.10	760	1140	1520	1900	2281	2661	3041	3421	2.980	22	25.1
25	490.90	982	1473	1964	2454	2945	3436	3927	4418	3.850	25	28.4
28	615.80	1232	1847	2463	3079	3695	4310	4926	5542	4.830	28	31.6
32	804.20	1608	2413	3217	4021	4826	5630	6434	7238	6.310	32	35.8
36	1018.00	2036	3054	4072	5090	6108	7126	8144	9162	7.990	36	41.2
40	1257.00	2514	3771	5028	6285	7542	8799	10056	11313	9.870	40	45.8
50	1964.00	3928	5892	7856	9820	11784	13748	15712	17676	15.420	50	56.4

在钢筋间距一定时板每米宽度内钢筋截面面积（mm^2） 附表 1-7

钢筋间距（mm）	钢筋直径（mm）									
	6	8	10	12	14	16	18	20	22	24
70	404	718	1122	1616	2199	2873	3636	4487	5430	6463
75	377	670	1047	1508	2052	2681	3393	4188	5081	6032
80	353	628	982	1414	1924	2514	3181	3926	4751	5655
85	333	591	924	1331	1811	2366	2994	3695	4472	5322
90	314	559	873	1257	1711	2234	2828	3490	4223	5027
95	298	529	827	1190	1620	2117	2679	3306	4001	4762
100	283	503	785	1131	1539	2011	2545	3141	3801	4524
105	269	479	748	1077	1466	1915	2424	2991	3620	4309
110	257	457	714	1028	1399	1828	2314	2855	3455	4113
115	246	437	683	984	1339	1749	2213	2731	3305	3934
120	236	419	654	942	1283	1676	2121	2617	3167	3770
125	226	402	628	905	1232	1609	2036	2513	3041	3619
130	217	387	604	870	1184	1574	1958	2416	2924	3480
135	209	372	582	838	1140	1490	1885	2327	2816	3351
140	202	359	561	808	1100	1436	1818	2244	2715	3231
145	195	347	542	780	1062	1387	1755	2166	2621	3120
150	189	335	524	754	1026	1341	16 97	2084	2534	3016
155	182	324	507	730	993	1297	1642	2027	2452	2919
160	177	314	491	707	962	1257	1590	1964	2376	2828
165	171	305	476	685	933	1219	1542	1904	2304	2741
170	166	296	462	665	905	1183	1497	1848	2236	2661
175	162	287	449	646	876	1149	1454	1795	2172	2585
180	157	279	436	628	855	1117	1414	1746	2112	2513
185	153	272	425	611	832	1087	1376	1694	2035	2445
190	149	265	413	595	810	1058	1339	1654	2001	2381
195	145	258	403	580	789	1031	1305	1611	1949	2320
200	141	251	393	565	769	1005	1272	1572	1901	2262

混凝土保护层最小厚度 c_{min}（mm） 附表 1-8

构件类别	梁、板、塔、拱圈		墩台身、涵洞下部		承台、基础	
设计使用年限	100 年	50 年、30 年	100 年	50 年、30 年	100 年	50 年、30 年
Ⅰ类——一般环境	20	20	25	20	40	40
Ⅱ类——冻融环境	30	25	35	30	45	40
Ⅲ类——近海或海洋氯化物环境	35	30	45	40	65	60
Ⅳ类——除冰盐等其他氯化物环境	30	25	35	30	45	40
Ⅴ类——盐结晶环境	30	25	40	35	45	40
Ⅵ类——化学腐蚀环境	35	30	40	35	60	55
Ⅶ类——磨蚀环境	35	30	45	40	65	60

注：1. 表中混凝土保护层最小厚度数值是针对各环境类别的最低作用等级、按照结构耐久性要求的构件最低强度混凝土强度等级及钢筋和混凝土表面无特殊防腐措施确定的。

2. 对于工厂预制的混凝土构件，其最小保护层厚度可将表中相应数值减小 5mm，但不得小于 20mm。

3. 承台和基础的最小保护层厚度针对基坑底面无垫层或侧面无模板的情况，对于有垫层或有模板的情况，最小保护层厚度可将表中相应数值减少 20mm，最低不应小于 30mm。

钢筋混凝土构件中纵向受力钢筋的最小配筋率（%） 附表 1-9

受力类型		最小配筋率
受压构件	全部纵向钢筋	0.5
	一侧纵向钢筋	0.2
受弯构件、偏心受拉构件及轴心受拉构件的一侧受拉钢筋		0.2 和 $45f_{td}/f_{sd}$ 中较大值
受扭构件		$0.08f_{cd}/f_{sd}$（纯扭时），$0.08(2\beta_t-1)f_{cd}/f_{sd}$（剪扭时）

注：1. 受压构件全部纵向钢筋最小配筋率，当混凝土强度等级为 C50 及以上时，不应小于 0.6。

2. 当大偏心受拉构件的受压区配置按计算需要的受压钢筋时，其最小配筋率不应小于 0.2。

3. 轴心受压构件、偏心受压构件全部纵向钢筋的配筋率和一侧纵向钢筋（包括大偏心受拉构件的受压钢筋）的配筋率应按构件的毛截面面积计算；轴心受拉构件及小偏心受拉构件一侧受拉钢筋的配筋率应按构件毛截面面积计算；受弯构件、大偏心受拉构件的一侧受拉钢筋的配筋率为 $100A_s/(bh_0)$，其中 A_s 为受拉钢筋截面面积，b 为腹板宽度（箱形截面为各腹板宽度之和），h_0 为有效高度。

4. 当钢筋沿构件截面周边布置时，"一侧的受压钢筋"或"一侧的受拉钢筋"是指受力方向两个对边中的一边布置的纵向钢筋。

5. 对受扭构件，其纵向受力钢筋的最小配筋率为 $A_{st,min}/(bh)$，$A_{st,min}$ 为纯扭构件全部纵向钢筋最小截面面积，h 为矩形截面基本单元长边边长，b 为短边边长，f_{sd} 为箍筋抗拉强度设计值。

钢筋混凝土轴心受压构件的稳定系数 φ 附表 1-10

l_0/b	≤8	10	12	14	16	18	20	22	24	26	28
$l_0/(2r)$	≤7	8.5	10.5	12	14	15.5	17	19	21	22.5	24
l_0/i	≤28	35	42	48	55	62	69	76	83	90	97
φ	1.0	0.98	0.95	0.92	0.87	0.81	0.75	0.70	0.65	0.60	0.56
l_0/b	30	32	34	36	38	40	42	44	46	48	50
$l_0/(2r)$	26	28	29.5	31	33	34.5	36.5	38	40	41.5	43
l_0/i	104	111	118	125	132	139	146	153	160	167	174
φ	0.52	0.48	0.44	0.40	0.36	0.32	0.29	0.26	0.23	0.21	0.19

注：表中 l_0 为构件计算长度，按 $l_0=kl$ 计算；b 为矩形截面短边边长；r 为圆形截面半径；i 为截面最小回转半径。

附表 1-11

圆形截面钢筋混凝土偏心受压构件正截面相对抗压承载力 n_u

$\eta e_0/r$	$\rho f_{sd}/f_{cd}$																	
	0.06	0.09	0.12	0.15	0.18	0.21	0.24	0.27	0.30	0.40	0.50	0.60	0.70	0.80	0.90	1.00	1.10	1.20
0.01	1.0487	1.0783	1.1079	1.1375	1.1671	1.1968	1.2264	1.2561	1.2857	1.3846	1.4835	1.5824	1.6813	1.7802	1.8791	1.9780	2.0769	2.1758
0.05	1.0031	1.0316	1.0601	1.0885	1.1169	1.1454	1.1738	1.2022	1.2306	1.3254	1.4201	1.5148	1.6095	1.7042	1.7989	1.8937	1.9884	2.0831
0.10	0.9438	0.9711	0.9984	1.0257	1.0529	1.0802	1.1074	1.1345	1.1617	1.2521	1.3423	1.4325	1.5226	1.6127	1.7027	1.7927	1.8826	1.9726
0.15	0.8827	0.9090	0.9352	0.9614	0.9875	1.0136	1.0396	1.0656	1.0916	1.1781	1.2643	1.3503	1.4362	1.5220	1.6077	1.6934	1.7790	1.8646
0.20	0.8206	0.8458	0.8709	0.8960	0.9210	0.9460	0.9709	0.9958	1.0206	1.1033	1.1856	1.2677	1.3496	1.4313	1.5130	1.5945	1.6760	1.7574
0.25	0.7589	0.7829	0.8067	0.8302	0.8540	0.8778	0.9016	0.9254	0.9491	1.0279	1.1063	1.1845	1.2625	1.3404	1.4180	1.4956	1.5731	1.6504
0.30	0.7003	0.7247	0.7486	0.7721	0.7953	0.8181	0.8408	0.8632	0.8855	0.9590	1.0316	1.1036	1.1752	1.2491	1.3228	1.3964	1.4699	1.5433
0.35	0.6432	0.6684	0.6928	0.7165	0.7397	0.7625	0.7849	0.8070	0.8290	0.9008	0.9712	1.0408	1.1097	1.1783	1.2465	1.3145	1.3824	1.4500
0.40	0.5878	0.6142	0.6393	0.6635	0.6869	0.7097	0.7320	0.7540	0.7757	0.8461	0.9147	0.9822	1.0489	1.1150	1.1807	1.2461	1.3113	1.3762
0.45	0.5346	0.5624	0.5884	0.6132	0.6369	0.6599	0.6822	0.7041	0.7255	0.7949	0.8619	0.9275	0.9921	1.0561	1.1195	1.1825	1.2452	1.3077
0.50	0.4839	0.5133	0.5403	0.5657	0.5898	0.6130	0.6354	0.6573	0.6786	0.7470	0.8126	0.8765	0.9393	1.0012	1.0625	1.1233	1.1838	1.2441
0.55	0.4359	0.4670	0.4951	0.5212	0.5458	0.5692	0.5917	0.6135	0.6347	0.7022	0.7666	0.8289	0.8899	0.9500	1.0094	1.0682	1.1266	1.1848
0.60	0.3910	0.4238	0.4530	0.4798	0.5047	0.5283	0.5509	0.5727	0.5938	0.6605	0.7237	0.7846	0.8440	0.9023	0.9598	1.0168	1.0733	1.1295
0.65	0.3495	0.3840	0.4141	0.4414	0.4667	0.4905	0.5131	0.5348	0.5558	0.6217	0.6837	0.7432	0.8011	0.8578	0.9136	0.9689	1.0236	1.0779
0.70	0.3116	0.3475	0.3784	0.4062	0.4317	0.4556	0.4782	0.4998	0.5206	0.5857	0.6466	0.7047	0.7611	0.8163	0.8705	0.9241	0.9771	1.0297
0.75	0.2773	0.3143	0.3459	0.3739	0.3996	0.4235	0.4460	0.4674	0.4881	0.5523	0.6120	0.6689	0.7239	0.7776	0.8303	0.8823	0.9337	0.9847

续上表

$\eta e_0/r$	$\rho f_{sd}/f_{cd}$																	
	0.06	0.09	0.12	0.15	0.18	0.21	0.24	0.27	0.30	0.40	0.50	0.60	0.70	0.80	0.90	1.00	1.10	1.20
0.80	0.2468	0.2845	0.3164	0.3446	0.3702	0.3940	0.4164	0.4377	0.4581	0.5214	0.5799	0.6356	0.6892	0.7415	0.7927	0.8432	0.8931	0.9426
0.85	0.2199	0.2579	0.2899	0.3180	0.3436	0.3672	0.3893	0.4104	0.4305	0.4928	0.5502	0.6045	0.6569	0.7078	0.7577	0.8067	0.8552	0.9032
0.90	0.1963	0.2343	0.2661	0.2940	0.3193	0.3427	0.3646	0.3853	0.4051	0.4663	0.5225	0.5757	0.6267	0.6763	0.7249	0.7726	0.8197	0.8663
0.95	0.1759	0.2134	0.2448	0.2724	0.2974	0.3204	0.3420	0.3624	0.3818	0.4419	0.4969	0.5448	0.5986	0.6470	0.6942	0.7406	0.7864	0.8317
1.00	0.1582	0.1950	0.2259	0.2530	0.2775	0.3001	0.3213	0.3413	0.3604	0.4193	0.4731	0.5238	0.5724	0.6195	0.6655	0.7107	0.7553	0.7993
1.10	0.1299	0.1646	0.1939	0.2198	0.2433	0.2649	0.2852	0.3044	0.3227	0.3791	0.4305	0.4789	0.5251	0.5699	0.6136	0.6564	0.6986	0.7402
1.20	0.1087	0.1410	0.1685	0.1929	0.2152	0.2358	0.2551	0.2734	0.2909	0.3446	0.3937	0.4398	0.4838	0.5264	0.5679	0.6086	0.6486	0.6881
1.30	0.0927	0.1224	0.1481	0.1710	0.1920	0.2115	0.2299	0.2472	0.2639	0.3150	0.3618	0.4057	0.4476	0.4882	0.5276	0.5663	0.6043	0.6418
1.40	0.0804	0.1077	0.1316	0.1531	0.1728	0.1912	0.2086	0.2250	0.2408	0.2895	0.3340	0.3759	0.4158	0.4544	0.4920	0.5288	0.5649	0.6006
1.50	0.0708	0.0959	0.1180	0.1381	0.1567	0.1741	0.1905	0.2061	0.2210	0.2673	0.3097	0.3496	0.3877	0.4245	0.4603	0.4954	0.5298	0.5638
1.60	0.0630	0.0862	0.1068	0.1256	0.1431	01595	0.1750	0.1897	0.2039	0.2479	0.2884	0.3264	0.3628	0.3979	0.4321	0.4655	0.4984	0.5309
1.70	0.0567	0.0782	0.0974	0.1150	0.1315	0.1469	0.1616	0.1756	0.1891	0.2310	0.2695	0.3058	0.3405	0.3741	0.4068	0.4387	0.4702	0.5012
1.80	0.0515	0.0714	0.0894	0.1060	0.1215	0.1361	0.1500	0.1633	0.1761	0.2160	0.2528	0.2875	0.3207	0.3528	0.3840	0.4146	0.4447	0.4743
1.90	0.0472	0.0657	0.0826	0.0982	0.1128	0.1266	0.1398	0.1525	0.1646	0.2027	0.2378	0.2710	0.3028	0.3335	0.3635	0.3928	0.4216	0.4500
2.00	0.0435	0.0608	0.0767	0.0914	0.1052	0.1183	0.1309	0.1429	0.1545	0.1908	0.2244	0.2562	0.2867	0.3162	0.3449	0.3730	0.4007	0.4279
2.50	0.0311	0.0441	0.0562	0.0676	0.0784	0.0888	0.0987	0.1083	0.1176	0.1470	0.1744	0.2005	0.2255	0.2498	0.2735	0.2968	0.3197	0.3422

续上表

$\eta e_0/r$	$\rho f_{sd}/f_{cd}$																	
	0.06	0.09	0.12	0.15	0.18	0.21	0.24	0.27	0.30	0.40	0.50	0.60	0.70	0.80	0.90	1.00	1.10	1.20
3.00	0.0241	0.0345	0.0442	0.0535	0.0623	0.0707	0.0789	0.0869	0.0946	0.1191	0.1421	0.1640	0.1852	0.2057	0.2258	0.2456	0.2650	0.2841
3.50	0.0197	0.0283	0.0364	0.0441	0.0516	0.0587	0.0657	0.0724	0.0790	0.0999	0.1196	0.1385	0.1568	0.1746	0.1919	0.2090	0.2258	0.2425
4.00	0.0166	0.0240	0.0309	0.0376	0.0440	0.0502	0.0562	0.0620	0.0677	0.0859	0.1032	0.1198	0.1358	0.1514	0.1667	0.1818	0.1966	0.2112
4.50	0.0144	0.0208	0.0269	0.0327	0.0383	0.0437	0.0490	0.0542	0.0592	0.0754	0.0907	0.1054	0.1197	0.1336	0.1473	0.1607	0.1740	0.1870
5.00	0.0127	0.0183	0.0237	0.0289	0.0339	0.0388	0.0435	0.0481	0.0526	0.0671	0.0809	0.0941	0.1070	0.1195	0.1319	0.1440	0.1559	0.1677
5.50	0.0113	0.0164	0.0213	0.0259	0.0304	0.0348	0.0391	0.0433	0.0474	0.0605	0.0729	0.0850	0.0967	0.1081	0.1193	0.1304	0.1412	0.1520
6.00	0.0102	0.0149	0.0193	0.0235	0.0276	0.0316	0.0355	0.0393	0.0430	0.0550	0.0664	0.0775	0.0882	0.0987	0.1089	0.1191	0.1291	0.1390
6.50	0.0093	0.0136	0.0176	0.0215	0.0252	0.0289	0.0325	0.0360	0.0394	0.0504	0.0610	0.0711	0.0810	0.0907	0.1002	0.1096	0.1188	0.1280
7.00	0.0086	0.0125	0.0162	0.0198	0.0233	0.0266	0.0300	0.0332	0.0364	0.0466	0.0563	0.0658	0.0750	0.0840	0.0928	0.1015	0.1101	0.1186
7.50	0.0080	0.0116	0.0150	0.0183	0.0216	0.0247	0.0278	0.0308	0.0338	0.0433	0.0524	0.0612	0.0697	0.0781	0.0864	0.0945	0.1025	0.1104
8.00	0.0074	0.0108	0.0140	0.0171	0.0201	0.0230	0.0259	0.0287	0.0315	0.0404	0.0489	0.0572	0.0652	0.0730	0.0808	0.0884	0.0959	0.1034
8.50	0.0069	0.0101	0.0131	0.0160	0.0188	0.0216	0.0243	0.0269	0.0295	0.0379	0.0459	0.0536	0.0612	0.0686	0.0759	0.0830	0.0901	0.0971
9.00	0.0065	0.0094	0.0123	0.0150	0.0177	0.0203	0.0228	0.0253	0.0278	0.0356	0.0432	0.0505	0.0577	0.0646	0.0715	0.0783	0.0850	0.0916
9.50	0.0061	0.0089	0.0116	0.0142	0.0167	0.0191	0.0215	0.0239	0.0262	0.0337	0.0408	0.0477	0.0545	0.0611	0.0676	0.0740	0.0804	0.0867
10.00	0.0058	0.0084	0.0110	0.0134	0.0158	0.0181	0.0204	0.0226	0.0248	0.0319	0.0387	0.0453	0.0517	0.0580	0.0641	0.0702	0.0763	0.0822

预应力钢筋抗拉强度标准值 附表 2-1

钢筋种类		符号	直径(mm)	抗拉强度标准值 f_{pk} (MPa)
钢绞线	1×7	ϕ^S	9.5、12.7、15.2、17.8	1720、1860、1960
			21.6	1860
消除应力钢丝	光面螺旋肋	ϕ^P ϕ^H	5	1570、1770、1860
			7	1570
			9	1470、1570
预应力螺纹钢筋		ϕ^T	18、25、32、40、50	785、930、1080

注:1. 表中直径是指国家标准和企业标准中的钢绞线、钢丝和精轧螺纹钢筋的公称直径。

2. 抗拉强度标准值为 1960MPa 的钢绞线作为预应力钢筋使用时,应有可靠的工程经验或充分的试验验证。

预应力钢筋抗拉、抗压强度设计值(MPa) 附表 2-2

钢筋种类	抗拉强度标准值 f_{pk}	抗拉强度设计值 f_{pd}	抗压强度设计值 f'_{pd}
钢绞线 1×7(七股)	1720	1170	390
	1860	1260	
	1960	1330	
消除应力钢丝	1470	1000	410
	1570	1070	
	1770	1200	
	1860	1260	
预应力螺纹钢筋	785	650	400
	930	770	
	1080	900	

预应力钢筋的弹性模量($\times 10^5$ MPa) 附表 2-3

预应力钢筋种类	E_p
钢绞线	1.95
消除应力钢丝	2.05
预应力螺纹钢筋	2.00

预应力钢筋公称横截面面积及理论公称质量 附表 2-4

钢筋种类	公称直径(mm)	公称横截面面积(mm^2)	理论质量参考值(kg/m)
钢绞线 1×7	9.5	54.8	0.432
	12.7	98.7	0.774
	15.2	139.0	1.101
	17.8	191.0	1.500
	21.6	285.0	2.237
钢丝	5.0	19.63	0.154
	7.0	38.48	0.302
	9.0	63.62	0.499

续上表

钢筋种类	公称直径(mm)	公称横截面面积(mm^2)	理论质量参考值(kg/m)
预应力螺纹钢筋	18	254.5	2.11
	25	490.9	4.10
	32	804.2	6.65
	40	1256.6	10.34
	50	1963.5	16.28

系数 k 和 μ 值 附表 2-5

预应力钢筋类型	管道成型方式	k	μ	
			钢绞线、钢丝束	精轧螺纹钢筋
体内预应力钢筋	预埋金属波纹管	0.0015	0.20~0.25	0.50
	预埋塑料波纹管	0.0015	0.15~0.20	—
	预埋铁皮管	0.0030	0.35	0.40
	预埋钢管	0.0010	0.25	—
	抽芯成型	0.0015	0.55	0.60
体外预应力钢筋	钢管	0	0.20~0.030 (0.08~0.10)	—
	高密度聚乙烯管	0	0.12~0.15 (0.08~0.10)	—

注：体外预应力钢绞线与管道壁之间的摩擦引起的预应力损失仅计转向装置和锚固装置管道段，系数 k 和 μ 值宜根据实测数据确定，当无可靠实测数据时，系数 k 和 μ 按照上表取值；对于系数 μ，无黏结钢绞线取括号内数值，光面钢绞线取括号外数值。

锚具变形、钢筋回缩和接缝压缩值(mm) 附表 2-6

锚具、接缝类型		Δl
钢丝束的钢制锥形锚具		6
夹片式锚具	有顶压时	4
	无顶压时	6
带螺母锚具的螺母缝隙		1~3
镦头锚具		1
每块后加垫板的缝隙		2
水泥砂浆接缝		1
环氧树脂砂浆接缝		1

注：带螺母锚具采用一次张拉锚固时，Δl 宜取 2~3mm，当采用二次张拉锚固时，Δl 可取 1mm。

预应力钢筋的预应力传递长度 l_{tr} 与锚固长度 l_a(mm) 附表 2-7

项次	钢筋种类	混凝土强度等级	传递长度 l_{tr}	锚固长度 l_a
1	钢绞线 1×7 σ_{pe}=1000MPa f_{pd}=1260MPa	C40	$67d$	$130d$
		C45	$64d$	$125d$
		C50	$60d$	$120d$
		C55	$58d$	$115d$

续上表

项次	钢筋种类	混凝土强度等级	传递长度 l_{tr}	锚固长度 l_a
1	钢绞线 1×7 $\sigma_{pe}=1000MPa$ $f_{pd}=1260MPa$	C60	58d	110d
		≥C65	58d	105d
2	螺旋肋钢丝 $\sigma_{pe}=1000MPa$ $f_{pd}=1200MPa$	C40	58d	95d
		C45	56d	90d
		C50	53d	85d
		C55	51d	83d
		C60	51d	80d
		≥C65	51d	80d

注:1. 预应力钢筋的预应力传递长度 l_{tr}按有效预应力值 σ_{pe}查表;锚固长度 l_a 按抗拉强度设计值f_{pd}查表。

2. 预应力传递长度应根据预应力钢筋放松时混凝土立方体抗压强度f'_{cu}确定,当f'_{cu}在表列混凝土强度等级之间时,预应力传递长度按直线内插法取用。
3. 当采用骤然放松预应力钢筋的施工工艺时,锚固长度的起点及预应力传递长度的起点应从离构件末端 $0.25l_{tr}$处开始,l_{tr}为预应力钢筋的预应力传递长度。
4. 当预应力钢筋的抗拉强度设计值f_{pd}或有效预应力值 σ_{pe}与表值不同时,其预应力传递长度应根据表值按比例增减。
5. d 为预应力钢筋的公称直径。

石材强度设计值(MPa)　　附表 3-1

强度类别	强度等级						
	MU120	MU100	MU80	MU60	MU50	MU40	MU30
抗压f_{cd}	31.78	26.49	21.19	15.89	13.24	10.59	7.95
弯曲抗拉f_{tmd}	2.18	1.82	1.45	1.09	0.91	0.73	0.55

石材强度等级的换算系数　　附表 3-2

立方体试件边长(mm)	200	150	100	70	50
换算系数	1.43	1.28	1.14	1.00	0.86

混凝土强度设计值(MPa)　　附表 3-3

强度类别	强度等级					
	C40	C35	C30	C25	C20	C15
轴心抗压f_{cd}	15.64	13.69	11.73	9.78	7.82	5.87
弯曲抗拉f_{tmd}	1.24	1.14	1.04	0.92	0.80	0.66
直接抗剪f_{vd}	2.48	2.28	2.09	1.85	1.59	1.32

混凝土预制块砂浆砌体抗压强度设计值f_{cd}(MPa)　　附表 3-4

砌块强度等级	砂浆强度等级					砂浆强度
	M20	M15	M10	M7.5	M5	0
C40	8.25	7.04	5.84	5.24	4.64	2.06
C35	7.71	6.59	5.47	4.90	4.34	1.93
C30	7.14	6.10	5.06	4.54	4.02	1.79

续上表

砌块强度等级	砂浆强度等级					砂浆强度
	M20	M15	M10	M7.5	M5	0
C25	6.52	5.57	4.62	4.14	3.67	1.63
C20	5.83	4.98	4.13	3.70	3.28	1.46
C15	5.05	4.31	3.58	3.21	2.84	1.26

块石砂浆砌体的抗压强度设计值 f_{cd} (MPa) 附表 3-5

砌块强度等级	砂浆强度等级					砂浆强度
	M20	M15	M10	M7.5	M5	0
MU120	8.42	7.19	5.96	5.35	4.73	2.10
MU100	7.68	6.56	5.44	4.88	4.32	1.92
MU80	6.87	5.87	4.87	4.37	3.86	1.72
MU60	5.95	5.08	4.22	3.78	3.35	1.49
MU50	5.43	4.64	3.85	3.45	3.05	1.36
MU40	4.86	4.15	3.44	3.09	2.73	1.21
MU30	4.21	3.59	2.98	2.67	2.37	1.05

注:对各类石砌体,应按表中数值分别乘下列系数:细料石砌体 1.5;半细料石砌体 1.3;粗料石砌体 1.2;干砌块石可采用砂浆强度为 0 时的抗压强度设计值。

片石砂浆砌体的轴心抗压强度设计值 f_{cd} (MPa) 附表 3-6

砌块强度等级	砂浆强度等级					砂浆强度
	M20	M15	M10	M7.5	M5	0
MU120	1.97	1.68	1.39	1.25	1.11	0.33
MU100	1.80	1.54	1.27	1.14	1.01	0.30
MU80	1.61	1.37	1.14	1.02	0.90	0.27
MU60	1.39	1.19	0.99	0.88	0.78	0.23
MU50	1.27	1.09	0.90	0.81	0.71	0.21
MU40	1.14	0.97	0.81	0.72	0.64	0.19
MU30	0.98	0.84	0.70	0.63	0.55	0.16

注:干砌片石砌体可采用砂浆强度为 0 时的轴心抗压强度设计值。

砂浆砌体轴心抗拉、弯曲抗拉和直接抗剪强度设计值(MPa) 附表 3-7

强度类别	破坏特征	砌体种类	砂浆强度等级				
			M20	M15	M10	M7.5	M5
轴心抗拉 f_{td}	齿缝	规则砌块砌体	0.104	0.090	0.073	0.063	0.052
		片石砌体	0.096	0.083	0.068	0.059	0.048
弯曲抗拉 f_{tmd}	齿缝	规则砌块砌体	0.122	0.105	0.086	0.074	0.061
		片石砌体	0.145	0.125	0.102	0.089	0.072
	通缝	规则砌块砌体	0.084	0.073	0.059	0.051	0.042

续上表

强度类别	破坏特征	砌体种类	砂浆强度等级				
			M20	M15	M10	M7.5	M5
直接抗剪 f_{vd}	—	规则砌块砌体	0.104	0.090	0.073	0.063	0.052
		片石砌体	0.241	0.208	0.170	0.147	0.120

注：1. 砌体龄期为28d。
2. 规则砌块砌体包括块石砌体、粗料石砌体、细料石砌体、混凝土预制块砌体。
3. 规则砌块砌体在齿缝方向受剪时，通过砌块和灰缝剪破。

小石子混凝土砌块石砌体轴心抗压强度设计值 f_{cd}(MPa)　　附表3-8

石材强度等级	小石子混凝土强度等级					
	C40	C35	C30	C25	C20	C15
MU120	13.86	12.69	11.49	10.25	8.95	7.59
MU100	12.65	11.59	10.49	9.35	8.17	6.93
MU80	11.32	10.36	9.38	8.37	7.31	6.19
MU60	9.80	9.98	8.12	7.24	6.33	5.36
MU50	8.95	8.19	7.42	6.61	5.78	4.90
MU40	—	—	6.63	5.92	5.17	4.38
MU30	—	—	—	—	4.48	3.79

注：砌块为粗料石时，轴心抗压强度为表值乘1.2；砌块为细料石、半细料石时，轴心抗压强度为表值乘1.4。

小石子混凝土砌片石砌体轴心抗压强度设计值 f_{cd}(MPa)　　附表3-9

石材强度等级	小石子混凝土强度等级			
	C30	C25	C20	C15
MU120	6.94	6.51	5.99	5.36
MU100	5.30	5.00	4.63	4.17
MU80	3.94	3.74	3.49	3.17
MU60	3.23	3.09	2.91	2.67
MU50	2.88	2.77	2.62	2.43
MU40	2.50	2.42	2.31	2.16
MU30	—	—	1.95	1.85

小石子混凝土砌块石、片石砌体的轴心抗拉、弯曲抗拉和直接抗剪强度设计值(MPa)　　附表3-10

强度类别	破坏特征	砌体种类	小石子混凝土强度等级					
			C40	C35	C30	C25	C20	C15
轴心抗拉 f_{td}	齿缝	块石砌体	0.285	0.267	0.247	0.226	0.202	0.175
		片石砌体	0.425	0.398	0.368	0.336	0.301	0.260
弯曲抗拉 f_{tmd}	齿缝	块石砌体	0.335	0.313	0.290	0.265	0.237	0.205
		片石砌体	0.493	0.461	0.427	0.387	0.349	0.300
	通缝	块石砌体	0.232	0.217	0.201	0.183	0.164	0.142

续上表

强度类别	破坏特征	砌体种类	小石子混凝土强度等级					
			C40	C35	C30	C25	C20	C15
直接抗剪 f_{vd}	—	块石砌体	0.285	0.267	0.247	0.226	0.202	0.175
		片石砌体	0.425	0.398	0.368	0.336	0.301	0.260

注：对其他规则砌块砌体，强度值为表内块石砌体强度值乘下列系数：粗料石砌体 0.7；细料石、半细料石砌体 0.35。

各类砌体受压弹性模量 E_m（MPa） 附表 3-11

砌体种类	砂浆强度等级				
	M20	M15	M10	M7.5	M5
混凝土预制块砌体	$1700f_{cd}$	$1700f_{cd}$	$1700f_{cd}$	$1600f_{cd}$	$1500f_{cd}$
粗料石、块石及片石砌体	7300	7300	7300	5650	4000
细料石、半细料石砌体	22000	22000	22000	17000	12000
小石子混凝土砌体	$2100f_{cd}$				

注：f_{cd} 为砌体轴心抗压强度设计值。

参 考 文 献

[1] 中华人民共和国住房和城乡建设部. 工程结构可靠性设计统一标准:GB 50153—2008[S]. 北京:中国建筑工业出版社,2009.

[2] 中华人民共和国交通运输部. 公路工程技术标准:JTG B01—2014[S]. 北京:人民交通出版社股份有限公司,2014.

[3] 中华人民共和国交通运输部. 公路工程结构可靠性设计统一标准:JTG 2120—2020[S]. 北京:人民交通出版社股份有限公司,2020.

[4] 中华人民共和国交通运输部. 公路桥涵设计通用规范:JTG D60—2015[S]. 北京:人民交通出版社股份有限公司,2015.

[5] 中华人民共和国交通运输部. 公路钢筋混凝土及预应力混凝土桥涵设计规范:JTG 3362—2018[S]. 北京:人民交通出版社股份有限公司,2018.

[6] 中华人民共和国交通运输部. 公路圬工桥涵设计规范:JTG D61—2005[S]. 北京:人民交通出版社,2005.

[7] 中华人民共和国交通运输部. 公路工程混凝土结构耐久性设计规范:JTG/T 3310—2019[S]. 北京:人民交通出版社股份有限公司,2019.

[8] 张树仁,黄侨. 结构设计原理(钢筋混凝土、预应力混凝土及圬工结构)[M]. 2 版. 北京:人民交通出版社,2010.

[9] 东南大学,天津大学,同济大学. 混凝土结构(上册):混凝土结构设计原理[M]. 6 版. 北京:中国建筑工业出版社,2019.

[10] 杨霞林,林丽霞. 混凝土结构设计原理[M]. 北京:人民交通出版社股份有限公司,2014.

[11] 李乔. 混凝土结构设计原理[M]. 3 版. 北京:中国铁道出版社,2013.

[12] 沈蒲生. 混凝土结构设计原理[M]. 4 版. 北京:高等教育出版社,2012.

[13] 叶见曙. 结构设计原理[M]. 4 版. 北京:人民交通出版社股份有限公司,2018.

[14] 中交公路规划设计院有限公司.《公路钢筋混凝土及预应力混凝土桥涵设计规范》应用指南[M]. 北京:人民交通出版社股份有限公司,2018.

[15] 陈宝春,林上顺. 钢筋混凝土偏压柱承载力计算中的曲率影响系数[J]. 建筑结构学报,2014,35(3):156-163.

[16] 张誉,蒋利学,张伟平,等. 混凝土结构耐久性概论[M]. 上海:上海科学技术出版社,2003.

[17] 张誉. 混凝土结构基本原理[M]. 北京:中国建筑工业出版社,2000.

[18] 叶列平. 混凝土结构(上册)[M]. 2 版. 北京:中国建筑工业出版社,2014.

[19] 魏炜. 钢筋混凝土圆形截面偏心受压构件正截面承载能力计算[J]. 建筑技术开发,2020,47(14):9-10.

[20] 魏炜. 部分预应力混凝土受弯构件开裂截面应力计算[J]. 河北科技大学学报,2012,33(6):559-563.

[21] 李章政. 建筑结构设计原理[M]. 2 版. 北京:化学工业出版社,2014.

[22] 李国平. 预应力混凝土结构设计原理[M]. 北京:人民交通出版社,2000.

[23] 顾祥林.混凝土结构基本原理[M].3 版.上海:同济大学出版社,2015.
[24] 蓝宗建.混凝土结构设计原理[M].南京:东南大学出版社,2002.
[25] 阎奇武.混凝土结构基本原理[M].长沙:湖南大学出版社,2015.
[26] 梁兴文,史庆轩.混凝土结构设计原理[M].4 版.北京:中国建筑工业出版社,2019.
[27] 朱新实,刘效尧.预应力技术及材料设备[M].2 版.北京:人民交通出版社,2005.
[28] 叶见曙,郝宪武,安琳,等.结构设计原理计算示例[M].北京:人民交通出版社,2007.
[29] 张士铎.部分预应力混凝土[M].北京:人民交通出版社,1990.